工业和信息化部"十四五"规划教材
国家精品在线开放课程和国家级一流本科课程配套教材

高等学校计算机专业核心课
名师精品·系列教材

程序设计基础

（C语言）

慕课版

苏小红 叶麟 张羽 张彦航 **编著**

THE C PROGRAMMING LANGUAGE

人民邮电出版社
北京

图书在版编目（CIP）数据

程序设计基础 : C语言 : 慕课版 / 苏小红等编著
. -- 北京 : 人民邮电出版社, 2023.1（2024.1重印）
高等学校计算机专业核心课名师精品系列教材
ISBN 978-7-115-60083-7

Ⅰ. ①程… Ⅱ. ①苏… Ⅲ. ①C语言－程序设计－教材 Ⅳ. ①TP312

中国版本图书馆CIP数据核字(2022)第176691号

内 容 提 要

本书是国家精品在线开放课程、国家级一流本科课程、华为“智能基座”精品慕课“C 语言程序设计精髓”的配套教材。全书由 12 章组成，包括 4 个模块：程序设计的计算机基础（第 1 章）、程序设计方法基础（第 2～5 章）、程序设计的问题求解基础（第 6 章）、算法和数据结构基础（第 7～12 章）。其中，程序设计方法基础涵盖了 4 章内容，包括基本 I/O 和基本数据类型、基本运算、基本控制结构、结构化与模块化。算法和数据结构基础涵盖了 6 章内容，包括用数组保存数据、查找和排序算法、“呼风唤雨”的指针、字符串和文本处理、用结构封装数据、结构设计之美。

本书以快乐为本、实用为根，试图以现代视角解读 C 语言，通过阶梯化的实例，达到让读者举一反三、融会贯通的目的，力图用最简明的语言、最典型的实例、最通俗的解释及最丰富的图示，将程序设计的趣味性和哲理性挖掘出来，带给读者全新的学习体验。此外，本书还为任课教师免费提供多媒体课件、例题和习题源代码，以及程序设计远程在线考试平台和实验等教学资源。

◆ 编　　著　苏小红　叶　麟　张　羽　张彦航
责任编辑　刘　博
责任印制　王　郁　陈　犇

◆ 人民邮电出版社出版发行　　北京市丰台区成寿寺路 11 号
邮编　100164　　电子邮件　315@ptpress.com.cn
网址　https://www.ptpress.com.cn
三河市祥达印刷包装有限公司印刷

◆ 开本：787×1092　1/16
印张：25　　2023 年 1 月第 1 版
字数：695 千字　　2024 年 1 月河北第 4 次印刷

定价：69.80 元

读者服务热线：(010)81055256　印装质量热线：(010)81055316
反盗版热线：(010)81055315
广告经营许可证：京东市监广登字 20170147 号

C语言，经久不衰，“微言大义”，简约而不简单，堪称程序设计语言中的常青树。不论是它历经数十年长盛不衰的光辉历史，还是它闪展腾挪、举重若轻的轻盈身姿，都使走近它的人一面为它的生命力折服，一面又为它的瑰丽而目眩神迷。学习C语言、掌握C语言，是一个充满各种挑战和奇遇的跌宕起伏的过程，当然也是一件充满乐趣的事情。然而学习之初，它之所以给你枯燥乏味的感觉，是因为没人帮你把它的趣味性挖掘出来。

习近平总书记在党的二十大报告中指出“育人的根本在于立德。全面贯彻党的教育方针，落实立德树人根本任务，培养德智体美劳全面发展的社会主义建设者和接班人”。教材是推进和落实立德树人根本任务的关键环节，是国家意志和社会主义核心价值观的集中体现，是解决“培养什么人、怎样培养人、为谁培养人”这一根本问题的核心载体。如今，中国特色社会主义已经进入了一个新时代，教师不仅承担着传播知识、传播思想、传播真理的历史使命，更肩负着塑造灵魂、塑造生命、塑造人的时代重任。

在这一时代背景下，本书应运而生。本书是中国大学MOOC平台上的国家精品在线开放课程、国家级一流本科课程、华为“智能基座”精品慕课“C语言程序设计精髓”的配套教材，但它并不是对该课程的简单复制。本书从学生学习和教师授课两个角度对慕课内容进行重新梳理和整合，化繁入简，去除繁杂琐碎的细枝末节，将计算思维有机统合到程序设计和问题求解中，将编程思路和方法以学生易学、教师易教的角度呈现给读者，使读者能够抓住重点，既见树木，又见森林。同时，本书还从学生职业素养、中华优秀传统文化、时政新闻和热点事件，以及日常生活等多个维度、多个视角，为内容注入灵魂，以一种有温度、有情怀、有文化、有内涵、有人文气息的方式，为读者解读程序设计语言中的经典——C语言，并设法挖掘隐藏在其背后的“编程之魂”，帮助读者以不变应万变。

在内容上，除第1章外，每章开头都有内容导读，指明必学内容、进阶内容、选学内容，为读者学习和教师授课提供参考，每章结尾以知识树的形式对本章内容及内容之间的关系进行总结和梳理，部分章还给出了学习指南。

在写作风格上，本书以快乐为本、实用为根，带领读者一起欣赏编程之美，领悟编程之妙，体会学习编程之无穷乐趣。此外，全书采用统一的代码规范编写程序，并且在编码中注重程序的稳健性。

本书既适合程序设计的初学者，也适合想更深入了解和掌握C语言的读者。书中设计了很多思考题，并增加了一些有一定深度的、开放性的扩展内容（如最佳编码原则、安全编码规范、应用实例等）供希望深入学习程序设计的读者选学和参考。

与本书配套的教学资源如下。

（1）面向读者的教材网站http://book.sunner.cn和人邮教育社区（www.ryjiaoyu.com），可下载课件、例题和习题源代码、最新勘误表。

（2）在国家高等教育智慧教育平台、爱课程网站搜索“C语言程序设计精髓”课程，可观看课程的微视频、浏览课件和算法演示动画、进行编程题在线测试、与老师和同学在线讨论。扫描本书的二维码，可浏览课件和算法演示动画，观看部分教学视频。

（3）程序设计远程在线考试和实验平台https://sse.hit.edu.cn/online/#/adminhit/（使用本书的同时想使用该平台的教师可以与编者本人联系）。

（4）基于B/S结构的C语言题库与试卷管理系统，基于B/S结构的C语言编程题考试自动评分系统，系统的演示见https://sse.hit.edu.cn/demo/#/score。

（5）面向学生自主学习的高级语言程序设计能力训练平台（使用本书封底的刮刮卡可获得有效期为一年的注册密码，支持在线编程训练与系统自动评测）。

以下是基于B/S结构的C语言题库与试卷管理系统、基于B/S结构的C语言编程题考试自动评分系统（机考系统）、面向学生自主学习的高级语言程序设计能力训练平台（作业系统）之间的关系。

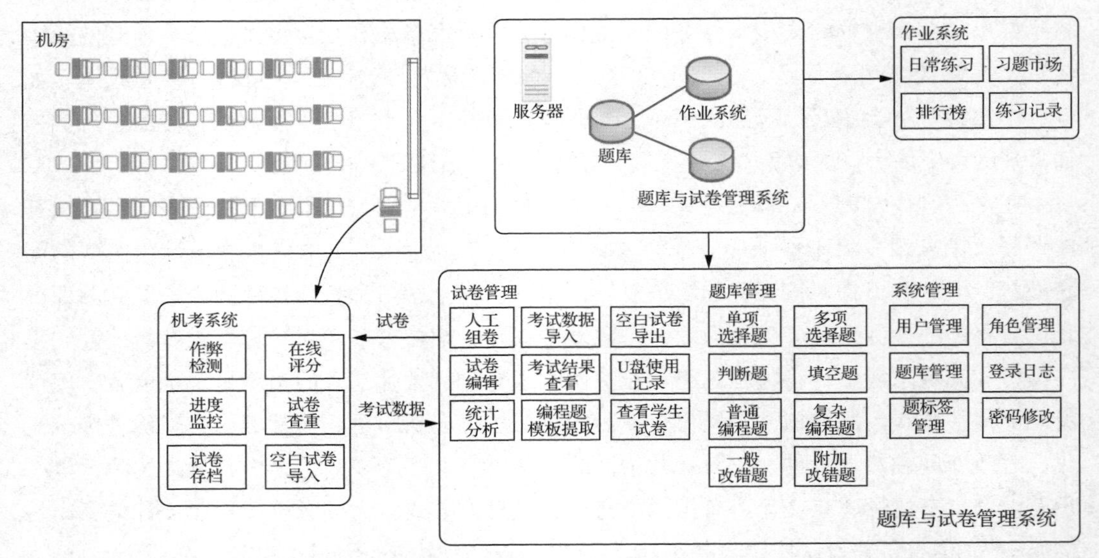

与本书配套出版的《程序设计基础学习指导（C语言）》主要包括习题解答和实验指导两部分内容。

本书由苏小红统稿，第1章由叶麟执笔，第2～12章由苏小红执笔，张羽、张彦航参与了部分习题的编写工作。赵玲玲、王甜甜、袁永峰、骆功宁、武小荷、傅忠传、朱聪慧参与了部分习题的编写和书稿的校对工作，在此对他们的辛勤付出表示衷心的感谢。此外，还要特别感谢华为云PaaS服务产品部内容团队杨川湦博士和裴曼辰提供企业编码规范，教育部-华为“智能基座”联合工作组提供相关资料。

因编者水平有限，书中疏漏在所难免，欢迎读者给编者发送邮件或在网站上留言，对本书提出意见和建议，我们会在每次重印时及时予以更正。读者可随时从我们的教材网站（http://book.sunner.cn）下载本书的最新勘误表。此外，通过人邮教育社区（www.ryjiaoyu.com）也可下载最新的教学资源。

编者的E-mail地址为sxh@hit.edu.cn。

编　者

2022年于哈尔滨工业大学计算学部

CONTENTS 目录

目录 CONTENTS

目录 CONTENTS

第1章 程序设计的计算机基础

内容关键词

- 计算机、计算机的工作原理
- 程序设计语言、程序设计语言的工作原理

重点与难点

- 冯·诺依曼机工作过程
- 编译运行与解释运行

计算无处不在。

计算无时不在。

在对斯蒂芬·沃尔弗拉姆（Stephen Wolfram）的专访“宇宙的本质是计算”中，这位传奇科学家说：“我们的世界就是计算，就是一套简单的规则生成的复杂现象。……很多时候人们说的‘随机性’，……只是证明你还没为这个系统建立完整的模型而已。”

驻足在人类历史长河的任何一个瞬间，无论是向前看还是向后看，计算与时间一样，虽悄无声息，但无所不在、无所不能。

人类文明之初，计算是朴素的，它的出现或许只是因为人类不想成为“狗熊掰棒子”中的“狗熊”而已。彼时，计算工具也是简陋的，或许只是触手可及的石头、绳子等物品。

而现在我们拥有了计算机，一切都已不同。

1.1 计算的“自动化”梦想

科幻电影中有一个屡试不爽、引人入胜的“科幻梗”，就是一个“智能”机器人自言自语地说“我做了一个梦……”，这个经典桥段用于表示机器自主智能的觉醒。如果我们把计算机当作一个“智能体”来看待的话，那它一定在做着一个“自动化”的梦，并不断地将梦变成现实。今天，现代计算机早已“进化”成0.3mm的微型计算机或“神威·太湖之光”这样的超级计算机，19世纪的设计已难觅踪迹。实际上，无论是查尔斯·巴比奇（Charles Babbage）的差分机，还是20世纪占据整个房间的大型计算机ENIAC，探究计算的“自动化”梦想的，总会发现让人激动不已的高光时刻。

1642年，年仅19岁的法国数学家、物理学家、哲学家布莱兹·帕斯卡（Blaise Pascal）困扰于税务工作需要进行烦琐的算术计算，发明了一种机械计算机——帕斯卡机，如图1-1所示。帕斯卡机脱胎于机械手表，是一种由一系列齿轮组成的装置，能够直接对两个数字进行加减运算，并通过重复加减运算实现乘除运算。在钟表等行业的工匠的鼎力支持下，帕斯卡机通过巧妙的机械设计实现了自动进位，而帕斯卡则迈出了人类从机械化设计到“自动化”计算的第一步。

1804年，法国发明家约瑟夫·雅卡尔（Joseph Jacquard）设计出人类历史上首台可“编程”的织布机——雅卡尔织布机，如图1-2所示。该机器通过预先编制好的穿孔纸带控制编织针的编织动作，使得编织针可以在机械的传动下自动完成图案编织，开启了人类思想与机械自动化的第一次“接触”。纸带上“千变万化”的穿孔投射出了计算机程序的影像，也是程序控制计算的思想萌芽。而“千疮百孔”的纸带则成了现代计算机内存的原型，并广泛应用于早期的计算机。雅卡尔亲手为人类编织出了计算“自动化”宏大篇章的序曲。说起来，“编程”何尝不是计算的一种“编织”呢?

图1–1 帕斯卡机

图1–2 雅卡尔织布机

1822年，英国数学家查尔斯·巴比奇不满足于因人工编制而错误百出的《数学用表》，构想了一种蒸汽驱动的计算机，试图将复杂计算转化为差分运算。虽然受限于当时机械加工设备和技术的精度，无法运转的差分机变得“毫无价值”，但其设计闪烁出了程序控制的光芒：让机器按照设计者的意愿自动处理不同的函数。与此同时，人类历史上第一位程序员阿达·奥古丝塔（Ada Augusta，见图1-3）也参与了差分机的研制工作，首次为差分机编出了程序，包括计算三角函数的程序、级数相乘程序、伯努利数计算程序等。

图1–3 阿达·奥古丝塔

1937年，英国科学家和计算机科学的先驱阿兰·图灵（Alan Turing，见图1-4）在他的重要论文《论可计算数及其在判定问题上的应用》里使用了现在叫作“图灵机”的简单形式的抽象设备。图灵设想了多个图灵机，算法都将以标准形式写成一组指令，而实际的解释工作被视为一个机械过程。图灵通过这种理论创造了一台“抽象计算机”，可以通过接受算法或程序来完成任何定义明确的任务。他也因此被誉为“计算机科学与人工智能之父”。

1946年，美国宾夕法尼亚大学的两位教授约翰·莫奇利（John Mauchly）和约翰·埃克特（John Eckert）设计并制造了电子数字积分计算机（Electronic Numerical Integrator And Computer，ENIAC），如图1-5所示。该机器是第一台“自动”“通用”“电子”“数字”计算机，包含约1.7万个真空管、7万个电阻、1万个电容器，还有大约50万个手工焊接头。虽然它重达30t，占地约170m^2，耗电150kW，运算速度不过每秒几千次，但它比当时已有的计算机运算速度要快

图1–4 阿兰·图灵

1000倍，而且能够按事先编好的程序自动执行算术运算、逻辑运算和存储数据。ENIAC宣告了一个新时代的开始。

图1-5　ENIAC

1.2　计算的“无止境”现实

我们正处于计算的多样化时代，对计算的渴望更胜于前。计算的现实挑战如图1-6所示。

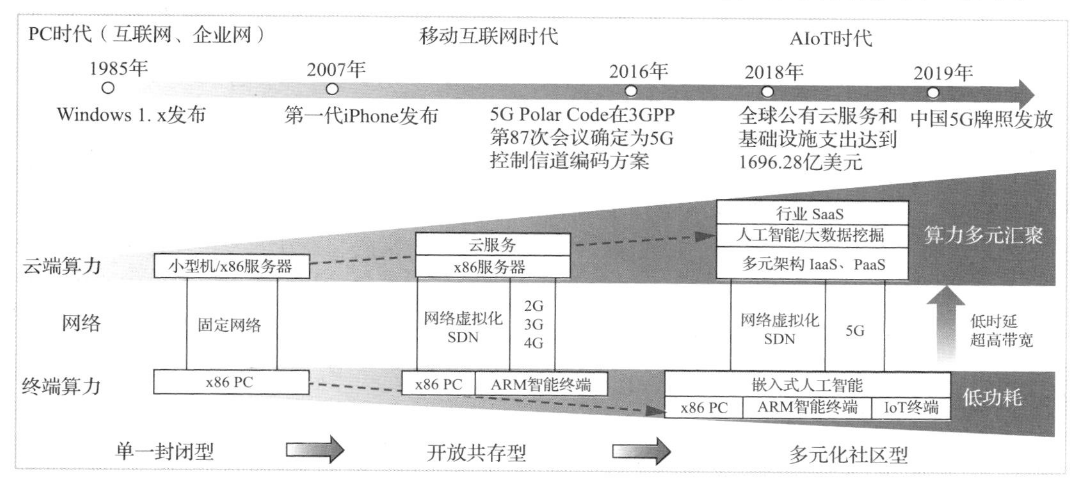

图1-6　计算的现实挑战

“这是最好的时代”。强大的计算能力使得人类文明发展开启了曲线加速。以计算为基础的计算产业推动着信息技术的快速发展，从云计算、大数据、人工智能，到区块链、边缘计算、物联网，都离不开强大的计算能力的支持，计算能力是每一次产业变革的驱动力。

“这是最坏的时代”。这种加速同时也带来了数据爆炸和信息过载。当前的计算产业呈现两大发展趋势：一是移动智能终端逐渐取代传统PC；二是世界进入万物互联的时代。2018年全球传统PC出货量约2.5亿台，连续7年下滑，与之相反的是2018年全球移动智能终端的出货量突破了14亿部，导致计算载体从x86转向ARM，应用也从PC应用过渡到移动应用，进而出现移动应用的云化。再看一下物联网，2018年全球连接设备的数量已经达到220亿台，到2025年预计将突破1000亿台。

在PC时代，海量非结构化数据对分布式存储和并行计算提出了很高的要求。在移动互联网时代，互联网应用对实时处理的能力和大量并发的要求也比以前有巨大的提高。在AIoT时代，人工智能模型所需要的精度更高，计算量也会呈现增长趋势，未来算法的发展带来的挑战会更大。

计算正处于多样化时代，没有单一的计算架构能够满足所有场景。CISC（Complex Instruction Set Computer，复杂指令集计算机），RISC（Reduced Instruction Set Computer，精简指令集计算机），GPU（Graphics Processing Unit，图形处理器），NPU（Neural-network Processing Unit，神经网络处理器），DSP（Digital Signal Processor，数字信号处理器），NP（Network Processor，网络处理器），多种计算架构共存的异构计算，也许才是最优的解决方案，也许才可能实现摩尔定律的重构。

1.3　计算的“再塑造”未来

计算的未来是什么？或许每个人心目中都有着自己的畅想。是人类智能与人工智能的和谐共处还是相互猜忌？是通用计算的再次飞跃还是专用计算的大放异彩？我们满怀期待，量子计算机的实践和分子计算机的设想似乎揭示了蓝图的一角。

2020年12月4日，由中国科学技术大学潘建伟、陆朝阳等组成的研究团队，与中国科学院上海微系统与信息技术研究所、国家并行计算机工程技术研究中心合作，构建了包含76个光子的量子计算原型机“九章”，实现了具有实用前景的“高斯玻色取样”任务的快速求解。该量子计算系统处理高斯玻色取样的速度比当时最快的超级计算机快约100万亿倍，即“九章”两分钟完成的任务，超级计算机需要约一亿年才能完成。其速度也等效地比2019年谷歌发布的包含53个超导比特的量子计算原型机“悬铃木”快约100亿倍。这一成果是我国量子计算研究的第一个里程碑，使我国实现了量子计算优越性。

2017年美国国防高级研究计划局（Defense Advanced Research Projects Agency，DARPA）启动了“分子信息学计划”，旨在发现和定义分子在信息存储和处理中的机会，即借助在分子尺度上感知、分离和操纵的工具和技术的巨大进步，可以将哪些创新注入信息技术，以及由此产生的系统将能够“计算”什么。通过解决基于分子的信息编码和处理的一系列数学和计算问题，分子信息学程序寻求数据存储、检索和处理的新范式。而分子信息学也将不再依赖传统计算机的二进制数字逻辑，而是利用分子的广泛结构特征和性质来实现数据编码和操纵数据。

未来是无限可能的。

计算是无限延伸的。

程序也必将形态万千。

1.4　编程不只是“coding”

编程是“coding”，是让那些看起来“笨重”的家伙“聪明”地干活，计算机的发展无时无刻不在印证着这一点。但编程不只是“coding”。

编程还是一种思维方式。信息技术重塑了人类的思维方式。正如大家日常“遇事不慌，百度帮忙”一样，搜索引擎已经重塑了我们每个人处理学习和生活中疑难杂事的思维方式。

美国卡内基梅隆大学计算机科学系前系主任周以真（Jeannette M. Wing）教授在2006年发表了一篇著名的文章，文中谈到“计算机科学专业的教授应当为大学新生开一门名为‘怎么像计算机科学家一样思维’的课，面向非专业的，而不仅仅是计算机科学专业的学生”，这是因为“机器学习已经改变了统计学。……计算生物学正改变着生物学家的思考方式。类似地，计算博弈理论正改变着经济学家的思考方式，纳米计算正改变着化学家的思考方式，量子计算正改变着物理学家的思考方式”，所以“计算思维代表着一种普遍的认识和一类普适的技能，每一个人，不仅仅是计算机科学家，都应热心于它的学习和运用”。

计算思维是什么？每个人都有着自己不同的理解。如何用更通俗的语言来解释计算思维，一直是萦绕在我心中的问题。周以真教授谈到了“怎么像计算机科学家一样思维”，我觉得可以进一步理解为“怎么像计算机一样思维”，因为计算机科学家的思维几乎融入了计算机运行所依赖的各类器件和算法。

回想计算机发展的历史，计算机一直在“拟人”智能的道路上前行，即对人脑思维功能和思维过程进行模拟。虽然当前这种智能尚处于“搜索智能”阶段，还未达到人所特有的“创造智能”，但计算机科学家在使用计算机对物理世界中的各类问题进行抽象的过程中，已经将各类问题转化成了计算机能够处理或善于处理的问题。尽管有些时候这种抽象可能会失真或失效，但不可否认的是，目前计算机干得还不错！计算思维就是“拟人”智能的逆过程，让人类去理解或模拟计算机所形成的工作方式（思维方式）。以计算机的思维方式去描述问题、解决问题，明白孰可为孰不可为，知道孰善为孰不善为，这才是“计算思维”的本意所在。而编程则是获得这种计算思维能力的最佳途径之一。

1.5 什么是“编程”

为什么要学习C语言

“编程”是“编写程序”的简称，术语称为“程序设计”。而要进行程序设计，必然需要一种表达方式，这就是“程序设计语言”。

程序设计语言与计算机硬件相伴而生，彼此成就。相比于计算机硬件，程序设计语言一直是计算机舞台上活跃、耀眼的明星。据不完全统计，目前已经诞生了超过2000门程序设计语言，可谓百花齐放、众星闪耀。从发展历史来看，最早的程序设计语言与其说是语言，倒不如说是一种编码系统，其一般只能运行在特定的机器上，与硬件联系十分紧密。随着计算机及编译技术的不断发展，各类高级语言被逐步抽象出来，附带了各种语言特性，如面向过程、面向对象、函数式编程等，更易于程序员阅读和编写程序，适用于各类应用场景，如内核、驱动、C/S、B/S、移动应用等。可以说，程序设计语言之间此消彼长的“纷争”局面也恰恰反映了语言并无高低贵贱、无须非我即他。

我们知道，计算技术栈可以分为硬件和软件这两个部分，如图1-7所示。硬件部分由物理原材料、电子器件来实现门和寄存器，再组成CPU的微架构。软件如何和硬件进行交互呢？这就要依靠指令集架构。CPU的指令集是硬件和软件的接口，上层应用程序通过指令集中定义的指令驱动硬件。直接与指令集交互的是二进制机器码，就是由0、1组成的编码，但这种编码难以记忆，用其编程难度极大。为了方便记忆各种不同的指令，早期的程序员使用的编程语言是汇编语言，一般由指令部分和数据部分构成。可以想象，早期的程序员需要对硬件部分非常熟悉，不然无法进行高效的编程。后来就有了高级语言，如C、C++、Java、Python等。高级语言更加贴近人们日常交流的自然语言。高级语言编写的程序是如何在计算机中执行的呢？以C语言程序为例，首先，C编译器将C语言编译成汇编语言，汇编语言再由汇

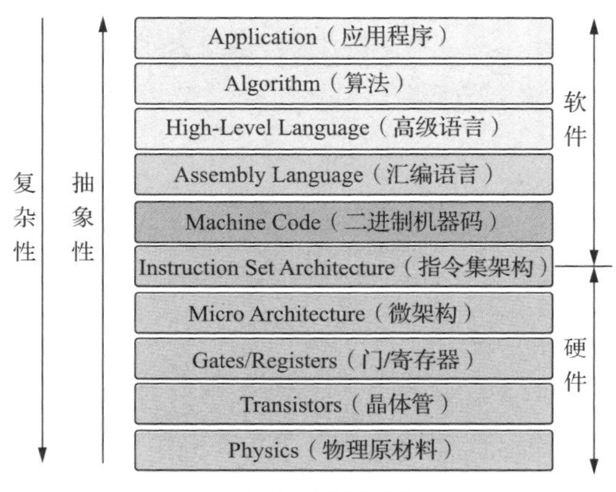

图1-7 计算技术栈

编器汇编成机器码，包括指令集的机器码和数据集的机器码，只有机器码才能和CPU的指令交互。在图1-7所示的计算技术栈中，我们看到了程序设计语言在层次上的划分。

程序设计语言还可以从另一个角度分为两类：一类是编译型语言，典型的代表是C、C++、Go；另一类是解释型语言，典型的代表是Java、Python等。这两类语言的对比如图1-8所示。我们来打个比方比较一下这两类语言。

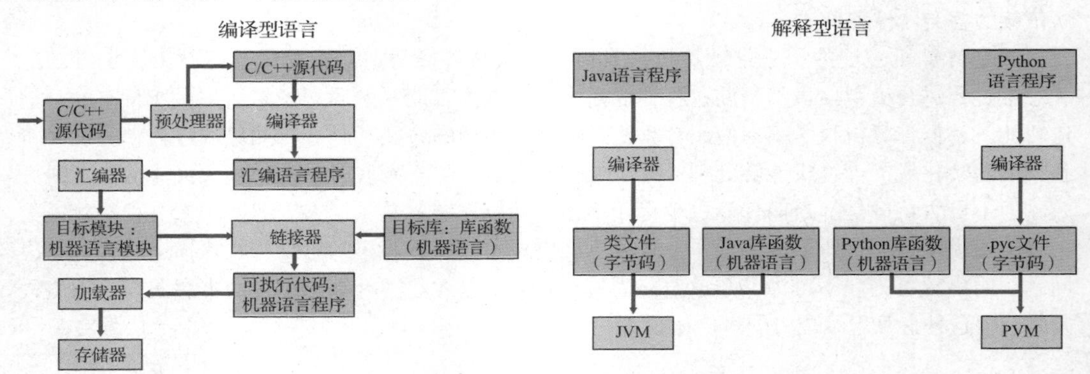

图1-8 编译型语言与解释型语言的对比

假设车间里引进了一批新设备，厂里选拔出两名技术工人，一个叫编译，另一个叫解释。设备厂商（程序员）给两人各发了一本“粗心”的操作手册（源代码），并对操作手册上的问题进行答疑解惑（调试）。

编译这名工人慢慢坐下来，扶了扶眼镜，先完整地看了一遍操作手册，遇到诧异或者奇怪的地方，就去问设备厂商，直到操作手册最终成为他自己能够完全理解和消化（编译）的东西，并将其记下来（可执行程序）。每次需要运行设备的时候，编译就靠自己的记忆去执行，不再需要操作手册。

解释这名工人撸了撸袖子，二话不说直接上手，拿着操作手册，读一条操作一步（解释），再读一条再操作下一步。遇到诧异或者奇怪的地方，他会让设备停下来，等他向设备厂商询问完毕且理解无误后才继续运行设备。不管运行多少次设备，他还是需要看着操作手册一步一步地来。

相比之下，大家可能会觉得编译这名工人要比解释显得“成熟稳重”而且“效率高”。其实，编译型语言和解释型语言各有千秋。编译型语言编写的程序在不同平台上运行时，比如从x86处理器迁移到鲲鹏处理器时，最重要的步骤就是重新编译。为什么需要重新编译呢？前面提到过，C语言编写的源代码首先会由编译器编译成汇编语言，再由汇编器汇编成机器语言，也就是二进制机器码。如果程序当中用到了其他的库函数，也需要由汇编器汇编成相应的机器语言，再由链接器链接在一起，最后加载到内存中去执行。所以编译型语言编写的程序经过编译和汇编以后，才能变成可执行程序。

相比于编译型语言，解释型语言最大的特点是不需要重新编译。为什么不需要重新编译呢？我们来看一下解释型语言编写的程序的执行过程。Java语言编写的源代码首先会由编译器编译成字节码文件，字节码文件包含的就是0、1编码。编译好的字节码会交由JVM也就是Java虚拟机去执行。Python语言也是一样的。Python的字节码会交由PVM也就是Python虚拟机去执行。JVM和PVM这两种虚拟机可以将不同CPU的指令集差异屏蔽，所以程序在不同平台上运行之前，比如从x86处理器迁移到鲲鹏处理器时，就不再需要重新编译，这也是解释型语言可移植性好的原因。值得注意的是，目前程序设计语言在编译和解释上的边界已经变得越来越模糊了，编译和解释变得“你中有我，我中有你”。

有了程序设计语言，我们就可以开启奇妙的“编程之旅”了。

1.6 怎么学“编程”

请问你准备好了吗？

作为曾经的学生、现在的老师，我们常常被问到怎么去学编程。对于这个问题，仁者见仁，智者见智。我想从另一个角度告诉大家：学编程其实很容易，而且你们也很熟悉。

大家稍微地想一下，你们现在是不是至少已经学习过两门语言？汉语和英语。其实，学编程和学语言本质上并无太大差别。汉语和英语是人与人交流的工具，而程序设计语言是人与计算机交流的工具。而且程序设计语言是由计算机科学家发明的“人造”语言，是一种能够让程序员准确地定义计算机程序的形式语言，它们远比我们所讲的自然语言简单得多。

既然你们都有着天生自学（汉语）的和后天训练（英语）的“语言学习”能力，而程序设计语言也不过就是另一门语言而已，所以，其实你们已经准备好了。你们只需把以前学习汉语和英语的那些本事再运用一遍。

你们现在可以静下来回想一下，英语学习中有哪些语法知识？字母、单词、词性、短语、时态、语态、语气、句子成分、句型结构等。而由这些基本的语法就可以构成我们想表达的各种情景，这就是语言的魅力。

而程序设计语言呢？字母、标识符、数据类型、常量、变量、控制结构、函数、数组、指针等，都可以或多或少地在英语之中找到自己的影子，这就是学习程序设计语言的容易之处。而由这些基本的语法就可以构成我们想表达的各种程序，这就是程序设计语言的魅力。

来吧，让我们一起踏上充满荆棘、奇迹、想象、创造的，熟悉而又陌生的“编程之旅”！

扩展阅读1 “我”的故事

本书是“我”的“舞台”，请允许我占用一点儿篇幅，介绍一下我自己。

我的出生算是一个“意外”。20世纪60年代的美国AT&T公司贝尔实验室有两个“老顽童”——肯·汤普森（Ken Thompson）和丹尼斯·M. 里奇（Dennis M. Ritchie）。他们闲来无事，手痒难耐，就想着玩自己编的、模拟在太阳系航行的电子游戏——*Space Travel*。他们背着老板，找到了一台空闲的机器——PDP-7。但这台机器没有操作系统，而游戏必须使用操作系统的一些功能，于是他们着手为PDP-7开发操作系统。后来，这个操作系统被命名为UNIX。而我就在B语言的基础上诞生了，也就顺其自然地叫“C语言”。

1973年初，我长大了。两个“老顽童”迫不及待地开始用我完全重写UNIX。此时，编程的乐趣使他们已经完全忘记了*Space Travel*，一门心思地投入对我的抚养和UNIX的开发。随着UNIX的发展，我变得越来越强大。直到今天，各种版本的UNIX内核和周边工具仍然使用我作为最主要的开发语言，其中还有不少继承自两个“老顽童”之手的代码。

1982年，我出名了。很多有识之士和美国国家标准协会（American National Standards Institute，ANSI）为了让我健康地成长，决定成立C标准委员会，建立C语言的标准。委员会由硬件厂商、编译器及其他软件工具生产商、软件设计师、顾问、学术界人士、C语言作者和应用程序员组成。1989年，ANSI发布了第一个完整的C语言标准：ANSI X3.159-1989，简称C89，不过人们也习惯称其为ANSI C。C89在1990年被国际标准化组织（International Organization for Standardization，ISO）一字不改地采纳，所以也有C90的叫法。1999年，在做了一些必要的修正和完善之后，ISO发布了新的C语言标准，命名为ISO/IEC 9899:1999，简称C99。

可是，1983年那两个“老顽童”因为他们在UNIX上的开创性工作共同获得图灵奖的时候，我在旁边委屈地哭了。我成了UNIX的背景板，谁都知道，没有我发挥的巨大作用，UNIX哪有今天？

后来，我成熟了。我更在乎的是我能做什么。告诉你们，我是一种通用语言，几乎任何想让计算机做的事情，都可以用我来编程实现。你们可不要小看这个能力，2000多种计算机语言中，真正“什么都能做”的语言很少。高级语言门类繁多，其中影响最大的是我；高级语言此起彼伏，其中寿命最长的也是我。在2001年到2016年的TIOBE程序设计语言排行榜上，我始终稳居前两位。在很长的一段时间内，我一直是应用最广泛的语言。

时至今日，我年纪有些大了，我的活动范围被那些“年轻气盛”的家伙挤来挤去。虽然我不遗余力地固守着系统软件开发阵地和延续下来的大型软件开发阵地，但是几乎仅在小型且追求运行效率的软件和嵌入式软件开发方面还有我发挥的一定空间。而这一点点空间也正在逐渐缩小，取代我的是C++、Java和C#等“后生”语言，以及一些专门化的语言。不过我的威望还在，我有着为数不少的“铁杆迷”，他们对我爱不释手，对那些“后生”语言不屑一顾。在代表最高编程水平的极客社区里我的铁杆迷特别多。能轻松驾驭C语言几乎是“高手”必备的素质之一。

这就是“我”的故事，一个仍在继续的传奇。

孩子，可否听我这个“老人”说说？

不要再纠结哪门语言的好与坏。每种语言都有其内涵，都有其独特的神韵。唯有以包容的心态去面对，以客观的角度去选择，才能触类旁通，将各种语言融会贯通。所以，学习语法是次要的，学习神韵才是最重要的。各种语言的语法大同小异，就算互不“抄袭”，也基本难以逾越那几条普遍规则。只要熟练掌握一种语言的语法，再学任何其他语言的语法基本上只需要几天，甚至几个小时。但要真正掌握语言的神韵，就无法一蹴而就了。

扩展阅读2　“我”和“我”的舞台

“我”是一名舞台上技艺高超的舞蹈家，你们可能听过对我跳舞的描述“like a fast dance on a newly waxed dance floor by people carrying razors”。虽然坊间议论纷纷，可我权当是对我的一种赞美，他们应该是“嫉妒”我高超的舞蹈水平，你们马上就会见识到的。至于我的“危险之处”，先卖个关子，到时候再告诉你们。

我跳舞的舞台就是现在大家触手可得的各类计算机，虽然它们形态各异，但是对我而言，它们都是一样的。它们都遵循著名的“冯·诺依曼机”结构。1946年，冯·诺依曼（Von Neumann）在总结前人工作的基础上，把计算机简化为控制器、运算器、存储器、输入设备和输出设备5个部分。控制器和运算器就是CPU，被看作计算机的“大脑”；存储器分为内存和外存两部分，使计算机具有记忆能力；输入设备是计算机的“耳朵”和“眼睛”，是人给计算机发送指令的工具，如键盘、鼠标；输出设备是计算机给人反馈结果的设备，如显示器、打印机。至今，“冯·诺依曼机”结构仍然被几乎所有的计算机采用，冯·诺依曼也因此被誉为“计算机之父”。“冯·诺依曼机”结构也确立了“软件指挥硬件”这一根本思想。CPU、显示器等硬件必须由软件指挥，否则只是一堆没有“灵性”的工程塑料与金属的混合物。如果没有软件，计算机什么也干不了。

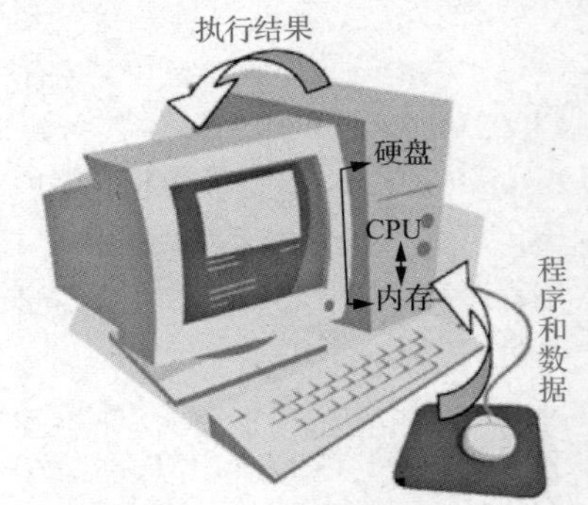

图1-9　简化的计算机工作过程示意

如图1-9所示，人与计算机的一次对话是这样完成的：用户从键盘和鼠标输入程序和数据（程序就是用计算机语言编写的指令的集合），程序和数据被存入计算机的内存；然后由CPU逐一读出每条指令、数据，按指令对数据进行运算；运算的结果写回内存中，并显示给用户。如果用户认为有长久保存结果的必要，则将其存入外存备用。

硬盘、磁盘等均为外存，它们与内存的主要区别是可以长久保存数据。内存在每次计算机关闭后都会丢失所有数据，而外存则不会。外存除了可以保存数据，还可以保存程序。使用过计算机的读者应该知道，想运行某个程序，只需在命令行中输入程序名，或者在桌面上双击该程序的图标，并不需要输入程序。这些程序是预先保存在外存中的，当用户需要运行它时，只要发出运行命令，它们就被读入内存，然后按照上面的过程执行。

我还有一位经验丰富的导演（程序员）。用C语言开发一个软件所要经历的过程一般是编辑、编译、链接和运行。

编辑（Edit）就是用程序设计语言编写源代码（Source Code）。这是一个类似创造艺术品的过程，你所有的思维、能力、知识都体现在这个过程中。本书的其余章节讲的都是怎样把这个过程做好。

对于编译（Compile），用户只需要发出编译指令，其余的事情都交给编译器（Compiler）自己完成。编译器是把程序设计语言转换成目标代码（Object Code）的软件。这个转换过程很复杂，如果读者将来有机会学习“编译原理”这门课程的话，会了解其复杂程度。编译器的用户可以全然不管这些，鼠标一点，键盘一按，轻轻松松，编译完成。程序设计的意义就在这里体现出来，程序员编写程序时把复杂的东西都“包装”在程序里，给用户一个最简单的使用界面。

如果程序员编写的源代码有问题（通常指语法错误），那么编译器会报错，并停止编译。因为它读不懂程序员编写的源代码，不知道该转换成什么。一些“聪明”的编译器还会找出程序逻辑上的问题和不安全的地方。当编译器给出错误提示信息时，程序员就要分析出错的原因，修改源代码后再编译。如此往复，直到编译成功。

链接（Link）过程很简单，用户有时候甚至完全体会不到，所以很多人习惯上把它也算作编译的一部分。在这个过程中，链接器（Linker）把程序和支持程序运行的必需的其他程序“合成”在一起，形成最后的可执行文件（在DOS和Windows下扩展名为.exe的文件）。可执行文件里面都是执行代码，也就是机器语言代码。全部转换完毕，用户就可以把这个文件复制给别人用了。通常，使用者并不需要程序的源代码，有这个可执行文件足矣。使用者唯一要做的就是运行（Run）它。

不要以为程序能运行就万事大吉了。运行时可能还会出现错误，程序员必须捕获这些错误，并通过修改源代码来解决错误，重新编译、链接，最终交付无错的可执行文件。有些错误很快就会被发现并及时改正；有些错误则隐藏很深，可能需要很长时间才会被发现。

习题1

1. 列举几种你所知道的计算机硬件和软件。
2. “冯·诺依曼机”模型有哪几个基本组成部分?
3. 列举几种程序设计语言。
4. 列举几个在生活和学习中成功应用IT的例子。

第2章

程序设计方法学基础——基本I/O和基本数据类型

内容导读

必学内容：常量与变量，基本数据类型，宏常量和const常量，数据的格式化屏幕输出，数据的格式化键盘输入，单个字符的输入输出（I/O）。

进阶内容：变量的类型决定了什么。

选学内容：用getchar()输入数据存在的问题，用%c格式输入数据存在的问题。

程序设计语言数以千计，能广为流传的不过几十种，能风光数十年的更是屈指可数。尽管Java、Python等后起之秀有后来居上之势，但C语言宝刀不老，依然笑傲天下，论剑江湖。C语言是很多其他语言的基础，正所谓“C生万物，编程之本”。C语言的影响力显而易见。

你想加入“稀饭”（C Fans）的行列吗？你想从“菜鸟”升级为“程序猿”吗？那就加入我们，和我们一起踏上“爱上C语言之旅”吧。

2.1 初识C语言，从“Hello world!”开始

本节主要讨论如下问题。

（1）何为编译预处理命令？编译预处理命令的作用是什么？

（2）程序实现数据输入输出的方式有哪几种？

（3）C语言中的主函数main()有什么作用？

编写任何程序都离不开数据的输入和输出。显然，数据输入和输出是程序的一个基本操作。一般地，程序实现数据输入的方式有两种：一种是从键盘获得用户输入的数据；另一种是从文件中获得输入的数据。程序实现数据输出的方式也有两种：一种是把要输出的数据显示在屏幕上；另一种是把要输出的数据保存到文件中。通常在需要输入和输出大量数据的时候我们会采用从文件读取数据和把数据保存到文件中的方法。

本章只讨论图2-1所示的键盘输入和屏幕输出这种方式，从文件输入数据和向文件输出数据这种方式将在第9章和第10章中讨论。

C语言没有提供专门的输入输出语句，无论何种方式的数据输入输出操作都是通过调用C语言的标准库函数来实现的。例如，向屏幕输出数据可以使用printf()函数，从键盘输入数据可以

使用scanf()函数等。

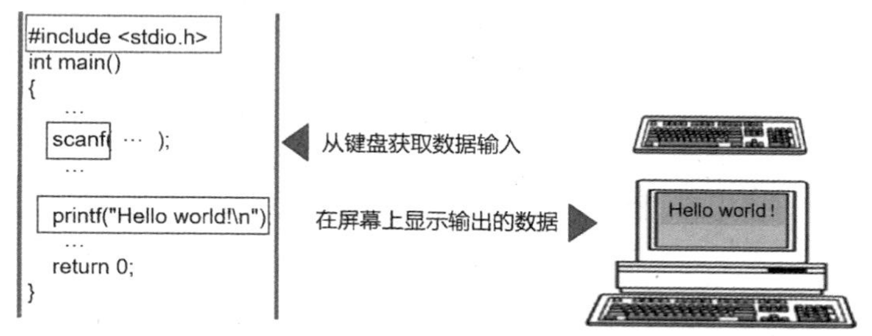

图2-1 数据的键盘输入和屏幕输出

下面，就让我们一起踏上程序设计之旅。先来认识第一个C程序，向世界说声“Hello world!”吧。绝大多数学习编程语言的人，或者说我们学习绝大多数编程语言时，都是从输出“Hello world!”开始的。

【**例2.1**】向屏幕输出“Hello world!”。

```
1  #include  <stdio.h>
2  int main(void)
3  {
4      printf("Hello world!\n");
5      return 0;
6  }
```

这个C程序只做了一件事情，就是向屏幕输出“Hello world!”。请把这段代码逐个字符输入你的**集成开发环境**（**Integrated Development Environment，IDE**），编译并运行这段代码，体会一下世界有多么美好。如你所愿，屏幕上出现了下面一行输出信息：

```
Hello world!
```

可能你已经猜到了，这行信息的输出要归功于第4行的printf()函数调用语句。但是，使用这个函数离不开第1行的代码：

```
#include <stdio.h>
```

使用C语言提供的标准输入输出函数时，必须在程序的开始位置加上这行以字符#开头的**编译预处理命令**。这里，文件名stdio.h的扩展名中的h是header的首字母，表示它是一个**头文件**（**Header File**）。在C语言中调用库函数需要将包含该库函数定义和声明的头文件包含到当前源文件中，这样编译器就能“识别”它们，而不会报错了。文件名stdio.h中的std是standard的缩写，i和o分别是input和output的首字母。该行代码表示调用标准输入输出函数所需包含的头文件是stdio.h。

虽然有的程序不需要输入数据，但是通常需要将数据输出，因此该行的编译预处理命令通常会出现在所有的C程序中。编译预处理命令的作用是，在预处理阶段，预处理器根据编译预处理命令的内容来修改原始的C程序。例如，本例程序的第1行代码用文件包含（即include）编译预处理命令将尖括号标识的头文件包含到用户源文件中，即将头文件stdio.h的内容直接插入源程序。

编译预处理是C语言有别于其他高级语言的特征之一，它属于C编译系统的一部分。C程序中使用的编译预处理命令均以#开头，它在C编译系统对源程序进行编译之前，先对程序中的这些命令进行“预处理”。C语言中的编译预处理命令主要有3种形式：宏定义、文件包含和条件编译。宏定义将在2.2.4节介绍，条件编译将在第5章介绍。

程序第2行定义的**主函数**main()是C程序的入口，所有的C程序都是从主函数开始并在主函数中结束的，一个C程序必须有且只能有一个用main作为名字的函数，且主函数在C程序中只能出现一次。

第3行～第6行代码是C程序的主函数的函数体，所有函数的函数体都是用一对花括号标识的，主函数中的最后一条语句return 0;的含义是结束函数的执行。因为该函数返回的是一个整型数据，所以main()函数的返回值被定义为int型。如果不是在命令行方式下执行程序，main()函数通常不需要函数参数。为了明确声明函数不需要函数参数，main后面的圆括号内用void表示该函数没有函数参数。

下面的程序框架基本上是C程序的“标配”了。要实现不同的功能，在省略号的位置添加能够实现这些功能的语句即可。当然，这些语句也可以再调用其他的函数。

```
1   #include  <stdio.h>
2   int main(void)
3   {
4       …
5       return 0;
6   }
```

注意，一般情况下，C语言中的**语句**都是以分号结尾的（如例2.1中第4行和第5行的语句），将多条语句用花括号标识的复合语句除外，什么都不做的空语句至少要写一个分号。printf()中双引号内的内容就是要向屏幕输出的内容，例如，这里是向屏幕输出“Hello world!”。最后的“\n”表示“换行”，也就是输出完前面的内容后将光标移到下一行的起始位置。

2.2　常量和变量

本节主要讨论如下问题。

（1）如何定义变量并初始化变量？

（2）为什么不建议在程序中直接使用幻数？

（3）const常量和宏常量相比，其优势主要体现在哪里？

众所周知，自然语言的基本构成要素是字，词或词组是由“字+词法”构成的，句子或段落是由“词或词组+语法”构成的，篇章则是由句子或段落构成的。字称为基本单元，而词或词组、句子或段落，可称为构造单元。与自然语言类似，程序设计语言中也存在基本单元和构造单元等构成要素，程序设计语言中的程序相当于自然语言中的篇章，程序设计语言中可使用的字母、数字、运算符、分隔符等基本符号相当于自然语言中的字，程序设计语言中的关键字、标识符、常量等相当于自然语言中的词或词组，程序设计语言中的语句相当于自然语言中的句子。

C语言中的**关键字（Keyword）**，也称**保留字（Reserved Word）**，是C语言预先定义的、具有特殊意义的单词（详见附录A）。例如，例2.1程序中的return语句中的单词return就是关键字。

不同于关键字，**标识符（Identifier）**是由大小写字母、数字和下画线构成的一个字符序列，C语言中的标识符包括**系统预定义标识符**和**用户自定义标识符**。系统预定义标识符是可以被重定义但不推荐重定义的有特殊意义的单词。例如，例2.1中用到的主函数名main和用于输出数据的标准库函数名printf都属于系统预定义标识符。用户自定义标识符主要用来标识用户自定义的变量名、宏常量名、数组名、函数名等。

变量（Variable）和**常量（Constant）**是C程序中数据的两种基本形式。顾名思义，常量就是在程序中不能改变其值的量，而变量则是在程序中可以改变其值的量。

2.2.1　变量的类型和变量的定义

变量的定义

C语言是**静态类型语言**，变量的类型需要在程序编译之前就确定下来，这就意味着变量的类型必须先进行声明，即在创建的那一刻就确定变量的类型，在其后的使用中，只能将该类型的数据赋值给该变量，否则有可能引发错误。而Python这样的动态类型语言就没有这样的限制，将什么类型的数据赋值给变量，这个变量就是什么类型。

因此，静态类型语言中的变量必须遵循“先定义，后使用”的原则。变量定义语句的一般格式如下：

```
类型关键字  变量名；
```

这里的类型关键字可以是C语言支持的任何类型关键字。在C语言中，基本数据类型包括整型、浮点型、字符型和枚举类型。**整型**包括3种：**基本整型**（**int**）、**长整型**（**long int或long**）、**短整型**（**short int或short**）。圆括号内的单词是它们的类型关键字。**C99**还引入了**long long int型**，相对于其他整型而言，它的取值范围增大了，但它仅适用于在硬件或软件上对64位字长兼容的系统。**浮点型**主要有3种：**单精度**（**float**）、**双精度**（**double**）和**长双精度**（**long double**）。它们的主要区别在于表数范围和精度。**字符型**的类型关键字为char。枚举类型将在第11章介绍。

除了这些基本数据类型，C语言还提供了很多数据类型，如数组、结构体、共用体、指针等。本章主要介绍基本数据类型中的整型、浮点型和字符型，其他数据类型陆续在后面章节中介绍。

C语言允许在一条语句中同时定义多个相同类型的变量，多个变量之间用逗号作为**分隔符**（**Separator**）。例如，可按如下方式同时定义3个整型变量：

```
int  a, b, c;
```

C语言还允许在定义变量的同时对变量进行**初始化**。例如：

```
int  a = 0;
int  b = 0;
int  c = 0;
```

等价于

```
int  a = 0, b = 0, c = 0;
```

注意，不能写成：

```
int  a = b = c = 0;
```

C89要求一个语句块内的所有变量必须在该块的开始处声明，但**C99**取消了这一规定，允许变量声明语句和可执行语句混合使用，即在一个语句块内，一个变量可以在使用该变量的可执行语句前的任何位置声明。尽管这种做法可以增强代码的可读性，降低无用变量出现的可能性，但很多程序员还是喜欢在一个语句块的开始处将用到的所有变量一起声明。

由于变量的定义通常出现在程序可执行语句之前，所以编译器可预先确定为变量分配内存空间的大小，以便在程序执行之前做好为变量分配内存的工作。

变量名用于标识内存中一个具体的内存单元，在这个内存单元中存放的数据称为**变量的值**。当新的数据被写入变量时，原有的变量的值将被新写入的值所覆盖。

通过变量名访问变量的值，称为数据的**直接寻址**。在第9章，我们还会介绍数据的**间接寻址**。在直接寻址方式下，只要指定变量名就可以读写变量的值。

如图2-2所示，对变量进行定义只是为变量分配了内存，但内存中的数据是随机不确定的值，即若在定义变量时未同时对其进行初始化，则该变量的值是一个随机值（静态变量和全局变量除外，将在第5章介绍）。若既要为变量分配内存，又要对其进行初始化，则需要使用下面的语句：

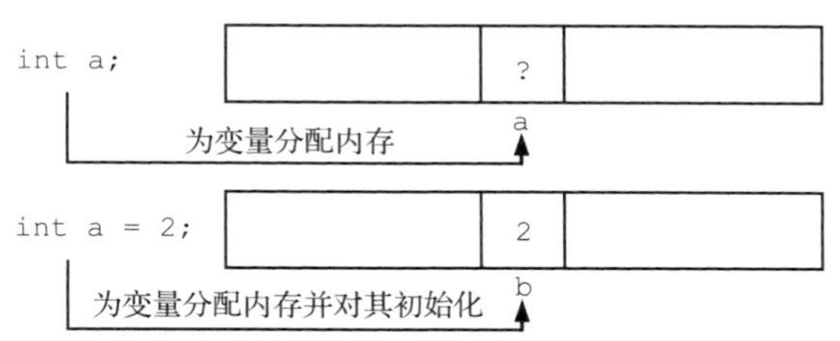

图2-2 变量的定义和初始化

```
int  a = 2;    // 定义int型变量a并将其初始化为2
```

在基本数据类型前加**类型修饰符**（**Type Modifier**）关键字可以更加准确地对类型进行声

明。类型修饰符主要有如下4种。

（1）signed表示“有符号”，仅可以修饰int和char。系统默认的int型为有符号整型，因此在int前加signed是多余的。但当系统默认char型为无符号字符型时，使用signed修饰char来表示有符号字符型则是有意义的。

（2）unsigned表示“无符号”，仅可以修饰int和char。

（3）long表示“长型”，仅可以修饰int和double。

（4）short表示“短型”，仅可以修饰int。

字符型变量在内存中仅占1字节，因此它只能保存一个字符的数据。存储多个字符需要用到字符数组，将在第10章介绍。字符型变量的取值范围取决于计算机系统所使用的字符集。目前，计算机上广泛使用的字符集是**ASCII（American Standard Code for Information Interchange，美国信息交换标准码）字符集**。该字符集规定了每个字符所对应的编码（常用字符的ASCII码对照表详见附录D），即每个字符都有一个相应的整型值与其相对应。在内存中存储的字符实际上就是该字符对应的ASCII码的二进制值。例如，对于字符“a”，内存中存储的是其ASCII码97的二进制值。因此，字符型可看成一种特殊的整型。只要不超出ASCII码的取值范围，字符型数据和整型数据之间的转换就不会丢失信息。这也说明，字符型数据可参与任何整型数据的运算。例如，对字符“a”做增1运算得到的结果是字符“b”。再如，一个字符型变量既能以字符型格式输出，也能以整型格式输出，以整型格式输出时就直接输出其ASCII码的十进制值。

字符型也存在有符号和无符号两种。无符号字符型的ASCII码值的范围为0～255，有符号字符型的ASCII码值的范围为-128～127。C语言标准并未指定char类型是有符号字符型还是无符号字符型，具体是哪种类型取决于编译器和硬件平台。为了保证程序的可移植性，不要假设字符型的默认类型是有符号字符型还是无符号字符型。在用字符型变量存储字符时，一般不关心它是有符号字符型还是无符号字符型。仅在用字符型变量存储单字节整数时，显式地声明它是无符号字符型还是有符号字符型才有意义。

2.2.2 最佳编码原则：标识符的命名规则和程序注释

在C语言中，标识符必须遵循一定的**命名规则（Naming Rule）**。其中，被大多数程序员所采纳的共性规则如下。

（1）标识符由英文字母、数字和下画线组成，且必须以英文字母或下画线开头。

（2）不允许使用关键字作为标识符，同时标识符也不应与系统预定义的库函数重名。

（3）C语言的标识符可以是任意长度。实际上标识符一般也会有最大长度（与编译器相关）限制，不过在大多数情况下并不会达到此限制。

（4）标识符应直观、易于拼读、易于记忆，即做到“见名知意”，最好使用英文单词及其组合，切忌使用汉语拼音。给变量起一个有意义的名字，有助于程序的自我文档化，减少所需注释的数量。

（5）标识符应尽量与所采用的操作系统或开发工具的风格保持一致。例如，Windows应用程序的标识符通常采用“大小写混排”方式，如MaxValue，而UNIX应用程序的标识符通常采用“小写加下画线”方式，如max_value。不要将两类风格混在一起使用。

（6）C语言的标识符是区分大小写（对大小写敏感）的。尽管如此，还是最好不要使用仅靠大小写区分的相似的标识符，以免引起混淆。

良好的程序设计风格提倡在定义变量的时候给变量加上**注释（Comment）**。C风格的注释用/*和*/标识。例如：

```
    int   height = 10;   /*矩形的高*/
    int   width = 20;    /*矩形的宽*/
```

C99允许使用C++风格的注释，即**单行注释符**，C++风格的注释以//开始，到本行末尾结束，且只能占一行，需要跨行书写时，每一行注释都必须以//开始。例如：

```
    int   height = 10;   //矩形的高
    int   width = 20;    //矩形的宽
```

注释是对程序中的某一行或若干行语句进行解释的简短文本，用来解释相应位置的程序段是如何工作的，既可以用英文，也可以用中文来书写注释内容。注释是程序的组成部分，但是编译器在编译程序时会忽略它们，即注释并不影响程序的运行结果。有时在调试程序时，对暂不使用的语句也可以用注释符标注，使编译器跳过这些语句。当希望程序执行这些语句时，去掉这些注释符即可。

C++风格的注释比较简洁，C风格注释的优势是方便跨行，即如果注释内容在一行内写不下，可以继续在下一行书写，只要内容在一对/*和*/中间都被编译器当作注释来处理。注意，斜线（/）和星号（*）之间不能有空格，且注释不可以嵌套，即不能在一个注释中添加另一个注释。

除了标识符命名规则，注释也是**编码风格**（**Coding Style**）的一部分。既然不影响程序的功能，那么**为什么还要写注释呢?**

首先，要弄清楚，注释是写给谁看的。注释不是写给计算机而是写给那些想阅读程序源代码的人看的。注释一方面是给自己看的，使自己的设计思路得以连贯，另一方面是给继任者看的，使其能够接替自己的工作。所以，要站在继任者的角度写注释。

首次，注释之于程序犹如眼睛之于人一样重要，没有注释的程序，对于阅读者来说好比眼前一团漆黑，仅仅是一个可执行程序。代码本身体现不出价值，是开发程序的思维使其变得有价值，这种思维的具体体现就在于注释和规范的代码本身。好的注释是对设计思想的精确表述和清晰展现，简单明了，准确易懂，没有二义性，能充分揭示代码背后隐藏的重要信息，起到"提示"代码的作用，可使程序更容易阅读，即提高程序的**可读性**（**Readability**）。

写注释时，要注意以下几点。

（1）注释不是白话文翻译，不要鹦鹉学舌。注释也不是教科书，不要把他人当成初学者。

（2）不要写做了什么，要写想做什么、如何做的。

（3）注释可长可短，但应起到画龙点睛的作用，着重加在语义转折处。

（4）在写代码的过程中同步添加注释。

（5）修改代码的同时也修改注释。

（6）供他人使用的函数必须严格添加注释，特别是入口参数和出口参数。内部使用的函数以及某些简单的函数可以简单添加注释。

（7）注释不是标准库函数的参考手册，注释也不是越多越好，不好的注释不但写了等于白写，还可能扰乱阅读者的视线。

此外，main()函数内的语句统一缩进4个空格，这同样是为了提高程序的可读性。

2.2.3　常量的表示形式

常量

整型常量习惯上用**十进制**（**Decimal**）数来表示，有时也会采用**十六进制**（**Hexadecimal**）数或**八进制**（**Octal**）数来表示（进制之间的转换方法详见附录F），根据前缀可以区分是哪一种进制的常量。无论是用哪种进制来表示，编译器都会自动将其转换为**二进制**（**Binary**）形式存储在计算机内存中。不同进制的整型常量的表示形式如表2-1所示。整型常量也有长整型、基本整型和短整型，且有有符号和无符号之分。不同类型的整型常量的表示形式如表2-2所示。

表 2-1　不同进制的整型常量的表示形式

进制	实例	特点
十进制	17	以10为基数。由0～9的数字序列组成
二进制	00010001	以2为基数。由0～1的数字序列组成
八进制	021	以8为基数。由数字0开头，后跟0～7的数字序列
十六进制	0x11	以16为基数。由0x或0X开头，后跟0～9、a～f或A～F的序列

表 2-2　不同类型的整型常量的表示形式

类型	实例	特点
长整型常量	-256l，1024L	常量值后跟L或l
有符号整型常量	10，-30，0	默认的是有符号整型常量
无符号整型常量	30u，256U	常量值后跟U或u
无符号长整型常量	30lu	常量值后跟LU、Lu、lU或lu

浮点型常量有十进制小数和指数两种表示形式，如表2-3所示。不同类型的浮点型常量的表示形式如表2-4所示。浮点型常量无有符号和无符号之分，其默认类型为双精度浮点型。

表 2-3　浮点型常量的表示形式

形式	实例	特点
十进制小数	0.123，-12.35，.98	由符号位、数字和小数点组成。注意，必须有小数点，如果没有小数点，则不能作为小数形式的浮点型常量
指数	3.45e-6，34.5e-7	以字母e或E来表示以10为底的指数。其中，e的左边是数值部分（有效数字），可以表示成整数或小数形式，不能省略；e的右边是指数部分，必须是整数形式

表 2-4　不同类型的浮点型常量的表示形式

类型	实例	特点
单精度浮点型常量	1.25F，1.25e-2f	常量值后跟F或f
双精度浮点型常量	0.123，-12.35，.98	浮点型常量的默认类型为双精度浮点型
长双精度浮点型常量	1.25L	常量值后跟L或l

字符常量需要用单引号标识。例如，'a'是一个字符常量，而不加单引号的a则是一个标识符。再如，'3'表示一个字符，而不加单引号的3则表示一个整数。

回车、换行等非打印的（控制）字符和对编译器有特殊含义的字符（如"）需要用另一种特殊形式的字符常量即**转义序列（Escape Sequence）**来表示。转义序列是以反斜线\开头的字符序列，编译器会将反斜线\及其下一个字符解释为一个转义序列。转义序列可以被视为一个嵌入字符串的特殊控制命令。常用的转义序列及其含义如表2-5所示。

表 2-5　常用的转义序列及其含义

转义序列	含　义	转义序列	含　义
'\n'	换行（Newline）	'\a'	响铃或报警（Bell or Alert）
'\r'	回车（但不换行）（Carriage Return）	'\"'	双引号（Double Quotation Mark）
'\0'	空字符（Null），通常用作字符串结束标志	'\''	单引号（Single Quotation Mark）

续表

转义序列	含 义	转义序列	含 义
'\t'	水平制表（Horizontal Tabulation）	'\\'	一个反斜线（Backslash）
'\v'	垂直制表（Vertical Tabulation）	'\?'	问号（Question Mark）
'\b'	退格（Backspace）	'\ddd'	1～3位八进制ASCII码值所表示的字符
'\f'	走纸换页（Form Feed）	'\xhh'	1～2位十六进制ASCII码值所表示的字符

例如，'\n'用于控制输出时的换行处理，即将光标移到下一行的起始位置，而'\r'则表示回车，但不换行，即将光标移到当前行的起始位置。再如，'\t'表示水平制表，相当于按Tab键。屏幕上的一行通常被划分成若干个域，相邻域之间的交界点称为“制表位”，每个域的宽度就是一个Tab宽度，通常开发环境对Tab宽度的默认设置为4个空格。注意，每次按Tab键，并不是从当前光标位置向后移动一个Tab宽度，而是移到下一个制表位，实际移动的宽度视当前光标位置距下一个制表位的距离而定。

既然编译器会将反斜线\看作一个转义序列的开始，那么如何用字符常量表示反斜线呢？只要在反斜线的后面再放一个反斜线，即'\\'。注意，不能在单引号中只放置一个反斜线。

另一个常用的转义序列是'\"'，它表示字符"，因为字符"被用于标记字符串的开始和结束，所以它不能出现在没有使用上述转义序列的字符串内。例如，若要将Hello world！两边各加一个双引号再输出到屏幕上，那么printf语句应该这样来写：

```
printf("\"Hello world!\n\"");
```

转义序列仅包含常用的无法输出的ASCII字符，对于其他无法输出的ASCII字符以及扩展的ASCII字符，可以采用**数字转义序列**（**Numeric Escape Sequence**），如表2-5中的'\ddd'和'\xhh'。要将特殊字符写成数字转义序列，需要先从附录D中找到该字符的十进制ASCII码（序号），将其转换成无符号的3位八进制值或2位十六进制值，然后将其写成八进制转义序列（'\ddd'的形式）或十六进制转义序列（'\xhh'的形式）。例如，转义序列'\0'表示ASCII码值为0的空字符，它通常用作字符串结束标志，第10章将详细介绍。

2.2.4 最佳编码原则：使用宏常量和const常量

1. 宏常量

在程序代码中出现的不易理解的常数值称为**幻数**（**Magic Number**）。为了保持良好的程序设计风格，通常建议不要在程序中使用幻数，这是因为在程序中直接使用幻数不仅会导致程序的可读性变差，程序员在编写程序时，每次输入幻数还有出现书写错误的风险，而且，当幻数需要改变时，需要同时修改所有涉及该幻数的代码，修改工作量大，难免会发生遗漏。

那么，如何避免使用幻数呢？在C语言中，幻数被定义为宏常量或const常量，即用一个简单易懂的名字来代替程序中多次出现的幻数，这样做的好处是能够增强程序代码的**自解释性**（**Self-explanatory**），同时也易于对程序进行大面积的修改，并有助于消除使用幻数时经常发生的书写错误。

宏常量（**Macro Constant**）也称为**符号常量**（**Symbolic Constant**），是指用一个标识符来表示的常量，该标识符与此常量是等价的。宏常量是由宏定义编译预处理命令来定义的。**宏定义**的一般形式：

```
#define 标识符  字符串
```

其作用是用#define编译预处理命令将define后面的标识符定义为一个**宏名（Macro Name）**，指示编译器将后面代码中出现的所有该标识符全部替换成指定的字符串。将程序中出现的宏名（位于字符串以内的除外）替换成指定字符串的过程称为**宏替换（Macro Substitution）**。

宏定义中的标识符即宏名，不同于源程序中的变量名，它们一个表示常量，一个表示变量，有着本质上的区别。所以为了便于区分，习惯上用字母全部大写的单词来给宏常量命名。

需要特别注意的是，宏常量只是请来的一个长得特别像变量的“替身演员”，宏定义不是变量定义，也不是C语句，而是一种编译预处理命令，在预处理阶段执行宏替换时只是“傻傻地”将源程序中出现的宏名一律替换为指定的字符串，并不做任何语法检查。因此，进行宏定义时不能像给变量赋值那样加等号和分号，否则宏替换会连同等号和分号一起替换。例如，如果将宏定义写为：

```
#define  PI = 3.14159;                //宏定义有错误
```

那么经宏替换后，下面的语句

```
printf("%f\n", PI*r*r);              //以%f格式输出PI*r*r的值
```

将被替换成

```
printf("%f\n", = 3.14159;*r*r); //有语法错误
```

从而产生语法错误。

正确的定义方法为

```
#define  PI  3.14159                 //宏定义正确
```

还有一种比较复杂的宏定义形式，即带参数的宏定义，但是由于语法错误只有在对宏替换后的源程序进行编译时才能发现，因此，为了保持良好的程序设计风格，不推荐使用更为复杂的宏定义。

2. const 常量

常量
——实际操作

宏常量没有数据类型，编译器不会对宏常量进行类型检查，只进行简单的字符串替换，字符串替换时容易产生错误。不同于宏常量，**const常量**允许声明具有某种数据类型的常量。因为它是一个代表特殊值的名字，所以const常量也称为**有名常量（Named Constant）**。声明const常量的一般形式：

```
const  类型关键字  标识符 = 常量值;
```

例如，我们可以将3.14159定义为const常量，具体语句为

```
const double  PI = 3.14159;          //定义const常量
```

这里，const为限定符，放在类型关键字之前表示将类型关键字后的标识符声明为具有该数据类型的const常量。由于编译器将const常量存放在只读存储区，不允许在程序中改变其值，因此const常量只能在定义时赋值。

与宏常量相比，const常量的优点是有数据类型，某些集成化调试工具可以对const常量进行调试。

2.3 变量的类型决定了什么

本节主要讨论如下问题。

（1）在高级语言中为什么要引入数据类型？变量的类型决定了什么？

（2）如何计算变量或某种类型数据所占内存空间的大小？

（3）整型和浮点型在内存中的存储方式有何不同？为什么浮点型不是实数的精确表示？

变量的类型决定了什么(上)

变量的类型决定了什么(下)

在冯·诺依曼体系中，程序代码和数据都是以二进制形式存储的，因此，对计算机系统和硬件本身而言，数据类型的概念其实是不存在的。那么为什么要在高级语言中引入**数据类型**（**Data Type**）的概念呢？在高级语言中，引入数据类型是为了有效地组织和规范地使用数据，以便更有效地解决实际问题。

数据类型声明会明白地告诉我们变量的取值范围，以及在何种数据上能进行何种操作，从而可以防止许多不合法的错误，提高数据的可靠性。类型匹配检查是高级语言较机器语言的一大进步。此外，由于类型声明通常出现在程序可执行部分之前，因此编译器可以根据变量的类型决定给变量分配的内存空间的大小，为不同类型的数据分配不同大小的内存空间，在程序执行时就会产生提高程序执行效率、节省内存空间的效果。例如，张三现在要网购一件衬衫，那么在网上搜索衬衫时一定存在一些选择标准，即男女款、含棉量、规格（尺寸）、价格、款式、颜色等。这里的价格可用整型数据表示，含棉量可用浮点型数据表示，颜色则可用字符型或枚举类型数据表示。

在C语言中，变量的类型决定了编译器为其分配的内存单元的字节数、内存单元中能存放哪种类型的数据、数据在内存中的存储方式、该类型变量合法的取值范围及可参与的运算类型等。

1. 不同类型数据可参与的运算不同

不同类型的数据可参与的运算类型是不同的。例如，在C语言中，求余运算仅适用于整型数据，而不适用于浮点型数据。

2. 不同类型数据占用的内存空间大小不同

变量占内存的字节数——实际操作

不同类型的数据所占内存空间的大小是不同的。**如何计算不同类型的变量所占内存空间的大小呢？**

C语言标准规定，字符型数据在内存中只占1字节，但并未规定各种不同的整型数据在内存中所占的字节数，只是要求长整型数据的长度不短于基本整型，短整型数据的长度不长于基本整型。因此，同类型的数据在不同的编译器和计算机系统中所占的内存字节数可能是不同的。例如，整型数据通常与程序的运行环境字长相同：对于32位编译系统，整型数据在内存中占32位（4字节）；对于64位编译系统，整型数据在内存中占64位（8字节）。GCC（常用的C语言编译系统）下基本数据类型的数据在内存中所占的字节数如表2-6所示。

表 2-6　GCC 下基本数据类型的数据在内存中所占的字节数

数据的类型	所占字节（Byte）数	所占位（bit）数
char (signed char)	1	8
unsigned char	1	8
short int (signed short int)	2	16
unsigned short int	2	16
unsigned int	4	32
int (signed int)	4	32
unsigned long int	4	32
long int (signed long int)	4	32
long long int(signed long long int)	8	64
unsigned long long int	8	64
float	4	32
double	8	64
long double	12	96

因为在不同的系统中，各类型数据所占的内存空间的字节数可能是不同的，所以不能对变量所占的字节数想当然。计算某种类型数据或变量所占内存空间的字节数时，必须使用**sizeof运算符**，这样有助于增强程序的可移植性。

注意，sizeof是一个一元运算符，用于返回其操作数（变量或某种类型数据）对应的数据类型占内存空间的字节数。例如，整型数据所占内存的字节数用sizeof(int)计算即可，使用sizeof(变量名)的形式可以计算某变量所占内存的字节数。

sizeof是一个编译时执行的运算符，即它是在编译期间执行的，编译器本身就能确定sizeof(表达式)的值，不会导致额外的运行时开销，除非它的操作数是一个可变长度数组，这是因为在C99中可变长度数组的元素个数在程序运行期间是可变的。

3．不同类型数据在内存中的存储方式不同

我们已经知道一个整型数据在内存中是占多字节的，那么**计算机是如何将一个多字节的整型数据放入内存的呢？**换句话说，**是先放入低位字节还是先放入高位字节呢？**

如图2-3所示，如果先存放低位字节，则称为**小端次序（Little-endian）**，这种先低后高的存储方式便于计算机从低位字节向高位字节运算。Intel公司的x86系列计算机采用的都是小端次序。而如果先存放高位字节，则称为**大端次序（Big-endian）**，这种先高后低的存储方式与人们从左到右的书写顺序相同，便于处理字符串。IBM公司的计算机大多采用大端次序。

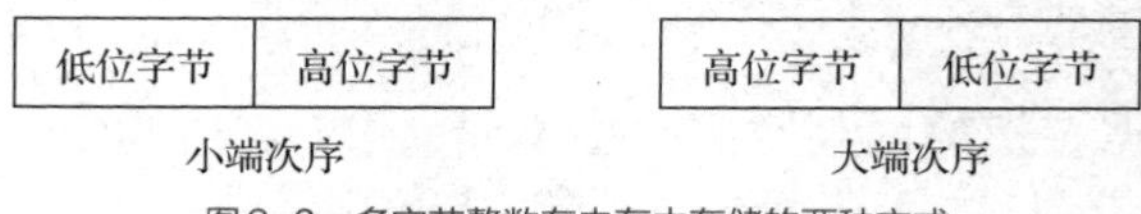

图2-3　多字节整数在内存中存储的两种方式

那么，**浮点型数据在计算机内存中又是如何存储的呢？**

在回答这个问题之前，先来看一下实数的两种表示方法。根据小数点的位置是否固定，浮点型数据通常有两种表示方法：一种是小数点位置固定不变的**定点数（Fixed-Point Number）**；另一种是**浮点数（Floating-Point Number）**，它的小数点位置是不固定的，即在逻辑上是可以浮动的。

定点数包括**定点整数**和**定点小数**（即纯小数）。如图2-4所示，当小数点位于数值位的最低位的右侧（注意，小数点并不单独占1个二进制位）时，就表示一个定点整数。如图2-5所示，当小数点位于符号位和第一个数值位（最高数值位）之间时，就表示一个纯小数。

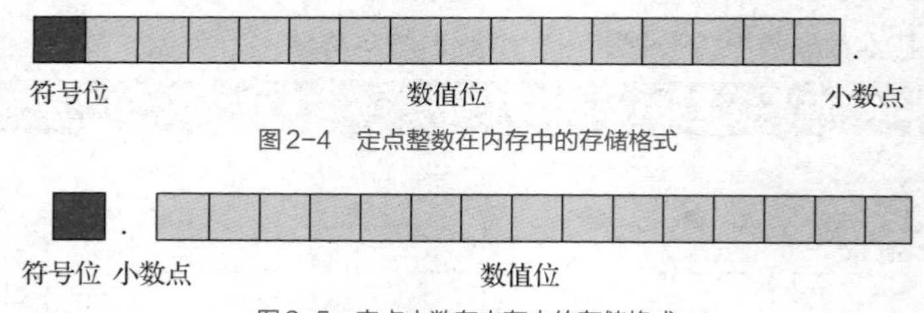

图2-4　定点整数在内存中的存储格式

图2-5　定点小数在内存中的存储格式

相对于定点数而言，浮点数之所以称为浮点数，就是因为它的小数点位置是可以浮动的。例如，十进制数1234.56可以写成如下4种类似于科学记数法的表示形式：

$1234.56 \quad 0.123456\times10^{4} \quad 1.23456\times10^{3} \quad 12345.6\times10^{-1}$

这里，随着10的幂次的变化，小数点的位置也发生相应的变化。也就是说，将实数表示为小数和指数两部分，通过改变指数，即可实现小数点位置的浮动。

为什么计算机采用浮点数而非定点数来表示实数呢？

这是因为计算机处理的实数的数值既可能很大，也可能很小，而定点数的二进制位数或

字节数是确定和有限的，所以定点数的表数范围是有限的。例如，小数点位于数值位的最低位右侧的32位定点整数的绝对值不能大于$2^{31}-1$，否则会产生数值溢出。而浮点数的小数点位置可以随其指数部分的变化而变化。对于同样的小数部分，指数部分的值越大，浮点数所表示的数的绝对值就越大；指数部分的值越小，浮点数所表示的数的绝对值就越小。这就使得浮点数更适合表示绝对值很大或很小的数，因此浮点数能满足数值变化范围更大的实际问题的需要。

那么，**浮点数在计算机内存中究竟是如何存储的呢？**

虽然浮点数在内存中也是以二进制形式存储的，但其存储方式与定点数截然不同。以二进制形式存储的浮点数在内存中一般是分符号位、阶码和尾数3个部分存储的。实数的小数部分称为**尾数（Mantissa）**。实数的指数部分称为**阶码（Exponent）**。于是，浮点数的值可由尾数乘以某个基数（例如，对于二进制基数是2）的整数（即阶码）次幂得到，这种表示方法类似于基数为10的科学记数法。假设浮点数N的绝对值为$m \times r^e$，则浮点数N在内存中的存储格式如图2-6所示。

符号位s	阶码e	尾数m

图2-6　r进制浮点数在内存中的存储格式

其中，m为尾数，一般用原码二进制纯小数表示，这是因为有单独的一位（最高位s）作为浮点数的符号位，也相当于尾数的符号位，所以这里的m一定是正数；e为阶码，用补码二进制整数表示；假设基数用r表示，则对二进制数而言，$r = 2$。当符号位为0时，N为正数，即$N = m \times 2^e$；当符号位为1时，N为负数，即$N = -m \times 2^e$。

显然，阶码所占的位数决定实数的表数范围；尾数所占的位数决定实数的精度；符号位决定实数的正负。

因C语言标准并没有明确规定**单精度**（float）、**双精度**（double）、**长双精度**（long double）这3种浮点型的长度、精度和表数范围，有的系统使用更多的位来存储小数部分（尾数），增加了数值的有效数字位数，提高了数值精度，但缩小了表数范围；有的系统使用更多的位来存储指数部分（阶码），扩大了变量值域（即表数范围），但精度有所降低。**有效数字位数**常用于表示一个浮点数的精度。

然而，**为什么浮点数不能精确表示实数呢？**这是因为虽然双精度浮点数通过增加阶码和尾数的存储位数增大了其表示的浮点数的范围、提升了精度，但其尾数所占的内存字节数依然是有限的，例如，单精度浮点数的尾数在内存中仅占23位，双精度浮点数的尾数在内存中也不过占52位，这导致浮点数的表数精度必然是有限的。因此，浮点数并不是真正意义上的实数，它只是实数在某种范围内的一种近似值，这也是C语言提供多种不同精度的浮点型的主要原因。

浮点数运算（指浮点数参与的运算）不能保证计算结果像整数运算那样精确的主要原因是，浮点数的表数精度是有限的，并且浮点数运算通常还会伴随着因无法精确表示而进行的一些近似或舍入的计算。当进行某些操作时，如果其结果无法在系统可以提供的精度内表示完全，就会造成精度损失，例如，10除以3得到的结果是3.3333333…，其小数部分是无穷多个3，显然不能在有限的内存中精确存储，实际在内存中存储的必然是它的一个近似值。这种因近似和舍入而导致的精度损失在一次运算中可能并不显著，但是通过累积，损失的精度就有可能扩大。此外，在不同类型的数据之间进行赋值时，将一个表数精度较高的浮点数（如双精度型数据）赋值给表数精度较低的浮点数（如单精度型数据），也会发生精度损失。

因此，在程序中如果需要使用浮点数运算，建议尽量使用双精度浮点数，因为双精度浮点型变量比单精度浮点型变量占用更多的内存空间，其表数范围更大，表数精度也更高。尽管这样会导致性能下降，但对于现代处理器而言，由此造成的性能下降是微乎其微的。在对计算精度要求不高的场合，或者单精度足以满足实际需求时，出于节省内存和提高效率的考虑，可以使用单精度浮点数。

字符型数据在内存中又是如何存储的呢？

字符型数据在内存中是以二进制编码方式存储的，字符的编码方式取决于计算机系统所使用的字符集。目前最常用的字符集是**ASCII字符集**（见附录D），该字符集用7位编码来表示常用的字母、数字、控制字符等128个字符，每个字符对应一个0～127的编码值，这个编码值可用一个整数来表示，也称为该字符的**ASCII码**，它相当于字符在ASCII字符集中的“序号”，具体序号可从ASCII码表中查出。这个7位编码并未有效利用其字节的最高位，为了充分利用字节的最高位，使其能表示更多的字符，产生了**ASCII扩展码**。新增的128个ASCII扩展码用来存放英文制表符、部分音标字符和其他符号。8位的ASCII码总计能表示256个字符。

由于字符在内存中是以其对应的ASCII码的二进制形式存储的，即用1字节来保存1个字符（例如，字符'A'在内存中实际存储的是其ASCII码65的二进制值），因此从这个意义上来说，一个字符其实就是一个普通的整数，只不过它在内存中仅占1字节。正因如此，可以对字符型数据和整型数据进行混合加减运算，其实质就是对字符型数据的ASCII码值和整型数据进行加减运算，例如，'A'+32的结果是'a'，而'a'-32的结果就是'A'，这样，利用大写英文字母与小写英文字母的ASCII码值相差32这一规律，就可以直接对英文字母进行大小写转换。此外，一个字符型数据既能以字符型格式（%c）输出，也能以整型格式（%d）输出，以整型格式输出时就是输出其ASCII码值。一个字符型变量既可以用字符常量来初始化，也可以用字符的ASCII码值来进行初始化：

```
char  c = 'A';  //定义变量c为char型，并用字符常量'A'对其进行初始化
char  c = 65;   //定义变量c为char型，并用65(相当于'A')对其进行初始化
```

既然C语言允许将字符作为整数来处理，那么像整型一样，字符型也存在有符号字符型和无符号字符型。无符号字符型的ASCII码值为0～255（ASCII扩展码值为128～255）。有符号字符型的ASCII码值为-128～127（ASCII扩展码值为-128～-1）。

如果仅仅将变量用于存储，那么我们大可不必去关心它究竟是有符号字符型还是无符号字符型。然而，如果变量用在需要编译器将其值转换为整数的上下文中（转换后的整数有可能是负数），或者当程序使用字符型变量存储一个单字节整数时，则需显式声明它是无符号字符型还是有符号字符型，这就像需要显式地声明一个整型变量是有符号整型还是无符号整型一样。

非英语国家的语言文字在计算机中是如何编码的呢？ C语言最初假定字符都是单字节的、在程序中经常出现的一些字符，遗憾的是这种假定并不是在世界的任何地方都适用。程序在适应不同地区的过程中遇到的最大的难题之一就是字符集的问题。北美地区主要使用ASCII 字符集及其扩展，但其他地区的情况较为复杂。在其他国家或地区，尤其是在亚洲，人们面临着另一个问题：编码需要巨大的字符集，字符个数通常是以千计的。不同的国家和地区都制定了自己的语言文字编码标准（例如，汉字采用国标码进行编码，用2字节表示一个汉字），它们互不兼容，无法实现将不同语言文字存储在同一段编码文本中，不便于国际信息交流，不能跨语言和跨平台进行文本转换及处理。因为C语言标准已经把字符型限制为1字节，所以通过改变字符型的含义来处理更大的字符集显然是不可能的。取而代之的是，C语言允许编译器提供一种扩展字符集。为了使C语言更加国际化，ISO制定了更强大的编码标准，即**Unicode字符集**。C 语言支持两种对扩展字符集进行编码的方法：**多字节字符（Multibyte Character）**编码和**宽字符（Wide Character）**编码。C语言还提供了把一种编码转换成另外一种编码的函数。

多字节字符编码是用1字节或多字节表示一个扩展字符，根据字符的不同，字节的数量可能发生变化。不同于长度可变的多字节字符编码，宽字符编码是将所有字符统一用2字节进行编

码，C99的头文件<wchar.h>提供了可以用于处理宽字符的函数，包括宽字符输入输出函数。宽字符具有wchar_t类型（在<stddef.h>和其他一些头文件中声明）。C 语言中的宽字符常量类似于普通的字符常量，但需要有字母 L作为前缀，如L'a'。

还有一种流行的编码是采用8 位的通用字符集（Universal Character Set，UCS）转换格式的UTF-8，它使用长度可变的多字节字符。UTF-8具有以下几个特点。

（1）128个ASCII字符中的每一个字符都可以用1字节表示，仅由ASCII字符组成的字符串在UTF-8中保持不变。

（2）UTF-8字符串中的任意字节，如果其最左边的位是0，那么它一定是ASCII字符，因为其他所有字节都以1开始。

（3）多字节字符的第一个字节指明了该字符的长度。如果字节开头1的个数为2，那么这个字符的长度为2字节。如果字节开头1的个数为3或4，那么这个字符的长度分别为3字节或4字节。

（4）在多字节字符序列中，每隔1字节就以二进制10作为最左边开始的位。

UTF-8对ASCII字符良好的兼容性使得设计用于读取UTF-8数据的软件同样可以处理ASCII字符，无须做任何改变。正因如此，UTF-8被广泛用于互联网上基于文本的应用程序（如网页和电子邮件）。

4. 不同数据类型的表数范围不同

不同数据类型的表数范围是不同的（详见**附录B**）。通常，双精度浮点型的表数范围比单精度浮点型的表数范围大，长整型的表数范围比短整型的表数范围大。在实际应用中，可以根据实际问题对表数范围的需求，选择适合的数据类型来表示数据。

先来看整型的表数范围。整型有**无符号整型**和**有符号整型**之分，声明无符号整型变量时需要在类型关键字int前面加上unsigned。默认的整型变量声明为signed，即有符号整型。

无符号整型和有符号整型的主要区别在于如何解释其最高位。有符号整型的最高位被解释为符号位，这样其数值位就比无符号整型的数值位少了1位，因此有符号整型能表示的最大整数的绝对值只有无符号整型能表示的一半。

以占2字节内存的短整型为例，其作为无符号短整型和有符号短整型时的表数范围如表2-7所示。作为有符号短整型时，因最高位是符号位，所以它能表示的最大数仅为32767，而作为无符号短整型时，因最高位是数值位，所以它能表示的最大数是65535，前者只有后者的一半。若2字节的所有位（包括最高位）均为1，则其值作为无符号短整型时将被解释为65535（无符号短整型的最大值），而作为有符号短整型时将被解释为-1，这是因为负数在计算机中是以**二进制补码**（详见**附录E**）形式存储的。

表 2-7 无符号短整型和有符号短整型的表数范围

无符号短整型（最高位是数值位）		有符号短整型（最高位是符号位）	
二进制补码	十进制	二进制补码	十进制
00000000 00000000	0	00000000 00000000	0
00000000 00000001	1	00000000 00000001	1
00000000 00000010	2	00000000 00000010	2
00000000 00000011	3	00000000 00000011	3
…	…	…	…
01111111 11111111	32767	01111111 11111111	32767
10000000 00000000	32768	10000000 00000000	-32768
10000000 00000001	32769	10000000 00000001	-32767
…	…	…	…

续表

无符号短整型（最高位是数值位）		有符号短整型（最高位是符号位）	
二进制补码	十进制	二进制补码	十进制
11111111 11111110	65534	11111111 11111110	−2
11111111 11111111	65535	11111111 11111111	−1

如图2-7所示，由于负数在计算机中是以二进制补码形式来存储的，所以对于有符号短整型而言，32767+1的结果不是32768，而是−32768。同理，−32768−1的结果也不是−32769，而是32767。

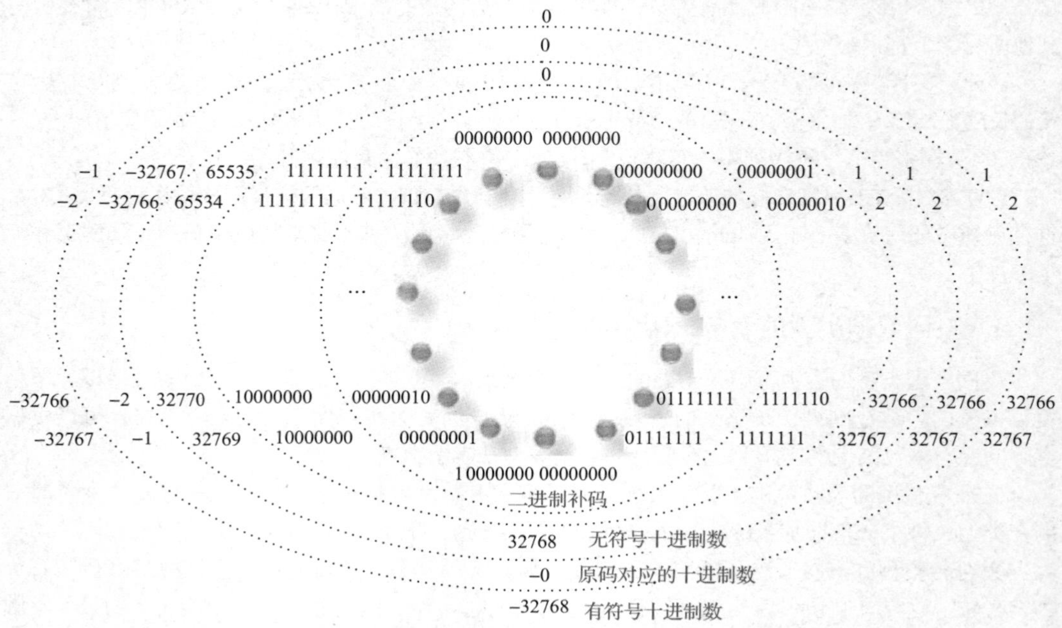

图2-7　无符号短整型和有符号短整型所能表示的数值与二进制补码和原码的对应关系

下面再来看一下浮点型的表数范围。以单精度浮点型为例，在内存中占4字节的单精度浮点型的表数范围是$-3.402823466\times10^{38}$～$3.402823466\times10^{38}$，而同样是占4字节内存的定点型的表数范围却只是−2147483648～2147483647。使用同样大小的内存空间，浮点型比定点型表示的数值范围大得多，这是不是太神奇了？其奥秘就是实数被拆分成了阶码和尾数两部分来分别进行存储。

那么，**既然浮点型的表数范围比整型的表数范围更大，是不是可以用浮点型完全取代整型呢？**答案是否定的，主要原因还是出于对精度的考虑。例如，定点整数可以准确表示1234567890，而单精度浮点数只能近似表示1234567890，浮点数的不精确性有可能引发计算错误或者累积误差，正是精度问题决定了浮点型无法取代整型。因此，若某个变量用整型就足够了，则应避免使用浮点型。整数运算相对于浮点数运算不仅速度更快，运算结果也更准确。

2.4　键盘输入和屏幕输出

本节主要讨论如下问题。

（1）如何实现单个字符的输入输出？

（2）如何实现数据的格式化键盘输入？

（3）如何实现数据的格式化屏幕输出？

计算机和人类最为直接的联系无疑是键盘和屏幕。作为最常用的输入设备，键盘是人类与计算机沟通的起点。屏幕则是人类接收计算机信息的窗口。无论是一次次酣畅的击键，还是我们淋漓的输入，信息均以“跳动”的字符形式在人与计算机间传递。作为编写控制计算机一切行为的程序的语言，C语言对输入输出的处理无疑也是极其重要的。本节我们将以最为常见的整型数据、浮点型数据和字符型数据为例，介绍数据输入输出的“来龙去脉”，读者在领略“格式化”数据魅力的同时，也体会一下字符处理的“浅滩暗礁”。

2.4.1 单个字符的输入输出

单个字符的输入输出

C语言标准库提供了两个专门用于单个字符输入输出的函数getchar()和putchar()。putchar()的作用是把一个字符输出到屏幕的当前光标位置。getchar()的作用是从键盘输入一个字符，将其放到输入缓冲区中，按Enter键表示输入结束，系统自动从输入缓冲区中读取一个字符作为函数返回值。

【例2.2】从键盘输入一个大写英文字母，将其转换为小写英文字母后，再输出到屏幕上。

由于小写英文字母的ASCII码值比其对应的大写英文字母的ASCII码值大32，即'a'-'A'的值为32，因此，可根据这一规律实现英文字母从大写到小写的转换。程序如下：

```
1  #include <stdio.h>
2  int main(void)
3  {
4      char  ch;
5      ch = getchar();          //从键盘输入一个字符，按Enter键结束输入
6      ch = ch + 'a' - 'A';     //将大写字母转换为小写字母
7      putchar(ch);             //在屏幕上显示变量ch中的字符
8      putchar('\n');           //换行
9      return 0;
10 }
```

程序的运行结果如下：

```
B↙
b
```

这里，**用↙表示用户按了Enter键**，程序的第5行语句将函数getchar()的返回值即用户输入的字符保存到字符型变量中。**注意，函数getchar()没有参数，函数的返回值就是从终端（键盘）读入的字符**。第6行语句将大写字母转换为小写字母，由于字符在内存中是以其ASCII码值来存储的，因此字符也可以参与整数的加减运算，相当于对其ASCII码值进行加减操作。

第7行的putchar()函数调用语句用于向屏幕的当前光标位置输出转换后的字符，函数putchar()的参数就是待输出的字符，这个字符既可以是可打印字符，也可以是转义序列。例如，第8行的putchar()输出的就是转义序列'\n'，其作用是将光标移到下一行的起始位置。

getchar()的问题

C语言中的数据输入是将从键盘输入的数据先送入输入缓冲区，然后从输入缓冲区中读数据，即程序并不是直接读取用户的输入。例如，用户在用getchar()从键盘输入字符时，是将输入的字符先放入输入缓冲区，再从输入缓冲区中读取字符，这就是所谓的**行缓冲（Line-buffer）**输入方式，直到用户按Enter键或者遇到**文件结束符EOF（End Of File）**时，程序才认为输入结束。输入结束后，getchar()才开始从输入缓冲区中读取字符。如果用户在按Enter键之前输入了不止一个字符，那么前面函数没读取的数据仍会在输入缓冲区中，将被下一个函数读取，即后续的输入函数不会等待用户输入新的数据，而是直接读取缓冲区中余下的数据，直到缓冲区中的数据全部被读取，才会等待用户输入新的数据。

也就是说，getchar()读取字符时实际上是按照文件的方式读取的，文件一般都是以行为单位

的，因此，getchar()最初也被设计为以行为单位来读取数据，这就是getchar()以行（而非字符）为单位读取字符并且要读到一个换行符或EOF才进行一次操作的原因。这里，EOF是在stdio.h中定义的一个常量（通常定义为-1），用来表示文件的结尾，某些函数读取到文件尾时返回EOF。

此外，还需要注意的是，一般情况下getchar()的返回值是从键盘输入的字符，这些字符在系统中对应的ASCII码值通常都是非负的。但getchar()也可能返回负值，即返回EOF（例如，在UNIX/Linux下遇到组合键Ctrl+D，在Windows下遇到组合键Ctrl+Z）。这时，将getchar()返回的负值赋给一个char型变量是不正确的。因此，最好不要将保存getchar()返回值的变量定义为char型变量，而应将其定义为int型变量，以便让其能包含getchar()返回的所有可能的值。

用getchar()输入字符的一个不便之处是，需要按Enter键才能将字符送入输入缓冲区，与此同时还会将用户输入的字符回显到屏幕上。在游戏设计中，我们通常不希望用户输入数据时频繁地按Enter键并将输入的字符回显到屏幕上扰乱游戏的画面内容，那么有没有无须按Enter键、也不进行屏幕字符回显的字符输入函数呢？C语言标准库提供的getch()就可以实现这个功能，使用这个函数需要包含头文件conio.h。

2.4.2 数据的格式化屏幕输出

数据的格式化屏幕输出

1. 函数 printf() 的一般格式

函数printf()的一般格式如下：

```
printf(格式控制字符串, 输出值参数表);
```

其中，**格式控制字符串**（Format Control String）是用双引号标识的一个字符串，也称**转换控制字符串**。一般情况下，格式控制字符串包括两部分：**格式转换说明**和需原样输出的普通字符。格式转换说明以%开始并以**格式符**结束，用于指定各输出值参数的输出格式。

各种格式转换说明详见附录F，这里只介绍%d、%f和%c这3种常用的格式转换说明。在该函数的格式控制字符串中，%d表示输出有符号的十进制整型数据；%f表示以十进制小数形式输出单、双精度浮点型数据，其整数部分全部输出，除非特别指定，否则隐含输出6位小数；%c表示输出一个字符。其他常用的格式转换说明将在后续章节中介绍。

输出值参数表是需要输出的数据项的列表，输出数据项可以是变量或表达式。当输出值参数表中有多个输出值参数时，输出值参数之间用逗号分隔，其类型应与格式转换说明相匹配，每个格式转换说明和输出值参数表中的输出值参数一一对应。printf()的格式中也可以没有输出值参数表，没有输出值参数表时，格式控制字符串中就不再需要格式转换说明，只输出格式控制字符串中的普通字符。

【例2.3】下面的程序演示如何输出不同类型的变量的值。

```
1   #include <stdio.h>
2   int main(void)
3   {
4       int   a = 10;
5       float b = 10.3;
6       char  c = 'A';
7       printf("%d\n", a);              // 按十进制整型格式输出变量a的值
8       printf("%f\n", b);              // 按十进制小数形式输出变量b的值
9       printf("%c\n", c);              // 按字符型格式输出变量c的值
10      printf("%d\n", c);              // 输出变量c的ASCII码值
11      printf("End of program\n");   // 输出一行字符串
12      return 0;
13  }
```

程序的运行结果如下：

```
10
10.300000
A
65
End of program
```

第11行的printf()函数中没有输出值参数表，表明其不输出任何变量的值，直接将格式控制字符串中的普通字符（不包括\n）输出到屏幕。格式控制字符串中的\n表示换行，即将光标移到下一行的起始位置。

printf()可以输出任意类型的数据，并且可以在一条printf语句中同时输出多种不同类型的数据。例如，本例代码还可以写成如下形式。

```
1   #include <stdio.h>
2   int main(void)
3   {
4        int   a = 10;
5        float b = 10.3;
6        char  c = 'A';
7        printf("%d\n%f\n%c\n%d\n", a, b, c, c); //输出多个不同类型的数据
8        printf("End of program\n");  // 输出一行字符串
9        return 0;
10  }
```

第7行语句中的%d、%f、%c，可以看成占位符，就是在出现%d、%f、%c的位置分别填入输出值参数表中的参数，以实现数据的屏幕输出。

如图2-8所示，char型变量的值既可以按字符型格式（%c）输出，也可以按十进制整型格式（%d）输出。其中，按十进制整型格式（%d）输出时，输出的是char型变量的ASCII码值。

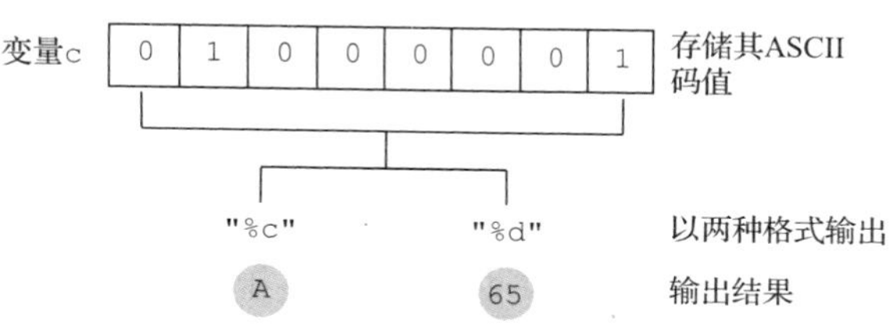

图2-8 数据输出与数据存储示意

2. 函数 printf() 中的格式修饰符

在函数printf()的格式转换说明中，还可在%和格式符之间插入附录F所示的格式修饰符，用于对输出格式进行微调，如指定数据的输出**域宽指示符**（Field Width Designator）、**精度指示符**（Precision Designator），以及数据的对齐方式。

其中，精度指示符指示的是输出浮点数时小数点后输出的小数位数。当输出域宽为正整数时，输出数据在域内向右对齐，左边多余位补空格。当输出域宽为负整数时，输出数据在域内向左对齐，若输出数据的实际宽度大于输出域宽，则按实际宽度全部输出。

【例2.4】下面的程序演示如何以不同格式输出变量的值。

```
1   #include  <stdio.h>
2   int main(void)
3   {
4        long   a = 10000;
5        float  b = 32.6784728;
6        printf("%ld\n", a);      //按长整型格式输出变量a的值
7        printf("%8ld\n", a);     //输出长整型变量a的值，指定域宽为8，右对齐
8        printf("%-8ld\n", a);    //输出长整型变量a的值，指定域宽为8，左对齐
9        printf("%.4f\n", b);     //输出浮点型变量b的值，保留4位小数
10       printf("%10.4f\n", b);   //指定域宽为10，保留4位小数，右对齐
11       printf("%-10.4f\n", b); //指定域宽为10，保留4位小数，左对齐
```

```
12          printf("%10.0f\n", b);  //指定域宽为10,不输出小数位,右对齐
13          return 0;
14  }
```

程序的运行结果如下：

```
10000
     10000
10000
32.6785
   32.6785
32.6785
        33
```

不使用域宽指示符和精度指示符，即直接按%f格式输出浮点型数据时，除非特别指定，否则隐含输出6位小数。而使用域宽指示符和精度指示符输出浮点型数据时，将按指定的域宽输出数据（小数点也占一个字符位置），其整数部分仍然全部输出，按指定的位数输出其小数部分。

例如，本例第10行语句使用%10.4f格式转换说明，其中，f是格式符，表示输出小数形式的浮点数，10表示输出的浮点数（包括整数部分、小数点和小数部分）域宽为10，输出值在域内右对齐。如果想要输出左对齐的效果，则使用%-10.4f。如果某个输出值的位数超过了指定的域宽，那么系统会自动增加域宽来容纳这个要输出的数值，即按实际宽度来输出此浮点数。%10.4f中的“.4”表示将舍入到小数点后4位的浮点数输出到屏幕上。

此外，输出long型数据时，需要在d前加小写的字母l作为格式修饰符。例如，本例第7行语句中的%8ld表示输出long型数据，在8个字符的域内右对齐输出。

2.4.3 数据的格式化键盘输入

1. 函数 scanf() 的一般格式

数据的格式化键盘输入

函数scanf()的一般格式如下：

```
scanf(格式控制字符串, 输入参数地址表);
```

其中，格式控制字符串是用双引号标识的字符串，它包括格式转换说明和分隔符两个部分。格式转换说明以%开始并以格式符结束，用于指定各输入参数的输入格式。

输入参数地址表是由若干变量的地址组成的列表，这些参数之间用逗号分隔。函数scanf()要求必须指定用来接收数据的变量的地址，否则数据不能正确读入指定的内存单元。

各种格式转换说明详见附录F，这里只介绍%d、%f和%c这3种常用的格式转换说明。在该函数的格式控制字符串中，%d表示输入有符号的十进制整型数据，%f表示以十进制小数形式输入单精度浮点型数据，%c表示输入一个字符（包括空格符、回车符、制表符等空白字符）。其他常用的格式转换说明将在后续章节中介绍。

如果格式控制字符串中存在除格式转换说明以外的其他字符，那么这些字符必须在输入数据时由用户从键盘原样输入。

用函数scanf()输入数值型（不包括字符型）数据时，遇到以下几种情况程序认为数据输入结束：

（1）遇空格符、回车符、制表符；

（2）达到输入域宽；

（3）遇非法字符。

而用函数scanf()输入字符型数据时，空格符、回车符、制表符等空白字符都将作为有效字符输入，不作为数据输入结束的标志。

【例2.5】下面的程序演示如何以不同格式输入不同类型变量的值，并将其输出。

```
1   #include  <stdio.h>
2   int main(void)
3   {
4       int a;
5       float  b;
6       scanf("%d%f", &a, &b);  //以空格符、制表符或回车符为分隔符输入a和b的值
7       printf("%d\n", a);      //输出整型变量a的值
8       printf("%f\n", b);      //输出浮点型变量b的值
9       return 0;
10  }
```

程序的运行结果如下：

```
100, 32.6785↙
100
32.6785
```

注意，在scanf()函数的格式控制字符串中不要加\n，否则可能无法正确读入数据。此外，当scanf()函数的格式控制字符串中的格式转换说明中没有其他字符或者仅有空格符时，输入的数据之间应以空格符、制表符或回车符等空白字符作为分隔符。也就是说，运行程序的时候，还可以这样来输入：

```
100↙
32.6785↙
```

如果以逗号作为分隔符来输入数据，那么程序第6行的语句应该修改为：

```
scanf("%ld,%f ", &a, &b);  //以逗号为分隔符输入a和b的值
```

此时运行程序，可以这样来输入数据：

```
100, 32.6785↙
```

当程序第6行语句修改为

```
scanf("a = %ld, b = %f", &a, &b);
```

用户应按以下格式来输入数据：

```
a = 100, b = 32.6785↙
```

即格式控制字符串中除格式符外，其他的普通字符都需要原样输入。

读者可能还会注意到，第6行语句的地址表中的变量a和变量b的前面多了一个&，这里的&称为**取地址运算符**，它是一个一元运算符，用于返回其操作数的地址值。取地址运算符的操作数必须是一个变量，取地址运算符不能应用于常量或表达式。

&a指定了用于存放用户输入的数据的变量a的地址。如果不加&，即第6行语句修改为

```
scanf("%ld%f", a, b);  //a和b的前面都没有&，是错误的
```

那么运行程序后，程序将因出现非法内存访问而异常终止，在程序弹出图2-9所示的对话框后，用户可以选择“关闭程序”结束该程序的执行。所谓非法内存访问是指代码访问了不该访问的内存地址，之所以会出现这种情况，主要是因为没有在变量名前加&导致编译器将变量a中的随机值当作地址来进行访问。

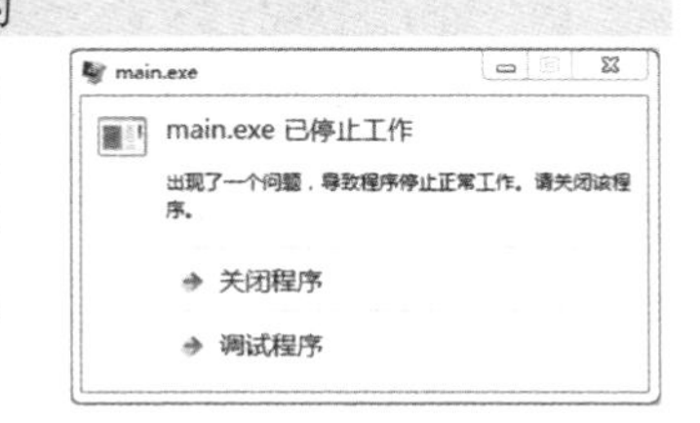

图2-9　程序异常终止时弹出的对话框

对于这种情况，很多编译器在程序编译时会给出相应的警告信息。

若程序第6行语句的格式转换说明写错，例如，将%f写成%d，那么编译器同样会给出警告信息，提示格式不匹配。如果忽略这个警告信息，那么运行程序将无法得到正确的数据输入。

同样，如果用户不小心输入了一个非法字符，例如，输入了12foo，那么程序运行后变量a可以读取12作为输入，而变量b的值将显示为乱码。输入缓冲区中剩下的字符foo将会留给下一次scanf()函数调用（或者其他输入函数）来读取。

如何检查函数scanf()是否成功读入了指定的数据项数呢？其实，scanf()的函数返回值已经悄

悄地帮我们带回了其成功读入的数据项数，检查这个返回值是否与预期读入的项数相等即可。scanf()返回指定的数据项数，表示函数被成功调用；scanf()返回EOF的值（EOF是在stdio.h中被定义为-1的宏常量），表示函数调用失败，即未能读入指定的数据项数。

C语言格式符存在的问题

另一个需要注意的问题是，**在用%c格式读入字符时，空格符和转义序列（包括回车符）都会被当作有效字符读入**，这样有可能%c会将前一次用户输入数据时输入的回车符当作有效字符读入。

【例2.6】下面的程序用于演示用%c格式读入字符时可能会出现的问题。

```
1   #include  <stdio.h>
2   int main(void)
3   {
4         int   a;
5         char  c;
6         scanf("%d", &a);  //读入整型数据
7         scanf("%c", &c);  //读入字符型数据，前面输入的回车符会被当作有效字符读入
8         printf("a=%d\n", a); //输出整型变量a的值
9         printf("c=%c\n", c); //输出字符型变量c的值
10        return 0;
11  }
```

程序的运行结果如下：

```
123↙
a=123
c=
```

我们可以采用如下两种方法来解决这个问题。

方法1：用函数getchar()将数据输入时存入缓冲区的回车符读入，以避免其被后面的字符型变量当作有效字符读入，即在第7行语句之前插入下面一行语句：

```
getchar();
```

因为这条语句只负责读取回车符，所以无须将getchar()的返回值保存到变量中。

方法2：在%c前面加一个空格，忽略前面数据输入时存入缓冲区的回车符，以避免其被后面的字符型变量当作有效字符读入，即将第7行语句改成：

```
scanf(" %c", &c); //在%c前面加一个空格
```

虽然scanf()函数没有getchar()函数的读取速度快，但是它更灵活。一方面，用格式控制字符串“%c”可以使scanf()函数读入下一个非空白字符，而getchar()会将回车符、制表符、空格符等空白字符也当作有效字符读入。另一方面，scanf()函数很擅长读取混合了其他数据类型的字符。假设输入数据包含一个整数、一个单独的非数值型字符和另一个整数，那么scanf()函数使用格式控制字符串“%d%c%d”就可以读取全部3项内容，而getchar()只能读取一个字符。

2. 函数 scanf() 中的格式修饰符

与printf()类似，在函数scanf()的%和格式符中间也可插入附录F所示的格式修饰符，用于对输入格式进行微调，如指定输入数据的域宽等。输入long型数据时，需要在格式符d前加小写的字母l；以十进制小数形式输入double型数据时，需要在格式符f前加小写的字母l。需要注意的是，在Code::Blocks集成开发环境下输入long long型数据时，需要在格式符d前面加大写的字母I和64，即%I64d。

【例2.7】下面的程序演示如何输出a、b、c这3个变量的值。

```
1   #include  <stdio.h>
2   int main(void)
3   {
4         long    a, b;
```

```
5          double  c;
6          scanf("%2ld%3ld", &a, &b);     //按指定域宽从输入数据中截取long型变量a和变量b的值
7          scanf("%lf", &c);             //输入double型变量c的值，不能用%f
8          printf("%ld\n", a);           //输出long型变量a的值
9          printf("%ld\n", b);           //输出long型变量b的值
10         printf("%lf\n", c);           //输出double型变量c的值，也可以用%f
11         return 0;
12 }
```

程序的运行结果如下：

```
123456789↙
12
345
6789.000000
```

程序第6行的scanf()函数在其格式控制字符串中使用的格式符是%2ld%3ld，可以自动按照指定域宽从用户通过键盘输入的数据中截取所需数据，即读取12赋值给变量a，读取345赋值给变量b。输入缓冲区中剩下的6789被第7行的scanf()读取并赋值给变量c。

注意，读入double型变量必须使用格式符%lf，但在输出double型变量的值时，除了使用格式符%lf，还可以使用%f。**为什么读取double型变量的值使用%lf，而输出double型变量的值可以用%f呢?**

这是一个十分难以回答的问题。首先，scanf()函数和printf()函数都有可变长度的参数表，即它们都没有将函数的参数数量限制为固定数量。当调用带有可变长度参数表的函数时，编译器会将float型的参数自动转换成double型，这导致的结果是printf()函数无法区分float型和double型的参数。所以，在printf()函数中可以用%f来输出float型和double型变量的值。其次，scanf()函数的参数是一个地址列表，通过在变量前加&指向了变量的地址。%f“告诉”scanf()函数要在以这个地址为起始地址的内存单元中存储一个4字节的float型的数据，而%lf则“告诉”scanf()函数要在以该地址开始的内存单元中存储一个8字节的double型的数据。如果给出了错误的格式转换说明，那么scanf()函数可能存储错误的字节数量，反映到用户这边就是用户无法正确读取期望类型的数据。

还需要注意的一点是，**用scanf()函数输入浮点型数据时不能指定精度**，即不能在scanf()函数的格式控制字符串中使用类似%10.2f这样的格式转换说明。

2.5 本章知识树

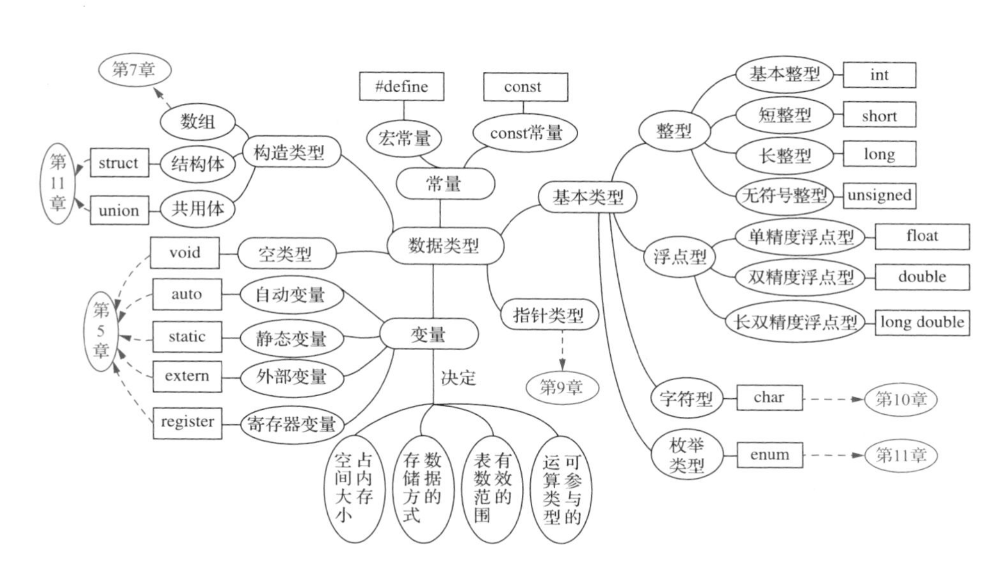

学习指南：本章主要介绍了初学程序设计所需了解的一些基本知识，如常用的整型、浮点型、字符型变量的定义，以及这些常用类型的数据的输入和输出等，其他数据类型和相关内容会在后续章节里陆续介绍，需要了解更多信息的读者可以查阅附录或相关手册。C语言中的关键字，请查阅附录A。不同数据类型的表数范围和各类型数据占用的字节数，请查阅附录B。常用字符的ASCII码对照表，请查阅附录D。各种进制之间的转换方法，以及scanf()和printf()的各种格式转换说明和格式修饰符，请查阅附录F。

以上提到的附录中的内容，读者不必强行记忆，可以随用随查、随学随记，因为在不同的高级语言中输入输出语句和输入输出的格式控制方法很可能是不一样的，读者更应该关注与具体的编程语言无关的计算机问题求解方法。

习题2

1. 以下不正确的C语言标识符是（　　）。

   A. AB1　　B. a2_b　　C. int　　D. 4ab

2. C语言的基本数据类型是（　　）。

   A. 整型、浮点型、字符型
   B. 整型、浮点型、字符型、字符串型
   C. 整型、浮点型、字符型、枚举类型
   D. 整型、浮点型、字符串型、枚举类型

3. **求球的表面积和体积V1**。使用宏常量定义π，编程从键盘输入球的半径r，计算并输出其表面积和体积。

4. **求球的表面积和体积V2**。使用const常量定义π，编程从键盘输入球的半径r，计算并输出其表面积和体积。

5. **求圆柱体的表面积**。从键盘输入圆柱体的底面半径r和高h，编程计算并输出圆柱体的表面积，要求在输出结果中保留3位小数，并且π取$4 \times \arctan(1)$。

6. **大小写转换**。从键盘输入一个大写英文字母，编程将其转换为小写英文字母后，将转换后的小写英文字母及其十进制的ASCII码值输出到屏幕上。

第3章

程序设计方法学基础——基本运算

内容导读

必学内容：运算符的优先级和结合性，算术运算，赋值运算，增1和减1运算，强制类型转换。

进阶内容：自动类型转换。

选学内容：位运算及其应用。

花甲重开，外加三七岁月

古稀双庆，内多一个春秋

这副对联的上联为清代乾隆皇帝办千叟宴时所出，暗指千叟宴上年纪最大的一位老人的年龄为141岁，他出完上联后要纪晓岚对下联，联中也必须隐含这个数。

上联的算式：2 × 60 + 3 × 7=141。

下联的算式：2 × 70 + 1=141。

古人在诗情画意之余，算术运算存乎于心，不禁令人感叹中国传统文化之博大精深。

本章，我们将为读者带来C语言中与计算有关的基础知识，展现C语言对数学运算的支持及其独特的设计哲学。

3.1 算术运算——最基本的数学运算

本节主要讨论如下问题。

（1）C语言中的算术运算符有哪些？如何根据运算符的优先级和结合性实现算术混合运算？

（2）整数除法和浮点数除法有什么区别？

（3）求余运算有什么特殊用途？

算术运算符

计算机归根结底所做的事情只有一件，就是计算，而最简单的计算就是算术运算。C语言中的**算术运算符**（Arithmetic Operator）及其优先级与结合性如表3-1所示。由算术运算符及操作数组成的表达式称为**算术表达式**（Arithmetic Expression）。其中，**操作数**（Operand）也称为运算对象，它既可以是常量、变量，也可以是函数。

根据运算所需的操作数的个数，运算符可分为3类。需要两个操作数的运算符称为**二元运算符**，也称**双目运算符**。只需一个操作数的运算符称为**一元运算符**，也称**单目运算符**。需要3个操作数的运算符称为**三元运算符**，也称**三目运算符**。C语言中的运算符非常丰富，大多数为二元运算符。例如，除用于计算相反数的算术运算符是一元运算符以外，其余的算术运算符如+（加法）、-（减法）、*（乘法）、/（除法）均为二元运算符。条件运算符是C语言提供的唯一的三元运算符，将在第4章中介绍。

表 3-1　算术运算符及其优先级与结合性

算术运算符	含义	类型	优先级	结合性
-	取相反数	一元	高	自右向左
* / %	乘法 除法 求余	二元	中	自左向右
+ -	加法 减法	二元	低	自左向右

C语言中的除法运算稍稍特殊，即除法运算的结果与参与运算的操作数类型是相关的。两个整数相除后的商仍为整数，这称为**整数除法**（Integer Division），而有浮点数参与的除法运算的结果则是浮点数，这称为**浮点数除法**（Floating Division）。这是因为整数与浮点数运算时，其中的整数在运算之前被自动转换为了浮点数，从而使得相除后的商也是浮点数。

例如，1/2的结果在数学上是0.5，但是在C语言中却是0。为了得到浮点数的计算结果，必须至少将分子和分母中的一个转换成浮点型常量，如1.0/2、1/2.0或1.0/2.0。

当然，整数除法运算也有其特殊的用途。例如，若要提取一个3位数的百位数字，只要用这个数对100进行整数除法运算即可，例如，123/100即可得到百位数字1；要将以秒为单位的时间totalSecond转化为不带小数的小时数，就可以用totalSecond/3600来计算得到（因为1h为3600s）。

求余运算，也称为**取模运算**，求余运算符执行的是除法，但是返回的是余数，而不是商。求余运算在实际问题求解中非常有用，常用来将一个大集合内的数字映射到一个小集合。例如，若要将一个大集合映射到只有p个元素的小集合，只需要将这个大集合中的数对p进行求余运算即可。生活中用到求余运算的例子比比皆是。在程序设计中，它常用于转换时间、距离，以及判断奇偶数。求余运算的常见应用如下。

（1）提取数字的最低位。例如，123%10即可得到123的最低位3。

（2）判断一个数能否被另一个数整除。例如，若m%n的结果为0，则m能被n整除。

（3）判断一个数是否为偶数。例如，若m%2的结果为0，则m为偶数。

（4）生成一个指定范围内的随机数。例如，若要生成1～100的随机数，则可以使用rand() % 100 + 1来得到。这里的rand()为C语言的标准库函数，函数rand()的功能是产生一个0～RAND_MAX的随机整数。RAND_MAX是在头文件stdlib.h中定义的符号常量，因此使用该函数时需要包含头文件stdlib.h。ANSI C规定RAND_MAX的值不得大于双字节整数的最大值32767，也就是说，调用函数rand()生成的是一个范围为0～32767的随机整数。利用求余运算rand()%100可以将函数rand()生成的随机数变化范围限制在[0, 99]，而利用rand()%100+1则可以将随机数的取值范围平移到[1, 100]。

使用求余运算时，需要注意以下两点。

（1）C语言中的求余运算符限定参与运算的两个操作数必须为整型数据，不能对两个浮点型数据进行求余运算。

（2）求余运算的结果是求余运算符的左操作数（被除数）对右操作数（除数）进行整除后的**余数**（Remainder），余数的符号与被除数的符号相同。例如，11 % 5 = 1，11 % (−5)= 1，而(−11)% 5 = −1，(−11)%(−5) = −1。

在数学运算中，我们都知道运算符是有优先级的，C语言中的运算符同样是有优先级的。当表达式中有不同类型的运算符时，首先要根据运算符的**优先级**（Precedence）来确定运算的顺序，即先执行优先级高的运算，再执行优先级低的运算。其次，对于具有相同优先级的运算符，按运算符的**结合性**（Associativity）来确定运算的顺序。运算符的结合性有两种：一种是**左结合**，即自左向右计算；一种是**右结合**，即自右向左计算。

算术运算符及其优先级与结合性如表3-1所示。其中，取相反数运算符的优先级最高，其次是*、/、%，而+、−的优先级最低，并且*、/、%的优先级相同，+、−的优先级相同。在算术运算符中，除了一元的取相反数运算符的结合性为右结合外，二元的算术运算符都是左结合的。

以图3-1所示的表达式计算为例，由于除法运算符/的优先级高于加法运算符+，所以先进行除法运算，然后执行加法运算。

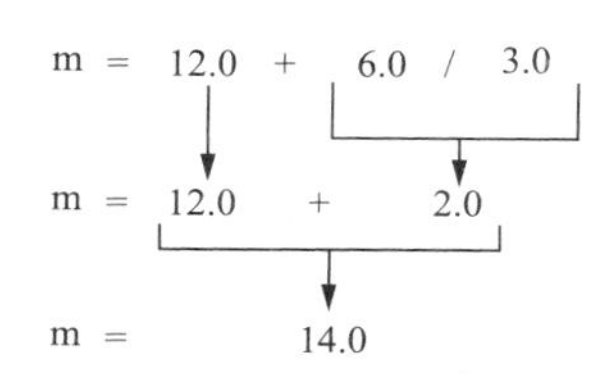

图3-1 按运算符的优先级计算的示例

再以图3-2所示的表达式计算为例，由于除法运算符/和乘法运算符*的优先级相同，这两个运算符的结合性均为左结合，所以需要从左往右计算，即先进行除法运算，再进行乘法运算。如图3-3所示，如果不希望按照运算符原有的优先级进行计算，而希望将乘法的运算结果当作前面除法运算的除数，因为圆括号的优先级永远是最高的，所以可以使用圆括号来改变运算的先后顺序，即为了强制某个运算在另一个运算之前执行，可以用圆括号对数学表达式中的某个部分进行标识。

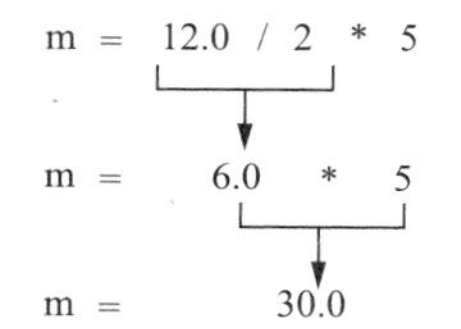

图3-2 按运算符的结合性计算的示例

m = 12.0 / (2 * 5)
m = 12.0 / 10
m = 1.2

图3-3 用圆括号改变运算顺序的示例

算术运算符能够进行的数学运算是相当有限的，要实现复杂的数学运算，就得求助于C语言的标准数学函数库了。C语言标准数学函数库提供了丰富的数学函数（详见附录G），常用的标准数学函数有求绝对值函数fabs()、求平方根函数sqrt()、指数函数pow()等。使用这些数学函数时，在程序的开头加上如下编译预处理命令即可。

```
#include <math.h>
```

在使用pow()函数的时候尤其要注意，这个函数有很多“坑”。例如，计算pow(x, y)时，如果x=0而y<0，或者x<0而y不为整数，那么结果将会出错。此外，pow()函数还要求参数及函数返回值均为double型，否则有可能出现数值溢出。由于pow()函数的返回值是double型，如果希望得到整型的计算结果，可以对其进行取整运算，但这样做有可能带来精度的损失，在经过多次运算后精度损失可能较大。因此，在使用这个函数时一定要小心谨慎。

3.2 赋值运算——用变量保存计算结果

赋值运算符

本节主要讨论如下问题。

（1）赋值表达式和数学中的等式有什么区别？

（2）赋值表达式和赋值表达式语句有何区别？

变量的定义和赋值——实际操作

赋值运算符（**Assignment Operator**）用于给变量赋值。由赋值运算符及其两侧的操作数组成的表达式称为**赋值表达式**（**Assignment Expression**）。

在赋值表达式后面加上分号，即可构成**赋值表达式语句**（**Assignment Expression Statement**）。例如，赋值表达式a = 1表示将变量a赋值为1，在其后加分号就构成了如下赋值表达式语句：

```
a = 1;
```

赋值运算符与数学中的等号具有不同的内涵。数学中的等号没有方向性，表示的含义是“等号两侧的操作数的值相等”，而C语言中的赋值运算符则是有方向性的，即将赋值运算符**右侧操作数的值**（**rvalue，即right value**，简称为**右值**）赋值给左侧操作数，**左侧操作数的值**（**lvalue，即left value**，简称为**左值**）必须是标识一个特定内存单元的变量名，而不能是表达式。因此，在数学上有意义的等式在C语言中可能是不合法的（如a + 1 = 2），而在数学中无意义（无解）的等式在C语言中却是合法的表达式，例如，赋值表达式a = a + 1表示“读出a的值加1后再存入a”。之所以先计算a + 1，然后将其赋值给a，是因为算术运算符的优先级高于赋值运算符的优先级。这里，赋值运算符左右两侧的a具有不同的含义，其保存的变量值也是不同的，因为右侧是对a执行“读”操作，保存的是加1之前的值，而左侧是对a执行“写”操作，保存的是加1之后的值。

由于赋值运算符是右结合的，即自右向左计算，因此执行语句

```
a = b = c = 0;
```

等价于执行语句

```
a = (b = (c = 0));
```

由于赋值表达式的值为其左操作数的值（例如，赋值表达式c = 0的值就是其左操作数c的值，即0），因此，执行上面的语句，相当于执行语句

```
a = (b = 0);
```

同理，赋值表达式b = 0的值是其左操作数b的值，即0。因此，执行上面的语句，相当于执行语句

```
a = 0;
```

形式如

```
变量1 = 变量2 = 变量3 =…= 变量n = 表达式
```

的赋值表达式就称为**多重赋值**（Multiple Assignment）表达式，主要用于为多个变量赋予同一个值的场合。

此外，C语言还提供了一种特殊形式的赋值运算符，称为**复合的赋值运算符**（Combined Assignment Operator）。由于相对于它的等价形式而言，复合的赋值运算执行效率更高，书写形式也更简洁，因此也称其为**简写的赋值运算符**（Abbreviated Assignment Operator）。

涉及算术运算的复合的赋值运算符有5个，分别为+=、-=、*=、/=、%=。以*=为例，对于一般形式的复合的赋值表达式

```
左值 *= 右值
```

计算该表达式等价于计算下面的表达式：

```
左值 = 左值 * (右值)
```

这里的右值可以是一个表达式，因此在将左值移到赋值运算符右侧与右值相乘的时候，一定要将右值用圆括号标识，即要令复合的赋值运算符右侧的表达式（右值）作为一个整体参与运算，在这里是将右值作为一个整体与左值进行乘法运算。跟踪图3-4所示的程序的执行过程，观察变量值的变化情况，可以更深入地理解复合的赋值运算的执行过程。

图3-4 跟踪程序的执行过程示意

除了涉及算术运算的5个复合的赋值运算符外，还有5个涉及位运算的复合的赋值运算符，详见附录C。

3.3 增1和减1运算——最快捷常用的运算

本节主要讨论如下问题。

增1和减1运算符作为前缀和后缀运算符时有何不同？

增1和减1运算符

在C语言中，两个连续的加号即++代表**增1运算符**（Increment Operator），用于对变量自身执行加1操作，因此也称为**自增运算符**。而两个连续的减号即--代表**减1运算符**（Decrement Operator），用于对变量自身执行减1操作，因此也称为**自减运算符**。这两个运算符都是一元运算符，即只需要一个操作数，并且操作数只能是变量。

为什么增1和减1运算符的操作数只能是变量呢？增1或减1运算符在执行完加1或减1操作后还会将加1或减1后的值重新赋值给变量，而赋值操作的左值不能是常量或表达式，所以增1和减1运算符的操作数须有“左值性质”，必须是变量，不能是常量或表达式。

增1和减1运算符既可以作为**前缀**（Prefix）运算符（用在变量的前面），也可以作为**后缀**（Postfix）运算符（用在变量的后面）。例如，++n等价于n = n + 1，n++也等价于n = n + 1。同理，--n等价于n = n - 1，n--也等价于n = n - 1。

那么，**前缀与后缀有什么区别呢？**以++为例，它用作前缀运算符时，是在变量使用之前对其执行加1操作，而用作后缀运算符时，是先使用变量的当前值，然后对其进行加1操作。对变量（即运算对象）自身而言，运算的结果都是一样的，但增1运算表达式本身的值却是不同的，即表达式++n的值是n加1后的值，而表达式n++的值是n加1前的值。举个例子，假设n的值为3，那么执行下面的语句后会在屏幕上显示3。

```
printf("%d\n", n++);
```

而执行下面的语句后，则会在屏幕上显示4。

```
printf("%d\n", ++n);
```

将这两个表达式放到赋值语句中也会给赋值运算符的左值带来不同的赋值结果。例如：

```
m = n++;
m = ++n;
```

虽然以上两条赋值语句都使得n的值增加了1，即都变为了4，也就是说增1运算的操作数的值是相同的，但包含增1运算的表达式的值却是不同的。前者m = n++;是将n增1之前的值赋值给变量m，m得到的值是3，而后者m = ++n; 是将n增1之后的值赋值给变量m，m得到的值是4。

因此，++和--分别作为前缀运算符和后缀运算符使用时，对变量（即运算对象）而言，结果都是一样的；但对增1和减1表达式而言，结果是不一样的。

需要特别注意的是这两个运算符的优先级和结合性。**++和--分别作为前缀运算符和后缀运算符时的优先级和结合性是不同的。后缀运算符的优先级高于前缀运算符和其他一元运算符，前缀运算符和其他一元运算符的结合性都是右结合，而后缀运算符的结合性则是左结合。**

例如，假设n的值为3，那么执行语句

```
m = -n++;
```

相当于执行

```
m = -(n++);
```

这是因为，虽然++和-都是一元运算符，但其优先级是不同的，后缀运算符++的优先级高于一元运算符-，需要先计算表达式n++的值。根据前面的分析，表达式(n++)的值就是n的值，因为++是后缀运算符，所以要在使用该表达式的值之后再对n执行加1操作。之所以要将n++用圆括号标识，是为了表示后缀运算符++的操作数是n，而不是-n，用圆括号对n++进行标识并不意味着对n先执行加1操作。因此，执行上面这条语句相当于执行下面两条语句：

```
m = -n;
n++;
```

执行完上面的语句后，m的值为-3，n的值为4。

由于在语句中使用复杂的增1和减1表达式会严重降低程序的可读性，而且在不同的编译系统下会产生不同的运算结果，因此，提倡在一行语句中最多只出现一次增1或减1运算。

3.4 混合数据类型运算中的类型转换

本节主要讨论如下问题。

（1）不同类型的数据进行运算，其运算结果是什么类型？

（2）如何避免隐式的自动类型转换？强制类型转换会改变原有的数据类型吗？

（3）在不同类型的数据间赋值有可能带来什么安全隐患？

3.4.1 自动类型转换与类型提升

算术表达式中的自动类型转换

在3.1节学习整数除法运算和浮点数除法运算时，我们已经知道，对整数进行运算得到整型结果，对浮点数进行运算得到浮点型结果。对于由整型操作数和浮点型操作数组成的混合运算，整型操作数将被临时转换为浮点型，从而使得其运算结果的类型也是浮点型。这种使用不同类型操作数的表达式称为**混合数据类型表达式**。例如，计算1.0/2时，先将2转换为2.0，然后执行1.0/2.0，最终结果为0.5。这里，从整数到浮点数的转换是隐式的，不需要程序员干预，即属于自动类型转换。

C编译器进行自动类型转换的一个基本原则是，在计算混合数据类型表达式时，自动将占内存字节数小的操作数类型转换成占内存字节数大的操作数类型，这个过程称为**类型提升**（Type Promotion）。C99中混合数据类型表达式中的自动类型转换规则如图3-5所示。

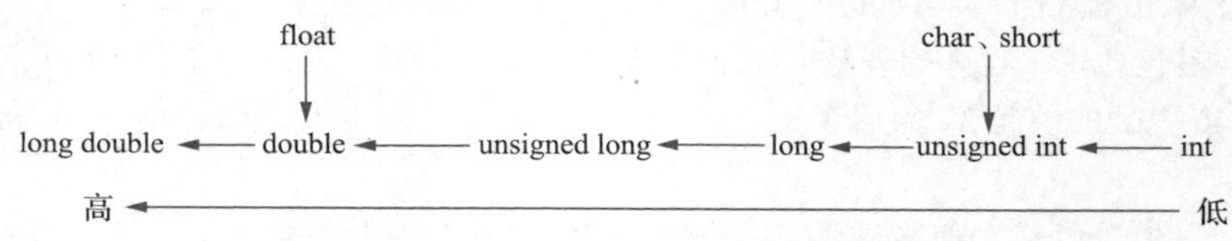

图3-5　C99中混合数据类型表达式中的自动类型转换规则

图3-5中纵向箭头表示必然的转换。在C99中，char和short都直接提升为unsigned int型，float型提升为double型。完成这种必然的转换后，其他的类型转换将随操作进行，即按照图3-5中横向箭头的方向，根据参与运算的操作数类型实现从低级别类型向高级别类型的自动转换。为什么要这样设计类型提升的规则呢？这是因为级别高的类型的数据比级别低的类型的数据所占的内存空间大，可以保持数据存储的精度，从而避免数据信息丢失。

注意，横向箭头并不代表转换所必经的中间过程。以int型和long型进行混合运算为例，首先int型操作数直接转换成long型，然后进行运算，最后运算结果为long型，int型操作数并不会先转换为unsigned int型，再转换成long型。

由于按上述转换规则进行类型转换以后，每个操作数的类型变得完全一样，因此运算结果的类型自然就与操作数的类型相同。

3.4.2 “呼风唤雨”的强制类型转换

强制类型转换运算符

在很多情况下，混合数据类型表达式中存在的这种隐式的自动类型转换并不一定代表程序员的真实意图。那么如何显式地表达程序员的意图呢？这时可以使用**强制类型转换**运算符，强制类型转换运算符简称为强转。强制类型转换运算符的作用是将一个表达式的类型强制转换为用户指定的类型，它是一个一元运算符，与其他一元运算符具有相同的优先级。

强制类型转换运算的基本语法格式是在用户指定的希望转换的类型两边加一对圆括号（注意，这个圆括号不能省略），即通过强制类型转换表达式

```
(类型) 表达式
```

明确地表达程序员的意图，将后面的表达式转换为目标类型。

例如，表达式(int)score是利用截断（即舍弃其小数部分）的方法显式地将浮点型变量score的值转换成整数，以达到对变量score的值进行取整的目的。

再如，表达式(float)sum/(float)n是显式地将整型变量sum和n的值均转换成浮点数，然后进行浮点数除法运算，以便得到浮点型的计算结果。

强转相当于给程序员赋予了一种特权，因为使用它就相当于告诉编译器：“类型检查的事情不用你管了，我知道我想要什么类型的数值。”有时把程序的安全寄托在有可能滥用特权的程序员身上的做法并不安全，所以一定要慎用强转。在具体使用时，需要注意以下几点。

（1）一定要明确需要强转的操作数和目标类型。

例如，假设sum和n都定义为整型，显然sum/n执行的是整数除法运算，其运算结果类型是整型。为了得到浮点数除法的运算结果，需要使用强转将sum和n分别强转为浮点型，即使用(float)sum/(float)n，而不能使用(float)(sum/n)。

(float)(sum/n)与(float)sum/(float)n是两个不同的表达式，得到的运算结果可能是完全不同的。(float)sum中强转的操作数是sum，而(float)(sum/n)中强转的操作数则是sum/n，对sum/n进行强制类型转换将整型转换为浮点型是没有意义的，这种情况下的类型转换结果只是在整数除法得到的整数运算结果后面添加一个小数点并在小数位上添加几个无意义的0而已，并不能真正得到想要的浮点数除法运算结果。

（2）强制类型转换并不改变变量原有的类型。

例如，(float)sum并不是将变量sum的类型由整型转换为浮点型，而仅仅是得到了一个改变了类型的中间结果值。假设sum的值是整型值95，那么执行(float)sum得到的中间结果值是浮点型值95.000000，而sum变量的类型仍然是int型。

3.4.3 自动类型转换的安全隐患

既然系统提供了自动类型转换机制，为什么还要引入强制类型转换呢？一方面是为了显式地表达程序员的意图，另一方面是为了消除隐式的自动类型转换导致的程序隐患。自动类型转换有可能带来的程序隐患主要包括**数值溢出**（**Data Overflow**）和**精度损失**。

为什么自动类型转换机制会带来数值溢出或精度损失的安全隐患呢？

要理解这个问题，首先要理解自动类型转换是如何发生的。在赋值表达式中，当赋值运算符的左值和右值类型不一致时，也会发生自动类型转换，右值表达式的值在赋值给左值后将会被自动转换成左值的类型。

其次，要理解任何数据类型都只能用有限的位数来存储数据，其所能表示的数值范围和数值精度都是有限的。将表数范围大的类型转换为表数范围小的类型，通常都是不安全的。反之，将表数范围小的类型转换为表数范围大的类型，也不一定都是安全的。前者可能因超出表数范围而导致数值溢出，后者则可能因精度受限而导致精度损失。例如，将double型转换为int型或long型，将损失小数部分（非四舍五入），从而产生精度的损失，同时当整数部分的位数超过10位或者超过long型的表数范围上限时还会产生数值溢出。而将long型转换为float型也不一定就是安全的，虽然long型的表数范围并未超过float型的表数范围，使其不会发生数值溢出，但是由于浮点数只是实数的近似表示，其表数精度是有限的，因此当整数的位数超过7位时，也会因超出float型的表数精度而发生精度损失。

那么，**在什么情况下有可能发生数值溢出或精度损失呢？**

数值溢出或精度损失通常发生在不同类型数据之间的赋值和函数参数传递过程中。C语言中的函数参数传递是单向传值，单向传值的过程相当于一个单向赋值的过程。因此，下面我们通过实例来重点讨论赋值过程中有可能出现的数值溢出和精度损失问题。

1. 关于数值溢出问题

数值溢出问题

数值溢出的根源是任何类型的表数范围都是有限的，都有其上界和下界，忽视这一点就有可能带来数值溢出的隐患。

当一个整数运算结果的绝对值超出了其所要赋值的变量类型所能表示的最大数的绝对值（即上界）时，就会发生数值溢出。由于这种数值溢出是进位或借位导致最前面的符号位发生改变引起的，所以称为**上溢出**。

【**例3.1**】分析下面的程序的运行结果。

```
1   #include  <stdio.h>
2   int main(void)
3   {
4        long a;
5        a = 200 * 300 * 400 * 500; //表达式的运算结果超出了变量的值域，导致数值溢出
6        printf("%ld\n", a);         //%ld用于输出十进制长整型数
7        return 0;
8   }
```

程序的运行结果如下：

```
-884901888
```

看到这个结果是不是感到很诧异：正整数的乘积怎么是个负数呢？在Code::Blocks下运行程序时，编译器会给出如下警告信息，意为“表达式整数溢出”：

```
integer overflow in expression
```

要理解整数溢出产生的原因，必须先弄清楚有符号整数和无符号整数的区别是什么。如2.3节所述，无符号整数的最高位被解释为数值位，而有符号整数的最高位被解释为符号位：若符号位

为0，则表示该数为正数；若符号位为1，则表示该数为负数。当运算的结果超出了类型所能表示的数的上界时，进位覆盖了前面的符号位，使其由0变为了1，导致该数由无符号数变成了有符号数，于是屏幕上就会显示一个特别大的负数，即乱码。这种现象也称为**整数回绕**（**Wrap**）。

【例3.2】分析下面两个程序的运行结果。

（1）程序如下：

```
1  #include  <stdio.h>
2  int main(void)
3  {
4        short a;                          // 将变量a定义为有符号短整型
5        int b = 65537;                    // 将变量b定义为有符号整型
6        a = b;                            //从高精度类型向低精度类型赋值，导致数值溢出
7        printf("%hd,%d\n", a, b); //%hd用于输出十进制短整型数
8        return 0;
9  }
```

程序的运行结果如下：

```
1,65537
```

（2）程序如下：

```
1  #include  <stdio.h>
2  int main(void)
3  {
4        short a;              // 将变量a定义为有符号短整型
5        int b = 32768;        // 将变量b定义为有符号整型
6        a = b;                //从高精度类型向低精度类型赋值，导致数值溢出
7        printf("%hd,%d\n", a, b); //%hd用于输出十进制短整型数
8        return 0;
9  }
```

程序的运行结果如下：

```
-32768,32768
```

虽然编译器没有给出整数溢出的警告，但显然这两个程序都发生了整数溢出。在第一个程序中，65537在4字节int型的值域内，但超出了2字节short型的值域，使得short型的2字节无法表示原来的4字节数据，从而发生上溢出，保留下来的int型的后2字节的数据转换为十进制就是1，如下所示。

```
a                              | 0000 0000 0000 0001 |          1
b  | 0000 0000 0000 0001 0000 0000 0000 0001 |          65537
```

在第二个程序中，32768在4字节int型的值域内，但因超出了2字节short型的值域，而发生上溢出，只保留了int型后2字节的数据，因int型后2字节的数据将short型的符号位改为了1，从而被编译器解释为一个负数。因为10000000 00000000是-32768在内存中的二进制补码表示（详见附录E），所以该数被解释为-32768，如下所示。

```
a                              | 1000 0000 0000 0000 |          -32768
b  | 0000 0000 0000 0000 1000 0000 0000 0001 |          32768
```

从上面的例子不难推出：当程序从高位计算机向低位计算机移植（例如，从64位系统移植到32位系统）时，很可能出现上溢出问题。再来看下面的例子。

【例3.3】分析下面的程序的运行结果。

```
1  #include  <stdio.h>
2  int main(void)
```

```
3  {
4      unsigned short a = 8;
5      unsigned short b = 10;
6      printf("%hu\n", a - b);  //无符号数做减法时产生了数值溢出
7      return 0;
8  }
```

程序的运行结果如下：

```
65534
```

这个例子说明，做无符号整数减法时，如果被减数小于减数，也会发生溢出。因此，做无符号整数减法时必须要保证被减数大于或等于减数，否则就会因借位借到最高位而使得符号位由0变成1而发生溢出，从而得到一个比较大的正数。正因如此，在程序中比较a和b的值时，不能随意用a – b < 0取代a < b，因为前者有可能产生溢出。

与整数不同的是，浮点数不仅会发生上溢出，还会发生下溢出。当运算结果的绝对值小于计算机能表示的最小数的绝对值时，发生**下溢出**，系统会将该运算结果处理成机器零。

数值溢出的危害在于编译器有可能对它熟视无睹，不会检查这种错误。1996年阿丽亚娜5型运载火箭发射失败就是因浮点数转换成整数发生溢出而导致的。

为了防止数值溢出，选择恰当的数据类型，在程序设计之前必须对问题中的数据规模及类型的上下界有所了解。每种类型都定义了其所能表示的数的上限值和下限值。例如，浮点数的上限值、下限值和有效位数是在float.h头文件中定义的，宏名DBL_MAX和DBL_MIN分别表示double型浮点数的上限值和下限值，而DBL_DIG则表示其有效位数。整数的上限值（INT_MAX）和下限值（INT_MIN）是在limits.h头文件中定义的。

2. 关于精度损失问题

精度损失问题

当数据从高精度的类型向低精度的类型转换时，往往会出现精度损失。因低精度类型在内存中所占的数值位数比高精度类型少，容纳不下高精度类型数据的所有信息，所以会出现数据的丢失。例如，浮点型转为整型，会丢失小数部分，某些情况下还会损失整数部分的精度。

那么，**如何衡量浮点数的表数精度呢？**对于一个十进制的浮点数，从左边第一个不是0的数字起，到精确到的位数为止，其间的所有数字称为这个数的**有效数字**（**Significant Digit**）。有效数字位数常用于表示一个浮点数的精度，这个精度和浮点数的尾数在内存中所占的位数相关。不同的C编译系统分配给阶码和尾数的内存字节数是不同的。那么，单精度浮点型和双精度浮点型究竟能表示多少位有效数字呢？

我们知道，十进制小数在内存中是以二进制小数形式存储的。然而，二进制小数与十进制小数之间并不是一一对应的关系，一个二进制小数一定对应一个十进制小数，而一个十进制小数却不一定有一个二进制小数与之对应，有时只能用一个值相近的二进制小数来近似表示某个十进制小数。例如，使用二进制所能表示的两个最小的单精度小数2^{-23}与2^{-22}分别对应的十进制小数并不是连续的，二者之间存在一定的间隔，这使得尾数在内存中仅占23位的单精度浮点型只能精确表示6～7位，即有6～7位有效数字，而尾数在内存中占52位的双精度浮点型的有效数字位数可以提高到16位。

例如，将浮点数1234567890.0赋值给一个单精度浮点型变量时，会因单精度浮点型表示精度有限而产生舍入误差，使得该变量实际得到的值不是1234567890.0，而是1234567936.0。这是因为单精度浮点型只有6～7位有效数字，有效数字后的数字都是不准确的。

再如，假设将两个不同的浮点数9.87654321和9.87654322分别赋值给单精度浮点型变量a和b，实际上在内存中存储的a和b的二进制小数都是0x411E0652，如果此时判断a与b是否相等，那么一定会得出a和b相等的结论，这是因为受表示精度的限制，单精度浮点型无法区分出这两个

浮点数的小数点后第7位和第8位数字。因此，在做浮点数比较时，不能直接比较两个浮点数，需要加一个可接受的精度条件，以判断两个浮点数是否在一个可接受的误差范围内近似相等。以上面这个问题为例，如果我们认为精度为0.00001就足够了，那么只要a与b之差的绝对值小于或等于0.00001，就可以认为a和b的值是相等的，大于0.00001则认为不等。

下面通过一个程序实例来体会一下浮点数不是实数在内存中的精确表示这一要点。

【例3.4】下面的程序用于验证浮点数不是实数在内存中的精确表示。

```
1   #include  <stdio.h>
2   int main(void)
3   {
4         float a = 10.2;
5         float b = 9;
6         float c;
7         c = a - b;
8         printf("%f\n", c);    //%f表示默认将结果保留6位小数来输出
9         printf("%.7f\n", c); //%.7f表示将结果保留7位小数来输出
10        return 0;
11  }
```

程序在Code::Blocks下的运行结果如下：

```
1.200000
1.1999998
```

看到这个结果，是不是感到很奇怪呢？其实原因就是浮点数不是实数在内存中的精确表示。二进制的小数与十进制的小数之间不存在一一对应的关系，因此某些十进制小数的加减法运算由二进制小数来实现时就发生了精度损失。

如果用十进制计算变量c的值，结果应该为1.2，虽然在Code::Blocks下的程序运行结果显示为1.200000，但实际上在保留7位小数的情况下，变量c的值是1.1999998，只不过在按默认的6位小数来输出时被四舍五入为1.200000。

如图3-6所示，我们在Code::Blocks集成开发环境下进入单步调试模式，通过打开Watches观察窗和Memory内存镜像，可以发现在内存中变量c的二进制数实际上是0x3F999998，它对应的浮点数是0.19999980926513671875。这也是为什么例3.4程序中第9行语句将第8行的printf()函数的%f格式修改为%.7f格式后，屏幕上输出的变量c的结果是1.1999998，而不是1.200000。

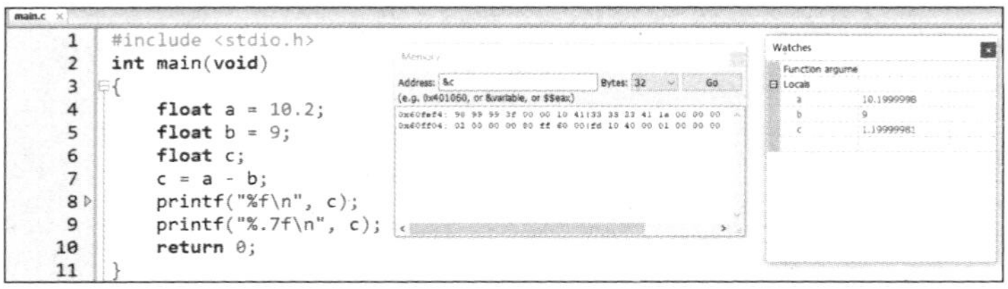

图3-6　打开Code::Blocks下的Watches观察窗和Memory内存镜像观察变量c的值

如图3-7所示，如果我们将变量a的值由10.2修改为10.1999998后再重新单步运行程序，会发现在Watches观察窗和Memory内存镜像中变量c的值没有变化，这说明变量c的值之所以不精确，其实是因为变量a的值在保存到内存中时就已经是不精确的值了。

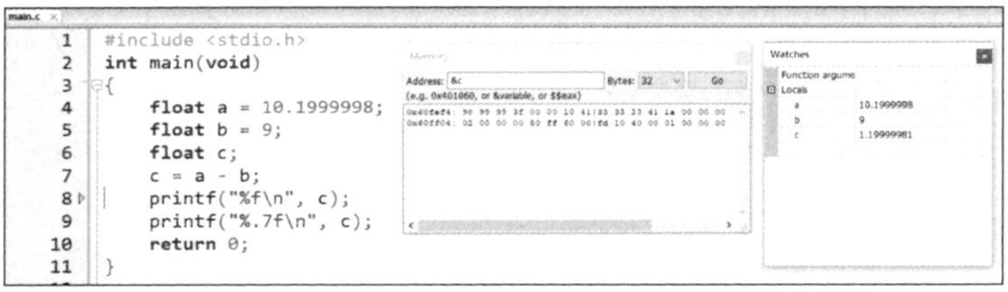

图3-7　修改变量a的值后重新单步运行程序并打开Watches观察窗和Memory内存镜像观察变量c的值

当然，如果把程序中的变量a、b、c的类型都从float改为double，那么就本例而言，输出结果不会出现精度损失，但这并不意味着double型在任何情形下都不会出现精度损失。正因为浮点数不是实数的精确表示，所以才会有单精度浮点型和双精度浮点型之分。

事实上，在CPU的内部，所有的浮点数在被浮点指令装入浮点寄存器时都会发生转换，从单精度、双精度转换为扩展精度；当从浮点寄存器存入内存时又会发生转换，从扩展精度转换为相应的精度类型。这些转换由CPU硬件自动完成。

数据从低精度类型转换到高精度类型是相对安全的，一般而言不会引起精度的丢失，因为随着数据表示位数的增加，高精度类型可以把低精度类型的相应数值位复制过来，通常不会丢失任何信息，但long型转换为float型是个例外，因为当long型整数的位数超过7位时，long型转换为float型后，会因float型的有效位数不高于7位而发生数据信息丢失。

但是从高精度类型向低精度类型转换时，如果数值超出低精度类型的表数范围，有可能发生数值溢出，即使数值没有超出低精度类型的表数范围，也有可能发生数据信息丢失，因为如果低精度类型的数值位数比高精度类型的少，容纳不下高精度类型的所有信息，就会出现**舍入（Round）**，也称**截断**。这也是浮点数赋值或浮点数比较结果为相等时出现奇怪的程序运行结果的一个主要原因。

IEEE（Institute of Electrical and Electronics Engineers，电气电子工程师学会）标准规定，处理器可以按以下4种不同的方式进行舍入。

（1）舍入最邻近的数（Round to Even）。如果需要被舍入的数正好在中间，就舍入最邻近的偶数，舍入后的数有可能大于原数。这是大多数运行环境的默认舍入规则。

（2）对称地朝着0的方向舍入（Round to Zero），舍入后数的绝对值不大于原数的绝对值。

（3）朝着$-\infty$的方向向下舍入（Round Down），舍入后的数不大于原数。

（4）朝着∞的方向向上舍入（Round Up），舍入后的数不小于原数。

【例3.5】分析下面的程序的运行结果。

```
1   #include  <stdio.h>
2   int main(void)
3   {
4        long a = 123456789;
5        float b;
6        double c = 123456789123.456765;
7        b = a;                //long型转换为float型导致精度损失
8        printf("%ld\n", a); //%ld用于输出长整型的数据
9        printf("%f\n", b);  //%f用于输出浮点型的数据
10       printf("%f\n", c);
11       b = c;               //double型转换为float型导致精度损失
12       printf("%f\n", b);
13       return 0;
14  }
```

程序在Code::Blocks下的运行结果如下：

```
123456789
123456792.000000
123456789123.456770
123456790528.000000
```

为什么程序输出的单精度和双精度浮点型的数据精度都损失了呢？如前所述，用表数范围大的类型定义的变量来保存表数范围小的类型的数据，也不一定都是安全的，虽然不会发生数值溢出，但是有可能损失数据的精度。

例如，在本例程序中，用long型变量能精确保存的数据123456789却不能用表数范围比long型更大的float型变量来精确保存。这是为什么呢？同样都在内存中占4字节，但float型的4字节并未都用来表示尾数，其中部分二进制位用来表示阶码了，阶码所占的位数决定实数的表数范围，而尾数所占的位数决定实数的精度（或者说有效数字位数）。由于float型的尾数在内存中所

占的位数小于long型的尾数在内存中所占的位数，因此将123456789赋值给float 型变量后将损失数据的精度。

float型能精确表示多少位数字，与其有效数字位数相关。不同的C编译系统分配给阶码和尾数的内存空间是不同的。因此，在不同的系统下实数的精度是不同的。在大多数编译系统中float型的尾数占23位，因此其有效数字位数只有6～7位，这就意味着，第7位以后的数字都是不准确的。

尾数在内存中占52位的double型的精度虽然比float型高，但毕竟也是有限的，它只能表示16位有效数字，这意味着其第16位以后的数字都是不准确的。而将double型数据赋值给float型变量时，必然会因float型的有效数字位数不够而出现数据的精度损失。

3.5 位运算及其应用

本节主要讨论如下问题。

常用的位运算有哪些？它们各有什么特点？

在计算机内部，数据都以二进制形式来表示，一个二进制位的取值要么为0，要么为1。二进制位（bit）是计算机存储数据的最基本单元，也是衡量物理存储器容量的最小单位。8个二进制位构成1字节（Byte），字节是计算机最小的可寻址的存储器单位，通常用字节数来衡量内存的大小。C语言既具有高级语言的特点，又具有低级语言的特点，支持位运算等汇编操作就是后者的具体体现。位运算就是对字节或字节内的二进制位进行测试、抽取、设置或移位等操作。其操作对象不能是float、double、long double等其他类型数据，只能是char型和int型数据。

常用的位运算符及其含义如表3-2所示，常用的位运算符及其优先级和结合性如表3-3所示。其中，只有按位取反运算符为单目运算符，其他运算符都是双目运算符。其中，除<<和>>以外的位运算符的运算规则（真值表）如表3-4所示。注意，关系运算和逻辑运算的结果要么为0，要么为1，而位运算的结果可为任何值，但每一位的结果只能是0或1。因此，从每一位来看，位运算与相应的逻辑运算非常相似。

表3-2 常用的位运算符及其含义

位运算符	含　义
&（按位与）	仅当两个操作数相应的二进制位都是1时，按位与运算结果的相应二进制位才会被置成1
|（按位或）	如果两个操作数相应的二进制位至少有一个是1，则按位或运算结果的相应二进制位被置成1
^（按位异或）	仅当两个操作数相应的二进制位只有一个是1时，按位异或运算结果的相应二进制位才被置成1
<<（左移）	将运算符左边的操作数按位向左移动，移动的位数由运算符右边的操作数指定。右边腾空的位补0
>>（右移）	将运算符左边的操作数按位向右移动，移动的位数由运算符右边的操作数指定。左边腾空的位的填补方式取决于所使用的计算机系统
~（按位取反）	将操作数中所有为0的位置成1、所有为1的位置成0

表3-3 常用的位运算符及其优先级和结合性

位运算符	类　型	优先级	结合性
~	单目	高	自右向左
<<、>>	双目		自左向右
&	双目	↓	自左向右
^	双目		自左向右
|	双目	低	自左向右

表 3-4　部分位运算符的运算规则

a	b	a & b	a | b	a ^ b	~a
0	0	0	0	0	1
0	1	0	1	1	1
1	0	0	1	1	0
1	1	1	1	0	0

位运算符介绍如下。

（1）按位与：可用于对字节中的某位清零

当两个操作数相应的二进制位都是1时，按位与运算符才会将运算结果相应的二进制位置成1，即两个操作数中的任意一位为0时，运算结果的对应位就会被置0。15 & 1的结果如图3-8（a）所示。

（2）按位或：可用于对字节中的某位置1

只要两个操作数相应的二进制位有一个是1（或者两个都为1），按位或运算符就会将运算结果相应的二进制位置成1。15 | 127的结果如图3-8（b）所示。

（3）按位异或

当两个操作数相应的二进制位的值不同时，按位异或运算结果的相应二进制位置成1，否则为0。按位异或常用于对屏幕上像素的写操作，第一次进行异或写操作，可将屏幕像素置成前景色，第二次进行异或写操作，可将屏幕像素恢复成背景色，相当于擦除了前景色。3 ^ 5的结果如图3-8（c）所示。

（4）按位取反

按位取反是对操作数的各位取反，即1变为0，0变为1，常被称为翻转。按位取反常用于加密处理。对文件加密时，一种简单的方法就是对每个字节按位取反，经连续两次取反后，数据将恢复为初始值，因此第一次取反可用于加密，第二次取反可用于解密。~5的结果如图3-8（d）所示。

```
  00001111        00001111        00000011
& 00000001      | 01111111      ^ 00000101      ~ 00000101
----------      ----------      ----------      ----------
  00000001        01111111        00000110        11111010
```

（a）按位与15 & 1=1　（b）按位或15 | 127 = 127　（c）按位异或3^5 = 6　（d）按位取反~5 = −6

图3-8　位运算示例（操作数和运算结果均以二进制补码形式表示）

（5）左移：常用于硬件实现乘以2运算

左移运算是将其左边的操作数按位向左移动，移动的位数由其右边的操作数指定。例如，x<<n表示把x的每一位向左移n位，右边空位补0。每左移一位相当于乘2，左移n位相当于乘2^n。图3-9所示为15及其左移1位、2位、3位的二进制补码，其对应的十进制结果分别为30、60、120。

初始字节内容	00001111
左移1位后的字节内容	00011110
左移2位后的字节内容	00111100
左移3位后的字节内容	01111000

图3-9　左移运算示例

（6）右移：常用于硬件实现除以2运算

右移运算是将其左边的操作数按位向右移动，移动的位数也是由其右边的操作数指定的。例如，x>>n表示把x的每一位向右移n位。每右移一位相当于除以2，右移n位相当于除以2^n。当x为有符号数时，左边空位补符号位上的值，这种移位称为**算术移位**；当x为无符号数时，左边空位补0，这种移位称为**逻辑移位**。例如，15及其右移1位、2位、3位的二进制补码如图3-10（a）所示，其对应的十进制结果分别为7、3、1。−15及其右移1位、2位、3位的二进制补码如图3-10（b）所示，其对应的十进制结果分别为−8、−4、−2。注意：无论是左移还是右移，从一端移出的位不会移入另一端，移出的位的信息都丢失了。

初始字节内容	00001111
右移1位后的字节内容	00000111
右移2位后的字节内容	00000011
右移3位后的字节内容	00000001

（a）操作数为15

初始字节内容	11110001
右移1位后的字节内容	11111000
右移2位后的字节内容	11111100
右移3位后的字节内容	11111110

（b）操作数为–15

图3–10　右移位运算示例

3.6　本章知识树

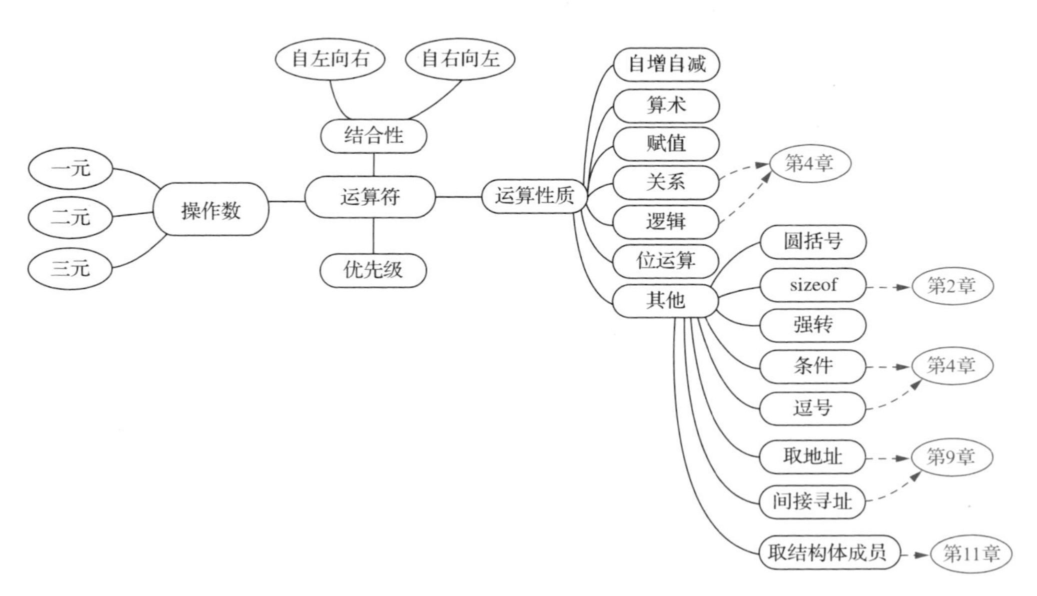

学习指南：无须死记硬背C语言运算符的优先级和结合性，你希望先执行哪个运算，只要将该运算及操作数用圆括号标识即可。C语言的标准数学函数库提供了丰富的数学函数，详见附录G。需要了解更多运算符的读者，请查阅附录C。需要了解更多C语言标准库函数的读者，请查阅附录G。

习题3

1. **复合的赋值表达式。**已知变量a的值为3，分别执行下面两个语句后，变量a的值分别为多少？

```
a += a -= a * a;
a += a -= a *= a;
```

2. **数数的手指。**一个小女孩正在用左手手指数右手的手指，从1到1000，数过的手指张开。她从拇指算作1开始数起，然后食指为2，中指为3，无名指为4，小指为5。接下来掉转方向，无名指算作6，中指为7，食指为8，大拇指为9，接下来拇指算作10，如此反复。问：如果继续以这种方式数下去，最后结束时停在哪根手指上？请编程，从键盘输入n，从1数到n，输出最后停在哪根手指上。

3. **逆序数**。从键盘任意输入一个3位整数，编程计算并输出它的逆序数（忽略整数前的正负号）。

4. **数位拆分**。从键盘任意输入一个4位的正整数n（如4321），编程将其拆分为两个2位的正整数a和b（如43和21），计算并输出拆分后的两个数a和b的加、减、乘、除和求余的结果。

5. **计算三角形面积**。从键盘任意输入三角形的三边长a、b、c，按照如下公式，编程计算并输出三角形的面积，要求结果保留两位小数。假设a、b、c的值能构成一个三角形。

$$s=\frac{1}{2}(a+b+c),\quad \text{area}=\sqrt{s(s-a)(s-b)(s-c)}$$

6. **本利计算V1**。某人向一个年利率为rate的定期储蓄账户内存入本金capital（以元为单位），存期为n年。请编写一个程序，按照如下普通计息方式，计算到期时他能从银行得到的本利之和。

$$\text{deposit}=\text{capital}\times(1+\text{rate}\times n)$$

其中，capital是最初存款总额（即本金），rate是整存整取的年利率，n是存款的期限（以年为单位），deposit是第n年年底账户里的存款总额。

7. **本利计算V2**。某人向一个年利率为rate的定期储蓄账户内存入本金capital（以元为单位），存期为n年。请编写一个程序，按照如下复利计息方式计算到期时他能从银行得到的本利之和。假设存款所产生的利息仍然存入同一个账户。

$$\text{deposit}=\text{capital}\times(1+\text{rate})^n$$

第4章

程序设计方法学基础——基本控制结构

内容导读

必学内容：算法的描述方法，3种基本控制结构及其控制方法，关系运算和逻辑运算，条件语句、开关语句和循环语句，循环的控制方法，流程的转移控制。

本章，我们将为读者带来C语言世界中的控制结构，一起体会“充满变化但尽在掌握”的选择之道，以及“千里之行，始于足下”的循环之道。

4.1 算法的概念与算法的描述方法

本节主要讨论如下问题。

（1）什么是算法？

（2）如何描述算法？

4.1.1 算法的概念

在生活中，我们无论做什么事情都需要遵循一定的“章法”。算法就是计算机里的“章法”。**算法（Algorithm）**，就是为解决一个具体问题而采取的计算机能够执行的确定的、有限的操作步骤，简单地说就是告诉计算机按照怎样的逻辑和步骤去完成一项任务。

Pascal语言的创始人、1984年图灵奖的获得者尼古劳斯·沃思（Niklaus Wirth）曾提出过一个描述面向过程程序本质的经典公式：

数据结构 + 算法 = 程序

它表明，一个面向过程的程序由两部分组成：一是**数据结构（Data Structure）**，即数据的描述和组织形式；二是算法，即对操作步骤或行为的具体描述。设计程序的过程，可以看成针对问题选择恰当的数据结构并设计相应算法的过程。编程语言只是实现这一过程的工具。选择不同的数据结构、设计不同的算法，或者采用不同的编程语言，都可能带来不同的程序实现效率。可见，数据结构是程序的“躯体”，而算法则是程序的“灵魂”。

计算机算法方面的专家克努特（Knuth）认为计算机科学最重要的不是算法本身，而是计算机科学家用来开发它们的思维过程。他将计算机科学中常见的思维过程称为**算法思维**。将算法转换为程序代码，其实是解释计算机科学家解决问题的方法的最佳方式。

计算机算法主要具有以下几个特性。

（1）有穷性，即算法的每个步骤都应在有限的、合理的时间内执行完毕。

（2）确定性，即算法的每个步骤都应是无二义性的。

（3）有效性，即算法的每个步骤都应是可被计算机有效执行的。

（4）可以有多个输入或者没有输入，但至少有一个输出。毕竟，算法的实现是以得到问题的求解结果为目的的，没有输出的算法是没有任何意义的。

算法的设计不仅要考虑算法的正确性，还要考虑算法的稳健性和时空效率。

4.1.2 算法的描述方法

算法主要有流程图、自然语言、伪码等描述方法。其中，**流程图（Flow Chart）**是应用最广泛的一种算法描述方法，它用一个有向图来描述算法的控制流程和程序的指令执行顺序。算法可以转化为计算机程序，计算机程序就是计算机可以执行的指令列表。

美国国家标准协会（ANSI）规定了表4-1所示的符号，作为常用的流程图符号。

表 4-1 常用的流程图符号

符号	名称	含义
	开始/结束框	表示一个过程的开始或结束。“开始”或“结束”（也可以是“Start”或“End”）写在圆角矩形内。开始框只有出口，没有入口；结束框只有入口，没有出口
	处理框	表示执行一个或一组特定的操作。操作的简要说明写在矩形内。它只有一个入口和一个出口
	判断框	表示过程中的一项判定或分支点，判定或分支点的说明写在菱形内，常以问题的形式出现。对该问题的回答决定了判断框之外引出的路径，每条路径上标出相应的回答：“是”（Y）和“否”（N）。它只有一个入口，但有两个出口，分别对应两种不同回答指向的路径
	输入输出框	表示输入输出数据。它只有一个入口和一个出口
	流程线	表示步骤执行的顺序。流程线的箭头表示一个过程的流程方向或路径方向
	文档	表示属于该过程的文档信息。文档信息写在文档符号内
	连接符	表示流程线的断点，起到连接两个流程图的作用。在圆形内标出一个字母或数字，表示该流程线将在具有相同字母或数字的另一连接符处继续下去。前一个连接符表示流程的转出，后一个连接符表示流程的转入
	预定义处理	表示已命名的特定处理，通常是调用一个子程序
	注释框	标识注释的内容，连线须连接到被注释的符号或符号组合上，注释的正文应靠近纵向边
	并行方式	表示同步进行两个或两个以上操作

用流程图描述算法的优点是形象直观，各种操作一目了然，不会产生二义性，易于理解。在流程图上查找算法的逻辑错误比直接在代码上查找更快。流程图易于转化为程序。其主要缺点是允许使用流程线，如果使用者没有养成良好的编码风格，使用过多可使流程转向的流程

线，将导致程序结构混乱，降低程序的可读性。

绘制流程图时使用率最高的软件之一是画图软件Visio。Visio属于Microsoft Office系列软件，提供多种绘图模板和工具，绘制图形简单、快捷，同时还支持将绘制的图形保存为SVG、DWG等通用矢量图格式，方便地复制到其他Office文档中。

4.2 计算机的问题求解

本节主要讨论如下问题。

什么是计算思维？

要让计算机帮助人来解决问题，首先人要知道问题是如何求解的。人解决问题的第一步就是理解问题，人理解问题就是了解问题的已知条件和要达到的目标，进而制订问题求解的计划。但是让计算机理解问题和制订问题求解计划并非易事，需要一个思维转换的过程，即人要像计算机一样去思考和解决问题。

以计算平方根的算法为例。平方根的数学定义：对于一个数x，如果有另外一个数r，$r \geqslant 0$，并且$r^2 = x$，则r就是x的平方根。但是这个数学定义只描述了平方根是什么，并未给出计算平方根的具体过程，即并未告诉计算机应该怎么做。至少在当前的计算机体系结构下，让计算机按照这个数学定义直接求解是不可能完成的任务。

因此，编写计算机程序必须告诉计算机怎么做，而不是做什么。“做什么”和“怎么做”之间存在的巨大鸿沟，只能靠程序员用给计算机专门定制的计算机能读懂且能执行的算法去填补。

针对自己要解决的问题，建立问题的数学模型，并将其转化为计算机能求解的算法，这个过程就是制订问题求解计划的过程，即采用一般的数学思维方法并运用计算机科学的基础概念去解决问题。其中，建立问题的**数学模型（Mathematical Model）**即数学建模，就是在解决问题之前从实际问题中抽象、提炼出数学模型的过程。

仍以计算平方根的算法为例。平方根的求解方法可以抽象为这样一个迭代公式：$r = (r + x / r) / 2$。将其转化为计算机能求解的算法：先猜测一个平方根的初值r，判断r的平方和x是不是在可容忍的误差范围内足够接近，若不接近，则按照迭代公式$r = (r + x / r) / 2$对r进行迭代，生成新的r值，继续判断r的平方与x是否足够接近，直到它们足够接近或者达到指定的迭代次数。

在计算机“独立”解题之前，程序员必须学会用自己“不插电的计算机”模拟计算机来执行相应的处理，这样才能写出计算机可执行的程序，这种能力就是计算思维能力。计算思维能力归根结底还是人的思维能力，而不是计算机的思维能力。按照美国卡内基梅隆大学计算机科学系前系主任周以真教授给出的定义，**计算思维（Computational Thinking）**是运用计算机科学的基础概念进行问题求解、系统设计及人类行为理解等涵盖计算机科学之广度的一系列思维活动。简单地说，计算思维其实就是在寻找一个问题的解的过程中的思维方式。

4.3 顺序结构

本节主要讨论如下问题。

（1）顺序结构中的语句块顺序可以任意改变吗？

（2）什么是复合语句？

顺序、选择和循环是计算机程序的3种基本的控制结构，它们是复杂程序设计的基础。本节介绍顺序结构，选择结构和循环结构将分别在4.4节和4.5节中介绍。

在生活中解决问题需要遵循一定的先后次序，改变顺序有可能导致不同的结果，让计算机解决问题也不例外。例如，把大象放到冰箱里的基本步骤就是，打开冰箱门，把大象放进去，关上冰箱门。

顺序结构（**Sequential Structure**）是最简单、最常用的程序结构。顺序结构的执行顺序是自上而下，即依次按顺序执行。顺序结构的一般流程图如图4-1所示，它表示先执行A操作，再执行B操作。如果B操作的执行依赖于A操作的执行，那么A和B的执行顺序是不能交换的。这里的A或B既可以看成一条语句，也可以看成一个语句块。

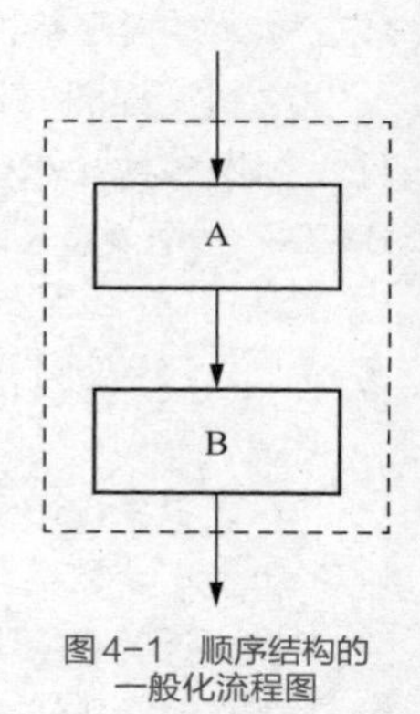

图4-1 顺序结构的一般化流程图

在C语言中，将一组逻辑相关的语句用一对花括号标识所构成的语句块，称为**复合语句**（**Compound Statement**）。这个语句块可以是顺序、选择、循环中的任何一种结构。

以两数交换为例，其交换原理如图4-2所示，可用下面的复合语句来实现。

```
{
  temp = a;
  a = b;
  b = temp;
}
```

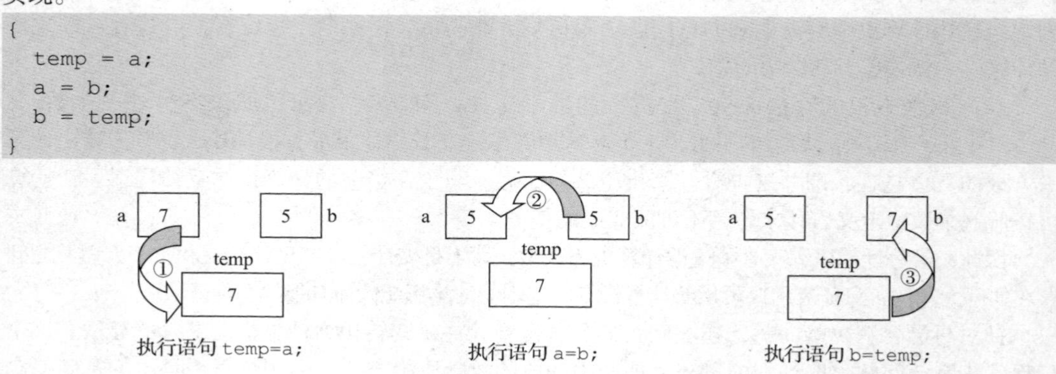

图4-2 两数交换原理示意

从图4-2演示的语句执行过程可以看出，变量a和变量b的值互换，是借助一个临时变量temp来实现的，这3条语句的顺序是不能改变的。如果不借助临时变量temp，直接执行b = a;和a = b;是不能达到两数交换目的的。

赋值和数据的输入输出是顺序结构中最基本的操作。通常，程序会涉及如下3种基本操作。

（1）输入所需要的数据。

（2）进行运算和数据处理。

（3）输出运算结果。

【**例4.1**】已知苹果的单价是每千克p元，问：买q千克的苹果，需要多少钱？

问题分析：如图4-3所示，要解决这个问题，首先要确定问题的输入和输出，然后建立问题的数学模型，将其表示为数学公式$t = q \times p$，最后根据这一数学公式设计买苹果问题的算法。

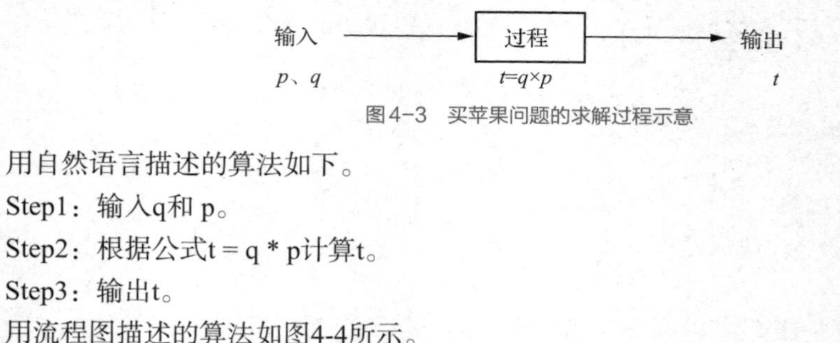

图4-3 买苹果问题的求解过程示意

用自然语言描述的算法如下。

Step1：输入q和 p。

Step2：根据公式t = q * p计算t。

Step3：输出t。

用流程图描述的算法如图4-4所示。

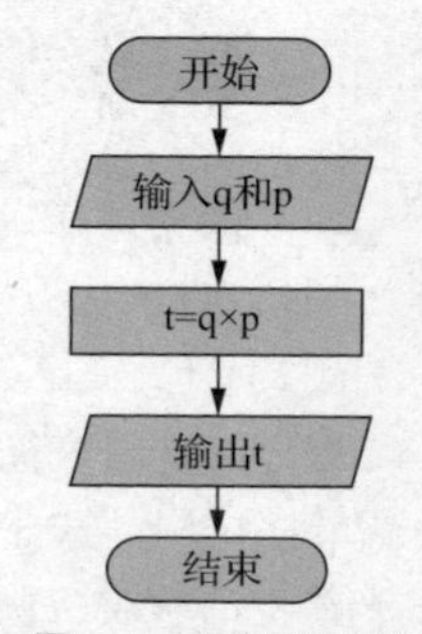

图4-4 买苹果问题的算法流程图

将算法转化为程序如下：

```
1   #include  <stdio.h>
2   int main(void)
```

```
3  {
4      int p;  //苹果的单价
5      int q;  //苹果的千克数
6      int t;  //苹果的总价
7      scanf("%d, %d", &p, &q);
8      t = q * p;
9      printf("%d\n", t);
10     return 0;
11 }
```

程序的运行结果如下：

```
5.5, 10↙
55
```

4.4 选择结构

本节主要讨论如下问题。

（1）选择结构有几种分支控制方式？分别适合用什么语句实现？

（2）如何判定一个C表达式的“真”和“假”？用什么值表示表达式的真假？

（3）break和default在switch语句中的作用是什么？

（4）何为逻辑运算符的“短路”特性？

4.4.1 选择结构的基本形式——变是唯一的不变

大家是否记得多年前的那本畅销书《谁动了我的奶酪？》？这本书生动地阐述了“变是唯一的不变”这一生活真谛。周遭的世界，纷繁的生活，真实的问题，变化无处不在，选择就无处不在。人生常常面临许多岔路口，不同的抉择将有可能完全改变你人生的轨迹。如果曹操不走华容道，如果关羽不放走曹操……那么故事可能就要重写了。人生不可能是一帆风顺的，面对岔路口如何抉择，相信每个人都有自己的答案。只要我们能够准确识别，未雨绸缪，积极应变，就一定能做到从容应对各种变化，把危机转化为机遇。

计算机在帮我们打理相关事务的时候，自然也需要做出选择。让计算机解决问题更要未雨绸缪，提前把所有可能发生的情况都考虑到。

仍以买苹果为例，我们在买苹果之前常常面临一些选择，例如，根据苹果的质量好坏决定买不买，买哪个品种的，买哪种价格的，买多少，等等。解决这个问题的算法就要用到选择结构了，选择结构也称为分支结构。

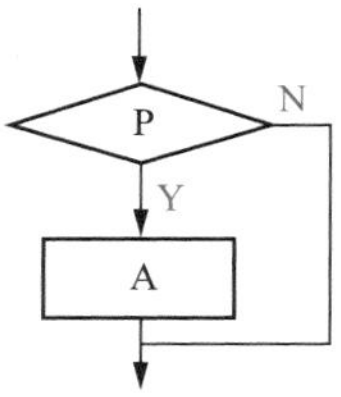

图4-5 单分支选择结构

例如，如果苹果的质量好，我们就买，否则就不买，这就是单分支选择结构。**单分支选择结构（Single Selection Structure）**的流程图如图4-5所示，表示当条件P为真时，执行A操作，否则什么也不做。

如果苹果的质量好，我们就多买一些，否则就少买一些。这个问题的算法用一个双分支选择结构实现。**双分支选择结构（Double Selection Structure）**的流程图如图4-6所示，表示当条件P为真时，执行A操作，否则执行B操作。

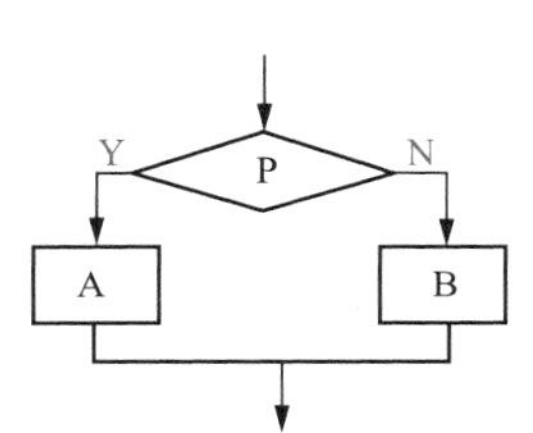

图4-6 双分支选择结构

使用单分支选择结构面临的选择是，要么执行一个操作，要么跳过它，什么也不做。使用双分支选择结构面临的选择是，在两个不同的操作中选择一个来执行。

如果双分支选择结构的B操作又包含另一个选择结构，即需要连续执行多个条件判断，此时构成的是**多分支选择结构**（**Multiple Selection Structure**）。高考分批次录取时，根据考生填写的多个志愿依次进行录取，其实就是一种典型的多分支选择结构。

图4-7给出了多分支选择结构的两种等价流程图。若条件1为真，则执行A操作；否则若条件2为真，则执行B操作；若前面两个条件都为假，则执行C操作。

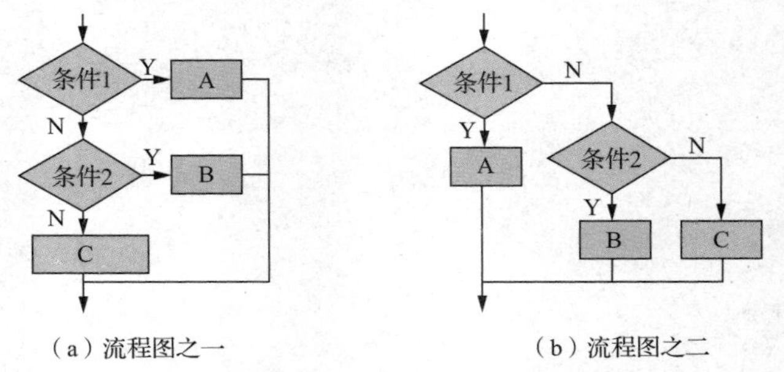

图4-7　多分支选择结构的两种等价流程图

4.4.2　条件语句——无处不在的抉择

C语言提供了如下3种形式的**条件语句**，分别用于实现单分支、双分支、多分支选择结构。

（1）if形式的条件语句如下。

```
if (表达式)
{
    可执行语句
}
```

其作用是，若表达式的值为真，则执行可执行语句，否则不做任何操作，直接执行if条件语句后面的语句。

（2）if-else形式的条件语句如下。

```
if (表达式)
{
    可执行语句1
}
else
{
    可执行语句2
}
```

其作用是，若表达式的值为真，则执行可执行语句1，否则执行可执行语句2。

（3）else-if级联形式的条件语句如下。

```
if (表达式1)
{
    可执行语句1
}
else if (表达式2)
{
    可执行语句2
}
…
else if (表达式m)
{
    可执行语句m
}
else
```

```
    {
        可执行语句m+1
    }
```

其作用是，如果表达式1的值为真，则执行可执行语句1，否则如果表达式2的值为真，则执行可执行语句2……如果if后的所有表达式都不为真，则执行可执行语句m+1。事实上，这是一种在else子句中嵌入if语句的形式。

注意，在上面3种形式的条件语句中，每个分支都是一条复合语句。条件语句在语法上只允许每个条件分支中有一条语句，即编译器只将if和else后面的第一条语句看作其分支中的语句，而实际上条件分支里要处理的操作往往需要多条语句才能完成，想在分支中执行多条语句的话，就需要使用复合语句。复合语句在逻辑上被当作一条语句来处理，这使在条件分支和循环结构中执行多条语句成为可能。

因此，为了保持良好的编码风格，建议即使条件语句的if和else子句中仅有一条语句，仍将其用花括号标识构成复合语句。这样做的好处是代码的层次结构更清晰，在if和else子句中添加语句时不易出错，能保证程序逻辑上的正确性。

【例4.2】从键盘输入两个整型数，编程比较并输出两个数中的较大值。

问题分析：首先，确定问题的输入和输出，本例的输入是两个整型数a和b，输出是二者中的较大值max；然后，建立问题的数学模型，将其表示为如下数学公式。

$$\max=\begin{cases}a & \text{如果}a\geqslant b\\ b & \text{否则}\end{cases}$$

根据这一数学公式设计求较大值的算法，描述算法的流程图如图4-8所示。图4-8（a）和图4-8（b）是等价的。图4-8（c）也可以输出两数的较大值，只是没有将这个较大值保存到变量max中，而是将其直接输出到屏幕上。

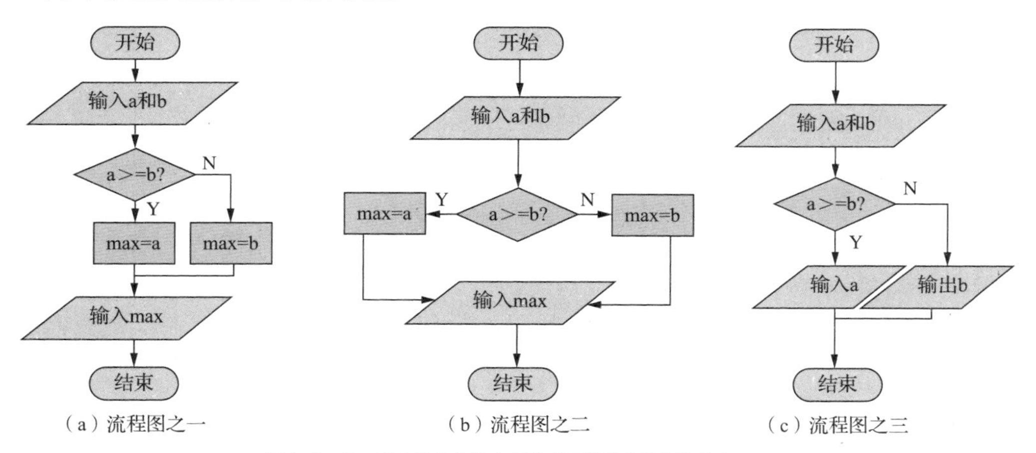

图4-8　用双分支选择结构实现的求两数较大值的算法流程图

将图4-8（a）转化为程序如下：

```
1   #include  <stdio.h>
2   int main(void)
3   {
4       int  a, b, max;
5       scanf("%d,%d", &a, &b);
6       if (a >= b)
7       {
8           max = a;
9       }
```

```
10      else
11      {
12          max = b;
13      }
14      printf("max = %d\n", max);
15      return 0;
16  }
```

将图4-8（c）转化为程序如下：

```
1   #include  <stdio.h>
2   int main(void)
3   {
4       int  a, b;
5       scanf("%d,%d", &a, &b);
6       if  (a >= b)
7       {
8           printf("max = %d\n", a);
9       }
10      else
11      {
12          printf("max = %d\n", b);
13      }
14      return 0;
15  }
```


在上面两个程序的if语句后面圆括号内的表达式a >= b，是用关系运算符>=将两个操作数a和b连接起来构成的表达式，像这种用**关系运算符**（**Relational Operator**）将两个操作数连接起来组成的表达式，称为**关系表达式**（**Relational Expression**）。关系表达式中所进行的关系运算实质上就是比较运算。

事实上，还可以用**条件运算符**（**Conditional Operator**）构成的条件表达式来编写本例程序。具体程序如下：

```
1   #include  <stdio.h>
2   int main(void)
3   {
4       int  a, b, max;
5       scanf("%d,%d", &a, &b);
6       max = a>=b ? a : b;        //用条件运算符求两数的较大值
7       printf("max = %d\n", max);
8       return 0;
9   }
```

或者写为

```
1   #include  <stdio.h>
2   int main(void)
3   {
4       int  a, b;
5       scanf("%d,%d", &a, &b);
6       printf("max = %d\n", a>=b ? a : b); //直接输出条件表达式的值
7       return 0;
8   }
```

上述4个程序的运行结果均为

```
5, 10↙
max = 10
```

从后两个程序可以看出，采用条件运算符实现的程序更为简洁。条件运算符是C语言中唯一的**三元运算符**，运算时需要3个操作数。由条件运算符及其相应的操作数构成的表达式，称为**条**

件表达式。它的一般形式如下：

```
表达式1 ? 表达式2 : 表达式3
```

其含义是，若表达式1的值非0，则该条件表达式的值是表达式2的值，否则是表达式3的值。它相当于执行下面的条件语句：

```
if (表达式1)
{
    表达式2;
}
else
{
    表达式3;
}
```

需要注意的是，条件运算符的第二个和第三个操作数要使用类型相同的表达式，否则可能会出现微妙的错误。

关系运算符和逻辑运算符

C语言中的关系运算符及其优先级和结合性如表4-2所示。其中，<、>、<=、>=的优先级是相同的，==和!=的优先级是相同的，后者的优先级低于前者的优先级。所有关系运算符的优先级均低于算术运算符的优先级。

表 4-2　关系运算符及其优先级和结合性

关系运算符	对应的数学运算符	含义	优先级	结合性
< > <= >=	$<$ $>$ $\leqslant$ $\geqslant$	小于 大于 小于或等于 大于或等于	高	自左向右
== !=	$=$ $\neq$	等于 不等于	低	自左向右

在C语言中程序是根据表达式的值为非0还是0来判断真假的，即用非0值表示“真”，用0值表示“假”。也就是说，如果表达式的值为非0，则表达式的值为真；如果表达式的值为0，则表达式的值为假。这种真假值判断策略给C程序在判断条件的表达上带来了很大的灵活性，使任何类型的C表达式都可以作为判断条件。因此，条件语句中if后面圆括号内的表达式不仅可以是关系表达式，还可以是数值表达式。

关系运算只能表示简单的判断条件，要表示更为复杂的判断条件则需要使用逻辑运算。逻辑运算也称为布尔运算。C语言提供的**逻辑运算符**（**Logic Operator**）及其优先级和结合性如表4-3所示。表4-3中的3个逻辑运算符的优先级按照由高到低的顺序，依次为逻辑非！、逻辑与&&、逻辑或||。

表 4-3　逻辑运算符及其优先级和结合性

逻辑运算符	类型	含义	优先级	结合性
!	单目	逻辑非	最高	自右向左
&&	双目	逻辑与	较高	自左向右
||	双目	逻辑或	较低	自左向右

如图4-9所示，逻辑与运算（通常用来表示“并且”的关系）类似于集合交运算：仅当两个操作数都为真时，运算结果才为真；只要有一个为假，运算结果就为假。

如图4-10所示，逻辑或运算（通常用来表示“或者”的关系）类似于集合并运算：两个操作数中只要有一个为真，运算结果就为真；仅当两个操作数都为假，运算结果才为假。

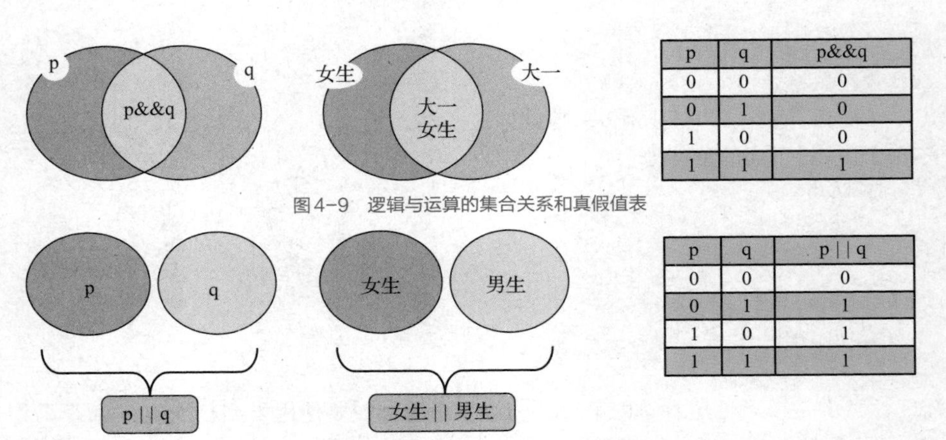

p	q	p&&q
0	0	0
0	1	0
1	0	0
1	1	1

图4-9　逻辑与运算的集合关系和真假值表

p	q	p||q
0	0	0
0	1	1
1	0	1
1	1	1

图4-10　逻辑或运算的集合关系和真假值表

如图4-11所示，逻辑非运算类似于集合的补集，其特点是，若操作数的值为真，则其逻辑非运算的结果为假，否则为真。

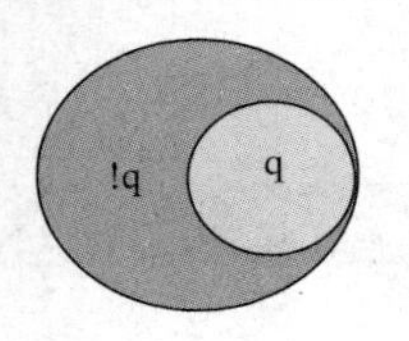

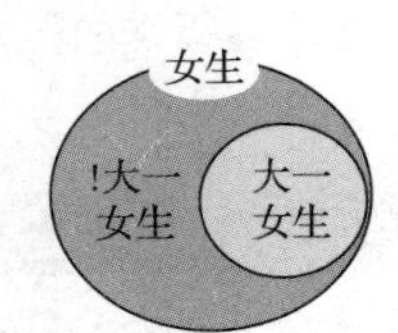

q	!q
0	1
1	0

图4-11　逻辑非运算的集合关系和真假值表

用逻辑运算符连接操作数组成的表达式，称为**逻辑表达式（Logic Expression）**。逻辑表达式的值同样只有真和假两种。合理地运用算术运算符、关系运算符和逻辑运算符的优先级与结合性，就可以表示实际问题中的复杂条件。运算符的优先级和结合性详见附录C。一般情况下，运算符按照优先级由高到低的顺序排列，依次是一元运算符、算术运算符、关系运算符、二元的逻辑运算符、条件运算符，最后是赋值运算符。

读者完全不必担心记不住这些优先级，将需要先计算的表达式用圆括号标识，明确表达哪些运算需要优先计算即可。

【例4.3】从键盘任意输入一个年份year，编程判断其是否为闰年，如果是闰年，则输出“Yes!”，否则输出“No!”。

问题分析：首先，确定问题的输入和输出，本例的输入是一个整型数year，输出是闰年判断的真假信息；其次，需要了解我们人判断闰年的方法是什么，根据常识，闰年需要满足下列两个条件中的任意一个。

（1）能被4整除，但不能被100整除。

（2）能被400整除。

在了解我们人解决问题的方法后，再根据这一方法建立问题的数学模型，将其表示为如下数学公式。

$$leap = \begin{cases} 1 & \text{如果year能被4整除，但不能被100整除，或者能被400整除} \\ 0 & \text{否则} \end{cases}$$

如何表示数学公式中判断闰年的条件呢？由于判断闰年的两个条件是“或”的关系，因此需要采用逻辑或运算符；由于第一个条件是“且”的关系，因此需要采用逻辑与运算符。综上，判断闰年的条件可用下面的表达式来表示：

```
((year % 4 == 0) && (year % 100 != 0)) || (year % 400 == 0)
```

根据上面的数学公式，可以设计判断闰年的算法并将其表示为流程图，这里将流程图留给读者自己去画。下面只给出实现算法的程序：

```
1   #include  <stdio.h>
2   int main(void)
3   {
4       int  year, leap;
5       scanf("%d", &year);
6       leap = ((year % 4 == 0) && (year % 100 != 0)) || (year % 400 == 0);
7       if (leap)  //若leap的值为非0，则为真
8       {
9           printf("Yes!\n");
10      }
11      else
12      {
13          printf("No!\n");
14      }
15      return 0;
16  }
```

或者将程序简化为

```
1   #include  <stdio.h>
2   int main(void)
3   {
4       int  year;
5       scanf("%d", &year);
6       if (((year % 4 == 0) && (year % 100 != 0)) || (year % 400 == 0))
7       {
8           printf("Yes!\n");
9       }
10      else
11      {
12          printf("No!\n");
13      }
14      return 0;
15  }
```

这个程序判断条件比较复杂，涉及的情况比较多，所以我们需要对其测试多次，4次测试结果分别如下。

第一次程序测试结果如下：

```
2016↙
Yes!
```

第二次程序测试结果如下：

```
2015↙
No!
```

第三次程序测试结果如下：

```
1900↙
No!
```

第四次程序测试结果如下：

```
2000↙
Yes!
```

像这种为检验程序是否满足某个特定的软件需求而设计的一组输入数据、执行条件和预期结果，就称为**测试用例**（**Test Case**）。关于程序测试的更多内容见5.3节。

【思考题】

为什么选择这4个测试用例来进行程序测试？这4个测试用例分别代表了什么情况或者说覆盖了什么分支？

4.4.3 开关语句——条条道路通罗马

先来看一个需要考虑多种分支情况的例子。

【例4.4】从键盘任意输入一个百分制成绩，编程计算并输出其对应的五分制成绩。

问题分析：首先，确定问题的输入和输出，本例的输入是一个百分制成绩，用整型变量score来存储，输出是其对应的五分制成绩，用字符型变量grade来存储；然后，建立问题的数学模型，即建立一个从百分制成绩向五分制成绩转换的标准，将其抽象为如下数学公式。

$$grade=\begin{cases}A & 90\leqslant score\leqslant 100\\ B & 80\leqslant score<90\\ C & 70\leqslant score<80\\ D & 60\leqslant score<70\\ E & 50\leqslant score<60\end{cases}$$

根据这一数学公式，设计百分制成绩转换为五分制成绩的算法。描述算法的流程图如图4-12～图4-14所示，这3个流程图分别代表算法的3种实现方法。3种实现方法的程序如下。

方法1：根据图4-12所示的流程图，用if形式的条件语句实现的程序如下。

```
1   #include<stdio.h>
2   int main(void)
3   {
4       int score;
5       char grade;
6       printf("Please input  score:");
7       scanf("%d", &score);
8       if (score >= 90 && score <= 100)
9       {
10          grade = 'A';
11      }
12      if (score >= 80 && score < 90)
13      {
14          grade = 'B';
15      }
16      if (score >= 70 && score < 80)
17      {
18          grade = 'C';
19      }
20      if (score >= 60 && score < 70)
21      {
22          grade = 'D';
23      }
24      if (score >= 0 && score < 60)
25      {
26          grade = 'E';
27      }
28      if (score < 0 || score > 100)
29      {
30          printf("Input error!\n");
31      }
32      else
33      {
34          printf("grade:%c\n", grade);
35      }
36      return 0;
37  }
```

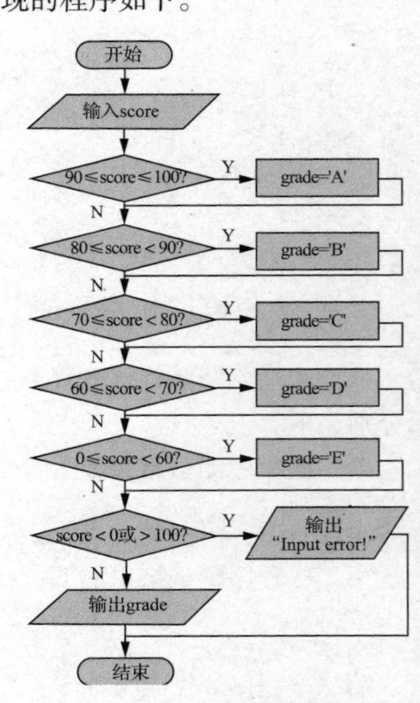

图4-12　方法1的流程图

方法2：根据图4-13所示的流程图，用if-else形式的条件语句实现的程序如下。

```
1   #include<stdio.h>
2   int main(void)
3   {
4       int score;
5       char grade;
6       scanf("%d", &score);
7       if (score < 0 || score > 100)
8       {
9           printf("Input error!\n");
10      }
11      else
12      {
13          if (score >= 90)
14      {
15          grade = 'A';
16      }
17      else if (score >= 80)
18      {
19          grade = 'B';
20      }
21      else if (score >= 70)
22      {
23          grade = 'C';
24      }
25      else if (score >= 60)
26      {
27          grade = 'D';
28      }
29      else
30      {
31          grade = 'E';
32      }
33      printf("grade:%c\n", grade);
34      }
35  return 0;
36  }
```

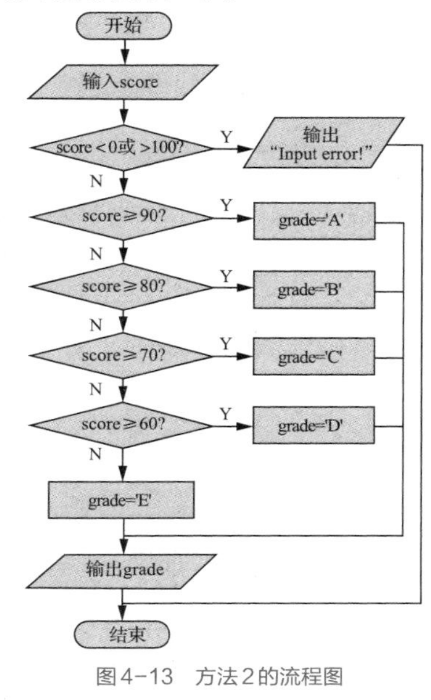

图4-13 方法2的流程图

方法3：根据图4-14所示的流程图，用else-if级联形式的条件语句实现的程序如下。

```
1   #include <stdio.h>
2   int main(void)
3   {
4       int score;
5       scanf("%d", &score);
6       if (score<0 || score>100)
7       {
8           printf("Input error!\n");
9       }
10      else if (score >= 90)
11      {
12          printf("%d--A\n", score);
13      }
14      else if (score >= 80)
15      {
16          printf("%d--B\n", score);
17      }
18      else if (score >= 70)
19      {
20          printf("%d--C\n", score);
```

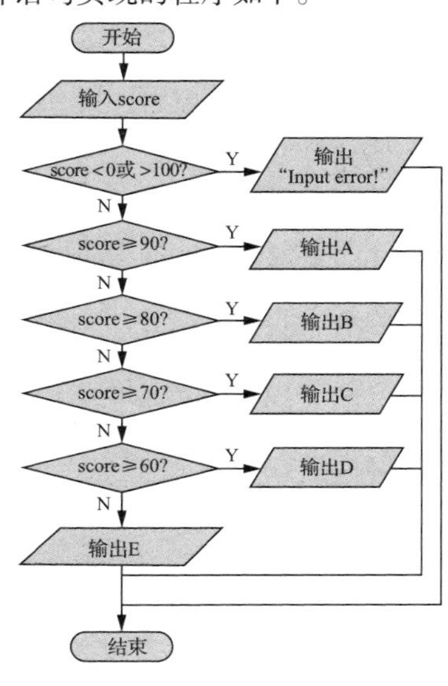

图4-14 方法3的流程图

```
21        }
22        else if (score >= 60)
23        {
24            printf("%d--D\n", score);
25        }
26        else
27        {
28            printf("%d--E\n", score);
29        }
30        return 0;
31    }
```

以上程序存在多个分支，同样需要多次测试，所有13次测试结果（注意，编号不是运行结果的一部分，仅表示测试编号）如下：

```
(1)  0↙         (4)  35↙        (7)  65↙        (10)  95↙           (13)  200↙
   0--E             35--E            65--D             95--A               Input error!
(2)  15↙        (5)  45↙        (8)  75↙        (11)  100↙
   15--E            45--E            75--C             100--A
(3)  25↙        (6)  55↙        (9)  85↙        (12)  -10↙
   25--E         55--E            85--B           Input error!
```

当问题需要分析和考虑的情况较多时（一般大于3种），用switch语句替换else-if级联形式的条件语句，可以使程序结构更简洁清晰，可读性更好，执行速度往往也更快。switch语句常用于各种分类统计、菜单等程序的设计，它像一个多路选择开关一样，使程序控制流程形成多个分支，根据一个表达式的不同取值，选择其中一个或几个分支来执行。因此，switch语句也称为**开关语句**，其一般语法格式如下，对应的流程图如图4-15所示。

```
    switch （表达式）
    {
        case 常量1:
                    case 常量1对应的操作
                    （通常情况下，最后一条语句为break）
        case 常量2:
                    case 常量2对应的操作
                    （通常情况下，最后一条语句为break）
        ...
        case 常量n:
                    case 常量n对应的操作
                    （通常情况下，最后一条语句为break）
        default:
                    default操作
    }
```

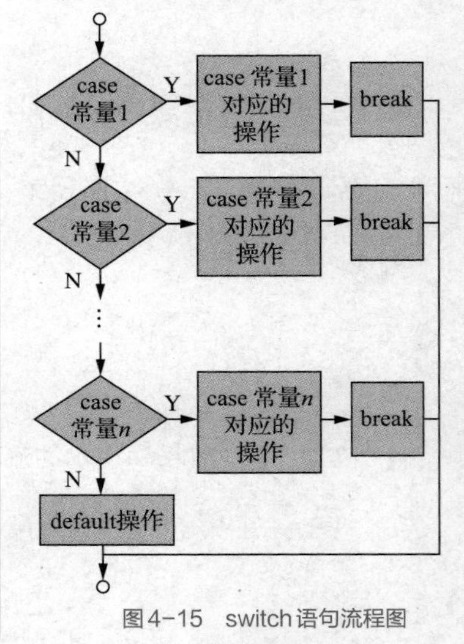

图4-15　switch语句流程图

switch语句主要用于实现多分支选择控制，它相当于执行else-if级联形式的条件语句。用switch语句实现例4.4的程序如下：

```
1    #include <stdio.h>
2    int main(void)
3    {
4        int score, mark;
5        scanf("%d", &score);
6        mark = score<0||score>100 ? -1 : score / 10;
7        switch (mark)
8        {
9        case 10:
10       case 9:
11           printf("%d--A\n", score);
12           break;
13       case 8:
```

```
14          printf("%d--B\n", score);
15          break;
16      case 7:
17          printf("%d--C\n", score);
18          break;
19      case 6:
20          printf("%d--D\n", score);
21          break;
22      case 5:
23      case 4:
24      case 3:
25      case 2:
26      case 1:
27      case 0:
28          printf("%d--E\n", score);
29          break;
30      default:
31          printf("Input error!\n");
32      }
33      return 0;
34  }
```

那么，**switch语句是如何执行的呢？**首先，计算switch后面圆括号内表达式的值，然后自上而下寻找与该值匹配的case常量，若匹配成功，则按顺序执行匹配的case常量后面的所有语句，直到遇到break语句或右花括号}为止，如图4-16（a）所示。若所有的case常量都不能与表达式的值匹配，则执行default后面的语句序列。

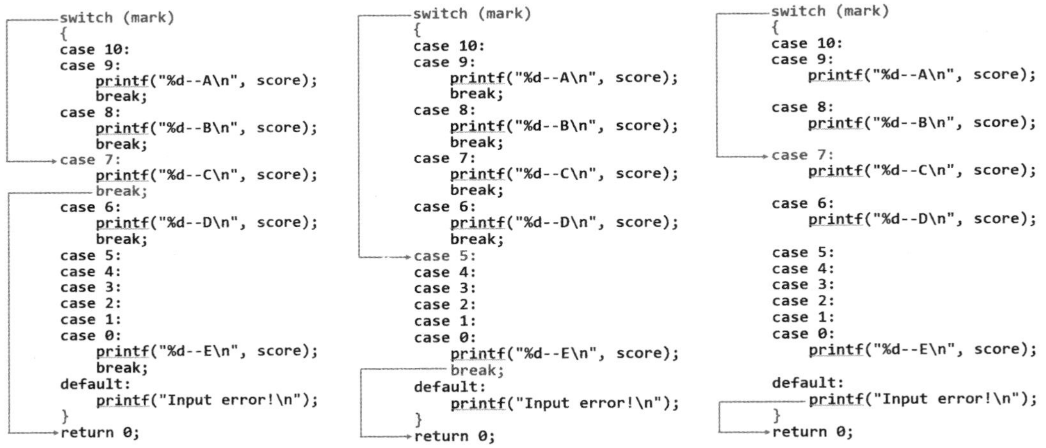

```
switch (mark)
{
case 10:
case 9:
    printf("%d--A\n", score);
    break;
case 8:
    printf("%d--B\n", score);
    break;
case 7:
    printf("%d--C\n", score);
    break;
case 6:
    printf("%d--D\n", score);
    break;
case 5:
case 4:
case 3:
case 2:
case 1:
case 0:
    printf("%d--E\n", score);
    break;
default:
    printf("Input error!\n");
}
return 0;
```

（a）执行过程之一

```
switch (mark)
{
case 10:
case 9:
    printf("%d--A\n", score);
    break;
case 8:
    printf("%d--B\n", score);
    break;
case 7:
    printf("%d--C\n", score);
    break;
case 6:
    printf("%d--D\n", score);
    break;
case 5:
case 4:
case 3:
case 2:
case 1:
case 0:
    printf("%d--E\n", score);
    break;
default:
    printf("Input error!\n");
}
return 0;
```

（b）执行过程之二

```
switch (mark)
{
case 10:
case 9:
    printf("%d--A\n", score);

case 8:
    printf("%d--B\n", score);

case 7:
    printf("%d--C\n", score);

case 6:
    printf("%d--D\n", score);

case 5:
case 4:
case 3:
case 2:
case 1:
case 0:
    printf("%d--E\n", score);

default:
    printf("Input error!\n");
}
return 0;
```

（c）执行过程之三

图4-16 switch语句的执行过程示意

在使用switch语句时，需注意以下事项。

（1）每个case后的常量的类型应与switch后面圆括号内表达式的类型一致，并且switch后面圆括号内表达式的值只能为整型、字符型或枚举类型。

（2）switch语句与break语句配合使用，才能形成真正意义上的多分支。也就是说，在执行完case常量后面的语句后，**通常使用break语句跳出switch结构**，然后执行switch语句后面的语句，如图4-16（a）所示。

（3）关键字case后面只能跟常量，case与常量之间至少有一个空格，常量后再跟一个冒号，表示它是一个**语句标号（Statement Label）**，也称为**情况标号（Case Label）**。正因为它只起到语句标号的作用，所以case后面常量的值（即标号的值）必须互不相同，不能发生冲突，而且case后只能是一个常量，不能是一个表示数值范围的区间，也不能是一个关系表达式或逻辑表达式。语句标号只起到标识语句的作用，它本身不能被执行，更不能执行条件判断。例如，下面的两种写法都是错误的：

```
case 90~100:  printf("%d--A\n",score); break;          //语法错误
case 90<=score<=100:  printf("%d--A\n",score); break;   //语法错误
```

（4）“case 常量:”后的语句可以省略不写，此时若匹配到这个case常量，将执行后续case常量后面的语句，一般用于多个case共享可执行语句的情况，如图4-16（b）所示。

（5）大多数情况下，case常量后的语句序列的最后一条语句是break语句，但有时出于共享代码的需要，可能会故意不要break语句，当然也可能是程序员疏忽，忘记在所有的case常量后的语句序列中加break语句，如图4-16（c）所示。此时程序会从匹配到的case常量后的语句开始一直执行下去，直到遇到break语句或右花括号}。

（6）改变case常量出现的次序不会影响程序的运行结果。但从执行效率角度考虑，一般将匹配频率高的case常量放在前面。

（7）每个“case 常量:”后面可以跟任意数量的语句，无须用花括号标识这些语句。

（8）因为default分支通常用于处理最后一种情况，所以它通常无须加break语句。

如果将switch语句比作公交车的话，那么每一个情况标号就是一个站点，哪个情况标号后面有break语句，就相当于在哪个站点有中途下车的乘客，需要停靠一次。而作为最后一种情况的default之所以可以没有break语句，是因为相当于到了终点站，乘客是一定要下车的。

4.4.4 最佳编码原则：正确使用关系和逻辑运算符

1. 不要忽略编译器给出的任何警告信息

C语言中的关系运算符与数学中的比较运算符的书写方式是不同的，尤其是相等关系运算符==常常被初学者误写为赋值运算符=。例如，判断n是否等于0用下面的关系表达式：

```
n == 0
```

如果因疏忽而少写一个=，就会变成下面的赋值表达式：

```
n = 0
```

当n为0时，关系表达式n == 0的值为真。但是赋值表达式n = 0的值（即n的值）为0，即结果为假，导致错误的判定结果。

对于这种误将==写为=的情况，大多数编译器都会给出一个警告信息，因为编译器无法知道程序员的真正意图，所以最终还是要程序员自己来判定。因此，建议初学者不要忽略程序编译时编译器给出的任何警告信息。

如果你经常忽略警告信息，那么应将常量或表达式放在==的左侧，而将变量放在==的右侧，即将n == 0写成0 == n。养成这样一个习惯有助于避免这类错误的发生。因为一旦你疏忽大意少写了一个=，那么这个表达式就变成了0 = n，就会出现语法错误，导致程序无法运行，从而迫使你去查找其中的错误原因。

2. 不能直接用相等关系运算符判断两个浮点数是否相等

使用相等关系运算符可以判断两个整数是否相等，但是为什么不能判断两个浮点数是否相等呢？

如2.3节所述，实数在内存中是以浮点形式存储的，阶码所占的位数决定了其表数范围，尾数所占的位数决定了其表数精度，C语言标准没有明确规定3种浮点型的阶码和尾数所占的位数，不同的C编译器分配给阶码和尾数的位数是不同的，而且不同精度的浮点数的阶码和尾数所占内存的位数也是不同的。无论使用哪种编译器、使用何种精度的浮点数，浮点数的尾数在内存中所占的位数都是有限的，因此其所能表示的实数的精度也是有限的，换句话说就是，浮点

数并非真正意义上的实数，只是实数在某种范围内的近似值。

因此，不能直接用相等关系运算符判断两个浮点数是否相等，只能判断两个浮点数是否近似相等，即比较两个浮点数的差值的绝对值是否近似为0。假设允许的误差为EPS（如1e-7），那么判断两个浮点数是否近似相等，就是判断二者的差值是否位于0附近的一个很小的区间[-EPS, EPS]上。例如，判断两个浮点型变量a和b的值是否相等，应使用

```
if (fabs(a-b)< EPS)        //比较两个浮点数是否相等
```

同样，实数与0比较也应采取这样的方式。例如，判断实数a是否等于0，只能判断a是否近似为0，即判断a的绝对值是否小于或等于一个很小的数EPS，即使用

```
if (fabs(a) <= EPS)        //浮点数a与0比较
```

它相当于

```
if (fabs(a-0) <= EPS)      //浮点数a与0比较
```

而不能使用

```
if (a == 0)                //错误的浮点数a与0的比较方法
```

3．不要将数学表达式直接翻译成C表达式

在其他编程语言中，关系表达式或逻辑表达式的值通常为布尔型，只有真（true）和假（false）两个值。而在C语言中，关系表达式或逻辑表达式的值是整数，用0表示假，用1表示真。也就是说，在给一个关系表达式或逻辑表达式定值的时候，通常是将“真”用一个特定的非0值（即1）来表示的。因此，在数学上正确的表达式在C语言的逻辑上不一定正确。

例如，数学上的表达式$a > b > c$表示“b的值介于a和c之间”。但是C语言中的关系表达式a>b>c在逻辑上并不能表达此意。假设a、b、c的值依次为3、2、1，由于关系运算符具有左结合性，因此表达式a > b > c的计算过程如图4-17所示。表达式a > b > c的计算结果为0，显然不符合我们期望的数学表达式的含义。

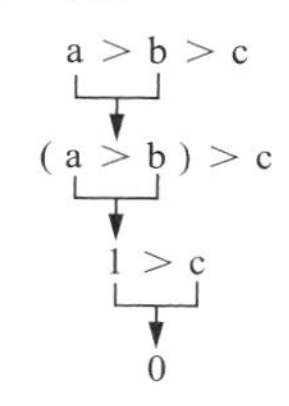

图4-17　关系表达式a > b > c的计算过程

那么如何正确表达这种复杂的逻辑关系呢？使用逻辑运算符，这一问题即可迎刃而解。例如，将数学表达式$a > b > c$转换为C表达式，应为

```
a > b  &&  b > c
```

或者使用圆括号来显式地指定运算的先后顺序

```
(a > b)  &&  (b > c)
```

这种方式不完全依赖于运算符的优先级，不仅直观、可读性好，还有助于避免因不正确使用优先级而导致的逻辑错误。

4．避免逻辑运算符的“短路”特性带来的副作用

用逻辑与&&或者逻辑或||连接的两个子表达式互换位置，对整个逻辑表达式的值会有影响吗？

答案是有的时候会有影响。这是由逻辑运算符&&和||的“短路”特性导致的，即逻辑运算符&&和||都对操作数进行了“短路”计算。逻辑运算符的“短路”计算是指，若含有逻辑运算符（&&或||）的表达式的值可由先计算的左操作数的值单独推导出来，那么将不再计算右操作数的值，这意味着表达式中的某些运算可能不会被执行。

例如，如图4-18所示，在计算逻辑表达式(a <= 0) && (b++ > 0)的值时，若前面的子表达式a <= 0为假，那么后面的子表达式b++ > 0就不会被计算，这样b就不会被执行增1操作。但若改成(b++ > 0) && (a <= 0)，则b++ > 0一定会被计算，b的值也一定会改变。这就意味着将逻辑表达式的两个子表达式互换位置有可能导致不同的结果。

再如，在计算逻辑表达式(n != 0) && (sum / n > 0)的值时，仅当前面的子表达式n != 0为真时，才会执行后面子表达式中的除法运算和关系运算，而一旦前面的子表达式为假，即n的值为

0，那么整个表达式的值就会为假，就不会再执行后面子表达式中的除法运算和关系运算。但是如果将两个子表达式互换位置变为(sum / n > 0) && (n != 0)，就会导致“除0”错误的发生。

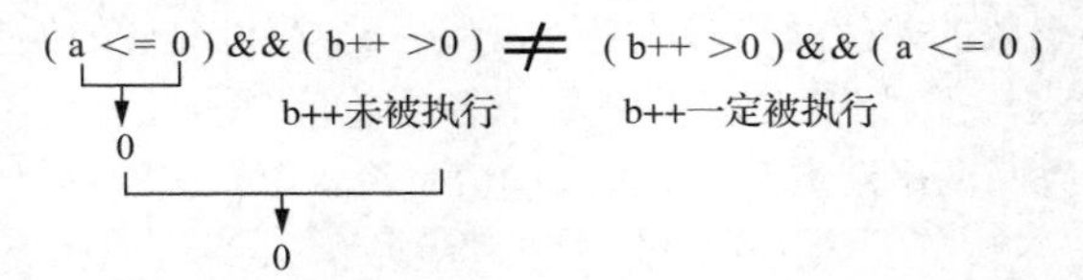

图4-18　逻辑表达式(a <= 0) && (b++ > 0)的计算过程

为了保证运算的正确性，提高程序的可读性，不建议在程序中使用多用途、复杂且晦涩难懂的复合表达式。

使用逻辑表达式的基本原则如下。

（1）用逻辑运算符&&连接两个子表达式时，应把最有可能为假的简单条件写在子表达式的最左边。

（2）用逻辑运算符||连接两个子表达式时，应把最有可能为真的简单条件写在子表达式的最左边。

5．在switch语句中，加入default分支

switch语句不要求一定有default分支，但有default分支便于程序对用户非法输入等错误情况进行处理。因此，为保持良好的编码风格，原则上每个switch语句都要有default分支，以保证逻辑分支的完整性，提高程序的稳健性。

4.5　循环结构——周而复始的循环之道

本节主要讨论如下问题。

（1）循环控制方式有哪几种？在C语言中如何实现这样的循环控制？

（2）如何寻找累加项的构成规律？

（3）当型循环和直到型循环有何区别？当型循环和直到型循环总是等价的吗？

（4）嵌套循环是如何执行的？如何实现流程的转移控制？

4.5.1　循环的控制方式

循环的控制方式和for语句

秒针转一圈是一分钟，分针转一圈是一小时，时间就在分针、秒针的循环中溜走。清晨携手日起，暮色缘起日落，日子就在日起日落的循环中滑过。年年岁岁花相似，岁岁年年人不同；花开花谢，月圆月缺，人生在年复一年的循环中渐行渐远，大自然在年复一年的循环中生生不息。世界中太多的重复，并不是简单的重复，而是“九层之台，起于累土”的渐变，这就是周而复始的循环之道。循环，是人类最不情愿做、也最容易感到无聊的一件事，但却是计算机最为强大、最值得称道的能力所在。

在程序设计中，最能发挥计算机特长的程序结构当属**循环结构**（**Loop Structure**），计算机可以不知疲倦地重复执行你写的循环结构。设计循环结构需要3个要素：循环控制变量、循环体和循环条件。

C语言提供for、while、do-while这3种**循环语句**（**Loop Statement**）来实现循环结构。循环语句在给定的循环条件为真的情况下，重复执行一个语句序列，这个被重复执行的语句序列称为**循环体**（**Body of Loop**）。C语言循环语句中的循环条件，实际上是一个**循环继续条件**

（**Loop-continuation Condition**），而非循环结束条件。

若循环被重复执行的次数是事先确定的、已知的，即可以通过循环的次数来控制循环，这样的循环称为**计数控制的循环**（**Counter Controlled Loop**），计数控制的循环有时也称为**确定性循环**（**Definite Loop**）。

若循环被重复执行的次数是未知的，即只能通过给定的循环条件来控制循环，这样的循环称为**条件控制的循环**（**Condition Controlled Loop**），条件控制的循环有时也称为**不确定性循环**（**Indefinite Loop**）。

循环结构的实现通常有如下两种方法。

（1）先进行循环条件测试的循环结构，称为**当型循环**。如图4-19所示，先测试循环条件P，若条件P为真，则反复执行A操作，直到条件P为假时结束循环。

（2）后进行循环条件测试的循环结构，称为**直到型循环**。如图4-20所示，先执行一次A操作，然后测试循环条件P，若条件P为真，则反复执行A操作，直到条件P为假时结束循环。

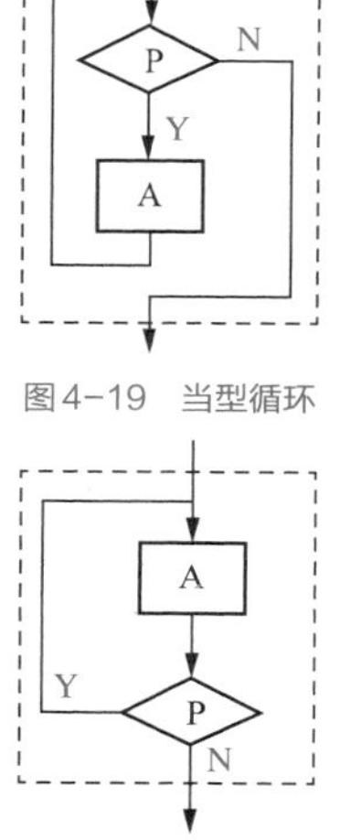

图4-19 当型循环

图4-20 直到型循环

那么，**当型循环和直到型循环有何区别呢?**

当型循环是先测试循环条件，然后根据测试结果确定是否执行循环体。而直到型循环是先执行循环体，然后测试循环条件。因此，当第一次测试循环条件其就为假时，当型循环的循环体一次都不会执行，而直到型循环的循环体至少要执行一次。

4.5.2 计数控制的循环

在计数控制的循环中，通常需要一个**循环控制变量**（**Loop Control Variable**）来记录当前已循环的次数。每执行一次循环体，这个循环控制变量就要更新一次（通常是增1或减1）。当循环控制变量的值表示已经执行了正确的循环次数时，循环结束，计算机继续执行紧接着循环语句的下一条语句。

for语句的使用非常灵活，尤其适合循环次数已知的循环，即计数控制的循环。其一般语法格式如下：

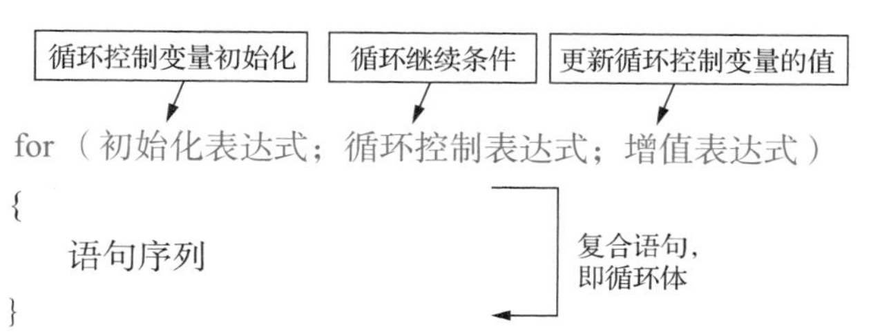

其中，初始化表达式的作用是对循环控制变量进行**初始化**（**Initialization**），即赋初值，它决定了循环的起始条件，仅在循环开始时执行一次；循环控制表达式是控制循环继续而非结束的条件，即测试循环控制变量是否等于**循环终值**（Final Value）（判断循环是否还要继续），当这个表达式的值为真（非0）时继续执行循环体，否则结束循环，执行循环体后面的语句，因此将这个表达式取反就是循环的结束条件，每次（包括第一次）执行循环体之前，都要测试一次循环继续条件；增值表达式的作用是定义每次循环后控制变量的**增量值**（**Increment**）/**减量值**（**Decrement**），即每执行一次循环体，都要执行一次循环控制变量增值，即更新循环控制变量的值，执行完循环控制变量增值后需要重新计算循环控制表达式的值，即重新测试循环继续条件，以决定循环是否继续。

以for (i=1; i<=n; i++)这个for语句头为例，其基本语法如下：

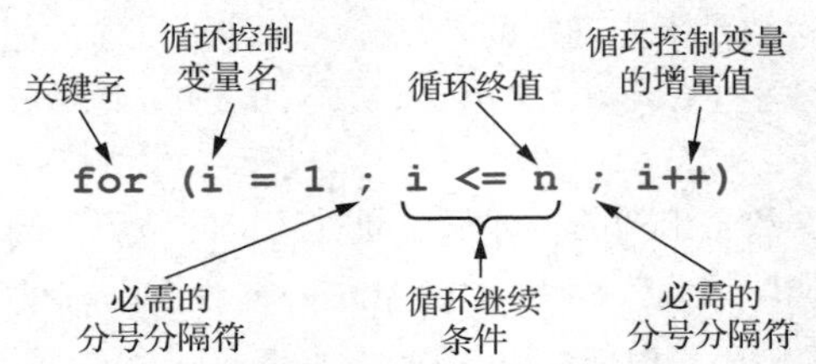

C99对C89中for语句的定义进行了扩展，C99允许在for语句的初始化表达式中定义一个或多个变量，例如：

```
int i;
for (i=1; i<=n; i++)
```

可以写为

```
for (int i=1; i<=n; i++)
```

但是需要注意的是，在for语句头中定义的变量的访问范围仅限于该语句控制的代码块中，即仅允许在for循环体内访问该变量，不能在for循环体外访问该变量。

for语句属于当型循环，即在执行循环体之前测试for语句中的循环控制表达式表示的循环继续条件。for语句的执行过程如下。

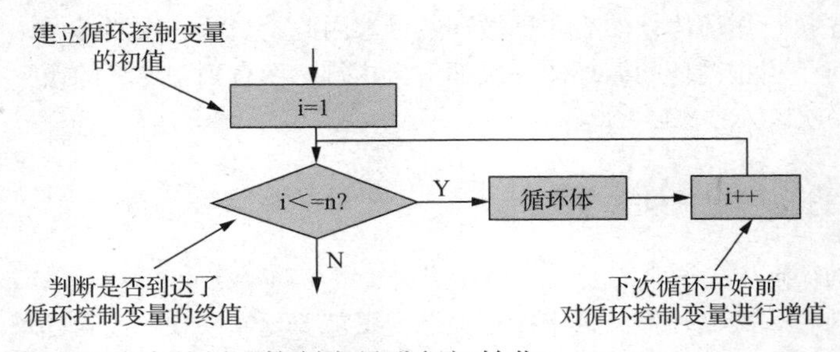

（1）对初始化表达式中的循环控制变量进行初始化。

（2）计算循环控制表达式的值。

（3）若循环控制表达式的值为真，则执行循环体中的语句，否则退出循环，执行循环体后面的语句。

（4）按照增值表达式对循环控制变量进行增值运算（可能是增加一个正值，也可能是增加一个负值），然后返回（2）。

注意，对循环控制变量如何增值，决定了循环的执行次数。不要在循环体内再次改变循环控制变量的值，因为这样将改变循环正常执行的次数。

for语句中的3个表达式之间的分隔符是分号，有且仅有两个分号，既不能多，也不能少。循环控制表达式很少省略，若省略，则表示循环继续条件永真。对循环控制变量赋初值的初始化表达式也可以放到for语句的前面，但原for语句中初始化表达式后面的分号不能少；当在循环体中改变循环控制变量的值时，增值表达式可以省略，但其前面的分号不能少。

1. 用循环实现累加运算

【例4.5】从键盘输入整型变量n的值，然后计算并输出$1+2+3+\cdots+n$的值。

问题分析：首先，确定问题的输入和输出，本例的输入是整型变量n的值，输出是连续的n个自然数累加求和的结果；然后，建立问题的数学模型。用数学归纳法可将这个求解过程抽象为如下递推公式：

$$\sum_{k=1}^{i} k = \sum_{k=1}^{i-1} k + i$$

这个递推公式可看成累加求和问题的数学模型。它的含义是，假设前$i-1$个数的和$\sum_{k=1}^{i-1}k$（其值用一个累加求和变量sum来保存）已经求出，那么只要将其再加上i，即可得到前i个数的和$\sum_{k=1}^{i}k$。这个累加运算可表示为

```
sum = sum + i
```

为什么sum = sum + i能实现累加运算呢?

这里不能按照数学中的等式来理解它的含义。理解这个操作的关键在于了解变量名的含义，区分变量的值及用于存储变量值的内存地址这两个概念。变量名用于标识内存中一个具体的存储单元，在这个存储单元中存放的数据称为变量的值。当新的数据被写入变量的存储单元时，变量的存储单元中原有的值将被新写入的值所覆盖。

虽然变量sum都标识了内存中同一个地址的存储单元，但从变量值的角度去理解，可以说等号右侧的“此sum”非等号左侧的“彼sum”。这是因为，在程序设计中，sum = sum + i中的等号代表一种赋值运算，等号右侧对变量sum执行的是“读”操作，而等号左侧对变量sum执行的是“写”操作。也就是说，等号两侧的sum的值是不同的，右侧的sum是求和运算之前的值，左侧的sum是求和运算之后的值。

因此，sum = sum + i的含义是，先分别读取sum和i的值，再将二者相加后的值写回sum，原来sum的值被新写入的值所覆盖。可以将其理解为

```
sum的新值 = sum的旧值 + 循环控制变量i的当前值
```

考虑采用循环结构来实现这个累加求和运算，若每次循环累加一个数，则循环n次自然就累加了n个数，也就实现了n个数的求和。

这个累加求和算法用流程图描述如图4-21所示。

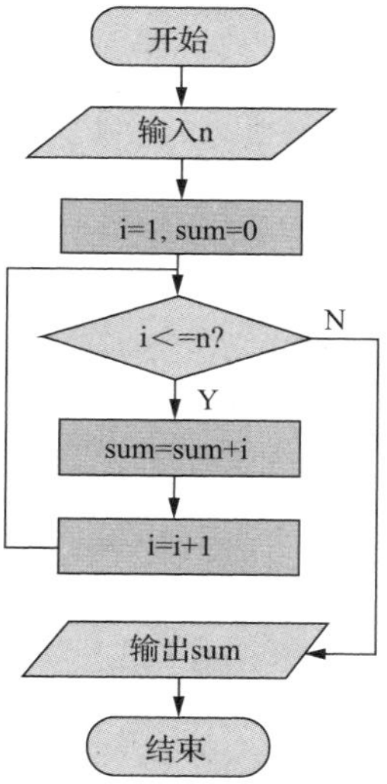

将图4-21所示的算法转化为程序如下：

```
1   #include <stdio.h>
2   int main(void)
3   {
4       int  n;
5       int  sum = 0;       //累加和变量初始化为0
6       scanf("%d", &n);
7       for (int i=1; i<=n; i++)
8       {
9           sum = sum + i; //做累加运算
10      }
11      printf("sum=%d\n", sum);
12      return 0;
13  }
```

开始 → 输入n → i=1, sum=0 → i<=n? (Y) → sum=sum+i → i=i+1 → (返回 i<=n?)；(N) → 输出sum → 结束

图4-21 累加求和算法的流程图

程序的运行结果如下：

```
100 ↙
sum=5050
```

2. 用循环实现累乘运算

【例4.6】从键盘输入整型变量n的值，然后计算并输出$1\times2\times3\times\cdots\times n$（即$n!$）的值。

问题分析：首先，确定问题的输入和输出，本例的输入是整型变量n的值，输出是连续的n个自然数累乘求积的结果；其次，建立问题的数学模型。用数学归纳法可将这个求解过程抽象为如下递推公式：

$$\prod_{k=1}^{i} k = \prod_{k=1}^{i-1} k \times i$$

它相当于

$$i! = (i-1)! \times i$$

这个递推公式可看成阶乘问题求解的数学模型。假设i-1的阶乘已经求出，其值用p表示，那么只要将p乘i即可得到i的阶乘，则这个累乘运算可表示为：

```
p = p * i
```

这里，等号两侧的p虽然是同一个变量名，但对右侧的p执行的是“读”操作，对左侧的p执行的是“写”操作，即先读取变量p的当前值，乘i后，再将结果写回变量p，而原来p的值被新写入的值所覆盖。可以将其理解为

```
p的新值 = p的旧值 * 循环控制变量i的当前值
```

令p的初值为1，并让i的值从1变化到n，这样经过n次循环递推即可得到i的阶乘。每次执行p = p * i操作前后，p值的变化情况如表4-4所示。

表 4-4　p 值的变化情况

变量i的值	执行第i次循环前p的值	执行第i次循环后p的值
1	1	1
2	1	2
3	2	6
4	6	24
5	24	120
…	…	…
10	362880	3628800

这个累乘求积的算法用流程图描述如图4-22所示。与图4-21所示的累加求和算法流程图的不同之处在于，累乘求积算法流程图中将累加运算改成了累乘运算，并且累乘变量初始化为1，而非初始化为0。

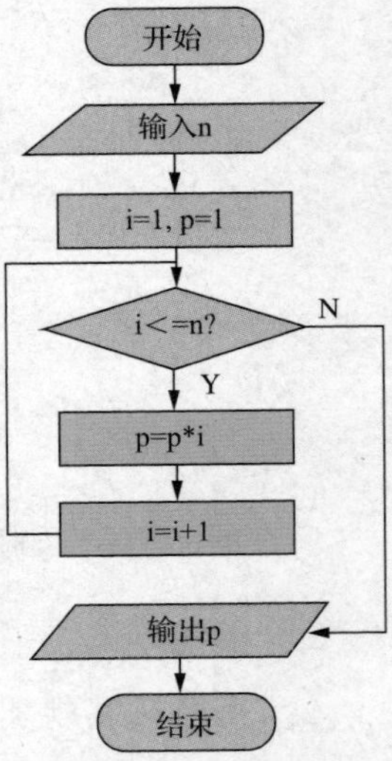

将图4-22所示的算法转化为程序如下：

```
1    #include <stdio.h>
2    int main(void)
3    {
4        int   n;
5        long  p = 1;          //因是累乘，故变量初始化为1
6        scanf("%d", &n);
7        for (int i=1; i<=n; i++)
8        {
9            p = p * i;     //做累乘运算
10       }
11       printf("%d!=%ld\n", n, p); //以长整型格式输出n的阶乘值
12       return 0;
13   }
```

程序的运行结果如下：

```
10↙
10!=3628800
```

图4-22　累乘求积算法的流程图

为了演示和验证执行第i次循环前后上述p值的变化情况，我们可将程序修改如下：

```
1    #include <stdio.h>
2    int main(void)
3    {
4        int   n;
5        long  p = 1;                  //因是累乘，故变量初始化为1
```

```
6       scanf("%d", &n);
7       for (int i=1; i<=n; i++)
8       {
9           printf("%d\t%ld\t", i, p); //输出累乘前i的值和p的值
10          p = p * i;                 //做累乘运算
11          printf("%ld\n", p);        //输出累乘后p的值
12      }
13      printf("%d!=%ld\n", n, p);     //以长整型格式输出n的阶乘值
14      return 0;
15  }
```

程序的运行结果如下：

```
10↙
1    1       1
2    1       2
3    2       6
4    6       24
5    24      120
6    120     720
7    720     5040
8    5040    40320
9    40320   362880
10   362880  3628800
10!=3628800
```

如修改后的程序所示，第9行和第11行为两条printf语句，分别输出每次循环执行累乘运算之前和之后的p的值，其中第11行的printf语句输出的就是每次循环计算的阶乘值，即1的阶乘、2的阶乘、3的阶乘……n的阶乘的值。

【例4.7】编程从键盘输入整型变量n的值，然后计算并输出1～n所有数的阶乘值（1!, 2!, 3!, …, n!）的累加和，即$1! + 2! + 3! + \cdots + n!$。

问题分析：首先，确定问题的输入和输出，本例的输入是整型变量n的值，输出是连续的n个自然数的阶乘值的累加和；其次，建立问题的数学模型。用数学归纳法可将这个求解过程抽象为如下递推公式：

$$\sum_{k=1}^{i} k! = \sum_{k=1}^{i-1} k! + i!$$

其中

$$i! = \prod_{k=1}^{i-1} k \times i$$

结合例4.5和例4.6的分析，可以得到下面的两个递推关系式：

```
p = p * i
sum = sum + p
```

累加求和关系式中的累加项p是根据后项与前项之间的关系来计算的，即后项是通过前项的值乘i得到的。令p的初值为1，让i的值从1变化到n，这样就可以依次求出1的阶乘、2的阶乘、3的阶乘……n的阶乘。而利用循环计算累加求和结果时，每求出一个i的阶乘就立即累加到sum中，这样只要循环n次即可求出1的阶乘、2的阶乘……n的阶乘的累加和。

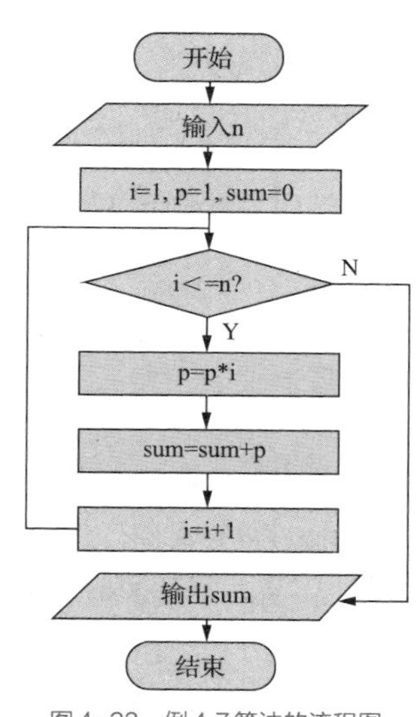

图4-23　例4.7算法的流程图

该算法的流程图如图4-23所示。在这个算法中，如果将累加的

第1项作为sum的初值，即将sum初始化为1，则循环可以从i = 2开始，即从第2项开始累加。

执行第i次循环前后，p的值和sum的值的变化情况如表4-5所示。

表 4-5　p 值和 sum 值的变化情况

变量i的值	执行第i次循环前p的值	执行第i次循环后p的值	执行第i次循环前sum的值	执行第i次循环后sum的值
1	1	1	0	1
2	1	2	1	3
3	2	6	3	9
4	6	24	9	33
5	24	120	33	153
…	…	…	…	…

将图4-23所示的算法转化为程序如下：

```
1   #include <stdio.h>
2   int main(void)
3   {
4       int   n;
5       long  sum = 0;              //累加求和变量初始化为0
6       long  p = 1;                //累乘求积变量初始化为1
7       scanf("%d", &n);
8       for (int i=1; i<=n; i++)
9       {
10          p = p * i;              //计算累加项(即通项)
11          sum = sum + p;          //将累乘后p的值即i的阶乘进行累加求和
12      }
13      printf("sum=%ld\n", sum); //以长整型格式输出n的阶乘值的累加和
14      return 0;
15  }
```

程序的运行结果如下：

```
10↙
sum=4037913
```

3. 嵌套循环

嵌套循环

累加求和的关键是寻找累加项的构成规律。累加项的计算方法主要有以下两种。

（1）当累加项的前后项相关时，可以利用前项来计算后项。

例如，例4.7就采用了这种方法。递推公式

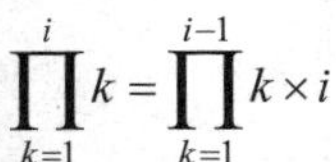
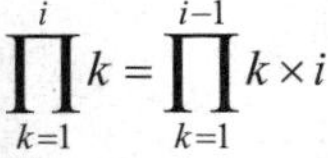

$$\prod_{k=1}^{i} k = \prod_{k=1}^{i-1} k \times i$$

就相当于

$$i! = (i-1)! \times i$$

这里的等号右侧的$(i-1)!$就是前项，而等号左侧的$i!$就是后项，后项$i!$是在前项$(i-1)!$的基础上再乘i计算得到的。

（2）当累加项的前后项无关时，需要单独计算累加项。

事实上，例4.7还可以在每次循环中再用另一个循环单独计算累加项。

若将一个循环放到另一个循环的循环体中，或者说一个循环体包含另一个循环，则称其为**嵌套循环（Nested Loop）**。嵌套循环，也称为多重循环，常用于解决矩阵运算、报表打印

等问题。

【例4.8】利用单独计算累加项的方法，编程计算$1!+2!+3!+\cdots+n!$。

问题分析：计算$1!+2!+3!+\cdots+n!$相当于计算$1+1\times2+1\times2\times3+\cdots+1\times2\times3\times\cdots\times n$，即累加项的和。因此，可以结合例4.6和例4.7，用嵌套循环计算累加项的和。其中，外层循环控制变量i的值从1变化到n，以计算从1到n的各个阶乘值的累加和；而内层循环控制变量j的值从1变化到i，以计算从1到i的累乘结果，即i的阶乘。

本例的算法流程图如图4-24所示。

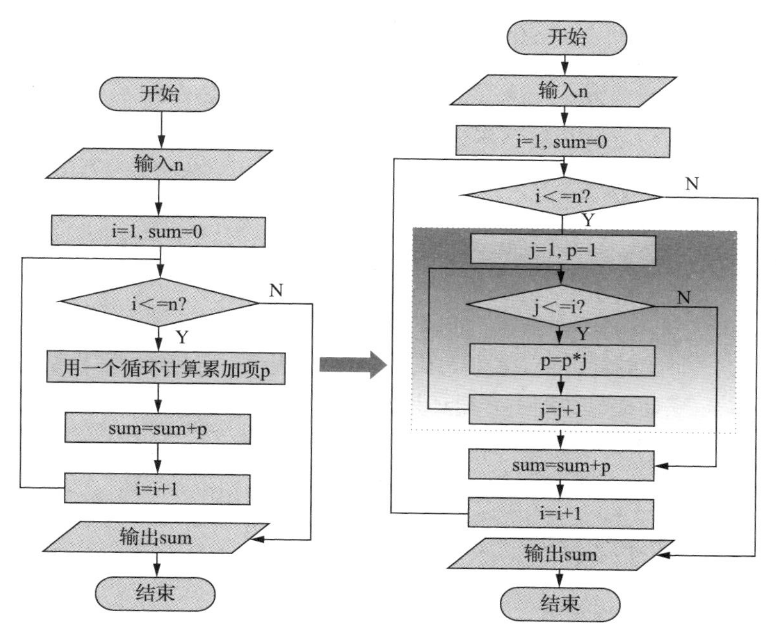

图4-24　例4.8算法的流程图

将图4-24所示的算法转化为程序如下：

```
1   #include <stdio.h>
2   int main(void)
3   {
4       int   n;
5       long  sum = 0;                  //累加求和变量初始化为0
6       long  p = 1;
7       scanf("%d", &n);
8       for (int i=1; i<=n; i++)       //外层循环
9       {
10          p = 1;  //每次循环之前都要将累乘求积变量p重新初始化为1
11          for (int j=1; j<=i; j++) //内层循环
12          {
13              p = p * j;             //累乘求积
14          }
15          sum = sum + p;             //将累乘后p的值即i的阶乘进行累加求和
16      }
17      printf("sum=%ld\n", sum);   //以长整型格式输出n的阶乘值的累加和
18      return 0;
19  }
```

执行嵌套循环时，先由外层循环进入内层循环，并在内层循环终止之后接着执行外层循环，再由外层循环进入内层循环，当外层循环终止时，流程退出嵌套循环。

当外层循环的循环控制变量i为1时，内层循环的循环控制变量j也为1，即执行1次，计算的累加项p的值为1。

当外层循环的循环控制变量i为2时，内层循环的循环控制变量j从1变化到2，即执行2次，计算的累加项p的值为2!=1 × 2。

当外层循环的循环控制变量i为3时，内层循环的循环控制变量j从1变化到3，即执行3次，计算的累加项p的值为3!=1 × 2 × 3。

依此类推，最终得到n的阶乘的累加和的计算结果。

从以上分析可以看出，外层循环每执行一次，内层循环都要完整地执行一遍。因此，对于本例的嵌套循环，其总的循环次数为$1+2+3+\cdots+n = (n+1)n/2$。显然，相对于本例的双重循环程序而言，例4.7的单重循环程序的执行效率更高一些。

请注意本例程序中累加求和变量sum与累乘求积变量p的初始化位置，在外层循环之前将累加求和变量sum初始化为0，在内层循环每次计算i的阶乘之前都要将累乘求积变量p重新初始化为1，这样才能保证每当外层循环控制变量i的值变化时都是从1开始累乘计算i的阶乘值的。

使用嵌套循环，需要注意以下事项。

（1）在设计嵌套循环时，为了保证其逻辑上的正确性，在嵌套的各层循环体中，应使用复合语句，即用一对花括号对循环体进行标识。

（2）内层和外层循环控制变量不能同名，否则循环控制将发生混乱。

（3）建议采用右缩进格式书写嵌套循环，以清晰地表示嵌套循环的层次结构。

（4）嵌套循环不能交叉，即一个循环体必须完整地包含另一个循环。例如，3种循环语句——while、do-while和for均可相互嵌套，但每个循环体必须完整地包含另一个循环语句。

4.5.3 条件控制的循环

条件控制的循环

循环次数未知、由条件或标记值控制的循环结构，通常用while语句或do-while语句来实现。while语句和do-while语句的一般语法格式分别如下。

```
循环控制变量初始化
while（循环控制表达式）
{
    语句序列（含循环控制变量增值）     ← 复合语句，即循环体
}
```

```
循环控制变量初始化
do
{
    语句序列（含循环控制变量增值）     ← 复合语句，即循环体
} while（循环控制表达式）;
```

while语句和前面介绍的for语句都属于当型循环，即在执行循环体之前测试循环条件。while语句的执行过程如下：

（1）通常要在第一次执行循环语句前对循环控制变量进行初始化；

（2）计算循环控制表达式的值；

（3）若循环控制表达式的值为真，则执行循环体中的语句序列（包括执行循环控制变量增值，即更新循环控制变量的值），并返回（2）；

（4）若循环控制表达式的值为假，则退出循环，执行循环体后面的语句。

与while语句不同的是，do-while语句属于直到型循环，即在执行循环体之后测试循环条件。do-while语句的执行过程如下：

（1）通常要在第一次执行循环语句前对循环控制变量进行初始化；

（2）执行循环体中的语句序列（包括执行循环控制变量增值，即更新循环控制变量的值）；

（3）计算循环控制表达式的值；

（4）若循环控制表达式的值为真，则返回（2）；

（5）若循环控制表达式的值为假，则退出循环，执行循环体后面的语句。

可见，由于do-while语句是先执行后测试，因此，其循环体中的语句序列至少要被执行一次，即当第一次测试循环条件就为假时，do-while语句与while语句是不等价的。

例如，下面两段程序就不是等价的。

```
n = 101;
while (n < 100)
{
    printf("n=%d", n);
    n++;
}
```

```
n = 101;
do
{
    printf("n=%d", n);
    n++;
}while (n < 100);
```

左边的程序因为是先判断后执行，所以当n的初值不小于100时，循环体一次也不执行，因此什么都不输出。而右边的程序虽然n的初值也不满足n<100这个循环条件，但因为是先执行后判断，即在执行一次循环体后才去测试循环控制表达式n<100的真假，因此，程序会输出n=101，并且退出循环后n的值也加了1，变成了102。

注意，左边程序的while后面没有分号，否则有可能产生**死循环（Endless Loop）**。例如：

```
i = 1;
while (i <= n) ;     //行末的分号将导致死循环
{
    sum = sum + i;
    i++;
}
```

它相当于下面的语句序列：

```
i = 1;
while (i <= n)
{
    ;
}
sum = sum + i;
i++;
```

由于在while语句之前已将循环控制变量i初始化为1，此时若n的值大于或等于1，那么循环控制表达式i<=n的值将因循环体中没有改变i的值而变成永真，从而使该循环成为死循环。

【例4.9】祖冲之与圆周率。祖冲之一生钻研自然科学，其主要贡献在数学、天文历法和机械制造3个方面。他在刘徽开创的探索圆周率的精确方法基础上，首次将圆周率精算到小数点后第7位，即在3.1415926和3.1415927之间。他提出的“祖率”对数学的研究具有重大贡献。而直到15世纪，阿拉伯数学家阿尔·卡西（Ghiyath al-Din Jamshid al-Kashi）才打破了这一纪录。

请利用$\frac{\pi}{4}=1-\frac{1}{3}+\frac{1}{5}-\frac{1}{7}+\cdots$计算π的值，直到最后一项的绝对值小于$10^{-8}$。要求统计总共累加了多少项。

问题分析：这也是一个累加求和问题，但这里的循环次数是未知的，只能使用条件控制的循环来实现，控制循环结束的条件是累加的最后一项的绝对值小于10^{-8}，因此循环继续的条件是累加的最后一项的绝对值大于或等于10^{-8}。

由于累加项是由分子和分母两部分组成的，因此累加项的构成规律为

```
term = sign / n
```

由于相邻累加项的符号是正负交替变化的，因此可以令分子sign按+1, -1, +1, -1, …交替变化，通过反复取sign自身的相反数再重新赋值给自己（即sign = -sign）的方法来实现，且sign需初始化为1。分母n则按1, 3, 5, 7, …即每次递增2变化，可通过n = n + 2来实现，n需初始化为1。此外，还要设置一个计数器变量count来统计累加的项数，count需初始化为0，在循环体中每累

加一项count的值就增1。

用当型循环实现的程序如下：

```
1  #include  <math.h>
2  #include  <stdio.h>
3  #define EPS 1e-8
4  int main(void)
5  {
6      double  sum = 0, term = 1, sign = 1; //term也需初始化
7      int     count = 0, n = 1;
8      while (fabs(term) >= EPS) //以term的绝对值小于EPS作为循环结束条件
9      {
10         term = sign / n;         //用分子sign除以分母n计算累加项
11         sum = sum + term;        //累加求和
12         count++;                 //计数器变量count记录累加的项数
13         sign = -sign;            //改变分子
14         n = n + 2;               //改变分母
15     }
16     printf("pi=%.8f\ncount=%d\n", sum*4, count);
17     return 0;
18 }
```

用直到型循环实现的程序如下：

```
1  #include  <math.h>
2  #include  <stdio.h>
3  #define EPS 1e-8
4  int main(void)
5  {
6      double  sum = 0, term = 1, sign = 1; //term可以不初始化
7      int     count = 0, n = 1;
8      do
9      {
10         term = sign / n;         //用分子sign除以分母n计算累加项
11         sum = sum + term;        //累加求和
12         count++;                 //计数器变量count记录累加的项数
13         sign = -sign;            //改变分子
14         n = n + 2;               //改变分母
15     }while (fabs(term) >= EPS); //以term的绝对值小于EPS作为循环结束条件
16     printf("pi=%.8f\ncount=%d\n", sum*4, count);
17     return 0;
18 }
```

程序的运行结果如下：

```
pi=3.14159267
count=50000001
```

由于问题要求累加到最后一项的绝对值小于10^{-8}为止，因此从程序运行结果可以看出，pi小数点后前7位的值才是可靠的。

由于do-while语句是先执行后判断，在循环体内已经计算了term的值，因此不必在循环开始之前为term赋初值。

上面两个程序都是“先计算累加项，然后执行累加运算”，如果将程序修改为“先执行累加运算，然后计算累加项”，程序的运行结果会有什么变化呢？修改后的程序如下：

```
1  #include  <math.h>
2  #include  <stdio.h>
3  #define EPS 1e-8
4  int main(void)
5  {
```

```
6        double  sum = 0, term = 1, sign = 1; //term也需初始化
7        int     count = 0, n = 1;
8        do
9        {
10           sum = sum + term;              //执行累加运算
11           count++;
12           sign = -sign;
13           n = n + 2;
14           term = sign / n;               //用分子sign除以分母n计算累加项
15       }while (fabs(term) >= EPS);   //以term的绝对值小于EPS作为循环结束条件
16       printf("pi=%.8f\ncount=%d\n", sum*4, count);
17       return 0;
18   }
```

程序的运行结果如下：

```
pi=3.14159263
count=50000000
```

这个程序计算的pi值与前面程序计算的pi值不同，显然是少累加一项所导致的。为什么累加项数会少了一项呢？这是因为程序是以term的绝对值小于1e-8作为循环结束条件的，当执行第14行语句计算得到的term值满足循环结束条件时，尚未将其累加到sum中就直接退出了循环，因此循环少累加了一项。

【例4.10】从键盘读入一些非负整数并且将其累加求和。当程序读入负数时，结束键盘输入，输出累加求和的结果及累加的项数。

问题分析：这也是一个循环次数未知的累加求和问题，问题要求的循环结束条件是输入了一个负数，相当于用一个特殊的标记值来控制循环，因此这种循环也称为**标记控制的循环**，实际上它也是条件控制的循环的一种，只不过这个条件是输入标记值。

在标记控制的循环中，标记值表示“数据结束”。在正常的数据项都提供给程序后，就应输入标记值。所以，标记值要与正常的数据项有明显的区别。

参考例4.5的算法，编写程序如下：

```
1   #include  <stdio.h>
2   int main(void)
3   {
4       int  n, sum = 0, i = 0; //sum和i均初始化为0
5       printf("Input n:");
6       scanf("%d", &n);        //循环之前先输入一个n的值
7       while (n >= 0)          //测试n的值，若n是小于0的标记值，则结束输入
8       {
9           sum = sum + n;        //先测试n值，满足要求后再执行累加运算
10          i++;
11          printf("Input n:");
12          scanf("%d", &n);
13      }
14      printf("sum=%d, count=%d\n", sum, i);
15      return 0;
16  }
```

程序的运行结果如下：

```
Input n:1↙
Input n:2↙
Input n:3↙
Input n:4↙
Input n:-1↙
sum=10, count=4
```

如果用do-while语句来实现，那么程序能否得到正确的运行结果呢？

```
1   #include  <stdio.h>
2   int main(void)
3   {
4       int  n, sum = 0, i = 0;  //sum和i均初始化为0
5       do
6       {
7           printf("Input n:");
8           scanf("%d", &n);     //先输入n的值
9           sum = sum + n;       //先执行累加运算
10          i++;
11      }while (n >= 0);  //测试n的值,若n是小于0的标记值,则结束输入
12      printf("sum=%d, count=%d\n", sum, i);
13      return 0;
14  }
```

程序的运行结果如下：

```
Input n:1↙
Input n:2↙
Input n:3↙
Input n:4↙
Input n:-1↙
sum=9, count=5
```

这是什么原因呢？从count的输出结果不难分析出，该do-while循环累加了5项，将标记值-1也作为累加项累加到了变量sum中，从而导致sum的结果比正确的答案少了1。为了得到正确的输出结果，程序应该修改为

```
1   #include  <stdio.h>
2   int main(void)
3   {
4       int  n = 0, sum = 0, i = 0; //将n、sum和i均初始化为0
5       do
6       {
7           sum = sum + n; //第一次循环n为0,保证此后再加的都是经过测试合格的n值
8           printf("Input n:");
9           scanf("%d", &n);
10          i++;
11      }while (n >= 0);  //测试n值,若n是小于0的标记值,则结束输入
12      printf("sum=%d, count=%d\n", sum, i);
13      return 0;
14  }
```

这个程序的主要改动是将sum = sum + n;移到了循环体的开始处，并在进入循环之前将n值初始化为0。这样修改程序后，就可以保证每次循环累加的n值都是经过循环测试满足n>=0要求的数，而不会将标记值累加到sum中。在循环开始前将n初始化为0（即第一次循环加到sum中的是0）的目的是，保证第一次循环在输入n值之前加的n值不是乱码，也不会影响最终的累加结果。

4.5.4 最佳编码原则：结构化程序设计

为保持良好的编码风格，建议采用顺序、选择和循环3种基本控制结构作为程序设计的基本单元，以保证程序在语法结构上是“单入口、单出口”的，且无不可达语句（即不存在永远都执行不到的语句）、无死循环（即不存在永远都执行不完的循环）。为什么一定要保证程序是“单入口、单出口”的呢？因为这样的程序结构清晰，可读性好，看上去更“优雅”，而且便于修改和维护。

图4-25所示的基本控制结构都只有一个入口和一个出口，像这样的控制结构都是结构化的。而图4-26所示的控制结构则不是结构化的，因为它有两个出口。

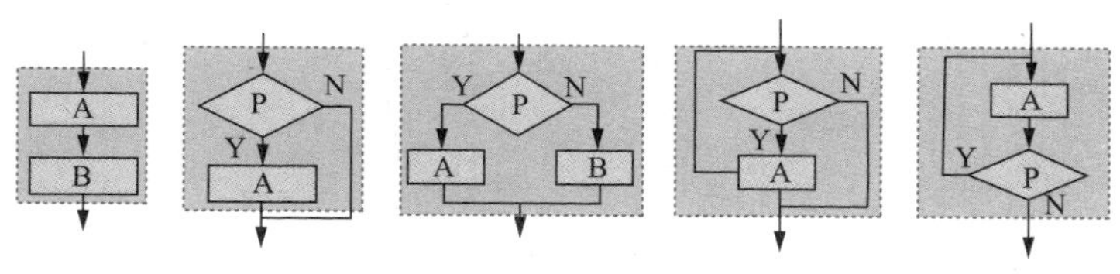

图4-25 “单入口、单出口”的基本控制结构

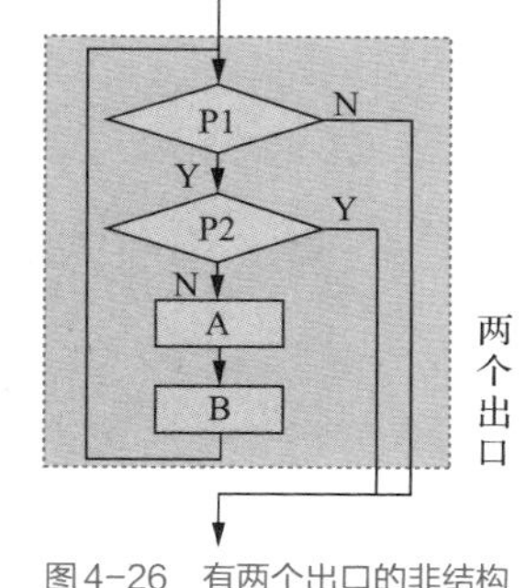

图4-26 有两个出口的非结构化的控制结构

什么语句会破坏基本控制结构的“单入口、单出口”呢？在C语言中，无条件转移语句goto语句及语句标号的使用不当或滥用是破坏“单入口、单出口”结构的“罪魁祸首”。另外，用于流程转移控制的break语句也会导致基本控制结构形成多个出口。

1. goto 语句的利与弊

goto语句为无条件转移语句，可在不需要任何条件的情况下实现程序流程的任意跳转，既可以向下跳转，也可以往回跳转，因为没有固定的跳转位置，所以需要用**语句标号**来指出其跳转位置。goto语句的一般语法格式如下：

它的作用是直接使程序跳转到语句标号后面的语句去执行，语句标号用于标识goto语句转向的目标语句位置。语句标号的命名规则与变量相同，不能用以数字开头的标识符作为语句标号。语句标号后面必须有语句，如果什么都不需要做，至少要在语句标号后面添加一条空语句。通常，goto语句与if语句联合使用，用if后面圆括号内的表达式指定goto语句跳转的条件，但是通过goto语句与if语句联合使用构成的循环并不是结构化的控制结构。

建议尽量避免使用goto语句，尤其是不要使用过多的goto语句标号（最多1个），因为过多的goto语句标号会破坏程序的“单入口、单出口”结构。为避免使用过多goto语句标号导致的程序结构混乱，一般只允许在一个“单入口、单出口”的模块内部使用goto语句向下跳转，不允许回跳，尤其不允许交叉使用goto语句。通常，仅如下两种情形可以使用goto语句。

（1）跳出多重循环。goto语句是快速跳出多重循环的一条捷径。

（2）跳向共同的出口位置，进行退出前的错误处理工作。这样，所有错误都由同一个语句标号处的语句来处理，可以使程序结构更清晰，且代码更集中。

2. break 语句的利与弊

相对于goto语句可向任意方向跳转而言，break语句是一种有条件的跳转语句，其跳转的方向被严格限定。在switch语句中使用break语句，限定流程跳转到紧跟switch语句的第一条语句去执行。而在循环语句中使用break语句，则限定流程跳转到紧接在循环体后面的第一条语句去执行，即结束循环的执行。注意，break语句只对包含它的最内层循环语句起作用，不能跳出多重循环。

在程序中过多使用break语句，也会破坏程序的“单入口、单出口”结构。例如，图4-26所示的就是在循环体中使用break语句可能导致的具有多个出口的控制结构。

能否将图4-26所示的非结构化的控制结构转为结构化的控制结构呢？换句话说，如何将图4-26所示的两个出口变为一个出口呢？答案就是使用标志变量，如图4-27所示。

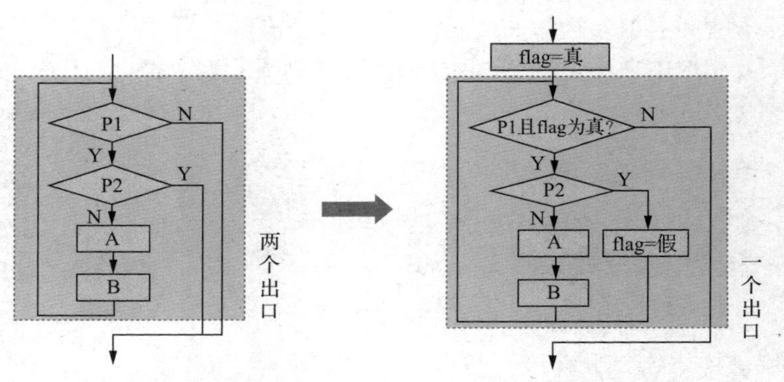

图4-27　通过引入标志变量将图4-26所示循环结构变为只有一个出口

【例4.11】从键盘输入10个数，将其中的非负整数累加求和。当程序读入负数时，结束键盘输入，输出累加求和的结果。

参考例4.10的算法，用break语句实现的程序如下：

```
1   #include  <stdio.h>
2   int main(void)
3   {
4       int  i, n;
5       int  sum = 0;
6       for (i=0; i<10; i++)  //i>=10时退出循环，循环结构的第一个出口
7       {
8           printf("Input n:");
9           scanf("%d", &n);
10          if (n < 0)
11          {
12              break;         //退出循环，循环结构的第二个出口
13          }
14          sum = sum + n;
15      }
16      printf("sum=%d\n", sum);
17      return 0;
18  }
```

程序的运行结果如下：

```
Input n:1↙
Input n:2↙
Input n:3↙
Input n:4↙
Input n:-1↙
sum=10
```

该程序的第6行和第12行分别有一个退出循环的出口。通过引入标志变量flag可以避免使用break语句，进而能够保证循环结构只有唯一的出口。修改后的程序如下：

```
1   #include  <stdio.h>
2   int main(void)
3   {
4       int  i, n;
5       int  sum = 0;
6       int  flag = 1;                //置标志变量初值为1，即真
7       for (i=0; i<10 && flag; i++)  //i<10且标志变量为真时继续循环，否则退出循环
8       {
9           printf("Input n:");
10          scanf("%d", &n);
11          if (n < 0)
```

```
12              {
13                  flag = 0;               //置标志变量为0，即假
14              }
15              else
16              {
17                  sum = sum + n;
18              }
19          }
20          printf("sum=%d\n", sum);
21          return 0;
22      }
```

建议尽量不使用break语句，在需要的时候，可以用标志变量来代替break语句控制循环结束。

在本例中，标志变量flag的真值和假值分别是用1和0来表示的。因为C89并未定义布尔型，所以通常用整型变量来代替布尔型变量。这种方法由于没有明确表示flag的赋值只能是布尔值，也没有明确指出1和0分别代表真值和假值，因此可能会降低程序的可读性。

为了提高程序的可读性，通常在程序中使用如下宏定义：

```
#define TRUE  1
#define FALSE 0
```

然后将第6行和第13行给flag赋值的语句修改为

```
int flag = TRUE;
flag = FALSE;
```

还可以定义一个可用作类型的宏：

```
#define BOOL int
```

然后声明变量时用BOOL代替int，即

```
BOOL flag;
```

这样虽然增强了程序的可读性，但编译器仍然将flag当作整型变量。

C语言缺乏布尔型的问题最终在C99中得到了解决。C99提供了布尔型。在C99中，布尔型用关键字_Bool声明。之所以用_Bool这个名字来命名布尔型，是因为C89规定了以下画线开头后跟一个大写字母的名字都是关键字，程序员不能随意使用它们去命名自己的标识符。

_Bool型实际上还是整型，更准确地说是无符号整型。但是和一般的整型不同的是，_Bool型的变量只能被赋值为0或1，即该类型变量的取值只能是0和1。在C语言中我们约定用0值和非0值分别表示false和true，所以一般而言，给_Bool型变量赋任何一个非0值都会导致该变量的值为1。

使用布尔型时需要包含C99的头文件stdbool.h，该头文件中定义了表示布尔型数据及其取值（true和false）的宏。在宏定义中，将宏true定义为1，将宏false定义为0，将宏bool定义为C99的关键字_Bool，因此在程序设计时可以直接使用bool定义布尔型变量。

例如，本例中我们可以将程序修改为

```
1   #include <stdio.h>
2   #include <stdbool.h>
3   int main(void)
4   {
5       int  n;
6       int  sum = 0;
7       bool  flag = true;                  //置标志变量初值为真
8       for (int i=0; i<10 && flag; i++)  //i<10且标志变量为真时继续循环，否则退出循环
9       {
10          printf("Input n:");
11          scanf("%d", &n);
12          if (n < 0)
13          {
14              flag = false;               //置标志变量为假
```

```
15          }
16          else
17          {
18              sum = sum + n;
19          }
20      }
21      printf("sum=%d\n", sum);
22      return 0;
23  }
```

3. continue 语句的利与弊

C语言中用于流程转移控制的语句除了goto语句和break语句外，还有continue语句。**continue语句与break语句有何不同呢?**

continue语句与break语句都可用于对循环进行内部“手术”，但二者对流程的控制效果是不同的。当在循环体中遇到continue语句时，程序将跳过continue语句后面尚未执行的语句，开始下一次循环，即只结束本次循环的执行，并不终止整个循环的执行。continue语句对循环执行过程的影响示意如下：

```
while（表达式1）          do                               for（；表达式1；）
{                         {                                {
  …                         …                                …
  if（表达式2）continue；   if（表达式2）continue；          if（表达式2）continue；
  …                         …                                …
}                         }while（表达式1）；               }
```

如图4-28所示，break语句的作用是结束循环的执行，而continue语句的作用是使流程跳过continue语句后面尚未执行的循环体中的语句，开始下一次循环，即只结束本次循环的执行，并不终止整个循环的执行。因此，两段代码的运行结果也是不同的。使用continue语句的程序仍然循环了10次，在用户输入-1后并未退出循环的执行，只不过仅对9个正整数进行了累加求和；而使用break语句的程序由于在用户输入-1后就结束了循环，因此仅循环了5次，只对4个正整数进行了累加求和。

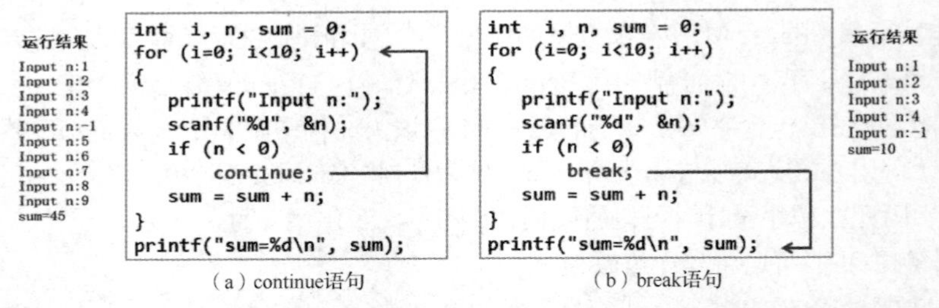

（a）continue语句　　（b）break语句

图4-28　continue 语句与break 语句对流程不同的控制效果及运行结果的对比

图4-28所示两段代码分别对应的流程图如图4-29所示。

大多数for循环可以转换为等价的while循环，但当循环体中存在break语句或continue语句时，将for循环转换为while循环，二者就并非完全等价了。continue语句带来的这种副作用不容忽视。

对于图4-30（a）所示的代码段，执行到continue语句后，仅导致累加求和的语句被跳过，继续下一次循环前，要先执行for语句中的增值表达式i++。也就是说，尽管用户输入的负数未被累加到sum中，但仍对输入的数据计数一次，循环总计执行了10次。

对于图4-30（b）所示的代码段，执行到continue语句后，不仅跳过了累加求和的语句，还跳过了给循环控制变量增值的语句i++，即此时输入的数据未被计数，程序仅在用户输入非负整数时进行计数，因此循环总计执行了11次。

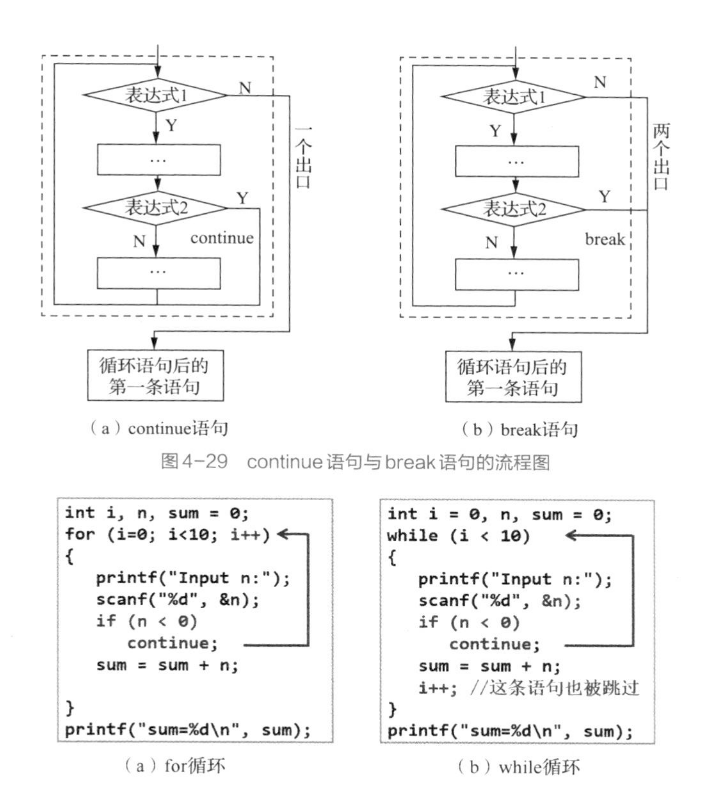

图4-30 循环体中存在break语句或continue语句时的for循环和while循环

在某些想要跳过一些处理语句的时候，使用continue语句的确是比较方便的，例如，编写的循环要读入输入的数据，并且测试它们是否有效，如果有效，则以某种方法进行处理。如果有许多有效性测试，或者这些测试都很复杂，那么continue语句就非常有用了。类似的循环语句如下：

```
for（初始化表达式；循环控制表达式；增值表达式）
{
    读入数据；
    if（数据的第一条测试失败）
        continue;
    if（数据的第二条测试失败）
        continue;
    …
    if（数据的最后一条测试失败）
        continue;
    处理数据；
}
```

总之，建议采用结构化程序设计方法来设计程序。**结构化程序设计（Structured Programming，SP）**是一种进行程序设计的原则和方法（如自顶向下、逐步求精），按照这种原则和方法设计的程序具有结构清晰、容易阅读、容易修改的特点，它关注的焦点是程序结构的好坏。所谓的"结构好"的程序，是指程序"结构清晰、容易阅读、容易修改、容易验证"。结构好的程序最大的优点是程序的可读性和可维护性高。一旦效率与"结构好"发生矛盾，那么宁可在可容忍的范围内降低效率，也要确保好的结构。那么，**如何设计结构好的程序呢？**

（1）采用顺序、选择和循环3种基本控制结构作为程序设计的基本单元，用这3种基本控制结构编写的程序在语法结构上具有如下4个特性。

- 只有一个入口。
- 只有一个出口。
- 无不可达语句，即不存在永远都执行不到的语句。
- 无死循环，即不存在永远都执行不完的循环。

（2）少用和慎用goto、break和continue语句，因为它们会以不同的方式改变程序的控制流程，易导致不期望的结果发生。

4.6 本章知识树

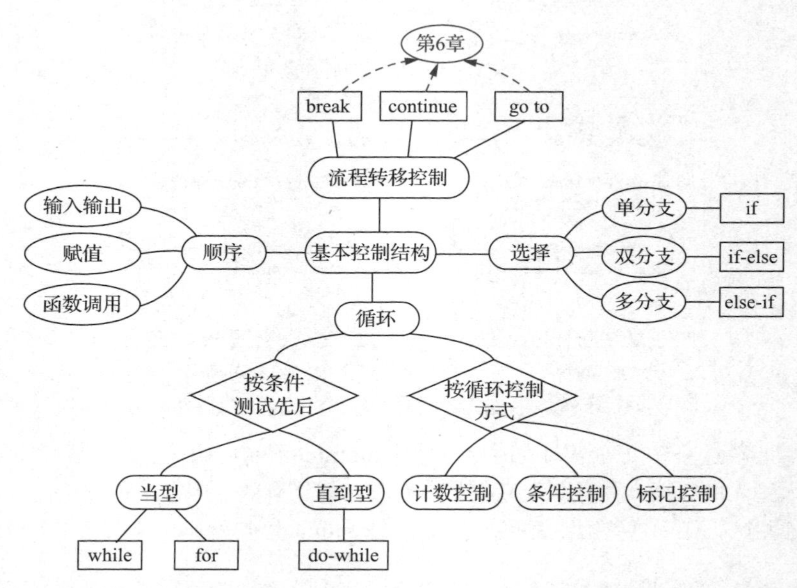

学习指南：如果你对循环程序的“循环”不明白的话，希望你跟着我们的思路用你“不插电的计算机”完整地跑一遍循环。在编写循环程序之前，画好流程图很关键哦！

习题4

1. **一元二次方程求根**。请编程计算一元二次方程$ax^2+bx+c=0$的根，a、b、c的值由用户从键盘输入，其中$a\neq0$。

2. **数字拆分**。请编写一个程序，将一个4位的整数n拆分为两个2位的整数a和b（例如，假设$n = -2304$，则拆分后的两个整数分别为$a = -23$、$b = -4$），计算其拆分出的两个数的加、减、乘、除和求余运算的结果。

3. **字符类型统计**。从键盘任意输入一个字符，编程判断该字符是数字字符、大写字母、小写字母、空格符还是其他字符。

4. **计算BMI**。请编写一个程序，根据下面的公式计算BMI，同时根据我国的标准判断你的体重属于何种类型。

$$t = w / h^2$$

其中，t表示BMI，h（以m为单位，如1.74m）表示某人的身高，w（以kg为单位，如70kg）表示某人的体重。当$t < 18.5$时，属于偏瘦；当$18.5\leqslant t<24$时，属于正常体重；当$24\leqslant t<28$时，属于过重；当$t\geqslant 28$时，属于肥胖。

5. **计算器V1**。请编写一个程序，实现一个简单的对整数进行加（+）、减（-）、乘（*）、除（/）和求余（%）5种算术运算的计算器。先按如下格式输入算式（允许运算符前后有空格），然后输出表达式的值。

操作数1　运算符op　操作数2

若除数为0，则输出“Division by zero!”。若运算符非法，则输出“Invalid operator!”。

6. **计算器V2**。请编写一个程序，实现一个简单的对浮点数进行加（+）、减（-）、乘（*）、除（/）和幂（使用^表示）运算的计算器。输入输出方法同第5题。

7. **国王的许诺**。相传国际象棋是古印度舍罕王的宰相达依尔发明的。舍罕王十分喜欢象棋，决定让宰相自己选择要何种赏赐。这位聪明的宰相指着8×8共64格的棋盘说：陛下，请您赏给我一些麦子吧，就在棋盘的第1格中放1粒，第2格中放2粒，第3格中放4粒，以后每一格的麦子都比前一格的麦子增加一倍，依此放完棋盘上的64个格子，我就感恩不尽了。舍罕王让人扛来一袋麦子，他要兑现他的承诺。请问：国王能兑现他的承诺吗？试编程计算舍罕王共要将多少粒麦子赏赐给他的宰相，这些麦子合多少m^3（已知$1m^3$麦子约1.42×10^8粒）？

8. **数字九九乘法表**。输出如下所示的下三角形式的九九乘法表。

```
1
2   4
3   6    9
4   8    12   16
5   10   15   20   25
6   12   18   24   30   36
7   14   21   28   35   42   49
8   16   24   32   40   48   56   64
9   18   27   36   45   54   63   72   81
```

9. **圆周率计算**。利用$\frac{\pi}{2}=\frac{2}{1}\times\frac{2}{3}\times\frac{4}{3}\times\frac{4}{5}\times\frac{6}{5}\times\frac{6}{7}\times\cdots$（前100项之积），编程计算π的值。

10. **泰勒级数计算**。利用泰勒级数$\sin x \approx x-\frac{x^3}{3!}+\frac{x^5}{5!}-\frac{x^7}{7!}+\frac{x^9}{9!}-\cdots$，计算$\sin x$的值。要求最后一项的绝对值小于$10^{-5}$，并统计此时累加了多少项。

第5章 程序设计方法学基础——结构化与模块化

内容导读

必学内容：模块化程序设计，函数的定义、调用与参数传递，变量的作用域与生存期，程序测试与程序调试。

选学内容：防御式编程，断言，编码风格。

不知道你是否还依稀记得童年我们曾经用爱不释手的七巧板拼出的美丽形状？还有小小积木搭起的高楼大厦？指尖的魔力"勾勒"出一个道理：有限可至无限。本章我们请读者和我们一起来探究让程序不再单调、不再"臃肿"的"函数之妙"。如活字印刷般的函数就像童年时我们用来拼出各种形状的七巧板，有了它，形态万千的各种问题就会迎刃而解，轻而易举地被各个击破。最后，我们还将为读者献上"闯荡江湖"必备的"出行攻略"，即程序测试和程序调试方法，掌握了这些方法就能真正如高手般"以不变应万变"！

5.1 结构化程序设计——像搭积木一样写代码

本节主要讨论如下问题。

（1）何为自顶向下、逐步求精的结构化程序设计？它有什么好处？

（2）结构化程序设计的基本原则是什么？如何获得结构好的程序？

5.1.1 自底向上的程序设计方法

自底向上（Bottom-Up）的程序设计方法是先编写出基础程序段，然后逐步扩大规模、补充和升级某些功能，实际上是一种循序渐进的编程方法。下面以"猜数"游戏为例，按照不断升级的任务要求，采用自底向上的方法设计程序。

（1）只猜1次。

（2）到猜对为止。

（3）最多猜10次。

（4）猜多个数。

"猜数"游戏

【例5.1】设计一个只能猜1次的猜数游戏：先由计算机"想"一个数，然后请用户猜，如果用户猜对了，则计算机给出提示“Right!”，否则提示“Wrong! Too small!”或“Wrong! Too big!”。希望得到的程序运行结果示例如下。

程序的第1次运行结果：

```
Guess a number:40↙
Wrong!Too small!
```

程序的第2次运行结果：

```
Guess a number:80↙
Wrong!Too big!
```

注意，由于涉及随机数，所以每次运行程序的输出结果可能不一样。

问题分析：本例的输入是用户猜的数，设为guess；输出是用户猜的数与计算机“想”的数的大小比较结果。可以通过随机数生成的方法得到计算机“想”的数（设为magic）。于是，可以采用多分支选择结构，算法流程图如图5-1所示。

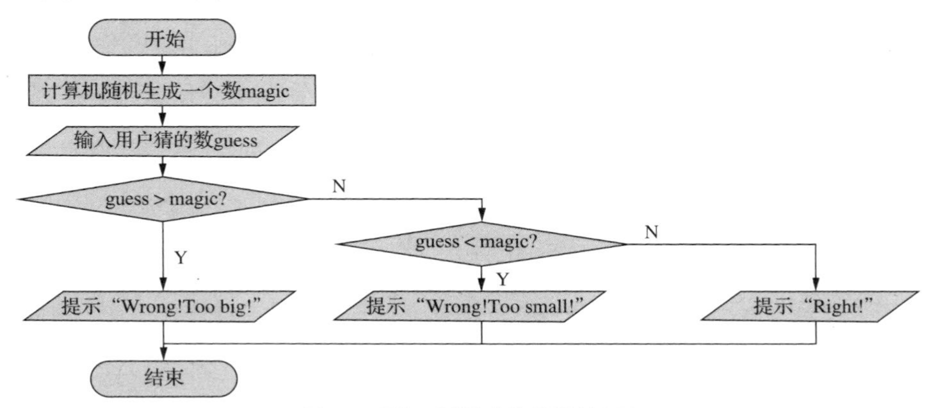

图5-1　只猜1次的猜数游戏算法流程图

将图5-1所示的算法转化为程序如下：

```
1    #include  <stdio.h>
2    #include  <stdlib.h>          //包含函数rand()所需的头文件
3    #include  <time.h>            //包含函数time()所需的头文件
4    int main(void)
5    {
6        int  magic;               //计算机“想”的数
7        int  guess;               //用户猜的数
8        srand(time(NULL));        //为函数rand()设置随机数种子
9        magic = rand() % 100 + 1; //让计算机“想”一个1～100的随机数
10       printf("Guess a number:");
11       scanf("%d", &guess);      //输入用户猜的数
12       if (guess > magic)
13       {
14           printf("Wrong!Too big!\n");
15       }
16       else if (guess < magic)
17       {
18           printf("Wrong!Too small!\n");
19       }
20       else
21       {
22           printf("Right!\n");
23       }
24       return 0;
25   }
```

程序第9行语句是利用随机数函数rand()产生一个1～100的随机整数，使用该函数时需要包含头文件stdlib.h。但函数rand()生成的随机数是一个**伪随机数（Pseudorandom Number）**，即反复调用函数rand()会得到一系列看上去随机出现的整数，但如果重复执行这个程序，这一系列整数将重复出现。

调用函数srand()的目的是为rand()设置随机数种子，以便对rand()生成的数进行"**随机化**"（**Randomizing**）处理，即通过改变它的运行条件，使其每次运行都产生不同的整数序列。srand()函数接收一个无符号整型实参（实际参数），这个实参像种子（Seed）一样控制函数rand()在程序每次执行时产生不同的随机数序列。

为了每次无须输入种子即可实现随机化处理，可以使用下面的函数调用语句：

```
srand(time(NULL));
```

这样，计算机就会自动读取它的时钟值作为rand()函数的种子。函数time()返回的是以秒为单位的、从1970年1月1日零点开始到现在所经历的时间。这个值（本质上是一个很大的整数）在被转换成一个无符号整数后，作为种子传递给随机数函数。time()的函数原型在头文件<time.h>中。

【例5.2】在例5.1的猜数游戏基础上，将游戏改为到猜对为止，同时记录用户猜的次数，以此来反映用户猜数的水平。希望得到的程序运行结果示例如下：

```
Try 1:50↙
Wrong!Too big!
Try 2:30↙
Wrong!Too small!
Try 3:45↙
Wrong!Too big!
Try 4:42↙
Right!
counter=4
```

问题分析：由于用户猜多少次能猜对是未知的，即循环的次数是不可预知的，因此需要使用条件控制的循环。控制循环的条件是"到猜对为止"，即一旦猜对就结束循环，否则继续猜。由于必须由用户先猜，然后才能知道有没有猜对，因此适合使用直到型循环。该算法的流程图如图5-2所示。

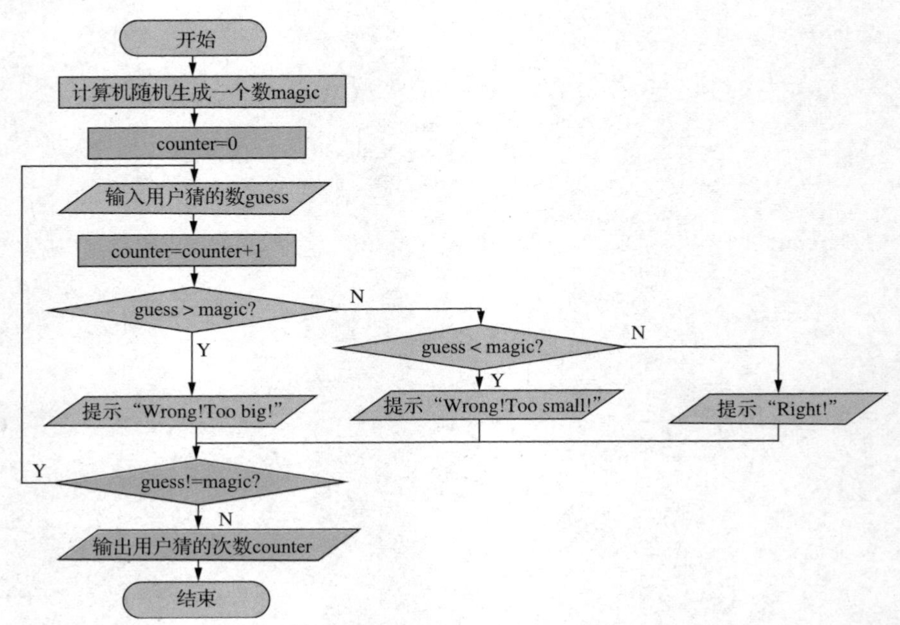

图5-2　到猜对为止的猜数游戏算法流程图

将图5-2所示的算法转化为程序如下：

```
1    #include  <stdio.h>
2    #include  <stdlib.h>          //包含函数rand()所需的头文件
3    #include  <time.h>            //包含函数time()所需的头文件
4    int main(void)
5    {
6        int  magic;                   //计算机"想"的数
7        int  guess;                   //用户猜的数
8        srand(time(NULL));                //为函数rand()设置随机数种子
9        magic = rand() % 100 + 1;  //让计算机"想"一个1～100的随机数
10       int  counter = 0;              //记录用户猜数次数的计数器变量初始化为0
11       do
12       {
13           printf("Try %d:", counter + 1);
14           scanf("%d", &guess);         //输入用户猜的数
15           counter++;                   //计数器变量加1
16           if (guess > magic)
17           {
18               printf("Wrong!Too big!\n");
19           }
20           else if (guess < magic)
21           {
22               printf("Wrong!Too small!\n");
23           }
24           else
25           {
26               printf("Right!\n");
27           }
28       } while (guess != magic);            //执行循环到猜对为止
29       printf("counter=%d\n", counter); //输出用户猜数的次数
30       return 0;
31   }
```

【例5.3】在例5.2的猜数游戏基础上，将游戏改为最多猜10次，即用户在10次内猜对或者猜了10次仍未猜对，都结束游戏。希望得到的程序运行结果示例如下：

```
Try 1:90↙
Wrong!Too big!
Try 2:20↙
Wrong!Too small!
Try 3:60↙
Wrong!Too big!
Try 4:40↙
Wrong!Too small!
Try 5:55↙
Wrong!Too big!
Try 6:42↙
Wrong!Too small!
Try 7:50↙
Wrong!Too big!
Try 8:45↙
Wrong!Too small!
Try 9:49↙
Wrong!Too big!
Try 10:47↙
Wrong!Too small!
The magic number is 48
counter=10
```

问题分析：本例仍是一个条件控制的循环，但是控制循环的条件由“到猜对为止”改为“最多猜10次”，即猜对时就结束循环，否则看猜的次数是否超过10次：若未超过10次，则继续循环；若超过了10次，即使未猜对也结束循环。换句话说，只要没猜对并且猜的次数未超过10次，则继续循环。因此，本例只要在例5.2的程序基础上修改循环测试条件即可，即将图5-2所示流程图中最后一个判断框中的内容由“guess!=magic?”改为“guess!=magic且counter<10?”。

将图5-3所示的算法转化为程序如下：

```
1    #include  <stdio.h>
2    #include  <stdlib.h>          //包含函数rand()所需的头文件
3    #include  <time.h>            //包含函数time()所需的头文件
4    int main(void)
5    {
6        int  magic;                    //计算机“想”的数
7        int  guess;                           //用户猜的数
8        int  counter = 0;                     //记录用户猜数次数的计数器变量初始化为0
9        srand(time(NULL));                    //为函数rand()设置随机数种子
10       magic = rand() % 100 + 1;  //让计算机“想”一个1～100的随机数
11       do
12       {
13           printf("Try %d:", counter + 1);
14           scanf("%d", &guess);          //输入用户猜的数
15           counter++;                    //计数器变量加1
16           if (guess > magic)
17           {
18               printf("Wrong!Too big!\n");
19           }
20           else if (guess < magic)
21           {
22               printf("Wrong!Too small!\n");
23           }
24           else
25           {
26               printf("Right!\n");
27           }
28       } while (guess != magic && counter < 10); //10次猜不对就结束循环
29       printf("The magic number is %d\n", magic);
30       printf("counter=%d\n", counter);          //输出用户猜数的次数
31       return 0;
32   }
```

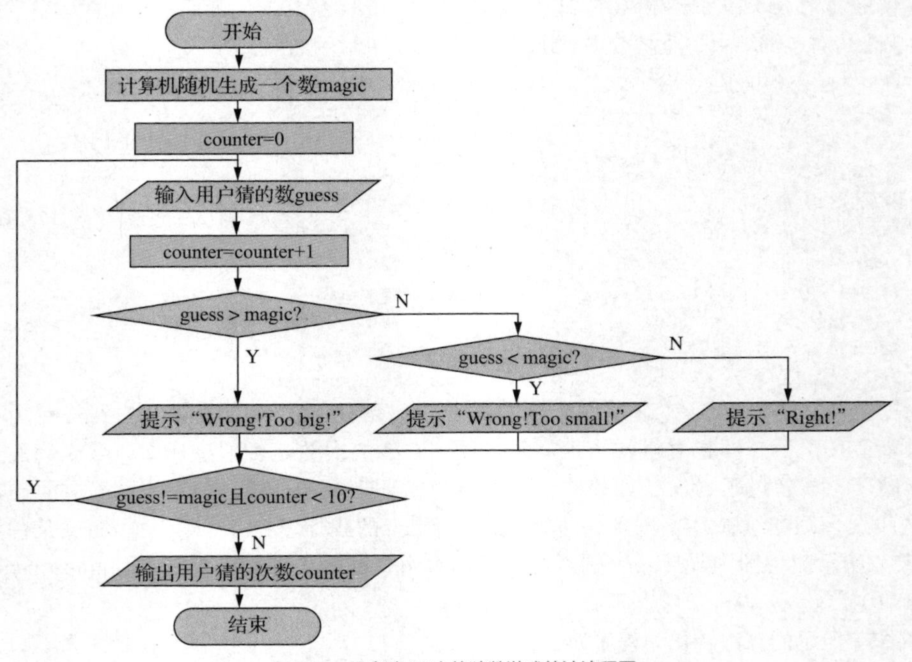

图5-3　最多猜10次的猜数游戏算法流程图

【例5.4】在例5.3的猜数游戏基础上，将游戏改为每次运行程序允许猜多个数，每个数最多可猜10次，若10次仍未猜对，则停止本次猜数，询问用户是否继续猜下一个数，若用户回答“y”或“Y”，则计算机重新随机生成一个数让用户猜，否则程序结束。希望得到的程序运行结果示例如下：

```
Try 1:50↙
Wrong!Too big!
Try 2:30↙
Wrong!Too small!
Try 3:40↙
Wrong!Too big!
Try 4:35↙
Wrong!Too small!
Try 5:37↙
right!
The magic number is 37
counter=5
Do you want to continue(Y/N or y/n)?y↙
Try 1:50↙
Wrong!Too small!
Try 2:90↙
Wrong!Too big!
Try 3:70↙
Wrong!Too small!
Try 4:82↙
right!
The magic number is 82
counter=4
Do you want to continue(Y/N or y/n)?n↙
```

问题分析：修改例5.3的算法流程图，在直到型循环的外面再增加一个直到型循环，用于控制猜多个数，在循环体的开始处由计算机重新随机生成一个数magic，在循环体的最后询问用户是否继续猜数，若用户回答“y”或“Y”，则循环继续；否则程序结束。其算法流程图如图5-4所示。

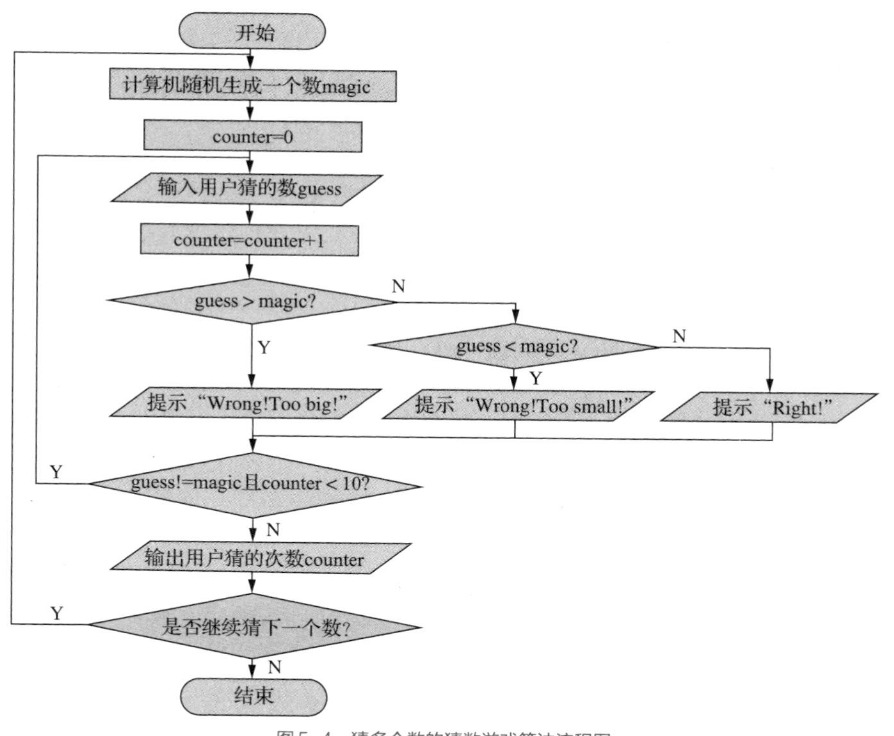

图5-4 猜多个数的猜数游戏算法流程图

将图5-4所示的算法转化为程序如下：

```
1  #include <stdio.h>
2  #include <stdlib.h>  //包含函数rand()所需的头文件
3  #include <time.h>    //包含函数time()所需的头文件
4  int main(void)
5  {
6      int magic;       //计算机“想”的数
7      int guess;       //用户猜的数
```

```
8       int  counter = 0; //记录用户猜数次数的计数器变量初始化为0
9       char reply;                 //保存用户输入的回答
10      srand(time(NULL));//为函数rand()设置随机数种子
11      do
12      {
13          counter = 0;                //猜下一个数之前，将计数器清零
14          magic = rand() % 100 + 1; //让计算机"想"一个1～100的随机数
15          do
16          {
17              printf("Try %d:", counter + 1);
18              scanf("%d", &guess);
19              counter++;
20              if (guess > magic)
21              {
22                  printf("Wrong!Too big!\n");
23              }
24              else if (guess < magic)
25              {
26                  printf("Wrong!Too small!\n");
27              }
28              else
29              {
30                  printf("Right!\n");
31              }
32          }while (guess!=magic && counter<10);    //猜不对且未超10次继续猜
33          printf("The magic number is %d\n", magic);
34          printf("counter=%d\n", counter);
35          printf("Do you want to continue(Y/N or y/n)?"); //询问是否继续
36          scanf(" %c", &reply);                  //%c前有一个空格
37      }while (reply=='Y' || reply=='y');         //输入Y或y则程序继续
38      return 0;
39  }
```

5.1.2 自顶向下、逐步求精的结构化程序设计方法

自顶向下（Top-down）的程序设计方法是相对于自底向上方法而言的。它是自底向上方法的逆方法。自顶向下方法是先写出结构简单、清晰的主程序来表达计算机解决问题的整体思路和方法；在此问题中包含的复杂子问题的求解用子程序来实现；若子问题中还包含复杂的子问题，再用另一个子程序或函数来求解，直到每个细节都可用高级语言表达为止。这里的“上”是指相对比较抽象的层面，“下”是指更为具体的层面，更接近程序设计语言。

解决复杂问题时，人们往往不可能一开始就了解问题的全部细节，通常只能对问题的全局做出决策，设计出较为自然的、很可能是用自然语言表达的抽象算法。这个抽象算法由一些抽象数据及对抽象数据的操作（即抽象语句）组成，仅仅表示解决问题的一般策略和问题解的一般结构。对抽象算法进一步求精，就进入下一层抽象。每求精一步，抽象语句和抽象数据都将进一步分解和精细化，如此继续下去，直到最后的算法能为计算机所“理解”，即将一个完整的、较复杂的问题分解成若干相对独立的、较简单的子问题。若这些子问题还较复杂，可再分解它们，直到容易用某种高级语言表达为止。这种先从最能反映问题体系结构的概念出发，再逐步精细化、具体化，逐步补充细节，直到设计出可在机器上执行的程序的方法，就称为**逐步求精（Stepwise Refinement）**。简而言之，逐步求精方法就是一种先全局后局部、先整体后细节、先抽象后具体的自顶向下的设计方法。

用逐步求精方法进行问题求解的大致步骤：首先对实际问题进行全局性分析、决策，确定

数学模型；然后确定程序的总体结构，将整个问题分解成若干相对独立的子问题，并确定子问题的内涵及其相互关系；最后在抽象的基础上将各个子问题逐一精细化，直到能用确定的高级语言描述。

下面仍以猜数游戏为例来演示“自顶向下、逐步求精”的程序设计过程。

【例5.5】按照“自顶向下、逐步求精”的方法重新设计猜数游戏，游戏的要求：先由计算机“想”一个数，然后请用户猜，如果用户猜对了，则计算机给出提示“Right!”，否则提示“Wrong! Too big!”或“Wrong! Too small!”，直到猜对为止，同时记录用户猜的次数，以此来反映用户猜数的水平。每次猜数最多允许用户猜10次，10次仍未猜对，就结束本次猜数，询问用户是否继续猜下一个数，若用户回答“y”或“Y”，则重新随机生成一个数让用户猜，否则程序结束。

问题分析：采用“自顶向下、逐步求精”的方法设计算法的步骤如下。

第一步，将猜数游戏任务分解为“计算机随机生成一个数magic”和“用户猜数”两个子任务，写出抽象算法（其流程图如图5-5所示）如下。

Step1：计算机随机生成一个数magic。
Step2：用户猜数。
Step3：询问用户是否继续猜下一个数。
Step4：若是，则返回Step1，否则算法结束。

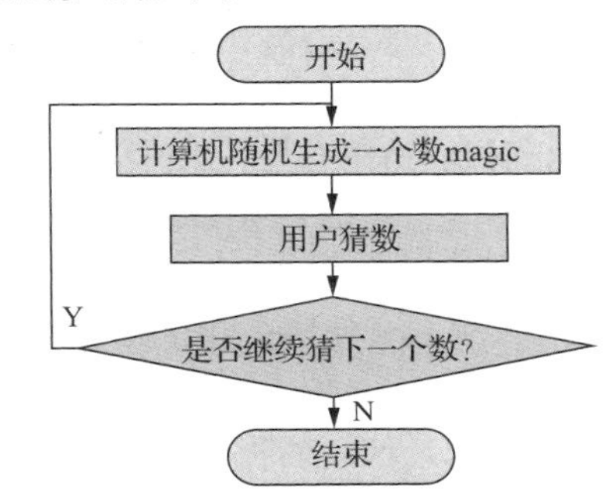

图5-5 第一步抽象算法的流程图

第二步，对Step2进行细化，写出其求精后的抽象算法（其流程图如图5-6所示）如下。

Step2.1：将记录用户猜数次数的计数器counter初始化为0。
Step2.2：输入用户猜的数guess。
Step2.3：计数器counter加1。
Step2.4：比较guess和magic的大小，并输出相应的提示信息。
Step2.5：判断用户是否猜对且猜的次数是否小于10次。
Step2.6：若用户未猜对且猜的次数小于10次，则返回Step2.2，否则输出用户猜的次数counter。

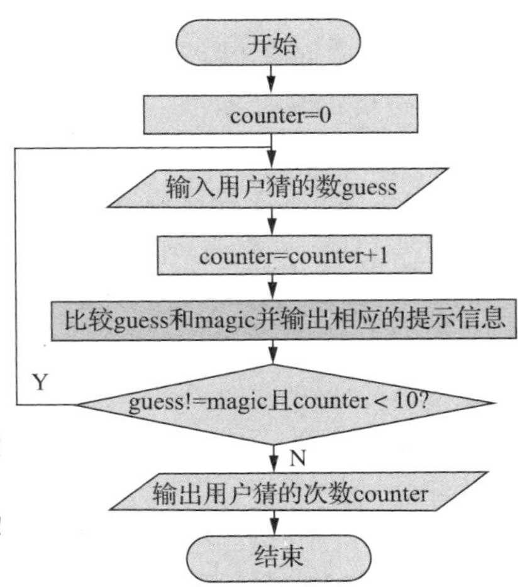

图5-6 对Step2求精后得到的抽象算法的流程图

第三步，对Step2.4进行细化，写出其求精后的抽象算法（其流程图如图5-7所示）如下。

Step2.4.1：若guess > magic，则输出提示信息“Wrong! Too big!”。
Step2.4.2：若guess < magic，则输出提示信息“Wrong! Too small!”。
Step2.4.3：若guess == magic，则输出提示信息“Right!”。

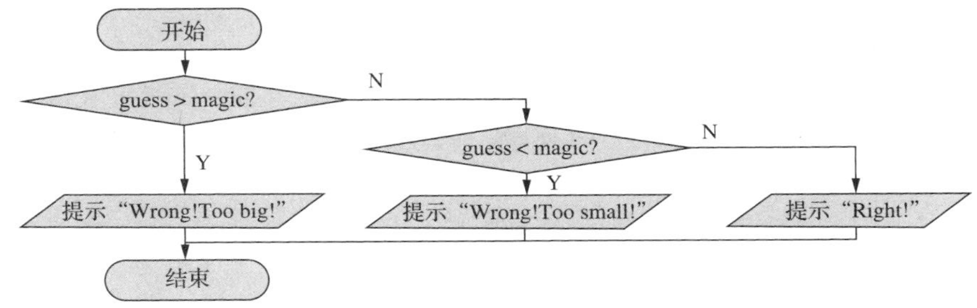

图5-7 对Step2.4求精后得到的抽象算法的流程图

最后，写出完整的抽象算法如下。

Step1：计算机随机生成一个数magic。
Step2：用户猜数。
　　Step2.1：将记录用户猜数次数的计数器counter初始化为0。
　　Step2.2：输入用户猜的数guess。
　　Step2.3：计数器counter加1。
　　Step2.4：比较guess和magic的大小，并输出相应的提示信息。
　　　　Step2.4.1：若guess > magic，则输出提示信息“Wrong! Too big!”。
　　　　Step2.4.2：若guess < magic，则输出提示信息“Wrong! Too small!”。
　　　　Step2.4.3：若guess == magic，则输出提示信息“Right!”。
　　Step2.5：判断用户是否猜对且猜的次数是否小于10次。
　　Step2.6：若用户未猜对且猜的次数小于10次，则返回Step2.2，否则输出用户猜的次数counter。
Step3：询问用户是否继续猜下一个数。
Step4：若是，则返回Step1，否则算法结束。

根据以上分析得到的抽象算法，其流程图和例5.4的算法流程图（见图5-4）一样。

你是不是很好奇，既然自底向上设计方法可以解决问题，为什么还需要自顶向下设计方法呢?

首先，完全采用自底向上的方法很容易看不清全局，可能导致所实现的部分不能很好地与程序的其他部分协同工作。在实现了程序的一部分功能后，为使之能融入整个程序，常需要对其实现方式、使用接口等做一些调整。而采用自顶向下的设计，有助于我们在总体设计时把握全局，尤其在对较大规模的程序进行模块化设计时更需要这种统领全局的思维方式。

其次，实际的程序开发过程通常不是一帆风顺的，即不是纯粹的自顶向下或自底向上，而往往是自顶向下的分解和自底向上的构造两个过程交织进行。例如，有时按某种方案精细化后，在后续的步骤中发现原来那种求精方案并不好，甚至是错误的。此时，必须自底向上对已决定的某些步骤进行修改。要求上层每一步都是绝对正确和最好是不现实的。因此，逐步求精可理解为以自底向上修正作为补充的自顶向下的程序设计方法。

通过猜数游戏这个实例，我们可以初步体会到“自顶向下、逐步求精”的程序设计方法的优点，主要有以下两点。

（1）用逐步求精方法最终得到的程序是有良好结构的程序，整个程序由一些相对较小的程序子结构组成，每个子结构都具有相对独立的意义，改变某些子问题的求解策略相当于改变相应的子结构的内部算法，不会影响程序的全局结构。

（2）用逐步求精方法设计程序，可简化程序的正确性验证。结合逐步求精过程，采取边设计边逐级验证的方法，与写完整个程序后再验证相比，可大大减少程序调试的时间。

如果读者暂时不能完全理解这些优点的话，就等学完5.2节再回过头来仔细体会一下，温故才能知新。

5.2 模块化程序设计——分工与合作的艺术

本节主要讨论如下问题。

（1）什么是模块化程序设计？模块化程序设计的好处是什么？

（2）为什么要进行模块分解？模块分解的目标是什么？模块分解的基本原则有哪些？

（3）如何定义和调用一个函数？函数调用时，参数是如何传递的？

（4）函数原型与函数定义有何区别？函数原型的主要作用是什么？

（5）什么是防御式编程？如何进行防御式编程？

（6）什么是变量的作用域？编译器如何区分不同作用域的同名变量？

（7）变量的存储类型有哪几种？变量的存储类型决定了什么？

5.2.1 模块分解的基本原则

经过前几章的学习，你是不是已经习惯了将所有代码都“塞”到一个主函数main()里？本书中的实例代码最长的也不过百行左右，你可能觉得这样做没什么不妥。但现实中的大型软件的代码规模与本书中程序实例的代码规模不可相提并论，它们之间的区别就像一篇日记和一本大部头的长篇小说的区别一样。如今的实际项目代码大多都是数十万行、数百万行级别的，如果将这些代码统统都“塞”到一个main()函数里，那么对程序员来说无疑将是一场噩梦，调试这样的程序时，估计再淡定的你也要抓狂了。

1. 为什么要进行模块分解

众所周知，在《三国演义》中，诸葛亮六出祁山时，因积劳成疾而病死于五丈原，卒年五十四岁。诸葛亮文武兼通，神机妙算，对蜀汉忠心耿耿，受命于危难之时，为完成先帝遗愿、恢复汉室正统而殚精竭虑，却“出师未捷身先死”，诸葛亮的英年早逝令无数仁人志士扼腕叹息。诸葛亮“食少事烦”，凡二十军棍以上的事务均亲自过问，也许是导致其“过劳死”的主要原因。诸葛亮“鞠躬尽瘁，死而后已”的敬业精神值得我们学习，但其事无巨细、事必躬亲的工作方法或许并不可取。按照管理学的观点，“诸葛亮”式的领导方式，不利于充分发挥群众的才智，甚至还可能抑制下属的工作积极性。

领导的“艺术”在于分工明确，让下属各司其职。这种分工合作的思想在程序设计中同样适用。把一个复杂的问题分解为若干个简单的问题，提炼出公共任务，把不同的功能分解到不同的模块中，每个开发人员各司其职，分别完成不同的模块，大家既有分工又有协作，这就是所谓的**分而治之（Divide and Conquer）**。它是复杂问题求解的基本方法，也是**模块化程序设计（Modular Programming）**的基本思想。

在“软件工程时代”，模块化仍是大型软件设计的基本策略之一，即使有了面向对象编程，也需要模块化程序设计，因为面向对象编程在某种程度上也是模块化的一种延伸。

模块（Module）可以看作一组服务的集合，其中的一些服务可以被程序的其他部分使用，每个模块都通过一个对外的接口来描述其所能提供的服务，模块的细节都包含在模块的实现中。

在C语言中，服务被**封装（Encapsulation）**为了函数。模块的**接口（Interface）**就是包含该模块函数的头文件中的函数原型，模块的实现就是包含该模块函数定义的源文件。也许你现在对函数原型这个术语还一无所知，但是其实你已经在悄悄地使用模块了，C语言中的每个头文件都是一个模块的接口，例如，stdio.h就是包含输入输出函数的模块的接口。试想一下，假设先前你写的程序中的所有printf()和scanf()都用它们的实现代码替换的话，那么结果会怎样呢？这是一种极其疯狂的做法！

将程序“函数化”，即采用模块化程序设计的好处可以归纳如下。

（1）分治使得软件开发过程更加容易管理。

（2）提高程序的**可读性（Readability）**，使程序结构更清晰。在分析抽象层次较高的模块时，对较低层次的各个模块只需了解其做什么。

（3）提高程序的**可维护性（Maintainability）**和**可靠性（Reliability）**。

程序的局部修改不影响全局，可以使错误局部化，防止错误在模块间扩散。现实中的大多数程序在开发完成后都会持续使用很多年，其间还会随着需求的变更对程序做一些代码重构和功能完善。将程序模块化后，程序中的错误通常只会影响一个模块，修改和维护一个模块比修改和维护全部代码更容易。在某种意义上，程序的维护好比汽车的维修，修理轮胎时应该只更换轮胎，而无须换发动机。

关注可维护性，而不只是关注功能和性能，是一名程序员成长为一名软件工程师的开始。

软件工程师需要保证软件的可持续性，必须考虑时间维度对软件产生的影响。这种时间维度的影响可能包括：几个月后，你自己再看到这段代码时，是否能够马上理解？你离开团队以后，别人接手时是否容易看懂你的代码？在新增需求时，这段代码是否容易修改和容易测试？在其依赖发生变化时，这段代码是否还能正确地工作？如果没有考虑这些，代码的可维护性通常会很差。可维护性差的影响也许并不会立即被人感知，就像温水煮青蛙，这种长期的、缓慢的影响可能危害性更大。

（4）提高程序的**可复用性**（**Reusability**）。模块分解后，开发人员能够各司其职，按模块分配和完成子任务，实现并行开发。在一个开发团队内部，每个开发人员可以基于现成的函数采用“搭积木”的方法来开发新的程序，既可以复用别人编写的函数，也可以让别人共享自己编写的函数。这不是懒惰的表现，而是智慧的表现。软件开发和管理活动中的任何成果（如思想、方法、程序、文档等）都可以被复用，这样在构建一个新的软件系统时，就不必从零做起。直接使用已有的、经过反复验证的软件库中现成的模块或组件，将其组装或加以合理修改后成为新的系统，这有利于缩短软件开发的周期，提高软件开发的效率和程序的质量。软件每天都在变化，软件开发人员每天都在写不同的代码，相当于制造互不相同的机器零件，而且每天都要把这些新零件安装到运行中的软件系统上。显然，如果我们制造的机器零件是可重用的，势必会加快软件的生产效率。

（5）提高程序的**可测试性**（**Testability**）和**可验证性**（**Verifiability**）。模块分解使得每个模块可以独立测试或验证。

2. 如何进行模块分解

既然对于大型软件开发而言，模块化程序设计如此重要，那么如何进行模块分解呢？模块分解的目标就是实现**信息隐藏**（**Information Hiding**），即将模块内的具体操作细节对外隐藏起来，把不需要使用者了解的信息封装在模块内部，使模块的实现细节对外不可见，外部只知道它做什么，而不知道它是如何做的，除了必要的信息，使暴露在模块外面的信息减少到最低限度，模块仅通过接口与外界“打交道”。

如何实现信息隐藏呢？在程序设计中，我们通常需要处理两类要素：过程和数据。当然，二者的区分有时也没那么严格。通俗地讲，数据是一种我们希望去操作的“东西”，而过程就是对操作这些数据的规则的描述。实现信息隐藏的方法就是**过程抽象**和**数据抽象**。

函数封装和程序的稳健性

过程抽象是**面向过程程序设计**的基本手段，过程抽象的结果是函数。**函数封装**就是把函数内的实现细节对外隐藏，对外只提供一个接口（包括参数和返回值），使外界对函数的影响仅限于函数参数，而函数对外界的影响仅限于返回值，这样更便于实现信息隐藏和函数的复用。我们每次使用诸如printf()、scanf()和fabs()这些标准库函数来开发程序时，其实就在不知不觉中运用了抽象技术。将一段具有特定功能的程序代码封装成函数后，在需要这个功能的地方只写上函数调用语句就可以了，这样就避免了相同的代码在程序中多次出现，节省了源程序所占用的存储空间，使程序更加简洁。

面向对象程序设计

数据抽象是**面向对象程序设计**的基本手段，数据抽象的结果是数据类型。数据抽象的重要意义在于它是一种新的抽象方法，也是一种新的模块结构和数据组织方法，能够更好地实现信息隐藏，使得数据结构的实现和对它的使用分离，使我们能完全独立地考虑数据结构的实现问题，以及如何使用它去实现所要求的计算过程，同时使得程序不依赖于数据结构的具体实现方法，只要提供了相同的操作，换用其他方法实现同样的数据结构后，程序无须修改。这个特性对系统的维护和修改非常有利。C++语言中的类就是抽象数据类型的一种具体实现。类中的私有部分定义的那些只能从类内访问的数据和方法，其实现细节在类外是不可见的，这就支持了数据抽象的实现。类的公有部分是该类与外界联系的“窗口”，可被所有的外部程序访问（即调用），外部程序对它的调用相当于对它“发送一个消息”。类的定义通过数据和操作数据的方法结合为一个独立的整体来实现数据封装，隐藏其实现细节，并严格限制外部程序对类内数据和方法的访问。类的这种特性确保了数据的完整性以及“信息隐藏”的实现。

从抽象的角度来看，**模块分解主要有两种方法**：一是基于过程抽象的划分方法，即按功能划分模块，面向过程的语言主要采用这种方法；二是基于数据抽象的划分方法，即以数据为中心，将相关操作封装在模块里，它是面向对象语言采用的主要方法。模块分解的本质就是实现不同层次的过程抽象或数据抽象。虽然面向对象语言提供了对数据抽象的支持，但过程抽象对于在对象范围内设计和组织对象提供的服务也是有用的，只不过面向对象程序设计中的过程抽象不是在全系统的范围内进行功能的划分和描述。

为了保证程序设计的质量，**模块分解应遵循的基本原则**是保证每个模块的相对**独立性**（**Independence**）。衡量模块独立性时主要考察如下两个标准。

（1）**内聚度**（**Cohesion**）：也称聚合度或聚合性，是指每个模块内各个元素（如语句、程序段等）之间联系的紧密程度，它是对模块内元素之间的关联程度或聚合能力的度量。模块内各个元素之间的联系越紧密，其内聚度越高，模块独立性就越强，系统就越容易理解和维护。

（2）**耦合度**（**Coupling**）：也称关联度或耦合性，是指不同模块之间联系的紧密程度，它是对模块之间关联程度（即依赖关系或接口复杂性）的度量。模块之间的依赖关系包括控制关系、调用关系、数据传递关系等。耦合度是从模块外部考察模块的独立性的。耦合度的高低取决于模块间接口的复杂性、调用模块的方式及通过接口传送数据的多少。模块间的联系越多，模块的相对独立性越差。降低模块间的耦合度能减小模块的相互影响，防止对某一模块修改所引起的“牵一发而动全身”的“多米诺骨牌”效应。

划分模块的一个基本原则是高内聚、低耦合。好的模块设计应该尽量提高模块的内聚度，降低模块之间的耦合度。

【例5.6】按照模块化程序设计方法重新设计猜数游戏，游戏的要求如下。

显示一个菜单，让用户选择游戏的方式：（1）选择1，则猜一个数；（2）选择2，则猜多个数；（3）选择0，退出游戏。其中，猜每一个数的方式有3种：只猜1次、到猜对为止、最多猜10次。

问题分析：根据任务需求可知，该问题比较适合按问题模型划分模块，使程序的模块化结构与所要解决的问题的结构相对应。因此，将猜数游戏划分为三大模块，分别对应3种游戏方式：只猜1次、到猜对为止、最多猜10次。模块分解示意如图5-8所示。

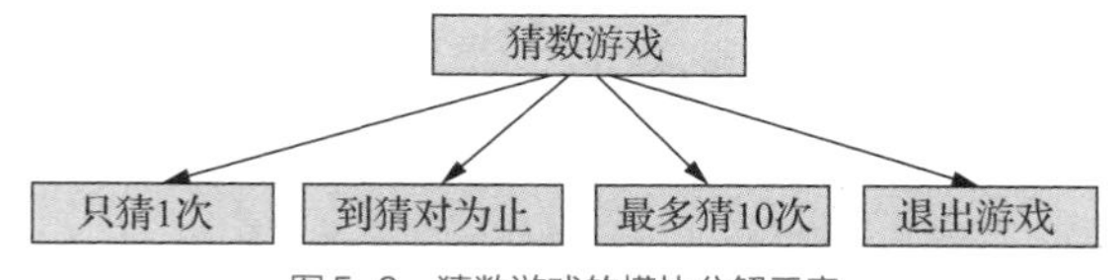

图5-8 猜数游戏的模块分解示意

按照自顶向下、逐步求精的程序设计方法，先设计程序的总体流程。用当型循环实现的猜数游戏主函数总体流程图如图5-9所示，用直到型循环实现的猜数游戏主函数总体流程图如图5-10所示。显然，它们都是在一个条件控制的循环结构内嵌入一个多分支选择结构，这个多分支选择结构可以用switch语句实现。注意，由于当型循环需要先测试循环条件，因此在循环开始前需要先对choice变量进行初始化，将其初始化为ASCII码值为0的空字符，即'\0'。这个转义序列'\0'与普通的数字字符'0'不是一回事，它们的ASCII码值是完全不同的，前者的ASCII码值为0，后者的ASCII码值为48。

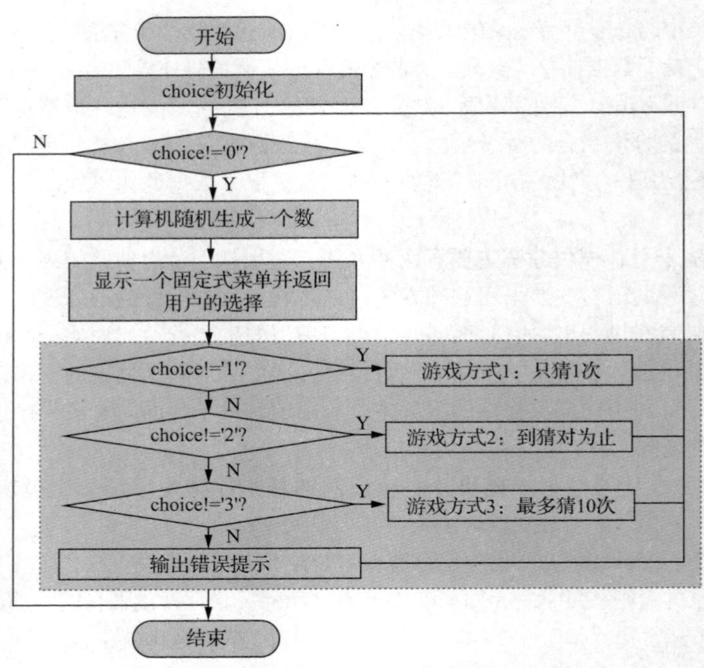

图5-9 用当型循环实现的猜数游戏主函数总体流程图

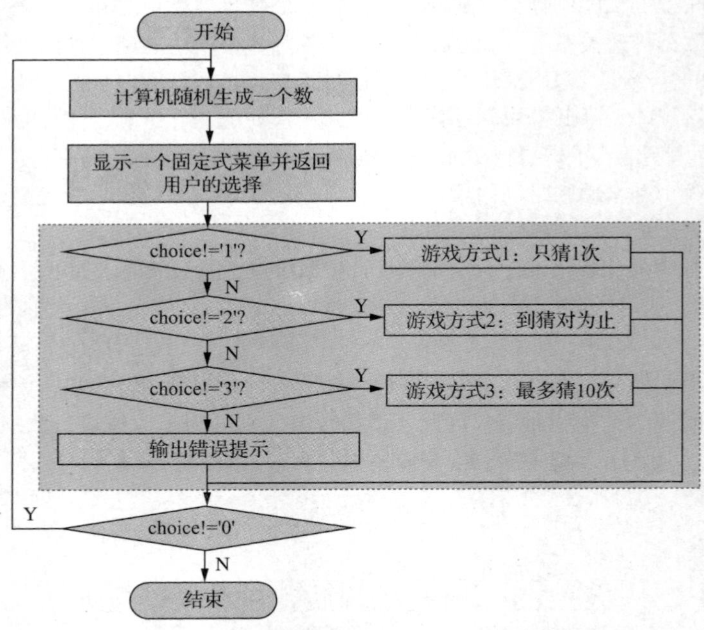

图5-10 用直到型循环实现的猜数游戏主函数总体流程图

图5-9所示流程图对应的主函数框架代码如下：

```
1   int main(void)
2   {
3       int  magic;             //计算机“想”的数
4       char choice = '\0';  //将保存用户选择的变量初始化为ASCII码值为0的空字符
5       while (choice != '0')//只要用户不选0，就继续猜下一个数
6       {
7           计算机生成一个随机数
8           显示一个固定式菜单并返回用户的选择
```

```
9           switch (choice)   //判断用户选择的是何种操作
10          {
11          case '1':
12              用户猜数，只猜1次
13              break;
14          case '2':
15              用户猜数，到猜对为止
16              break;
17          case '3':
18              用户猜数，最多猜10次
19              break;
20          default:
21              提示输入数据错误
22          }
23      }
24      printf("Game is over!\n");
25      return 0;
26  }
```

图5-10所示流程图对应的主函数框架代码如下：

```
1   int main(void)
2   {
3       int  magic;         //计算机"想"的数
4       char choice;        //用户的选择
5       do
6       {
7           计算机生成一个随机数
8           显示一个固定式菜单并返回用户的选择
9           switch (choice)   //判断用户选择的是何种操作
10          {
11          case '1':
12              输入用户猜的数，只猜1次
13              break;
14          case '2':
15              输入用户猜的数，到猜对为止
16              break;
17          case '3':
18              输入用户猜的数，最多猜10次
19              break;
20          default:
21              提示输入数据错误
22          }
23      } while (choice != '0'); //只要用户不选0，就继续猜下一个数
24      printf("Game is over!\n");
25      return 0;
26  }
```

根据上面的主函数框架代码，至少需要设计下面4个子模块。

（1）显示一个固定式菜单并返回用户的选择。

（2）用户猜数，只猜1次。

（3）用户猜数，到猜对为止。

（4）用户猜数，最多猜10次。

从上述对应3种游戏方式的三大模块中进一步提炼出4个公共子任务，按执行顺序再抽象出3个子模块。

（1）计算机生成一个随机数。

（2）输入用户猜的数。

（3）对用户猜对与否做出判断。

其中，“输入用户猜的数”子模块可以直接调用scanf()函数来实现，其余7个子模块需要用户自定义函数来实现。后续我们分别介绍这些子模块的函数设计。

5.2.2　如“活字印刷”般的函数

活字印刷的发明是印刷史上一次伟大的技术革命。与之相比，雕版印刷费时、费工、费料，存放不便，难于更正。活字印刷随时拼版，可重复使用，易于保管。细细品味，函数的思想跃然纸上。“活字印刷”之于印刷术，函数之于程序设计，二者有着“异曲同工，殊途同归”之妙。

在C语言中，**函数（Function）**是构成程序的基本模块，是模块化编程的最小单位，因此可以把每个函数都看作一个模块，若干相关的函数也可以合并成一个模块。如果把程序设计比作制造一台机器，那么函数就好比它的各种零部件，可以先将这些零部件单独设计、调试、测试好，然后用的时候拿出来装配，并进行总体调试。

从使用者的角度，函数可分为标准库函数和用户自定义函数两类。

使用C语言标准提供的标准库函数时，在程序的开头把定义该函数的头文件包含进来即可。例如，使用fabs()函数时，在程序开头包含头文件math.h即可。为了扩充C语言在图形、数据库等其他方面的功能，实现标准库函数未提供的功能，一些厂商针对某些领域中的应用自行开发了一些函数库，称为第三方函数库。

如果这些库函数不能满足用户的需求，就需要用户自己来定义函数了，这类函数称为**用户自定义函数（User-defined Function）**。用户自己定义的函数也可以包装成函数库，供别人使用。如何设计用户自定义函数是本小节要介绍的内容。

用户自定义函数的基本语法格式如下：

```
返回类型　函数名（类型　形式参数1，类型　形式参数2，…）◄—— 函数头
{ ◄——————————————————————————————┐
    变量声明语句                                    │ 函数体
    可执行语句序列                                  │
} ◄——————————————————————————————┘
```

函数名（Function Name）是函数的唯一标识，用于说明函数的功能。**函数体（Function Body）**是函数功能的主体实现部分，必须用一对花括号标识，花括号{}是函数体的定界符。在函数体内部定义的变量只能在函数体内访问，称为**局部变量（Local Variable）**。

函数头除了声明函数名外，还声明了函数参数及其类型，以及函数的返回类型。函数参数和返回值是函数与外界的接口，负责从外界接收数据和从函数返回数据。外界对函数的影响仅限于函数参数，函数对外界的影响仅限于返回值。函数封装主要体现在它仅通过参数和返回值与外界“交流”。

在函数头的参数表里声明的变量，称为**形式参数（Formal Parameter，简称形参）**。形参也是局部变量，即只能在函数体内访问。形参表是函数的入口，用于接收调用者传入的参数，因此形参的初始值是由调用者在调用函数时提供的。若函数无须从调用者处接收数据，则需用**空类型void**代替函数头形参表中的内容，以明确告诉编译器该函数不接收来自调用者的任何数据。

函数的**返回类型（Return Type）**是每次调用该函数时返回值的类型。函数的**返回值（Return Value）**是函数的出口。函数通过**return语句**向调用者返回一个值。若函数没有返回值，则需将函数的返回类型声明为void。

函数这个术语原本来自数学，所以有时我们不妨将C语言中的函数参数与数学函数中的自变量对应，将函数返回值与数学函数中的因变量对应。但C语言中的函数并不完全等同于数学函数，C语言中的函数的功能不局限于计算，即不一定要计算一个数值，还可以实现判断推理等功能。C语言中的函数不一定要有参数（例如，函数参数声明为void），也不一定要有返回值（例如，函数返回类型声明为void）。

【例5.7】将例5.6猜数游戏实例中设计的如下3个子模块定义为函数。

（1）显示一个固定式菜单并返回用户的选择。

（2）计算机生成一个随机数。

（3）对用户猜对与否做出判断。

问题分析：首先，定义这3个函数的函数名和函数接口。

（1）显示一个固定式菜单并返回用户的选择。

设计函数名为MenuSelection，其功能和接口的描述如下：

```
//函数功能：显示一个固定式菜单，并返回用户的选择
//函数参数：无
//返回类型：字符型，代表用户的选择
```

函数头如下：

```
char MenuSelection(void)
```

（2）计算机生成一个随机数。

设计函数名为MakeNumber，其功能和接口的描述如下：

```
//函数功能：计算机生成并返回一个随机数
//函数参数：无
//返回类型：int型，代表计算机生成的一个随机数
```

函数头如下：

```
int MakeNumber(void)
```

（3）对用户猜对与否做出判断。

设计函数名为IsRight，其功能和接口的描述如下：

```
//函数功能：对用户猜对与否做出判断，显示并返回判断结果
//函数参数：int型的magic，代表计算机“想”的数
//          int型的guess，代表用户输入的数
//返回类型：int型，若guess和magic相等则返回1；否则返回0，并提示相关信息
```

函数头如下：

```
int IsRight(int magic, int guess)
```

在设计好上述函数的接口之后，根据其所要实现的功能编码实现这些函数。

（1）MenuSelection()函数的实现代码如下：

```
1    //函数功能：显示一个固定式菜单，并返回用户的选择
2    char MenuSelection(void)
3    {
4        char  choice;     //用户的选项
5        printf("1.Guess Once\n");
6        printf("2.Guess until right\n");
7        printf("3.Guess up to ten times\n");
8        printf("0.Exit\n");
9        printf("Input your choice:");
10       scanf(" %c", &choice);  //注意这里%c前面有个空格，以避免读入前面的回车符
11       return choice;
12   }
```

（2）MakeNumber()函数的实现代码如下：

```
1    #include <time.h>            //调用srand()所需包含的头文件
2    #include <stdlib.h>          //调用rand()所需包含的头文件
3    #define MAX_NUMBER 100       //计算机生成的随机数的上限
4    #define MIN_NUMBER 1         //计算机生成的随机数的下限
5    //函数功能：计算机生成并返回一个随机数
6    int MakeNumber(void)
7    {
8        int magic;
9        srand(time(NULL));       //为函数rand()设置随机数种子
10       magic = (rand() % (MAX_NUMBER - MIN_NUMBER + 1) ) + MIN_NUMBER;
11       return magic;
12   }
```

（3）IsRight()函数的实现代码如下：

```
1    //函数功能：对用户猜对与否做出判断，显示并返回判断结果
2    int IsRight(int magic, int guess)
3    {
4        if (guess < magic)
5        {
6            printf("Wrong!Too small!\n");
7            return 0;
8        }
9        else if (guess > magic)
10       {
11           printf("Wrong!Too big!\n");
12           return 0;
13       }
14       else
15       {
16           return 1;
17       }
18   }
```

注意，本例程序中用#define定义了两个宏常量，并相应修改了MakeNumber()函数中的语句，目的是增强程序的可读性和可维护性。

在使用return语句时，需要注意以下事项。

（1）关键字return后面的变量或表达式的值代表函数要返回的值，它的类型应与函数头中声明的函数返回类型一致，否则有可能因发生自动类型转换而导致数据信息丢失。

例如，本例中的MenuSelection()函数返回的是用户的菜单选项，它是char型，所以函数的返回类型也应声明为char型。而MakeNumber()函数返回的是计算机生成的随机数，它是int型，因此函数的返回类型也应声明为int型。

（2）函数的返回值只能有一个。

（3）一个函数可以有多条return语句，但并不表示函数可以有多个返回值。通过return语句只能返回一个值，因为函数执行到任何一条return语句都会立即返回，所以其他return语句不可能被执行。多条return语句通常出现在if-else语句中，表示在不同的条件下返回不同的值。本例中的IsRight()函数就是在用户猜对的时候返回1，而未猜对的时候返回0。但无论return语句在函数的什么位置，只要执行到它，程序就立即结束函数的执行，返回主调函数。

（4）函数的返回类型可以是除数组（第7章介绍）以外的任何类型。

（5）当函数返回类型声明为void时，函数没有返回值，函数体中可以没有return语句，此时程序执行完函数体中的最后一条语句再返回。若程序需要在尚未执行到函数体中的最后一条语句时就返回，则必须使用return语句，此时在关键字return后面只加一个分号即可：

```
return ;
```

建议即使函数没有返回值也将上面这条语句作为函数体中的最后一条语句，表示结束函数的执行，但不返回任何值。

（6）C99规定，返回类型为非void类型的函数必须使用带有返回值的return语句，即如果所定义的函数有返回值，则函数内的任何return语句都必须带有返回值。

通常在函数接口设计好以后，不要轻易改动。只要函数的功能和接口不变，那么函数内部实现细节的改变就不会影响它的调用者，从而无须修改调用它的代码。

例如，IsRight()函数还可以用下面的代码来实现。但是由于函数的接口未变，所以调用该函数的代码无须做任何修改。

```
1    //函数功能：猜数，若guess和magic相等则返回1；否则返回0，并提示相关信息
2    int IsRight(int magic, int guess)
3    {
4        int flag;
5        if (guess < magic)
6        {
7            printf("Wrong!Too small!\n");
8            flag = 0;
9        }
10       else if (guess > magic)
11       {
12           printf("Wrong!Too big!\n");
13           flag = 0;
14       }
15       else
16       {
17           flag = 1;
18       }
19       return flag;
20   }
```

5.2.3 函数调用和参数传递

函数定义调用和参数传递

1. 如何调用函数

C语言中的函数都是相互平行、相互独立的，它们的地位平等而无“高低贵贱”之分和从属关系，只有main()函数有点特殊。由于main()函数是由系统调用的，因此C程序都是从main()函数开始执行，并在main()函数中结束的。这也说明，有main()函数的程序才能运行。同时这也意味着，用户自定义函数都是被main()函数直接或间接调用的。对这些函数而言，main()函数就像是一个总管。

例5.7中定义的这些函数是如何被其他函数调用的呢？为便于叙述**函数调用**（**Function Call**）的过程，下面将调用其他函数的函数称为**主调函数**（**Calling Function**），而将被调用的函数称为**被调函数**（**Called Function**）。

由于函数名是函数的唯一标识，所以主调函数调用被调函数都是通过函数名来实现的。在函数调用的过程中，主调函数必须向被调函数提供**实际参数**（**Actual Parameter，简称实参**），即主调函数把实参值的一个副本赋值给被调函数相应的形参，这个单向传值的过程称为**参数传递**。在主调函数调用被调函数时，函数名后圆括号中的参数就是实参。实参可以是常量、变量、表达式、函数等，无论是何种类型的实参，在函数调用时，它们都必须有确定的值。

在C语言中，可以采用以下几种方式来调用函数。

（1）函数调用表达式

当函数有返回值时，通常是把函数调用表达式放到另一个表达式中，用该函数的返回值参

与此表达式的运算。例如：

```
magic = MakeNumber();
```

是把函数MakeNumber()的返回值（即计算机生成的随机数）放到一个赋值表达式中赋值给变量magic。

再如：

```
choice = MenuSelection();
```

是把函数MenuSelection()的返回值（即用户的菜单选项）放到一个赋值表达式中赋值给变量choice。

（2）函数调用语句

当函数没有返回值或者不需要使用函数的返回值时，通常采用在函数调用表达式后加分号构成函数调用语句的形式来调用此函数。例如：

```
GuessUntilRight(magic);
```

是调用无须返回值的函数GuessUntilRight(magic)执行“到猜对为止”的猜数游戏方式。

（3）函数实参

当函数有返回值时，有时也可以将函数调用表达式作为实参放到另一个函数调用的实参表中。例如：

```
printf("%d", MakeNumber());
```

是把函数MakeNumber()的返回值（即计算机生成的随机数）作为printf()函数的实参来使用。

【例5.8】将例5.6猜数游戏实例中设计的如下3个子模块定义为函数。

（1）用户猜数，只猜1次。

（2）用户猜数，到猜对为止。

（3）用户猜数，最多猜10次。

问题分析：首先，定义这3个函数的函数名和函数接口。

（1）用户猜数，只猜1次。

设计函数名为GuessOnce，其功能和接口的描述如下：

```
//函数功能：用户猜数，只猜1次
//函数参数：int型的magic，代表计算机“想”的数
//返回类型：void类型，代表无须返回值
```

函数头如下：

```
void GuessOnce(int magic)
```

（2）用户猜数，到猜对为止。

设计函数名为GuessUntilRight，其功能和接口的描述如下：

```
//函数功能：用户猜数，到猜对为止
//函数参数：int型的magic，代表计算机“想”的数
```

函数头如下：

```
void GuessUntilRight(int magic)
```

（3）用户猜数，最多猜10次。

设计函数名为GuessUpToTen，其功能和接口的描述如下：

```
//函数功能：用户猜数，最多猜10次
//函数参数：int型的magic，代表计算机“想”的数
```

函数头如下：

```
void GuessUpToTen(int magic)
```

在设计好上述函数的接口之后，根据其所要实现的功能编码实现这些函数。

（1）GuessOnce()函数的实现代码如下：

```
1    //函数功能：用户猜数，只猜1次
2    void GuessOnce(int magic)
```

```
3   {
4       int  guess;           //用户猜的数
5       printf("Guess a number:");
6       scanf("%d", &guess); //读入用户猜的数
7       if (IsRight(magic, guess))
8       {
9           printf("Right!\n");
10      }
11      printf("The magic number is %d\n", magic);
12  }
```

（2）GuessUntilRight()函数的实现代码如下：

```
1   //函数功能：用户猜数，到猜对为止
2   void GuessUntilRight(int magic)
3   {
4       int  guess;        //用户猜的数
5       int  counter = 0; //记录用户猜数次数的计数器变量初始化为0
6       do
7       {
8           printf("Try %d:", counter+1);
9           scanf("%d", &guess);      //读入用户猜的数
10          counter++;                 //记录用户猜的次数
11      } while (!IsRight(magic, guess));  //调用IsRight()进行判断
12      printf("The magic number is %d\n", magic);
13      printf("counter=%d\n", counter); //输出用户猜的次数
14  }
```

（3）GuessUpToTen()函数的实现代码如下：

```
1   #define MAX_TIMES  10
2   //函数功能：用户猜数，最多猜10次
3   void GuessUpToTen(int magic)
4   {
5       int guess;          //用户猜的数
6       int counter = 0; //用户猜的次数
7       do
8       {
9           printf("Try %d:", counter+1);
10          scanf("%d", &guess);      //读入用户猜的数
11          counter++;                 //记录用户猜的次数
12      } while (!IsRight(magic, guess) && counter < MAX_TIMES);
13      printf("The magic number is %d\n", magic);
14      printf("counter=%d\n", counter);   //输出用户猜的次数
15  }
```

2. 函数调用的执行过程

函数调用的执行过程是怎样的呢？下面，我们结合GuessOnce()函数的实现和图5-11来解释函数调用的执行过程。图5-11中的编号代表函数中语句的执行顺序。

一般而言，函数调用的执行过程具体如下。

（1）进行现场保护，保存函数的返回地址，并为函数内定义的局部变量（包括形参）分配内存。Intel处理器是将函数的返回地址保存在栈中，通过函数调用指令将返回地址入栈，通过函数返回指令将返回地址出栈，ARM处理器则是将函数返回地址保存在寄存器中。

（2）把实参值的副本复制给相应的形参，即用实参将形参初始化。注意，函数调用时，程序员要保证实参与形参的数量相等，且它们的类型匹配，匹配的原则与变量赋值的原则一致。

当函数调用时的实参与函数定义中的形参出现类型不匹配时，并非所有的编译器都可以捕获实参与形参类型不匹配的错误并发出警告。

（3）依次执行函数内的语句，当执行到return语句或执行完函数最后一条语句时，从函数退出。

（4）从函数退出时，根据保存的函数返回地址，返回到当次函数调用的语句位置，同时释放函数内给局部变量（包括形参）分配的内存。

（5）从返回的语句位置继续向下执行。

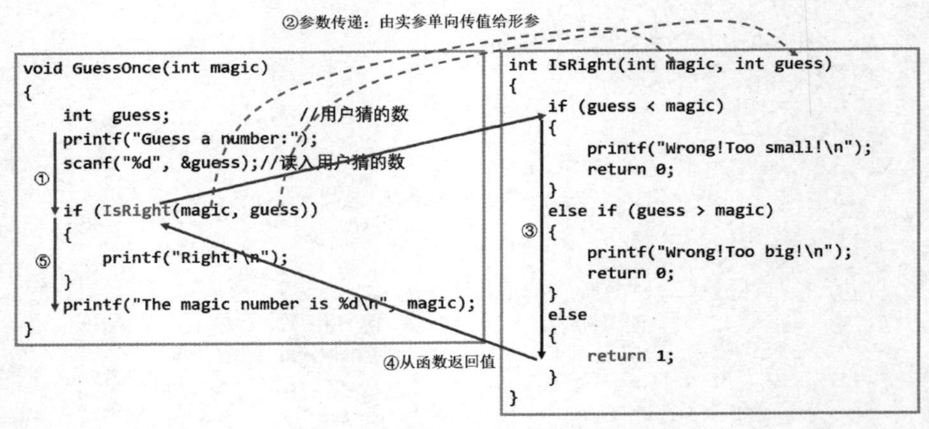

图5-11　GuessOnce()函数调用的执行过程

【例5.9】将例5.7和例5.8定义的6个函数合并成一个完整的程序。

问题分析：现在，万事俱备，只欠东风啦，这个“东风”就是主函数main()。下面，我们请“统领三军”的主帅main()函数隆重出场。

将例5.6中设计的两种循环实现方式的总体流程图中需要调用用户自定义函数完成的操作换成函数调用，于是得到图5-12和图5-13所示的总体流程图。

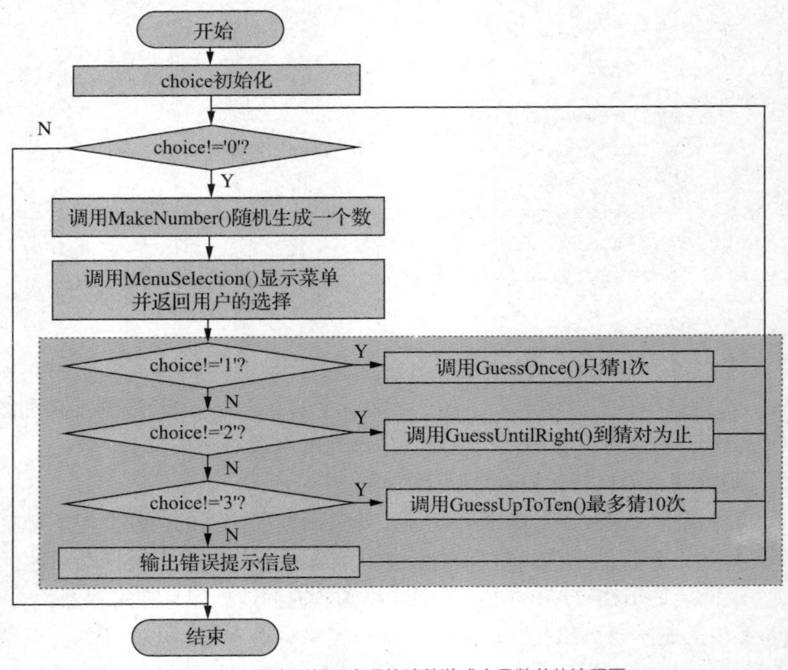

图5-12　用当型循环实现的猜数游戏主函数总体流程图

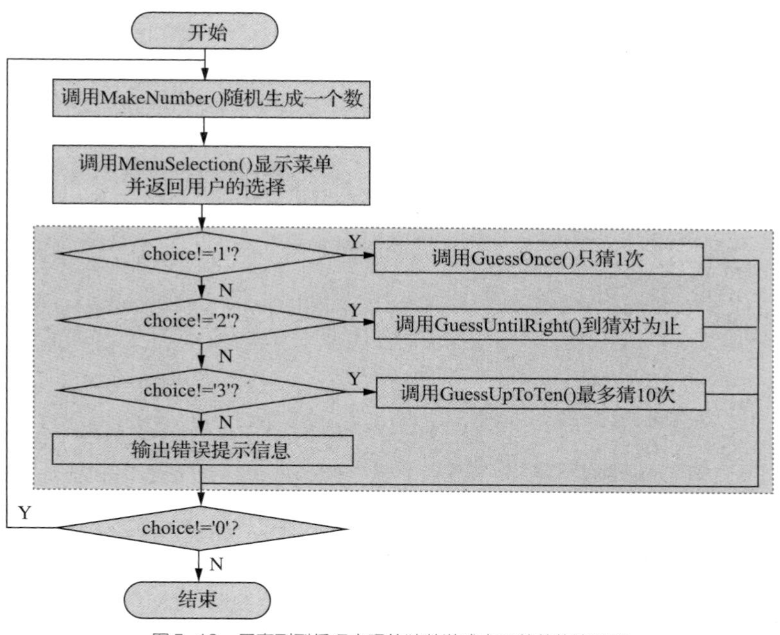

图5-13 用直到型循环实现的猜数游戏主函数总体流程图

将图5-12所示的流程图转化为主函数如下：

```
1    //主函数
2    int main(void)
3    {
4        int  magic;             //计算机"想"的数
5        char choice = '\0';  //将保存用户选择的变量初始化为ASCII码值为0的空字符
6        while (choice != '0')//只要用户不选0，就继续猜下一个数
7        {
8            magic = MakeNumber();    //调用MakeNumber()让计算机生成一个随机数
9            choice = MenuSelection();//调用MenuSelection()显示菜单并返回用户的选择
10           switch (choice)   //判断用户选择的是何种操作
11           {
12           case '1':
13               GuessOnce(magic);          //调用GuessOnce()函数，只猜1次
14               break;
15           case '2':
16               GuessUntilRight(magic);  //调用GuessUntilRight()函数，到猜对为止
17               break;
18           case '3':
19               GuessUpToTen(magic);      //调用GuessUpToTen()函数，最多猜10次
20               break;
21           default:
22               printf("Input error!\n");
23           }
24       }
25       return 0;
26   }
```

将图5-13所示的流程图转化为主函数如下：

```
1    //主函数
2    int main(void)
3    {
4        int  magic;             //计算机"想"的数
5        char choice;           //用户输入的菜单选项
```

```
6        do
7        {
8            magic = MakeNumber();     //调用MakeNumber()让计算机生成一个随机数
9            choice = MenuSelection();//调用MenuSelection()显示菜单并返回用户的选择
10           switch (choice)   //判断用户选择的是何种操作
11           {
12           case '1':
13               GuessOnce(magic);          //调用GuessOnce()函数，只猜1次
14               break;
15           case '2':
16               GuessUntilRight(magic);  //调用GuessUntilRight()函数，到猜对为止
17               break;
18           case '3':
19               GuessUpToTen(magic);      //调用GuessUpToTen()函数，最多猜10次
20               break;
21           default:
22               printf("Input error!\n");
23           }
24       } while (choice != '0'); //只要用户不选0，就继续猜下一个数
25       printf("Game is over!\n");
26       return 0;
27   }
```

3. 用户自定义函数的位置

接下来的问题：**以什么样的顺序放置这些用户自定义函数呢？**

第一种方法是将主函数放在最后，即让所有函数的定义总是出现在该函数被调用之前。具体地，可以按照函数调用的嵌套层次，将嵌套层次深的函数排在嵌套层次浅的函数之前。

根据前面对用户自定义函数中的函数调用情况的分析，可以知道这个猜数游戏中函数之间的调用关系如图5-14所示。

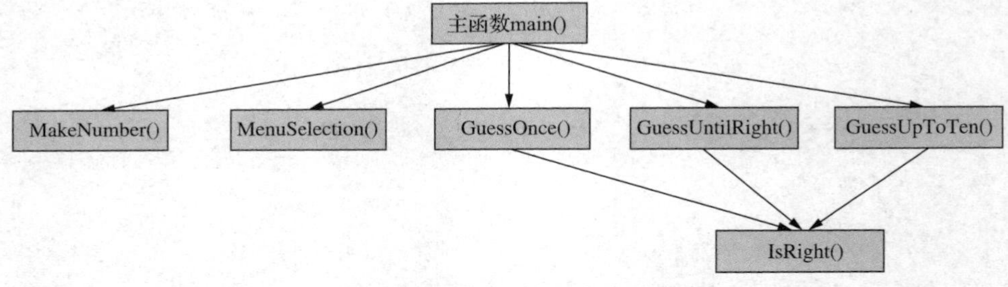

图5-14 猜数游戏中的函数调用关系

从图5-14所示的函数调用关系可知，IsRight()函数被GuessOnce()、GuessUntilRight()、GuessUpToTen()这3个函数所调用，而这3个函数和MakeNumber()、MenuSelection()又被主函数所调用，因此IsRight()应放置于主函数直接调用的5个函数之前，而主函数放置于所有函数之后。同一层的函数是平行的，彼此之间没有函数调用关系，所以排列顺序没有特殊要求。

函数调用关系显示的层次结构类似公司中的层次管理模式。一个老板（即**主调函数**）要求一名员工（即**被调函数**）去执行一项任务并在任务完成后报告结果。老板并不知道员工是如何完成他指定的任务的，甚至这名员工还会“调用”其他员工。对于员工执行任务的细节，老板是毫不知晓的，也无须知晓。这些执行细节隐藏得越好，程序的软件工程质量就越高。例如，图5-14表示老板以一种层次结构来与若干个员工进行通信。main()函数是最大的老板，GuessUntilRight()是main()函数的员工，同时又是IsRight()函数的老板。

在调用一个函数的过程中再调用另一个函数，称为**函数的嵌套调用**。例如，主函数调用了

函数GuessUntilRight()，而函数GuessUntilRight()又调用了函数IsRight()。C语言规定函数可以嵌套调用，但不能嵌套定义，该限制可以使编译器的实现简单化。

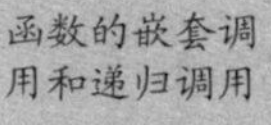

第一种方法在某些情况下很难实现，例如，当函数A调用了函数B，而函数B又调用了函数A，此时无论怎样放置都很难做到让函数定义出现在函数调用之前。即使可以做到，代码也会因函数定义的顺序不自然而难以阅读。

函数原型

第二种方法是将主函数放在最前面，即函数的定义出现在函数调用之后。此时，必须在程序的开头给出**函数原型（Function Prototype）**。

函数原型由函数返回类型、函数名和形参表组成。形参表必须包括形参类型，虽然不必给出形参名，但给出形参名是一个比较好的编程习惯。给出形参名有助于说明每个形参的目的和含义，并提醒程序员函数调用时实参的出现次序。函数原型描述了函数的接口。函数原型也称**函数声明（Function Declaration）**，函数声明的形式类似于函数定义的函数头，语法格式上的区别就是函数原型的末尾添加分号，因为它是一条语句，即函数声明语句。例如，在猜数游戏中，我们可以在程序的开头添加如下函数声明语句：

```
1    char MenuSelection(void);
2    void GuessOnce(int magic);
3    void GuessUntilRight(int magic);
4    void GuessUpToTen(int magic);
5    int MakeNumber(void);
6    int IsRight(int magic, int guess);
```

此外，C99还允许使用关键字inline来声明内联函数（与C++类似），例如：

```
inline int MakeNumber(void);
```

这时，编译器会用内联函数本身的代码替换程序中该函数的每一条调用语句，因为节省了函数调用时间，所以可以提高程序的执行效率，但同时也会增加程序所占用的空间。因此，内联函数适用于很短且被频繁调用的函数。

函数原型的作用就是让编译器可以先对函数进行概要浏览，告诉编译器函数的完整定义将在后面给出。因此，函数原型中对函数形参和返回类型的声明必须与函数定义一致，否则将提示类型冲突或不匹配的编译错误。

为保持良好的编码风格，建议在程序开头给出所有的函数原型。给出函数原型的好处如下。

（1）有助于编译器对函数的参数和返回类型进行匹配检查，防止出错。

（2）在函数调用之前声明函数，就不必再要求函数定义出现在函数调用之前，也不必仔细斟酌函数的放置顺序了。

（3）当函数出现递归调用时，无须担心函数的定义无法出现在函数调用之前。

（4）当程序达到一定的规模，在一个文件中放置所有的函数不可行时，利用函数原型可以告诉编译器哪些函数是在其他文件中定义的。

函数定义和函数原型具体有什么不同呢？ 函数定义与函数原型的区别如表5-1所示。

表5-1　函数定义与函数原型的区别

函数定义	函数原型
指函数功能的确立	对函数名、返回类型、形参类型进行声明
有函数体	无函数体
是完整独立的单位	是一条语句，以分号结束，只起声明作用
编译器做实事	编译器对声明的态度是“我知道了”
分配内存，把函数装入内存	不分配内存，只保留一个引用，执行程序链接时，将正确的内存地址链接到该引用上

5.2.4 最佳编码原则：防御式编程

从例5.7到例5.9，我们完成了对猜数游戏的主体程序设计，运行一下这个程序，在正常输入数据的情况下，一切风平浪静，没有任何异常发生。但是，假如你稍有不慎输入了一个非数字字符，就会出现一些奇奇怪怪、莫名其妙的结果。尤其是当你选择第二种游戏方式即“到猜对为止”时，程序可能陷入一个死循环。这究竟是谁惹的祸呢？

这显然是scanf()没有正确读入数据造成的。这说明前面实现的猜数游戏程序还不具有遇到不正确使用或非法数据输入时保护自己以免出错的能力，我们常常将这种能力称为程序的**稳健性**（**Robustness**）。一旦用户不慎输入了非数字字符，程序就会陷入“读取输入缓冲区中的非法数据，读取失败，再读取，再失败，再读取……”的死循环，或者出现奇怪的现象，例如，明明没有输入，却输出了结果。这一切都是未进行**防御式编程**（**Defensive Programming**）惹的祸。

下面，我们就通过防御式编程，把程序中存在的这个漏洞补上。

【例5.10】修改例5.7到例5.9的猜数游戏，增强程序的稳健性，使其具有遇到不正确使用或非法数据输入时避免出错的能力，在确定用户输入的数在合法的取值区间1～100内，并且未输入非数字字符时才开始猜数游戏。

问题分析：需要将5.2.1节设计的子模块“输入用户猜的数”细化为如下两个子模块。

（1）输入并返回用户猜的数。

（2）测试用户输入数据的合法性和有效性。

将第一个模块设计为名为InputGuess的函数，函数功能和接口的描述如下：

```
//函数功能：输入并返回用户猜的数
//函数参数：int型的counter，代表用户猜数的次数
//返回类型：返回用户猜的数
```

函数头如下：

```
int InputGuess(int counter)
```

将第二个模块设计为名为IsValidNum的函数，函数功能和接口的描述如下：

```
//函数功能：测试用户输入数据的合法性和有效性
//函数参数：int型的number，代表用户输入的数据
//返回类型：int型，若合法，则返回1；否则返回0
```

函数头如下：

```
int IsValidNum(int number)
```

这两个函数与其他函数之间的调用关系如图5-15所示。

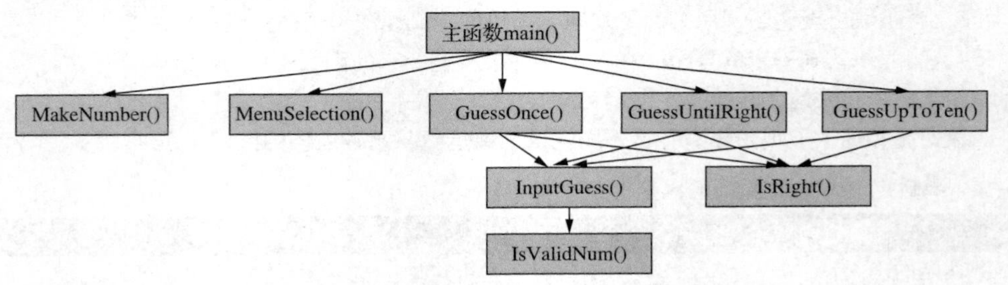

图5-15 增强稳健性后的猜数游戏中的函数调用关系

IsValidNum()函数的实现如下：

```
1   //函数功能：判断number是否在合法的数值范围内，合法则返回1；否则返回0
2   int IsValidNum(int number)
3   {
```

```
4         return (number >= MIN_NUMBER && number <= MAX_NUMBER) ? 1 : 0;
5     }
```

这里，IsValidNum()函数用一个条件表达式获得不同条件下的返回值，然后将这个条件表达式的值作为函数值返回。如果用if-else语句来实现，即

```
1     //函数功能：判断number是否在合法的数值范围内，合法则返回1；否则返回0
2     int IsValidNum(int number)
3     {
4         if (number >= MIN_NUMBER && number <= MAX_NUMBER)
5         {
6             return 1;
7         }
8         else
9         {
10            return 0;
11        }
12    }
```

只要函数的接口不变，就无须对调用该函数的代码做任何修改。

InputGuess()函数需要在用户输入数据的同时，检查用户输入的数据的合法性和有效性，如果不合法有效，则需要提示用户重新输入，因此需要用一个while循环来实现。

检查用户猜的数是否在合法的数值范围内，即是否在[1,100]区间上，是通过调用IsValidNum()函数来实现的。而判断用户是否输入了非数字字符，则需要通过检查scanf()的返回值来实现。

如2.4节所述，函数scanf()的返回值表示其已成功读入的数据项数，当用户输入非数字字符时，通常会导致函数scanf()不能成功读入指定的数据项数。例如，要求输入的数据是数字，而用户输入的是字符，字符相对于数字而言就是非法字符，但是反之不然，因为数字可被当作字符读入。

因此，为了增强程序的稳健性，我们可以利用函数scanf()的返回值检验其是否成功读入了指定的数据项数，从而确定用户是否不慎输入了非数字字符，即将原来的读入用户猜的数的语句修改为

```
ret = scanf("%d", &guess);
```

当确定用户输入了非数字字符时，为了避免留在输入缓冲区中的非法字符影响后续正常数据的输入，需要先清除输入缓冲区中的非法字符，然后重新输入数据。

用于清空输入缓冲区中非法字符的语句为

```
while (getchar() != '\n');    //清除输入缓冲区中的非数字字符
```

这个循环语句等价于

```
while (getchar() != '\n')
{
    ;    //空语句
}
```

这个循环语句的循环体内只有一条语句。这种仅由一个分号构成的语句，称为**空语句**（**Null Statement**）。空语句什么也不做，只表示语句的存在。

这个循环语句除了调用getchar()读取输入缓冲区中的字符并判断其是否为回车符，其他什么都不做。当读取的字符为回车符时，表示输入缓冲区中的所有字符均已被读走，于是循环结束。因此，这个循环语句就起到了清空输入缓冲区的作用。

需要注意的是，while后面不要轻易加分号，下面这种情况就会导致死循环。

```
n = 1;
while (n < 100);
```

此外，建议不要使用标准库函数fflush()来清除输入缓冲区中的内容。C语言标准仅规定函数fflush()处理输出数据流，以确保输出缓冲区中的内容写入文件，但并未对清理输入缓冲区做出任何规定，并非所有的编译器都支持其清空输入缓冲区的功能，因此使用函数fflush()来清除输

入缓冲区中的内容，可能会带来移植性问题。

基于以上分析，写出具体实现代码如下：

```
1    //函数功能：输入并返回用户猜的数，测试用户输入数据的合法性和有效性
2    int InputGuess(int counter)
3    {
4        int  guess;        //用户猜的数
5        int  ret;          //保存scanf()的返回值，用于判断是否成功读入指定的数据项数
6        printf("Try %d:", counter + 1);
7        ret = scanf("%d", &guess);      //读入用户猜的数
8        while (ret != 1 || !IsValidNum(guess)) //判断用户输入的数据是否合法有效
9        {
10           printf("Input error!\n");
11           while (getchar() != '\n'); //清除输入缓冲区中的非数字字符
12           printf("Try %d:", counter + 1);
13           ret = scanf("%d", &guess); //读入用户猜的数
14       }
15       return guess;
16   }
```

程序第8～14行的while循环语句用于检查用户输入数据的有效性和合法性，如果用户输入的数据是非数字字符，或者不在1～100这个合法区间内，则显示“Input error!”，清空输入缓冲区，并提示用户重新输入，直到用户输入的数据正确为止。像这种在程序中增加一些代码，用于专门处理某些异常情况，来增强程序的稳健性的技术，就称为防御式编程。

接下来，修改需要调用函数InputGuess()的3个函数的代码。

（1）GuessOnce()函数的代码修改如下：

```
1    //函数功能：用户猜数，只猜1次
2    void GuessOnce(const int magic)
3    {
4        int  guess;        //用户猜的数
5        int  counter = 0; //记录用户猜数次数的计数器变量初始化为0
6        guess = InputGuess(counter);  //调用函数InputGuess()返回用户猜的数
7        if (IsRight(magic, guess))
8        {
9            printf("Right!\n");
10       }
11       printf("The magic number is %d\n", magic);
12   }
```

（2）GuessUntilRight()函数的代码修改如下：

```
1    //函数功能：用户猜数，到猜对为止
2    void GuessUntilRight(const int magic)
3    {
4        int  guess;        //用户猜的数
5        int  counter = 0; //记录用户猜数次数的计数器变量初始化为0
6        do
7        {
8            guess = InputGuess(counter); //调用函数InputGuess()返回用户猜的数
9            counter++;                              //记录用户猜的次数
10       } while (!IsRight(magic, guess));
11       printf("The magic number is %d\n", magic);
12       printf("counter=%d\n", counter); //输出用户猜的次数
13   }
```

（3）GuessUpToTen()函数的代码修改如下：

```
1    #define MAX_TIMES  10
2    //函数功能：用户猜数，最多猜10次
3    void GuessUpToTen(const int magic)
```

```
4    {
5        int guess;         //用户猜的数
6        int counter = 0;   //用户猜的次数
7        do
8        {
9            guess = InputGuess(counter);//调用函数InputGuess()返回用户猜的数
10           counter++;                         //记录用户猜的次数
11       } while (!IsRight(magic, guess) && counter < MAX_TIMES);
12       printf("The magic number is %d\n", magic);
13       printf("counter=%d\n", counter); //输出用户猜的次数
14   }
```

读者也许注意到了，上面3个函数的形参magic的声明很特别，都在类型关键字int前加了一个限定符const。为什么要加上const这个限定符呢？主要是出于提高程序安全性的考虑，因为在类型关键字int前加上const意味着将形参magic声明为整型常量，一旦在函数体内修改了它，程序在编译时就会报错，这样就对形参magic起到了保护其不被函数误修改的作用。这也是一种防御式编程。

此外，在用户输入菜单选项的时候，如果用户输入了'0'、'1'、'2'、'3'之外的多个非法字符，那么程序将进入switch语句的default分支，退出switch语句后开始下一次的while循环，即猜下一个数，那么留在输入缓冲区中的这些非法字符将会影响后续用户的输入。因此，也需要在主函数的switch语句的default分支中增加清空输入缓冲区的语句。具体如下：

```
1    #include  <stdio.h>
2    #include  <stdlib.h>  //包含函数rand()所需的头文件
3    #include  <time.h>    //包含函数time()所需的头文件
4    #define MIN_NUMBER 1
5    #define MAX_NUMBER 100
6    #define MAX_TIMES  10
7    //主函数
8    int main(void)
9    {
10       int  magic;            //计算机“想”的数
11       char choice;           //用户输入的菜单选项
12       do
13       {
14           magic = MakeNumber();     //调用MakeNumber()让计算机生成一个随机数
15           choice = MenuSelection();//调用MenuSelection()显示菜单并返回用户的选择
16           switch (choice)   //判断用户选择的是何种操作
17           {
18           case '1':
19               GuessOnce(magic);         //调用GuessOnce()函数，只猜1次
20               break;
21           case '2':
22               GuessUntilRight(magic);  //调用GuessUntilRight()函数，到猜对为止
23               break;
24           case '3':
25               GuessUpToTen(magic);      //调用GuessUpToTen()函数，最多猜10次
26               break;
27           default:
28               printf("Input error!\n");
29               while (getchar() != '\n'); //清除输入缓冲区中的非数字字符
30           }
31       } while (choice != '0'); //只要用户不选0，就继续猜下一个数
32       printf("Game is over!\n");
33       return 0;
34   }
```

通常，人们在谈到防御式编程的时候，会提到“断言”。那么什么是断言呢？

我们在编写代码时，常会做出一些假设，例如，程序员假设在程序中某个特定点的某个表达式的值一定为真，或者假设其值一定位于某个范围内等。但是如何确认这些假设的真假呢？**断言（Assert）**可以帮助我们完成这一工作，即在程序中捕获这些假设并检验其正确性。

仍以猜数游戏为例，函数MakeNumber()在生成指定范围内的随机数时，实际上就是做了一种假设，即假设用下面的语句

```
    magic = (rand() % (MAX_NUMBER - MIN_NUMBER + 1) ) + MIN_NUMBER;
```

生成的随机数的范围一定为[MIN_NUMBER, MAX_NUMBER]。这里MIN_NUMBER和MAX_NUMBER都是宏常量，其值分别为1和100。

如何检验这种假设的正确性呢？这就是断言的用武之地了，即程序员在调试程序时可利用断言来检验这种假设的正确性。加入断言后的函数MakeNumber()如下：

```
1    #include <assert.h>          //使用assert()所需包含的头文件
2    #include <time.h>            //调用srand()所需包含的头文件
3    #include <stdlib.h>          //调用rand()所需包含的头文件
4    #define MAX_NUMBER 100       //计算机生成的随机数的上限
5    #define MIN_NUMBER 1         //计算机生成的随机数的下限
6    //函数功能：计算机生成并返回一个随机数
7    int MakeNumber(void)
8    {
9        int magic;
10       srand(time(NULL));//为函数rand()设置随机数种子
11       magic = (rand() % (MAX_NUMBER - MIN_NUMBER + 1)) + MIN_NUMBER;
12       assert(magic >= MIN_NUMBER && magic <= MAX_NUMBER);//断言验证假设的正确性
13       return magic;
14   }
```

这里，assert()并不是一个库函数，而是一个在assert.h中定义的用来验证假设的宏，因此使用assert()时需要添加第1行的文件包含编译预处理命令。为了便于理解，不妨暂且把assert()宏想象为一个函数，或者是一个“交通警察”，他会先假设你的停车地点并不违规，一旦发现违规，他会立即给你的车贴上罚单。

assert()的功能就是验证assert后面圆括号内表达式（通常为关系表达式或逻辑表达式，即程序员的假设）的真假，从而帮助程序员及早地发现程序中的错误。当该表达式的值为真时，它就像不存在一样，程序继续往下执行。若该表达式的值为假，它就会“毫不留情”地立即中断程序的执行，其效果与执行exit(1)的效果类似，同时会报告相应的错误。

例如，假设上述函数第11行的语句错写为magic = rand();，使其产生的随机数magic不在指定的区间内，那么程序执行到第12行语句时，就会终止执行，并显示如下信息：

```
  Assertion failed: magic >= MIN_NUMBER && magic <= MAX_NUMBER, file E:\C\demo.c, line 12
```

其报告的错误提示信息就是magic >= MIN_NUMBER && magic <= MAX_NUMBER这个假设不成立，同时在错误提示信息的最后给出出错的文件和语句行号。

为什么不使用条件语句判断假设是否成立，而要使用断言呢？

程序一般分为Debug版本和Release版本，Debug版本用于内部调试，Release版本用于发行给用户使用。断言是仅在Debug版本中起作用的宏，即仅在Debug版本中才会生成检查代码，而在正式发布的Release版本中编译器会跳过断言，不会生成这些检查代码。因此，断言仅用于在调试程序时检查“不应该”发生的情况是否的确不会发生，使用其不会影响程序的执行效率，而使用条件语句不仅使程序编译后的目标代码“体积”变大，还会降低Release版本程序的执行效率。

正因为断言在Release版本中不起作用，所以断言不能作为程序的功能来捕捉程序的错误，它只能在调试程序时报警，告诉程序员程序中所做的假设是不是错误的，如果是错误的也不会对错误进行相应的处理。所以，不能用断言代替条件过滤，即不能用断言来捕捉程序中有可能出现的错误。

通常，仅在下面两种情况下考虑使用断言。

（1）检查程序中的各种假设的正确性，例如，确认一个计算结果是否在合理的范围内。

（2）证实某种不应该发生的状况确实不会发生，例如，一些理论上不应该执行到的分支（如switch语句的default分支）确实不会被执行。

使用断言的基本原则如下。

（1）使用断言捕捉不应该或者不可能发生的非法情况。不要混淆非法情况与错误情况，后者是必然存在的，并且是需要对其进行相应处理的。

（2）每个断言只检验一个条件，因为同时检验多个条件时，若断言失败，则无法判断是哪个条件导致的。

也许读者会说，程序员所做的假设出错的可能性很小，还需要断言帮助检验假设的正确性吗？别忘了“墨菲定律”是怎么说的，“If anything can go wrong, it will”（凡是可能出错的都会出错），即“任何一个事件，只要有大于0的发生概率，就不能假设它不会发生”。对于程序设计而言，如果你使用的编程语言有可能让你伤到自己的“脚”，那么你一定要穿上“防弹靴”，让你编写的代码具有“防弹”功能，不再脆弱。

本小节的最后，我们来总结一下函数设计和防御式编程需要遵循的几项基本原则。

（1）函数的规模要小，尽量控制在50行代码以内，因为这样的函数比代码行数更多的函数更容易维护，出错的概率更小。

（2）函数的功能要单一，不要让它身兼数职，不要设计具有多用途的函数。

（3）仅通过函数参数和返回值在函数之间传递信息。

（4）在函数接口中清楚地定义函数的行为，包括函数参数、返回类型、异常处理等，定义好函数接口以后，不要轻易改动。

（5）在函数的入口处，对参数的有效性和合法性进行检查，以增强程序的稳健性。

（6）在执行某些敏感性操作（如除法、开方、取对数、赋值、参数传递等）之前，应检查操作数的合法性及数据类型的匹配性，以免发生除0、数值溢出、精度损失等情况。

（7）当函数需要返回值时，应确保函数中的所有控制分支都有返回值。

（8）由于并非所有的编译器都能捕获实参与形参类型不匹配的错误，所以在函数调用时应确保函数的实参类型与形参类型一致。在程序开头进行函数原型声明，并将函数参数的类型书写完整，有助于编译器进行类型匹配检查。在函数没有参数和返回值时，最好用void显式声明。

（9）保持好的编码风格，可以大大降低程序出错的可能性。

（10）避免“闪电式”编程，用怀疑的眼光审视所有的代码、数据输入和输出，直到你确认它们正确为止。

（11）不要对编译器发出的警告熟视无睹，编译器发出警告通常是因为其捕捉到许多低级的编码错误。

（12）简单为美，不要滥用技巧，以至于你的代码过于复杂。

C语言中的断言主要用于在Debug版本的程序运行期间对程序做诊断工作，检查“不应该”发生的情况是否会发生。C11引入了一个新的关键字_Static_assert，表示静态断言，即可以在程序编译阶段进行程序的检查和诊断工作。

静态断言的语法为

```
_Static_assert(常量表达式,字符串字面量);
```

在这里，关键字_Static_assert后面圆括号内的“常量表达式”必须是一个整型常量表达式。如果这个常量表达式的值非0，则什么都不做。如果其值为0，则表示违反了约束条件，编译器会显示当前语句行有错误，错误的原因是静态断言失败，同时会输出一条错误诊断信息，在这条错误诊断信息中会自动加上字符串字面量的内容。例如，检查当前平台上的unsigned int的上

限值（limit.h中定义的符号常量UNIT_MAX的值）是否超出32767，那么这个静态断言可以写为

```
_Static_assert(UNIT_MAX>=32767,"Not support this platform");
```

5.2.5　多文件编程

在前面的章节中，我们通常假设一个C程序是由一个单独的文件组成的，我们只是介绍了如何把这一个文件划分为多个函数，让每个函数各司其职，完成互不相同的、特定的功能。

事实上，一个C程序（**Program**）往往是由一个或多个**源文件（Source File）**及一些**头文件（Header File）**组成的。每个源文件（扩展名为.c）可以由一个或多个函数组成，其中必须有一个源文件包含main()主函数，主函数是程序运行的起点。头文件（扩展名为.h）通常包含可以在源文件之间共享的信息，如函数原型、宏定义、类型定义、外部变量声明等。

把程序分成多个源文件的主要优点如下。

（1）把逻辑相关的函数和变量放在同一个源文件中，可以使程序的结构更清晰。

（2）可以分别对每一个源文件单独进行编译。当程序规模很大且需要频繁修改时，这种方法可以极大地节约时间。

（3）把函数分组放在不同的源文件中，并创建与源文件同名的头文件（声明与定义分离），这样更利于函数的复用。

把程序分为多个源文件时，通常会遇到这样一些问题：**某个源文件中的函数如何调用在其他源文件中定义的函数？函数如何访问其他文件中的外部变量？两个源文件如何共享同一个宏定义或类型定义？**

答案就是使用#include编译预处理命令。它的作用就是告诉预处理器打开指定的文件，并把该文件的内容插入当前文件。因此，当几个源文件需要访问相同的信息时，就可以把这些信息放入一个文件，然后利用#include编译预处理命令把该文件的内容插入每个源文件。

#include编译预处理命令通常有两种书写格式，分别为

```
#include <filename>
```

```
#include "filepath"
```

这两种格式的差异在于编译器定位头文件的方式有所不同。第一种格式是在编译器指定的目录内查找filename文件，这个目录的名字通常被命名为“include”，该目录下有很多扩展名为.h的文件，包括我们熟悉的stdio.h、math.h等。第二种格式是按照filepath所描述的路径查找文件。通常情况下给定的filepath不含路径（文件名前包含路径信息会降低程序的可移植性），只有一个文件名，表示先在与源文件相同的目录下查找filepath。前者主要用于包含C语言提供的标准库函数的头文件；后者主要用于包含用户自定义函数的头文件。

解决了如何包含头文件的问题，再来看头文件通常包含哪些信息。通常，多个源文件之间共享的信息，如函数原型、宏定义、类型定义、外部变量声明等都放在头文件中。

仍以猜数游戏为例，我们可以把宏定义放入头文件guess.h，该文件的内容如下：

```
1    #define MAX_NUMBER 100
2    #define MIN_NUMBER 1
3    #define MAX_TIMES  10
```

这样做的好处是，不必在每个需要这些信息的源文件中重复定义宏，以及重复声明函数原型，保证在调用其他源文件中定义的函数时不会出错，而且程序更容易修改，改变宏定义或函数原型只需编辑单独的头文件。

但是接下来问题又来了：如果一个源文件包含同一个头文件两次，那么有可能产生编译错误。当一个头文件又包含其他头文件时，通常会出现头文件多次包含的问题。例如，file1.h包含file3.h，file2.h也包含file3.h，而demo.c同时包含file1.h和file2.h，这样在编译demo.c时就会将file3.h编译两次。当被重复包含的头文件仅包含宏定义、函数原型、外部变量声明时，通常不会产生

编译错误，但是如果它还包含类型定义（如将在第11章介绍的结构体和共用体类型的定义），那么会导致编译错误。

为安全起见，需要引入另一种非常“酷”的编译预处理命令，即条件编译。用#ifndef和#endif来封闭头文件的内容，就可以防止头文件被多次包含了。例如，前面定义的头文件guess.h可以改写为

```
1    #ifndef GUESS_H
2    #define GUESS_H
3
4    #define MAX_NUMBER 100
5    #define MIN_NUMBER 1
6    #define MAX_TIMES  10
7
8    #endif
```

新添加的3行代码的作用是，在首次包含这个头文件时，因为没有定义宏GUESS_H，所以预处理器保留#ifndef和#endif之间的代码，而当再次包含这个头文件时，由于宏GUESS_H已经被定义，因此预处理器会删除#ifndef和#endif之间的代码。这里，第2行代码中的宏的名字之所以与头文件的名字类似，是因为要避免和其他的宏定义冲突。

下面，再来看如何拆分程序。一些简单而又基本的原则如下。

（1）将每个函数或者每组逻辑上密切相关的函数集合放入一个单独的源文件。

猜数游戏中总计定义了8个用户自定义函数，可以分别将其放入一个源文件。例如，将InputGuess()函数的定义放到InputGuess.c中。

（2）创建一个与源文件同名的头文件，在这个头文件中放置在相应源文件中定义的函数的函数原型。

例如，创建一个与InputGuess.c同名的头文件InputGuess.h，并在InputGuess.h中放置InputGuess()的函数原型。

（3）每个需要调用“定义在这个源文件中的函数”的其他源文件都应包含这个自定义的头文件。

例如，每个需要调用InputGuess()的源文件，即GuessOnce.c、GuessUntilRight.c、GuessUpToTen.c等，都应包含InputGuess.h。

（4）源文件也应包含与其同名的头文件，以便编译器检查头文件中的函数原型是否与同名源文件中的函数定义一致。

例如，InputGuess.c也应包含InputGuess.h。

（5）主函数单独放在一个源文件中，这个文件可以命名为main.c，也可以用程序的名字来命名，如guess.c。

【例5.11】用多文件编程方法重写猜数游戏。

根据前面的分析和拆分程序的基本原则，可以得到如下拆分结果。

main.c的文件内容如下：

```
1   #include <stdio.h>
2   #include "MakeNumber.h"
3   #include "MenuSelection.h"
4   #include "GuessOnce.h"
5   #include "GuessUntilRight.h"
6   #include "GuessUpToTen.h"
7   //主函数
8   int main(void)
9   {
10      int  magic;              //计算机“想”的数
```

```
11      char choice;         //用户输入的菜单选项
12      do
13      {
14          magic = MakeNumber();     //调用MakeNumber()让计算机生成一个随机数
15          choice = MenuSelection();//调用MenuSelection()显示菜单并返回用户的选择
16          switch (choice)          //判断用户选择的是何种操作
17          {
18          case '1':
19              GuessOnce(magic);         //调用GuessOnce()函数，只猜1次
20              break;
21          case '2':
22              GuessUntilRight(magic);  //调用GuessUntilRight()函数，到猜对为止
23              break;
24          case '3':
25              GuessUpToTen(magic);     //调用GuessUpToTen()函数，最多猜10次
26              break;
27          default:
28              printf("Input error!\n");
29          }
30      } while (choice != '0'); //只要用户不选0，就继续猜下一个数
31      printf("Game is over!\n");
32      return 0;
33  }
```

MakeNumber.c的文件内容如下：

```
1   #include <time.h>
2   #include <stdlib.h>
3   #include <assert.h>
4   #include "guess.h"
5   #include "MakeNumber.h"
6   //函数功能：计算机生成并返回一个随机数
7   int MakeNumber(void)
8   {
9       int magic;
10      srand(time(NULL));//为函数rand()设置随机数种子
11      magic = (rand() % (MAX_NUMBER - MIN_NUMBER + 1)) + MIN_NUMBER;
12      assert(magic >= MIN_NUMBER && magic <= MAX_NUMBER);
13      return magic;
14  }
```

MakeNumber.h的文件内容如下：

```
1   int MakeNumber(void);
```

MenuSelection.c的文件内容如下：

```
1   #include <stdio.h>
2   #include "MenuSelection.h"
3   //函数功能：显示菜单并返回用户的选择
4   char MenuSelection(void)
5   {
6       char  choice;     //用户的选项
7       printf("1.Guess Once\n");
8       printf("2.Guess until right\n");
9       printf("3.Guess up to ten times\n");
10      printf("0.Exit\n");
11      printf("Input your choice:");
12      scanf(" %c", &choice);  //注意这里%c前面有个空格，避免读入前面的回车符
13      return choice;
14  }
```

MenuSelection.h的文件内容如下：

```
1  char MenuSelection(void);
```

GuessOnce.c的文件内容如下：

```
1  #include <stdio.h>
2  #include "IsRight.h"
3  #include "InputGuess.h"
4  #include "GuessOnce.h"
5  //函数功能：用户猜数，只猜1次
6  void GuessOnce(const int magic)
7  {
8      int  guess;        //用户猜的数
9      int  counter = 0; //记录用户猜数次数的计数器变量初始化为0
10     guess = InputGuess(counter);  //调用函数InputGuess()返回用户猜的数
11     if (IsRight(magic, guess))
12     {
13         printf("Right!\n");
14     }
15     printf("The magic number is %d\n", magic);
16 }
```

GuessOnce.h的文件内容如下：

```
1  void GuessOnce(const int magic);
```

GuessUntilRight.c的文件内容如下：

```
1  #include <stdio.h>
2  #include "IsRight.h"
3  #include "InputGuess.h"
4  #include "GuessUntilRight.h"
5  //函数功能：用户猜数，到猜对为止
6  void GuessUntilRight(const int magic)
7  {
8      int  guess;       //用户猜的数
9      int  counter = 0; //记录用户猜数次数的计数器变量初始化为0
10     do
11     {
12     guess = InputGuess(counter); //调用函数InputGuess()返回用户猜的数
13     counter++;                  //记录用户猜的次数
14     } while (!IsRight(magic, guess));
15     printf("The magic number is %d\n", magic);
16     printf("counter=%d\n", counter); //输出用户猜的次数
17 }
```

GuessUntilRight.h的文件内容如下：

```
1  void GuessUntilRight(const int magic);
```

GuessUpToTen.c的文件内容如下：

```
1  #include <stdio.h>
2  #include "IsRight.h"
3  #include "InputGuess.h"
4  #include "guess.h"
5  #include "GuessUpToTen.h"
6  //函数功能：用户猜数，最多猜10次
7  void GuessUpToTen(const int magic)
8  {
9      int guess;         //用户猜的数
10     int counter = 0;  //用户猜的次数
11     do
12     {
13         guess = InputGuess(counter);//调用函数InputGuess()返回用户猜的数
```

```
14          counter++;                       //记录用户猜的次数
15      } while (!IsRight(magic, guess) && counter < MAX_TIMES);
16      printf("The magic number is %d\n", magic);
17      printf("counter=%d\n", counter); //输出用户猜的次数
18  }
```

GuessUpToTen.h的文件内容如下：

```
1   void GuessUpToTen(const int magic);
```

InputGuess.c的文件内容如下：

```
1   #include <stdio.h>
2   #include "IsValidNum.h"
3   #include "InputGuess.h"
4   //函数功能：输入并返回用户猜的数，能够检查输入数据的合法性和有效性
5   int InputGuess(int counter)
6   {
7       int  guess;       //用户猜的数
8       int  ret;         //保存scanf()的返回值，用于判断是否成功读入指定的数据项数
9       printf("Try %d:", counter + 1);
10      ret = scanf("%d", &guess);      //读入用户猜的数
11      while (ret != 1 || !IsValidNum(guess)) //判断用户输入的数据是否合法有效
12      {
13          printf("Input error!\n");
14          while (getchar() != '\n'); //清除输入缓冲区中的非数字字符
15          printf("Try %d:", counter + 1);
16          ret = scanf("%d", &guess); //读入用户猜的数
17      }
18      return guess;
19  }
```

InputGuess.h的文件内容如下：

```
1   int InputGuess(int counter);
```

IsRight.c的文件内容如下：

```
1   #include <stdio.h>
2   #include "IsRight.h"
3   //函数功能：猜数，若guess和magic相等则返回1；否则返回0，并提示相关信息
4   int IsRight(const int magic, const int guess)
5   {
6       if (guess < magic)
7       {
8           printf("Wrong!Too small!\n");
9           return 0;
10      }
11      else if (guess > magic)
12      {
13          printf("Wrong!Too big!\n");
14          return 0;
15      }
16      else
17      {
18          return 1;
19      }
20  }
```

IsRight.h的文件内容如下：

```
1   int IsRight(const int magic, const int guess);
```

IsValidNum.c的文件内容如下：

```
1   #include "guess.h"
2   #include "IsValidNum.h"
3   //函数功能：判断number是否在合法的数值范围内，合法则返回1；否则返回0
4   int IsValidNum(const int number)
```

```
5   {
6       return (number >= MIN_NUMBER && number <= MAX_NUMBER) ? 1 : 0;
7   }
```

IsValidNum.h的文件内容如下：

```
1   int IsValidNum(const int magic);
```

guess.h的文件内容如下：

```
1   #ifndef GUESS_H
2   #define GUESS_H
3
4   #define MAX_NUMBER 100
5   #define MIN_NUMBER 1
6   #define MAX_TIMES  10
7
8   #endif
```

到此为止，我们把猜数游戏程序划分成了18个文件，包括9个源文件和9个头文件。在Code::Blocks下显示的树状文件结构如图5-16所示，是不是立刻就显得“高大上”了呢？

下面就来运行一下这个“酷酷”的程序吧。程序的运行结果可能是下面这样的（由于涉及随机数，结果可能不完全相同哦）：

```
1.Guess Once
2.Guess until right
3.Guess up to ten times
0.Exit
Input your choice:1↙
Guess a number:50↙
Wrong!Too small!
The magic number is 34
1.Guess Once
2.Guess until right
3.Guess up to ten times
0.Exit
Input your choice:2↙
Try 1:50↙
Wrong!Too big!
Try 2:30↙
Wrong!Too small!
Try 3:45↙
Wrong!Too big!
Try 4:42↙
Right!
counter=4
1.Guess Once
2.Guess until right
3.Guess up to ten times
0.Exit
nput your choice:3↙
Try 1:90↙
Wrong!Too big!
Try 2:20↙
Wrong!Too small!
Try 3:60↙
Wrong!Too big!
Try 4:40↙
Wrong!Too small!
Try 5:55↙
Wrong!Too big!
Try 6:42↙
Wrong!Too small!
Try 7:50↙
```

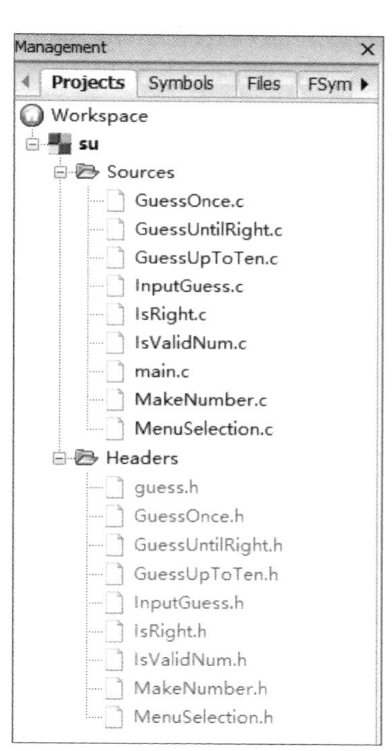

图5-16　Code::Blocks下显示的树状文件结构

```
Wrong!Too big!
Try 8:45↙
Wrong!Too small!
Try 9:49↙
Wrong!Too big!
Try 10:47↙
Wrong!Too small!
The magic number is 48
counter=10
1.Guess Once
2.Guess until right
3.Guess up to ten times
0.Exit
Input your choice:0↙
Game is over!
```

条件编译是几乎所有用C语言编写的大型软件都会用到的一个非常重要的功能，它能帮助我们实现很多相当“酷”的功能。例如，修改宏定义让编译后的代码具有或不具有某些功能。再如，让软件具有跨平台能力，同一件事情可以在不同平台下换成不同的代码来实现。

5.2.6 最佳编码原则：正确运用变量的作用域和存储类型

1. 变量的作用域

变量的作用域——基本概念和实例

所谓变量的**作用域**（**Scope**），是指变量的可用范围，即变量在程序中被读写访问的区域或范围。变量的作用域取决于它们在程序中被定义的位置。变量的作用域规则：每个变量仅在定义它的语句块（包含下级语句块）内有效。

局部变量（**Local Variable**）是在函数或复合语句内定义的变量，而**全局变量**（**Global Variable**）是在与main()平行的位置即不在任何语句块内定义的变量，或者说是在所有函数之外定义的变量。所以，按照变量的作用域规则，局部变量和全局变量具有不同的作用域。局部变量的作用域仅限于定义它的语句块（包含下级语句块），即在从语句块内定义该局部变量的位置开始到语句块结束的所有位置可以被访问，在语句块外不能被访问。全局变量的作用域则为整个源程序，在从定义全局变量到本程序结束的所有位置均可被访问。

即使同为局部变量，如果其被定义的位置不同（例如，在函数内或复合语句内，或者在不同的复合语句内），也会具有不同的作用域。例如，C99允许在for循环的初始化表达式中定义变量，因此它是一个局部变量，仅能在for语句的循环体内被访问，在循环体之外不能访问。如果两个局部变量同名，那么作用域较小的局部变量将隐藏作用域较大的局部变量。来看下面的示例程序。

【例5.12】下面的程序主要用于演示局部变量同名时的作用域。

```
1    #include <stdio.h>
2    int main(void)
3    {
4        int  x = 1, y = 1; //局部变量y的作用域在主函数内
5        {
6           int  y = 2;      //局部变量y的作用域在该复合语句内
7           x = 3;
8           printf("x=%d,y=%d\n", x, y);//访问的是复合语句内定义的y
9        }
10       printf("x=%d,y=%d\n", x, y);   //访问的是主函数内定义的y
11       return 0;
12   }
```

程序的运行结果如下：

```
x = 3, y = 2
x = 3, y = 1
```

在本例中，复合语句内定义的局部变量y与第4行在主函数开始位置定义的局部变量y是同名变量，前者的作用域小于后者且位于后者的作用域内，由于作用域较小的局部变量隐藏作用域较大的局部变量，因此在第5～9行的复合语句是第6行定义的局部变量y的作用域，而在main()函数内的其他语句则是第4行定义的局部变量y的作用域。

假如局部变量与全局变量同名，那么局部变量会隐藏全局变量吗？来看下面的示例程序。

【例5.13】下面的程序主要用于演示局部变量和全局变量同名时的作用域。

```
1    #include <stdio.h>
2    void Function(void);
3    int  x = 1;    //全局变量
4    int  y = 2;    //全局变量
5    int main(void)
6    {
7       Function();
8       printf("x=%d,y=%d\n", x, y); //输出全局变量x和y的值
9       return 0;
10   }
11   void Function(void)
12   {
13      int x, y;      //局部变量隐藏全局变量
14      x = 2;
15      y = 1;
16      printf("x=%d,y=%d\n", x, y); //输出局部变量x和y的值
17   }
```

程序的运行结果如下：

```
x = 2, y = 1
x = 1, y = 2
```

这说明，局部变量与全局变量同名时，局部变量隐藏了全局变量。正因为二者的作用域是不同的，所以局部变量与全局变量同名时不会相互干扰。

本例中，如果第13行定义的变量是在函数Function()的形参表中声明的，即修改为下面的程序，由于形参也是局部变量，所以程序的运行结果不变。

```
1    #include <stdio.h>
2    void Function(int x,  int y);
3    int  x = 1;    //全局变量
4    int  y = 2;    //全局变量
5    int main(void)
6    {
7       Function(x, y);
8       printf("x=%d,y=%d\n",x,y);  //输出全局变量x和y的值
9       return 0;
10   }
11   void Function(int x,  int y) //形参也是局部变量，局部变量隐藏全局变量
12   {
13      x = 2;
14      y = 1;
15      printf("x=%d,y=%d\n",x,y); //输出局部变量x和y的值
16   }
```

假如并列语句块内的局部变量（如实参和形参）同名，那么它们会相互干扰吗？来看下面的程序。

【例5.14】下面的程序主要用于演示并列语句块内的局部变量同名时是否会产生干扰。

```
1   #include <stdio.h>
2   void Function(int x, int y);
3   int main(void)
4   {
5       int  x = 1;  //局部变量
6       int  y = 2;  //局部变量
7       Function(x, y);                    //实参和形参同名
8       printf("x=%d, y=%d\n", x, y);  //访问的是主函数内定义的局部变量x和y
9       return 0;
10  }
11  void Function(int x, int y)          //并列语句块内的局部变量同名
12  {
13      x = 2;
14      y = 1;
15      printf("x=%d, y=%d\n", x, y); //访问的是形参表中定义的局部变量x和y
16  }
```

程序的运行结果如下：

```
x = 2, y = 1
x = 1, y = 2
```

这说明，当同名变量出现在相互平行的不同语句块内时，因其作用域是不同的，所以二者互不干扰。

综上，只要同名的变量出现在不同的作用域内，那么二者就不会相互干扰，编译器有能力区分并且只能区分不同作用域中的同名变量。如果同名的变量出现在同一个作用域中（就像同一个房间里有两个重名的人一样），那么编译器也将束手无策。

编译器是如何区分不同作用域的同名变量的呢？

一个变量名能代表两个不同的值，当且仅当它能代表两个不同的内存地址。编译器是通过将同名变量映射到不同的内存地址来实现作用域的划分的。局部变量和全局变量被分配的内存区域不同，对应的内存地址不同，所以二者同名也不会相互干扰。同样，由于同名的局部变量（如形参和实参）被分配的内存地址不同，即在内存中占据不同的存储单元，所以局部变量同名也不会相互干扰。正因为形参和实参在内存中占据不同的存储单元，所以形参值的改变不会影响实参。

【例5.15】利用单独计算累加项的方法，编程计算$1!+2!+3!+\cdots+n!$。

在例4.8中我们给出过解决有这个问题的代码，图4-24所示算法对应的程序还可以写为

```
1   #include <stdio.h>
2   int main(void)
3   {
4       int   n, j;                    //内层循环控制变量j的定义需要放到这里
5       long  sum = 0;                 //累加求和变量初始化为0
6       long  p = 1;                   //累乘求积变量初始化为1
7       scanf("%d", &n);
8       for (int i=1; i<=n; i++)
9       {
10          for (j=1, p=1; j<=i; j++) //利用逗号表达式实现对j和p的顺序初始化
11          {
12              p = p * j;           //累乘求积
13          }
14          sum = sum + p;           //将累乘后p的值即i!进行累加求和
15      }
16      printf("sum=%ld\n", sum);        //以长整型格式输出n的阶乘值的累加和
17      return 0;
18  }
```

程序的运行结果如下：

```
10↙
sum=4037913
```

在这个程序中，将内层循环for语句中的循环控制变量j的定义移到了循环体前面，在这种情况下，可以将原来内层循环之前对变量p的初始化p = 1放到for语句中，但需要使用C语言提供的一种特殊运算符，即**逗号运算符（Comma Operator）**。逗号运算符可把多个表达式连接在一起，构成**逗号表达式**，其作用是实现对各个表达式顺序求值，因此逗号运算符也称为**顺序求值运算符**。其一般语法格式如下：

```
表达式1, 表达式2, …, 表达式n
```

逗号运算符在所有运算符中优先级最低，且具有左结合性。因此，逗号表达式的求解过程为，先计算表达式1的值，然后计算表达式2的值，依此类推，最后计算表达式*n*的值，并将表达式*n*的值作为整个逗号表达式的值。

在许多情况下，使用逗号表达式的目的并非是得到和使用整个逗号表达式的值，更常见的是分别得到各个表达式的值，主要用于for语句中需要同时为多个变量赋初值等情况。例如，初始化表达式可用逗号运算符顺序执行为多个变量赋初值的操作。同样地，当需要使多个变量的值在每次循环执行后发生变化时，增值表达式也可使用逗号运算符。

需要注意的是，如图5-17所示，下面的语句可以得到正确的运行结果。

```
for (j=1, p=1; j<=i; j++)        //利用逗号表达式实现对j和p的顺序初始化
```

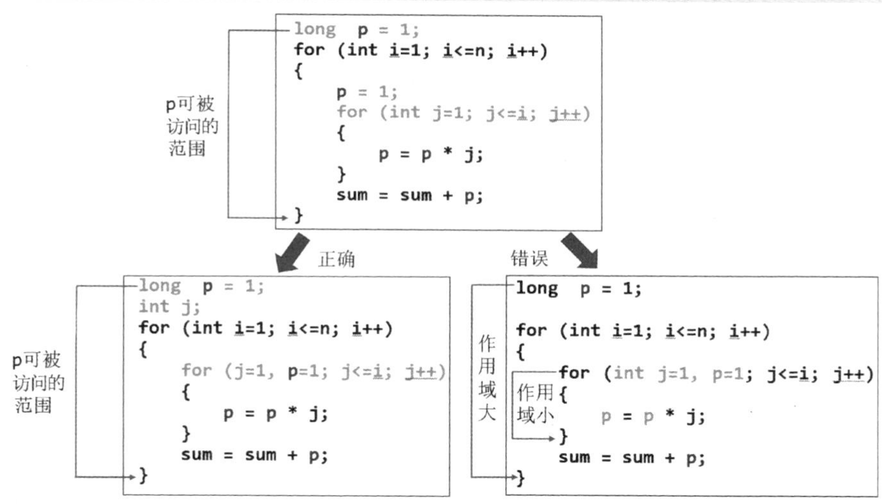

图5-17　将例4.8程序修改为在for语句中用逗号表达式同时初始化j和p时的正确代码和错误代码

但是若写为下面的语句，则会导致运行结果出错。

```
for (int j=1, p=1; j<=i; j++)//在for语句内再定义局部变量p,将导致运行结果出错
```

也就是说，如果将程序修改为下面的代码：

```
1   #include <stdio.h>
2   int main(void)
3   {
4       int   n;
5       long  sum = 0;                //累加求和变量初始化为0
6       long  p = 1;                  //累乘求积变量初始化为1
7       scanf("%d", &n);
8       for (int i=1; i<=n; i++)
9       {
10          for (int j=1, p=1; j<=i; j++)
11          {
```

```
12              p = p * j;          //累乘求积
13              //printf("j=%d,p=%d\n", j, p); //调试代码
14          }
15          sum = sum + p;          //将累乘后p的值即i!进行累加求和
16          //printf("i=%d,sum=%ld,p=%ld\n", i, sum, p); //调试代码
17      }
18      printf("sum=%ld\n", sum);       //以长整型格式输出n的阶乘值的累加和
19      return 0;
20  }
```

那么，输入10，程序将得到如下错误运行结果：

```
10↙
sum=10
```

错误的原因就是程序在内层的for循环中又重新定义了一个局部变量p，使得内层for循环中访问的p和外层for循环中访问的p不是同一个p，内层for循环中定义的p的作用域小，外层for循环中定义的p的作用域大，作用域小的变量将隐藏作用域大的变量，从而导致第15行累加到sum中的p每次都是第6行给p初始化的值1，而不是第12行累乘计算得到的p的值。读者可以通过单步运行观察两个同名的局部变量p的值的变化情况，也可以将第13行和第16行调试代码"注释掉"，来详细观察这两个同名局部变量p的值的变化情况。

因此，不能在for语句内同时定义变量j和p。由于在for语句中未对j进行定义，因此需要在循环语句的最前面增加一条变量j的声明语句。

变量的存储类型——基本概念

C程序的内存映像

2. 变量的存储类型

变量的存储类型是指编译器为变量分配内存的方式，它决定变量的生存期。声明变量存储类型的一般语法格式如下：

```
存储类型  数据类型  变量名表;
```

C语言中的存储类型主要有4种，分别为auto、register、extern、static。由于变量的存储类型决定了编译器为变量分配内存的方式，即编译器是如何为变量分配内存的，所以要理解存储类型必须先了解C程序的内存映像，如图5-18所示。

注意，这个图只是从概念上描述了C程序的内存映像，这几块内存的实际物理布局会随着CPU的类型和编译器实现的不同而不同。如图5-18所示，C程序的内存从低地址端到高地址端依次为只读存储区、静态存储区和动态存储区。只读存储区用于存储机器代码和常量等只读数据。可用于为变量分配内存的存储区有两块，一块是静态存储区，一块是动态存储区。所谓静态是指存储发生在程序编译或链接时，所谓动态则是指存储发生在程序载入和运行时。

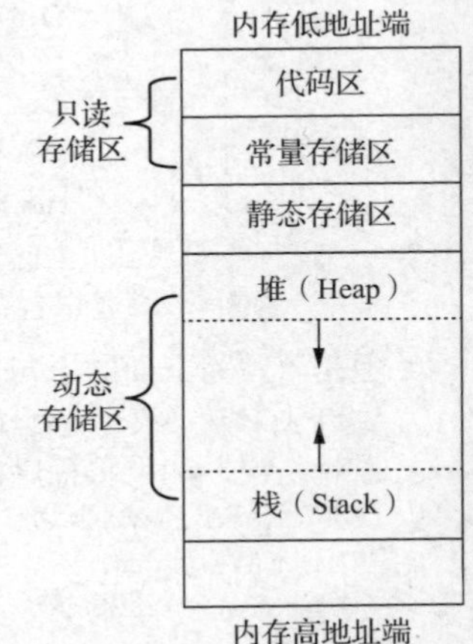

图5-18　C程序的内存映像

静态存储区用于存放程序中的全局变量和静态变量，并在程序编译时为变量分配内存，这部分内存在程序终止前才被操作系统释放。因此，分配在静态存储区的变量是与程序"共存亡"的。

动态存储区又进一步划分为**堆（Heap）**和**栈（Stack）**，它们具有不同的内存管理方式。栈主要用于保存局部变量，在Intel处理器中，也会用于保存函数调用时的返回地址和函数形参等信息，这部分内存是由系统自动分配和释放的。例如，对于函数内定义的局部变量，函数被调用时系统自动为其分配内存，调用结束时自动释放内存，即函数内定义的局部变量的生存期仅

限于函数内。栈内存分配运算内置于处理器的指令集中，效率很高，但是栈容量有限。堆是一个自由存储区，需要程序员通过调用动态内存分配函数来手动申请和释放（将在第12章介绍），分配到这部分动态内存的变量的生存期由程序员自己来决定。

变量的存储类型——自动变量和静态局部变量

对照图5-18，相信读者应该理解为什么在不同的语句块内定义的同名变量可以互不干扰了，这是因为它们被分配到了不同的存储区域或者内存地址，并且有着不同的作用域。编译器其实就是根据内存地址来区分同名变量的。

下面分别对auto、register、extern、static这4种存储类型进行介绍。

（1）auto，用于声明自动变量。

用auto关键字定义的变量，称为自动变量。其语法格式如下：

```
auto 类型名 变量名;
```

自动变量是C语言默认的存储类型，即在定义变量时，若不指定存储类型，就表示它是自动变量。

自动变量的“自动”主要体现在它的内存分配和释放都是系统自动完成的，即程序控制流程进入语句块时系统自动为其分配内存，退出语句块时自动释放内存。因此，自动变量的值只能在定义它的语句块内被访问，在退出语句块以后不能再访问，即自动变量的生存期仅限于定义它的语句块内。自动变量是在动态存储区的栈上分配内存的，因此自动变量也称为动态局部变量。

例如，程序控制流程退出函数时，在函数内定义的自动变量分配到的内存立即被释放，程序控制流程再次进入函数时其被重新分配内存，所以在上一次退出函数前自动变量所拥有的值不会保留到下一次进入函数时。注意，所谓**释放内存**，就是指这部分内存中的值已经不能再被访问。

此外，自动变量在定义时不会被自动初始化为0，所以除非程序员在程序中显式指定初值，否则自动变量的值是不确定的，即乱码。

（2）register，用于声明寄存器变量。

寄存器（Register）是CPU内部容量有限但存取速度极快的存储器。通常，将使用频率较高的变量声明为register，将需要频繁访问的数据存放在CPU寄存器中，以提高程序的执行速度。现代编译器能自动优化程序，自动把普通变量优化为寄存器变量，并且可以忽略用户的register指定，所以一般无须特别声明变量为register。

由于Intel 64位处理器中通用寄存器非常少，仅有16个，因此程序声明超过16个register类型的变量是根本无法实现的。而ARM处理器中通用寄存器的数量几乎是Intel处理器的2倍，因此，可以用更多的寄存器来实现变量的存储，编译器能更大程度地满足程序员对寄存器的需求，函数调用时的形参、返回值和返回地址等都可以使用寄存器来存储，而无须访问CPU外的栈内存，从而可使程序运行的速度更快。

（3）extern，用于声明外部变量。

全局变量的作用域是从定义它的位置到本文件的末尾，即在此范围内的程序的任何地方都可以访问全局变量。如果要在定义点之前或者在其他文件中使用它，那么必须用关键字extern对其进行外部变量声明，其语法格式如下：

```
extern 类型名 变量名;
```

全局变量的利与弊

注意，这个外部变量声明不是变量定义，编译器不会为其分配内存，只是表明“我知道了”。编译器只为定义的全局变量分配内存。全局变量是在静态存储区分配内存的，在程序运行期间分配固定的存储单元，其生存期是整个程序的运行期，即从程序运行开始到程序结束前始终占据内存，在程序结束时才释放内存。没有显式初始化的外部变量由编译程序自动初始化为0。

当多个函数必须共享同一个变量或者少数几个函数必须共享大量变量时，使用全局变量可以使函数间的数据交换更容易、更高效。但是使用全局变量会有很大的副作用。

首先，全局变量破坏了函数的封装性，不能实现信息隐藏，谁都可改写它，很难保证哪个变量不会被意外改写，一旦被改写，很难推断变量的值究竟是在哪个地方被谁改写的。

其次，依赖全局变量的函数很难在其他程序中被复用，因为依赖全局变量的函数不是独立的，为了在另一个程序中复用这个函数，就不得不带上函数所需的全局变量。

最后，使用全局变量的程序难以维护。这是因为全局变量可以在任何函数中被访问，任何函数都可以对它进行改写，任何一个函数对它的修改都会作用到全局。在修改程序时，若改变全局变量（如类型），则需检查同一文件中的每个函数，以确认该变化对函数的影响程度，这势必给程序的调试和维护带来困难。

由于全局变量破坏了函数的封装性，因此使用太多的全局变量并不是一个明智的选择，就像使用太多的goto语句一样，虽然它们不是什么洪水猛兽，但对它们也需要格外小心。建议在可以不使用全局变量的情形下尽量不使用全局变量，不得不使用时一定要严格限制，尽量不要在多个地方随意修改它的值，切不可贪图一时的方便，否则后患无穷。相比之下，通过形参和返回值进行数据交流比共享全局变量的方法更好。

（4）static，用于声明静态变量。

用static关键字定义的变量，称为静态变量，其语法格式如下：

```
static 类型名 变量名;
```

静态变量保存在静态存储区内，在程序运行期间被分配固定的存储单元，其生存期是整个程序的运行期。没有显式初始化的静态变量由编译程序自动初始化为0。

静态变量与全局变量相比，有何不同呢?

这需要从生存期和作用域两个角度来分析。

静态变量与全局变量都是在静态存储区分配内存的，都只分配一次存储空间，并且仅被初始化一次，也都能自动初始化为0，其生存期都是整个程序的运行期，即从程序运行起就占据内存，程序退出时才释放内存。

静态变量与全局变量的作用域有可能是不同的，这取决于静态变量是在程序中的什么位置定义的。

在函数内定义的静态变量，称为**静态局部变量**，所谓“局部”意味着它只能在定义它的函数内被访问，即它的作用域仅限于函数内。静态局部变量和全局变量的主要区别在于可见性。静态局部变量仅在其被定义的代码块内是可见的，即静态局部变量是多次函数调用中保持其值的局部变量。

在所有函数外定义的静态变量，称为**静态全局变量**。静态全局变量和非静态的全局变量的主要区别也在于可见性。换句话说，施加于全局变量的static使得编译器生成静态全局变量，使该变量仅在被定义的文件中是可见的。因此，虽然变量是“全局”的，但它只能在定义它的文件内被访问，其他文件无法感知其存在，不能访问它，这样就达到了消除全局变量副作用的目的，即加上static后，即使不同的文件中使用了同名的全局变量，它们也不会相互影响。

静态局部变量与自动变量（即动态局部变量）相比，又有什么不同呢?

由于它们都是局部变量，因此它们的作用域都是局部的，即仅能在定义它的函数内被访问。二者的主要区别在于它们的生存期。由于静态局部变量是在静态存储区分配内存的，其生存期是整个程序的运行期，其占据的内存在退出函数后不会被释放，因此静态局部变量的值能保持到下一次进入函数时，仅在第一次调用函数时被初始化一次。而自动变量是在动态存储区分配内存的，其生存期仅限于函数内，其占据的内存在退出函数后就被释放了，因此自动变量的值不能保持到下一次进入函数时，每次调用函数都需要对其重新初始化。可见，二者被分配内存的存储区是不同的，这也正是“静态”和“动态”的本质区别。

下面通过一个简单的例子来演示静态局部变量的特点。

【例5.16】利用静态局部变量计算n的阶乘。

```
1    #include <stdio.h>
2    long Func(int n);
3    int main(void)
4    {
5        int  n;
6        long f;
7        scanf("%d", &n);
8        for (int i=1; i<=n; i++)
9        {
10            f = Func(i);  //每次循环乘一个数，n次循环乘n个数
11       }
12       printf("%d!=%ld\n", n, f); //输出n的阶乘
13       return 0;
14   }
15   long Func(int n)
16   {
17       static long p = 1;//定义静态局部变量，初始化仅在第一次进入函数时执行1次
18       p = p * n;
19       return p;           //退出函数调用时仍保持上一次函数调用时的值
20   }
```

程序的运行结果如下：

```
10↙
10!=3628800
```

变量的作用域与存储类型小结

由于静态局部变量能保持上一次退出函数前所拥有的值，因此定义了静态局部变量的函数具有一定的“记忆”功能，而本例正是利用了这一记忆功能才实现了阶乘的计算。然而，函数的这种记忆功能也使得函数对于相同的输入参数会输出不同的结果，从而降低了程序的可理解性。因此，建议少用和慎用静态局部变量。

5.3 程序测试方法

程序测试

本节主要讨论如下问题。

（1）程序测试的目的是什么？常用的程序测试方法有哪些？

（2）什么是测试用例？如何选择测试用例？

5.3.1 程序测试的目的

程序测试在软件生命周期中占据重要的地位，现已发展成为一个行业。对大量软件项目的分析结果表明，软件项目的成功在很大程度上依赖于程序测试的成功。在很多大型IT企业中，程序测试人员与开发人员的比例都接近于1：1。在微软公司，程序测试人员与开发人员的比值甚至达到了1.5～2.5。所以，比尔·盖茨（Bill Gates）曾说：“很多人认为微软是一家软件开发公司，而事实上，我们是一家程序测试公司。”可见程序测试对于保证软件质量的重要性。

程序测试（**Program Testing**）是指对实现了预定功能的计算机程序在正式使用前进行的检测，以确保该程序能按预定的方式正确地运行，即检查程序的输出是否与预期结果一致。由于在实际运行中进行穷尽测试几乎是不可能的，也是不现实的，只能进行抽样检查，因此荷兰的计算机科学家、图灵奖获得者E. W. 迪杰斯特拉（E. W. Dijkstra）曾说：“程序测试只能证明程

序有错，而不能证明程序无错。”

因此，程序测试实际上是一个发现错误的过程，程序测试的目的或者说测试人员的主要任务就是，站在使用者角度，通过不断使用（包括非常规使用），尽可能多地发现程序中的错误。错误被发现得越早，错误修复的成本就越低。测试没有发现程序错误，并不能证明程序无错。要想证明程序没有错误，必须进行程序的正确性证明，它涉及程序设计方法学等许多理论，而对普通的程序开发人员而言，程序测试仍是提高程序质量的一种重要手段，但提高程序质量显然不能完全依赖程序测试。

5.3.2 测试方法和测试用例

古兰福特·迈耶斯（Glenford J. Myers）在《软件测试的艺术》（*The Art of Software Testing*）一书中指出：一个好的测试方案是指极有可能发现迄今尚未发现的错误的测试方案，成功的测试在于发现迄今尚未发现的错误。可见测试方案的设计对于整个测试过程的重要性。然而，通常测试的主要困难在于不知道如何进行有效的测试，也不知道什么时候可以放心地结束测试。因此，往往需要采用专门的程序测试方法。

程序测试方法可以分为**静态分析（Static Analysis）**和**动态测试（Dynamic Testing）**两种。静态测试无须执行被测程序，而是通过程序静态分析的方法来发现程序中的错误。本书所说的程序测试主要是指动态测试。动态测试需要通过运行被测程序来检验程序的实际输出结果是否与预期的输出结果一致，具体包括设计测试用例、运行程序、分析程序的输出结果3个步骤。其中，最关键的步骤就是设计测试用例。

对程序进行动态测试需要运行程序，而运行程序需要数据，即**测试用例（Test Case）**。也就是说，测试用例是为达到某个特定的目的而设计的一组输入数据、执行条件及预期结果，用于核实程序的输出结果是否满足需求规格说明书中预定的要求。因此，一个测试用例主要是由输入数据和预期结果组成的。对于大型软件或分布式系统，测试用例不仅包括数据，还包括测试环境配置（如工作平台和前提条件等），即执行条件。

为程序测试而构造的测试用例应具有如下基本特性。

（1）典型性：即代表性，指能代表并覆盖各种合理的和不合理的、合法的和非法的、边界的和越界的以及极限的输入数据、操作和环境设置等。

（2）可测试性：一个测试用例的预期结果必须是可以检测的，可以根据相关开发文档得到明确的、可判定的结论。

（3）可重现性：对于相同的测试用例，预期结果应是完全相同的，如果预期结果存在不确定性，那么实际运行该测试用例时，将无法进行验证。

（4）独立性：测试用例应尽量独立。

那么，如何构造测试用例呢？

如果被测程序的内部结构和逻辑对测试人员是可见的，那么可按照程序内部的逻辑来设计测试用例，检验程序中的每条路径是否都能按预定要求正确执行，这种测试方法称为**白盒测试（White-box Testing）**，或**玻璃盒测试（Glass-box Testing）**，也称为**结构测试（Structural Testing）**。该方法选择用例的出发点是，尽量让测试数据覆盖程序中的每条语句、每个分支。

如果被测程序的内部结构和逻辑对测试人员是不可见的，那么可以按照需求规格说明书中的功能需求设计测试用例，利用程序提供的外部接口测试程序的功能是否符合预期，这种测试方法称为**黑盒测试（Black-box Testing）**，也称**功能测试（Functional Testing）**。该方法的实质是对程序的功能进行覆盖性测试，因此可从程序预定的功能出发选择测试用例。

按照软件开发阶段，程序测试可以划分为单元测试、集成测试、系统测试、验收测试等。通常，在早期使用白盒测试或灰盒测试方法，在后期使用黑盒测试方法，同时除了功能性测试，还要考虑非功能性测试（如性能测试）。

5.3.3 错误实例分析

在选择测试用例时，不仅要选择合理的输入数据，还要选择不合理的以及某些特殊的输入数据或临界的点对程序进行测试，这称为**边界测试**（**Boundary Testing**）。边界测试通常是初学者容易忽视的。来看下面的例子。

【**例5.17**】下面是重新编写的例4.4将百分制成绩转换为五分制成绩的程序，通过程序测试分析它错在哪里。

```
1    #include <stdio.h>
2    void ScoreTransf(int score);
3    //主函数
4    int main(void)
5    {
6        int score;
7        scanf("%d", &score);
8        ScoreTransf(score);
9        return 0;
10   }
11   //函数功能：将百分制成绩转换为五分制成绩，输出转换结果
12   void ScoreTransf(int score)
13   {
14       char grade;
15       if (score < 0 || score > 100)  //由测试用例8和9覆盖
16       {
17           printf("Input error!\n");
18       }
19       else if (score >= 90)          //由测试用例6和7覆盖
20       {
21           grade = 'A';
22       }
23       else if (score >= 80)          //由测试用例5覆盖
24       {
25           grade = 'B';
26       }
27       else if (score >= 70)          //由测试用例4覆盖
28       {
29           grade = 'C';
30       }
31       else if (score >= 60)          //由测试用例3覆盖
32       {
33           grade = 'D';
34       }
35       else                           //由测试用例1和2覆盖
36       {
37           grade = 'E';
38       }
39       printf("grade:%c\n", grade);
40   }
```

本例采用白盒测试，为使测试用例尽可能覆盖程序的所有分支，我们构造9个测试用例，其预期结果和实际输出结果的对比如表5-2所示。

表 5-2 例 5.17 程序的测试用例的预期结果和实际输出结果对比

测试用例编号	输入数据	预期结果	实际输出结果	测试结果
1	0	grade:E	grade:E	通过
2	45	grade:E	grade:E	通过
3	65	grade:D	grade:D	通过
4	75	grade:C	grade:C	通过
5	85	grade:B	grade:B	通过
6	95	grade:A	grade:A	通过
7	100	grade:A	grade:A	通过
8	120	Input error!	Input error! grade:a	未通过
9	-10	Input error!	Input error! grade:a	未通过

从表5-2我们可以发现，当程序输入[0, 100]之外的数据时，除了输出错误提示信息，还多输出了一行信息，说明程序在执行完第17行语句后，又执行了第39行语句。为了避免在程序输入数据错误的时候执行第39行语句，有以下3种解决方案。

第一种解决方案是，在检测到用户输入数据错误时直接结束程序运行，即在第17行后面增加下面的函数调用语句：

```
exit(0);
```

函数exit()的作用是结束程序运行。使用exit()函数时必须包含头文件stdlib.h，即还要在程序开头增加一行编译预处理命令：

```
#include <stdlib.h>
```

第二种解决方案是，在检测到用户输入数据错误时并不结束程序的运行，而是让用户重新输入数据。修改后的程序如下：

```
1    #include <stdio.h>
2    void ScoreTransf(int score);
3    //主函数
4    int main(void)
5    {
6        int score;
7        scanf("%d", &score);
8        while (score < 0 || score > 100)
9        {
10           printf("Input error!\n");
11           scanf("%d",&score);
12       }
13       ScoreTransf(score);
14       return 0;
15   }
16   //函数功能：将百分制成绩转换为五分制成绩，输出转换结果
17   void ScoreTransf(int score)
18   {
19       char grade;
20       if (score >= 90)
21       {
22           grade = 'A';
23       }
```

```
24        else if (score >= 80)
25        {
26            grade = 'B';
27        }
28        else if (score >= 70)
29        {
30            grade = 'C';
31        }
32        else if (score >= 60)
33        {
34            grade = 'D';
35        }
36        else
37        {
38            grade = 'E';
39        }
40        printf("grade:%c\n", grade);
41    }
```

第三种解决方案是，改用switch语句来实现。但是下面的程序是有错误的，请通过程序测试分析下面的程序错在哪里。

```
1     #include <stdio.h>
2     void ScoreTransf(int score);
3     //主函数
4     int main(void)
5     {
6         int score;
7         scanf("%d", &score);
8         ScoreTransf(score);
9         return 0;
10    }
11    //函数功能：将百分制成绩转换为五分制成绩，输出转换结果
12    void ScoreTransf(int score)
13    {
14        int mark = score / 10;          //将score的值域缩小为原来的1/10
15        switch (mark)
16        {
17        case 10:
18        case 9:
19            printf("grade:A\n");
20            break;
21        case 8:
22            printf("grade:B\n");
23            break;
24        case 7:
25            printf("grade:C\n");
26            break;
27        case 6:
28            printf("grade:D\n");
29            break;
30        case 5:
31        case 4:
32        case 3:
33        case 2:
34        case 1:
35        case 0:
```

```
36            printf("grade:E\n");
37            break;
38        default:
39            printf("Input error!\n");
40        }
41    }
```

该程序仍采用白盒测试，由于改用switch语句实现后增加了一些分支，即原来低于60分的分数段被细分为了6个分数段，因此为使测试用例尽可能覆盖程序的所有分支，我们构造16个测试用例，其中，除了增加边界测试用例外，还增加了一个前两种解决方案都没有考虑的非数字字符输入的测试用例。其预期结果和实际输出结果的对比如表5-3所示。

表 5-3　测试用例的预期结果和实际测试结果对比

测试用例编号	输入数据	预期结果	实际输出结果	测试结果
1	0	grade:E	grade:E	通过
2	15	grade:E	grade:E	通过
3	25	grade:E	grade:E	通过
4	35	grade:E	grade:E	通过
5	45	grade:E	grade:E	通过
6	55	grade:E	grade:E	通过
7	65	grade:D	grade:D	通过
8	75	grade:C	grade:C	通过
9	85	grade:B	grade:B	通过
10	95	grade:A	grade:A	通过
11	100	grade:A	grade:A	通过
12	120	Input error!	Input error!	通过
13	−10	Input error!	Input error!	通过
14	105	Input error!	grade:A	未通过
15	−5	Input error!	grade:E	未通过
16	Q	Input error!	grade:E	未通过

测试未通过的测试用例有3个，第16号测试用例是输入非数字字符的情况，这种情况在前两种解决方案中未考虑，第14号和第15号测试用例分别是输入101～109和−1～−9的数据的情况。

输入105时之所以输出了等级A，是因为它被当作了case 10来处理，而之所以被当作case 10来处理，是因为第14行语句mark = score/10; 执行的是整数除法运算，105与10的整除结果是整数10（不是10.5）。而当输入−5时，−5与10的整除结果为0，所以被当作case 0来处理，从而输出了等级E。输入非数字字符时，因未成功读入数据score，使得第14行语句计算的mark值是错误的，从而导致输出结果也是错误的。

为了解决上述问题，我们可以采用5.2.4小节介绍的防御式编程方法，即在用户输入不在合法区间内的数据或者输入非数字字符时，均让用户重新输入，以提高程序的稳健性。类似于例5.10，我们将用户输入的实现代码封装为函数，这样有助于让主函数保持“优雅、苗条”的“身段”，不会因为功能的增加而变得“臃肿”。修改后的程序如下：

```
1    #include <stdio.h>
2    #include <stdlib.h>
3    void ScoreTransf(int score);
4    int InputScore(void);
5    int main(void)
6    {
```

```
7       int score = InputScore();
8       ScoreTransf(score);
9       return 0;
10  }
11  //函数功能：将百分制成绩转换为五分制成绩，输出转换结果
12  void ScoreTransf(int score)
13  {
14      char grade;
15      if (score < 0 || score > 100)  //InputScore()已经对此范围的数据进行了检查
16      {
17          printf("Input error!\n");
18          exit(0);
19      }
20      else if (score >= 90)           //由表5-4中的测试用例10和11覆盖
21      {
22          grade = 'A';
23      }
24      else if (score >= 80)           //由表5-4中的测试用例9覆盖
25      {
26          grade = 'B';
27      }
28      else if (score >= 70)           //由表5-4中的测试用例8覆盖
29      {
30          grade = 'C';
31      }
32      else if (score >= 60)           //由表5-4中的测试用例7覆盖
33      {
34          grade = 'D';
35      }
36      else                           //由表5-4中的测试用例1~6覆盖
37      {
38          grade = 'E';
39      }
40      printf("grade:%c\n", grade);
41  }
42  //函数功能：输入并返回用户输入的数，能够检查输入数据的合法性和有效性
43  int InputScore(void)
44  {
45      int score, ret;
46      ret = scanf("%d", &score);
47      while (ret != 1 || score < 0 || score > 100)  //由表5-4中的测试用例12～16覆盖
48      {
49          while (getchar() != '\n');
50          printf("Input error!\n");
51          ret = scanf("%d",&score);
52      }
53      return score;
54  }
```

重新测试程序，测试用例和实际输出结果如表5-4所示。测试结果表明，所有16个测试用例全部测试通过。

表 5-4　修改后程序的测试用例和实际输出结果

测试用例编号	输入数据	预期结果	实际输出结果	测试结果
1	0	grade:E	grade:E	通过

续表

测试用例编号	输入数据	预期结果	实际输出结果	测试结果
2	15	grade:E	grade:E	通过
3	25	grade:E	grade:E	通过
4	35	grade:E	grade:E	通过
5	45	grade:E	grade:E	通过
6	55	grade:E	grade:E	通过
7	65	grade:D	grade:D	通过
8	75	grade:C	grade:C	通过
9	85	grade:B	grade:B	通过
10	95	grade:A	grade:A	通过
11	100	grade:A	grade:A	通过
12	120 90	Input error! grade:A	Input error! grade:A	通过
13	−10 80	Input error! grade:B	Input error! grade:B	通过
14	105 70	Input error! grade:C	Input error! grade:C	通过
15	−5 60	Input error! grade:D	Input error! grade:D	通过
16	Q 30	Input error! grade:E	Input error! grade:E	通过

如果将ScoreTransf()换成第二种方案中的条件语句，表5-4所示的16个测试用例依然可以全部通过。由于函数的接口并未改变，因此函数内部实现方法的改变并不影响主调函数中的函数调用语句。

5.4 程序调试方法

程序调试

本节主要讨论如下问题。

（1）何为bug？何为Debug？

（2）程序中常见的出错原因有哪些？常用的程序调试方法有哪些？

5.4.1 常用的程序调试与排错方法

也许你会发现你写的一个20行的程序，竟然在编译时报出16个错误和警告，除了抓狂挠墙，你束手无策；也许你洋洋洒洒写下的300行代码，顺利“杀出重围”正在计算机上运行着，你正得意写了这个运行通畅如行云流水的程序时，突然屏幕上输出了一堆令你眼花缭乱而又莫名其妙的结果，焦头烂额之后你和你的程序一起“崩溃”了。

只编译、运行一次，程序即可通过，无须任何更改，这简直就是神一般的存在，古往今来，能修炼到如此境界的人可能并不存在，但这的确是所有程序员无比渴望和孜孜以求的编程最高境界。

你会发现，你“横扫千军万马”“踏平五湖四海”“码”下的代码，可能永远都不会让你高枕无忧，你要随时待命修复其中的bug。即使是经验最丰富的程序员也无法保证他编写的程序没有任何bug，我们能做的就是尽量避免或减少bug，把bug及其带来的风险控制在可接受的范围内。在整个软件开发过程中，bug发现得越早越好，若bug被遗留到下一阶段，修复bug的成本将扩大到原来的5～10倍，甚至造成无法修复的局面。

话说，让程序员们殚精竭虑、点灯熬油的bug究竟为何方神圣呢？

在计算机发展的早期，女数学家格雷丝·霍珀（Grace Hopper）在调试为计算机马克1号编制的程序时，计算机出现了故障，几经周折后发现是一只飞蛾被烤煳在计算机的两个继电器触点的中间，导致短路，把飞蛾取出后，计算机才恢复正常。于是人们打趣地把程序缺陷统称为“bug”（本意为“虫子”），程序调试也因此被形象地称为“Debug”（意为“捉虫子”），即发现bug并加以修正的过程。现在Debug已成为计算机领域常见的一个专业术语。

对绝大多数人而言，程序不是编出来的，而是调出来的，只有多上机、多实践、多积累调试经验，才能练就一双在程序中寻找bug的火眼金睛。

通常解决问题（Issue）的过程可以分解为3个步骤：第一步，理解问题；第二步，定位问题；第三步，提出解决问题的方案。其中，第二步即定位问题最为重要。正如20世纪的“现代物理学之父”爱因斯坦（Einstein）所说：“如果我有一个小时拯救世界，我会花55分钟定位问题，5分钟解决问题”。这说明，如果你想要解决问题，可能需要用80%的精力去定位这个问题，剩下20%的精力去寻找解决问题的方案。因为当问题被拆分得足够细、足够清晰时，你会发现解决方案原来如此明显和简单，每个人似乎都可以办得到。

Debug的过程莫不如此。虽然程序测试可以发现程序中存在的bug，但是通常我们很难通过程序测试发现bug究竟藏在哪里及引发bug的根源，必须通过程序调试来定位bug。相对于程序测试而言，这是一个极其复杂和耗时的过程。在某种程度上，这个过程有点像破案，我们只知道坏事发生了，但不知道这个坏事究竟是谁干的。这个时候，如果能了解一些程序常见的出错原因，并掌握一些常用的程序调试与排错方法，显然会有助于我们快速准确地定位bug、寻找bug产生的根源，进而修正错误，减少排错所需的时间。

一般而言，程序中常见的出错原因可归纳为以下3种类型。

（1）编译错误

编译错误（Compilation Error）是指在编译过程中发现的错误。程序编译不通过，说明程序中有**语法错误（Syntax Error）**，通常是因为程序中存在不符合语言的语法规定的语句。这是初学的“小白”们常犯的一类错误。

编译错误比较容易修正，借助于集成开发环境中Message 窗口给出的出错行号及错误提示信息，很容易实现bug的定位和改错。少数情况下，编译器提示的错误行可能并不是真正的错误所在行，需要调试者结合上下文找到真正的出错位置。

（2）链接错误

程序链接过程中常见的**链接错误（Linking Error）**是**符号未定义**和**符号重定义**，这里的符号主要指函数或全局变量。在程序的编译过程中，只要符号被声明，编译即可通过，但是在链接的过程中，符号必须有具体的实现才可以成功链接。由于链接器在处理各个符号的时候，已经没有源文件的概念，只寻找目标文件，因此链接器在报错的时候，只会给出错误的符号名称，而不会像编译器那样给出错误的行号。

例如，某个源文件的某个地方调用了一个函数，如果源文件中给出了这个函数的声明，那么编译就可以通过。在链接的过程中，链接器将在各个代码段中寻找该函数的定义，如果在程序的任何地方都没有找到此函数的定义，那么链接器就会报出符号未定义的链接错误。符号重定义错误与符号未定义错误类似，如果链接器在链接的时候，发现一个符号在不同的地方有多于一个定义，这时就会产生符号重定义错误。

（3）运行时错误

运行时错误（Run-time Error）是指在程序运行时发生的错误。相对于编译时出现的语法错误而言，程序运行时出现的错误更难被发现。由于对这类错误编译器通常不给出错误提示信息，所以这类错误是最让人头疼的。运行时错误通常有如下两种类型。

① 逻辑错误。逻辑错误分为致命的和非致命的逻辑错误。非致命的逻辑错误不影响程序的运行，但程序的运行结果与预期的不相符，即程序输出错误的结果，程序做的事情并不是程序设计者想做的事情。致命的逻辑错误会导致程序无法正常运行，使程序失效或提前终止，这种错误往往是程序让计算机做了它无法做到的事情导致的，如除0、错误的条件导致的死循环、非法内存访问等。

② 系统错误。系统错误是指程序没有语法错误和逻辑错误，但程序的正常运行依赖于某些外部条件，如果这些外部条件缺失（外部依赖项路径不正确，或者外部依赖项不存在），则程序将不能正常运行。例如，编程输出图片，图片的路径存在错误。再如，使用某些函数时找不到此函数。又如，你要使用某个外部图形库，程序包含头文件，输出也写好了，代码也没错，在别人那里能运行，但是在你的计算机上就是不"work"！

寻找引发bug根源的过程，称为**调试（Debug）**。**集成开发环境（Integrated Development Environment，IDE）**除了配有编译器，通常还会配有调试器。例如，Code::Blocks支持20多种主流编译器，通常采用开源的GCC/g++编译器和与之配对的GDB调试器。之所以称其为集成开发环境，就是因为它集成了有关程序创建和源代码编辑、编译、运行、调试的各种功能。调试器一般有一个图形界面，使用户能按语句或按函数的方式单步运行程序，在某个特定的语句行或某个特定条件发生时停下来。另外，它还常提供按照某些指定格式在监视窗里显示变量的值等许多功能。

综合使用IDE的调试器提供的监视窗和单步运行功能，是找出程序中bug的最简便易用的方法，因为每运行一行可以看看程序究竟做了些什么，变量的值发生了怎样的变化，它们是否按设计者的意图在变化。若程序是按预定要求正常工作的，则这一行就算调试通过，否则就找到了错误所在。当程序的运行结果不正确时，采用这种方法显示出可能出错的局部变量和全局变量的值，可以有效地帮助我们检查究竟是哪里的代码有误，如变量没有初始化等。

在一个正确的环境里，对于一个调试经验丰富的开发者，一个好的调试器能使调试工作达到事半功倍之效。如果依靠调试器仍然不能发现问题，那么不妨试试下面的方法。

（1）缩减输入数据，设法找到导致测试未通过的最小输入。

（2）采用分而治之的策略将问题局部化。采用注释的方法"切掉"一些代码，缩小错误排查的代码区域，调试无误后再"打开"这些注释。

（3）根据"二八原则"，80%的bug聚集在20%的模块中，经常出错的模块修改后还会出错，应该作为重点排查对象。

（4）在关键位置增加printf语句和检查代码。结合逆向思维和推理来增加printf语句，也许比使用调试器盲目地东翻西找更有效率。

（5）对于大型分布式软件，还要善于通过分析bug日志来定位bug。

找到bug后，就要考虑如何修复bug。修复bug时需要注意以下3个问题。

（1）不要急于修正，先分析引发bug的原因，以便对症下药。

（2）程序中可能隐藏着同一类型的多个bug，一旦发现就要乘胜追击，找到并修正所有与之相似的bug。

（3）修正后要立即进行回归测试，以免修复一个bug又引入其他新的bug。

现在有很多开源的或商业化的软件缺陷检测工具。例如，C/C++的软件缺陷检测工具Cppcheck适合检测除0、整数溢出、空指针解引用、缓冲区溢出（Buffer Overflow）等缺陷。Purify适合检查内存使用方面的缺陷，如数组越界写、使用了未初始化的内存、对已释放的内存进行读写、读写空指针等。而商业化的软件缺陷检测工具Coverity、Fortify、Checkmarx等功能更为强大，能检测10多种甚至20多种编程语言的bug。

不过，任何工具都不能防止我们犯错误，作为程序员，我们应该知道所用语言中有潜在危险和引起错误倾向的那些语言特征，通过养成良好的编程风格和防御式编程，降低bug出现的可能性。毕竟任何工具都不可能代替我们自己的思考，世界上最好的“调试器”还是那些有经验的人。

除了要善于利用身边的工具与环境进行学习之外，还要“实践，实践，再实践”，除此之外没有任何捷径。

如果你想从“菜鸟”升级为“大佬”，那么在学习的过程中就不要偷懒，不要一遇到问题就去问别人，成长是需要经历困难和磨砺的，很多经验和教训只有在自己被折磨后才能牢牢地记住。

如果未曾经过巅峰与低谷之间的跌宕起伏，你就不会体验到程序设计带给你的快乐和成就感。无人能帮你破茧而出，每一次挣扎都是你成长所必经的过程。

5.4.2 错误实例分析

【例5.18】编程计算 a + aa + aaa + … + aa…a（*n*个a）。下面的程序存在bug，请利用程序调试方法分析程序错在哪里。

```
1    #include <stdio.h>
2    #include <math.h>
3    long SumofNa(int a, int n);
4    //主函数
5    int main(void)
6    {
7        int a, n;
8        scanf("%d,%d", &a, &n);
9        printf("sum=%ld\n", SumofNa(a, n));
10       return 0;
11   }
12   //函数功能：计算并返回a + aa + aaa + … + aa…a的结果
13   long SumofNa(int a, int n)
14   {
15       long sum = 0;
16       for (int i=1; i<=n; i++)
17       {
18           sum = sum + a * (pow(10, i) - 1) / 9;
19       }
20       return sum;
21   }
```

程序的测试结果如表5-5所示。

表 5-5 程序的测试结果

测试用例编号	输入数据	预期结果	实际输出结果	测试结果
1	2, 10	sum=2469135800	sum=-2147483648	未通过
2	2, 8	sum=24691352	sum=24691356	未通过
3	2, 4	sum=2468	sum=2466	未通过
4	2, 2	sum=24	sum=23	未通过
5	2, 1	sum=2	sum=2	通过

如表5-5所示，我们输入2和10的时候，发现测试用例未通过，然后继续测试，直到输入2和1测试通过为止，这时我们就找到了导致测试未通过的最小输入，即2和2。根据逆向推理，当输入2和2时，实际上是计算2+22，但实际输出结果是23，由于第一个累加项2是正确的，因此说明

第二个累加项发生了错误，实际加的不是22，而是21，这使得我们高度怀疑第18行的语句存在bug。

第18行语句的原理是什么呢？用数学归纳法可以建立这个问题的数学模型，假设“连写i-1个a”已经求出，那么“连写i个a”就是在“连写i-1个a”的基础上加上“连写i个a”，写成数学公式就是：

$$\sum_{k=1}^{i}\text{连写}k\text{个}a=\sum_{k=1}^{i-1}\text{连写}k\text{个}a+\text{连写}i\text{个}a$$

这里，“连写i个a”就是要累加的项，可以将其转换为a与“连写i个1”相乘，而“连写i个1”可以转换为“连写i个9”与9相除，最后“连写i个9”可以表示为10的i次幂减1，即(pow(10, i) - 1)，因此得到的累加项为

```
a * (pow(10, i) - 1) / 9
```

从原理上看第18行语句是没有问题的，会不会是在计算的过程中出现了精度损失呢？为了验证这个猜测，除了可以在IDE下利用单步运行的方式调试程序，我们还可以采用插入printf语句的方式，来观察每次循环计算的累加项的值，即在循环体内的第18行语句后添加如下两条printf语句，分别以两种不同的格式输出计算的累加项的值。

```
printf("%ld\n", (long)(a * (pow(10, i) - 1) / 9));
printf("%f\n", a * (pow(10, i) - 1) / 9);
```

此时，用第4个测试用例测试程序，得到如下结果：

```
2,2↙
2
2.000000
21
22.000000
sum=23
```

这个测试结果显示，将累加项的计算结果强转为long型时会出现精度损失。

继续用第3个测试用例测试程序，得到如下结果：

```
2,4↙
2
2.000000
21
22.000000
222
222.000000
2221
2222.000000
sum=2466
```

这个测试结果进一步验证了我们的分析，即不能在累加的过程中对用pow()函数计算的累加项进行强转，否则会导致精度损失，这是因为pow()函数的参数和返回值都是double型，而浮点型并非实数的精确表示，将计算结果强转为long型有可能因舍去小数部分而导致强转后的值比实际值少1。

那么第1个测试用例为什么会出现计算结果为负数的现象呢？在3.4.3小节，我们曾经介绍过，当正整数的求和结果是一个很大的负数时，通常都是整数溢出导致的。本例中，当输入的n值为10时，累加项的计算结果会超出long型能表示的正数的最大值，因此就会出现上溢出，符号位0被进位覆盖变为1，于是输出结果就显示为一个负数，即出现了整数回绕。

为了解决上述整数溢出和精度损失的问题，需要改用表数范围更大、表数精度更高的double型，最后输出结果时可以不显示其小数位。程序修改如下：

```
1    #include <stdio.h>
2    #include <math.h>
3    double SumofNa(int a, int n);
4    //主函数
5    int main(void)
6    {
7        int a, n;
8        scanf("%d,%d", &a, &n);
9        printf("sum=%.f\n", SumofNa(a, n));
10       return 0;
11   }
12   //函数功能：计算并返回a + aa + aaa + … + aa…a的结果
13   double SumofNa(int a, int n)
14   {
15       double sum = 0;
16       for (int i=1; i<=n; i++)
17       {
18           sum = sum + a * (pow(10, i) - 1) / 9;
19       }
20       return sum;
21   }
```

事实上，更好的方法是利用前项来计算后项，这比直接计算累加项的方法效率高，也不容易出错。用这种方法实现的程序如下：

```
1    #include <stdio.h>
2    #include <math.h>
3    double SumofNa(int a, int n);
4    //主函数
5    int main(void)
6    {
7        int a, n;
8        scanf("%d,%d", &a, &n);
9        printf("sum=%.f\n", SumofNa(a, n));
10       return 0;
11   }
12   //函数功能：计算并返回a + aa + aaa + … + aa…a的结果
13   double SumofNa(int a, int n)
14   {
15       double sum = 0;
16       ouble term = 0;
17       for (int i=1; i<=n; i++)
18       {
19            term = term * 10 + a;  //利用前项来计算后项
20            sum = sum + term;
21     }
22    return sum;
23   }
```

这里，第19行语句利用前项来计算后项，假设前项是“连写i-1个a”，那么后项就是“连写i个a”，只要将前项向左移一位并在最低位补0（即乘10），再在最低位的0上加上a，即可求出后项。将该数学模型表示为数学公式：

$$\sum_{k=1}^{i}\text{连写}k\text{个}a=\left(\sum_{k=1}^{i-1}\text{连写}k\text{个}a\right)\times 10+a$$

将该公式转换为C语句，就是第19行的语句，即

```
term = term * 10 + a;
```

5.5 最佳编码原则：代码规范

代码规范

许多大公司都为员工编写代码制定了代码规范。开发大项目时，通常由项目管理者制定代码规范。想知道基本的代码规范包括哪些内容吗?

图灵奖获得者唐纳德·克努特（Donald E. Knuth）的名著*The Art of Computer Programming*，体现了算法大师对程序设计这门艺术的陶醉。但程序设计与纯粹的艺术创作绝不是一回事，程序不是艺术品，不能过分追求个性。

代码规范就是一种“一致性”要求。代码呈现的样子，不应该依赖某个人的喜好而改变，因为你要考虑的是很多人，而不是一小撮人。尤其是在团队协作进行软件开发和维护长周期软件的时候，代码更应具有一致性，无论程序是由多少人共同编写而成的，它看起来都应像一个人写的。这样，沟通成本是最低的，知识的传递成本也是最低的。

本节就是希望告诉读者，什么样的代码是可读的。养成良好的编码风格，确保编码风格的一致性，和写出正确的程序一样重要。

（1）函数的命名规则与变量的命名规则相同，应使用英文单词的组合，切忌使用汉语拼音。为确保直观、易于拼读和“见名知意”，函数名通常使用“动词”或“动词+名词”（动宾词组）的形式，而变量名通常使用“名词”或“形容词+名词”的形式。为了与以小写字母开头的变量名相区分，函数名通常采用以大写字母开头的单词组合。Windows风格的函数名采用大小写混排的单词组合，如GetMax()，而Linux/UNIX风格的函数名通常采用加下画线的方式，如Get_Max()。

（2）在函数定义的前面写上一段注释来描述函数的功能及其形参，是一个非常好的编程习惯。函数的注释必须给其他程序员足够的信息，让其了解如何使用该函数。为了节省篇幅，本书后面的程序对函数注释进行了简化，只标明了函数的功能。

（3）在函数调用中，尤其需要注意的一个问题就是求值顺序，即对实参表中的各个参数是自左至右使用、还是自右至左使用。对此，不同的编译系统的规定不一定相同，这将导致当参数表中出现自增和自减运算时，程序在不同的编译系统中有可能会输出不同的结果，例如：

```
printf("%d", ++x, x+y);
```

因此应尽量避免这种不良的编码风格。从编码风格能看出你是“正规军”还是“游击队”。

（4）尽量少使用全局变量。任何事物都有其两面性，全局变量可在任何函数中被访问的特性在使数据交换变得方便的同时，也会给程序带来一些副作用。

（5）为了提高程序的可测试性，建议不要在一行内写多条语句。

（6）每一个函数应该限定只具有一个简单的、精心定义的功能，函数名应能准确地表达这个功能。这样有助于实现抽象，并提高程序的可重用性。

如果不能为自己编写的函数起一个简明的函数名，就说明这个函数具有多种功能。建议将这样的函数拆分成若干个更小的函数，这称为分解。

（7）在程序中包含所有函数的函数原型，这样才能利用C语言的类型检查功能。可以用#include编译预处理命令从相应标准库的头文件中获得标准库函数的函数原型，或者获得包含自定义的函数原型的头文件。

（8）将形参的名字包含在函数原型中，可以起到程序注释的作用。编译器会忽略掉这些名字，所以函数原型“int maximum (int, int, int);”是有效的。

5.6 本章知识树

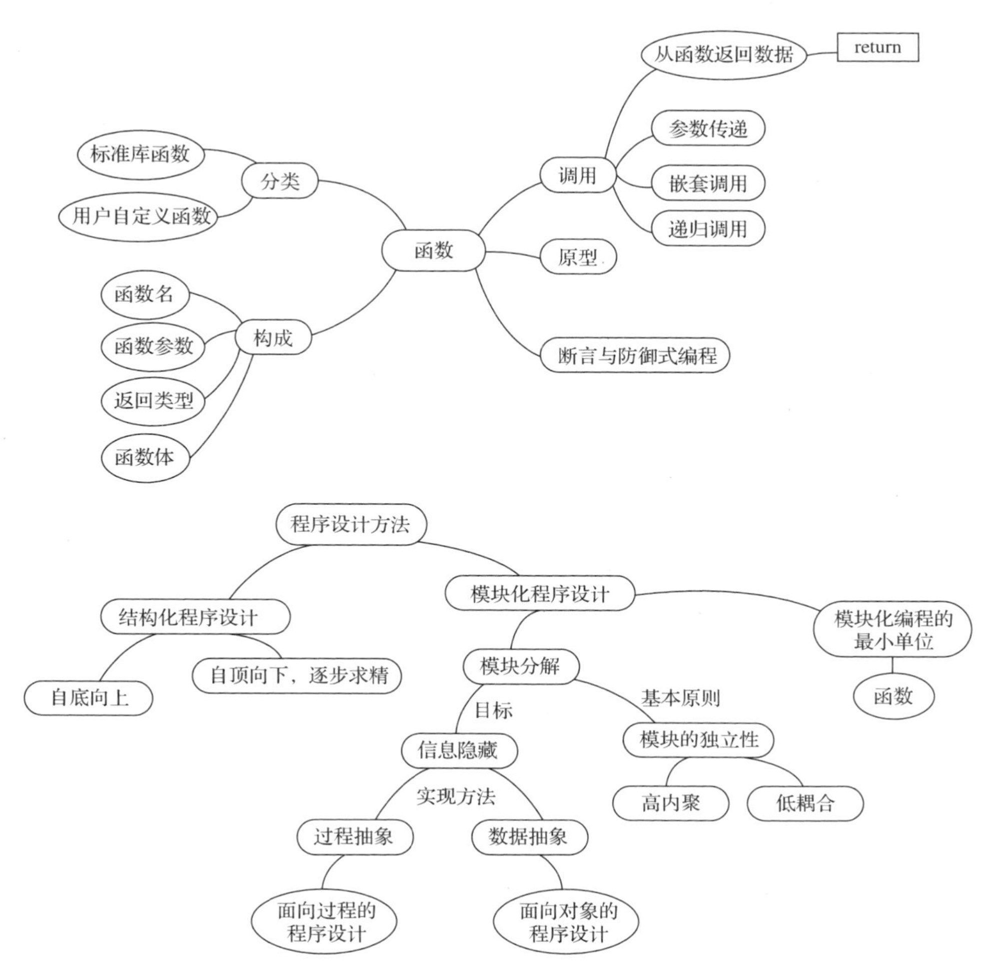

学习指南：神话般的“一次过”不是没有，但对多数人而言，程序不是编出来的，而是调出来的。调试错误的程序是一个“大悲大喜”的过程，一天之内可以让你在悲伤的低谷和喜悦的巅峰之间跌宕起伏。如果你曾改过成千上万个程序错误，那么相当于你爬过了成千上万座高山，无论今后再遇到多大的困难和挑战，你都会胸有成竹。想要练就一双在程序中寻找bug的火眼金睛，唯有多多地上机实践，积累经验。

习题5

1. **数字位数统计**。从键盘输入一个int型数据，用函数编程输出该整数共有几位数。

2. **最小公倍数**。用函数编程实现计算两个正整数的最小公倍数的函数，在主函数中调用该函数计算并输出从键盘任意输入的两个整数的最小公倍数。

3. **阶乘求和**。先输入一个[1, 10]范围内的整数n，然后用函数编程计算并输出$1! + 2! + 3! + \cdots + n!$。要求程序具有防止非法字符输入和错误输入的能力，即如果用户输入了非法字符或者不在[1, 10]范围内的整数，则提示用户重新输入数据。

4. **阶乘末6位**。先输入一个[1, 20]范围内的整数n，然后用函数编程计算并输出$S=1!+2!+ \cdots$

+ n!的末6位（不含前导0）。若S不足6位，则直接输出S。不含前导0的意思是，如果末6位为001234，则只输出1234即可。要求程序具有防止非法字符输入和错误输入的能力，即如果用户输入了非法字符或者不在[1, 20]范围内的整数，则提示用户重新输入数据。

5. **验证角谷猜想**。日本数学家角谷静夫发现，对于任意一个自然数n，若n为偶数，则将其除以2，若n为奇数，则将其乘3，然后加1，将所得运算结果再按照以上规则进行计算，如此经过有限次运算后，总可以得到自然数1。例如，输入自然数8，8是偶数，则进行以下计算：8/2=4, 4/2=1。如果输入自然数5，5是奇数，则进行以下计算：5 × 3+1=16, 16/2=8, 8/2=4, 4/2=1。要求从键盘输入自然数n（$0 < n \leqslant 100$），编程验证角谷猜想，列出计算过程中的每一步，要求能对输入数据进行合法性检查，直到用户输入合法。

6. **完全数判断**。完全数也称完美数或完数，它是指这样的一些特殊的自然数：它所有的真因子（即除自身以外的约数）的和，恰好等于它本身，即m的所有小于m的不同因子（包括1）加起来恰好等于m本身。注意：1没有真因子，所以1不是完全数。例如，因为6 = 1 + 2 + 3，所以6是一个完全数。请编写一个程序，判断一个整数m是否为完全数。

7. **完全数统计**。请编写一个程序，输出n以内所有的完全数。n是[1, 1000000]区间上的数，由用户从键盘输入。如果用户编入的数不在此区间，则输出“Input error!\n”。

8. **统计特殊的星期日**。已知1900年1月1日是星期一，请编写一个程序，计算在1901年1月1日至某年12月31日期间共有多少个星期日落在每月的第一天上。要求先输入年份y，如果输入非法字符，或者输入的年份小于1901，则提示重新输入；然后输出在1901年1月1日至y年12月31日期间星期日落在每月的第一天的天数。

9. **泊松的分酒趣题**。法国著名数学家泊松青年时代研究过一个有趣的数学问题：某人有12品脱（1品脱≈0.56826升）的啤酒一瓶，想从中倒出6品脱，但他没有6品脱的容器，仅有一个8品脱和一个5品脱的容器，怎样倒才能将啤酒分为两个6品脱呢？请编程求解。

第6章 程序设计的问题求解基础

内容导读

必学内容：枚举、递推、递归。
进阶内容：递归与迭代的关系。

你可曾想过我们的世界千变万化，待求解的问题纷繁芜杂，是什么“内功心法”让程序设计语言能够在强手如林的问题空间游刃有余、从容自如？是什么秘诀让计算机模仿人类的思维方式如此“惟妙惟肖”？也许你会惊讶：原来我们的思维方式居然有迹可循！

你是否还曾想过，学习程序设计可否摆脱语言语法的羁绊？揭开语言语法的表象，程序设计的实质究竟是什么？

从本章开始，我们将陆续为大家揭晓谜底。让我们一起来仔细品味“一生二，二生三，三生万物”的“神奇”力量吧！

6.1 问题求解策略

本节主要讨论如下问题。

常用的问题求解策略有哪些？

算法设计的基本思路就是寻找解决问题的规律。计算机科学家在算法研究过程中总结的一些具有普遍意义的算法策略和解题规律，能够帮助我们较快地设计解决问题的算法。如果把算法比作战术，那么策略就好比战略。所谓问题求解策略是指在数学思想支持下的解题思路、方式和方法，如贪心策略、分治策略、回溯策略等。每种策略各有千秋，有的侧重于形象思维，有的则侧重于抽象思维；有的适合解决常规问题，有的则适合解决非常规的问题。同一策略可以解决不同的问题，解决同一问题也可以采用不同的策略，有时不同的策略还可以结合使用，以相互补充。

下面几节重点介绍枚举、递推、递归等问题求解策略。

6.2 枚举——从找回你的密码谈起

本节主要讨论如下问题。

枚举法求解的两个基本要素是什么？

某位同学想外出旅行，可是他忘记自己的密码旅行箱的密码了，只记得3位密码的中间一位是6。现在你能帮他找回密码旅行箱的密码吗？相信你一定能想到“试”的方法，这个最朴素的问题求解策略就是本节要介绍的枚举法。

枚举法，也称**穷举法**，是使用较为普遍的一种计算机问题求解策略，它充分利用计算机运算速度快、精确度高的特点，针对要解决的问题，列举出所有可能的情况，一个不漏地进行试探，试探其是否符合问题所要求的判定条件，从而得到问题的解。其基本思想是首先根据问题的部分条件预估解的范围，然后在此范围内对所有可能的情况进行逐一验证，直到全部情况通过验证。若某个情况符合该问题的全部条件，则该情况为该问题的一个解；若全部情况的验证结果均不符合该问题的全部条件，则该问题无解。

枚举法求解问题的两个基本要素如下。

（1）**确定枚举对象和枚举范围**，即分析问题所涉及的情况有哪些，情况的数量或范围是什么，可用循环结构实现。

（2）**确定判定条件**，即符合什么条件才能成为问题的解，可用选择结构实现。

基本要素分析清楚以后，枚举可能的解，验证其是否为问题的解即可。其中，枚举范围直接影响算法的时间复杂度，选择适当的枚举对象和枚举范围可获得更高的效率。

在现实中，枚举法常用于密码的破译，即将所有可能的密码逐个尝试，直到找出真正的密码，也称为**蛮力法**，或**暴力搜索法**。例如，一个已知是4位并且全部由数字组成的密码，其共有10^4种可能的组合，因此最多尝试10^4次就能找到正确的密码。理论上利用这种方法可以破解任何一种密码，问题只在于如何缩短试错时间。例如，破译一个8位且可能包含大小写字母、数字及符号的密码，用普通的PC可能需要花费几个月甚至更长的时间，这显然是不能接受的。一种解决办法是运用字典（如英文单词和生日的数字组合等）锁定一个搜索范围，这可能会大大缩短试误时间。一般地，为防止非法用户使用枚举法破解密码，严密的密码验证机制都能设置试误的容许次数，当试误次数达到容许次数时，密码验证系统会自动拒绝继续验证，有的甚至还会自动启动入侵报警机制。例如，ATM通常在用户密码试误3次以后锁定该账户。再如，手机通常也允许用户设置密码，在密码试误次数达到指定次数后可能会锁定手机，暂停使用。

虽然枚举法不是最好的选择，但当我们想不出更好的方法时，它也不失为一种有效的解决问题的方法。枚举法的特点是算法简单，逻辑清晰，易于理解，代码简洁，但运算量较大，通常只适合“有几种组合”“是否存在”，以及不定方程等类型的问题求解。

【例6.1】“百鸡”问题。“百鸡”问题是我国古代数学名著《**张丘建算经**》中的一个著名数学问题，它给出了由有3个未知量的两个方程组成的不定方程组的解。《张丘建算经》为南北朝北魏张丘建所著，所载问题大部分为当时社会生活中的实际问题，如测量、纺织、交换、纳税、冶炼、土木工程等，涉及面广，其问题和解法均超出《**九章算术**》。百鸡问题具体是这样的：“今有鸡翁一直钱五，鸡母一直钱三，鸡雏三直钱一，凡百钱买鸡百只。问：鸡翁、母、雏各几何？”公鸡每只5元，母鸡每只3元，小鸡3只1元，若用100元买100只鸡，则公鸡、母鸡和小鸡各能买多少只？请用穷举法编程计算。

问题分析：设公鸡、母鸡、小鸡分别买x、y、z只，根据题意有$x + y + z = 100$，$5x + 3y + z/3 = 100$，采用穷举法求解，令x、y、z分别从0变化到100，若x、y、z同时满足$x + y + z = 100$和$5x + 3y + z/3 = 100$，则输出x、y、z的值。

对应的程序代码如下：

```
1    //使用三重循环进行枚举
2    #include <stdio.h>
3    int main(void)
```

```
4    {
5        int x, y, z;
6        for (x=0; x<=100; x++)
7        {
8            for (y=0; y<=100; y++)
9            {
10               for (z=0; z<=100; z++)
11               {
12                   if (x+y+z == 100 && 5*x+3*y+z/3.0 == 100)
13                       printf("x=%d, y=%d, z=%d\n", x, y, z);
14               }
15           }
16       }
17       return 0;
18   }
```

枚举法的效率主要取决于枚举范围的大小，即若要对算法效率进行优化，那么必须缩小枚举的范围，也就是根据一些启发式的信息减少循环执行的次数或嵌套的层数。根据$x + y + z = 100$这一关系式，在x和y确定的条件下，直接由x和y来计算z，这样我们可以将三重循环改为双重循环。考虑到100元买公鸡最多可买20只，买母鸡最多可买33只，可令x从0变化到20，y从0变化到33，令$z = 100 - x - y$，此时只要判断x、y、z是否满足$5x + 3y + z/3.0 = 100$即可。注意，$z/3.0$不能写成$z/3$，这是因为$z/3$是整除运算，会导致多个z值具有相同的$z/3$计算结果，这样就会使得输出的解多出几组。读者可以根据这一思路自己写出使用双重循环优化的程序代码。

程序的运行结果如下：

```
x=0, y=25, z=75
x=4, y=18, z=78
x=8, y=11, z=81
x=12, y=4, z=84
```

注意：在枚举多个对象、需要多重循环实现算法时，为了提高循环语句的执行效率，除了缩小枚举范围减少循环的嵌套层数，如果有可能，在多重循环中应将最长的循环放在最内层、最短的循环放在最外层，以减少CPU跨切循环层的次数。

韩信点兵问题

【例6.2】韩信点兵问题。西汉开国功臣、军事家韩信有一队兵，他想知道士兵有多少人，便让士兵排队报数。按从1至5报数，最后一个士兵报的数为1；按从1至6报数，最后一个士兵报的数为5；按从1至7报数，最后一个士兵报的数为4；按从1至11报数，最后一个士兵报的数为10。请问：韩信至少有多少兵？

问题分析：设士兵数至少为x人，显然x为枚举对象，按题意x应满足判定条件"x被5、6、7、11整除余数为1、5、4、10"，于是在枚举范围内第一个满足下述关系式的x值即所求：

```
x%5==1 && x%6==5 && x%7==4 && x%11==10
```

但是x的枚举范围是多少呢？本例中，这个范围很难确定，因为我们只能确定其下限值为1，即从1开始逐个试验，但无法确定其上限值，如果预估一个上限值，如3000，那么程序代码如下：

```
1   #include <stdio.h>
2   int main(void)
3   {
4       int  x;
5       for (x=1; x<3000; x++)
6       {
7           if (x%5==1 && x%6==5 && x%7==4 && x%11==10)
```

```
8              {
9                  printf("x = %d\n", x);
10             }
11         }
12         return 0;
13     }
```

程序的运行结果如下：

```
x = 2111
```

虽然这个程序输出了正确的结果，但实属偶然，因为解不一定在3000以内。去掉x < 3000的限制则会导致死循环，所谓死循环就是永远都不会结束的循环。那么如何让循环在找到第一个满足关系式的解后立即退出呢？C语言提供的用于流程转移控制的**break语句**可以解决这个问题。

break语句除用于退出switch结构外，还可用于由while语句、do-while语句和for语句构成的循环体中。当执行循环体遇到break语句时，循环将立即终止，程序从循环体后的第一条语句开始继续执行。break语句对循环执行过程的影响示意如下：

```
while（表达式1）
{
  …
  if（表达式2）break;  ──┐
  …                      │
}                        │
循环体后的第一条语句 ◄────┘

do
{
  …
  if（表达式2）break;  ──┐
  …                      │
}while（表达式1）;        │
循环体后的第一条语句 ◄────┘

for（；表达式1；）
{
  …
  if（表达式2）break;  ──┐
  …                      │
}                        │
循环体后的第一条语句 ◄────┘
```

可见，break语句实际上是一种有条件的跳转语句，跳转的目标位置限定为紧接着循环体的第一条语句，并且只能跳出一层循环。

在本例中，用break语句实现的程序代码如下：

```
1  #include <stdio.h>
2  int main(void)
3  {
4        int  x;
5        for (x=1; ;x++)
6        {
7            if (x%5==1 && x%6==5 && x%7==4 && x%11==10)
8            {
9                printf("x = %d\n", x);
10               break;
11           }
12       }
13       return 0;
14 }
```

由于在本例中程序退出循环以后什么也不用做，因此还可以调用函数exit()来结束程序的运行。使用exit()函数时必须将stdlib.h包含到当前文件中，程序代码如下：

```
1  #include <stdio.h>
2  #include <stdlib.h>
3  int main(void)
4  {
5        int  x;
6        for (x=1; ; x++)
7        {
8            if (x%5==1 && x%6==5 && x%7==4 && x%11==10)
9            {
```

```
10                printf("x = %d\n", x);
11                exit(0);
12            }
13        }
14        return 0;
15  }
```

然而，函数exit()和break语句都破坏了程序基本控制结构的“单入口、单出口”，所以更好的方法是采用**标志变量**，即定义一个标志变量find，标志当前是否已经找到了解，先置find初值为“假”（0），表示枚举之前处于“未找到”的状态。使用一个循环结构来实现，x从1开始试探，循环控制表达式取“find的逻辑非”的值，当find值为“假”时，!find的值为“真”（1），表示尚未找到，继续循环，尝试下一个x值，一旦找到满足判定条件的x（答案为2111），就输出此时的x作为求得的解，并将find置为“真”（表示找到了），结束循环。

采用标志变量的当型循环实现的程序如下：

```
1   #include <stdio.h>
2   int main(void)
3   {
4       int  x;
5       int find = 0;                    //置标志变量find为“假”
6       for (x=1; !find; x++)            //find为“假”时继续循环
7       {
8           if (x%5==1 && x%6==5 && x%7==4 && x%11==10)
9           {
10              printf("x = %d\n", x);
11              find = 1;                //置标志变量find为“真”
12          }
13      }
14      return 0;
15  }
```

【思考题】

把第10行输出x值的语句放到for循环体外，程序还能输出正确的结果吗？

采用标志变量的直到型循环实现的程序如下：

```
1   #include <stdio.h>
2   int main(void)
3   {
4       int  x = 0;         //因do-while循环中先对x加1，故这里将x初始化为0
5       int find = 0;      //置标志变量find为“假”
6       do{
7           x++;
8           if (x%5==1 && x%6==5 && x%7==4 && x%11==10)
9           {
10              printf("x = %d\n", x);
11              find = 1;  //置标志变量find为“真”
12          }
13      }while (!find);     //find为“假”时继续循环
14      return 0;
15  }
```

上面这个程序还可以改成用逻辑表达式的值直接为标志变量赋值，即根据逻辑表达式x%5==1 && x%6==5 && x%7==4 && x%11==10的值为“真”还是为“假”，相应地将标志变量find置为“真”或“假”，这样会使程序更简洁。修改后的程序如下：

```
1   #include <stdio.h>
2   int main(void)
3   {
4     int  x = 0;
5     int  find = 0;
6     do{
7        x++;
8        find = (x%5==1 && x%6==5 && x%7==4 && x%11==10);
9     }while (!find);
10    printf("x = %d\n", x);
11    return 0;
12  }
```

当然，本例程序还可以写成如下形式，请读者自己分析其原理。

```
1   #include <stdio.h>
2   int main(void)
3   {
4       int  x = 0;       //因do-while循环中先对x加1，故这里将x初始化为0
5       do{
6          x++;
7       }
8       while (!(x%5==1 && x%6==5 && x%7==4 && x%11==10));
9       printf("x = %d\n", x);
10      return 0;
11  }
```

【例6.3】还原算术表达式。请编写一个程序求右则算式中各字母所代表的数字，已知不同的字母代表不同的数字。先从键盘输入小于1000的n（三位数），如果n不小于1000，则重新输入n，然后输出第一个满足条件的解。

```
   XYZ
+  YZZ
--------
一个三位数n
```

问题分析：不同于例6.1和例6.2，本例有多个枚举对象，分别是x、y、z。由于XYZ和YZZ都是三位数，其最高位不能为0，所以x和y的枚举范围是[1, 9]，只有z的枚举范围是[0, 9]。由于不同的字母代表不同的数字，所以找到满足题意的解的判定条件为100*x+10*y+z+z+10*z+100*y==n && x!=y && y!=z && x!=z。

程序代码如下：

```
1   #include <stdio.h>
2   int main(void)
3   {
4       int x, y, z, n, find = 0;
5       do
6       {
7           printf("Input n(n<1000):");
8           scanf("%d", &n);
9       }while (n >= 1000);        //若输入的n不在合法范围内，则重新输入
10      for (x=1; x<=9; ++x)
11      {
12          for (y=1; y<=9; ++y)
13          {
14              for (z=0; z<=9; ++z)
15              {
16                  if (100*x+10*y+z+z+10*z+100*y==n && x!=y && y!=z && x!=z)
17                  {
18                      printf("X=%d,Y=%d,Z=%d\n", x, y, z);
19                      find = 1;
20                  }
```

```
21                  }
22              }
23          }
24      if (!find)   printf("Not found!");
25      return 0;
26  }
```

第一次测试程序的结果如下：

```
Input n(n<1000):1021↙
Input n(n<1000):532↙
X=3,Y=2,Z=1
```

第二次测试程序的结果如下：

```
Input n(n<1000):531↙
Not found!
```

如果想知道程序是经过多少次循环才找到第一个满足条件的解的，只要在程序中增加一个计数器变量count即可，每循环一次就计数一次，循环结束后输出该计数器的值。程序代码如下：

```
1   #include <stdio.h>
2   int main(void)
3   {
4       int x, y, z, n, find = 0;
5       int count = 0;                //计数器变量初始化为0
6       do
7       {
8           printf("Input n(n<1000):");
9           scanf("%d", &n);
10      }while (n >= 1000);
11      for (x=1; x<=9; ++x)                //循环9次
12      {
13          for (y=1; y<=9; ++y)            //循环9次
14          {
15              for (z=0; z<=9; ++z)    //循环10次
16              {
17                  if (100*x+10*y+z+z+10*z+100*y==n && x!=y && y!=z && x!=z)
18                  {
19                      printf("X=%d,Y=%d,Z=%d\n", x, y, z);
20                      find = 1;
21                  }
22                  count++;                //计数器计数
23              }
24          }
25      }
26      if (!find)   printf("Not found!");
27      printf("count=%d\n", count);    //输出计数器的值
28      return 0;
29  }
```

程序的运行结果如下：

```
Input n(n<1000):532↙
X=3,Y=2,Z=1
count=810
```

由于这个三重循环的循环次数分别为9次、9次和10次，所以总的循环次数为9*9*10次，即810次，程序的运行结果也验证了这一分析的正确性。

因为只要求找到第一个满足条件的解，并非所有满足条件的解，所以显然没有必要等到循环全部执行结束才退出循环。为了提高程序的执行效率，可以利用C语言提供的另一个流程转移控制语句continue语句并加强循环测试来减少循环的执行次数。优化后的程序代码如下：

```
1   #include <stdio.h>
2   int main(void)
3   {
4       int x, y, z, n, find = 0;
5       int count = 0;
6       do
7       {
8           printf("Input n(n<1000):");
9           scanf("%d", &n);
10      }while (n >= 1000);
11      for (x=1; x<=9&&!find; ++x)
12      {
13          for (y=1; y<=9&&!find; ++y)
14          {
15              if (x == y) continue;       //若y与x相等，就直接换下一个y再试
16              for (z=0; z<=9&&!find; ++z)
17              {
18                  if (y == z || x == z) continue; //若z与x或y相等，就换下一个z
19                  if (100*x+10*y+z+z+10*z+100*y==n)
20                  {
21                      printf("X=%d,Y=%d,Z=%d\n", x, y, z);
22                      find = 1;
23                  }
24                  count++;
25              }
26          }
27      }
28      if (!find)  printf("Not found!");
29      printf("count=%d\n", count);
30      return 0;
31  }
```

程序的运行结果如下：

```
Input n(n<1000):532↙
X=3,Y=2,Z=1
count=138
```

第15行语句的含义是：如果发现y与x相等，就没必要再继续往下试了，可以直接跳过循环体中后面尚未执行的语句，开始下一次循环，即换下一个y再试。第18行同理，只要发现z与x或y相等，就跳过循环体中后面尚未执行的语句，开始下一次循环，即换下一个z再试。当找到第一个满足条件的解时，标志变量find被置为“真”。若要在找到第一个满足条件的解后立即退出所有的循环，则必须在第11、13、16行的循环语句中加强循环测试，即在循环测试条件后面加上“&&!find”，表示即使循环控制变量的值未达到终值，只要“!find为假”，即“find为真”，那么循环也会结束执行。这样，就可以起到减少循环次数的作用了。

如果不在第11、13、16行的循环语句中加强循环测试，那么可以用goto语句实现在找到第一个满足条件的解后立即退出所有的循环。程序代码如下：

```
1   #include <stdio.h>
2   int main(void)
3   {
4       int x, y, z, n, find = 0;
5       int count = 0;
6       do
7       {
8           printf("Input n(n<1000):");
9           scanf("%d", &n);
10      }while (n >= 1000);
```

```
11      for (x=1; x<=9; ++x)
12      {
13          for (y=1; y<=9; ++y)
14          {
15              if (x == y) continue;
16              for (z=0; z<=9; ++z)
17              {
18                  if (y == z || x == z) continue;
19                  count++;
20                  if (100*x+10*y+z+z+10*z+100*y==n)
21                  {
22                      printf("X=%d,Y=%d,Z=%d\n", x, y, z);
23                      find = 1;
24                      goto END;
25                  }
26              }
27          }
28      }
29      if (!find)  printf("Not found!");
30      END: printf("count=%d\n", count);
31      return 0;
32  }
```

与break语句只能跳出一层循环不同，goto语句可以直接跳出多重循环。尽管goto语句有助于提高程序的执行效率，但goto语句可以不受限制地转向程序中（同一函数内）的任何地方，使程序流程随意转向，如果使用不当，不仅有可能出现不可达语句，还会造成程序流程混乱，影响程序的可读性。当然，造成程序流程混乱的并非goto语句本身，而是使用了较多的goto语句标号。尽管如此，为保持良好的编程风格，还是建议少用和慎用goto语句，尤其是不要使用往回跳转的goto语句。即使是使用向下跳转的goto语句，也要注意不要让goto语句制造出永远不会被执行的代码（即死代码）。

【思考题】

（1）在例6.3中，如果要求输出所有满足条件的解，那么程序应该如何修改？（2）对于例6.3，还可以以三位数i为枚举对象，枚举范围为100～n的所有三位数，那么为了还原算术表达式，需要先对三位数i进行拆分，设拆分后的百位、十位、个位分别为x、y、z，于是判定条件可以表示为i + y * 100 + z * 10 + z == n && x!=y && y!=z && x!=z && y!=0。请读者根据上述思路提示写出实现这个程序的代码。

【例6.4】请编写一个程序，计算并输出1～*n*的所有素数之和。

问题分析：求素数之和的任务可以划分为如下两个子模块。

（1）判断一个整数m是否为素数。

我们将这个函数命名为IsPrime，其入口参数是一个整型变量m，若m是素数，则返回1，否则返回0。函数原型可以设计为

```
int IsPrime(int m);
```

（2）计算并返回n以内的所有素数之和。

我们将这个函数命名为SumofPrime，其入口参数是一个整型变量n，返回值是一个整型的值，即n以内的所有素数之和。函数原型可以设计为

```
int SumofPrime(int n);
```

如何判断一个数是否为素数呢？要解答这个问题，就需要先了解素数的定义。**素数（Prime Number）**又称为**质数**，它是不能被1和它本身以外的其他整数整除的正整数。按照这个定义，负

数、0和1都不是素数，而7之所以是素数，是因为除了1和7，它不能被2～6的任何整数整除。

从这个定义不难发现，最简单的判断素数的方法就是枚举法，即用i（2～m-1的整数）去试商，若存在m能被1与m本身以外的整数i整除（即余数为0），则m不是素数，若上述范围内的所有整数都不能整除m，则m是素数。

用数学的方法可以证明，不能被2～$\sqrt{m}$（取整）的整数整除的数，也必定不能被$\sqrt{m}$+1～m的任何整数整除。利用这一启发式信息可以缩小枚举的范围，即只要测试出2～$\sqrt{m}$的整数不能整除m即可判断m是素数。

用goto语句实现的函数IsPrime()代码如下：

```
1  //函数功能：判断m是否为素数，若函数返回0，则表示不是素数，若返回1，则代表是素数
2  int IsPrime(int m)
3  {
4      int i;
5      int squareRoot = (int)sqrt(m);
6      if (m <= 1)
7      {
8          return 0;     //负数、0和1都不是素数
9      }
10     for (i=2; i<=squareRoot; ++i)
11     {
12         if (m % i == 0)
13         {
14             goto END;
15         }
16     }
17 END:return i <= squareRoot ? 0 : 1;
18 }
```

这个函数的for语句表示，一旦发现m能被i整除立即跳转到以END标号标记的语句去执行。由于循环有两个出口，所以需要根据i的值是否大于squareRoot来确定是不是正常结束循环的，如果是，则表示正常结束循环，所有的i都不能整除m，即m是素数，因此返回1，否则表示是从goto语句这个出口跳出循环的，即m不是素数，因此返回0。

用break语句实现的函数IsPrime()代码如下：

```
1  //函数功能：判断m是否是素数，若函数返回0，则表示不是素数，若返回1，则代表是素数
2  int IsPrime(int m)
3  {
4      int i;
5      int squareRoot = (int)sqrt(m);
6      if (m <= 1)
7      {
8          return 0;     //负数、0和1都不是素数
9      }
10     for (i=2; i<=squareRoot; ++i)
11     {
12         if (m % i == 0)
13         {
14             break;
15         }
16     }
17     return i <= squareRoot ? 0 : 1;
18 }
```

用break语句也不能避免循环有两个出口，因此第17行语句仍然需要根据i的值是否大于squareRoot来确定是不是正常结束循环的，只是无须加END标号而已。

引入标志变量flag可将这个循环结构变成只有一个出口，函数IsPrime()的实现代码如下：

```
1   //函数功能：判断m是否为素数，若函数返回0，则表示不是素数，若返回1，则代表是素数
2   int IsPrime(int m)
3   {
4       int flag = 1;
5       int squareRoot = (int)sqrt(m);
6       if (m <= 1)
7       {
8           flag = 0;       //负数、0和1都不是素数
9       }
10      for (int i=2; i<=squareRoot&& flag; ++i)
11      {
12          if (m % i == 0)
13          {
14              flag = 0;  //若能被整除，则不是素数
15          }
16      }
17      return flag;
18  }
```

由于C89不支持布尔型，因此程序中的标志变量需要定义为int型，用1表示真，用0表示假。C99支持布尔型，所以在C99中可以直接将标志变量flag定义为布尔型，用true和false为其赋值。C99版本的函数IsPrime()的实现代码如下：

```
1   #include <stdbool.h>
2   //函数功能：判断m是否是素数，若函数返回false，则表示不是素数，若返回true，则代表是素数
3   bool IsPrime(int m)
4   {
5       bool flag = true;
6       int squareRoot = (int)sqrt(m);
7       if (m <= 1)
8       {
9          flag = false;       //负数、0和1都不是素数
10      }
11      for (int i=2; i<=squareRoot&& flag; ++i)
12      {
13         if (m % i == 0)
14         {
15             flag = false; //若能被整除，则不是素数
16         }
17      }
18      return flag;
19  }
```

函数SumofPrime()的实现比较简单，就是调用函数IsPrime()判断1～n的所有整数是否为素数，只要IsPrime()返回值为“真”就表示它是素数，就执行累加运算，循环结束后即可得到n以内的所有素数之和。

写出完整的程序如下：

```
1   #include <stdio.h>
2   #include <math.h>
3   #include <stdbool.h>
4   bool IsPrime(int m);
5   int SumofPrime(int n);
6   int main(void)
7   {
8       int n;
9       scanf("%d", &n);
```

```
10      printf("sum=%d\n", SumofPrime(n));
11      return 0;
12  }
13  //函数功能：判断m是否为素数，若函数返回false，则表示不是素数，若返回true，则表示是素数
14  bool IsPrime(int m)
15  {
16      bool flag = true;
17      int squareRoot = (int)sqrt(m);
18      if (m <= 1)   flag = false;      //负数、0和1都不是素数
19      for (int i=2; i<=squareRoot&& flag; ++i)
20      {
21          if (m%i == 0) flag = false; //若能被整除，则不是素数
22      }
23      return flag;
24  }
25  //函数功能：计算并返回n以内的所有素数之和
26  int SumofPrime(int n)
27  {
28      int sum = 0;
29      for (int m=1; m<=n; ++m)
30      {
31          if (IsPrime(m))   //素数判定
32          {
33              sum += m;
34          }
35      }
36      return sum;
37  }
```

程序的运行结果如下：

```
100↙
sum = 1060
```

【例6.5】陈景润与哥德巴赫猜想。德国人哥德巴赫（Goldbach）在1742年提出了自己无法证明的两个猜想：（1）每个大于2的偶数都是两个素数之和；（2）每个大于5的奇数都是3个素数之和。1966年，我国数学家陈景润证明了数学界200多年悬而未决的世界级数学难题即哥德巴赫猜想中的“1+2”命题，这是哥德巴赫猜想研究史上的里程碑。他的论文发表后立即在国际数学界引起了轰动，被视为对哥德巴赫猜想研究的重大贡献。他的成果被国际数学界称为“陈氏定理”，并被写进美、英、法、日等国的许多数论书。陈景润的先进事迹和奋斗精神，激励着一代代青年发愤图强，勇攀科学高峰。

现在，请你编写一个程序来验证：任何一个大于或等于6但不超过2 000 000 000的足够大的偶数n总能表示为两个素数之和。例如，8 = 3 + 5，12 = 5 + 7等。如果n符合哥德巴赫猜想，则输出将n分解为两个素数之和的等式，否则输出“n不符合哥德巴赫猜想”的提示信息。

问题分析：首先，确定问题的输入和输出，本例的输入是一个取值范围为[6, 2 000 000 000]的任意偶数n，输出是对分解等式$n = a + b$的验证结果，即如果a和b均为素数，则验证通过，否则验证不通过。将这个问题抽象为数学模型，将其表示为如下数学公式。

$$n = a + b \begin{cases} \text{验证通过} & \text{如果a和b均为素数} \\ \text{验证不通过} & \text{否则} \end{cases}$$

根据这一数学模型，首先要解决的问题就是得到分解等式$n = a + b$，即将n分解为两个数a和b的和。为了保证$a + b$的值等于n，可以将n分解为$n = a + (n-a)$。其次要解决的问题就是测试a和$n-a$是否为素数。

为了提高枚举效率，首先要保证输入的n是一个偶数，并且a是奇数（因为素数不可能是大于2的偶数）。因为a和b的对称性，所以分解后的两个数中至少有一个是小于或等于n/2的。因此，可将a设为枚举对象，令a从3开始，测试所有的奇数，直到n/2，判定条件就是a和n-a均为素数。若a和n-a均为素数，则验证通过，即n符合哥德巴赫猜想。n的分解等式可以有很多，我们只需要找到满足a和n-a都是素数的一个组合即可从函数返回。

根据以上分析，我们需要设计如下两个函数。

（1）判断一个整数m是否为素数。

函数IsPrime()已在例6.4中编写完毕，因此可以直接拿来复用，只需修改一下参数的类型。由于本例需要判别的数值较大，因此需要将形参的类型由int修改为long。

（2）验证哥德巴赫猜想，验证通过时将整数m表示为两个素数之和输出。

我们将这个函数命名为Goldbach，其入口参数是一个长整型变量n，返回的是一个布尔型的值，若返回值为true，则表示验证通过；否则表示验证不通过。函数原型为

```
int Goldbach(long n);
```

用枚举法实现的程序如下：

```
1   #include <stdio.h>
2   #include <math.h>
3   #include <stdbool.h>
4   bool IsPrime(long m);
5   bool Goldbach(long n);
6   int main(void)
7   {
8       long n;
9       int ret;
10      do{
11          printf("Input n:");
12          ret = scanf("%ld", &n);
13          if (ret != 1) while (getchar() != '\n');
14      }while (ret!=1 || n%2!=0 || n<6 || n>2000000000);
15      if (!Goldbach(n))
16      {
17          printf("%ld不符合哥德巴赫猜想\n", n);
18      }
19      return 0;
20  }
21  //函数功能：判断m是否为素数，若函数返回false，则表示不是素数，若返回true，则代表是素数
22  bool IsPrime(long m)
23  {
24      bool flag = true;
25      int squareRoot = (int)sqrt(m);
26      if (m <= 1)   flag = false;     //负数、0和1都不是素数
27      for (int i=2; i<=squareRoot&& flag; ++i)
28      {
29          if (m%i == 0) flag = false; //若能被整除，则不是素数
30      }
31      return flag;
32  }
33  //函数功能：验证哥德巴赫猜想，验证通过时将n表示为两个素数之和输出
34  //            若返回值为true，则验证通过；否则验证不通过
35  bool Goldbach(long n)
36  {
37      bool find = false;
38      for (long a=3; a<=n/2&&!find; a+=2)
```

```
39     {
40         if (IsPrime(a) &&IsPrime(n-a))
41         {
42             printf("%ld=%ld+%ld", n, a, n-a);
43             find = true;
44         }
45     }
46     return find;
47 }
```

程序的运行结果如下：

```
Input n:20000000000↙
Input n:2↙
Input n:x↙
Input n:2000000000↙
2000000000=73+1999999927
```

【思考题】

如果要求输出所有可能的分解等式，则应该如何修改程序呢？

6.3 递推——荷花定律和大自然中的秘密

递推

本节主要讨论如下问题。

可递推求解的问题一般具有什么特点？常用的递推方法有哪两种？

大自然是一本永远也读不完的教科书，我们对大自然的春花秋月和夏雨冬雪已经习以为常，殊不知其中隐藏着许多奥秘。来看下面的问题。

在一个荷花池里，第一天荷花开放得很少，第二天开放的数量是第一天的两倍，之后的每一天，荷花都会以前一天两倍的数量开放。如果到第30天，荷花就开满了整个池塘，那么请问：荷花在第几天开了半个池塘呢？

答案不是在第15天，而是第29天。这就是著名的荷花定律，也称30天定律。有时人的一生就像池塘里的荷花，当你开始感到枯燥甚至是厌烦，并想要放弃时，其实你离成功已经咫尺之遥。学习程序设计同样也需要坚持，成功需要厚积薄发，需要积累和沉淀，越接近成功，可能越会感到困难，就越需要坚持。成功在于坚持，这是一个不是秘密的秘密。

至于为什么是第29天而不是第15天，使用本节将要介绍的递推方法，不难得到正确的答案。请读者在学完本节内容后试着编写这个程序。

大自然中还存在着很多奇特的现象，例如，向日葵的花盘中有2组螺旋线，一组顺时针盘绕，另一组则逆时针盘绕，并且彼此相嵌。虽然不同的向日葵品种中，这些顺、逆螺旋线的数目并不固定，但往往不会超出34和55、55和89、89和144这3组数字。除了向日葵，松果也符合这一奇妙的自然规律，如图6-1所示，仔细观察会发现它有8条顺时针方向的生长螺旋线和13条逆时针方向的生长螺旋线。有研究发现，这样排列的目的是让植物更充分地利用阳光和空气，繁育更多的后代。科学家们发现，植物的花瓣、萼片、果实的数目以及其他方面的特征，绝大多数都暗合一个奇特的数列，即Fibonacci数列：1, 1, 2, 3, 5, 8, 13, 21, 34, 55, 89, …。这个数列从第三项开始，每一项都是前两项之和。Fibonacci数列是13世纪意大

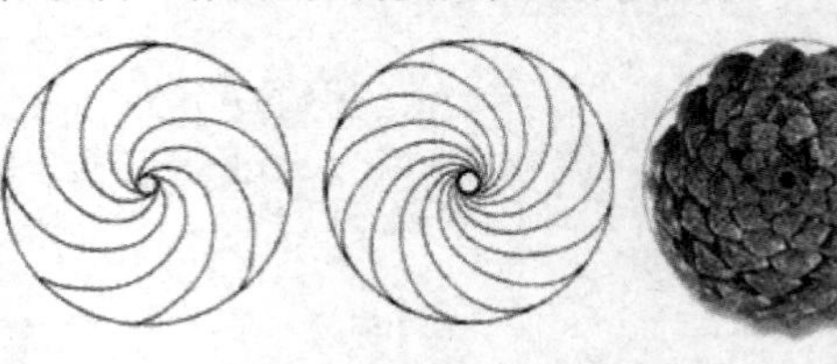

图6-1　松果的生长螺旋线

利数学家斐波那契（Fibonacci）在其所著的《**计算之书**》中借助兔子繁殖问题引入的一个递推数列，被后人称为**Fibonacci数列**。

计算Fibonacci数列需要使用正向顺推方法。所谓**正向顺推**，就是从条件出发，向结果推进，最后将已知条件与所求问题联系起来。例如，已知一个汉堡包12元，一个蛋挞比一个汉堡包贵5元，问：买两种各一个需多少钱？首先根据已知条件可以推出一个蛋挞的价格是12 + 5 = 17元，然后可以推出买两种各一个需17 + 12 = 29元。

另一种递推的方法是**反向逆推**，即从结果出发，向条件靠拢，最后将所求问题与已知条件联系起来。例如，小明来到一家早餐店，拿出一半的钱吃早餐，又花了3.5元买饮料，还剩1元，问：他原来带了多少钱？这个问题适合使用反向逆推的方法来求解，即从结果出发，一步一步还原出答案。因为我们知道小明现在有1元，他做的最后一件事是花3.5元买饮料，所以我们可以把3.5元和他剩余的1元加起来，逆推出他买饮料之前有4.5元，根据已知条件，他花一半的钱吃早餐还剩4.5元，那么他吃早餐一定花了4.5元，因此原来他就应该有9元。

综上，**递推法**就是利用问题本身所具有的递推关系来求解的一种方法。初始条件要么在问题中已经给定，要么就需要通过对问题进行分析和化简来确定。递推的本质是把一个复杂的计算过程转化为一个简单计算过程的多次重复。

可递推求解的问题一般具有以下两个特点。

（1）问题可以划分成多个状态。

（2）除初始状态外，其他各个状态都可以用固定的递推公式来表示。

递推法常用来按照一定的规律计算序列中的指定项。但在实际解题中，该类题目一般不会直接给出递推公式，而是需要通过分析各种状态，找出递推公式。

6.3.1 正向顺推实例

【例6.6】计算Fibonacci数列的前n项。

问题分析：根据Fibonacci数列的特点，可得到计算Fibonacci数列的数学递推公式如下：

$$\begin{cases} f_1 = 1 & n = 1 \\ f_2 = 1 & n = 2 \\ f_n = f_{n-1} + f_{n-2} & n \geqslant 3 \end{cases}$$

依次令n=1, 2, 3,…，由该递推公式可通过正向顺推求出Fibonacci数列的前几项为1, 1, 2, 3, 5, 8, 13, 21, 34, 55, 89, 144, …。我们可以使用如下两种方法进行递推。

方法1：使用3个变量f1、f2、f3求出Fibonacci数列的第n项。用f1、f2、f3分别记录数列中相邻的3项，这样不断由前项求出后项，通过n−2次递推，即可求出数列中的第n项，如下所示。

序号	1	2	3	4	5	6	7	8	9	10	11	12
数列	1	1	2	3	5	8	13	21	34	55	89	144
第1次迭代	f1	f2	f3									
第2次迭代		f1	f2	f3								
第3次迭代			f1	f2	f3							
第4次迭代				f1	f2	f3						
第5次迭代					f1	f2	f3					
…												

程序代码如下：

```
1   #include <stdio.h>
2   long Fib(int n);
3   int main(void)
4   {
5       int i;
6       long  n;
7       printf("Input n:");
8       scanf("%ld", &n);
9       for (i=1; i<=n; i++)
10      {
11          printf("%4ld", Fib(i));
12      }
13      return 0;
14  }
15  //函数功能：使用正向顺推方法计算并返回Fibonacci数列的第n项
16  long Fib(int n)
17  {
18      int i;
19      long f1 = 1, f2 = 1, f3;
20      if (n == 1)
21      {
22          return 1;
23      }
24      else if (n == 2)
25      {
26          return 1;
27      }
28      else
29      {
30          for (i=3; i<=n; i++) //每递推一次计算一项
31          {
32              f3 = f1 + f2;
33              f1 = f2;
34              f2 = f3;
35          }
36          return f3;
37      }
38  }
```

方法2：使用两个变量f1、f2递推求出Fibonacci数列的第n项，如下所示。

序号	1	2	3	4	5	6	7	8	9	10	11	12
数列	1	1	2	3	5	8	13	21	34	55	89	144
第1次迭代	f1	f2										
第2次迭代			f1	f2								
第3次迭代					f1	f2						
…												

程序代码如下：

```
1   #include <stdio.h>
2   long Fib(int n);
3   int main(void)
4   {
5       int i;
6       long  n;
7       printf("Input n:");
8       scanf("%ld", &n);
9       for (i=1; i<=n; i++)
```

```
10        {
11            printf("%4ld", Fib(i));
12        }
13        return 0;
14    }
15    //函数功能：使用正向顺推方法计算并返回Fibonacci数列的第n项
16    long Fib(int n)
17    {
18        int i;
19        long f1 = 1, f2 = 1;
20        if (n == 1)
21        {
22            return 1;
23        }
24        else if (n == 2)
25        {
26            return 1;
27        }
28        else
29        {
30            for (i=1; i<(n+1)/2; i++)//每递推一次计算两项
31            {
32                f1 = f1 + f2;
33                f2 = f2 + f1;
34            }
35            return  n%2!=0 ? f1 : f2;
36        }
37    }
```

程序的运行结果如下：

```
Input n:12↙
   1   1   2   3   5   8  13  21  34  55  89 144
```

【思考题】

Fibonacci数列的前项与后项的比值的极限约等于0.618，这就是著名的黄金分割比，请编程验证这一结论。

6.3.2 反向逆推实例

【例6.7】猴子吃桃问题。猴子第一天摘下若干个桃子，吃了一半，不过瘾，又多吃了一个；第二天早上又将剩下的桃子吃掉一半，并且又多吃了一个；以后每天早上都吃掉前一天剩下的一半再加一个；到第10天早上再想吃时，发现只剩下一个桃子。问：第一天猴子共摘了多少桃子？

问题分析：由题意可知，若猴子每天不多吃一个，则每天剩下的桃子数是前一天的一半，换句话说就是每天剩下的桃子数加1的结果刚好是前一天的一半，即猴子每天剩下的桃子数都比前一天的一半少一个。假设第i+1天的桃子数是x_{i+1}，第i天的桃子数是x_i，则有$x_{i+1}= x_i/2-1$。每天剩下的桃子数加1之后，刚好是前一天的一半，即$x_i=2\times(x_{i+1}+1)$。第n天剩余的桃子数是1，即$x_n=1$。根据递推公式$x_i=2\times(x_{i+1}+1)$，从初值$x_n=1$开始反向逆推依次得到$x_{n-1}=4, x_{n-2}=10, x_{n-3}=22, \cdots$，直到推出第1天的桃子数为止，即为所求。例如，第1次反向逆推由第10天的1个桃子递推得到第9天的4个桃子，第2次反向逆推由第9天的4个桃子递推得到第8天的10个桃子……依此类推，直到第9次反向逆推由第2天的766个桃子递推得到第1天的1534个桃子。从第10天反向逆推得到第1天的桃子数的具体过程如图6-2所示。

天数	1		2		3		4		5		6		7		8		9		10
桃子数	1534	⟸	766	⟸	382	⟸	190	⟸	94	⟸	46	⟸	22	⟸	10	⟸	4	⟸	1

图6-2　猴子吃桃问题的反向逆推过程示意

根据图6-2所示的反向逆推过程，可归纳出猴子吃桃问题的递推公式为

$$\begin{cases} x_n = 1 & n = 10 \\ x_n = 2 \times (x_{n+1} + 1) & 1 \leqslant n < 10 \end{cases}$$

在此基础上，以第10天的桃子数作为初值，用以上归纳出来的递推公式设计一个算法，从第10天的桃子数反向逆推出第1天的桃子数。算法使用两个变量，一个用于递推的循环控制，另一个用于保存递推的结果。为了便于理解，循环控制变量采用递减的方式变化，这样更符合题意。

根据以上分析，该算法的流程图如图6-3所示。其中，图6-3（a）所示为采用直到型循环实现的算法流程图，图6-3（b）所示为采用当型循环实现的算法流程图。

采用直到型循环实现的程序代码如下：

```
1   #include <stdio.h>
2   int MonkeyEatPeach(int days);
3   int main(void)
4   {
5       int days, total;
6       printf("Input days:");
7       scanf("%d", &days);
8       total = MonkeyEatPeach(days);
9       printf("x=%d\n", total);
10      return 0;
11  }
12  //函数功能：从第days天只剩下一个桃子反向
            逆推出第1天的桃子数
13  int MonkeyEatPeach(int days)
14  {
15      int x = 1;
16      do{
17          x = (x + 1) * 2;
18          days--;
19      }while (days > 1);
20      return x;
21  }
```

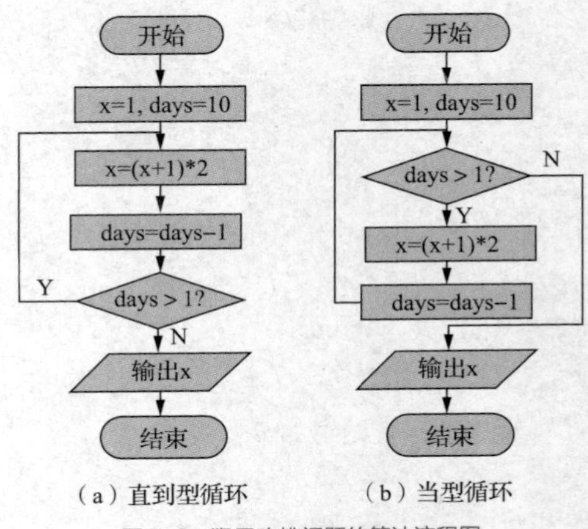

（a）直到型循环　　（b）当型循环

图6-3　猴子吃桃问题的算法流程图

采用当型循环实现的程序代码如下：

```
1   #include <stdio.h>
2   int MonkeyEatPeach(int days);
3   int main(void)
4   {
5       int days, total;
6       printf("Input days:");
7       scanf("%d", &days);
8       total = MonkeyEatPeach(days);
9       printf("x=%d\n", total);
10      return 0;
11  }
12  //函数功能：从第days天只剩下一个桃子反向逆推出第1天的桃子数
13  int MonkeyEatPeach(int days)
14  {
15      int x = 1;
16      while (days > 1)
```

```
17          {
18              x = (x + 1) * 2;
19              days--;
20          }
21          return x;
22      }
```

程序的运行结果如下：

```
Input days:10↙
x=1534
```

【思考题】

如果要增加对用户输入数据的合法性验证（即不允许输入的天数是0和负数），程序应该如何修改呢？

6.4 递归——“千里之行，始于足下”的启示

本节主要讨论如下问题。

递归的数学基础是什么？递归算法的基本要素是什么？递归函数是怎样执行的？递归和迭代之间的关系是什么？

多年前的电影《星际穿越》为我们呈现了广袤的宇宙，时间旅行也着实值得我们细细品味。而同一个导演还给我们呈现过一部令人惊艳的电影《盗梦空间》。其中的逻辑就是“梦中的梦”。不知道读者有没有过这样有趣的经历呢？而它确确实实存在着。在电影中，角色从大梦境一步一步进入更接近“目标”的小梦境，最终以“最自然”的方式完成任务。在赞叹这位电影大师翻云覆雨的叙事手法之外，你是否对妙到毫巅的逻辑有兴趣呢？这就是本节将要介绍的“递归”，我们将在程序中体会递归的神奇之处。

6.4.1 递归的内涵与数学基础

古语有云，“千里之行，始于足下”。其含义是，走一千里路也要从迈出第一步开始。在今天虽然我们的千里之行可以通过汽车、飞机、高铁等各类交通工具来实现，但这句话离我们并不遥远，我们的每一次成功，必定有一个开始，而这一个又一个的开始，就如我们千里之行的“跬步”。要获得成功，必须具有不怕困难、百折不挠的奋斗精神，从自己做起，从小事做起，从现在做起，从日常生活的一点一滴做起。当然，“千里之行，始于足下”给我们的启示远不止这些，它还蕴含着递归的思想，即它揭示了一种问题求解的策略，这一求解策略就是递归。以走1000步为例，我们该如何实现这一目标呢？其实这个过程很简单。

假设你已经走了999步，那么你再迈出一步即可完成第1000步。

假设你已经走了998步，那么你再迈出一步即可完成第999步。

……

直到你迈出第1步，递归结束。

将其写成递归公式就是

$$\text{walk}(n)=\begin{cases}1 & n=1\\ \text{walk}(n-1)+1 & n>1\end{cases}$$

从这个例子不难发现，递归的数学基础就是数学归纳法。我们要计算walk(n)，需要先假设walk(n-1)已经求解完毕，而计算walk(n)只需在walk(n-1)基础上加1。

电影《盗梦空间》最有趣的是，它其实是讲述了一个“梦中的梦中的梦”的故事，这本身就构成了递归。还有著名的德罗斯特效应（Droste Effect），它是递归的一种视觉形式，是指一张图片的某个部分与整张图片相同，如此产生无限循环，例如，一个人拿着一个相框，相框里的他拿着相框……

生活中的一个典型的递归实例就是查字典，我们都有过查字典的经历。字典中的任何一个字词都是由“其他的字词”解释或定义的，但是“其他的字词”在被定义或解释时又会间接或直接地用到那些由它们定义的字词，如此继续，直到能用你能读懂的基础字词解释。换句话说就是，使用者可以读懂字典中全部字词的释义，其前提是使用者必须掌握少量的基础字词的含义。使用者查询某个生僻的字词时，发现释义中的某个字词无法理解，他会继续在字典中查询不能理解的字词的释义，如此继续下去，此过程最后必然会终止，因为最后所有的释义都归结为使用者能够理解的常见释义，否则使用者将陷入一个无解的问题陷阱。如果递归不能在有限次数内终止，那么意味着梦中人永远不会醒来，递归程序将无限循环。例如，老和尚讲的那个“无穷故事”：从前有座山，山上有座庙，庙里有个老和尚，老和尚给小和尚讲故事，故事说，从前有座山，山上有座庙，庙里有个老和尚，老和尚给小和尚讲故事，故事说……

如果一个对象部分地由它自己组成或用它自己定义，那么我们称它是**递归的（Recursive）**。程序设计中的递归是如何定义的呢？**递归（Recursion）**是指函数/子程序在运行过程中直接或间接调用自身而产生的重入现象，简而言之就是应用程序自身调用自身。递归是计算机科学的一个重要概念，是程序设计中常用的一种问题求解策略，它可根据其自身来定义或解决问题。

6.4.2 递归算法的基本要素

一个递归算法必须包含如下两个部分。

（1）由其自身定义的与原始问题类似的、规模更小的子问题，它使递归过程持续进行，称为**一般条件**。一般条件定义了递归关系，可看成使问题向递归出口转化的规则。

例如，计算$n!$的一般条件可以用递归公式表示为

$$n! = n \times (n-1)! \qquad (n>1)$$

（2）所描述问题的最简单的情况，它是一个能控制递归调用结束的条件，称为**基本条件**。基本条件是递归过程的出口，它本身不再使用递归的定义。

例如，计算$n!$的基本条件可以表示为

$$n! = 1 \qquad (n=1)$$

任何递归定义都必须使问题的规模越来越小，也就是任何递归调用都必须向着基本条件的方向进行，以便在有限次数内终止，否则将成为无穷递归。一般条件就是用来控制递归过程向基本条件的方向转化的。每个递归算法必须至少有一个基本条件能用非递归的方式计算得到，这样才能保证递归过程在有限次数内终止。仅当满足一定条件时递归终止，称为**条件递归**。

【例6.8】分别用迭代和递归两种方法计算正整数n的阶乘，即$n!$。

采用迭代法计算$n!$，就是利用一个循环通过累乘运算计算$1 \times 2 \times \cdots \times (n-1) \times n$，即$n!$。使用迭代法实现的程序代码如下：

```
1    #include<stdio.h>
2    unsigned int Fact(unsigned int n);
3    int main(void)
4    {
5        unsigned int n;
```

```
6         printf("Input n:");
7         scanf("%u", &n);
8         printf("%u!=%u\n", n, Fact(n));
9         return 0;
10    }
11    //函数功能：用迭代法计算n的阶乘并返回阶乘值
12    unsigned int Fact(unsigned int n)
13    {
14        unsigned int i, p = 1;
15        for (i=2; i<=n; i++)
16        {
17            p = p * i;
18        }
19        return p;
20    }
```

由于$n!$是可以根据其自身来定义的，即其数学定义是递归的，即

$$n! = \begin{cases} 1 & n = 0, 1 \\ n \times (n-1)! & n \geqslant 2 \end{cases}$$

因此，还可以采用递归法来计算。使用递归法实现的程序代码如下：

```
1     #include<stdio.h>
2     unsigned int Fact(unsigned int n);
3     int main(void)
4     {
5         unsigned int n;
6         printf("Input n:");
7         scanf("%u", &n);
8         printf("%u!=%u\n", n, Fact(n));
9         return 0;
10    }
11    //函数功能：用递归法计算n的阶乘并返回阶乘值
12    unsigned int Fact(unsigned int n)
13    {
14        if (n == 1 || n == 0) //基本条件，即递归终止条件
15        {
16            return 1;
17        }
18        else// 一般条件
19        {
20            return n * Fact(n-1); //递归调用
21        }
22    }
```

程序的运行结果如下：

```
Input n: 10↙
10!=3628800
```

一个函数在定义中自己调用了自己，这种现象称为直接递归调用。例如，本例递归法程序代码中第20行语句就是函数Fact()在定义中自己调用了自己。A函数调用B函数，B函数又反过来调用A函数，这种现象称为间接递归调用。这样的函数称为**递归函数（Recursive Function）**。在本例递归法程序代码中，每次递归调用，参数的值减1，当参数的值减到1时，递归终止。

如前所述，一个递归算法必须包含一般条件和基本条件两个要素，写成C语句，其一般形式为

```
if (递归终止条件)    //基本条件，也称边界条件，代表递归的出口
    return  递归公式的初值；
```

```
else                //一般条件，表示递归关系
    return  递归函数调用返回的结果值；
```

本例的递归法实现中，基本条件是0! = 1和1! = 1；一般条件是将n!表示成$n \times (n-1)!$，即在调用函数Fact()计算n!的过程中又调用了函数Fact()来计算$(n-1)!$。

在本例中，通过仔细对比迭代法和递归法实现的代码，我们还会发现一个有趣的现象：迭代法实现的程序是从前往后计算的，而递归法实现的程序则是从后往前计算的。此外，递归的终止条件刚好对应使用迭代法实现的程序中循环的终止条件。

【例6.9】采用递归法编写例6.7猴子吃桃问题的程序代码。

问题分析：根据例6.7的问题分析，可以将下面的递推公式采用递归方式求解。

$$\begin{cases} x_n = 1 & n = 10 \\ x_n = 2 \times (x_{n+1} + 1) & 1 \leqslant n < 10 \end{cases}$$

采用递归法实现的程序代码如下：

```
1    #include  <stdio.h>
2    int MonkeyEatPeach(int days);
3    int main(void)
4    {
5        int x, days;
6        printf("Input days:");
7        scanf("%d", &days);
8        x = MonkeyEatPeach(days);
9        printf("x = %d\n", x);
10       return 0;
11   }
12   //函数功能：用递归法解决猴子吃桃问题，由第days天推出第days-1天
13   int MonkeyEatPeach(int days)
14   {
15       if (days == 1)  //递归终止条件对应循环终止条件
16       {
17           return 1;      //递归终止时的返回值对应递推初值
18       }
19       else
20       {
21           return 2 * (MonkeyEatPeach(days-1) + 1); //对应递推公式
22       }
23   }
```

【思考题】

（1）为什么每个递归算法必须至少有一个基本条件能用非递归的方式计算得到？若无基本条件，或一般条件不能转化为基本条件，那么结果会怎样？（2）请读者根据如下两个公式分别写出用迭代法和递归法实现的计算n个数累加和的程序。

$$\sum_{i=1}^{n} i = 1 + 2 + 3 + \cdots + n$$

$$\text{sum}(n) = \begin{cases} 1 & n = 1 \\ \text{sum}(n-1) + n & n > 1 \end{cases}$$

6.4.3 递归的执行过程

递归算法的执行过程一般可分为两个阶段：递推阶段（也称递归前进阶段）和回归阶段

（也称递归返回阶段）。在递推阶段，把一个较复杂的问题分解为与原始问题类似的、规模更小的子问题，逐步简化直至最终转化为一个最简单的问题，可以直接求解并终止递归。在回归阶段，在获得最简单问题的解后，逐级返回，可以依次得到稍复杂问题的解。

以计算阶乘为例，在递推阶段，为了求n!，先对问题进行简化，将其转化为求(n−1)!的子问题，再将求(n−1)!转化为求(n−2)!的子问题……依此类推，直至计算1!能立即得到结果1。在回归阶段，在获得最简单问题的解（即1!）后，逐级返回，先将1!返回得到2!的计算结果，再将2!返回得到3!的计算结果……最后在得到(n−1)!的计算结果后，将其返回得到n!的计算结果。

以3!的计算过程为例，其递归执行过程如图6-4所示。

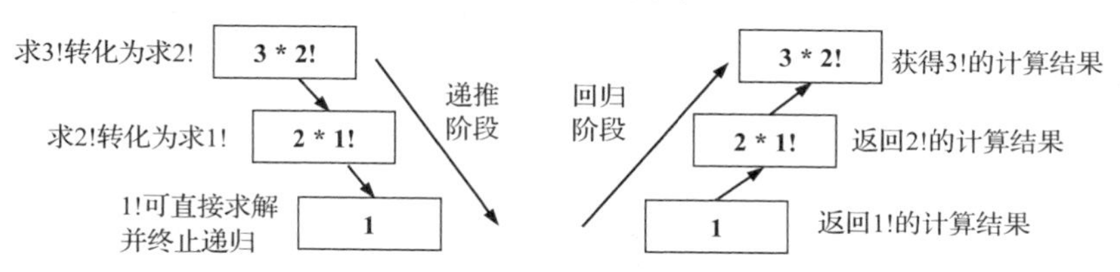

图6-4　3!的递归执行过程示意

以3!的计算过程为例，其递归调用过程如下。

（1）Fact (3)——在main()函数中，调用函数Fact(3)计算3!。

（2）{3 * Fact (2)}——计算3!时，需先调用函数Fact(2)计算2!。

（3）{3 * {2 * Fact (1)}}——计算2!时，需先调用函数Fact(1)计算1!。

（4）{3 * {2 * 1}}——计算1!时，递归终止，Fact(1)返回1给Fact(2)。

（5）{3 * 2}——Fact(2)返回2! = 2*1!=2*1=2给Fact(3)。

（6）6——Fact(3)返回3! = 3*2!=3*2=6给main()。

其中，前4个步骤是递推阶段，后2个步骤是回归阶段。在递推阶段，必须要有终止递归的条件。这里1!就是本问题的最简形式，即递归终止条件。

当基本条件（即递归终止条件）不满足时，递归前进；当基本条件满足时，递归返回。在递推阶段，复杂的情形被逐次分解为较简单的情形来计算，直到分解为最简单的情形（满足基本条件），递推阶段结束，进入回归阶段。在回归阶段，函数调用以逆序的方式回归，逐级返回上一级调用函数进行计算，计算完再返回上一级调用函数，直到返回最初调用它的函数，此时递归执行过程结束。

由此可见，基本条件的作用就是控制递归调用结束，每个递归函数必须至少有一个基本条件能用非递归的方式计算得到。一般条件的作用则是控制递归调用向着基本条件的方向转化，一般条件必须最终能转化为基本条件。基本条件是递归的出口，而一般条件所表示的递归关系其实就是使问题向递归出口转化的规则。

为了理解递归调用究竟是如何工作的，不仅要了解函数调用的执行过程，还要了解C程序在内存中的组织方式。如图5-18所示，动态存储区包括堆和栈两部分，统称为堆栈。按照惯例，堆从低地址向高地址扩展，而栈则从高地址向低地址扩展（实际情况也可能不是这样，与CPU的体系结构有关），由于堆和栈的总容量是有限的，因此当二者无法再相向扩展时，就相当于堆栈空间耗尽了。如果往堆栈中存入的数据超出预先给堆栈分配的容量，那么会出现**溢出（Overflow）**。

为了便于理解栈上的数据操作，不妨将栈内存理解为图6-5所示的一个筒结构，先放进筒的数据被后放进筒的数据“压住”，只有后放进筒的数据都被取出后，先放进去的数据才能被取出，这称为**后进先出（Last In First Out，LIFO）**。将一个新数据放入栈的操作，称为**压栈操作**，从栈中取出一个数据的操作，称为**弹栈操作**。

栈操作“后进先出”的特点使其能够精确地配合函数调用和返回的顺序，因此特别适合保存与函数调用相关的信息。保存这些信息的栈空间，称为活跃记录或者栈帧。栈帧中主要存储输入参数、计算表达式时用到的临时变量的值、函数调用时保存的状态信息（如返回地址）等。系统在函数调用时自动在栈上分配内存，而在函数返回时自动释放这些内存，无须程序员来操心。

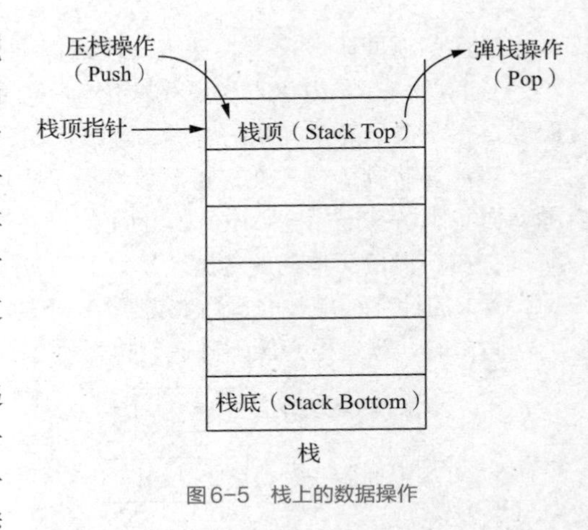

图6-5 栈上的数据操作

与普通的函数调用一样，在x86计算机上，递归调用通常是通过函数调用栈来实现的。每调用一次函数，系统都将与函数调用相关的信息保存为一个栈帧，即创建一个新的活跃记录。这个过程将继续，直到满足递归终止条件。在每个函数调用结束之前，每个函数调用时产生的栈帧一直保存在栈中。

以3!的计算为例，递归函数的调用顺序及在递归调用过程中函数调用栈的变化情况如图6-6所示。

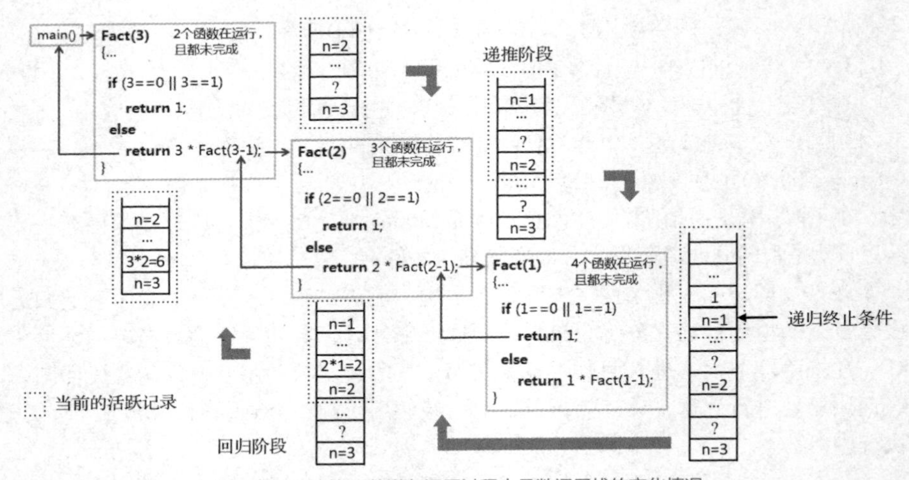

图6-6 在计算3!的递归调用过程中函数调用栈的变化情况

从图6-6可以看出，使用栈也有一些缺点。栈维护了每个函数调用的信息，直到函数返回后才释放，当要处理的运算较复杂或者数据较多时，递归调用层数较多或者所需的栈空间较大，这很容易导致栈空间的溢出，使程序异常终止。

此外，在函数递归调用过程中，由于有大量的信息需要保存和恢复，而且分配和释放栈空间也需要耗费一定的时间，会产生较大的函数调用开销，因此递归的时空效率较低。

值得注意的是，不同于使用复杂指令集的x86计算机，在使用精简指令集的ARM计算机上，函数调用的机制略有不同，函数参数不是保存在栈中，而是保存在寄存器中。

6.4.4 递归与迭代的关系

从问题求解的角度来看，递归的本质就是不断地把规模较大的问题分解成与原问题类似但规模较小的同类子问题，直到这个小的问题能够直接使用简单的方法解决为止。子问题与原问题只是问题的规模不同而已，同一个函数可以解决不同规模的相同问题，这正是递归函数实现的基础。

递归与迭代有什么区别呢？从某种意义上而言，递归是一种比迭代更强的循环结构，二者有很多相似之处。迭代显式地使用循环结构，而递归使用选择结构，再通过重复的函数调用实现循环结构。迭代和递归都涉及终止测试，迭代在循环测试条件为假时终止循环，递归则在遇到基本条件时终止递归。迭代不断修改循环计数变量，直到使循环测试条件为假。递归则不断产生最初问题的简化版本，直到将其简化为递归的基本条件。如果循环测试条件永远为真，则迭代变成无限循环；如果永远无法简化到基本条件，则递归变成无穷递归。

迭代与递归在理论上可以等价代换，但是问题求解的思路完全不同。递归更接近人类的思维，即由高到低进行，而迭代则是由低到高进行。

下面，我们以计算最大公约数为例，进一步分析递归与迭代的关系。

【例6.10】最大公约数问题。两个正整数的最大公约数（Greatest Common Divisor，GCD）是能够整除这两个正整数的最大整数。从键盘任意输入两个正整数*a*和*b*，请分别采用枚举法、欧几里得算法（辗转相除法）、更相减损术3种不同的方法编程计算并输出两个正整数*a*和*b*的最大公约数。

（1）枚举法

问题分析：首先确定枚举范围。由于a和b的最大公约数不可能比a和b中的较小者大，否则一定不能整除它，因此先找到a和b中的较小者t，然后检验t和1之间的所有整数是否满足公约数条件（同时被a和b整除）。其次，确定判定条件。由于我们是从t开始逐次减1尝试每种可能的，所以第一个满足公约数条件的t就是a和b的最大公约数。

根据上述分析，使用枚举法实现的程序代码如下：

```
1    #include <stdio.h>
2    int Gcd(int a, int b);
3    int main(void)
4    {
5        int a, b, c;
6        printf("Input a,b:");
7        scanf("%d,%d", &a, &b);
8        c = Gcd(a,b);
9        if (c != -1)
10       {
11           printf("Greatest Common Divisor of %d and %d is %d\n", a, b, c);
12       }
13       else
14       {
15           printf("Input number should be positive!\n");
16       }
17       return 0;
18   }
19   //函数功能：计算a和b的最大公约数，输入负数时返回-1
20   int Gcd(int a, int b)
21   {
22       int i, t;
23       if (a <= 0 || b <= 0)
24       {
25           return -1;
26       }
27       t = a < b ? a : b;
28       for (i=t; i>0; i--)
29       {
30           if (a % i == 0 && b % i == 0)
31           {
```

```
32              return i;
33          }
34      }
35      return 1;
36  }
```

（2）欧几里得算法

问题分析：欧几里得算法，也称辗转相除法，即对正整数a和b连续进行求余运算，直到余数为0，此时非0的除数就是最大公约数。设r = a % b表示a除以b的余数，若r!=0，则将b作为新的a，r作为新的b，即Gcd(a, b)=Gcd(b, r)，重复a % b运算，直到r为0，此时b为所求的最大公约数。例如，50和15的最大公约数的求解过程可表示为Gcd(50, 15)=Gcd(15, 5)=Gcd(5, 0)=5。

该算法既可以用迭代法实现，也可以用递归法实现。

用迭代法实现的程序代码如下：

```
1   #include <stdio.h>
2   int Gcd(int a, int b);
3   int main(void)
4   {
5     int a, b, c;
6     printf("Input a,b:");
7     scanf("%d,%d", &a, &b);
8     c = Gcd(a,b);
9     if (c != -1)
10    {
11        printf("Greatest Common Divisor of %d and %d is %d\n", a, b, c);
12    }
13    else
14    {
15        printf("Input number should be positive!\n");
16    }
17    return 0;
18  }
19  //函数功能：计算a和b的最大公约数，输入负数时返回-1
20  int Gcd(int a, int b)
21  {
22    int r;
23    if (a <= 0 || b <= 0)
24    {
25        return -1;
26    }
27    do
28    {
29        r = a % b;
30        a = b;
31        b = r;
32    }while (r != 0);
33    return  a;
34  }
```

用递归法实现的程序代码如下：

```
1   #include <stdio.h>
2   int Gcd(int a, int b);
3   int main(void)
4   {
5     int a, b, c;
```

```
6       printf("Input a,b:");
7       scanf("%d,%d", &a, &b);
8       c = Gcd(a,b);
9       if (c != -1)
10      {
11          printf("Greatest Common Divisor of %d and %d is %d\n", a, b, c);
12      }
13      else
14      {
15          printf("Input number should be positive!\n");
16      }
17      return 0;
18  }
19  //函数功能：计算a和b的最大公约数，输入负数时返回-1
20  int Gcd(int a, int b)
21  {
22      if (a <= 0 || b <= 0)
23      {
24          return -1;
25      }
26      if (a % b == 0)
27      {
28          return b;
29      }
30      else
31      {
32          return Gcd(b, a%b);
33      }
34  }
```

（3）更相减损术

《九章算术》是我国古代的数学专著，值得我们为之骄傲和自豪的是，作为一部世界数学名著，《九章算术》已被译成日、俄、德、法等多种文字。《九章算术》是《算经十书》中非常重要的一部算经，该书系统地总结了我国战国、秦、汉时期的数学成就，是当时世界上最简练有效的应用数学著作，它的出现标志着我国古代数学形成了基本框架。更相减损术就是《九章算术》中记载的一种求最大公约数的方法，其主要思想是从大数中减去小数，辗转相减，减到余数和减数相等，即得最大公约数。

具体到本例，对于正整数a和b，当a>b时，若a中含有a与b的公约数，则a减去b后剩余的部分a-b中也应含有a与b的公约数，对a-b和b计算公约数就相当于对a和b计算公约数。反复使用最大公约数的上述性质，直到a-b和b相等为止，这时，a-b或b就是它们的最大公约数。也可以表述如下。

性质1：如果a>b，则a和b的最大公约数与a-b和b的最大公约数相同，即Gcd(a, b) = Gcd(a-b, b)。

性质2：如果b>a，则a和b的最大公约数与a和b-a的最大公约数相同，即Gcd(a, b) = Gcd(a, b-a)。

性质3：如果a=b，则a和b的最大公约数为a或b，即Gcd(a, b) = a = b。

该算法既可以用迭代法实现，也可以用递归法实现。

更相减损术和辗转相除法的主要区别在于：更相减损术所使用的运算是“减”，辗转相除法所使用的运算是“除”。因此，更相减损术也可看成辗转相减法。从算法思想上看，两者并没有本质上的区别，但是在计算过程中，如果遇到一个数很大、另一个数比较小的情况，可能要进行很多次减法才能达到一次除法的效果，从而使得算法的时间复杂度退化为$O(N)$，其中N

是原先的两个数中较大的一个。相比之下，辗转相除法的时间复杂度稳定于$O(\log N)$。

用递归法实现的程序代码如下：

```
1   #include <stdio.h>
2   int Gcd(int a, int b);
3   int main(void)
4   {
5     int a, b, c;
6     printf("Input a,b:");
7     scanf("%d,%d",&a, &b);
8     c = Gcd(a,b);
9     if (c != -1)
10    {
11        printf("Greatest Common Divisor of %d and %d is %d\n", a, b, c);
12    }
13    else
14    {
15        printf("Input number should be positive!\n");
16    }
17    return 0;
18  }
19  // 函数功能：使用递归法计算a和b的最大公约数，输入负数时返回-1
20  int Gcd(int a, int b)
21  {
22     if (a <=0 || b <=0)
23     {
24        return -1;
25     }
26     if (a == b)
27     {
28        return a;
29     }
30     else if (a > b)
31     {
32        return Gcd(a-b, b);
33     }
34     else
35     {
36        return Gcd(a, b-a);
37     }
38  }
```

用迭代法实现的程序代码如下：

```
1   #include <stdio.h>
2   int Gcd(int a, int b);
3   int main(void)
4   {
5     int a, b, c;
6     printf("Input a,b:");
7     scanf("%d,%d", &a, &b);
8     c = Gcd(a,b);
9     if (c != -1)
10    {
11        printf("Greatest Common Divisor of %d and %d is %d\n", a, b, c);
12    }
13    else
14    {
15        printf("Input number should be positive!\n");
```

```
16    }
17    return 0;
18  }
19  //  函数功能：使用迭代法计算a和b的最大公约数，输入负数时返回-1
20  int Gcd(int a, int b)
21  {
22    if (a <=0 || b <=0)
23    {
24        return -1;
25    }
26    while (a != b)
27    {
28        if (a > b)
29        {
30            a = a - b;
31        }
32        else if (b > a)
33        {
34            b = b - a;
35        }
36    }
37    return a;
38  }
```

在例6.6中，我们用正向顺推编程计算并输出了Fibonacci数列的前n项，其实也可以采用递归法编程计算并输出Fibonacci数列的前n项。

【例6.11】利用如下递归公式，用递归法编程计算并输出Fibonacci数列的前n项。

$$
\mathrm{Fib}(n)=\begin{cases}1 & n=1\\ 1 & n=2\\ \mathrm{Fib}(n-1)+\mathrm{Fib}(n-2) & n>2\end{cases}
$$

实现代码如下：

```
1   #include <stdio.h>
2   long Fib(int n);
3   int main(void)
4   {
5       int n, i, x;
6       printf("Input n:");
7       scanf("%d",&n);
8       for (i=1; i<=n; i++)
9       {
10          x = Fib(i);     //调用递归函数Fib()计算Fibonacci数列的第n项
11          printf("Fib(%d)=%d\n", i, x);
12      }
13      return 0;
14  }
15  //函数功能：用递归法计算Fibonacci数列中的第n项
16  long Fib(int n)
17  {
18      if (n == 1)          //基本条件
19      {
20          return 1;
21      }
22      else if (n == 2)    //基本条件
23      {
```

```
24            return 1;
25        }
26        else                    //一般条件
27        {
28            return (Fib(n-1) + Fib(n-2));
29        }
30    }
```

程序的运行结果如下：

```
Input n:10↙
Fib(1)=1
Fib(2)=1
Fib(3)=2
Fib(4)=3
Fib(5)=5
Fib(6)=8
Fib(7)=13
Fib(8)=21
Fib(9)=34
Fib(10)=55
```

如果我们想知道计算Fibonacci数列的每一项所需的递归调用次数，那么应该如何修改程序呢？利用全局变量可以很容易地实现在输出Fibonacci数列每一项的同时输出计算该项所需的递归调用次数。

我们已经知道，局部变量仅在定义它的函数或复合语句内被分配内存，离开定义它的函数或复合语句，系统就会释放分配给它的内存。不同于局部变量，全局变量从程序运行开始就占据内存，仅在程序运行结束时释放内存。由于全局变量的作用域是整个源程序，在程序运行期间始终占据内存，因此在整个程序运行期间都可以访问全局变量。当多个函数必须共享同一个变量，或者少数几个函数必须共享大量变量并且仅在有限的位置修改其值时，可以考虑使用全局变量。

例如，在本例中，为了实现在输出Fibonacci数列每一项的同时输出计算该项所需的递归调用次数，可以考虑使用全局变量。实现代码如下：

```
1   #include <stdio.h>
2   long Fib(int n);
3   int count;      //全局变量count用于累计递归函数被调用的次数，自动初始化为0
4   int main(void)
5   {
6       int n, i, x;
7       printf("Input n:");
8       scanf("%d", &n);
9       for (i=1; i<=n; i++)
10      {
11          count = 0;    //计算Fibonacci数列下一项时将计数器全局变量count清零
12          x = Fib(i);
13          printf("Fib(%d)=%d, count=%d\n", i, x, count);
14      }
15      return 0;
16  }
17  //函数功能：用递归法计算Fibonacci数列中的第n项
18  long Fib(int n)
19  {
20      count++;              //累计递归函数被调用的次数，记录于全局变量count中
21      if (n == 1)             //基本条件
```

```
22      {
23          return 1;
24      }
25      else if (n == 2)     //基本条件
26      {
27          return 1;
28      }
29      else                //一般条件
30      {
31          return (Fib(n-1) + Fib(n-2));
32      }
33  }
```

程序的运行结果如下：

```
Input n:10↙
Fib(1)=1, count=1
Fib(2)=1, count=1
Fib(3)=2, count=3
Fib(4)=3, count=5
Fib(5)=5, count=9
Fib(6)=8, count=15
Fib(7)=13, count=25
Fib(8)=21, count=41
Fib(9)=34, count=67
Fib(10)=55, count=109
```

程序的运行结果显示，仅计算Fib(6)就需要调用15次Fib()。计算Fibonacci数列第6项的递归调用过程如图6-7所示。

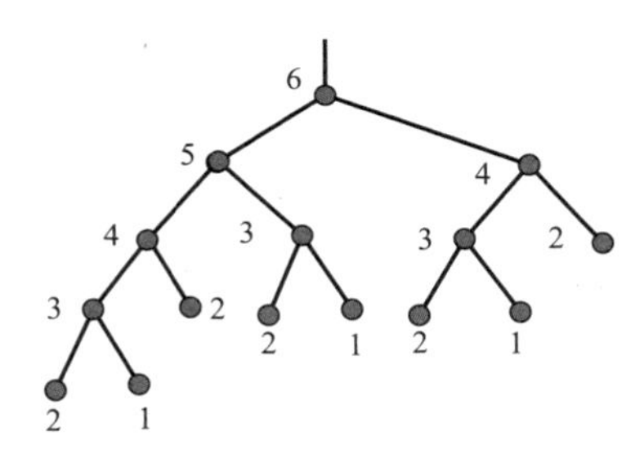

图6-7　计算Fibonacci数列第6项的递归调用过程示意

可以看出，递归函数Fib()的每一层递归调用的次数有成倍增长的趋势，这种呈指数增长的运算足以让拥有强大计算能力的计算机“望而生畏”。

从编程的角度来看，用递归法编写程序比用迭代法编写程序所需的代码量少，这使得递归法编写的程序更简洁、直观、精练，接近数学公式的表示。用递归法分析问题能更自然地描述问题的逻辑，使得程序逻辑清楚、结构清晰、可读性好。

但从程序时空效率的角度来看，递归引起一系列的函数调用，增加了函数调用的时空开销，所以与迭代法程序相比，递归法程序要耗费更多的时间和空间，时空效率偏低。递归引起一系列的函数调用，还可能产生大量的重复计算，例如，本例在计算Fibonacci数列时就产生了大量的重复计算。因此，从程序时空效率的角度来看，应尽量用迭代法替代递归法来进行问题求解。

在某种程度上可以说，递归其实是方便了程序员，难为了机器。数值计算领域的许多问题，通常都可以用迭代法代替递归法解决。非数值计算领域的问题也不一定非要用递归法解决。例如，Hanoi塔是一个典型的可用递归法解决的问题，但其实它也是存在非递归解法的，只不过解法极其复杂和晦涩难懂而已。因此，为了程序的执行效率，当某个递归算法能较方便地转换成递推或迭代算法时，应尽量避免使用递归算法，除非没有更好的算法或者某种特定的情况特别适合用递归算法进行求解。

汉诺塔问题求解

通常，下面3种情况特别适合使用递归算法进行求解。

（1）数学定义是递归的，如计算阶乘、最大公约数和Fibonacci数列等。

（2）数据结构是递归的，如队列、链表、树和图等。

（3）问题的解法是递归的，如Hanoi塔、骑士游历、八皇后问题等。

【例6.12】汉诺塔（Hanoi）问题。假设有3根柱子，在第一根柱子上从下往上按大小顺序摞着64个圆盘，要求把圆盘从下面开始按大小顺序重新摆放到第二根柱子上，并且规定每次只能移动一个圆盘，在小圆盘上不能放大圆盘。请编写一个程序，解决$n(n>1)$个圆盘的汉诺塔问题。

问题分析：图6-8（a）所示是$n(n>1)$个圆盘的汉诺塔的初始状态。解决这个问题的关键在于递推阶段，即把这个较复杂的问题逐步分解为与原始问题类似的、规模更小的子问题，直至最终转化为一个最简单的问题。我们可以采用数学归纳法来解决这个问题（当然，我们通常也用数学归纳法来证明一个递归算法的正确性）：假设$n-1$个圆盘的汉诺塔问题已经解决，利用这个已解决的问题来解决n个圆盘的汉诺塔问题。具体方法是将“上面的$n-1$个圆盘”看成一个整体，即将n个圆盘分成两部分：上面的$n-1$个圆盘和最下面的第n个圆盘。

于是，移动n个圆盘的汉诺塔问题可以表述如下。

（1）如图6-8（b）所示，将前$n-1$个圆盘当作一个整体从第一根柱子移到第三根柱子上，即A→C。

（2）如图6-8（c）所示，将最下面的第n个圆盘从第一根柱子移到第二根柱子上，即A→B。

（3）如图6-8（d）所示，将前$n-1$个圆盘当作一个整体从第三根柱子移到第二根柱子上，即C→B。

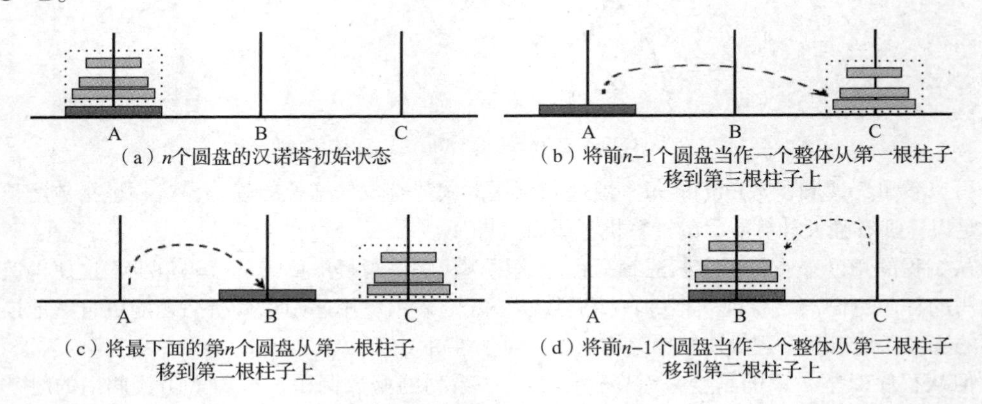

图6-8 汉诺塔问题的递归求解示意

因此，“移动n个圆盘的汉诺塔问题”就转化为了“移动$n-1$个圆盘的汉诺塔问题”，而“移动$n-1$个圆盘的汉诺塔问题”又可以用同样的方法转化为“移动$n-2$个圆盘的汉诺塔问题”，依此类推。显然这是一个适合用递归算法求解的问题。

最后一个需要考虑的就是，这个问题的最简单的情况是什么，即递归何时结束。显然，最简单的情况就是“1个圆盘的汉诺塔问题”，使用非递归方式直接将一个圆盘从一根柱子移到另一根柱子上即可。最简单问题的解决，也就意味着整个问题的解决。

根据以上分析实现的程序代码如下：

```
1   #include <stdio.h>
2   void Hanoi(int n, char a, char b, char c);
3   void Move(int n, char a, char b);
4   int main(void)
5   {
6       int n;
7       printf("Input the number of disks:");
8       scanf("%d", &n);
9       printf("Steps of moving %d disks from A to B by means of C:\n", n);
10      Hanoi(n, 'A', 'B', 'C'); //调用递归函数Hanoi()
11      return 0;
12  }
13  //函数功能：用递归法将n个圆盘借助于柱子c从源柱子a移动到目标柱子b上
14  void Hanoi(int n, char a, char b, char c)
15  {
16    if (n == 1)
17    {
18        Move(n, a, b); //将第n个圆盘由a移到b
19    }
20    else
21    {
22        Hanoi(n-1, a, c, b);//递归调用Hanoi()，将第n-1个圆盘借助于b由a移动到c
23        Move(n, a, b); //第n个圆盘由a移到b
24        Hanoi(n-1, c, b, a); //递归调用Hanoi()，将第n-1个圆盘借助于a由c移动到b
25    }
26  }
27  //函数功能：将第n个圆盘从源柱子a移动到目标柱子b上
28  void Move(int n, char a, char b)
29  {
30     printf("Move %d: from %c to %c\n", n, a, b);
31  }
```

程序的运行结果如下：

```
Input the number of disks:3↙
Steps of moving 3 disks from A to B by means of C:
Move 1: from A to B
Move 2: from A to C
Move 1: from B to C
Move 3: from A to B
Move 1: from C to A
Move 2: from C to B
Move 1: from A to B
```

【思考题】

当n=64时，需移动18 446 744 073 709 551 615次，即约1844亿亿次。若按每次耗时1微秒计算，则64个圆盘的移动约需60万年。你知道这个数是怎样算出来的吗？请用递归编程验证你的计算结果。

6.5 本章知识树

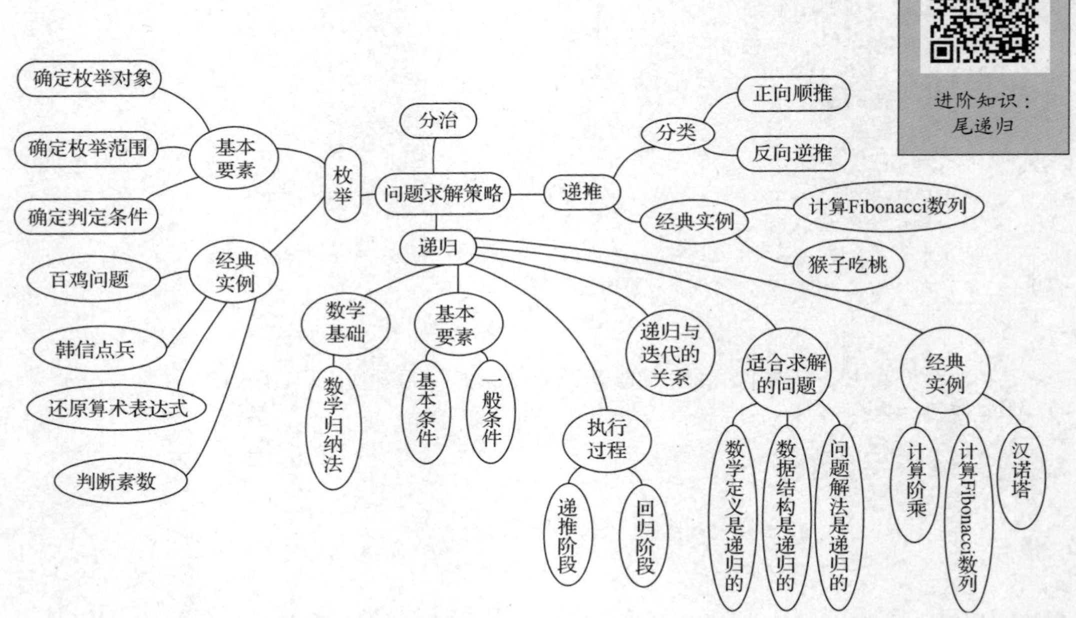

学习指南：掌握枚举法的关键是掌握枚举法的两个基本要素，即首先确定枚举对象和枚举范围，其次确定判定条件。可以通过缩小枚举范围来提高程序的运行效率。掌握递推法的关键在于找到正向顺推或反向逆推求解的递推关系，要避免把递推的方向搞反以及递推次数多1或者少1的问题。掌握递归法的关键在于掌握递归的两个基本要素：一般条件和基本条件。基本条件控制递归调用结束，是递归的出口，而一般条件定义了递归关系，控制递归调用向基本条件的方向转化。要正确设置这两个条件，避免出现递归函数中没有基本条件或者一般条件不能向基本条件的方向转化的问题，后者将导致无穷递归。由于递归函数的时空效率不高，当递归调用层数太多时还可能导致栈溢出，所以应尽量用迭代算法代替递归算法。在数学定义是递归的、数据结构是递归的、问题的解法是递归的这3种情况下，可以考虑使用递归。

此外，还需要注意以下几点：（1）break语句只能跳出一层循环，若要跳出多重循环建议使用标志变量；（2）continue语句和break语句很容易混淆，要注意二者的区别；（3）尽量避免使用全局变量和goto语句。

习题6

1. **医疗捐款。**某地区收到16万元医疗捐款，用于购买医疗物资，其中，一箱防护服5000元，一箱面罩2000元，一箱口罩1000元。需将购买的医疗物资全部捐给$n(5 \leqslant n \leqslant 20)$个医院，每个医院至少一箱防护服、一箱面罩和一箱口罩。例如，捐给10个医院时，购买防护服、面罩和口罩的数量分别为26箱、10箱、10箱，这是一种捐赠方案。请编程计算一共有多少种捐赠方案。

2. **扶贫物资。**为了有效解决贫困户肥料不足的燃眉之急，帮助扶贫对象提高生产能力，近日，某镇准备了春耕相关扶贫物资n套$(1 \leqslant n \leqslant 10)$，现要将它们发放给3个村。如果要求其中一个村分得的物资数是其他两个村之和，且每个村至少分得1套物资，请编程计算一共有多少种发放方案。

3. **社交圈**。小明加入了一个社交圈。起初他有5个朋友。他注意到他的朋友数量以下面的方式增长。第一周1个朋友退出，剩下的朋友数量翻倍；第二周2个朋友退出，剩下的朋友数量翻倍；依此类推，第n周n个朋友退出，剩下的朋友数量翻倍。请编写一个程序，计算小明在第n周的朋友数量。

4. **助人为乐**。学校收到一封表扬信，表扬该校一位同学做了一件助人为乐的好事。经过调查，最后学校锁定了4名同学，其中有一位是真正做了好事的学生。询问4位同学时，他们的回答如下。

A说：不是我。

B说：是C。

C说：是D。

D说：C胡说。

请编程判断是谁做的好事。

5. **背单词**。德国心理学家艾宾豪斯（H. Ebbinghaus）研究发现，遗忘在学习之后立即开始，而且遗忘的进程并不是均匀的。初次记忆后的x小时，记忆率近似为$y = 1 - 0.56x^{0.06}$。为了减缓遗忘，一个学生采用每7天复习一次单词的策略背诵单词，即初次背诵的单词会在7天后重新背诵一遍。假设这种复习策略可以将记忆率提高10%，一个单词背诵一遍记为一次，同一个单词背诵两遍，记为两次，该学生从第一天早上7点开始，每天花费一小时背诵10个单词，请编程计算到第30天上午7点，这个学生没有遗忘的单词总数和这个学生背诵单词的总次数。

6. **吹气球**。已知一只气球最多能充h升气体，如果气球内气体超过h升，气球就会爆炸。小明每天吹一次气，每次吹进去m升气体，由于气球慢撒气，到了第二天早晨会少n升气体。若小明从某天早晨开始吹一只气球，请编写一个程序计算第几天气球会被吹爆。

7. **减肥食谱**。某女生因减肥每餐限制摄入热量900千卡，可以选择的食物包括主食面条，一份160千卡，副食中一份橘子40千卡，一份西瓜50千卡，一份蔬菜80千卡。请编程帮助该女生计算如何选择一餐的食物，使得总的热量为900千卡，同时至少包含一份面条和一份水果，且总的份数不超过10。

8. **发红包**。某公司提供n个红包，每个红包里有1元，假设所有人都可以领。在红包足够的情况下，排在第i位的人领Fib(i)个红包，这里Fib(i)是Fibonacci数列的第i项（第1项为1）。如果轮到第i个人领取时，剩余的红包不到Fib(i)个，那么他就获得所有剩余的红包，第$i + 1$个及之后的人就无法获得红包。小白希望自己能拿到最多的红包，请编写一个程序帮小白算一算他应该排在第几位，最多能拿到多少个红包。

9. **爱因斯坦的趣味数学题**。有一个长阶梯，若每步跨2阶，最后剩下1阶；若每步跨3阶，最后剩下2阶；若每步跨5阶，最后剩下4阶；若每步跨6阶，最后剩下5阶；只有每步跨7阶，最后才正好1阶不剩。问：该阶梯至少有多少阶？

10. **马克思手稿中的趣味数学题**。男人、女人和小孩总计30人，在一家饭店吃饭，共花了50先令，每个男人花3先令，每个女人花2先令，每个小孩花1先令，请用穷举法编程计算男人、女人和小孩各有几人。

11. **疫苗接种**。假设某一社区第一天的疫苗接种数量为2000，接下来每一天的疫苗接种数量为前一天的 98%（向下取整），现要求该社区至少完成n剂疫苗的注射，求最少需要多少天能够完成。请编程输入至少完成注射的疫苗数量，输出完成注射的最少天数。

12. **水手分椰子**。$n(1<n\leqslant 8)$个水手在岛上发现一堆椰子。第1个水手把椰子分为等量的n堆，还剩下1个给了猴子，自己藏起1堆。第2个水手把剩下的n-1堆混合后重新分为等量的n堆，还剩下1个给了猴子，自己藏起1堆。第3个到第n-1个水手均按此方法处理。最后，第n个水手把

剩下的椰子分为等量的n堆后，同样剩下1个给了猴子。请编写一个程序，计算原来这堆椰子至少有多少个。

13. **孪生素数**。相差2的两个素数称为孪生素数。例如，3与5、41与43都是孪生素数。请编写一个程序，计算并输出指定区间$[c, d]$上的所有孪生素数对，并统计这些孪生素数对的数量。先输入区间$[c, d]$的下限值c和上限值d，要求$c > 2$，如果数值不符合要求或出现非法字符，则重新输入。然后输出指定区间$[c, d]$上的所有孪生素数对以及这些孪生素数对的数量。

14. **回文素数**。所谓回文素数是指一个素数从左到右读和从右到左读是相同的，如11、101、313等。请编写一个程序，计算并输出n以内的所有回文素数，并统计这些回文素数的个数。先输入一个取值范围为[100, 1000]的任意整数n，如果超过这个范围或者出现非法字符，则重新输入。然后输出n以内的所有回文素数，以及这些回文素数的个数。

15. **梅森素数**。素数有无穷多个，但目前只发现有极少量的素数能表示成2^i-1（i为素数）的形式，形如2^i-1的素数（如3、7、31、127等）称为梅森数或梅森素数。它是以17世纪法国数学家马林・梅森的名字命名的。编程计算并输出区间$[2, n]$上的所有梅森数，并统计梅森数的个数，n的值由键盘输入，且n不大于50。

16. **多项式计算**。请用递归法计算函数：$f(x)=x-x^2+x^3-x^4+\cdots(-1)^{n-1}(x^n)$的值，已知$n > 0$。

17. **汉诺塔移动次数**。请采用递归法，编程计算汉诺塔问题中完成n个圆盘的移动所需的移动次数。

18. **数字黑洞**。任意输入一个为3的倍数的正整数，先对这个数的每一个数位上的数字都计算其立方并相加得到一个新数，然后对这个新数的每一个数位上的数字再计算其立方……重复运算下去，结果一定为153。如果换另一个3的倍数，仍然可以得到同样的结论，因此153被称为“数字黑洞”。

例如，99是3的倍数，按上面的规律运算如下：

9^3+9^3=729+729=1458

1^3+4^3+5^3+8^3=1+64+125+512=702

7^3+0^3+2^3=343+8=351

3^3+5^3+1^3=27+125+1=153

1^3+5^3+3^3=1+125+27=153

请采用递归法编程，验证任意为3的倍数的正整数都会归于“数字黑洞”，并输出验证的步数。

第7章

算法和数据结构基础——用数组保存数据

内容导读

必学内容：数组的定义和初始化，数组元素的访问，向函数传递一维数组和二维数组。
进阶内容：数组的下标越界访问。

“路见不平一声吼，该出手时就出手”，《水浒传》中的梁山好汉（一百单八将），为我们谱写了一部可歌可泣的英雄史诗。而如果让我们一一道来这一百单八将的名字，相信很多人都要求助网络了。但是没关系，他们有一个共同的名字“梁山好汉”。当我们谈论“梁山好汉”时，指的就是一百单八将。

而当我们需要找到其中某一位的时候，我们甚至可以这么说：

梁山好汉[第一位]是宋江。

梁山好汉[第二位]是卢俊义。

……

本章，我们将为读者介绍C语言中与此类似且甚为强大的数组，体会“四两拨千斤”的畅快。

7.1 数组的定义、引用和初始化

数组的定义、引用和初始化

本节主要讨论如下问题。

（1）如何定义一维数组和二维数组？如何对数组的元素进行初始化？

（2）数组名在C语言中有什么特殊含义？数组元素在内存中是如何存放的？如何计算数组在内存中所占的字节数？

数组（Array）就是一组相同类型的数据的集合。由于数组聚合了一组相同类型的数据，因此数组是一种构造数据类型。在C语言中，除了数组，还有两种特别常用的构造数据类型：结构体和共用体。这两种构造数据类型将在第11章介绍。

例如，一副扑克牌可以看成一个一维数组，如果将一副扑克牌按照花色和牌面分开摆放，就可以将其看成一个二维数组。52张牌按花色排列就是一个4行13列的二维数组，按牌面排列就是一个13行4列的二维数组。

就像用“梁山好汉”称呼《水浒传》中的一百单八将一样，对数组中的数据，我们会使用统一的名字来标识，这个名字就是**数组名**。构成数组的每个数据项称为**数组元素**（**Element**）。

例如，假如我们要将8个int型元素聚合在一起，那么我们可以用下面的声明语句来定义一个名字为a的一维整型数组：

```
int a[8];
```

也可以用下面的声明语句来定义一个名字为b的二维整型数组：

```
int b[2][4];
```

或者用下面的声明语句来定义一个名字为c的三维整型数组：

```
int c[2][2][2];
```

这里，数组名前面的类型关键字int代表该数组的**基类型**（**Base Type**），即数组元素的类型。下标的个数表示数组的**维数**（**Dimension**），它代表我们将相同数目的相同类型数据项聚合在一起的不同组织方式。第一条声明语句好比我们盖了一座只有一层的平房，里面有8间客房。第二条声明语句好比我们盖了一座两层的小楼，每一层均有4间客房。第三条声明语句则好比我们盖了两座联排的小楼，每一座小楼均有两层，每一层均有2间客房。

如何区分聚合在一起的这些具有相同类型的数据呢？或者说如何对数组中的元素进行标识呢？就像我们对客房进行编号一样，数组中的每个元素也有一个编号，这个编号就是数组元素的**下标**（**Subscript**），也称为**索引**（**Index**）。

如图7-1所示，一维数组a的元素依次是a[0], a[1], a[2], …, a[7]。如图7-2所示，二维数组b的元素依次是b[0][0], b[0][1], b[0][2], b[0][3], b[1][0], b[1][1], b[1][2], b[1][3]。如图7-3所示，三维数组c的元素依次是c[0][0][0], c[0][0][1], c[0][1][0], c[0][1][1], c[1][0][0], c[1][0][1], c[1][1][0], c[1][1][1]。同理，*n*维数组用*n*个下标来确定各元素在数组中的位置。从上述数组元素下标的变化中，你发现什么规律了吗？

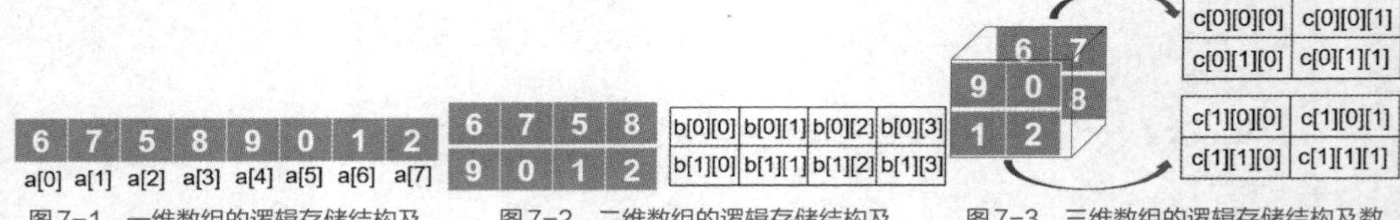

图7-1 一维数组的逻辑存储结构及数组元素下标变化示意　　图7-2 二维数组的逻辑存储结构及数组元素下标变化示意　　图7-3 三维数组的逻辑存储结构及数组元素下标变化示意

首先，数组的每一维的下标都是从0开始的。例如，一维数组a的下标从0变化到7，而不是从1变化到8，即第一个元素的下标为0，最后一个元素的下标为这一维的元素的个数减1。而二维数组b的每一行的第二维的下标也都是从0变化到这一维的元素个数减1。

其次，数组元素是通过数组名加上方括号及其下标的形式来访问的，即若要访问多维数组中的某个元素，除了要给出数组名，还要给出若干个下标来指定元素在多维数组中的位置。一维数组的元素用一个下标表示，二维数组的元素用两个下标表示。

一维数组用一个下标即可确定各元素在数组中的位置。以图7-1所示一维数组a为例，其第1个位置上的元素为a[0]，值为6，第2个位置上的元素为a[1]，值为7，依此类推，最后一个即第8个位置上的元素为a[7]，值为2。

对于二维数组而言，在数组定义时声明的第一维长度代表了其有多少行，第二维长度代表了其每一行有多少列，因此二维数组需要用两个下标确定各元素在数组中的位置。以图7-2所示2行4列的二维数组b为例，第一行的第一个元素为b[0][0]，值为6，第二个元素为b[0][1]，值为7，第三个元素为b[0][2]，值为5，第四个元素为b[0][3]，值为8；第二行的第一个元素为b[1][0]，值为9，第二个元素为b[1][1]，值为0，依此类推。

为什么数组的下标要从0开始而不是从1开始呢？

这是因为从0开始的下标可以使编译器简化，而且这样还使得下标运算的速度有少许提高。

以图7-1所示一维数组a为例，数组元素a[i]的下标i直接代表了其相对于第一个元素的偏移量，而无须执行减1运算。

如果希望使用从1到n而不是从0到n-1的下标，该怎么做呢？

这里有一个常用的小窍门，就是声明一个有n+1个元素的一维数组，例如：

```
#define N 8
int a[N+1];
```

这样数组的下标将会从0变化到8，但是实际使用时可以忽略下标为0的元素，只使用下标为1到8的元素。之所以在定义数组之前先定义了一个宏常量，是因为C89要求在编译时已知数组的长度，不支持使用变量定义数组的长度，必须使用整型常数来定义数组的长度。为了避免在程序中直接使用常数定义数组的长度，建议把数组的长度定义为宏常量。这样，在需要将常数8修改为10时，只要修改宏定义即可，而无须修改所有使用该常数的代码。

C99允许使用**变长数组**（**Variable-Length Array**），即数组的长度可以由变量来定义。例如，C99允许使用下面的语句定义数组，但在C89中这样定义则会报编译错误。

```
int n;
scanf("%d", &n);
int a[n];            //仅C99支持，C89不支持
```

注意，变长数组并不意味着数组的长度可以改变，数组一旦定义，其长度依然不能再改变。验证变长数组的长度可以使用下面的语句：

```
int len = sizeof(a);
printf("Array size is %d bytes\n", len);
```

注意，在C89中，sizeof是一个编译时操作，但在C99中sizeof被用于计算变长数组长度，是一个运行时操作。

在定义数组时，之所以必须指定数组的基类型和数组每一维的长度，是因为编译器要根据这些信息为数组预留出相应大小的内存空间。数组的基类型决定了每个数组元素占内存空间的字节数，数组每一维的长度决定了数组元素的个数。一维数组在内存中占用的字节数sizeof (数组名) = 数组长度 × sizeof (数组的基类型)。二维数组占用的字节数sizeof(数组名)=第一维长度 × 第二维长度 × sizeof(数组的基类型)。

那么，**数组在内存中是如何存储的呢？**无论数组的逻辑结构是怎样的，其在内存中都是线性存储的，并且顺序存储在一段连续的存储空间中。在C语言中，这个连续的存储空间的首地址就是用数组名来表示的，即不带下标的数组名在C语言中具有特殊的含义，它代表数组的首地址。对于一维数组而言，其在内存中的物理存储结构与其逻辑结构是相同的。但是如何将多维数组放入从这个首地址开始的连续存储空间呢？C语言中的数组在内存中都是按行存储的，即是一行一行地放入内存的，而不是一列一列地放入内存的。以二维数组b为例，其在内存中的物理存储结构如图7-4所示。以三维数组c为例，其在内存中的物理存储结构如图7-5所示。

b[0][0]	b[0][1]	b[0][2]	b[0][3]	b[1][0]	b[1][1]	b[1][2]	b[1][3]

图7-4　二维数组在内存中的物理存储结构

c[0][0][0]	c[0][0][1]	c[0][1][0]	c[0][1][1]	c[1][0][0]	c[1][0][1]	c[1][1][0]	c[1][1][1]

图7-5　三维数组在内存中的物理存储结构

数组元素在内存中顺序存储，给访问数组中的元素带来了极大的方便，实现了对数组元素的随机访问，因为只要已知数组的首地址（即数组名），即可根据数组在内存中的物理存储结构计算出每个数组元素相对于首地址的偏移量，进而得到该数组元素在内存中的地址。

那么，**如何访问（即引用）数组中的元素呢？**在引用数组中的元素时，和使用普通的基本类型变量没什么区别，数组元素可出现在任何合法的C语言表达式中，也可作为函数参数使用，即引用数组元素时使用的下标可以是整型常量，也可以是整型变量或整型表达式。

以二维数组a为例，a[i][j]表示二维数组a的第i行第j列的元素，依次输入/输出数组中的元素，必须使用循环语句，用外层循环控制行下标i的变化，用内层循环控制列下标j的变化。例如，依次输入数组中的元素，可以使用下面的循环语句：

```
for (i=0; i<2; i++)          //行下标变化
{
    for (j=0; j<4; j++)     //列下标变化
    {
         scanf("%d", &a[i][j]);
    }
}
```

而依次输出数组中的元素，则使用下面的循环语句：

```
for (i=0; i<2; i++)                          //行下标变化
{
    for (j=0; j<4; j++)                      //列下标变化
    {
        printf("%4d", a[i][j]);
    }
    printf("\n");                            //输出换行
}
```

已经定义但未初始化的数组元素的值会是什么呢？这取决于数组的存储类型是怎样定义的。如果数组被定义为静态存储类型（即声明为static）或者外部存储类型（即在所有函数外部定义），那么其元素将在编译时自动初始化为0，这是因为它们在内存中的地址是确定的，所以编译器就"挥一挥衣袖"随手把它们初始化为了0。但若数组被定义为自动存储类型，即在函数内定义但是未显式声明存储类型，则数组元素的值将是随机数，因为编译器无法预知它们在程序运行期间被分配的内存地址。

若要在定义数组的同时指定数组元素的初值，则需要对数组进行显式初始化。例如，对于一维数组，可按如下方式对数组元素进行初始化：

```
int a[8] = {6, 7, 5, 8, 9, 0, 1, 2};
```

对数组元素进行初始化或赋值时，需要注意以下事项。

（1）用一对花括号标识的初始化列表中提供的初值个数不能大于数组定义的长度。当初始化列表中提供的初值个数小于数组定义的长度时，即仅对数组的部分元素进行初始化时，未被初始化的元素将被编译器自动初始化为0。

例如，下面两行语句是等价的：

```
int a[8] = {6, 7, 5, 8};
int a[8] = {6, 7, 5, 8, 0, 0, 0, 0};
```

但是这两条语句与下面的语句并不等价：

```
int a[8] = {0, 0, 0, 0, 6, 7, 5, 8};
```

此外，初始化和赋值是两回事，初始化操作是在编译阶段执行的，而赋值操作则是在运行时执行的。例如，执行下面的赋值语句：

```
a[0] = 6;
a[1] = 7;
a[2] = 5;
a[3] = 8;
```

此时，a[4] ～ a[7] 的值并不是0，这是因为赋值操作是在程序运行时执行的，这个时候编译器已经"下班"了，所以a[4] ～ a[7] 的值是不确定的，是随机值。

（2）当初始化列表给出一维数组全部元素的初值时，可以省略对一维数组长度的声明。

例如：

```
int a[] = {6, 7, 5, 8, 9, 0, 1, 2};
```

此时，系统会自动按照初始化列表中提供的初值个数确定一维数组的长度。

（3）对于二维数组，既可以按元素初始化，也可以按行初始化。

例如，下面两行语句是等价的：

```
int b[2][4] = {6, 7, 5, 8, 9, 0, 1, 2};     //按元素初始化
int b[2][4] = {{6, 7, 5, 8}, {9, 0, 1, 2}}; //按行初始化
```

经初始化后的二维数组b中的元素如图7-2所示。

（4）初始化列表给出了二维数组全部元素的初值时，仅第一维的长度声明可以省略，第二维的长度声明不能省略。

例如：

```
int b[][4] = {{6, 7, 5, 8},{9, 0, 1, 2}};
```

此时，系统会自动按照初始化列表中提供的初值个数确定二维数组第一维的长度。

按行初始化时，即使初始化列表中提供的初值个数少于二维数组实际元素的个数，第一维的长度声明也可以省略，此时编译器自动将后面的元素初始化为0。

例如，下面两行语句是等价的：

```
int b[2][4] = {{6, 7, 5}, {9}};                 //按行初始化
int b[2][4] = {{6, 7, 5, 0}, {9, 0, 0, 0}}; //按行初始化
```

之所以二维数组第二维的长度声明不能省略，是因为C语言中的二维数组在内存中是按行的顺序连续存储的。编译器在为每个数组元素寻址时必须知道每一行有多少个元素，这样才能知道从哪里开始是第二行的数据，因此编译器必须知道二维数组第二维的长度。

例如，对于语句

```
int matrix[2][] = {1, 2, 3, 4, 5, 6, 7, 8};
```

编译器无法确定它对数组matrix初始化的结果是下面二者中的哪一个。

```
1  2  3  4          1  2  3  4  5
5  6  7  8          6  7  8  0  0
```

（5）C99允许对数组进行**指派初始化**（**Designed Initializers And Compound Literals**）。

指派初始化允许直接使用下标来初始化数组元素。例如，C89中的语句

```
int a[8] = {1, 0, 0, 3, 0, 0, 0, 5};
```

在C99中还可以写成：

```
int a[4] = {[0]=1, [3]=3, [7]=5};
```

（6）不能用赋值语句对数组中的元素进行整体赋值。

假设a和b是相同长度的一维数组，若要实现把数组b完整地复制给数组a，那么不能用下面的语句：

```
a = b;
```

而应使用下面的循环语句对数组元素逐个进行复制：

```
for (i=0; i<n; i++)
{
    a[i] = b[i];
}
```

原因是显而易见的，C语言中的数组名有着特殊的含义，它代表数组的首地址，数组首地址的值是不能被修改的。

另一种方法是使用头文件string.h中的函数memcpy()（意为“内存复制”），它可以把内存中从某个地址开始的指定数目的字节从一个地方简单复制到另一个地方。例如，这里若要把数组b复制给数组a，可以使用下面的函数调用语句：

```
    memcpy(a, b, sizeof(a));
```

它的含义是，将从数组b首地址开始的内存中的sizeof(a)字节复制到从数组a首地址开始的内存中。使用这个函数一定要慎重，假如数组b的长度大于数组a的长度，那么语句

```
    memcpy(a, b, sizeof(b));
```

就会因数据的复制超出为数组a分配的内存边界而导致缓冲区溢出。

7.2　向函数传递批量数据

本节主要讨论如下问题。

（1）何为按值传递和模拟按引用传递？二者有什么区别？

（2）如何保护数组元素的值在被调函数中不被修改？

7.2.1　按值传递与模拟按引用传递

在大多数编程语言中，参数的传递方式有两种：**按值传递（Pass by Value）**与**按引用传递（Pass by Reference）**。如图7-6所示，按值传递实参时，程序会为实参创建一个副本，并将副本传递给被调函数，由于形参接收到的是实参的副本，实参与形参占不同的内存单元，所以对这个副本的修改不会影响到主调函数中原来的实参的值。而按引用传递实参时，主调函数允许被调函数修改相应的实参的值。

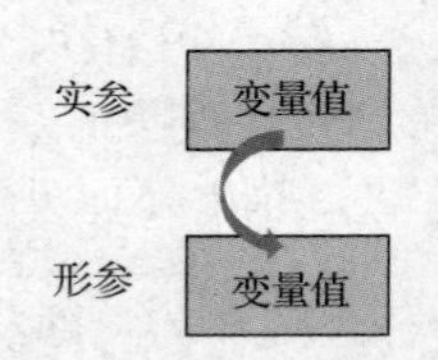

图7-6　普通变量作函数参数按值传递

在前面的章节中，我们编写的函数都是按值传递参数的。C语言中所有实参都是单向传值的，但是很多函数需要具有这样一种能力：修改主调函数中的变量或者接收一个大的数据对象的内存地址，以避免按值传递大的数据对象时因需要复制该对象而导致额外时间和存储空间开销。如第5章所述，由于C语言中的参数传递都是单向传值，因此当普通变量作函数参数时，从被调函数向主调函数返回值只能通过return语句，而return语句只能返回一个值。按引用传递的好处是，它支持被调函数通过修改主调函数中的变量，实现向主调函数返回多个值的效果。

在第9章，我们将会看到，用指针作函数形参时，可以使用取地址运算符&向指针形参传递实参的地址值，在被调函数中使用间接寻址运算符*来访问指针指向的实参，从而修改实参的值，实现模拟按引用传递参数。之所以称其为模拟按引用传递参数，是因为它并不是真正地传递实参的**引用（Reference）**，而是通过传递实参的地址值来模拟按引用传递参数的。模拟按引用传递，通过将实参地址值的副本传给形参，使得被调函数可以通过与主调函数共享内存的方式来修改该实参的值，达到与按引用传递参数同样的目的。在本章中，我们还会看到，出于对性能的考虑，数组作函数形参时也可以实现模拟按引用传递参数。

数组作函数形参时，用数组名作函数实参，无须使用取地址运算符&即可向形参传递数组的首地址，由于不带方括号和下标的数组名代表数组第一个元素的地址，因此用数组名作函数实参实际上是将数组的首地址传给被调函数，这样形参与实参因具有相同的地址而都指向数组的第一个元素，从而使得形参数组与实参数组共享同一段存储空间，如图7-7所示。这样做是出于性能方面的考虑，因为相对于以传值方式将全部数组元素的副本传给被调函数而言，只复制一个地址值的效率自然要高得多。

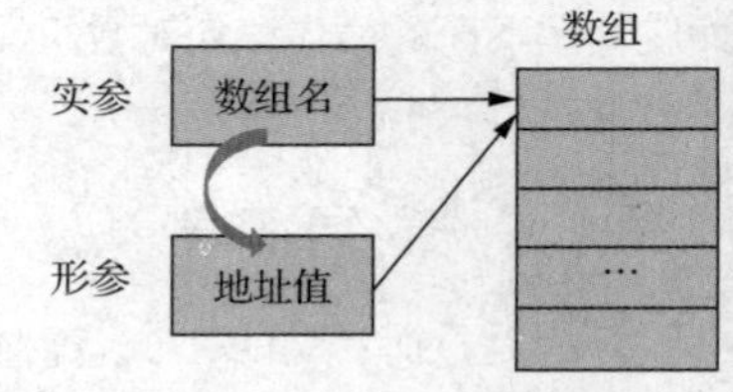

图7-7　数组名作函数实参模拟按引用传递

将数组的首地址传给被调函数后，由于形参数组相当于共享了实参数组所占的存储空间，因此当被调函数修改形参数组元素时，实际上相当于是在修改实参数组中的元素值。

若被调函数不需要修改主调函数中实参的值，则应采用按值传递的方式。这有助于防止数组元素被意外修改。仅在被调函数需要修改主调函数中的原有变量的值，且被调函数又可信的时候，才可以放心地使用按引用传递。

7.2.2 一维数组的参数传递——以筛法求素数为例

本节我们以筛法求素数为例，介绍一维数组作函数参数时的参数传递。

筛法求素数

【例7.1】请编写程序，用筛法计算并输出1～n的所有素数之和。

问题分析：埃拉托色尼筛法（简称筛法）是一种著名的快速求素数的方法。所谓"筛"就是"对给定的到n为止的自然数，排除其中所有的非素数，最后剩下的就都是素数"。筛法的基本思想就是筛掉所有素数的倍数，剩下的一定是素数。

筛法求素数的过程为，将2, 3, …, n依次存入相应下标的数组元素，假设用数组a保存这些值，则将数组元素分别初始化为以下数值：

```
a[2] = 2, a[3] = 3, …, a[n] = n
```

然后，依次从a中筛掉2的倍数、3的倍数、5的倍数……sqrt(n)的倍数，即筛掉所有素数的倍数，直到a中仅剩下素数，因此剩下的数不是任何数的倍数（除1外）。筛法求素数的过程如图7-8所示。

2	3	4	5	6	7	8	9	10	11	12	13	14	15	16	17

筛掉2的倍数

2	3	0	5	0	7	0	9	0	11	0	13	0	15	0	17

筛掉3的倍数

2	3	0	5	0	7	0	0	0	11	0	13	0	0	0	17

筛掉5的倍数

2	3	0	5	0	7	0	0	0	11	0	13	0	0	0	17

……

图7-8 筛法求素数

可以看出，这是一种典型的"以空间换时间"的加速方法。

根据上述基本原理，按照自顶向下、逐步求精的设计方法设计该算法的步骤如下。

Step1：设计总体算法。

初始化数组a，使a[2]=2, a[3]=3, …, a[n]=n。

对i=2, 3, …, sqrt(n)分别"筛掉a中所有a[i]的倍数"。

输出数组中余下的数（a[i]!=0的数）。

Step2：对"筛掉a中所有a[i]的倍数"求精。

对数组a中下标为i的数组元素后面的所有元素a[j]分别做：如果"该数是a[i]的倍数"，则"筛掉该数"。

```
Step3：for(i=2;i<=sqrt(n);++i)
           for(j=i+1;j<=n;++j)
               if(a[i]!=0&&a[j]!=0&&a[j]%a[i]==0)
                   a[j]=0;
```

我们将该函数命名为SiftPrime，其接口和函数原型设计如下：

```
//函数功能：利用筛法求n以内的所有素数
//函数参数：int型数组a用于存储筛法求解后得到的n以内的素数
//返回值：无
void SiftPrime(int a[], int n);
```

完整的程序如下：

```
1   #include <stdio.h>
2   #include <math.h>
3   #define N  100
4   void SiftPrime(int a[], int n);
5   int SumofPrime(int n);
6   int main(void)
7   {
8       int n;
9       printf("Input n:");
10      scanf("%d", &n);
11      printf("sum=%d\n", SumofPrime(n));
12      return 0;
13  }
14  //函数功能：利用筛法求n以内的所有素数
15  void SiftPrime(int a[], int n)
16  {
17      for (int i=2; i<=n; ++i)
18      {
19          a[i] = i;           //数组初始化
20      }
21      for (int i=2; i<=sqrt(n); ++i)
22      {
23          for (int j=i+1; j<=n; ++j)
24          {
25              if (a[i]!=0 && a[j]!=0 && a[j]%a[i]==0)
26              {
27                  a[j] = 0;  //筛掉a[i]的倍数a[j]
28              }
29          }
30      }
31  }
32  //函数功能：计算并返回n以内的所有素数之和
33  int SumofPrime(int n)
34  {
35      int m, sum = 0;
36      int a[N+1];
37      SiftPrime(a, n);      //一次性求出n以内的所有素数并保存于数组a中
38      for (sum=0, m=2; m<=n; ++m)
39      {
40          if (a[m] != 0)    //素数判定
41          {
42              sum += m;
43          }
44      }
45      return sum;
46  }
```

程序运行结果同例6.4。

用一维数组作为函数参数需要注意以下事项。

（1）当一维数组作函数形参时，可以不在数组名后的方括号内指定一维数组的长度，通常用另一个整型形参来指定一维数组的长度。

（2）当一维数组作函数参数时，即使在形参数组名后的方括号内指定了一维数组的长度，编译器也会忽略这个长度值，并不生成具有指定长度的数组，也不进行下标越界检查，只检查

它是否大于0，如果它大于0，则将其忽略掉，否则会产生编译错误。因此，数组名后方括号内的数字并不能真正表示接收的数组的长度，向函数传递一维数组时，最好同时再用另一个形参来传递数组的长度。

（3）当一维数组作函数参数时，需要用数组名作函数实参，以实现模拟按引用传递。因为数组名代表数组的首地址，经过"实参到形参的单向值传递"后，形参和实参都指向实参数组的首地址，这样就实现了二者共享同一段内存，从而使得被调函数能够修改主调函数中实参数组元素的值。

（4）用数组名作为函数实参时，形参数组和实参数组无论是同名还是不同名，都指向实参数组所占的连续内存单元。而用普通变量作为函数实参时，由实参向形参单向传递的是变量的内容，不是变量的地址，因此无论它们是否同名，都代表不同的内存单元。

（5）由于数组作函数参数属于模拟按引用传递，因此在被调函数中改变形参数组元素的值，就相当于改变实参数组元素的值。如果不希望被调函数修改主调函数中数组元素的值，那么可以通过在形参数组的类型前加上const限定符，以达到保护形参数组元素的值不被修改的目的。

（6）在C99中，函数还可以用一个可变长数组作为形参，即形参数组的长度可以是一个整型变量，但表示该数组长度的这个整型变量也必须同时传递给函数。

例如，函数声明语句

```
    void SiftPrime(int a[], int n);
```

在C99中还可以写为

```
    void SiftPrime(int n, int a[n]);
```

但不可以写为

```
    void SiftPrime(int a[n]);
```

否则将引发一个编译错误。

7.2.3 二维数组的参数传递——以杨辉三角为例

【例7.2】**杨辉三角**。杨辉三角是我国数学史上的一个伟大成就，是我国古代数学的杰出研究成果之一。我国南宋数学家杨辉1261年所著的《详解九章算法》一书中详细记载了杨辉三角，书中还说明此图引自11世纪中叶（约公元1050年）贾宪的《释锁算书》，因此杨辉三角也被称为"贾宪三角"。在欧洲，帕斯卡（Pascal，1623—1662）于1654年才发现这一规律，称其为"帕斯卡三角"。帕斯卡的发现比杨辉要晚393年，比贾宪晚大约600年，所以有些书上也称其为"中国三角"。

杨辉三角主要具有如下有趣的性质。

（1）如图7-9所示，杨辉三角两个斜边上的数字均为1，其他位置上的每个数字都等于上一行的左右两个数字之和。可用此性质推出整个杨辉三角，即第n行的第r个数等于第$n-1$行的第$r-1$个数和第r个数之和，这也是组合数的性质之一，即$C_n^r = C_{n-1}^{r-1} + C_{n-1}^r$。杨辉三角把二项式系数图形化，把组合数内在的一些代数性质直观地在图形中体现出来，是一种离散型的数与形的结合。

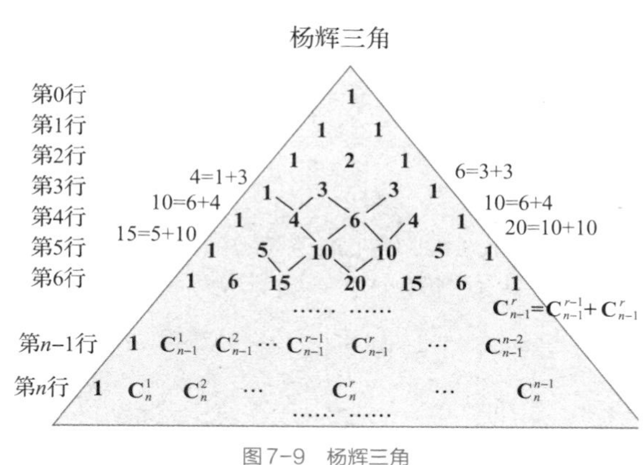

图7-9 杨辉三角

（2）$(a+b)^{n-1}$的展开式中的各项系数依次对应杨辉三角的第n行中的每一项。

（3）杨辉三角与Fibonacci数列之间还具有一种神秘的关系。将第$2n+1$行第1个数，与第$2n+2$行第3个数、第$2n+3$行第5个数……连成一条线，这些数的和就是Fibonacci数列的第$4n+1$个数；将第$2n$行第2个数（$n>1$），与第$2n-1$行第4个数、第$2n-2$行第6个数……连成一条线，这些数之和是Fibonacci数列的第$4n-2$个数。

（4）如图7-10所示，将杨辉三角各行数字左对齐，右上到左下对角线数字的和等于Fibonacci数列的各项数字：1，1，1+1=2，2+1=3，1+3+1=5，3+4+1=8，1+6+5+1=13，4+10+6+1=21，1+10+15+7+1=34。

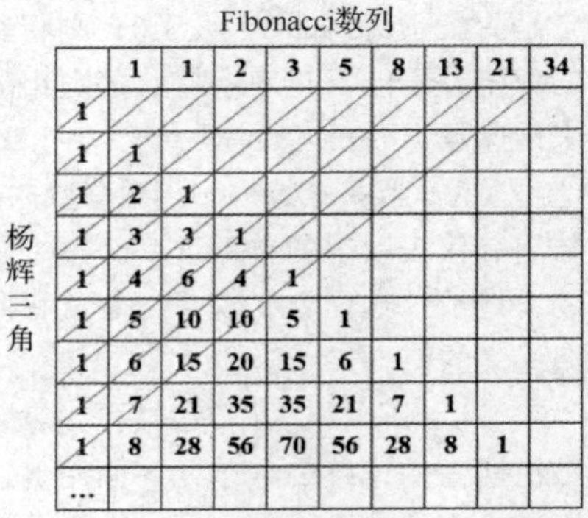

Fibonacci数列

杨辉三角

	1	1	2	3	5	8	13	21	34
1									
1	1								
1	2	1							
1	3	3	1						
1	4	6	4	1					
1	5	10	10	5	1				
1	6	15	20	15	6	1			
1	7	21	35	35	21	7	1		
1	8	28	56	70	56	28	8	1	
…									

图7-10　直角三角形形式的杨辉三角与Fibonacci数列之间的关系

现在，请你用函数编程计算并输出图7-10所示的直角三角形形式的杨辉三角。

如果用一个二维数组来存储杨辉三角中每一行每一列的数字，那么根据杨辉三角的第一条性质，即可计算得到杨辉三角上的所有数字。程序如下：

```
1   #include<stdio.h>
2   #define  N  20
3   void  CalculateYH(int a[][N], int n);
4   void  PrintYH(int a[][N], int n);
5   int main(void)
6   {
7       int a[N][N] = {0}, n;
8       printf("Input n(n<20):");
9       scanf("%d", &n);
10      CalculateYH(a, n);
11      PrintYH(a, n);
12      return 0;
13  }
14  //函数功能：计算杨辉三角前n行元素的值
15  void CalculateYH(int a[][N], int n)
16  {
17      for (int i=0; i<n; ++i)
18      {
19          a[i][0] = 1;
20          a[i][i] = 1;
21      }
22      for (int i=2; i<n; ++i)
23      {
24          for (int j=1; j<=i-1; ++j)
25          {
26              a[i][j] = a[i-1][j-1] + a[i-1][j];
27          }
28      }
29  }
30  //函数功能：以直角三角形形式输出杨辉三角前n行元素的值
31  void PrintYH(int a[][N], int n)
32  {
33      for (int i=0; i<n; ++i)
34      {
35          for (int j=0; j<=i; ++j)
36          {
37              printf("%-4d", a[i][j]); //输出结果左对齐
```

```
38          }
39          printf("\n");
40      }
41  }
```

其中，函数CalculateYH()也可以写为

```
1   //函数功能：计算杨辉三角前n行元素的值
2   void CalculateYH(int a[][N], int n)
3   {
4       for (int i=0; i<n; ++i)
5       {
6           for (int j=0; j<=i; ++j)
7           {
8               if (j==0 || i==j)
9               {
10                  a[i][j] = 1;
11              }
12              else
13              {
14                  a[i][j] = a[i-1][j-1] + a[i-1][j];
15              }
16          }
17      }
18  }
```

程序的运行结果如下：

```
Input n(n<20): 10↙
   1
   1   1
   1   2   1
   1   3   3   1
   1   4   6   4   1
   1   5  10  10   5   1
   1   6  15  20  15   6   1
   1   7  21  35  35  21   7   1
   1   8  28  56  70  56  28   8   1
   1   9  36  84 126 126  84  36   9   1
```

注意，当形参被声明为二维数组时，可以不指定数组第一维的长度，用另一个整型形参来指定数组第一维的长度，但是第二维的长度必须指定，不能省略。**为什么必须指定数组第二维的长度呢?**

这是因为数组元素在内存中都是按行的顺序连续存储的，例如，它的第1行在内存中总是存储在第0行之后，依此类推。

以图7-11所示声明为2行4列的二维数组和图7-12所示声明为4行2列的二维数组为例，虽然它们都有8个int型数组元素，占据相同字节数的内存，首地址均为&b[0][0]，但是同样访问数组元素b[1][0]时，却需要访问不同的存储单元。对于图7-11中声明为2行4列的二维数组b，数组元素b[1][0]相对于数组首地址的偏移量为1*4 + 0，而对于图7-12中声明为4行2列的二维数组b，数组元素b[1][0]相对于数组首地址的偏移量却为1*2 + 0。

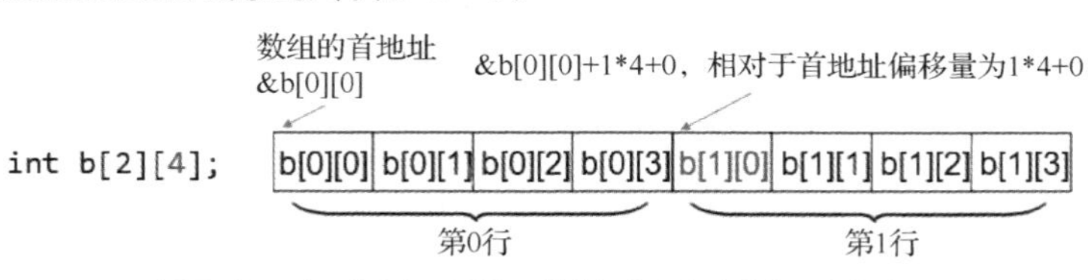

图7-11　声明为2行4列的二维数组在内存中的物理存储结构

数组的首地址
&b[0][0]
&b[0][0]+1*2+0，相对于首地址偏移量为1*2+0

int b[4][2]; | b[0][0] | b[0][1] | b[1][0] | b[1][1] | b[2][0] | b[2][1] | b[3][0] | b[3][1]

第0行　第1行　第2行　第3行

图7-12　声明为4行2列的二维数组在内存中的物理存储结构

这说明，必须让编译器知道数组的每一行中有多少元素（即列的数量），编译器才能知道下一行的数组元素从哪个存储单元开始，从而准确地找到待访问的数组元素所在的内存地址。因此，无论是在声明二维数组的形参时，还是在定义二维数组时直接对数组进行初始化，都必须指定二维数组的第二维的长度。对于更高维的数组而言，只有第一维的长度在上述两种情况下可以省略，而其他维的长度都必须指定。

7.3　数组下标越界错误实例分析

数组越界访问

本节主要讨论如下问题。

数组下标越界会导致什么问题？数组下标越界有什么危害？

7.3.1　一维数组的下标越界实例分析

C编译器通常不检查下标的范围，即不进行下标越界检查。当下标超出范围即越界时，将访问数组以外的空间，可能导致程序不可预知的行为。数组下标越界的主要原因之一是程序员忘记了一个有n个元素的一维数组的下标范围为0～$n-1$。因此，编写程序使用数组时，程序员要自己确保数组元素下标的正确引用范围，以避免因下标越界而造成对其他存储单元中数据的破坏。来看下面的程序。

【例7.3】一维数组下标越界访问的程序示例。请运行下面的程序，观察运行结果并分析原因。

```
1    #include <stdio.h>
2    int main(void)
3    {
4        int i, a = 1, c = 2, b[5] = {0};
5        printf("%p, %p, %p\n", b, &c, &a);//输出数组b、变量c和a的地址
6        for (i=0; i<=8; i++)                //让下标越界，访问数组中的元素
7        {
8            b[i] = i;
9            printf("%4d", b[i]);
10       }
11       printf("\nc=%d, a=%d, i=%d\n", c, a, i);
12       return 0;
13   }
```

在Code::Blocks下运行程序的输出结果如下：

```
0018FF2C, 0018FF40, 0018FF44
   0   1   2   3   4   5   6   7   8
c=5, a=6, i=9
```

与此同时，还会弹出图7-13所示的对话框，选择“关闭程序”相当于宣布程序的“安乐死”。这个对话框的出现几乎都是由数组和指针引起的非法内存访问导致的。

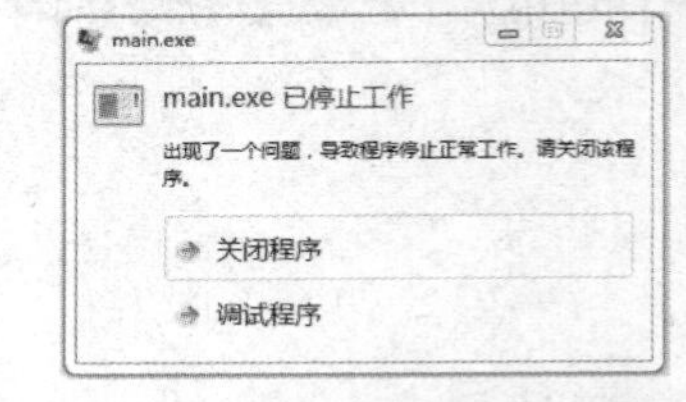

图7-13　非法访问内存时弹出的对话框

下面我们就来分析一下，为什么会出现上述莫名其妙的错误结果。还记得5.2.6小节介绍的C程序的内存映像吗？由于局部变量都是在栈上分配内存的，栈空间是从高地址向低地址

“生长”的，并且具有后进先出的特点，因此变量被分配的内存是按其被声明的顺序由高地址向低地址方向分配的，如图7-14所示。

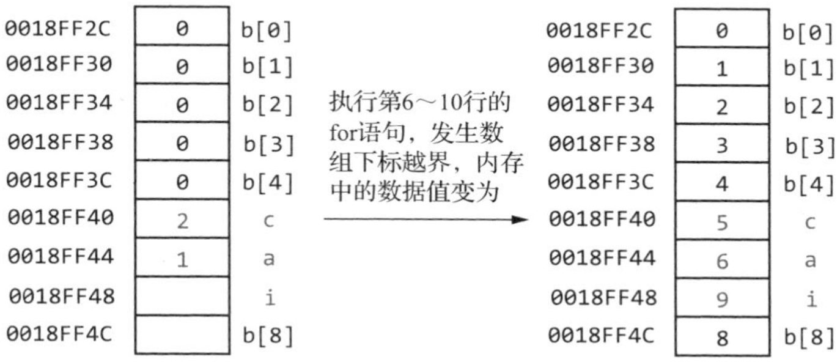

地址	值	变量
0018FF2C	0	b[0]
0018FF30	0	b[1]
0018FF34	0	b[2]
0018FF38	0	b[3]
0018FF3C	0	b[4]
0018FF40	2	c
0018FF44	1	a
0018FF48		i
0018FF4C		b[8]

执行第6～10行的for语句，发生数组下标越界，内存中的数据值变为 →

地址	值	变量
0018FF2C	0	b[0]
0018FF30	1	b[1]
0018FF34	2	b[2]
0018FF38	3	b[3]
0018FF3C	4	b[4]
0018FF40	5	c
0018FF44	6	a
0018FF48	9	i
0018FF4C	8	b[8]

图7-14　一维数组元素的越界访问示例

注意，由于不同的编译系统为变量分配的内存地址有所不同，因此在不同的机器上或系统上运行程序，输出的实际地址值可能会有所不同。

为了更好地理解图7-14以及出现上述程序运行结果的原因，我们以Code::Blocks为例，利用IDE中的调试器，采用单步运行的方式来观察变量值的变化情况。我们发现，当程序单步运行到第6次循环时，发生了数组下标越界，导致变量c的值被重写为5，单步运行到第7次循环时，进一步的数组下标越界访问将变量a的值重写为6，单步运行到第8次和第9次循环时，变量a后面的两个整型存储单元分别被写入7和8。循环结束后，变量i的值变为9。变量a和c的值就是这样被悄悄“破坏”的，罪魁祸首就是数组下标越界。

7.3.2　二维数组的下标越界实例分析

【例7.4】二维数组下标越界访问的程序示例。请运行下面的程序，观察运行结果并分析原因。

```
1    #include <stdio.h>
2    int main(void)
3    {
4        int i, j;
5        int a[2][3] = {0};
6        for (i=0; i<=2; i++)          //行下标越界
7        {
8            for (j=0; j<=3; j++)      //列下标越界
9            {
10               printf("%d\t", a[i][j]);
11           }
12           printf("\n");
13       }
14       return 0;
15   }
```

程序的运行结果如下：

```
0   0   0   0
0   0   0   3
0   2   32  2
```

为什么会出现这样的结果呢？还是因为下标越界。程序在遍历数组元素时出现了“差一”错误，当j值等于3时，恰好越界访问一个元素，而当i值等于2时，则越界访问了一行元素。如图7-15所示，程序第5行定义的二维数组a只有2行3列，行下标应该是从0到1，列下标应该是从0到2。但是第6行和第8行的for语句在遍历数组的行下标和列下标时均多遍历了一次，行下标从0到2，列下标从0到3，这样就相当于在访问一个有3行4列的二维数组，从而导致内存中后面的6个数组元素都是越界访问的，其值都是随机值，从而输出乱码。如果对其进行赋值，那么会导致不该重写的存储单元被重写，后果就更严重了。

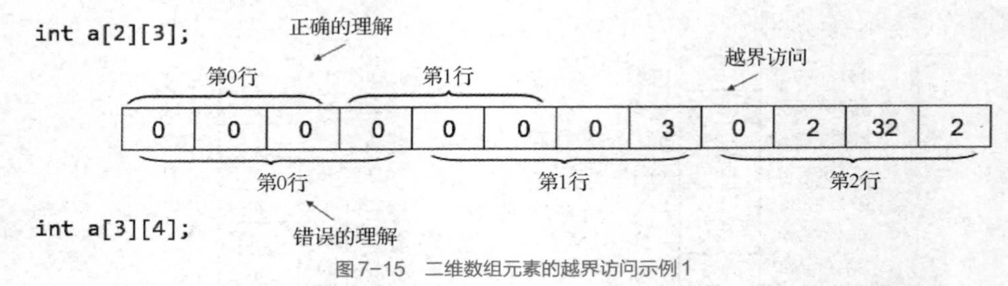

图7-15　二维数组元素的越界访问示例1

【例7.5】二维数组下标越界访问的另一个程序示例。请运行下面的程序，观察运行结果并分析原因。

```
1    #include <stdio.h>
2    int main(void)
3    {
4        int i, j;
5        int a[2][3] = {0};
6        a[1][0] = 4;
7        for (i=0; i<2; i++)
8        {
9            for (j=0; j<3; j++)
10           {
11               printf("%d\t", a[i][j]);
12           }
13           printf("\n");
14       }
15       a[0][3] = 5;              //a[0][3]与a[1][0]实际上是同一个元素
16       for (i=0; i<2; i++)
17       {
18           for (j=0; j<3; j++)
19           {
20               printf("%d\t", a[i][j]);
21           }
22           printf("\n");
23       }
24       return 0;
25   }
```

程序的运行结果如下：

```
0   0   0
4   0   0
0   0   0
5   0   0
```

a[1][0]的值由4变为5，仍是数组下标越界访问导致的。事实上，a[0][3]和a[1][0]指的是同一个数组元素，由于编译器不检查下标越界，a[0][3]的写法虽然合法，对它的访问并未超出整个数组的边界，但它超出了数组第一行的边界，属于另一种越界访问，如图7-16所示。如果程序员不了解a[0][3]实际上就是a[1][0]，就会产生错误的赋值，导致a[1][0]原有的值丢失。

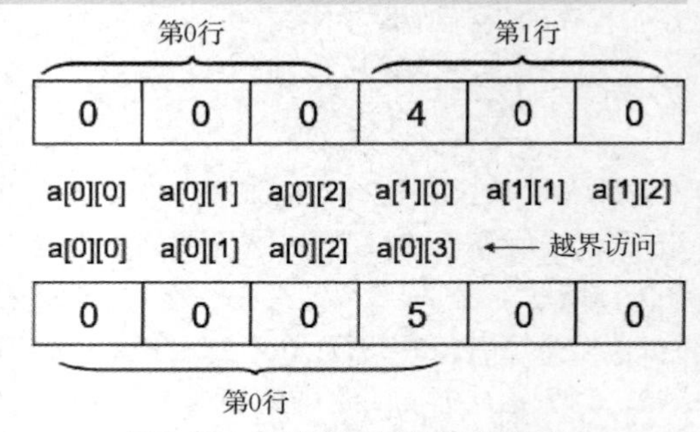

图7-16　二维数组元素的越界访问示例2

例7.5说明，二维数组元素在内存中都是按行存储的，且没有明显的行的界限，你告诉编译器按一行有多少个元素来读，它就按一行有多少个元素来读，它并不会检查你告诉它的每行的元素数是否有误，这个正确性需要程序员自己来保证。

7.4 安全编码规范

在使用数组时，需要注意以下安全编码规范。

（1）外部数据作为数组下标时必须确保在有效范围内。

使用外部数据作为数组下标对内存进行访问时，必须对数据进行严格的校验，确保数组下标在有效范围内，否则会导致严重的错误。

在遍历数组元素时，一定要牢记数组的下标都是从0开始的，程序员要自己保证数组的下标不超出数组的边界以及行或列可访问的最大下标。

（2）不要使用变长数组类型，若使用，则必须确保变长数组的大小在有效范围内。

C99新加入了对变长数组的支持，即数组的长度可以由某个非const变量来定义，变长数组所占内存空间的大小在程序运行时才能确定。由于要在程序运行时才能确定数组的大小，因此为其在栈上分配内存空间的起始地址是不确定的，这种不确定性会给程序执行带来非常大的风险。当变长数组超大时，可能会导致栈混乱而引发异常，如果数组的大小为负数或0，那么程序的行为是未定义的。

（3）声明外部数组时，必须显式指定它的大小。

在用extern声明外部数组时，明确指定其大小会使代码可读性更好，也有利于加强对数组边界的控制，减少读写数组元素时发生下标越界问题。

当使用初始化列表隐式指定外部数组的大小时，可以定义独立的记录数组长度的常量来使用该数组。例如：

```
int priv[] = {'x', 'w', 'r'};
const unsigned int len = sizeof(priv) / sizeof(priv[0]);
```

（4）若无须修改数组元素的值，则应使用const对数组类型的函数形参进行限定。

除非主调函数明确要求被调函数修改主调函数中实参的值，否则都应使用按值调用来向函数传递实参。这样可防止主调函数中的实参被意外改写，同时也是“最小权限原则”的具体体现。

7.5 本章知识树

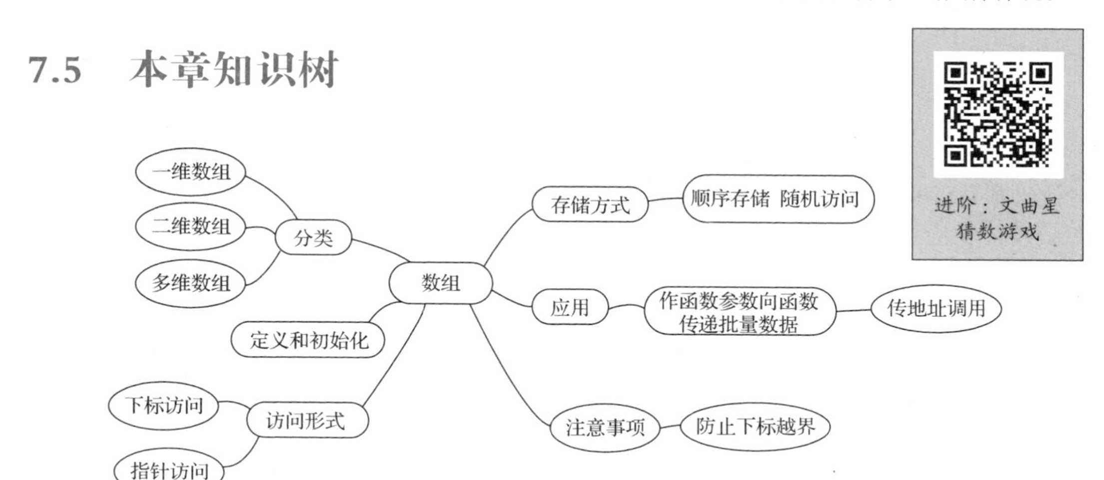

学习指南：用数组作函数参数相当于形参数组和实参数组共享内存，因此既可以通过传地址的方式由主调函数向被调函数传递相同类型的批量数据，也可以通过共享内存的方式向主调

函数返回在被调函数中修改的数据。涉及数组的编程最常见的错误是数组下标越界，例如，在循环遍历数组元素时出现多1的问题。

习题7

1. **产值翻番**。假设今年的工业产值为100万元，产值增长率为每年$c\%$，请编程计算当c分别为6、8、10、12时工业产值分别过多少年可实现翻一番（即增加一倍）。

2. **递归调用次数**。编程输出计算Fibonacci数列每一项时所需的递归调用次数。

3. **3位数构成**。将1到9这9个数字分成3个3位数，要求第一个3位数正好是第二个3位数的1/2，是第三个3位数的1/3。请编程输出所有的符合这一条件的3位数。

4. **阿姆斯特朗数**。阿姆斯特朗数（Armstrong Number）是一个n位数，其本身等于各位数的n次方之和。从键盘输入数据的位数n（$n \leqslant 8$），编程输出所有的n位阿姆斯特朗数。

5. **亲密数**。两千多年前，数学大师毕达哥拉斯（Pythagoras）就发现，220与284之间存在着奇妙的联系。例如，220的真因数之和为1+2+4+5+10+11+20+22+44+55+110=284，284的真因数之和为1+2+4+71+142=220。毕达哥拉斯把这样的数对称为相亲数。相亲数，也称为亲密数，如果整数A的全部因子（包括1，不包括A本身）之和等于B，且整数B的全部因子（包括1，不包括B本身）之和等于A，则将整数A和B称为亲密数。请编写一个程序，判断两个整数m和n是否为亲密数。

6. **主对角线元素之和**。从键盘输入n以及一个$n \times n$的矩阵，请编程计算$n \times n$的矩阵的两条主对角线元素之和。

7. **矩阵乘法**。利用公式 $c_{ij} = \sum_{k=1}^{n} a_{ik} \times b_{kj}$ 编程计算矩阵$\boldsymbol{A}$和矩阵$\boldsymbol{B}$之积。已知a_{ij}（i=1, 2, …, m；j=1, 2, …, n）为$m \times n$矩阵$\boldsymbol{A}$的元素，b_{ij}（i=1, 2, …, n；j=1, 2, …, m）为$n \times m$矩阵$\boldsymbol{B}$的元素，c_{ij}（i=1, 2, …, m；j=1, 2, …, m）为$m \times m$矩阵$\boldsymbol{C}$的元素。

8. **杨辉三角**。用函数编程计算并输出如下所示的直角三角形形式的杨辉三角。

```
1
1  1
1  2  1
1  3  3  1
1  4  6  4  1
1  5  10  10  5  1
1  6  15  20  15  6  1
```

9. **幻方矩阵检验**。在$n \times n$的幻方矩阵（$n \leqslant 15$）中，每一行、每一列、每一对角线上的元素之和都是相等的。请编写一个程序，将这些幻方矩阵中的元素读到一个二维整型数组中，然后检验其是否为幻方矩阵，并将结果显示到屏幕上。要求先输入矩阵的阶数n（假设$n \leqslant 15$），再输入$n \times n$矩阵，如果该矩阵是幻方矩阵，则输出"It is a magic square!"，否则输出"It is not a magic square!"。

10. **奇数阶幻方矩阵生成**。所谓的n阶幻方矩阵是指把1～$n \times n$的自然数按一定的方法排列成$n \times n$的矩阵，使得任意行、任意列以及两条主对角线上的数字之和都相等（已知n为奇数，假设n不超过15）。请编写一个程序，实现奇数阶幻方矩阵的生成。要求先输入矩阵的阶数n（假设$n \leqslant 15$），然后生成并输出$n \times n$幻方矩阵。

11. **Fibonacci数列生成**。Fibonacci数列与杨辉三角之间的关系如图7-10所示，请编程从杨辉三角生成Fibonacci数列。

12. **求1898**。现将不超过2000的所有素数从小到大排成第一行，第二行上的每个数都等于它“右肩”上的素数与“左肩”上的素数之差。这样可以得到如下两行数字：

```
2  3  5  7  11  13  17  19  …  1997  1999
  1  2  2  4  2   4   2  …       2
```

请编程计算第二行数中是否存在这样的若干个连续的整数：它们的和恰好是1898。假如存在的话，又有几种这样的情况？

13. **蛇形矩阵**。已知4×4和5×5的蛇形矩阵如下所示：

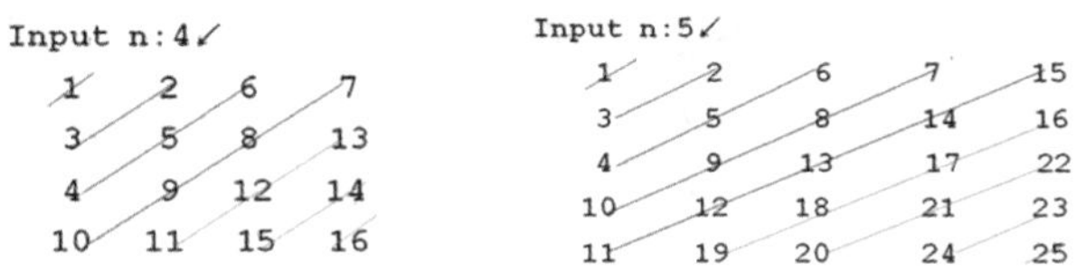

请编写一个程序，输出一个$n \times n$的蛇形矩阵。要求先输入矩阵的阶数n（假设n不超过100），如果n不是自然数或者输入了不合法的数字，则输出“Input error!”，然后结束程序的执行。

14. **秦九韶算法**。秦九韶与李冶、杨辉、朱世杰并称宋元数学四大家。秦九韶算法是一种将一元n次多项式的求值问题转化为n个一次多项式的求值问题的算法，大大简化了计算过程，即使在现代，利用计算机解决多项式的求值问题时，秦九韶算法依然是最优的算法。从键盘输入多项式的次数n、多项式系数以及x，用递推和递归两种方法计算n次多项式的值。

第8章

算法和数据结构基础——查找和排序算法

内容导读

必学内容：顺序查找，二分查找，交换排序，选择排序，冒泡排序。
进阶内容：冒泡排序的改进。

茫茫人海中，大千世界里，你怎样寻找你最想要的那件东西？如果每件东西都可以贴一个数字标签，是不是找起来就可以简单很多？你可以从左开始找，从右开始找，从中间开始找，跳着找，跑着找，翻着跟头找……踏破铁鞋无觅处，得来全不费功夫。

本章我们要解决的也是一个关于寻找的问题，不过不是在现实世界中寻找，而是在0和1的世界里寻找。还记得多年以前很受欢迎的节目《购物街》吗？看商品，猜价格。你可曾想过怎样才能猜得更快呢？现在，就让我们一起看看秘诀所在。

8.1 线性查找算法——众里寻他千百度

查找算法

本节主要讨论如下问题。

（1）线性查找算法的基本原理是什么？

（2）什么情况下适合使用线性查找算法？

你知道什么是搜索引擎吗？不知道的话也没关系，你可以在搜索引擎的搜索栏中输入“什么是搜索引擎？”，然后搜索到这样的答案：“所谓搜索引擎，就是根据用户需求与一定算法，运用特定策略从互联网检索出指定信息反馈给用户的一门检索技术”。Google、百度都是比较典型的搜索引擎系统。我们每个人的生活都在很大程度上受到了搜索引擎的影响。搜索引擎要完成的任务其实就是在“世界上最大的一堆稻草”中寻找你想要的“绣花针”。

我们在日常生活中经常遇到搜索问题，例如，从网上查找某篇文献，从图书馆的书架上查找某本图书，从计算机的某个文件夹下查找某个文件，从快递货架上查找某人的快递，从班级花名册中查找某个学生的信息，从手机电话簿中查找某人的手机号码，在英汉词典中查找某个英文单词等。这些操作都会用到**查找（Searching）**算法。查找就是指在大量的信息中寻找一个特定的信息元素。查找算法和排序算法是计算机应用中最常用的、最基本的算法。

本节介绍最简单、最常用的查找算法，即**线性查找（Linear Search）**算法。

8.1.1 线性查找算法的基本原理

线性查找也称为顺序查找（Sequential Search），就是用查找键（Search Key）逐个与线性表中的数据（即数组元素）相比较以实现查找。

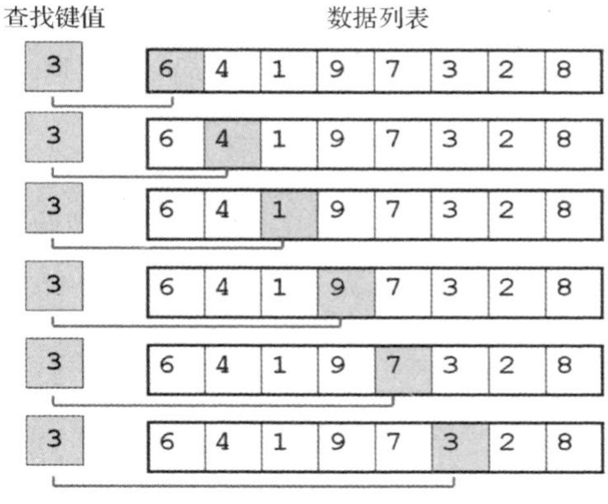

图8-1 顺序查找过程示意

如图8-1所示，线性查找的基本过程：从表中的第一个（或最后一个）记录开始，将记录的关键字与给定的查找键值逐个进行比较，当某个记录的关键字与给定的查找键值相等时，即找到所查的记录，查找成功；若查到最后一个记录，也没有找到关键字与给定的查找键值相等的记录，则表明表中没有所查的记录，查找失败。

用数组实现的线性查找算法的具体步骤如下。

Step1：对于数组中的每个元素，执行如下操作。

Step1.1：检查该元素值与查找键值是否匹配。

Step1.2：若匹配，则查找成功，返回其在数组中的下标，转Step3。

Step1.3：若不匹配，移动到下一个元素，转Step1。

Step2：若遍历完数组中的所有元素，仍未找到匹配的元素，则返回-1，表示未找到。

Step3：算法结束。

线性查找算法的优点是简单直观，不要求待查找的线性表中的数据是有序排列的；缺点是查找效率较低，因为既可能在第一个位置，也可能在最后一个位置找到与查找键值匹配的数据。在最坏情况下，即该数据位于所有数据的尾部且数据量较大时，或者已知数据中不存在该数据时，查找次数将等于总数据量。在最好情况（该数据在第一个位置）下，只需查找一次。从平均情况来看，需要一半的数组元素与查找键值进行比较。

由于线性查找算法不要求待查找的数据表有序，因此，规模较小或者无序排列的数据表适合用线性查找算法。

8.1.2 线性查找算法的程序实现

【例8.1】我国天基测控系统由多颗中继卫星组成。假设中继卫星数量为n（假设n不超过40），其中每颗卫星具有各自的编号和载重量。请编程从键盘输入若干颗卫星的编号和载重量，当输入为负值时，表示输入结束，然后从键盘任意输入一个编号，查找并输出该编号对应卫星的载重量。

问题分析：本例需要编写如下两个模块。

（1）编写一个输入卫星编号和载重量的函数ReadRecord()，采用do-while循环输入卫星的编号和载重量，直到输入负值，然后返回输入的卫星总数。函数原型如下：

```
int ReadRecord(int num[], int weight[]);
```

（2）使用8.1.1小节介绍的线性查找算法，将其封装为函数LinSearch()，若查找成功，则返回查找键值x在num数组中的下标，否则返回-1。函数原型如下：

```
int LinSearch(int num[], int key, int n);
```

最后，编写主函数，先调用函数ReadRecord()输入卫星的编号和载重量，返回卫星总数，然后调用函数LinSearch()，输入待查找的卫星编号，查找其载重量。由于查找键值是卫星的编号，因此卫星数据记录的关键字为卫星的编号。

注意，由于函数LinSearch()有可能找不到对应的卫星编号（此时返回的是-1），因此一定要检查调用函数LinSearch()的返回值是否为-1，如果不为-1，则输出编号对应的卫星载重量，否则输出“Not found!”。

程序如下：

```
1   #include <stdio.h>
2   #define N 40
3   int ReadRecord(int num[], int weight[]);
4   int LinSearch(int num[], int key, int n);
5   //主函数
6   int main(void)
7   {
8       int num[N], weight[N], n, pos, key;
9       n = ReadRecord(num, weight);  //输入卫星的编号和载重量，返回卫星总数
10      printf("Total satellites are %d\n", n);
11      printf("Input the searching ID:");
12      scanf("%d", &key);
13      pos = LinSearch(num, key, n); //查找编号为key的卫星，返回其在数组中的下标
14      if (pos != -1)                //若找到
15      {
16          printf("weight=%d\n", weight[pos]);
17      }
18      else                          //若未找到
19      {
20          printf("Not found!\n");
21      }
22      return 0;
23  }
24  //函数功能：输入卫星的编号及其载重量，当输入负值时，结束输入，返回卫星总数
25  int ReadRecord(int num[], int weight[])
26  {
27      int i = -1;
28      printf("Input satellite's ID and weight:\n");
29      do
30      {
31          i++;
32          scanf("%d%d", &num[i], &weight[i]);
33      }while (num[i] >0 && weight[i] >= 0);   //输入负值时结束输入
34      return i;                               //返回卫星总数
35  }
36  //函数功能：线性查找值为key的数组元素，若找到，则返回key的下标，否则返回-1
37  int LinSearch(int num[], int key, int n)
38  {
39      for (int i=0; i<n; i++)    //遍历表中每个数据
40      {
41          if (num[i] == key)     //若找到
42          {
43              return i;          //则返回key在数组中的下标
44          }
45      }
46      return -1;       //若循环结束仍未找到，则返回-1
47  }
```

程序的第一次测试结果如下：

```
Input satellite's ID and weight:
10122 84 ↙
10123 93 ↙
10124 88 ↙
```

```
10125 87 ↙
10126 61 ↙
-1 -1 ↙
Total satellites are 5
Input the searching ID:10123↙
weight=93
```

程序的第二次测试结果如下：

```
Input satellite's ID and weight:
10122 84 ↙
10123 93 ↙
10124 88 ↙
10125 87 ↙
10126 61 ↙
-1 -1 ↙
Total satellites are 5
Input the searching ID:10128↙
Not found!
```

8.2 二分查找算法——猜数游戏中的智慧

本节主要讨论如下问题。

（1）二分查找算法的基本原理是什么？

（2）什么情况下可以使用二分查找算法？

我们对一个问题不知该从何处下手的时候，往往可以采取一种最简单的问题求解策略，即“猜一猜”。以猜数游戏为例，假设计算机“想”了一个1～100的数，让你来猜，在没有任何先验信息的情形下，通常你会随机输入一个数作为你猜的数，这就是“猜一猜”的问题求解策略，它相当于随机搜索。估计不会有人从1顺序尝试到100，因为这种猜法在最坏情况下需要100次才能猜对。显然，对于数据有序排列的情形，线性查找不是一个好方法。

那么如何才能猜得更快呢？其实聪明的读者在玩猜数游戏的过程中已经不知不觉地使用了二分查找的方法，即先猜50，根据反馈的信息得知50是大还是小，来排除一半的可能性，如果50太大了，则继续在1～49查找，如果50太小了，则继续在51～100查找，依此类推，继续猜区间中点上的数，根据反馈信息继续进行二分。这种对分搜索的策略“让未知世界无机可乘”，无论数字怎么跟你捉迷藏，都能保证以较快的速度猜中。当然，这种策略有效的前提是答案落入任何一个分区的概率是相等的，或者说每个分区蕴含答案的可能性都是一样的。

线性查找算法不要求数据表是有序的，但使用二分查找算法则要求数据表是有序的。所以，对于无序的数据表，若要使用二分查找算法，则应先对数据进行排序处理。排序算法将在8.4节介绍。

8.2.1 二分查找算法的基本原理

二分查找（**Binary Search**），也称**折半查找**，或者对分搜索。二分查找算法的基本思想：利用表的中点位置将线性表分成前、后两个子表，选取中点位置的记录，将该记录的关键字与查找键值key进行比较，如果二者相等，则查找成功，返回与key匹配的记录的下标；否则，将查找范围缩小为原来的一半，依据查找键值key与中点位置记录的关键字比较的结果，确定在前一子表还是后一子表中继续查找，重复以上过程，直至找到满足条件的记录，或者根本查不到记录，查找失败（即关键字不存在）。因此，这也是一种典型的分而治之的方法。使用该算法的前提是表中数据必须采用顺序存储结构，且必须按关键字大小对表中数据进行有序排列。

假设待查找的数据表中的数据已按升序排列，如图8-2所示。用数组实现的二分查找算法的具体步骤如下。

Step1：将由n个有序排列的数据组成的数组的整个区间确定为初始搜索区间，令区间左端点为low = 0，区间右端点为high = n−1。

Step2：若low <= high，则重复以下步骤。

Step3：计算位于搜索表的中点位置的元素下标：mid =(left + right)/ 2，利用中点位置的元素将数组分成前、后两个子表，前一子区间为[left, mid−1]，后一子区间为[mid+1, right]。

Step4：以区间中点位置的元素即下标为mid的数组元素作为比较对象，将查找键值key与之进行比较。

Step4.1：若二者相等，则查找成功，返回数组中点位置的元素的下标mid，算法结束。

Step4.2：若前者大于（降序排列时改成“小于”）后者，则在后一子区间继续进行二分查找。

Step4.3：若前者小于（降序排列时改成“大于”）后者，则在前一区间继续进行二分查找。

Step5：对于折半后的区间，只要low <= high就重复Step3和Step4，直到查找键值key与中点位置的元素相等，查找成功，如图8-2（a）所示；或者直到区间不能继续二分，例如，low<=high为假，查找失败，如图8-2（b）所示。

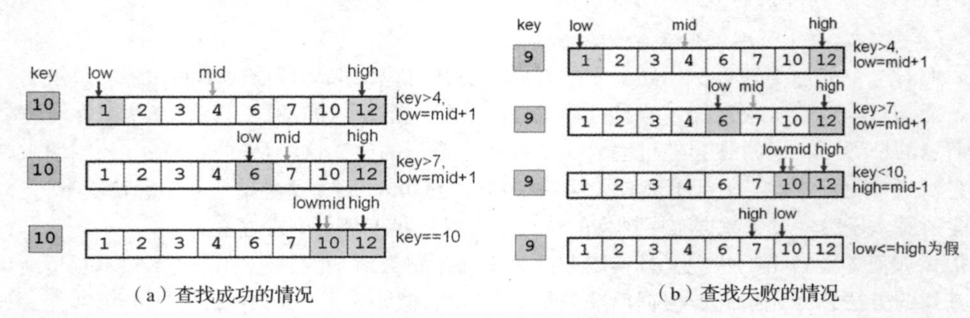

（a）查找成功的情况
（b）查找失败的情况

图8−2　二分查找过程示意

由于每次比较之后，都将目标数组中一半的元素排除在比较范围之外，因此从理论上说，二分查找算法最多所需的比较次数是$\log_2(n)+1$（n为待比较的元素个数）。以查找一个有1024个元素的数组为例，采用二分查找算法，在最坏的情况下只需10次比较。因为不断地用2来除1024得到的商分别是512、256、128、64、32、16、8、4、2、1，即1024（2^{10}）用2除10次就可以得到1。用2除1次就相当于二分查找算法中的1次比较。而线性查找算法在最坏的情况下，即与查找键值匹配的数据位于线性表的尾部且数据量较大时，或者已知数据中不存在该数据时，查找次数等于总数据量。从平均情况来看，线性查找算法需要将一半的数组元素（这里为512）与查找键值进行比较。可见，当待查找数据有序排列时，二分查找算法比线性查找算法的平均查找速度要快得多。在处理有序数组时，二分查找算法在性能上远优于线性查找算法。

8.2.2　二分查找算法的递归和迭代实现

【**例8.2**】将例8.1程序改为用二分查找算法实现，假设卫星的数据记录是按编号升序排列的。

问题分析：本例只需将例8.1程序中的线性查找函数LinSearch()替换为二分查找函数BinSearch()，该函数有递归和迭代两种实现方式。

（1）递归实现的BinSearch()函数如下：

```
1   //函数功能：二分查找值为key的数组元素，若找到，则返回数组元素在数组中的下标，否则返回-1
2   int BinSearch(int num[], int key, int low, int high)
3   {
4       int mid = (high + low) / 2;     //取数据区间的中点
5       if (low > high)  //递归结束条件
6       {
7           return -1;   //没找到
8       }
9       if (key > num[mid])
10      {
11          return BinSearch(num, key, mid+1, high); //在后一子表查找，修改区间左端点
12      }
13      else if (key < num[mid])
14      {
15          return BinSearch(num, key, low, mid-1);  //在前一子表查找，修改区间右端点
16      }
17      return mid;    //找到，返回找到的下标
18  }
```

（2）迭代实现的BinSearch()函数如下：

```
1   //函数功能：二分查找值为key的数组元素，若找到，则返回key在数组中的下标，否则返回-1
2   int BinSearch(int num[], int key, int low, int high)
3   {
4       int  mid;
5       while (low <= high)  //循环继续条件
6       {
7           mid = (high + low) / 2;       //取数据区间的中点
8           if (key > num[mid])
9           {
10              low = mid + 1; //在后一子表查找，修改区间的左端点
11          }
12          else  if (key < num[mid])
13          {
14              high = mid - 1; //在前一子表查找，修改区间的右端点
15          }
16          else
17          {
18              return mid; //找到，返回找到的下标
19          }
20      }
21      return -1; //没找到
22  }
```

由于二分查找函数BinSearch()的接口发生了变化，将线性查找函数LinSearch()的第三个形参由数组长度改为了搜索区间的左、右端点，所以主函数中对查找函数的调用语句需要修改如下：

```
1   //主函数
2   int main(void)
3   {
4       int num[N], weight[N], n, pos, key;
5       n = ReadRecord(num, weight);  //输入卫星的编号和载重量，返回卫星总数
6       printf("Total satellites are %d\n", n);
7       printf("Input the searching ID:");
8       scanf("%d", &key);
9       pos = BinSearch(num, key, 0, n-1); //查找编号为key的卫星，返回下标
10      if (pos != -1)                    //若找到
```

```
11        {
12            printf("weight=%d\n", weight[pos]);
13        }
14        else                              //若未找到
15        {
16            printf("Not found!\n");
17        }
18        return 0;
19    }
```

这个程序看上去是否天衣无缝呢？一个思维缜密的程序员通常会考虑所有可能的情况（包括一些罕见的情况），这并非吹毛求疵和鸡蛋里挑骨头。如果数组长度很大，使得low和high之和超出了limits.h中定义的有符号整数的上限，那么执行到取数据区间中点的语句“mid = (high + low) / 2;”时就会发生数值溢出，导致mid成为负数。如何计算mid才能防止发生数值溢出呢？可修改计算中间值的方法，用减法代替加法计算mid的值，即

```
mid = low + (high - low) / 2;
```

8.2.3　二分查找算法的实际应用

二分法求方程的根就是二分查找算法的一个具体应用。二分法求方程的根也利用了对分搜索的思想，正如使用二分查找算法的前提是被查找的数据是有序排列的，二分法求方程的根要求在求根区间中函数是单调的。

【例8.3】用二分法求一元三次方程$x^3-x-1=0$在区间[1, 3]上误差不大于10^{-6}的根。先从键盘输入迭代初值x_0和允许的误差ε，然后输出求得的方程根和所需的迭代次数。

问题分析：二分法求方程的根的基本原理如图8-3所示。若函数有实根，则函数曲线应当在根x^*这一点上与x轴有一个交点，并且由于函数是单调的，在根附近的左右区间内，函数值的符号应当相反。利用这一特点，可以通过不断将求根区间二分的方法，每次将求根区间缩小为原来的一半，在新的折半后的区间内继续搜索方程的根，直到求出方程的根，输出方程的根并输出所需的迭代次数。

该方法的关键在于解决如下两个问题。

（1）如何对区间进行二分，并在二分后的左右两个区间中确定下一次求根的搜索区间？

假设区间端点分别为x_1和x_2，则通过计算区间的中点x_0，即可将区间$[x_1, x_2]$二分为$[x_1, x_0]$和$[x_0, x_2]$。这时，为了确定下一次求根搜索的区间，必须判断方程的根在哪一个区间内，由图8-3可知，方程的根所在区间的两个端点处的函数值的符号一定是相反的。也就是说，如果$f(x_0)$与$f(x_1)$是异号的，则根一定在左区间$[x_1, x_0]$，否则根一定在右区间$[x_0, x_2]$。

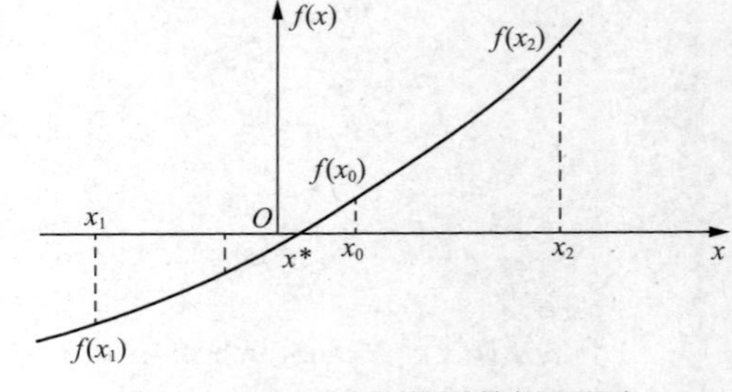

图8-3　二分法求方程的根的基本原理示意

（2）如何终止这个搜索过程？即如何确定找到了方程的根？

对根所在区间继续进行二分，直到$|f(x_0)| \leqslant \varepsilon$（$\varepsilon$是一个很小的数，如$10^{-6}$），即$|f(x_0)| \approx 0$时，则认为$x_0$是逼近函数$f(x)$的根。

根据上述方法，编写程序如下：

```
1    #include  <stdio.h>
2    #include  <math.h>
3    double Iteration(double x1, double x2, double eps);
4    double Fun(double x);
5    int count = 0;
```

```
6   int main(void)
7   {
8       double  x0, x1, x2, eps;
9       do
10      {
11          printf("Input x1,x2,eps:");
12          scanf("%lf,%lf,%lf", &x1, &x2, &eps);
13      }while (Fun(x1) * Fun(x2) > 0);  //输入两个异号数
14      x0 = Iteration(x1, x2, eps);
15      printf("x=%f\n", x0);
16      printf("count=%d\n", count);
17      return 0;
18  }
19  //函数功能：用二分法计算并返回方程的根
20  double Iteration(double x1, double x2, double eps)
21  {
22      double x0;
23      do{
24          x0 = (x1 + x2) / 2;          //计算区间的中点
25          if (Fun(x0) * Fun(x1) < 0)  //若Fun(x0)与Fun(x1)是异号的
26          {
27              x2 = x0;          //在左区间[x1, x0]继续搜索方程的根
28          }
29          else
30          {
31              x1 = x0;         //在右区间[x0, x2]继续搜索方程的根
32          }
33          count++;              //记录迭代次数
34      }while (fabs(Fun(x0)) >= eps);
35      return x1;             //返回求出的方程的根
36  }
37  //函数功能：计算Fun(x)=x^3-x-1的函数值
38  double Fun(double x)
39  {
40      return x * x * x - x - 1;
41  }
```

程序的运行结果如下：

```
Input x1,x2,eps:1,3,1e-6↙
x=1.324718
count=22
```

8.3　求最值算法

本节主要讨论如下问题。

（1）如何计算一个数列中的最大或最小值？

（2）如何计算一个数列中的最大或最小值所在位置的下标？

在生活中我们经常会遇到求最大或最小值的问题，例如，找出某购物网站销量最高的图书、某年高考中的理科状元、某场球赛中进球最多的球员、手里扑克牌中最大的牌面等。又如，玩扑克牌出牌的过程，就是一个找出最大值的过程。

以计算最大值为例，求解的基本思路是，先假设这组数据中的第一个数为当前的最大值maxValue，其余的数依次与当前最大值maxValue进行比较，一旦发现某个数大于当前的最大

值，则用该数替换当前的最大值maxValue。这样，在全部数据都比较完以后，返回maxValue即可。其求解过程如图8-4所示，算法流程图如图8-5所示。

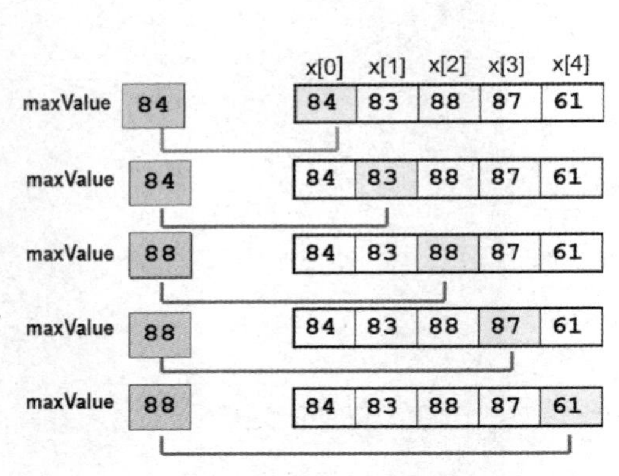

图8-4　最大值求解过程示意

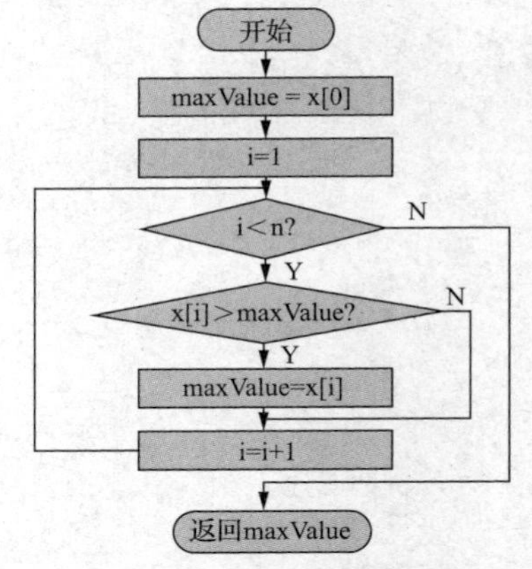

图8-5　计算最大值的算法流程图

若求最小值，则只要将求最大值算法中两数比较大小时使用的大于运算符改成小于运算符。

【思考题】

如果已知一组数据的范围为0～100，那么能否将最大值和最小值的初始值分别设为-1和101？与选择这组数据中的第一个数据为其初始值相比，哪种算法更好？

【例8.4】修改例8.1的编程任务，从键盘输入某颗卫星的编号和载重量，当输入为负值时，表示输入结束，然后计算并输出载重量最大的卫星的载重量。

将图8-5所示的计算最大值算法转换为程序如下：

```
1   #include <stdio.h>
2   #define N 40
3   int ReadRecord(int num[], int weight[]);
4   int FindMax(int a[], int n);
5   //主函数
6   int main(void)
7   {
8       int num[N], weight[N], n;
9       n = ReadRecord(num, weight);  //输入卫星的编号和载重量，返回卫星总数
10      printf("Total satellites are %d\n", n);
11      printf("The largest weight is %d\n", FindMax(weight, n));
12      return 0;
13  }
14  //函数功能：输入卫星的编号及其载重量，当输入负值时，结束输入，返回卫星总数
15  int ReadRecord(int num[], int weight[])
16  {
17      int i = -1;
18      printf("Input satellite's ID and weight:\n");
19      do
20      {
21          i++;
22          scanf("%d%d", &num[i], &weight[i]);
23      }while (num[i] >0 && weight[i] >= 0); //输入负值时结束输入
24      return i;                             //返回卫星总数
25  }
26  //函数功能：计算并返回数组中的最大值
```

```
27  int FindMax(int a[], int n)
28  {
29      int max = a[0];           //假设a[0]为当前最大值
30      for (int i=1; i<n; i++)
31      {
32          if (a[i] > max)       //若a[i]更大
33          {
34              max = a[i];       //用a[i]替换当前最大值
35          }
36      }
37      return max;              //返回最大值
38  }
```

程序的运行结果如下：

```
Input satellite's ID and weight:
10122 84 ↙
10123 83 ↙
10124 88 ↙
10125 87 ↙
10126 61 ↙
-1 -1 ↙
Total satellites are 5
The largest weight is 88
```

【例8.5】 修改例8.4的编程任务，从键盘输入某颗卫星的编号和载重量，当输入为负值时，表示输入结束，然后计算并输出载重量最大的卫星的编号。

问题分析：本例与例8.4的最大不同之处在于，例8.4程序只要找出最大的载重量即可，而本例还要找出具有最大载重量的卫星的编号。因此，需要将返回最大值的函数FindMax()修改为返回最大值所在位置的下标，这样根据这个下标即可得到卫星的编号。

具体求解的基本思路是，先假设这组数据中的第一个数为当前的最大值，记录其下标maxIndex，其余的数依次与当前最大值即下标为maxIndex的数组元素进行比较，一旦发现某个数大于当前的最大值，则用该数的下标替换当前最大值的下标maxIndex。这样，在全部数据都比较完以后，返回最大值的下标maxIndex即可。其求解过程如图8-6所示，算法流程图如图8-7所示。

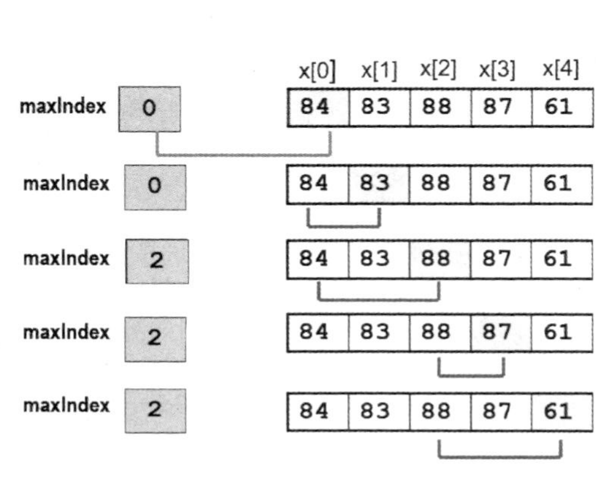

图8-6 最大值下标的求解过程示意

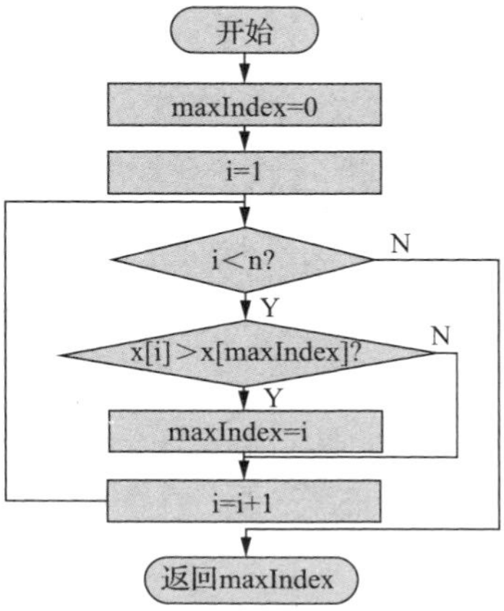

开始
maxIndex=0
i=1
i<n?
Y
N
x[i]>x[maxIndex]?
Y
N
maxIndex=i
i=i+1
返回maxIndex

图8-7 计算最大值下标的算法流程图

将图8-7所示的计算最大值下标的算法转换为程序如下：

```
1   #include <stdio.h>
2   #define N 40
3   int ReadRecord(int num[], int weight[]);
```

```
4   int FindMaxIndex(int a[], int n);
5   //主函数
6   int main(void)
7   {
8       int num[N], weight[N], n, pos;
9       n = ReadRecord(num, weight);  //输入卫星的编号和载重量，返回卫星总数
10      printf("Total satellites are %d\n", n);
11      pos = FindMaxIndex(weight, n);
12      printf("Satellite %d has the largest weight %d\n", num[pos], weight[pos]);
13      return 0;
14  }
15  //函数功能：输入卫星的编号及其载重量，当输入负值时，结束输入，返回卫星总数
16  int ReadRecord(int num[], int weight[])
17  {
18      int i = -1;
19      printf("Input satellite's ID and weight:\n");
20      do
21      {
22          i++;
23          scanf("%d%d", &num[i], &weight[i]);
24      }while (num[i] >0 && weight[i] >= 0); //输入负值时结束输入
25      return i;                              //返回卫星总数
26  }
27  //函数功能：计算并返回数组中最大值的下标
28  int FindMaxIndex(int a[], int n)
29  {
30      int maxIndex = 0;              //假设a[0]的下标为当前最大值的下标
31      for (int i=1; i<n; i++)
32      {
33          if (a[i] > a[maxIndex])  //若a[i]更大
34          {
35              maxIndex = i;         //用i替换当前最大值的下标
36          }
37      }
38      return maxIndex;              //返回最大值的下标
39  }
```

程序的运行结果如下：

```
Input satellite's ID and weight:
10122 84 ↙
10123 83 ↙
10124 88 ↙
10125 87 ↙
10126 61 ↙
-1 -1 ↙
Total satellites are 5
Satellite 10124 has the largest weight 88
```

【思考题】

能同时从函数返回最大值及其下标吗？

8.4 排序算法——如影随形的“顺序”

本节主要讨论如下问题。

（1）交换排序和选择排序各自的基本原理是什么？二者在算法上有什么差异？

（2）冒泡排序的基本原理是什么？有哪几种遍历方式？

我们一直和“排序”这位小伙伴相依相随。小时候，我们上体育课或做广播体操时通常要按照由低到高的顺序站队，这样就谁也逃不过老师们的“法眼”了。期末公布成绩的时候，总有“讨厌”的排名，从第一名到最后一名，让你不得不想着自己是进步了还是退步了。我们玩扑克牌的时候总是把牌整理得规规矩矩，这样就可以快速地应对对手的“攻击”。如果我们的世界有序的，所有处理或管理也会变得更加简单而高效。本节，我们就来学习如何建立“顺序”，而排序也是计算机中最为基础的算法，是处理数据和解决问题的基本手段。

排序和查找是计算科学中很重要的算法，也是很多复杂算法的基础。所谓**排序（Sorting）**就是以特定的方式，按照选取的某个键值，将一组“无序”的记录序列调整为“有序”的记录序列的过程。排序算法分为内部排序和外部排序两大类。若整个排序过程不需要访问外存即可完成，则称之为内部排序。若参与排序的记录数量很大，整个序列的排序过程不可能在内存中完成，则称之为外部排序。本书仅介绍内部排序算法。

排序算法与我们的学习和生活息息相关、密不可分。例如，一些图书会将涉及的所有术语整理成索引，以便读者在需要时查询。又如，图书馆工作人员的一项重要工作就是把读者借阅归还的书插入适当的书架、层次和位置，以便读者查阅。再如，会议代表名单通常会按姓氏笔画排列，联合国大会的发言顺序通常按国名的字典序排列。

在计算科学中，排序是研究最多的问题之一。常用的排序算法主要有**交换排序（Exchange Sort）**、**选择排序（Selection Sort）**、**冒泡排序（Bubble Sort）**、**快速排序（Quick Sort）**、**归并排序（Merge Sort）**、**插入排序（Insertion Sort）**等。本章只介绍前3种算法，其他算法请读者查阅与算法和数据结构相关的图书。

8.4.1 交换排序算法

我们可以通过一叠扑克牌形象直观地理解**交换排序（Exchange Sort）**算法。假设我们要对一叠花色相同的扑克牌进行排序，交换排序就是把扑克牌先摊在桌面上，牌面朝上，然后从头到尾交换顺序“错误”的牌，第一遍从头到尾理一遍牌，结果是排好了第一张牌，第二遍从头到尾理一遍牌，结果是排好了第二张牌，依此类推，直到所有牌面变得有序为止。

注意，将一张牌归位的比较过程，我们称之为“一遍”或者“一趟”。这样，*n*张牌总计需要*n*-1遍比较才可全部归位。由于每一遍比较都新排好一张牌，因此每一遍参与比较的牌都比上一遍参与比较的牌减少一张。

交换排序算法升序排列的过程如图8-8所示。第1遍比较时，参与比较的数有*n*个，将第1个数分别与后面所有的数进行比较，若后面的数较小，则交换后面这个数和第1个数的位置；这一遍比

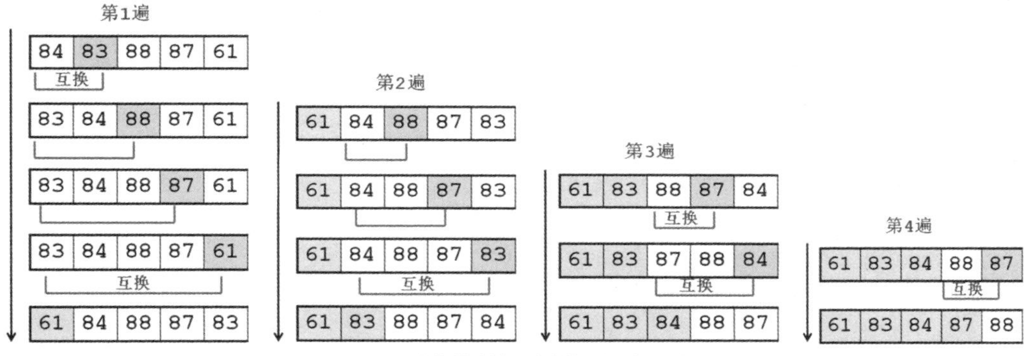

图8-8　交换排序算法升序排列的过程示意

较结束以后，就求出了一个最小的数并将其放在了第1个位置。然后进入第2遍比较，参与比较的数变为n-1个，在这n-1个数中再按上述方法求出最小的数并放在第2个位置。然后进入第3遍比较……依此类推，直到第n-1遍比较，参与比较的数变为2个，求出其中较小的一个数并放在第n-1个位置，剩下的最后一个数自然就为最大的数，放在序列的最后，即第n个位置。

降序排列与升序排列唯一的不同之处是，如果升序排列用小于运算符比较两个数的大小，那么降序排列就改用大于运算符比较两个数大小，即仅当后面的数比前面的数大时才将二者交换位置。

【例8.6】 修改例8.5的编程任务，从键盘输入某颗卫星的编号和载重量，当输入为负值时，表示输入结束，然后对各个卫星的信息按载重量进行升序排列并输出。

问题分析：本例在例8.5程序的基础上，删除函数FindMaxIndex()，同时增加两个函数，一个是交换排序函数ExchangeSort()，一个是输出排序结果的函数PrintRecord()。

根据图8-8所示的算法，交换排序函数的实现需要使用双重循环结构。外层循环控制变量i从0变化到n-2，控制执行的遍数。内层循环控制变量j从i+1变化到n-1，控制在每一遍比较操作中参与比较的数的个数。

此外，对一组记录进行排序时，常常只选取记录中的一个子项作为排序关键字，排序时将由关键字决定记录的全部子项的排列顺序。本例中卫星的载重量被选为关键字，即由载重量决定整个记录的顺序，因此在交换时需要移动整个记录，即对记录中的所有数据项（包括编号和载重量）都要进行交换。

根据以上分析，用交换排序算法按载重量对各个卫星的信息进行升序排列的抽象算法描述如下：

```
for (i=0; i<n-1; i++)
{
    for (j=i+1; j<n; j++)
    {
        若weight[j] < weight[i],则
            交换num[j]和num[i]的值
            交换weight[j]和weight[i]的值
    }
}
```

将上述算法写成程序如下：

```
1   #include <stdio.h>
2   #define N 40
3   int ReadRecord(int num[], int weight[]);
4   void ExchangeSort(int num[], int weight[], int n);
5   void PrintRecord(int num[], int weight[], int n);
6   //主函数
7   int main(void)
8   {
9       int weight[N], num[N], n;
10      n = ReadRecord(num, weight);  //输入卫星的编号和载重量，返回卫星总数
11      printf("Total satellites are %d\n", n);
12      ExchangeSort(num, weight, n);
13      printf("Sorted results:\n");
14      PrintRecord(num, weight, n);
15      return 0;
16  }
17  //函数功能：输入卫星的编号及其载重量，当输入负值时，结束输入，返回卫星总数
18  int ReadRecord(int num[], int weight[])
19  {
```

```
20      int i = -1;
21      printf("Input satellite's ID and weight:\n");
22      do
23      {
24          i++;
25          scanf("%d%d", &num[i], &weight[i]);
26      }while (num[i] >0 && weight[i] >= 0);      //输入负值时结束输入
27      return i;                                   //返回卫星总数
28  }
29  //函数功能：按交换排序算法，对卫星数据按载重量进行升序排列
30  void ExchangeSort(int num[], int weight[], int n)
31  {
32      int temp;
33      for (int i=0; i<n-1; i++)
34      {
35          for (int j=i+1; j<n; j++)
36          {
37              if (weight[j] < weight[i]) //按载重量进行升序排列
38              {
39                  temp = num[j];
40                  num[j] = num[i];
41                  num[i] = temp;
42                  temp = weight[j];
43                  weight[j] = weight[i];
44                  weight[i] = temp;
45              }
46          }
47      }
48  }
49  //函数功能：输出所有卫星数据
50  void PrintRecord(int num[], int weight[], int n)
51  {
52      for (int i=0; i<n; i++)
53      {
54          printf("%4d%4d\n", num[i], weight[i]);
55      }
56  }
```

程序的运行结果如下：

```
Input satellite's ID and weight:
10122 84 ↙
10123 93 ↙
10124 88 ↙
10125 87 ↙
10126 61 ↙
-1 -1 ↙
Total satellites are 5
Sorted results:
10126 61
10122 84
10125 87
10124 88
10123 93
```

8.4.2 选择排序算法

选择排序

如何用扑克牌来理解选择排序算法的排序过程呢？仍以一叠花色相同的扑克牌按升序（或降序）排列为例，相比于交换排序的排序过程，这个排序过程更接近我们实际理顺牌面的过程，即先把牌摊在桌面上，把牌面数字最小（降序时为最大）的牌抽出，放在手中，然后在剩余的牌中再找牌面数字最小者（降序时为最大者），将其放到手中牌的后面，如此继续，直到桌面上无牌时，手中的牌就排好序了。

可见，选择排序中每一遍的操作也相当于一个求最值的过程，只不过省去了频繁交换、更新当前最大值的过程，而是在找到最小或最大值所处的位置后再进行数据的移动。这样，每一遍比较中最多只有一次数据交换操作，因为n个数排序需要n-1遍比较，所以算法最多有n-1次数据交换操作。这种改进的排序算法，称为**选择排序**（**Selection Sort**）算法。

选择排序算法进行升序排列的过程如图8-9所示。在每一遍的比较中，只记录当前最小数在序列中的位置，通过将剩余的待比较的数与这个位置上的当前最小数进行比较来确定在这一遍比较中哪个位置上的数是最小的，然后最多只进行一次交换即可将最小数放到应该放置的位置上，整个算法最多需要n-1次数据交换即可完成排序过程。

第1遍	i=0 (j=1)	84	83	88	87	61
第2遍	i=1 (j=2)	61	83	88	87	84
第3遍	i=2 (j=3)	61	83	88	87	84
第4遍	i=3 (j=4)	61	83	84	87	88
排序结果		61	83	84	87	88

图8-9 选择排序算法升序排列的过程示意

下面是这个算法的函数实现：

```
1   //函数功能：按选择排序算法，对卫星数据按载重量进行升序排列
2   void SelectionSort(int num[], int weight[], int n)
3   {
4       int i, j, k, temp;
5       for (i=0; i<n-1; i++)
6       {
7           k = i;
8           for (j=i+1; j<n; j++)
9           {
10              if (weight[j] < weight[k]) //按载重量进行升序排列
11              {
12                  k = j;                 //记录最小数下标
13              }
14          }
15          if (k != i)                    //若最大数的下标不是i
16          {
17              temp = num[k];
18              num[k] = num[i];
19              num[i] = temp;
20              temp = weight[k];
21              weight[k] = weight[i];
22              weight[i] = temp;
23          }
24      }
25  }
```

当排序函数的内部算法改变时，只要函数名和函数的接口（形参个数、顺序及其类型声明、函数返回类型）和函数的功能不变，主函数就无须做任何改动，这充分体现了模块化程序设计和信息隐藏的优势。

8.4.3 冒泡排序算法

另一种比较简单的排序算法是**冒泡排序**（**Bubble Sort**）。冒泡排序的基本思想是，每次比较两个相邻的元素，如果它们的顺序“错误”就把它们交换过来。如果是升序排列，则相邻的两个元素进行比较时，仅当排在后面的数小于排在前面的数时才交换其位置，即每次比较都是“将小的数放在前面，大的数放在后面”。如果是降序排列，则仅当排在后面的数大于排在前面的数时才交换其位置，即每次比较都是“将大的数放在前面，小的数放在后面”。

以升序排列为例，如图8-10所示，由于每一遍操作都将参与比较的数中的最小数移动到序列的前端，因此需要从后往前遍历。在第一遍操作中，先比较后两个数2和0，因为小的数在后面，所以互换位置，0前进一个位置；然后向前比较4和0，因为小的数在后面，所以互换位置，0又前进一个位置；依此类推，直到最小的数0归位。与第一遍的操作类似，后面每一遍操作都是从后向前依次比较相邻的两个数，将较小的数放在前面，只要顺序“错误”，就将其位置交换。这样，序列的前端都是已经归位的数，即序列的前端一定都是排好序的。由于每一遍比较都新排好一个数，因此每一遍参与比较的数都比上一遍参与比较的数减少一个。重复此操作，直到经过n-1遍操作后，n-1个数都已经归位，那剩下的最后一个数也只能放在最后一个位置了。至此，n个数已按从小到大的顺序排好。

a[0]	9	9	9	9	9	0	a[0]	0	0	0	0	0	a[0]	0	0	0	0	a[0]	0	0	0	a[0]	0	0
a[1]	8	8	8	8	0	9	a[1]	9	9	9	9	2	a[1]	2	2	2	2	a[1]	2	2	2	a[1]	2	2
a[2]	5	5	5	0	8	8	a[2]	8	8	8	2	9	a[2]	9	9	9	4	a[2]	4	4	4	a[2]	4	4
a[3]	4	4	0	5	5	5	a[3]	5	5	2	8	8	a[3]	8	8	4	9	a[3]	9	9	5	a[3]	5	5
a[4]	2	0	4	4	4	4	a[4]	4	2	5	5	5	a[4]	5	4	8	8	a[4]	8	5	9	a[4]	9	8
a[5]	0	2	2	2	2	2	a[5]	2	4	4	4	4	a[5]	4	5	5	5	a[5]	5	8	8	a[5]	8	9

图8-10 从后往前遍历的冒泡排序算法升序排列过程示意

因为在算法的每一遍操作中，较小的数会像水中的气泡一样一步一步往上“翻滚”，逐渐上升到数组的前端，与此同时，较大的数逐渐地“下沉”到数组的底部，所以这个排序算法就有了一个很形象也很好听的名字“冒泡排序”。是不是很神奇呢？

你一定会问：冒泡排序一定要从后往前两两比较吗？从前往后两两比较是否可以呢？当然是可以的，不过由于要进行升序排列，如果从前往后遍历的话，那么在相邻的两个数进行比较时，就得将较大的数往后移，以保证序列的底部都是排好序的。如图8-11所示，在每一遍操作中都将参与比较的两个数中的较大者“沉”到序列的底部，排好序的数据总是位于序列的后端，因此冒泡排序也称为**沉降排序**（**Sinking Sort**）。

a[0]	9	8	8	8	8	8	a[0]	8	5	5	5	5	a[0]	5	4	4	4	a[0]	4	2	2	a[0]	2	0
a[1]	8	9	5	5	5	5	a[1]	5	8	4	4	4	a[1]	4	5	2	2	a[1]	2	4	0	a[1]	0	2
a[2]	5	5	9	4	4	4	a[2]	4	4	8	2	2	a[2]	2	2	5	0	a[2]	0	0	4	a[2]	4	4
a[3]	4	4	4	9	2	2	a[3]	2	2	2	8	0	a[3]	0	0	0	5	a[3]	5	5	5	a[3]	5	5
a[4]	2	2	2	2	9	0	a[4]	0	0	0	0	8	a[4]	8	8	8	8	a[4]	8	8	8	a[4]	8	8
a[5]	0	0	0	0	0	9	a[5]	9	9	9	9	9	a[5]	9	9	9	9	a[5]	9	9	9	a[5]	9	9

图8-11 从前往后遍历的冒泡排序算法升序排列过程示意

实现冒泡排序同样需要使用双重循环结构。外层循环控制变量i从0变化到n-2，控制n-1遍比较操作。内层循环控制变量j控制在每一遍比较操作中进行n-1-i次的相邻两数比较。

由于图8-10所示的冒泡排序算法是从后往前依次对相邻的两个数比较大小，所以内层循环控制变量j从n-1变化到i。其对应的函数实现代码如下：

```
1   //函数功能：按冒泡排序算法，对卫星数据按载重量进行升序排列
2   void BubbleSort(int num[], int weight[], int n)
3   {
4       int i, j, temp;
5       for (i=0; i<n-1; i++)
6       {
7           for (j=n-1; j>i; j--)            //从后往前两两比较，小的数前移
8           {
9               if (weight[j] < weight[j-1]) //按载重量进行升序排列
10              {
11                  temp = num[j];
12                  num[j] = num[j-1];
13                  num[j-1] = temp;
14                  temp = weight[j];
15                  weight[j] = weight[j-1];
16                  weight[j-1] = temp;
17              }
18          }
19      }
20  }
```

而图8-11所示的冒泡排序算法是从前往后依次对相邻的两个数比较大小，所以内层循环控制变量j从0变化到n-1-i。其对应的函数实现代码如下：

```
1   //函数功能：按冒泡排序算法，对卫星数据按载重量进行升序排列
2   void BubbleSort(int num[], int weight[], int n)
3   {
4       int i, j, temp;
5       for (i=0; i<n-1; i++)
6       {
7           for (j=0; j<n-1-i; j++)          //从前往后两两比较，大的数"沉底"
8           {
9               if (weight[j] > weight[j+1]) //按载重量进行升序排列
10              {
11                  temp = num[j];
12                  num[j] = num[j+1];
13                  num[j+1] = temp;
14                  temp = weight[j];
15                  weight[j] = weight[j+1];
16                  weight[j+1] = temp;
17              }
18          }
19      }
20  }
```

冒泡排序的优点是易于理解、实现简单，比较次数是已知的，算法稳定。其缺点是效率较低，因为每次只能移动相邻的两个数据，即在每一次交换中，一个数据只能向它的最终目标移动一个位置。在对一个较大的数组进行排序时，这一缺点尤为明显。

以梁山好汉一百单八将排序为例，虽然每次只需比较两个人的顺序，规则非常简单，但是需要经过许多遍的比较才能完成排序工作。如果“金毛犬”段景住一开始“站”在了第一位，那可就麻烦了，要经过100多次比较才能一步一步地把他调换到最后的位置上。

既然冒泡排序算法既可以从前向后遍历，也可以从后向前遍历，那么是否可以进行双向遍历，即在每一遍中同时从前向后和从后向前遍历呢？这就有了冒泡排序的一种改进算法，即双向冒泡算法。双向冒泡算法升序排列的过程如图8-12所示。

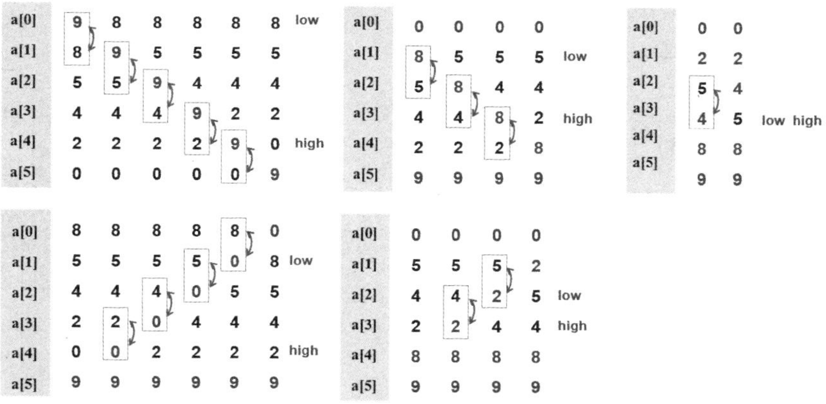

图8-12 双向冒泡算法升序排列过程示意

如图8-12所示，在每一遍比较中，先从前往后遍历，将[low, high]范围内的一个最大数“沉底”，同时修改high使其上移一个位置，再从后往前遍历，将[low, high]范围内的一个最小数“上浮”，同时修改low使其下移一个位置，当low不再小于high时算法结束。

将双向冒泡算法写成函数如下：

```
1  //函数功能：按双向冒泡算法，对卫星数据按载重量进行升序排列
2  void BiBubbleSort(int num[], int weight[], int n)
3  {
4      int low = 0, high= n - 1;    //初始搜索范围
5      int temp, j;
6      while (low < high)           //继续比较的条件
7      {
8          for (j=low; j<high; j++) //正向冒泡，找最大值
9          {
10             if (weight[j] > weight[j+1])
11             {
12                 temp = num[j];
13                 num[j] = num[j+1];
14                 num[j+1] = temp;
15                 temp = weight[j];
16                 weight[j] = weight[j+1];
17                 weight[j+1] = temp;
18             }
19         }
20         high--;                  //high前移一位
21         for (j=high; j>low; j--)  //反向冒泡，找最小值
22         {
23             if (weight[j] < weight[j-1])
24             {
25                 temp = num[j];
26                 num[j] = num[j-1];
27                 num[j-1] = temp;
28                 temp = weight[j];
29                 weight[j] = weight[j-1];
30                 weight[j-1] = temp;
31             }
32         }
33         low++;                   //low后移一位
34     }
35 }
```

无论是单向冒泡还是双向冒泡，其算法的核心都是一个双重嵌套循环。其时间复杂度都是

$O(n^2)$。冒泡排序算法的另一个改进版本是快速排序算法，其时间复杂度是$O(n\log n)$。感兴趣的读者可以查阅算法和数据结构的相关图书。

进阶：归并排序

8.5 本章知识树

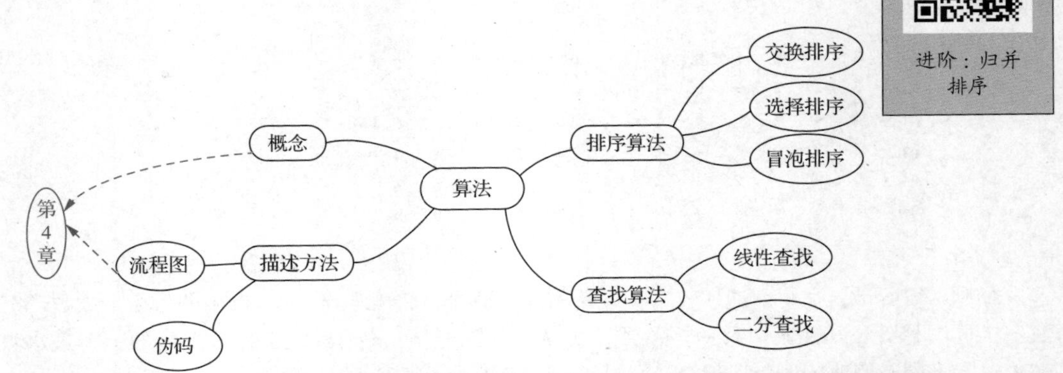

学习指南：不要在排序或查找函数中添加从键盘输入数据和向屏幕输出数据的语句，这将导致函数的可复用性降低。本章介绍的都是最基本的排序和查找算法，读者若想深入了解更多的排序的查找算法，请参阅算法和数据结构的相关书籍。

习题8

1. **奇数次元素查找**。假设有一个长度为n（假设n不超过20，由用户从键盘输入）的整型数组，且用户输入的数据范围是0～N-1（例如，N为40），其中只有一个元素在数组中出现了奇数次，请编程找出这个在数组中出现奇数次的元素。

2. **好数对**。已知一个集合A，对于A中任意两个不同的元素，若其和在A内，则称其为好数对，例如，对于由1、2、3、4构成的集合，因为有1+2=3、1+3=4，所以好数对有两个。请编程统计并输出好数对的个数。要求先输入集合中元素的个数，然后输出能够组成的好数对的个数。已知集合中最多有1000个元素。如果输入的数据不满足要求，则重新输入。

3. **数对统计**。假设有两个已经排好序且长度均为n（假设n不超过20）的数组arr1和arr2，请编程找出这两个数组中满足给定和值的数对，即找到x和y，使得x+y=sum，x是arr1中的某个元素，y是arr2中的某个元素，其中sum，由用户从键盘输入。

4. **最大的子段和**。假设有一个长度为n（假设n不超过20，由用户从键盘输入）的整型数组a，请编程计算最大的连续子段之和，其计算方法为，假设i和j是数组下标，并且i <= j，那么subSum = a[i] + a[i+1]+…+a[j]就是子段和。我们的目的是找到最大的子段和。如果和为负数，则按0计算。

5. **元素分离**。假设长度为n（假设n不超过20，由用户从键盘输入）的整型数组a中有0和非0元素，现在要对数组元素进行一种特殊的重排序，使得排序后的结果满足：所有的0都排在前面，所有的非0元素都排在后面，其余相对顺序不能发生变化。例如，对于3, 0, 1, 0，重排序后的结果应为0, 0, 3, 1。

6. **计算众数**。假设有一个长度为n（假设n不超过20，由用户从键盘输入）的整型数组a（假设数组元素的范围为1～10），请编程计算数组中元素的众数（出现次数最多的数据）。

7. **计算中位数**。假设有一个长度为n（假设n不超过20，由用户从键盘输入）的整型数组a，请编程计算数组中元素的中位数。如果数据有偶数个，通常取中间的两个数的平均数作为中位数（取整）。

8. **计算矩阵最大值及其位置。**请编写一个程序，计算$m \times n$矩阵中元素的最大值及其所在的行列下标。先输入m和n的值（已知m和n的值都不超过10），然后输入$m \times n$矩阵的元素，最后输出其最大值及其所在的行列下标。

9. **计算鞍点。**请编写一个程序，找出$m \times n$矩阵中的鞍点，即该位置上的元素是该行上的最大值，并且是该列上的最小值。先输入m和n的值（已知m和n的值都不超过10），然后输入$m \times n$矩阵的元素，最后输出其鞍点。如果矩阵中没有鞍点，则输出“No saddle point！”。

10. **验证卡布列克运算。**对任意一个4位数，只要各位上的数字是不完全相同的，就有如下规律。

（1）将组成该4位数的4个数字由大到小排列，得到由这4个数字构成的最大的4位数。

（2）将组成该4位数的4个数字由小到大排列，得到由这4个数字构成的最小的4位数（如果4个数字中有0，则得到的最小数不足4位）。

（3）求这两个数的差值，得到一个新的4位数（高位0保留）。

重复以上过程，最后得到的结果是6174，这个数被称为卡布列克常数。请编写一个函数，验证以上的卡布列克运算。

11. **数列合并。**已知两个不同长度的升序排列的数列（假设序列的长度都不超过10），请编程将其合并为一个数列，使合并后的数列仍保持升序排列。要求用户由键盘输入两个数列的长度，并输入两个升序排列的数列，然后输出合并后的数列。

12. **参赛选手分数统计。**北京冬奥会的花样滑冰比赛凭借其艺术性和运动员优美的动作受到广泛关注。冬奥会的花样滑冰比赛为9人裁判制，裁判组的执行分是通过计算9个计分裁判的执行分的修正平均值来确定的，即去掉最高分（若有多个相同最高分，只去掉一个）和最低分（若有多个相同最低分，只去掉一个），然后计算出剩余7个裁判的平均分数。假设采用百分制，即最低0分，最高100分，请编程计算某参赛选手的最终比赛分数。

13. **英雄卡兑换。**小明非常喜欢收集各种干脆面里面的英雄卡，但是有些稀有英雄卡真的是太难收集到了。后来某商场搞了一次英雄卡兑换活动，只要你有3张编号连续的英雄卡，就可以换任意编号的英雄卡。请编程“告诉”小明，他最多可以换到几张英雄卡（新换来的英雄卡不可以再次兑换）。由用户从键盘输入英雄卡的编号，然后输出可以兑换的英雄卡数量。

第9章

算法和数据结构基础——“呼风唤雨”的指针

内容导读

必学内容：指针类型和指针变量，指针变量的解引用，指针变量作函数参数，字符指针。
进阶内容：函数指针及其应用。

话说孙悟空为了寻一件称手的兵器，大闹东海龙宫，终寻得定海神针，称其为如意金箍棒。此物可大可小，有诸般变化，大可通天，立于波涛之上，展定海之用；小可绣花，藏于耳洞之中，救危难之急。诸般变化，存于一念之间，以一变万千，真乃降妖除魔的一把利器。而C语言中也有这样的利器——指针。指针犹如C语言世界中的如意金箍棒，它“小”可指向1字节，“大”可指向大量字节，还可以一会儿指向“东”，一会儿指向“西”。但是这等利器，却是一把双刃剑，用好了可以“呼风唤雨”，威力无比，用不好则“损兵折将”，还有可能伤及自身。马克思的辩证唯物主义理论认为任何事物都是有其两面性的，指针莫不如此。指针是C语言最强的特性之一，但也是最危险的特性之一。

本章，让我们一起翻开“武林秘籍”，看如何驾驭指针，让指针为你“呼风唤雨”，让你成为C语言世界中的“齐天大圣”。

9.1 指针——C语言世界中的如意金箍棒

本节主要讨论如下问题。

（1）变量有哪些基本属性？变量的寻址方式有哪两种？

（2）什么是指针？如何定义指针变量？为什么使用指针变量前一定要对指针变量初始化？什么是NULL指针？为什么在定义指针变量时要指定变量的基类型？

（3）如何利用指针变量进行间接寻址？什么是指针变量的解引用？

指针是“稀饭”（C Fans）挚爱的“武器”之一，C语言的高效主要来自指针，而指针的高效主要源于它可以直接操作内存。大多数语言都有无数的“不可能”，而指针则是“Impossible is Nothing”。强转与指针，犹如传说中的倚天剑和屠龙刀，可并称为C语言的两大“神器”。准确使用指针是一名编程高手的必备技能。而滥用指针带来的就只能是灾难了。“黑客”攻击服务器利用的bug绝大部分是指针和数组造成的，如果你的程序原本运行得好好的，突然出现一个弹窗让你终止程序，那么很可能是指针非法访问内存或数组下标越界惹的祸。所以指针是一把用好了可以威力无比、用不好则会伤及自身的双刃剑。要介绍指针，需要从变量的寻址方式谈起。

9.1.1 变量的寻址方式

变量究竟有哪些基本属性呢？每个变量都有一个名字，称为**变量名（Name）**，这个名字标识了编译器为变量分配的内存单元，我们可以把它看成对程序中数据的存储空间的一种抽象。编译器会根据其声明的数据类型为其分配相应字节数的存储空间，所以声明变量时除了要声明变量的名字，还要声明**变量的类型（Type）**。编译器为变量分配的内存单元的每个字节都有一个地址（因为内存都是按字节编址的），变量在内存中所占存储空间的首字节的地址称为**变量的地址（Address）**。变量在存储空间中存放的数据，称为**变量的值（Value）**。

如何访问变量的值呢？通常有两种方式，一种是**直接引用（Direct Access）**，也称**直接寻址**，另一种是**间接引用（Indirect Access）**，也称**间接寻址**。直接寻址就是直接到变量名标识的内存单元中读写变量的值，而间接寻址就是通过其他变量找到变量的地址后再到相应的内存单元中读写变量的值。我们不妨用一个例子来类比，假如你要打车去一个地方，你可以直接告诉司机师傅这个地方的名字，也可以告诉他这个地方的门牌号，前者就是直接寻址，而后者就是间接寻址。

要获得变量的地址，需要用到一个新的运算符&，即**取地址运算符（Address Operator）**。还记得吗？在前面的scanf()函数中，我们使用过这个运算符哦！

就像门牌号一样，内存中的每个字节都有唯一的编号即地址，地址是无符号整数，从0开始，依次递增。32位字长的计算机使用32位地址，最多支持2^{32}（4G）字节内存。为了表达方便，通常会把地址写成十六进制数（以0x开头的数字）。

9.1.2 指针变量的定义、初始化及其解引用

指针变量的定义、初始化及其解引用

1. 什么类型的变量可以用来存放一个变量的地址呢？

存放变量的地址需要使用一种特殊类型的变量，即**指针（Pointer）**。指针是C语言中的一种特殊的数据类型，指针类型的变量就称为**指针变量**，或者说，指针变量就是其值为某个内存单元地址的变量。通常，一个普通类型的变量存储的是相应类型的一个特定的数值，而一个指针变量存储的则是某个变量的地址。从这个意义上说，变量名是直接引用一个值，而指针则是间接引用一个值，如图9-1所示。通过指针引用这个值，就是间接寻址。

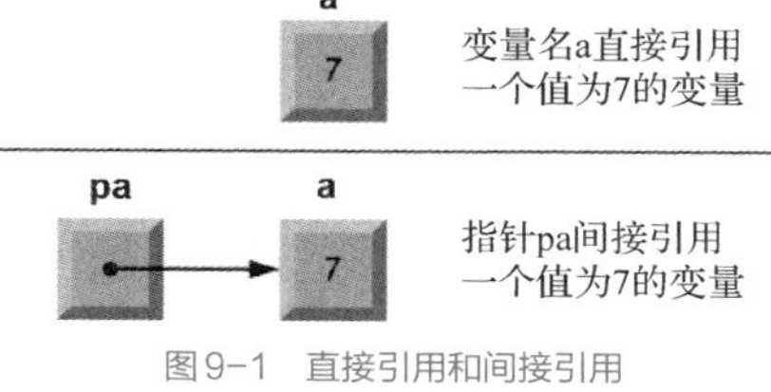

图9-1 直接引用和间接引用

2. 如何定义指针变量呢？

像其他所有变量一样，指针必须先定义后使用。指针变量定义的一般语法格式如下：

```
类型关键字  *指针变量名;
```

其中，类型关键字代表指针变量可以指向的变量的数据类型，即**指针变量的基类型**，例如：

```
int  *pa;
```

我们可以从后往前将该语句读为，pa是一个指针变量，它指向一个整型数据，即pa是一个指向int型变量的指针变量。

注意，定义两个具有相同基类型的指针变量，需要使用的语句为

```
int *pa, *pb;       // 定义指向整型数据的指针变量pa和pb
```

而不能使用

```
int *pa, pb;        // 定义指向整型数据的指针变量pa和整型变量pb
```

这里的*只对变量定义中的pa起作用。当*以这种方式出现在变量定义中时，它表示被定义的变量是一个指针变量。为了防止在一个定义中同时定义指针变量和非指针变量而带来的混淆，建议在一个变量定义语句中只定义一个变量。

指针变量可保存地址，使程序员直接访问内存成为可能。但是上面的变量定义语句只声明了指针变量的名字及其所能指向的数据类型，即基类型，并没有声明指针变量究竟指向哪里。因为未初始化的指针变量的值是一个随机值，在不确定指针变量指向哪里的情况下，程序访问指针变量指向的内存将带来非法内存访问的安全隐患。

所以，在使用指针变量之前，必须明确指针变量指向哪里，即必须对指针进行初始化，不能使用**未初始化的指针（Uninitialized Pointer）**。只有在指针指向了一块有意义的内存后，才能访问它指向的内容。指针变量初始化的方法就是将一个变量的地址存入这个指针变量，这一过程既可以在定义指针变量时进行，也可以通过一个赋值语句来完成，但是指针变量只能用类型与其基类型相同的变量的地址来进行初始化，即指针变量只能指向匹配其基类型的变量。

例如：

```
int a = 7;         //定义整型变量a，并将其初始化为7
int *pa = &a;      //定义基类型为整型的指针变量pa，并将其指向整型变量a
```

这里，我们将int型变量a的地址赋值给int型指针变量pa来进行初始化，这意味着pa指向了a，如图9-1所示。指向某变量的指针变量，通常简称为某变量的指针。需要注意的是，虽然指针变量中存放的是变量的地址，二者在数值上相等，但在概念上变量的指针并不等同于变量的地址。变量的地址是一个常量，不能对其进行赋值，而变量的指针则是一个变量，其值是可改变的。

如果你在定义指针变量时暂时不知道把它指向哪里，那么为了避免因未初始化的指针变量是随机值而导致的非法内存访问，可以将指针初始化为NULL（在stdio.h中定义为0的符号常量），即

```
int *pa = NULL;     //在定义指针变量pa的同时将其初始化为NULL
```

这样在编译时就不再弹出警告信息了。这就好比是，如果你暂时还未找到射击的目标，那么将枪口朝下，以免走火伤人。

什么是NULL指针呢？值为NULL的指针不指向任何对象，称为**空指针**或**无效指针**。注意，值为NULL的指针并不一定就是指向地址为0的内存单元的指针。每个C编译器被允许用不同的方式来表示NULL指针，而且并非所有编译器都使用0地址。例如，某些编译器为NULL指针使用不存在的内存地址。硬件通常会检查出这种试图通过NULL指针访问内存的情况。注意，0是可以直接赋值给指针变量的唯一整数，虽然将指针初始化为0等价于初始化为NULL，但是初始化为NULL更好，因为这显式强调了该变量是一个指针。

NULL指针还有其他用途。例如，在后面学习动态内存分配和文件打开操作的时候，我们会用到这个指针，当动态内存分配函数或文件打开函数调用不成功时，程序就会返回NULL指针，这样我们就可以通过检查函数返回值是否为NULL指针来确定动态内存分配或文件打开操作是成功还是失败，所以这个指针在防御式编程中非常有用。

3. 为什么要指定指针变量的基类型呢？

现在，来思考这样一些问题：在32位字长的计算机上，指针变量可以保存一个32位的地址，即指针变量需要占4字节的内存，但是只知道这4字节中保存了一个地址，就够了吗？只知道地址，就能正确地解析指针了吗？假如你是编译器，你知道从这个地址开始多少字节内的数据是有效的吗？你会用什么数据类型去理解指针指向的内存中的数据呢？

上述这一连串的问题都需要用指针的基类型来回答。例如，指针变量定义语句

```
int *pa = &a;      //定义基类型为整型的指针变量pa，并将其指向整型变量a
```

就回答了这些问题。这条定义语句“告诉”编译器，pa是一个基类型为int的指针变量，将变量a的地址赋值给指针变量pa，就意味着让pa“指向”变量a。图9-2形象地表示了执行上述赋值操作后，内存中指向整型变量的指针的状态。在32位字长的计算机上指针变量需要占4字节内存，用于保存它指向的变量的地址，但是它指向的变量具体占多少字节则需要用指针的基类型来告诉编译器。指针变量只能指向匹配其基类型的变量，否则将弹出警告信息。例如，若指针的基类型为int，则它告诉编译器需要用一个int型变量的地址给它赋值（这里是让它指向了一个占4字节内存的int型变量a），同时还要用int型去理解pa指向的内存中的数据，即从变量a的地址（&a）开始的4字节数据是有效的数据。

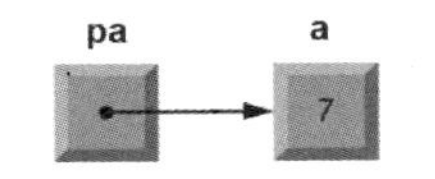

图9-2 内存中指向整型变量的指针的图形表示

图9-3展示了指针变量pa与其指向的变量a在内存中的表示，其中假设整型变量a存储在地址为600000的内存单元中，指针变量pa存储在地址为500000的内存单元中。通过下面的语句可以分别输出指针变量pa与其指向的变量a在内存中的地址：

图9-3 指针变量pa与其指向的变量a在内存中的表示

```
printf("&a is %p, pa is %p\n", &a, pa);
```

在多数平台上，printf语句中的格式转换说明“%p”表示以十六进制整数形式输出一个内存地址。注意，在不同的计算机、不同的操作系统上，输出的变量地址可能会有所不同。

4. 如何访问指针变量指向的变量呢?

如前所述，我们已经知道，通过指针变量间接存取它所指向的变量的访问方式称为间接寻址。那么如何间接访问指针变量指向的变量呢？访问指针变量指向的变量，需要使用间接寻址运算符（*）。**间接寻址运算符**，通常也被称为**指针运算符**或者**解引用运算符**，它是一个一元运算符，返回其操作数（即指针变量）指向的对象的值。例如，语句

```
*pa = 0;
```

是对pa指向的变量a重新赋一个新值0。而语句

```
printf("*pa is %d\n", *pa);
```

则是输出pa指向的变量的值。

像上面这种使用间接寻址运算符*引用指针变量指向的变量的方式，就称为**指针的解引用**，或者**解引用指针**。

如果一个指针变量没有被正确初始化，或者没有对它赋值使其指向内存中某一个确定的单元，对这个指针变量解引用将会引发非法内存访问错误，或者意外地改写一些重要数据，使程序输出错误的结果。对空指针进行解引用，将会引发一个致命的运行时错误。

需要注意的是，下面两条语句中的*具有不同的含义。

```
int *pa = &a;
printf("%d\n", *pa);
```

第一条语句中的*作为指针类型说明符，用于指针变量的定义。第二条语句中的*作为间接寻址运算符，用于读取并显示指针变量中存储的内存地址所对应的变量的值，即指针变量所指向的变量的值，此时&和*运算符是互补的，不论这两个运算符以何种顺序连续作用于pa，其结果都是相同的。当然，使用不同的系统时，输出的地址会有一定的差别。

为了更直观地描述直接寻址和间接寻址，我们不妨打个通俗一点的比喻，直接通过变量名引用变量a，好比是直接引用“哈尔滨工业大学”，而通过指针变量引用其所指向的变量，则好比是通过百度查到哈尔滨工业大学的地址是“哈尔滨市南岗区西大直街92号”，然后通过这个地址找到“哈尔滨工业大学”。

9.2 指针变量与模拟按引用传参

本节主要讨论如下问题。

（1）如何利用指针在被调函数中修改主调函数中变量的值？

（2）数组作函数形参和指针作函数形参有什么相同之处？

第7章介绍了用普通变量作函数参数向函数传值的函数调用方法，它其实是一种**按值调用（Call by Value）**的方法。由于程序是将实参的副本传给被调函数的形参，如图9-4所示，因此在被调函数中形参的值的改变是不会影响实参的值的。

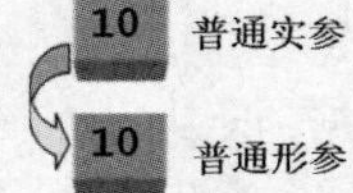

图9-4 普通变量作函数参数

如何在被调函数中改变实参的值呢？按地址调用（Call by Reference）可以解决这个问题，即用指针变量作函数参数，这也是指针的一个特别重要的应用。第7章介绍的用数组名作函数实参就属于按地址调用，它是将数组在内存中的首地址传给函数的形参，然后在函数中利用实参传给形参的数组首地址，通过对数组元素间接寻址来修改数组元素的值的。虽然利用return语句也能返回在被调函数中修改的变量的值，但return语句仅限于从函数返回一个值，需从函数返回多个值时，要么把它们放到一个数组中，用数组作函数参数，要么就利用本节介绍的用指针变量作函数参数的方法。无论使用数组还是指针变量作函数参数，都必须传递地址值给被调函数的形参。在C语言中，按地址调用是一种常用的从函数返回修改后的数据值的方法。

为什么用指针变量作函数参数能改变主调函数中的变量的值呢？如图9-5所示，指针变量作函数参数是将变量的地址传给形参，这样指针实参和指针形参就都指向了待修改的变量，在被调函数中就可以通过指针形参来修改它所指向的变量的值（尽管在被调函数中不能直接通过变量名来访问这个变量的值）。简而言之，你想在被调函数中修改哪个变量的值，就需要将哪个变量的地址传给被调函数。一个函数若期望接收一个地址作为实参，就必须先定义一个指针类型的形参来接收这个地址。来看下面的例子。

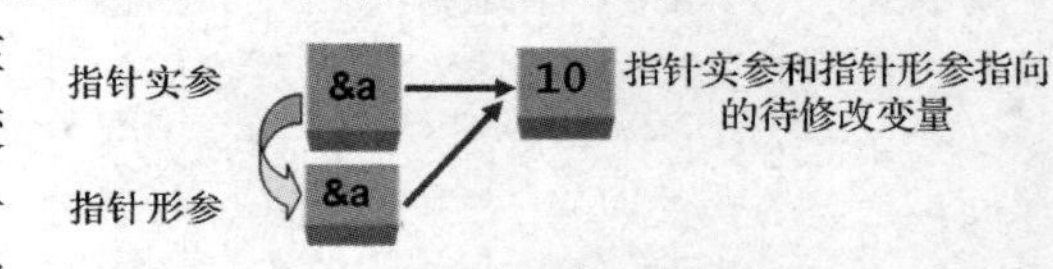

图9-5 指针变量作函数参数

【例9.1】下面两个程序分别演示利用普通变量和指针变量作函数参数。

程序1：利用普通变量作函数参数。

```
1    #include  <stdio.h>
2    int CubeByValue(int n);
3    int main(void)
4    {
5         int number = 5;
6         number = CubeByValue(number);
7         printf("%d\n", number);
8         return 0;
9    }
10   int CubeByValue(int n)
11   {
12        return n * n * n;
13   }
```

程序2：利用指针变量作函数参数。

```
1    #include  <stdio.h>
2    void CubeByReference(int *nPtr);
3    int main(void)
4    {
5         int number = 5;
6         CubeByReference(&number);
```

```
7          printf("%d\n", number);
8          return 0;
9      }
10     void CubeByReference(int *nPtr)
11     {
12         *nPtr = *nPtr * *nPtr * *nPtr;
13     }
```

这两个程序的运行结果均为：

```
125
```

下面来分析这两个程序的执行过程。

程序1的执行过程如下。

第1步：执行第5行语句，给变量number赋值5。如图9-6所示，在调用CubeByValue()之前，尚未给形参n分配内存，因此形参n的值是未定义的，即形参n的值是不确定的。

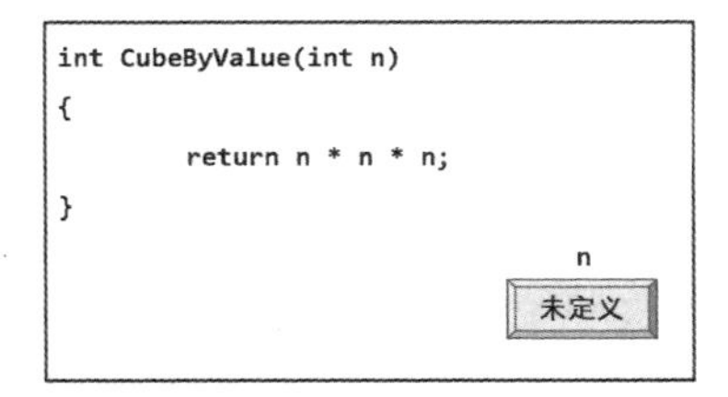

图9-6 main()函数调用CubeByValue()前

第2步：执行第6行的函数调用，控制流程从main()函数转到被调函数CubeByValue()，给形参n分配内存，同时将实参number的值传给函数CubeByValue()的形参n。如图9-7所示，函数CubeByValue()接收main()函数传过来的实参后，形参n的值变为5。

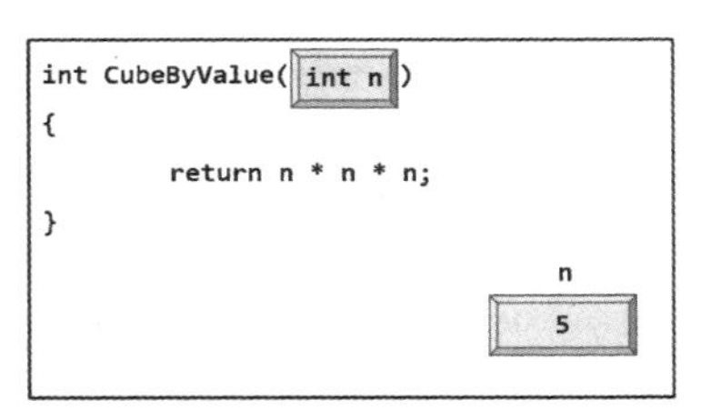

图9-7 函数CubeByValue()接收main()函数传过来的实参后

第3步：函数CubeByValue()计算形参n的立方值。如图9-8所示，在函数CubeByValue()将该值返回main()函数之前，形参n的值和实参number的值均未发生变化。

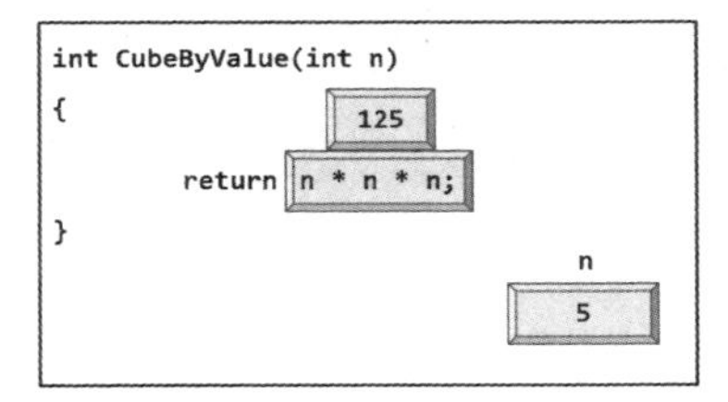

图9-8 函数CubeByValue()计算形参n的立方值

第4步：控制流程从函数CubeByValue()返回main()函数，在返回之前，释放给形参n分配的内存，内存中的值是未定义的。如图9-9所示，在将函数返回值赋值给变量number之前实参number的值仍为5。

第5步：执行第6行的赋值操作，即将函数CubeByValue()的返回值赋值给变量number。如图9-10所示，main()函数完成对变量number的赋值后，变量number的值变为125。注意，实参number的值的改变，是因为执行了对变量number的赋值运算，形参的值不会反向传给实参。

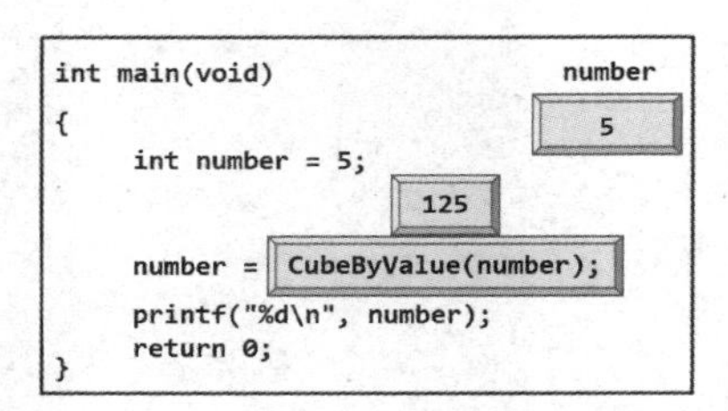

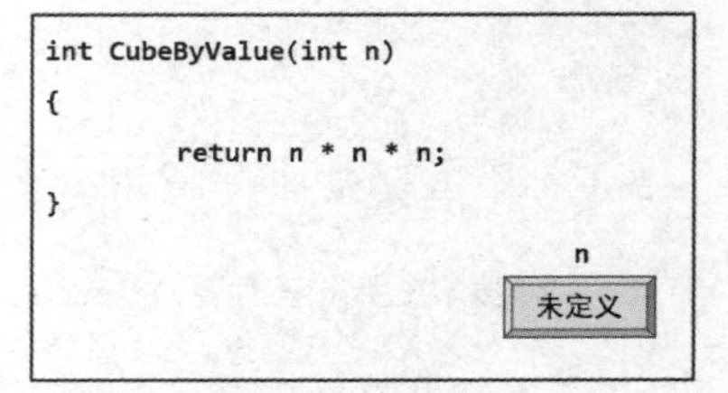

图 9-9　函数 CubeByValue() 将值返回 main() 函数

```
int main(void)                      number
{                                    125
    int number = 5;
    125        125
    number = CubeByValue(number);
    printf("%d\n", number);
    return 0;
}
```

```
int CubeByValue(int n)
{
    return n * n * n;
}
                                      n
                                    未定义
```

图 9-10　main() 函数完成对变量 number 的赋值后

程序2的执行过程如下。

第1步：执行第5行语句，给变量number赋值5。如图9-11所示，在main()函数调用CubeByReference()之前，尚未给形参nPtr分配内存，因此形参nPtr的值是未定义的，即形参nPtr指向哪里是不确定的。

```
int main(void)                      number
{                                      5
    int number = 5;
    CubeByReference(&number);
    printf("%d\n", number);
    return 0;
}
```

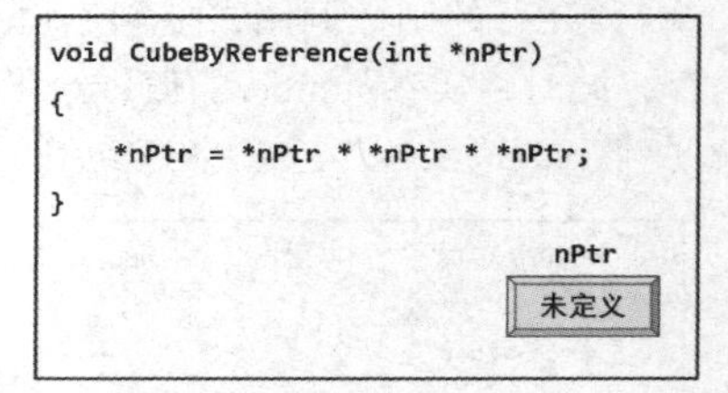

图 9-11　main() 函数调用 CubeByReference() 前

第2步：执行第6行的函数调用，控制流程从main()函数转到CubeByReference()，给指针形参nPtr分配内存，同时将变量number的地址值作为实参传给函数CubeByReference()的形参nPtr。如图9-12所示，函数CubeByReference()接收main()函数传过来的变量number的地址后，指针形参nPtr就指向了主调函数中的变量number，在计算*nPtr的立方值之前，变量number的值仍为5。

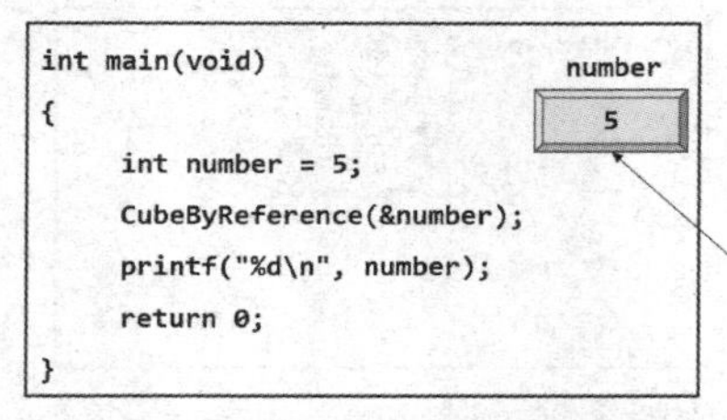

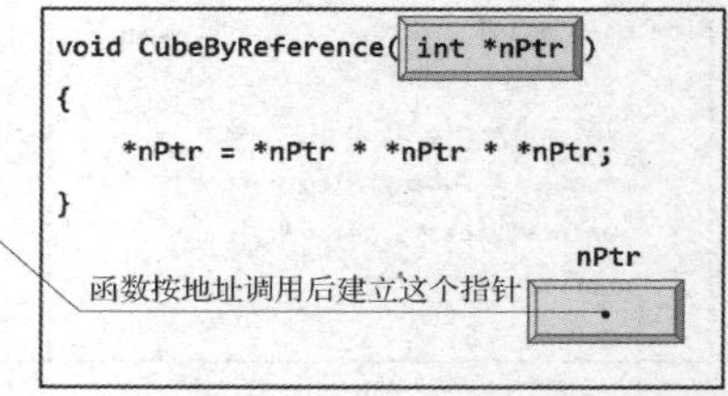

图 9-12　函数 CubeByReference() 接收 main() 函数传过来的实参但未计算 *nPtr 的立方值

第3步：如图9-13所示，在计算*nPtr的立方值之后，由于执行了向nPtr指向的变量（即主调函数中的number）赋值的操作，因此，在程序控制返回main()函数之前，number的值就发生了改变，变为了125。因此，程序控制返回main()函数后无须执行向number赋值的操作，即函数CubeByReference()无须用return语句将计算出的立方值返回被调函数，函数的返回类型可以定义为void。

```
int main(void)
{
    int number = 5;
    CubeByReference(&number);
    printf("%d\n", number);
    return 0;
}
```

number: 125

```
void CubeByReference(int *nPtr)
{
    *nPtr = *nPtr * *nPtr * *nPtr;
}
```

125

被调函数修改主调函数中的变量的值

nPtr

图9-13　计算*nPtr的立方值但程序控制未返回main()函数

通过对上述两个程序的分析不难发现，指针变量作函数形参为在被调函数中修改主调函数中变量的值提供了一种非常高效的手段。若要在被调函数中修改某个变量的值，将这个变量的地址传给被调函数即可。这样，在被调函数中就可以通过间接寻址的方式修改主调函数中的这个变量的值了。如果要修改主调函数中多个变量的值，定义多个指针形参即可。在这种情况下，按值调用将无法实现从函数返回多个值，必须使用指针变量作函数形参的按地址调用方式。来看下面的例子。

指针变量作为函数参数——典型实例

【例9.2】从键盘任意输入两个整数，编程实现将其交换后输出。请单步运行下面的程序，并分析哪个两数交换函数能够真正实现两数的交换。

```
1  #include  <stdio.h>
2  void  Swap1(int x, int y);
3  void  Swap2(int *x, int *y);
4  int main(void)
5  {
6     int  a = 15, b = 8;
7     printf("Before Swap1: a=%d, b=%d\n", a, b);
8     Swap1(a, b);
9     printf("After Swap1: a=%d, b=%d\n", a, b);
10    a = 15;
11    b = 8;
12    printf("Before Swap2: a=%d, b=%d\n", a, b);
13    Swap2(&a, &b);
14    printf("After Swap2: a=%d, b=%d\n", a, b);
15    return 0;
16 }
17 void  Swap1(int x, int y)
18 {
19    int  temp;
20    temp = x;
21    x = y;
22    y = temp;
23 }
24 void  Swap2(int *x, int *y)
25 {
26    int  temp;
27    temp = *x;
28    *x = *y;
29    *y = temp;
30 }
```

程序的运行结果如下：

```
Before Swap1: a=15, b=8
After Swap1: a=15, b=8
Before Swap2: a=15, b=8
After Swap2: a=8, b=15
```

由程序的运行结果可知，函数Swap1()并没有实现a值和b值的交换。这是因为函数Swap1()执行的是按值调用，即将实参a和b的值的副本传给了形参x和y（见图9-14），而C语言中的函数参数传递是“单向的值传递”，即只能将实参的值单向传递给形参，而不能反向将形参的值传给实参，所以，形参x和y的值发生改变不会导致实参a和b的值发生改变（见图9-15）。形参值的改变不会影响实参的根本原因是实参和形参分别占据着不同的内存单元。

```
int main(void)
{
    int  a = 15, b = 8;
    printf("Before Swap1: a=%d, b=%d\n", a, b);
    Swap1(a, b);
    printf("After Swap1: a=%d, b=%d\n", a, b);
    return 0;
}
```

a 15　b 8

```
void  Swap1(int x, int y)
{
        int  temp;
        temp = x;
        x = y;
        y = temp;
}
```

x 15　y 8

图9-14　调用Swap1()但尚未执行其函数体中的语句

```
int main(void)
{
    int  a = 15, b = 8;
    printf("Before Swap1: a=%d, b=%d\n", a, b);
    Swap1(a, b);
    printf("After Swap1: a=%d, b=%d\n", a, b);
    return 0;
}
```

a 15　b 8

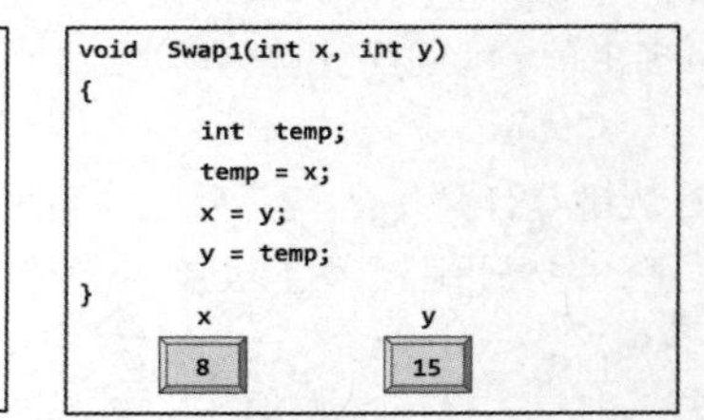

图9-15　执行Swap1()函数体中的语句之后

而函数Swap2()之所以能够实现a值和b值的交换，是因为函数Swap2()执行的是按地址调用，将变量a和b的地址值分别传给形参指针变量x和y，这样x就指向了a，y指向了b（见图9-16），于是*x和*y的值的互换就相当于a和b的值的互换（见图9-17）。

```
int main(void)
{
    int  a = 15, b = 8;
    printf("Before Swap2: a=%d, b=%d\n", a, b);
    Swap2(&a, &b);
    printf("After Swap2: a=%d, b=%d\n", a, b);
    return 0;
}
```

a 15　b 8

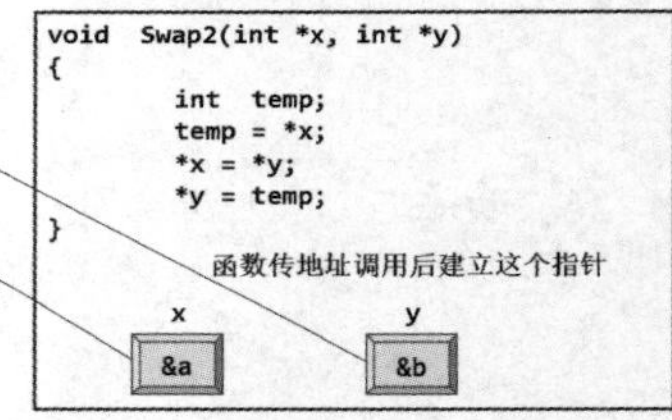

图9-16　调用Swap2()但尚未执行其函数体中的语句

```
int main(void)
{
    int  a = 15, b = 8;
    printf("Before Swap2: a=%d, b=%d\n", a, b);
    Swap2(&a, &b);
    printf("After Swap2: a=%d, b=%d\n", a, b);
    return 0;
}
```

a 8 *x　b 15 *y

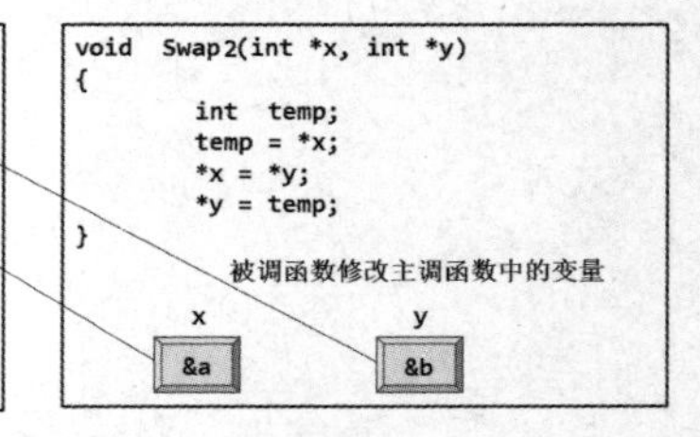

图9-17　执行Swap2()函数体中的语句之后

下面这个Swap()函数能否实现两数互换呢？

```
1  void Swap(int *x, int *y)
2  {
3      int *pTemp;
4      pTemp = x;
5      x = y;
6      y = pTemp;
7  }
```

这个函数中的第3行定义了一个指针变量pTemp，第4～6行的3条语句对x值和y值进行了交换，由于x和y都是指针变量，存储的是变量a和b的地址值，因此交换的并不是a和b的数据值，而是x和y中存储的地址值，即交换前，x指向a，y指向b，交换后，x指向b，y指向a。

那么，下面这个Swap()函数能否实现两数互换呢？

```
1  void Swap(int *x, int *y)
2  {
3      int *pTemp;
4      *pTemp = *x;
5      *x = *y;
6      *y = *pTemp;
7  }
```

这个函数中的第3行定义了一个指针变量pTemp，但是这个指针变量始终未被赋值，所以其指向哪里是不确定的，在这种情况下，第4条语句对其指向的内存单元*pTemp进行赋值就会导致非法内存访问的错误。

下面再思考另外一个问题：当函数形参x和y声明为指针变量时，主调函数中的实参不用&a和&b，而用a和b，那么结果会怎样呢？有些编译器会检查实参和形参的数据类型是否匹配，不匹配则给出警告，有些编译器则直接将实参的值当作地址值，这样将会产生非法内存访问错误，从而导致程序异常终止。

9.3 函数指针及其应用

函数指针

本节主要讨论如下问题。

（1）什么是函数指针？如何给函数指针赋值？

（2）函数指针有什么用途？

9.3.1 函数指针的概念

函数指针（Function Pointer）就是**指向函数的指针（Pointer to a Function）**，函数指针存储的是一个函数在内存中的入口地址。在第7章中，存储数组第一个元素的内存地址用不带方括号的数组名来表示。存储函数第一条指令的内存地址即**函数的入口地址**，用不带圆括号的函数名来表示，函数名相当于一个指向该函数入口的指针常量。

下面以函数指针作函数参数为例，来说明函数指针的使用方法。

【例9.3】下面的程序仅用于演示函数指针的应用。

```
1  #include <stdio.h>
2  void Fun(int x, int y, int (*f)(int, int));
3  int Max(int x, int y);
4  int Min(int x, int y);
5  int main(void)
6  {
7      int a, b;
8      scanf("%d,%d", &a, &b);
9      Fun(a, b, Max);
10     Fun(a, b, Min);
11     return 0;
12 }
13 void Fun(int x, int y, int (*f)(int, int)) //函数指针变量作函数形参
14 {
15     int result = (*f)(x, y);  //调用函数指针变量f指向的函数
16     printf("%d\n", result);
```

```
17  }
18  int Max(int x, int y)
19  {
20      printf("max=");
21      return x>y ? x : y;
22  }
23  int Min(int x, int y)
24  {
25      printf("min=");
26      return x<y ? x : y;
27  }
```

程序的运行结果如下：

```
15,8↙
max=15
min=8
```

在这个程序中，总计定义了3个函数Fun()、Max()、Min()，其中函数Fun()的第3个形参为函数指针。假设我们要定义一个可以指向有两个int型形参且返回值也为int型的函数的函数指针f，那么定义的格式如下：

```
int (*f)(int, int);
```

按照从内往外读说明符的方式，圆括号的优先级最高且为左结合，所以先解释第一个圆括号中f前面的*，然后解释(*f)后面的圆括号。因此，f的类型被表示为

f ⟶ * ⟶ (int,int) ⟶ int

注意，*f两侧的圆括号不能省略，它将*和f先结合，表示f是一个指针变量。然后，(*f)与其后的(int, int)结合，表示该指针变量指向一个函数，它指向的函数应有两个int型形参，返回值也为int型，即f是一个函数指针变量。

如果去掉*f两侧的圆括号，即

```
int *f(int, int);
```

则因圆括号的优先级最高，所以先解释f后面的圆括号，然后解释f前面的*。于是f的类型被表示为

f ⟶ (int,int) ⟶ * ⟶ int

这说明，它定义的是一个有两个int型形参并返回int型指针的函数。

程序第9行用函数名Max作函数实参调用函数Fun()，将函数Max()的入口地址传给Fun()的函数指针形参f（见图9-18）。这样第15行语句函数Fun()对(*f)(x, y)的访问就是调用函数Max()（见图9-19），该函数返回的是两个形参x和y中的较大值。该程序的第15行语句

```
int result = (*f)(x, y);
```

表示调用f指向的函数。正如对一个指向变量的指针进行解引用就可以访问它所指向的变量的值，对一个指向函数的指针进行解引用就可以调用它所指向的函数。

当然，也可以不用指针解引用的方式来调用函数指针指向的函数，直接把函数指针当作函数名来使用即可，格式如下：

```
int result = f(x, y);
```

第一种通过函数指针解引用调用函数的方法更直观，因为它显式地说明了f是一个指向函数的指针。而第二种把函数指针当作函数名来直接调用函数的方法使得函数指针f看上去很像是一个真正的函数，容易误导用户到文件中寻找f()函数的定义。

同理，程序第10行用函数名Min作函数实参调用函数Fun()，将函数Min()的入口地址传给Fun()的函数指针形参f（见图9-20）。这样第15行语句函数Fun()对(*f)(x, y)的访问就是调用函数Min()（见图9-21），该函数返回的是两个形参x和y中的较小值。

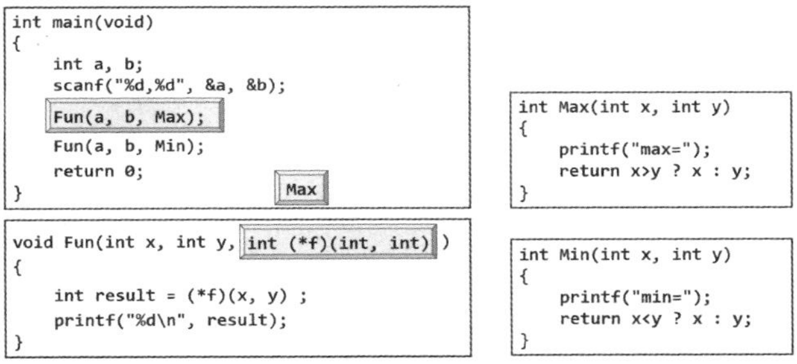

```
int main(void)
{
    int a, b;
    scanf("%d,%d", &a, &b);
    Fun(a, b, Max);
    Fun(a, b, Min);
    return 0;          Max
}

void Fun(int x, int y, int (*f)(int, int) )
{
    int result = (*f)(x, y) ;
    printf("%d\n", result);
}

int Max(int x, int y)
{
    printf("max=");
    return x>y ? x : y;
}

int Min(int x, int y)
{
    printf("min=");
    return x<y ? x : y;
}
```

图9-18　main()函数第一次调用Fun()但尚未执行Fun()函数体中的语句

```
int main(void)
{
    int a, b;
    scanf("%d,%d", &a, &b);
    Fun(a, b, Max);
    Fun(a, b, Min);
    return 0;
}

void Fun(int x, int y, int (*f)(int, int))
{
    int result = (*f)(x, y) ;   Max(x, y)
    printf("%d\n", result);
}

int Max(int x, int y)
{
    printf("max=");
    return x>y ? x : y;
}

int Min(int x, int y)
{
    printf("min=");
    return x<y ? x : y;
}
```

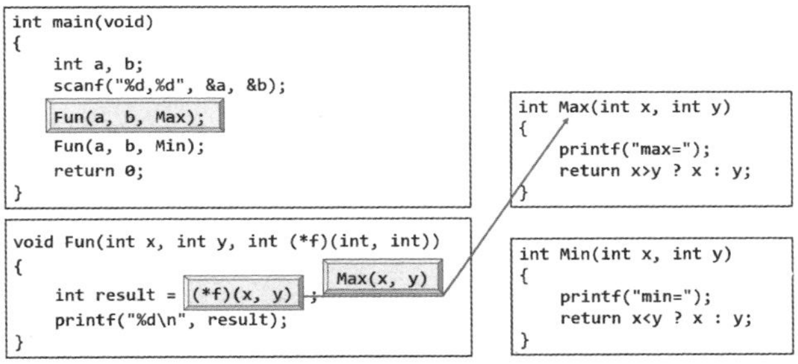

图9-19　执行Fun()函数体中的语句并调用Max()

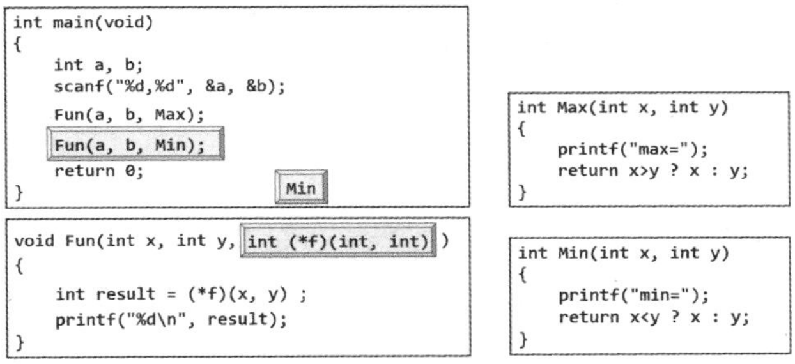

```
int main(void)
{
    int a, b;
    scanf("%d,%d", &a, &b);
    Fun(a, b, Max);
    Fun(a, b, Min);
    return 0;          Min
}

void Fun(int x, int y, int (*f)(int, int) )
{
    int result = (*f)(x, y) ;
    printf("%d\n", result);
}

int Max(int x, int y)
{
    printf("max=");
    return x>y ? x : y;
}

int Min(int x, int y)
{
    printf("min=");
    return x<y ? x : y;
}
```

图9-20　main()函数第二次调用Fun()但尚未执行Fun()函数体中的语句

```
int main(void)
{
    int a, b;
    scanf("%d,%d", &a, &b);
    Fun(a, b, Max);
    Fun(a, b, Min);
    return 0;
}

void Fun(int x, int y, int (*f)(int, int))
{
    int result = (*f)(x, y) ;   Min(x, y)
    printf("%d\n", result);
}

int Max(int x, int y)
{
    printf("max=");
    return x>y ? x : y;
}

int Min(int x, int y)
{
    printf("min=");
    return x<y ? x : y;
}
```

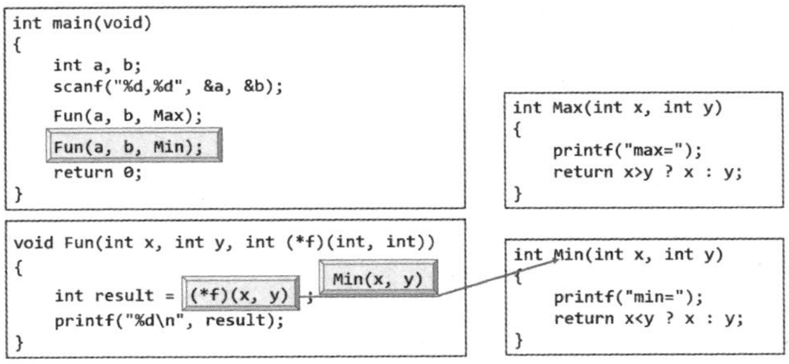

图9-21　执行Fun()函数体中的语句并调用Min()

使用函数指针的好处就是，你给它传递不同的函数入口地址，它就可以调用不同的函数。如果把函数入口地址作为实参传递给另一个函数，那么在被调函数中就可以利用这个函数指针来调用其所指向的函数。通过函数指针调用的函数就称为**回调函数（Callback Function）**。在本例中，通过函数指针f调用的函数Max()和Min()就是回调函数。可见，回调函数不是由该函数的实现方直接调用的，而是在特定的事件或条件发生时由一个中间方来调用的，用于对该事件或条件进行响应。简而言之，回调函数允许用户把需要调用的函数的指针作为参数传递给一个函数，以便该函数在处理相应事件时可以灵活地使用不同的函数。

9.3.2 函数指针的应用

函数指针在某些场合是非常有用的。例如，用函数指针作函数参数，使其可以调用不同的函数，从而实现一个具有通用功能的函数。此外，函数指针还可以作为返回值返回给主调函数，或者存入数组。例如，编写菜单驱动程序时，需要程序提示用户通过输入一个数字，从菜单中选择一个选项，然后根据用户选择选项的不同，程序执行不同功能的函数，在这种情况下，你就可以将指向每个函数的指针存储在一个由很多函数指针构成的数组中，用户的选择作为数组的下标，然后就可以用对应数组元素中的指针去调用相应的函数了。

本小节介绍如何用函数指针实现具有通用功能的函数，函数指针数组将在9.4.2小节介绍。

【例9.4】计算函数的定积分。采用图9-22所示的梯形法编程计算如下两个函数在积分区间[a, b]上的定积分。

$$y_1 = \int_0^1 (1+x^2)\mathrm{d}x$$

$$y_2 = \int_0^3 \frac{x}{1+x^2}\mathrm{d}x$$

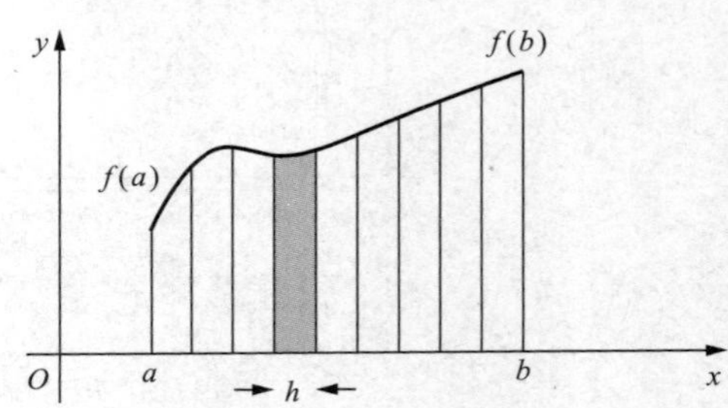

图9-22 梯形法求函数定积分

问题分析：可以用梯形法计算函数$f(x)$、直线$x=a$、直线$x=b$与x轴所围成的曲边梯形的面积，来近似计算连续函数在区间[a, b]上的定积分。用梯形法近似计算定积分的基本思想为，将区间[a, b]划分成n等份（例如，设定n为100），等分区间的长度为$h = (b - a) / n$，将每个小曲边梯形的面积用n个直角小梯形的面积近似，求出n个直角小梯形的面积累加和，当n取足够大的值时，直角小梯形的面积之和就近似等于定积分的值。具体计算公式为

$$\begin{aligned}\int_a^b f(x)\mathrm{d}x &= \frac{h}{2}[f(a)+f(a+h)]+\frac{h}{2}[(f(a+h)+f(a+2h))]+\cdots+\frac{h}{2}[f(a+(n-1)h)+f(b)]\\ &=\frac{h}{2}[f(a)+2f(a+h)+2f(a+2h)+\cdots+2f(a+(n-1)h)+f(b)]\\ &=h\left[\frac{1}{2}(f(a)+f(b))+\sum_{i=1}^{n-1}f(a+ih)\right]\end{aligned}$$

第一种实现方案是不采用函数指针来编写程序，程序如下：

计算定积分

```
1   #include <stdio.h>
2   double IntegralFunc1(double a, double b, int n);
3   double IntegralFunc2(double a, double b, int n);
4   double Func1(double x);
5   double Func2(double x);
6   int main(void)
7   {
8       double y;
9       y = IntegralFunc1(0.0, 1.0, 100);
10      printf("y1=%f\n", y);
11      y = IntegralFunc2(0.0, 3.0, 100);
12      printf("y2=%f\n", y);
13      return 0;
14  }
15  //函数功能：用梯形法计算函数Func1()的定积分
16  double IntegralFunc1(double a, double b, int n)
17  {
18      double s = (Func1(a) + Func1(b)) / 2;
19      double h = (b - a) / n;
20      for (int i=1; i<n; i++)
```

```
21        {
22            s =  s + Func1(a + i * h);
23        }
24        return s * h;
25    }
26    //函数功能：计算Func1()的函数返回值
27    double Func1(double x)
28    {
29       return 1 + x * x;
30    }
31    //函数功能：用梯形法计算函数Func2()的定积分
32    double IntegralFunc2(double a, double b, int n)
33    {
34        double s = (Func2(a) + Func2(b)) / 2;
35        double h = (b - a) / n;
36        for (int i=1; i<n; i++)
37        {
38            s =  s + Func2(a + i * h);
39        }
40        return s * h;
41    }
42    //函数功能：计算Func2()的函数返回值
43    double Func2(double x)
44    {
45       return x / (1 + x * x);
46    }
```

程序的运行结果如下：

```
y1=1.333350
y2=1.151212
```

这个程序中的两个计算定积分的函数IntegralFunc1()与IntegralFunc2()除了调用的计算函数值的函数不同，其他语句都是相同的。这两个函数存在大量重复代码，而且若要计算其他函数的定积分还要再定义相应的函数。

能否设计一个通用的计算连续函数定积分的函数呢？这就需要使用函数指针作函数形参了。通过让函数指针形参指向不同的函数，可实现用一个计算定积分的函数对不同的函数计算定积分。这个通用的计算定积分的函数的原型为

```
Integral(double(*f)(double), double a, double b, int n);
```

其中，形参a和b分别代表积分下限和积分上限，n代表划分区间的份数。第一个被声明为函数指针类型的形参f用于接收被积函数的入口地址。

第二种实现方案是采用函数指针来编写程序，程序如下：

```
1    #include <stdio.h>
2    double Integral(double(*f)(double), double a, double b, int n);
3    double Func1(double x);
4    double Func2(double x);
5    int main(void)
6    {
7        double y;
8        y = Integral(Func1, 0.0, 1.0, 100);  //函数名作函数实参
9        printf("y1=%f\n", y);
10       y = Integral(Func2, 0.0, 3.0, 100);  //函数名作函数实参
11       printf("y2=%f\n", y);
12       return 0;
13   }
14   //函数功能：函数指针变量作函数形参，用梯形法计算函数Func1()的定积分
```

```
15  double Integral(double(*f)(double), double a, double b, int n)
16  {
17      double s = ((*f)(a) + (*f)(b)) / 2; //调用函数指针变量f指向的函数
18      double h = (b - a) / n;
19      for (int i=1; i<n; i++)
20      {
21          s =  s + (*f)(a + i * h);          //调用函数指针变量f指向的函数
22      }
23      return s * h;
24  }
25  //函数功能：计算Func1()的函数返回值
26  double Func1(double x)
27  {
28     return 1 + x * x;
29  }
30  //函数功能：计算Func2()的函数返回值
31  double Func2(double x)
32  {
33     return x / (1 + x * x);
34  }
```

在第二种实现方案中，当被积函数变化时，无须修改函数代码，只要将被积函数的名字（即入口地址）作为函数实参来调用函数Integral()，即可计算出不同函数的定积分，这有助于提高程序的通用性。而如果不使用函数指针，就不得不分别针对不同的被积函数编写不同的计算定积分的函数，不但编码效率低，而且程序的结构也不够简洁。

9.4 指针及其孪生兄弟

本节主要讨论如下问题。

（1）如何理解指针变量的值加1和减1？

（2）指针和一维数组之间有什么关系？

指针的确是“神”一样的存在。指针可以加。怎么加，加的是什么？指针可以减。怎么减，减的是什么？指针可以比较。哪个更大或更小？“游走”的指针，变的是什么？不变的是什么？“游走”的指针，让数组从此不再孤单。本节，我们将带领读者领略指针的“灵动”，同时揭晓指针和一维数组之间的“前世之缘”。

9.4.1 指针上的游走

指针可以作为算术表达式、关系表达式和赋值表达式中的有效操作数。但是，并非所有在这些表达式中使用的运算符都可以处理指针变量。那么哪些运算符可以把指针作为操作数呢?

对指针变量可以使用的运算包括增1（++）运算、减1（--）运算、加减整数运算、关系运算，以及赋值运算。

1. 指针的算术运算

指针的算术运算

指针的算术运算主要用来改变指针的指向。例如，我们可以对指针使用增1（++）、减1（--）运算，也可以给指针变量加上一个整数或者减去一个整数，还可以从一个指针中减去另外一个指针（当然只有在这两个指针指向的是同一个数组的元素时，这个算术运算才是有意义的，即不能对并非指向同一数组的元素的两个指针进行相减运算，因为我们不能假设同一数据类型的两个变量在内存中是相邻存储的，除非它们是同一数组中的两个相邻元素）。

假设有如下定义语句：

```
int a[10];
int *p = a;  //相当于int *p = &a[0];
```

如图9-23所示，由于p指向数组的首地址，所以访问*p就相当于访问a[0]。例如，执行语句

```
*p = 5;
```

就相当于执行

```
a[0] = 5;
```

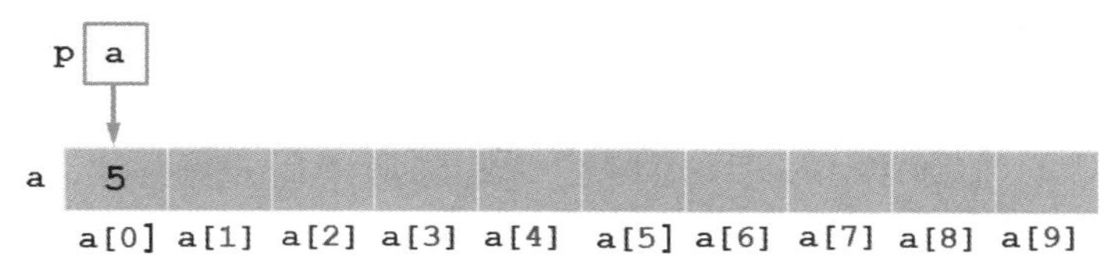

图9-23 指针变量p指向数组的首地址

此时，可以对指针变量执行加上整数、减去整数、两个指针相减这几种算术运算。

由于a[i]的地址&a[i]就是首地址a加上偏移量i，即a+i，因此如果p指向了a[0]，则p+i指向的是a[i]，而如果p指向了a[i]，则p+j指向的是a[i+j]。当然，前提是a[i+j]不超出数组的边界。例如，假设有如下变量定义语句：

```
int *p, *q;
```

执行下面的语句后，p和q就分别指向了a[2]和a[5]，如图9-24所示。

```
p = &a[2];
q = p + 3;
```

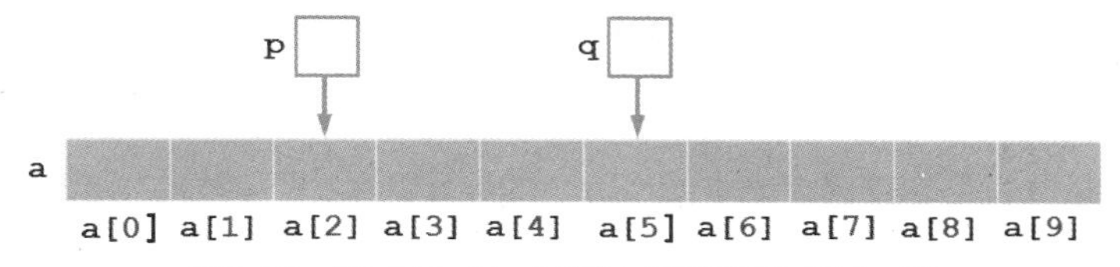

图9-24 指针变量p和q分别指向了数组元素a[2]和a[5]

同理，若p指向a[i]，则p-j指向的是a[i-j]，当然前提是a[i-j]不超出数组的边界。例如，如果p指向了a[8]，则执行下面的语句后，q就指向了a[4]，如图9-25所示。

```
q = p - 4;
```

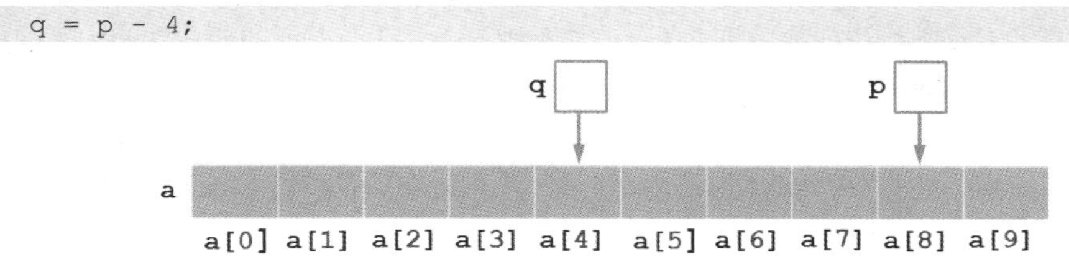

图9-25 q指向了数组元素a[4]

假设p指向了a[i]，q指向了a[j]，那么两个指针做相减运算即p-q的结果就是两个指针之间的距离即i-j。当两个指针指向同一个数组时，指针相减才有意义。指针相减运算通常用来计算字符数组中实际字符的个数。例如，如图9-26所示，当q指向数组的第一个元素时，由于字符串都是以'\0'为结束标志的，因此当p指向数组中首次出现的字符'\0'时，p-q的结果就是该字符数组中保存的字符串的实际长度。

注意，指针算术运算的结果依赖于指针所指向对象的字节长度。当指针加减一个整数时，指针的增减值并非这个整数，而是这个整数乘以指针所指向对象的字节长度。字节长度取决于对象的数据类型。

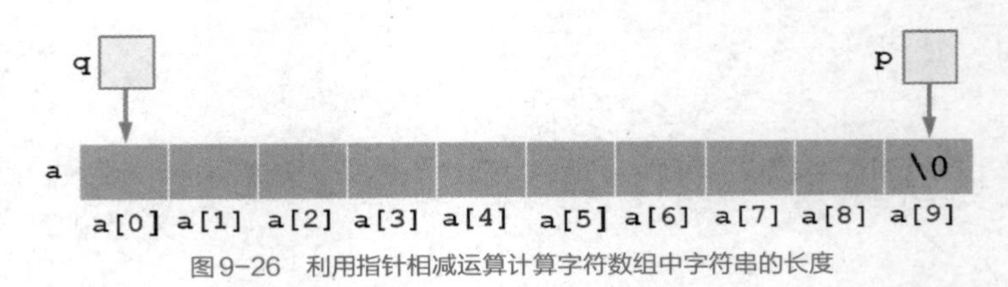

图9-26 利用指针相减运算计算字符数组中字符串的长度

例如，假设指针变量p指向一个整型数组的第一个元素a[0]，那么执行p=p+1的结果并非简单地在p即&a[0]上加上1字节，究竟加多少字节取决于p的基类型，即实际加的字节数是1*sizeof(指针的基类型)，在这里就是加上1*sizeof(int)字节。因为每个int型数组元素在内存中占sizeof(int)字节，所以执行p=p+1就相当于让指针变量p指向a[1]。不过，当对一个字符数组执行指针算术运算时，运算的结果和普通的算术运算的结果是一样的，因为每个字符只占1字节。由于指针算术运算的结果依赖于指针所指向对象的字节长度，所以指针算术运算的结果是依赖于具体机器和编译器的。

这里还需要注意的是，p+1与p++本质上是两种不同的操作，虽然二者都是执行指针变量p的加1运算，但p+1并不改变当前指针的指向，p仍然指向原来指向的元素，而p++相当于执行p = p + 1，因此p++操作改变了指针p的指向，表示将指针变量p向前移动一个元素位置，即指向下一个元素。

还有两个比较容易混淆的运算是*p++和(*p)++。由于后缀自增运算符++的优先级高于一元运算符*，所以*p++相当于*(p++)，表示自增运算符++的运算对象是p而不是*p，但是由于是后缀自增运算，所以*p++需要先计算*p，然后对p进行加1运算，而(*p)++显然是对*p执行加1运算，即对指针变量p指向的内容加1，而不是对指针变量p执行加1运算。

2. 指针的关系运算

指针的关系运算就是比较存储于指针变量中的地址的大小。例如，比较两个指向同一个数组中的元素的指针，运算结果表明哪一个是指向较大下标值的数组元素的指针。与指针的算术运算一样，指针的关系运算也是针对数组元素而言的，即当两个指针指向同一个数组中的元素时，指针关系运算才有意义。

因数组在内存中是连续存放的，所以指向同一数组中不同元素的两个指针的关系运算常用于判断它们所指元素在数组中的前后位置关系。指针比较的结果依赖于数组中两个元素的相对位置。例如，对于图9-26而言，p >= q 为真，而q >= p则为假。

指针比较的另一个常见用途是判断一个指针是否为NULL指针，这个会在9.5节和第12章介绍。

3. 指针的赋值运算

仅在基类型相同时，一个指针才能赋值给另一个指针。这个原则的一个例外就是**指向void的指针**（即void*），它是一个可以表示任何基类型的**通用指针**（也称**无类型指针**）。可以用指向void的指针来给任意基类型的指针赋值，也可以用任意基类型的指针（包括指向void的指针）来给指向void的指针赋值。在这两种情形中，都无须使用强制类型转换运算符。除非两个指针有一个是void*，否则将一种基类型的指针赋值给另外一种基类型的指针将引发一个语法错误。

注意，指向void的指针是不能解引用的。这是因为，编译器知道在以4字节为一个字长的机器上，一个指向int型数据的指针将一次访问4字节的内存单元。但是指向void的指针只是简单地包含一个未知数据类型的首地址，这个指针一次访问的确切的内存单元字节数对编译器而言是未知的。编译器只有知道了数据的类型，才能确定解引用一个特定的指针应该访问的字节数。因此，对指向void的指针进行解引用，将引发一个语法错误。

总之，指针变量不同于其他类型变量的特殊性主要体现在如下几点。

（1）指针变量保存的内容是地址值（如变量的地址或函数的地址）。

（2）指针变量在初始化后才能使用，否则指向不确定的内存单元，这个不确定的内存单元有可能是只读的，对其进行写操作就会出现非法内存访问的错误。

（3）指针变量只能指向同一基类型的变量或数组。

（4）指针变量可参与的运算是有限的，仅包括加减运算、增1、减1、关系运算和赋值运算。

（5）只有作用于数组时，指针的算术运算才是有意义的。

（6）指针算术运算的结果依赖于指针所指向对象的字节长度，并且依赖于具体机器和编译器。

9.4.2 指针和一维数组的前世之缘

指针和一维数组之间的关系

在C语言中，数组和指针的联系极为密切。准确使用指针的关键是理解计算机内存的结构，这同样是理解指针和数组之间关系的关键。

理解指针和一维数组之间的关系，首先要知道数组在内存中是连续存放的，并且这段连续的内存单元的首地址就是数组的首地址。只要已知数组的首地址和数组的基类型（基类型决定了每个元素所占内存的字节数），就可以对数组元素进行连续寻址了。寻址的方法就是首地址加上数组元素相对于下标为0的数组元素的偏移量，即a[i]的地址&a[i]等价于a+i，而a[i]则等价于*(a+i)。记住这两个等价关系，对于理解指针和数组之间的关系非常重要。

假设有如下数组声明语句：

```
int a[10];
```

因数组名a代表数组的首地址，即元素a[0]的地址（&a[0]），所以a+1表示首地址后下一个元素的地址，即数组中下标为1的元素a[1]的地址（&a[1]）。由此可知，a+i代表数组中下标为i的元素a[i]的地址，即&a[i]。于是，通过间接寻址的方法就可以访问数组中的元素了。例如，*a或*(a+0)表示取出下标为0的元素a[0]，*(a+i)表示取出下标为i的元素a[i]。数组元素之所以能通过这种方法来访问，是因为数组的下标运算符[]实际上执行的就是指针运算。例如，a[i]被编译器解释为*(a+i)，而&a[i]被解释为指针表达式a+i。

如果定义了一个int型指针变量p，并且让p指向了int型数组a的首地址，那么p的值就是&a[0]，*p就是p指向的数组元素a[0]，p+i的值就是&a[i]，*(p+i)就表示数组元素a[i]。

再如，对于一个有n个int型元素的数组a，最常用的访问数组元素的方法是下标法，具体的代码如下：

```
1    for (i=0; i<n; i++)
2    {
3        scanf("%d", &a[i]);    //&a[i] 等价于 a+i
4    }
5    for (i=0; i<n; i++)
6    {
7        printf("%4d", a[i]);   //a[i] 等价于 *(a+i)
8    }
```

除了用下标法访问数组元素外，还可以用指针法来访问数组元素。用指针法来访问数组元素，需要使用指针的增1或减1运算，或者对指针进行加减整数的算术运算，使其指向数组中的其他元素，这种算术运算引出了一种访问数组的替换方法，即使用指针来代替数组下标，访问数组的元素。用指针法间接访问数组元素的代码如下：

```
1    for (p = a; p<a+n; p++)
2    {
3        scanf("%d", p);        //用指针法访问数组元素
4    }
5    for (p = a; p<a+n; p++)
```

```
6    {
7         printf("%4d", *p);      //用指针法访问数组元素
8    }
```

因数组名a代表&a[0]，所以执行for语句中的赋值操作p=a后，指针变量p就指向了a[0]，于是通过p++使得指针变量p依次指向下一个元素，就可以依次访问数组a中的元素了。第3行语句中的p给出的是要访问的元素的地址，而第7行语句中的*p是取出p指向的元素的内容。当然，仅当指针的运算结果仍指向同一数组中的元素即未发生数组越界访问时这种操作才有意义。

在C语言中，数组和指针经常是可以互换使用的。数组名可以看成一个常量指针，指针也可以用于任何涉及数组下标的操作，这意味着既可以把数组名当作指针即用指针法来访问数组中的元素，也可以把指针当作数组名即用下标法来访问数组中的元素。采用指针的下标法访问数组元素的代码如下：

```
1    p = a;                         //p=a 等价于 p=&a[0]
2    for (i=0; i<n; i++)
3    {
4         scanf("%d", &p[i]); //&p[i] 等价于 p+i
5    }
6    p = a;                         //在再次循环开始前，确保指针 p 指向数组首地址
7    for (i=0; i<n; i++)
8    {
9         printf("%4d", p[i]); //p[i] 等价于 *(p+i)
10   }
```

注意，在这里，虽然a和p的值都是数组的首地址，但却不能像使用指针变量p那样对数组名a执行增1或减1运算。这是因为p是指针变量，其值是可以改变的，改变其值就是使其指向其他的数组元素，而数组名a是指针常量，其值是一个地址常量，是不能改变的。虽然这个地址是不能改变的，但是这个地址对应的内存单元中的值是可以改变的。

对于一维数组而言，用数组名和用指向数组的指针变量作函数实参，向被调函数传递的都是数组的首地址。无论是用数组还是指针变量作函数形参，它们接收的都是数组的首地址，都是模拟按引用调用。因此，数组形参和指针形参是可以互换使用的，在被调函数中既可通过下标运算也可通过指针运算来间接访问数组中的元素。来看下面的例子。

【例9.5】编程分别用数组和指针变量作函数参数，先输入10个整型数据，然后输出这10个整型数据。运行示例如下所示：

```
Input ten numbers:1 2 3 4 5 6 7 8 9 10↙
   1   2   3   4   5   6   7   8   9  10
```

首先，编写主函数，在调用InputArray()和OutputArray()这两个自定义函数时，需要用数组名作函数实参，将数组的首地址传给被调函数，程序如下：

```
1   #include <stdio.h>
2   int main(void)
3   {
4     int  a[10];
5     printf("Input ten numbers:");
6     InputArray(a, 10);                //用数组名作函数实参
7     OutputArray(a, 10);               //用数组名作函数实参
8   return 0;
9   }
```

然后，编写InputArray()和OutputArray()这两个自定义函数。

方法1：被调函数的形参声明为数组类型，通过下标运算访问数组元素。

```
1    void InputArray(int a[], int n);
2    void OutputArray(int a[], int n);
3    void InputArray(int a[], int n)   //形参声明为数组，输入数组元素值
4    {
```

```
5      int  i;
6      for (i=0; i<n; i++)
7      {
8          scanf("%d", &a[i]);         //通过下标运算访问数组元素
9      }
10   }
11   void OutputArray(int a[], int n) //形参声明为数组，输出数组元素值
12   {
13     int  i;
14     for (i=0; i<n; i++)
15     {
16         printf("%4d", a[i]);        //通过下标运算访问数组元素
17     }
18     printf("\n");
19   }
```

方法2：被调函数的形参声明为数组类型，通过指针运算访问数组元素。

```
1    void InputArray(int a[], int n);
2    void OutputArray(int a[], int n);
3    void InputArray(int a[], int n)   //形参声明为数组，输入数组元素值
4    {
5      int  i;
6      for (i=0; i<n; i++)
7      {
8          scanf("%d", a+i);            //a+i等价于&a[i]
9      }
10   }
11   void OutputArray(int a[], int n) //形参声明为数组，输出数组元素值
12   {
13     int  i;
14     for (i=0; i<n; i++)
15     {
16         printf("%4d", *(a+i));      //*(a+i)等价于a[i]
17     }
18     printf("\n");
19   }
```

方法3：被调函数的形参声明为指针变量，通过指针运算访问数组元素。

```
1    void InputArray(int *pa, int n);
2    void OutputArray(int *pa, int n);
3    void InputArray(int *pa, int n)   //形参声明为指针变量，输入数组元素值
4    {
5      int i;
6      for (i=0; i<n; i++, pa++)
7      {
8          scanf("%d", pa);             //通过指针运算访问数组元素
9      }
10   }
11   void OutputArray(int *pa, int n)  //形参声明为指针变量，输出数组元素值
12   {
13     int i;
14     for (i=0; i<n; i++, pa++)
15     {
16         printf("%4d", *pa);          //通过指针运算访问数组元素
17     }
18     printf("\n");
19   }
```

方法4：被调函数的形参声明为指针变量，通过下标运算访问数组元素。

```
1    void InputArray(int *pa, int n);
2    void OutputArray(int *pa, int n);
3    void InputArray(int *pa, int n)    //形参声明为指针变量，输入数组元素值
4    {
5      int i;
6      for (i=0; i<n; i++)
7      {
8          scanf("%d", &pa[i]);  //形参声明为指针变量时也可以按下标法访问数组
9      }
10   }
11   void OutputArray(int *pa, int n)  //形参声明为指针变量，输出数组元素值
12   {
13     int i;
14     for (i=0; i<n; i++)
15     {
16         printf("%4d", pa[i]);  //形参声明为指针变量时也可以按下标法访问数组
17     }
18     printf("\n");
19   }
```

虽然数组名是“指针常量”，但是由于数组作函数形参时将退化为指针，因此形参数组可以当作指针来使用。所以，方法2的程序还可以修改为

```
1    void InputArray(int a[], int n);
2    void OutputArray(int a[], int n);
3    void InputArray(int a[], int n)    //形参声明为数组，输入数组元素值
4    {
5      int  i;
6      for (i=0; i<n; i++, a++)
7      {
8           scanf("%d", a);
9      }
10   }
11   void OutputArray(int a[], int n) //形参声明为数组，输出数组元素值
12   {
13     int  i;
14     for (i=0; i<n; i++, a++)
15     {
16         printf("%4d", *a);
17     }
18     printf("\n");
19   }
```

这里，尽管形参a被声明为了数组，但是实际上它已退化为指针，即数组形参其实是被当作指针变量看待的，因此可以像使用指针变量一样执行a++运算，以改变它的值。为了验证这一点，我们可以在程序第5行或者第13行的后面插入下面的语句：

```
printf("size = %d\n", sizeof(a));
```

程序会输出什么结果呢？是输出n个数组元素所占内存的字节数4*n，还是输出存储指针所需内存的字节数4呢？显然是后者。

之所以C编译器会把形参数组名转换为指针，是因为数组形参只起到一个接收实参数组首地址的作用，形参接收实参数组首地址后，相当于形参数组与实参数组共享了内存中的一段存储空间。

【例9.6】下面的程序用于演示函数指针数组的应用。

```
1  #include <stdio.h>
2  void Fun(int x, int y, int (*f)(int, int));
3  int Max(int x, int y);
4  int Min(int x, int y);
5  int main(void)
6  {
7      int a, b;
8      scanf("%d,%d", &a, &b);
9      int (*pFun[2])(int, int) = {Max, Min}; //定义一个函数指针数组并初始化
10     Fun(a, b, pFun[0]);  //用函数指针数组元素pFun[0]即Max作函数实参
11     Fun(a, b, pFun[1]);  //用函数指针数组元素pFun[1]即Min作函数实参
12     return 0;
13 }
14 void Fun(int x, int y, int (*f)(int,int)) //函数指针变量作函数形参
15 {
16     int result = (*f)(x, y);   //调用函数指针变量f指向的函数
17     printf("%d\n", result);
18 }
19 int Max(int x, int y)
20 {
21     printf("max=");
22     return x>y ? x : y;
23 }
24 int Min(int x, int y)
25 {
26     printf("min=");
27     return x<y ? x : y;
28 }
```

这个程序实现的功能与例9.3程序实现的功能是一样的，唯一不同的是例9.3的第9行和第10行语句变成了本程序的第9～11行语句，其中第9行语句

```
int (*pFun[2])(int, int) = {Max, Min};
```

定义了一个有两个元素的函数指针数组，即一个基类型是函数指针的数组，也就是说它的两个数组元素都是函数指针，这个函数指针指向的函数应该有两个int型形参，并且返回值也是int型。第9行语句在定义函数指针数组的同时还对其中的数组元素进行了初始化，即用后面初始化列表中的两个函数名Max和Min分别对数组元素pFun[0]和pFun[1]进行了初始化。注意，这条语句中*pFun[2]两侧的圆括号是必不可少的。

第10行和第11行语句是用函数名作函数实参，向被调函数传递不同的回调函数的入口地址，从而让被调函数Fun()可以调用不同的函数，实现不同的功能。

9.5 文件指针和数据的格式化文件读写

本节主要讨论如下问题。

（1）文本文件和二进制文件有什么差别？文本文件和二进制文件各自有什么优缺点？

（2）如何理解文件指针？它在文件操作中有什么作用？

（3）C语言如何实现数据的格式化文件读写？

本节将为读者带来一碟“开胃小菜”，用文件指针来操作文件，为你的远行打开一扇门，希望你勇敢地走出去，让C语言为你插上飞翔的翅膀，在自由的天空里尽情翱翔！世界那么大，你想去看看吗？

C语言的输入输出库是标准库中最大且最重要的一部分。如何从键盘输入数据和向屏幕输出数据已在第2章介绍，从文件输入数据和向文件输出数据是另一种常见的输入输出数据的方式，本节仅介绍如何在C程序中创建数据文件，以及如何进行格式化的文件读写，字符和字符串的文件读写将在第10章介绍。

1. 文本文件和二进制文件

文本文件、二进制文件和标准输入输出流

回想一下，在前面我们编写的程序中，**从键盘读取的数据都存到哪里了呢？下一次运行这些程序还能否找到这些数据呢？**也许你已经发现了，一旦程序运行结束，就再也找不到这些数据了，每次运行程序都要重新输入数据。这是因为这些数据是保存在计算机内存中的，当程序运行结束时，内存中的数据就会丢失，这就意味着内存是无法永久保存数据的。

有没有可以长久保存数据的方法呢？这个方法就是使用文件，用文件保存键盘输入和屏幕输出的数据，将数据以文件的形式存储在硬盘、U盘、CD和DVD等外存上，以达到重复使用、永久保存数据的目的。

用内存和文件存储数据有什么不同呢？文件使用硬盘或U盘这些永久性的外存来存储数据，这样保存的数据在程序运行结束时不会丢失。程序员不必关心这些复杂的存储设备是如何存取数据的，因为操作系统已经把复杂的存取方法抽象为了**文件（File）**。所谓文件就是存储在外存（如磁盘）上的数据的集合。因此，文件也称为**磁盘文件**。将数据存储在文件里的好处就是，只要我们需要对它们进行处理，就可以随时将它们从文件中提取出来。

操作系统是以文件为单位对数据进行管理的，如果想找存在外存上的数据，必须先按文件名找到指定的文件，然后才能从该文件中读取数据。要向外存存储数据也必须先建立一个文件（以文件名标识），才能向它输出数据。文件系统最大的一个特点就是**“按名存取”**，即文件是通过文件名来识别的，因此只要指明文件名，就可读出或写入数据。只要文件不同名，就不会发生冲突。

从操作系统的角度来看，每一个与主机相连的输入输出设备都可以看作一个文件。程序运行时，常常需要将一些数据（运行的最终结果或中间数据）输出到磁盘上存放起来，以后需要时再从磁盘读到计算机的内存中。

按文件的逻辑结构分类，可将文件分为**流式文件**和**记录式文件**。流式文件的存取是以字节为单位的，输入输出的数据流的开始和结束仅受程序控制而不受物理符号（如回车/换行符）的控制，即在输出时不会自动增加回车/换行符作为一条记录结束的标志，输入时更不会以回车/换行符作为一条记录的结束。而记录式文件是由**记录（Record）**组成的。流式文件对数据的处理更为灵活。

C语言中的文件都是流式文件。在C语言中，无论一个文件的内容是什么，都是把数据看成由字节构成的序列，这个由字节构成的序列就称为**字节流**。一个C文件就是一个按输入顺序组成的字节流，不考虑每条记录的界限，即C语言中文件不是由记录组成的，这一点与Pascal或其他高级语言是不同的。

根据数据的组织形式，C文件可分为两种类型：**文本文件（Text File）**和**二进制文件（Binary File）**。**文本文件和二进制文件有什么差别呢？**其差别就在于存储数值型数据的方式是截然不同的。在二进制文件中，数值型数据是以二进制形式存储的，即把内存中的数据按其在内存中的存储形式原样存储到文件中。而在文本文件中，数值型数据的每一位数字被看作一个字符，这个字符以其ASCII码值的形式被存储，因此文本文件也称**ASCII码文件**。

例如，假设short型变量n的值为123，则变量n的值保存在二进制文件中仅需2字节，如图9-27所示。注意，在按小端次序存储数据的系统中，这2字节数据的存储顺序需要反过来。

00000000	01111011

图9-27　在二进制文件中short型变量n占2字节存储空间

将short型变量n的值123保存到文本文件中时，则需要3字节，如图9-28所示。如果n的值增加到1234，结果又会怎样呢？对二进制文件，存储1234和存储123所需的存储空间是一样的。而对文本文件，则需增加1字节来存储额外的数字4。

字符	'1'	'2'	'3'
十进制的ASCII码值	49	50	51
二进制的ASCII码值	00110001	00110010	00110011

图9-28　在文本文件中short型变量n占3字节存储空间

文本文件和二进制文件各有什么优缺点呢？

文本文件中的数据可以很方便地被其他程序（如文本编辑器、Office办公软件等）读取，而且1字节就表示一个字符，便于对字符进行逐个处理，也便于输出字符。但文本文件通常占用较大的外存空间，且在ASCII码与字符间进行转换需要花费额外的处理时间。

二进制文件中由多字节组成的字节组可以表示整数或者浮点数，二进制文件是把整数或者浮点数作为二进制数来存储的，并非每一位数字都占用单独的存储空间，因此用二进制文件保存数据可以节省外存空间和转换时间。但二进制文件中的1字节并不一定表示一个字符，不能直接输出其对应的字符形式。对比图9-27和图9-28不难发现，用二进制文件存储数据比用文本文件存储数据节省空间。

正因为文本文件和二进制文件存储数据的方式不同，所以数据必须按存入的方式读出才能恢复其本来面貌。例如，对图9-28所示的文本文件来说，若按字符型以外的其他数据类型来读取，则读出来的数据可能面目全非。所以读出的数据和写入的数据必须匹配，两者需要约定为同一种文件类型和数据类型。

此外，文本文件还具有以下两种二进制文件没有的特性。

（1）文本文件分为若干行。文本文件的每一行通常以一个或两个特殊字符结尾，特殊字符的选择与操作系统有关。在Windows操作系统中，行末的标记是回车符（'\r'）与一个紧跟其后的换行符（'\n'）。在UNIX和Macintosh操作系统（macOS）的较新版本中，行末的标记是一个单独的换行符（'\n'），旧版本的macOS使用一个单独的回车符（'\r'）。

（2）文本文件可以包含一个特殊的**文件结束符**来标记文件的结束，如图9-29所示。而二进制文件是不分行的，也没有行末标记和文件结束符，所有字节都是被平等对待的。

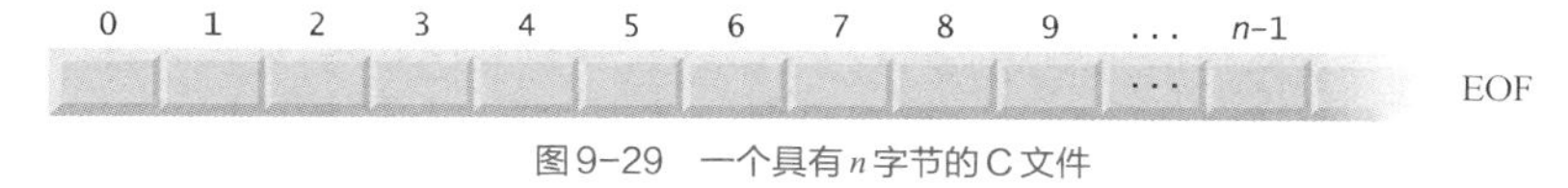

图9-29　一个具有n字节的C文件

一些操作系统允许在文本文件的末尾使用一个特殊的字节作为文件结束符。例如，在Windows操作系统中，文件结束符为'\x1a'（组合键Ctrl+Z）。该文件结束符不是必需的，但如果存在，它就标志着文件的结束，其后的所有字节都会被忽略。使用组合键Ctrl+Z的习惯继承自DOS。表9-1给出了不同的计算机系统上输入文件结束符的组合键。当用户按代表文件结束的组合键时，文件结束符被写入文件。

表9-1　不同的计算机操作系统上输入文件结束符的组合键

操作系统	组合键
Linux/macOS/OS X/UNIX	Ctrl + D
Windows	Ctrl +Z（之后按Enter键）

2. 文件指针与文件缓存

C语言中没有专门的输入输出语句，对文件的读写操作都是利用库函数实现的，ANSI C规定了标准输入输出函数，用这些标准输入输出函数来实现对文件的读写。

目前C语言所使用的磁盘文件系统有两大类：**缓冲文件系统**和**非缓冲文件系统**。一般把缓冲文件系统的输入输出称为**标准输入输出**（**标准I/O**），把非缓冲文件系统的输入输出称为**系统输入输出**（**系统I/O**）。缓冲文件系统是指系统自动在内存中为每一个正在使用的文件开辟一个**文件缓冲存储区**（简称**文件缓存**），作为程序与文件之间数据交换的媒介。而非缓冲文件系统不会自动设置文件缓存，文件缓存必须由程序员自己设置。非缓冲文件系统使用称为文件号的整数即**文件句柄**（**File Handle**）来标识文件。而缓冲文件系统则利用**文件指针**（**File Pointer**）标识文件，同时使用多个文件时，每个文件都有文件缓存，用不同的文件指针分别标识不同的文件。

非缓冲文件系统中的文件操作，称为**基本文件操作**。基本文件操作函数不是ANSI C定义的函数，而是POSIX规范定义的标准函数，所有符合POSIX规范的操作系统（主要以UNIX/Linux为主，Windows也有符合POSIX规范的编译器）都支持它们。这是系统级别的支持，直接与操作系统内核交互而不用经过库函数，效率比较高。

缓冲文件系统中的文件操作，称为**高级文件操作**。高级文件操作函数是ANSI C在stdio.h中定义的函数，它们封装了open()或close()这样低级别的文件操作函数，使用思路基本没变，但方便了许多，功能更强，并且可跨平台、可移植，可解决大多数文件操作问题。

本书只介绍高级文件操作函数。

在高级文件操作中，每打开一个文件，都会返回一个指向FILE结构体类型（在头文件stdio.h中定义）的指针，该指针用来实现对文件的访问。FILE封装了与文件处理有关的信息，如文件句柄、文件指针及文件缓存等。缓冲文件系统为每个被使用的文件在内存中开辟一个文件缓存，用来存放文件的有关信息，这些信息被保存在一个FILE结构体类型的变量中。

结构体类型将在第11章介绍。使用文件时并不需要了解FILE结构体类型定义的细节，感兴趣的读者可以在头文件stdio.h中查看它的声明。在这里，读者不妨简单地将FILE理解为一种数据类型的标识符，而将FILE*理解为一种特殊的可以用于指向文件的指针。

声明FILE结构体类型指针的一般格式为

```
FILE *文件指针名;
```

例如，下面的语句声明了一个名为fp的文件指针：

```
FILE *fp;
```

在传统的UNIX系统下，缓冲文件系统用于处理文本文件，非缓冲文件系统用于处理二进制文件。1983年ANSI C决定不再采用非缓冲文件系统，而只采用缓冲文件系统，并将其扩充为也可以处理二进制文件。那么，采用缓冲文件系统有什么好处呢？或者说为什么要设置文件缓存呢？这是因为，从磁盘驱动器读出或者写入数据都是相对较慢的操作，获得较高的I/O性能的诀窍就是使用缓存。因为缓存操作是在后台自动完成的，从缓存中读数据或向缓存中写数据几乎不花什么时间，仅在将缓存中的数据写入磁盘文件或从磁盘文件读数据到缓存时需要花点时间，一次性的批量数据移动比频繁的字节移动要快得多。

为了提高I/O性能，缓冲文件系统为每个打开的文件建立一个文件缓存。文件内容先被批量地送入文件缓存。例如，在从磁盘读数据时，先一次性从磁盘文件将数据输入文件缓存，然后从文件缓存逐个读数据到变量。也就是说，程序进行读操作时，实际上是在读文件缓存，所以速度很快。写入操作也是如此，在向磁盘写文件时，实际上是先将数据写入文件缓存，然后在适当的时候（如文件缓存满或关闭文件时）一次性批量地将数据写入文件。来自输入设备的数据也是先存入输入缓冲区，这样从输入缓冲区读数据就代替了从输入设备本身读数据，getchar()就是一个例子。

这种机制虽然很好，但也有一些副作用。例如，程序A向文件C写数据，程序B同时从文件C读数据，在这种机制下，程序B会等不来要读的数据。再如，在文件缓存中的内容还没有写入磁盘文件时，计算机就死机或掉电了，那么这些数据就不幸地都丢失了，永远也不可能找回来。

于是，C语言提供了如下用于主动"清洗"输出流（写入实际的输出设备）的函数：

```
int fflush(FILE *fp);
```

它无条件地把文件缓存内的所有数据写入物理设备。程序员可以自己决定在何时"fflush"一下。通过调用 fflush()函数，程序可以按我们所希望的频率来"清洗"文件的文件缓存。

3. 文件的打开与关闭

文件的打开与关闭

在使用文件前必须打开文件。用来打开文件的函数是fopen()，其函数原型如下：

```
FILE *fopen(const char *filename, const char *mode);
```

函数fopen()的返回值就是指向其所打开文件的FILE结构体类型的指针。函数fopen()执行失败时，将返回NULL。例如，文件在当前路径下不存在、文件已经损坏、文件的路径不正确，或者用户没有打开此文件的权限等，都可能导致文件打开失败。

为什么要返回文件指针呢？这是因为FILE结构体比较大，传回这个结构体的首地址比传回整个结构体的效率要高，而且以后在关闭文件时也要使用这个文件指针。

函数fopen()有两个形参。第1个形参filename表示文件名，可包含路径和文件名两部分，第2个形参mode表示文件打开模式（File Open Mode），如表9-2所示。各种文件打开模式的组合如表9-3所示。

表 9-2　文件打开模式

打开模式	说明
"r"	以只读模式，打开文本文件。以"r"模式打开的文件，只能读出数据，而不能向该文件写入数据。该文件必须是已经存在的，若文件不存在，则会出错
"w"	以只写模式，创建并打开文本文件，只能写入数据。以"w"模式打开文件时，若文件不存在，则新建一个文件，若文件存在，则将原文件内容覆盖
"a"	以只写模式，打开文本文件，位置指针移到文件末尾，在文件尾部添加数据，原文件数据保留（即追加模式）。用"a"打开文件时，该文件必须存在
"+"	与上面的字符串组合，表示以读写模式打开文本文件。既可向文件中写入数据，也可从文件中读出数据
"b"	与上面的字符串组合，表示打开二进制文件

表 9-3　各种文件打开模式的组合

打开模式	说明
"r+"	为更新（读/写）而打开一个已存在的文件。若文件不存在，则打开失败。若文件已存在，则保留文件原有内容
"w+"	为更新（读/写）而创建一个文件。若文件不存在，则新建一个文件，若文件已存在，则文件原有内容会被清空
"a+"	为更新（读/写）打开或创建一个文件，所有的写都在文件末尾进行，即给文件添加数据的写操作
"rb"	以二进制模式，为读操作打开一个已存在的文件
"wb"	以二进制模式，为写操作创建一个文件。若文件已存在，则丢弃其中的内容
"ab"	以二进制模式，为在文件末尾进行的写操作打开或者创建一个文件
"rb+"	以二进制模式，为更新（读/写）而打开一个已存在的文件
"wb+"	以二进制模式，为更新（读/写）而创建一个文件，若文件已存在，则丢弃其中的内容
"ab+"	以二进制模式，为更新（读/写）而打开或者创建一个文件；写操作在文件末尾进行

例如，假设已定义指针变量fp是指向FILE结构体类型的指针变量，若要以追加模式打开D盘根目

录下的文本文件test.txt，在保留文件原有内容的基础上，向其文件尾部追加数据，则用如下语句：

```
fp = fopen("D:\\project\\test.txt", "a");
```

在fopen()函数调用的文件名中含有字符\时，一定要小心。这是因为 C 语言会把字符\看作转义序列的开始标志。例如，上面这条语句若改成

```
fp = fopen("D:\project\test.txt", "a");  //文件的路径表示有误
```

那么函数调用就会失败，因为编译器会把“\t”看作转义序列。“\p”看上去像转义序列，但它不是有效的转义序列，根据C语言标准，'\p'的含义是未定义的。有两种方法可以避免这一问题。一种方法是用“\\”代替“\”。

另一种方法更简单，只要用“/”代替“\”就可以了：

```
fp = fopen("D:/project/test.txt", "a");
```

如果文件test.txt就在源程序所在的目录下，那么可以省略路径信息，直接用下面的语句来打开文件：

```
fp = fopen("test.txt", "a");
```

若要以追加模式打开D盘根目录下的二进制文件test.bin，在保留文件原有内容的基础上，向其文件尾部追加数据，则用如下语句：

```
fp = fopen("D:\\project\\test.bin", "ab");
```

文件打开模式"w"表示文件是专门为写操作而打开的。若这个文件不存在，而现在又要求为写操作而打开文件，则fopen()函数会先创建这个文件。若为写操作而打开的文件已经存在，则文件中原有的内容将全部被丢弃而不给出任何警告。

一个常见的错误是，在应该用"r+"模式打开一个文件时，若误用"w"模式打开这个文件，则将导致该文件中的内容全部丢失。如果一个文件中的内容不能被修改，则应以读模式来打开这个文件，这有助于预防对文件内容无意的修改。

需要特别注意的是，要慎用"w+"这种打开模式。因为若文件已存在，则用"w+"打开文件时，会清空原有文件。虽然"r+"不会在文件已存在时清空文件，但它在文件不存在时会出现打开失败的错误。此外，因为读写共用一个文件缓存，而每次读写都会改变文件的位置指针，这样就很容易写乱，破坏原有文件的内容，并且需要调用文件定位函数才能在读写之间转换，所以，不建议以更新（读/写）模式（"r+"、"w+"、"a+"）打开文件。

无论以何种模式打开一个文件，只要出现错误，函数fopen()都将返回NULL。因此，在函数fopen()调用结束后应该用if语句判断函数的返回值是否为NULL，来判断打开文件操作是否失败。若函数fopen()的返回值是NULL，则程序显示一条错误提示信息，然后退出程序的执行，否则程序会执行相应的文件读操作或者文件写操作。

一个程序既可以处理一个文件，也可以处理多个文件。每个文件必须有一个从fopen()函数返回的互不相同的文件指针。在一个文件被打开后，所有后续的文件操作函数都要通过其相应的文件指针来访问这个文件。

因为多数情况下，操作系统会限制同时打开的文件数，所以为了避免出现意想不到的错误（如数据丢失、影响其他文件的打开等），应及时关闭不再使用的文件。

在C语言中，函数fclose()用来关闭一个由函数fopen()或函数freopen()打开的文件，其函数原型如下：

```
int fclose(FILE *fp);
```

函数fclose()返回一个整型数据。当文件成功关闭时，返回0，否则返回EOF（在stdio.h中定义的宏）。因此，可根据函数的返回值判断文件是否关闭成功。稍后会介绍特殊的文件打开函数freopen()。

函数fclose()的参数必须是文件指针（而非文件名），此指针来自函数fopen()或函数freopen()的调用。例如，若要关闭fp指向的文本文件，则可以使用下面的语句：

```
    fclose(fp);
```

若程序中没有显式地调用fclose()函数关闭文件，则程序在退出时将自动关闭所有未关闭的文件。关闭文件能够释放其所占用的资源。由于其他用户或程序也许正在等待着使用这些资源，所以一旦明确程序不再访问一个文件，应立即关闭这个文件，不要等到程序结束时由操作系统来关闭它。

仍以打开D盘根目录下的文本文件test.txt进行文件追加操作为例，使用fopen()和fclose()进行文件操作的基本框架代码如下：

```
1   #include <stdio.h>
2   #include <stdlib.h>
3   int main(void)
4   {
5       FILE *fp;
6       fp = fopen("test.txt", "a");
7       if (fp == NULL)
8       {
9           printf("Failure to open test.txt!\n");
10          exit(0);
11      }
12      ...... //文件操作
13      fclose(fp);
14      return 0;
15  }
```

其中，第5行和第6行语句还可以合并为一条语句，即把fopen()函数调用与fp的声明结合在一起：

```
    FILE *fp = fopen("test.txt", "a");
```

或者将第6行和第7行语句合并为一条语句，即把fopen()函数调用与NULL判定结合在一起：

```
    if ((fp = fopen("test.txt", "a")) == NULL)
```

为什么要判断文件打开成功与否呢？这是因为文件并非每次都能成功地被打开。例如，当文件在当前目录下不存在、文件路径错误或者文件已经损坏时，文件打开就会失败。通过检查函数fopen()的返回值是否为NULL来判断文件是否成功打开，可以增强程序的稳健性。一般情况下，当发现文件打开失败时，可调用函数exit()终止程序的运行。

4. 标准输入输出重定向

每当一个文件被打开时，都会有一个**流**（**Stream**）与这个文件联系在一起。当程序开始执行时，下面3个流会被自动打开。

（1）**标准输入**（**Standard Input**）流，接收来自键盘的输入。

（2）**标准输出**（**Standard Output**）流，将信息输出到屏幕上。

（3）**标准错误**（**Standard Error**）流，将错误提示信息输出到屏幕上。

流提供了文件与程序之间进行信息交换的通道。例如，标准输入流使得程序能够从键盘读入数据，而标准输出流使得程序能够将数据输出到屏幕上。标准输入、标准输出和标准错误这3个流均以标准终端设备作为I/O对象，可以分别使用文件指针**stdin**、**stdout**和**stderr**来操纵它们。

在默认情况下，stdin指向终端的键盘，而stdout和stderr都指向终端的显示器屏幕。后两者的细微差异在于：输出到stdout的内容是先保存到文件缓存，然后输出到屏幕，而输出到stderr的内容是直接输出到屏幕。也就是说，操作系统进程从标准输入流中得到输入数据，将正常输出数据输出到标准输出流，而将错误提示信息输出到标准错误流。

以函数fputc()为例，它是函数putchar()的文件操作版，差别仅在于fputc()多了一个文件指针参数。如果这个文件指针参数是stdout，那么它就和putchar()完全一样了。例如，下面两条语句是等价的：

```
putchar(c);
fputc(c, stdout);
```

同理，对于函数getchar()和fgetc()也是如此，即下面两条语句也是等价的：

```
getchar();
fgetc(stdin);
```

虽然系统隐含的标准I/O文件是指终端设备，但其实标准输入和标准输出是可以重定向的，操作系统可以将它们重定向到其他文件或具有文件属性的设备，只有标准错误输出不能进行输出重定向。

输入重定向是指把命令（或可执行程序）的标准输入重定向到指定的文件中，即输入可以不来自键盘，而来自一个指定的文件。因此，输入重定向主要用于改变一个命令的输入源，特别是改变那些需要大量输入的输入源。

输出重定向是指把命令（或可执行程序）的标准输出或标准错误输出重定向到指定文件中，即该命令或程序的输出不是显示在屏幕上，而是写入指定的文件。当需要输出的信息很多或者需要保存屏幕输出信息时，将输出重定向到一个文件中，然后用文本编辑器打开这个文件查看输出信息，会很方便。

例如，可以将从终端（键盘）输入数据改成从文件读数据，将向终端（显示器）输出数据改成向文件写数据。输入重定向的好处是可以避免重复从键盘输入数据。输出重定向的好处是可以直接保存输出的数据。

一种简单的I/O重定向方式是使用命令行，即用“<”表示输入重定向，用“>”表示输出重定向。例如，假设exefile是可执行程序的文件名，执行该程序时，需要输入数据，如果要求从文件infile.txt中读取数据，而非从键盘输入数据，那么在DOS命令提示符下，只要输入

```
C:\ exefile < infile.txt
```

那么exefile的标准输入就被“<”重定向到了infile.txt，此时程序exefile将从文件infile.txt中读取数据，而不再理会从键盘输入的任何数据。再如，若输入

```
C:\ exefile > outfile.txt
```

则exefile的标准输出就被“>”重定向到了文件outfile.txt，此时程序exefile的所有输出内容都被输出到文件outfile.txt中，屏幕上不会有任何显示。

如果觉得这种命令行方式的I/O重定向不方便，那么还可以使用C语言标准库提供的函数freopen()来实现将数据重定向到文件中，其函数原型如下：

```
FILE *freopen(const char *filename, const char *mode, FILE *stream);
```

函数freopen()为已经打开的流附加一个不同的文件。若函数调用成功，则返回它的第3个参数作为文件指针，若函数因无法打开文件而调用失败，则返回NULL。

最常见的用法是把文件和一个标准流stdin、stdout或stderr相关联。例如，为了将文件outfile.txt与stdout 相关联，可以使用下面形式的freopen()函数调用语句：

```
if (freopen("outfile.txt", "w", stdout) == NULL)
{
        printf("Failure to open test.txt!\n");
        exit(0);
}
```

在关闭了先前（通过命令行重定向或者之前的freopen()函数调用）与 stdout 相关联的所有文件之后，freopen()函数将打开文件outfile.txt，并将其与stdout相关联。将文件outfile.txt与stdout关联后，就意味着其后执行的所有屏幕输出操作都改成了向文件outfile.txt输出。

【例9.7】下面的程序用于演示函数freopen()的使用，把标准输出流stdout重定向到文件test.txt，即将程序中原有的向屏幕输出改为向文件test.txt输出。

```
1   #include <stdio.h>
2   #include <stdlib.h>
3   int main(void)
4   {
```

```
5       if (freopen("test.txt", "w", stdout) == NULL)
6       {
7           printf("Failure to open test.txt!\n");
8           exit(0);
9       }
10      for (int i=0; i<10; i++)
11      {
12          printf("%d\t", i + 1);
13      }
14      fclose(stdout);
15      return 0;
16  }
```

假如没有第5～9行语句，那么运行程序后屏幕上的输出结果为

```
1  2  3  4  5  6  7  8  9  10
```

但是在加上第5～9行语句后再运行这个程序，我们会发现，屏幕上没有任何数据输出。这些数据输出到哪里了呢？我们可以在源文件所在的目录下发现一个文本文件test.txt，打开这个文本文件，我们发现原本应输出到屏幕上的数据已经悄悄被重定向输出到了这个文本文件中。而函数freopen()在这个过程中扮演了非常重要的角色，我们不妨形象地把它理解为一个“搬运工”。

那么，**函数freopen()与函数fopen()有什么区别呢？**函数freopen()通过实现标准I/O重定向功能来访问文件，而fopen()函数则通过文件I/O来访问文件。

函数freopen()在程序调试和算法竞赛中经常被使用。这是因为在程序调试或算法竞赛中，用于测试程序的数据通常需要多次输入，为了避免重复输入数据，就需要使用输入重定向。来看下面的程序。

【例9.8】下面的程序演示如何利用函数freopen()把标准输入流stdin重定向到文件input.txt，把标准输出流stdout重定向到文件output.txt。

```
1   #include <stdio.h>
2   #include <stdlib.h>
3   int main(void)
4   {
5       int a[10];
6       if (freopen("input.txt", "r", stdin) == NULL)
7       {
8           printf("Failure to open input.txt!\n");
9           exit(0);
10      }
11      if (freopen("output.txt", "w", stdout) == NULL)
12      {
13          printf("Failure to open output.txt!\n");
14          exit(0);
15      }
16      for (int i=0; i<10; i++)
17      {
18          scanf("%d", &a[i]);
19          printf("%d\t", a[i]);
20      }
21      fclose(stdin);
22      fclose(stdout);
23      return 0;
24  }
```

这个程序运行后同样在屏幕上没有任何输出，也不需要用户从键盘输入任何数据，这是因为第6行的语句利用函数freopen()把标准输入流stdin重定向到了文件input.txt，这样在用scanf()输

入时就不会从标准输入流（即键盘）读取数据，而是从input.txt文件中读取程序所需的输入数据。同理，第11行的语句是把标准输出流stdout重定向到了文件output.txt，这样在用printf()输出时就不会将数据输出到标准输出流（即屏幕），而是将数据输出到文件output.txt中，也就是说程序的输出结果需要打开文件output.txt来查看。

注意，程序调试成功后，提交到在线评测（Online Judge，OJ）平台时不要忘记把与重定向有关的语句删除。

5. 文件的格式化读写

按格式读写文件

在C语言中，函数fprintf()用于按指定格式向文件写数据，其函数原型如下：

```
int fprintf(FILE *fp, const char *format, ...);
```

其中，第1个参数为文件指针，第2个参数为格式控制参数，第3个参数为地址表。显然，fprintf()是printf()的文件操作版，二者的差别在于fprintf()多了一个FILE *类型的参数fp。如果为其提供的第1个参数是stdout，那么它就和printf()完全一样了。

例如，假设有定义

```
long  studentID;          //学号
char  studentName[10];    //姓名
```

则输出上述学号和姓名信息到文件指针fp指向的文件，可以用下面的语句：

```
fprintf(fp, "%ld %s",  studentID, studentName);
```

可以看到，函数fprintf()基本上是等价于函数printf()的，只不过fprintf()函数需要多接收一个文件指针作为实参，这个文件指针指向的文件就是数据将要被写入的目标文件。

如果将stdout作为文件指针，则fprintf()函数会将数据输出到标准输出即屏幕上。

```
fprintf(stdout, "%ld %s",  studentID, studentName);
```

进阶：按数据块读写文件

函数fscanf()用于按指定格式从文件中读数据，其函数原型如下：

```
int fscanf(FILE *fp, const char *format, ...);
```

其中，第1个参数为文件指针，第2个参数为格式控制参数，第3个参数为地址表，后两个参数和返回值与函数scanf()相同。例如：

```
fscanf(fp, "%ld %s",  &studentID, studentName);
```

不要以为fprintf()只是把数据写入磁盘文件的函数。与stdio.h中定义的其他函数一样，函数fprintf()可以用于任何输出流。事实上，函数fprintf()最常见的应用之一是向标准错误流stderr写入出错消息，和磁盘文件没有任何关系。例如：

```
fprintf(stderr, "Error: data file can't be opened.\n");
```

这条语句是向stderr写入消息以保证消息能输出到屏幕上，即使用户重定向stdout也不受影响。

缓冲文件系统提供的文件操作函数称为fopen族的函数，非缓冲文件系统提供的文件操作函数称为open族的函数。二者的区别如表9-4所示。

表9-4　fopen族的函数和open族的函数的区别

fopen族的函数	open族的函数
将很多功能从不同操作系统的范畴转移到了语言标准库的范畴，实现了以独立于实现的方式来执行文件I/O	功能一般由操作系统直接提供，在不同的操作系统上有细微差别
较适合处理文本文件，或结构单一的文件，会为了处理方便而改变一些内容	通常能直接反映文件的真实情况，因为它的操作不假定文件的任何结构
功能更强大，但效率略逊	效率较高，但功能略逊

9.6 安全编码规范

在使用指针时，需要注意以下安全编码规范。

（1）使用指针前一定要对指针进行初始化，让指针指向确定的内存单元，不要使用未初始化的指针。

（2）在使用指针前检查指针是否为空指针。

（3）不要对指向非数组对象的指针加上或减去整数。

（4）不要对不引用同一数组的两个指针执行指针相减或比较运算。

（5）避免整型数据与指针类型数据互相转换。

指针变量占内存的大小随着平台的不同而不同，强行进行整型数据与指针类型数据的互相转换，会降低程序的兼容性，在转换过程中可能引起指针高位信息的丢失。例如，语句

```
unsigned int number = (unsigned int)p;
```

在指针类型为64位、int型为32位的64位Linux系统中，转换后的数值有可能超出unsigned int型的值域，从而导致错误。

因此，当代码中出现指针和整数互转的情况时，首先考虑通过修改代码避免转换，如果必须转换，建议先将指针转换为void *，再转换为uintptr_t或intptr_t类型，以存放转换后的指针值。例如，语句

```
uintptr_t number = (uintptr_t)(void *)p;
```

使用uintptr_t类型的变量接收转换后的指针，可以避免上述错误的发生。

先转换为void *的原因是C语言标准中只规定了void *转换为intptr_t或uintptr_t的行为，任何指向void的有效指针都可以转换成intptr_t或uintptr_t类型后再转换成void指针，转换结果与原始指针相等。

注意，uintptr_t和intptr_t并不是新的数据类型。在64位的机器上，intptr_t和uintptr_t分别是long int、unsigned long int的别名；在32位的机器上，intptr_t和uintptr_t分别是int、unsigned int的别名。

在使用文件时，需要注意以下安全编码规范。

（1）使用系统I/O函数创建文件时必须显式指定合适的文件访问权限。

使用系统I/O函数open()创建文件时，如果不显式指定合适的文件访问权限，或者设置的文件访问权限不合适，则可能会允许非授权用户访问该文件，带来信息泄露、文件数据被篡改、文件被注入恶意代码等安全风险。

例如，在函数open()的参数中用S_IRWXU|S_IRWXG|S_IRWXO设置文件访问权限为“允许所有用户访问该文件并且文件可执行”，就会给代码“埋”下安全隐患。根据文件实际的应用情况设置访问权限，利用S_IWUSR|S_IRUSR指定只允许文件拥有者读写该文件，才是相对安全的。关于open()等系统I/O函数的使用，感兴趣的读者可以查阅相关参考资料。

（2）使用文件路径前必须进行规范化处理并校验。

当文件路径来自外部数据时，必须对其做合法性校验，如果不校验，可能造成系统文件被任意访问。但是禁止直接对其进行校验，正确做法是在校验之前对其进行路径规范化处理。这是因为同一个文件可以通过多种形式的路径来描述和引用（例如，路径既可以是绝对路径，也可以是相对路径或符号链接），如果不进行路径规范化处理，则潜在问题可能会绕过校验。

因此，当文件路径来自外部数据时，需先将文件路径规范化，若没有做规范化处理，攻击者就有机会通过恶意构造文件路径进行文件的越权访问。在不同的操作系统和文件系统中规范化机制可能有所不同，所以最好使用符合当前系统特性的规范化机制。例如，在Linux

下使用realpath()函数、在Windows下则使用PathCanonicalize()函数对文件路径进行规范化处理。关于如何调用这些函数对文件路径进行规范化处理，感兴趣的读者可以查阅相关参考资料。

（3）在库函数调用后，要检查其是否返回无效指针。

调用库函数打开文件有可能因文件不存在而调用失败，因此应该检查每个文件操作函数的返回值，看看是否有错误提示信息，以确保这些函数正确地执行了它们的任务。

（4）对于不再使用的文件，立即关闭它们。

在很多平台上，能够同时打开的文件数目是有限的。因此，一旦程序不再使用某个文件，请立即关闭它。

（5）使用安全的函数调用。

新标准的Annex K库提供了更安全的函数fprintf_s()和fscanf_s()。除了需要用户多指定一个指向欲操作文件的FILE结构体类型指针，fprintf_s()和fscanf_s()与printf_s()和scanf_s()基本上是相同的。若编译器标准库包含这些函数，请尽量用它们来代替fprintf()和fscanf()。与函数scanf_s()和printf_s()一样，微软公司提供的函数fprintf_s()和fscanf_s()与Annex K库提供的同名函数是有差别的。

（6）关注文件的可移植性。

由于在跨平台时二进制数据会发生改变，因此以二进制模式写入的文件往往是不可移植的。为了提高文件的可移植性，请考虑使用文本文件或者使用能够处理因跨平台而出现的二进制表示差别的函数库。

（7）使用C11提供的互斥写模式。

C11新增了对模式"w"、"w+"、"wb"和"wb+"后加x的互斥写模式的支持。在互斥写模式下，如果文件已经存在或者不能被创建，则函数fopen()的执行将失败。若能用互斥写模式成功地打开一个文件，且底层系统支持互斥文件访问（有的编译器和平台并不支持互斥写模式），则在该文件被打开的时间段内，只有你的程序能够访问它。

当使用非互斥的文件打开模式为写操作而打开一个文件时，若文件已存在，函数fopen()打开此文件并清空它的内容，且不提供在调用fopen()前文件是否存在的信息。为了确保一个已存在的文件不能被打开和清空，请使用C11提供的互斥写模式，该模式仅允许fopen()打开一个事先不存在的文件。

9.7 本章知识树

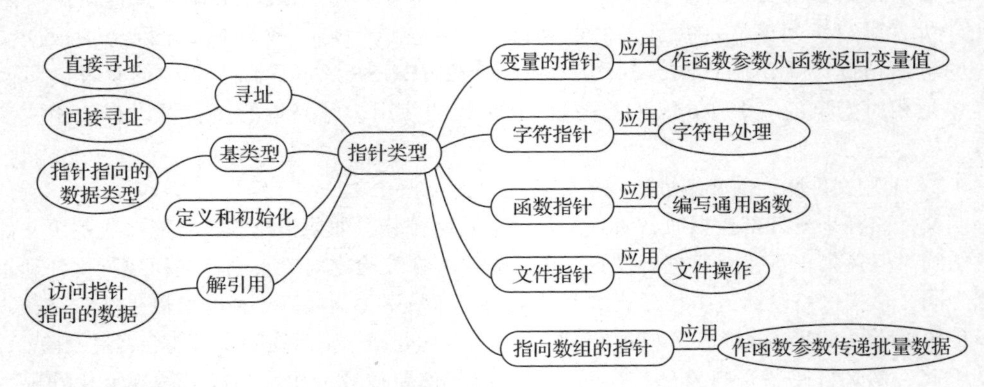

学习指南：使用指针必须恪守如下几条准则。

（1）永远清楚每个指针指向哪里，指针必须指向一块有意义的内存。

（2）永远清楚每个指针指向的对象的内容是什么。

（3）永远不要使用未初始化的指针变量。

（4）一个x型的指针指向一个x型的变量。

从本章开始，C语言的编程学习就进入“深水区”了，这个阶段的学习也许是艰难和痛苦的，无人能帮你“破茧而出”，每一次挣扎都是你成长所必经的过程，唯有坚持，方能收获稳稳的幸福！

习题9

1. **日期转换V1**。输入某年某月某日，用如下函数原型编程计算并输出它是这一年的第几天。

```
void DayofYear(int year, int month, int *pDay);
```

2. **日期转换V2**。输入某一年的第几天，用如下函数原型编程计算并输出它是这一年的第几月第几日。

```
void MonthDay(int year, int yearDay, int *pMonth, int *pDay);
```

3. **排序函数重写**。利用例9.2中的交换函数，重写第8章例8.6的代码，分别用选择排序、交换排序和冒泡排序编写排序函数。

4. **n×n矩阵的转置矩阵**。利用例9.2中的交换函数，分别按如下函数原型编程计算并输出$n \times n$矩阵的转置矩阵。其中，n由用户从键盘输入。已知n值不超过10。

```
void Transpose(int a[][N], int n);
void Transpose(int *a, int n);
```

5. **m×n矩阵的转置矩阵**。在第4题的基础上，分别按如下函数原型编程计算并输出$m \times n$矩阵的转置矩阵。其中，m和n由用户从键盘输入。已知m和n的值都不超过10。

```
void Transpose(int a[][N], int at[][M], int m, int n);
void Transpose(int *a, int *at, int m, int n);
```

6. **寻找最大值**。按如下函数原型编程从键盘输入一个m行n列的二维数组，然后计算数组中元素的最大值及其所在的行列下标。其中，m和n由用户从键盘输入。已知m和n的值都不超过10。

```
void InputArray(int *p, int m, int n);
int  FindMax(int *p, int m, int n, int *pRow, int *pCol);
```

7. **通用的排序函数**。使用函数指针作函数参数，编写一个通用的排序函数，重写第8章例8.6的代码，使其既能对卫星数据按载重量进行升序排列，也能对卫星数据按载重量进行降序排列。

指针变量作函数参数编写通用的排序函数

第10章

算法和数据结构基础——字符串和文本处理

内容导读

必学内容：字符类型与字符串，字符数组与字符指针，字符串处理函数，向函数传递字符串。

进阶内容：函数返回字符串，缓冲区溢出问题。

还记得经典老歌《冰糖葫芦》吗？“都说冰糖葫芦儿酸，酸里面它裹着甜，都说冰糖葫芦儿甜，可甜里面它透着那酸，糖葫芦好看它竹签儿穿，象征幸福和团圆，把幸福和团圆连成串……”纵使时光变迁，年华逝去，每个人的童年“记忆盒子”里几乎都有一串晶莹剔透的珍珠项链，那一件一件的童年趣事宛如那项链上一颗一颗闪闪发亮的珍珠，一如儿时曾经品尝过的那串酸酸甜甜的糖葫芦，它永远是每个人心底最柔软的回忆。

本章，我们将带领大家一起品尝C语言世界中的“冰糖葫芦”，并带大家去看“诗和远方”。

10.1 字符串的存储、表示与处理

本节主要讨论如下问题。

（1）C语言中如何表示字符串？字符串在内存中是如何存储的？

（2）如何输入输出字符串？如何计算字符串的长度？

（3）如何对字符串进行复制、连接、比较等操作？

10.1.1 字符串的存储与表示

字符串的存储与表示

1. 字符串常量

在C语言中如何表示一个**字符串常量**（**String Literal**，也称**字符串字面量**）呢？与表示字符常量不同的是，字符串常量是由一对双引号标识的字符序列。无论双引号内是否有字符，有多少字符，都代表一个字符串常量。

例如，'a'是字符常量，而"a"则是字符串常量。在内存中保存一个字符常量只需1字节，而保存一个字符串常量则需要比字符串中实际字符所占的字节数再多1字节。如图10-1所示，为便于确定

字符串的长度，C编译器会自动在字符串的末尾添加一个ASCII码值为0的空字符'\0'作为字符串结束的标志（可以不显式地在字符串中写出'\0'）。因此，字符串实际上就是由若干有效字符构成并以空字符'\0'结束的字符序列。注意，不要混淆空字符（'\0'）和零字符（'0'）。空字符的码值为0，而零字符则有不同的码值（ASCII中为48）。

'a'是字符 | a

"a"是字符串 | a | \0

空字符作为字符串的结束标志

图 10-1 字符'a'与字符串"a"的存储示意

在字符串中出现的转义序列是按单个字符计数的。例如，字符串"a\n"的长度是2，因为'\n'代表1个字符，而不是两个字符。由于字符串末尾还有一个空字符'\0'，因此，字符串"a\n"在内存中占3字节，分别存储字符'a'、'\n'和'\0'。

再如，字符串"\"I love C,\" said the student."包含两个转义序列'\"'，它表示一个双引号字符，'\"'在内存中占1字节，而不是2字节。执行语句

```
printf("\"I love C,\" said the student.");
```

的输出结果是

```
"I love C," said the student.
```

字符串也可以为空，例如，""就代表一个空字符串，但它在内存中也占1字节，因为需要存储空字符串的结束标志'\0'。虽然字符串结束标志'\0'也占1字节的内存，但它并不计入字符串的实际长度，只计入字符串占内存的字节数。

2. 用一维字符数组存储单个字符串

C语言没有提供字符串类型，而是把字符串当作字符数组来处理，对长度为*n*的字符串分配长度为*n*+1的字符数组，最后一个字符为字符串的结束标志即空字符'\0'。因此，C语言中的字符串变量实际上就是字符数组。不同于字符串常量，它可以在程序运行过程中发生改变。例如，修改字符数组中的元素就相当于修改了字符串。

存储一个字符串需要使用一维字符数组，但一个字符数组中存储的并不一定是一个字符串，除非其最后一个元素是'\0'。例如，定义一个有6个char型元素的一维数组并将其初始化为字符串"Hello"，可以用下面的声明语句：

```
char str[6] = {'H','e','l','l','o','\0'};
```

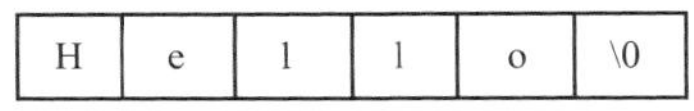

图 10-2 在指定数组长度的初始化列表中指定'\0'时的字符数组str的存储结构

其存储结构如图10-2所示。由于'\0'也占1字节，所以声明的数组长度应大于或等于字符串中包括'\0'在内的字符个数。

当显式声明数组的长度足够大时，如果没有在初始化列表中指定'\0'，即

```
char str[10] = {'H','e','l','l','o'};
```

那么编译系统会自动将后面未被初始化的数组元素都初始化为'\0'，如图10-3所示。

H	e	l	l	o	\0	\0	\0	\0	\0

图 10-3 在指定数组长度的初始化列表中未指定'\0'时的字符数组str的存储结构

如果省略对数组长度的声明，写为

```
char str[] = {'H','e','l','l','o','\0'};
```

那么编译系统会自动按照初始化列表中提供的初值个数定义数组的长度。但是在省略对数组长度声明的情况下，如果该语句的初始化列表中没有人为指定'\0'，即

```
char str[] = {'H','e','l','l','o'};
```

那么系统将声明数组str的长度为5，此时将因没有多余的空间存放编译系统在数组末尾自动添加的'\0'而使系统无法将str当作字符串来处理。所以，当省略对数组长度的声明时，必须人为地在数组的初始化列表中添加'\0'，才能将其作为字符串来使用。

将一个完整的字符串拆成一个一个的字符放到初始化列表中，是不是太麻烦了呢？对于

字符数组而言，还可以采用如下更为简单的方法来初始化，即用字符串常量初始化字符数组。例如：

```
char str[] = {"Hello"};
```

甚至还可省略花括号，直接写成：

```
char str[] = "Hello";
```

按这种方式定义和初始化数组，不必指定数组的大小，也不必担心忘记人为指定'\0'的问题，因为编译系统会根据字符串在内存中所占的字节数来确定数组的长度。由于字符串常量"Hello"的末尾字符是'\0'，因此数组的长度将自动声明为字符串中实际字符的个数加1。

如果在定义数组的时候并不确定要在数组中保存什么字符串，那么建议将数组按如下方式定义并用空字符串进行初始化：

```
#define N 10
char str[N+1] = "";
```

这样，数组str中的所有元素均为字符'\0'。但是此时不能省略数组的长度，否则数组的长度将按空字符串在内存中所占的字节数1来设定。

若字符串太长，无法写在一行中，则可将其拆分成几个小的片段写在不同的行中。例如：

```
char longString[] = "This is the first half of the string "
                    "and this is the second half.";
```

当字符串常量太长而无法放置在单独一行内用printf()输出时，只要在第一行用\结尾，那么C语言就允许在下一行延续待输出的字符串。除了（看不到的）行末尾的换行符，在同一行不可以有其他字符跟在\后面。例如：

```
        printf("How old are you? \
-- I am 18 years old.");
```

使用\的缺陷是字符串必须从下一行的起始位置书写。这破坏了程序的缩进结构。由于C语言允许编译器在两行或多行字符串相邻时（仅用空白字符分隔）把它们合并成一行字符串，因此采用下面的方法把字符串分隔放在两行或者多行中更优雅。

```
printf("How old are you?"
"-- I am 18 years old.");
```

3. 用二维字符数组存储多个字符串

若要存储多个字符串，则需要使用二维字符数组。因为二维数组在内存中是按行存储的，系统必须知道每一行的长度才能为数组分配内存单元，所以用二维字符数组存储多个字符串时，数组第一维的长度可以省略，它代表要存储的字符串的个数，但是第二维的长度不能省略，应按最长的字符串长度设定数组第二维的长度。

例如，下面的语句定义了二维字符数组weekday：

```
char weekday[][10] = {"Sunday", "Monday", "Tuesday", "Wednesday",
                      "Thursday", "Friday", "Saturday"};
```

数组weekday的第二维长度声明为10，表示每行最多可存储包含10个字符（含'\0'）的字符串。如图10-4所示，当初始化列表中提供的字符串长度小于10时，系统将其后剩余的内存单元自动初始化为'\0'。

S	u	n	d	a	y	\0	\0	\0	\0
M	o	n	d	a	y	\0	\0	\0	\0
T	u	e	s	d	a	y	\0	\0	\0
W	e	d	n	e	s	d	a	y	\0
T	h	u	r	s	d	a	y	\0	\0
F	r	i	d	a	y	\0	\0	\0	\0
S	a	t	u	r	d	a	y	\0	\0

图 10-4　二维字符数组 weekday 初始化后的结果

4. 用字符指针指向字符串

字符指针（Character Pointer）是指向字符串首地址的指针变量。将字符串在内存中的首地址赋值给字符指针即可让字符指针指向这个字符串。

（1）让字符指针指向一个字符串常量。

字符串常量本身就表示存放它的常量存储区的首地址。例如：

```
char  *pStr = "Hello"; //将保存在常量存储区中的"Hello"的首地址赋值给pStr
```

表示定义了一个字符指针变量pStr，并且将保存在常量存储区中的"Hello"的首地址赋值给pStr，即让其指向常量存储区中的字符串"Hello"。

由于字符串常量保存在只读的常量存储区，因此指针变量pStr指向的字符串内容（即pStr指向的内存单元）是不能被修改的。但是pStr是一个指针变量，它本身的值是可以被修改的，即pStr的指向是可以被修改的，既可以让pStr指向字符串常量"Hello"，也可以让它指向一个字符数组中的字符串。

例如，下面的语句对pStr指向的字符串内容进行写操作，是非法的。

```
*pStr = 'W';           //不能修改pStr指向的常量存储区中的字符，因为它是只读的
```

（2）让字符指针指向一个字符数组。

如果字符串"Hello"保存在一个字符数组中，即

```
char  str[10] = "Hello";
```

那么如下修改指针变量的操作是合法的。

```
pStr = str;          //等价于pStr = &str[0]
```

由于数组名代表数组的首地址，因此将str赋值给pStr，就表示让pStr指向数组str中的字符串"Hello"。

对于数组名str，不能使用str++操作使其指向字符串中的某个字符，因为数组名是一个地址常量，其值是不能被改变的。但pStr是一个变量，pStr的值（即pStr的指向）是可以被修改的，由于pStr指向的内存是动态存储区（当数组在函数内定义时）或静态存储区（当数组在函数外定义或者声明为static静态数组时），因此pStr所指向的字符串（即数组中存储的字符）也是可以被修改的。

例如，若要将pStr所指向的字符串中的第一个字符修改为'W'，则可使用下面的语句：

```
*ptr = 'W';            //等价于ptr[0] = 'W' ; 相当于 str[0] = 'W'
```

总之，要正确使用字符指针，必须明确字符串被保存到了哪里以及字符指针指向了哪里。

10.1.2　字符串的输入和输出

字符串的输入和输出

和其他类型的数组一样，除了可以使用下标法来访问保存在字符数组中的字符，还可以通过字符指针间接访问存放于数组中的字符。例如，若字符指针pStr指向了字符数组str的首地址，则引用字符数组中下标为i的字符str[i]时，既可使用*(str + i)，也可使用*(pStr + i)，还可通过pStr++操作即移动指针pStr使pStr指向字符串中的下一个字符。

当使用下标法访问存储在字符数组中的字符时，以下4种方法均可以实现字符串的输入输出。

1. 以 %c 格式，逐个字符输入输出

例如：

```
for (i=0; i<10; i++)
{
     scanf("%c", &str[i]);    //输入字符数组
}
for (i=0; i<10; i++)          //不推荐的字符串遍历方式
{
   printf("%c", str[i]);     //输出字符数组
}
```

由于字符串的长度与字符数组的长度并不一定是完全一样的，因此用上面这种方式输出字符数组中的字符串并不常见，更常用的方式是借助字符串结束标志'\0'来识别字符串的结束，进

而结束字符串的输出操作，即

```
for (i=0; str[i]!='\0'; i++)     //推荐的字符串遍历方式
{
    printf("%c", str[i]);        //输出字符串
}
```

该语句在输出时，依次检查数组中的元素str[i]是否为'\0'，若是，则停止输出，否则继续输出下一个字符。这种方法非常灵活，无论字符串中的字符数是已知的还是未知的，都可采用。

若使用指针法访问存储在字符数组中的字符，上面的for语句可以写为

```
for (p=str; *p!='\0'; p++)     //推荐的字符串遍历方式
{
    printf("%c", *p);          //输出字符串
}
```

与使用其他类型数组不同的是，通常不使用长度即计数控制的循环来判断数组元素是否遍历结束，而使用条件控制的循环，利用字符串结束标志'\0'判断字符串中的字符是否遍历结束。

2. 以 %s 格式，整体输入输出字符串

例如：

```
scanf("%s", str); //不能输入带空格的字符串，以空白字符作为输入的结束符
```

表示读入一个字符串，直到遇到空白字符（空格符、回车符或制表符）。而语句

```
printf("%s", str);
```

表示输出一个字符串，直到遇到字符串结束标志。

用函数scanf()按%s格式输入一个字符串时，必须注意以下几点。

（1）由于字符数组名str本身代表该数组中存放的字符串的首地址，因此数组名str的前面不必加取地址运算符。

（2）由于在字符串末尾需要添加一个字符串结束标志'\0'，因此在定义字符数组的大小时，要为字符串结束标志预留出1字节的内存单元，即定义的字符数组的长度要比字符串的实际长度多1字节。

（3）以%d格式输入数字或以%s格式输入字符串时，系统会把空格符、回车/换行符和制表符等空白字符（被作为数据的分隔符）当作数据输入的结束符，所以空格符、回车/换行符或制表符作为按%s格式输入的字符串的分隔符不能被读入，在输入中遇到这些空白字符时，系统认为字符串输入结束。因此，用函数scanf()按%s格式不能输入带空格的字符串。

3. 使用字符串处理函数 gets() 和 puts() 整体输入输出字符串

按行读写文件

例如：

```
gets(str); //能输入带空格的字符串，以换行符作为输入的结束符
puts(str); //输出字符串后还要再输出一个换行符
```

函数gets()用于获取从键盘输入的一个字符串（包括空格符），并将其保存到以实参为起始地址的内存单元中，函数的返回值为字符串的首地址。

与scanf()不同的是，函数gets()把空格符和制表符都当作字符串的一部分，因此可以输入带空格的字符串。此外，函数gets()与scanf()对换行符的处理也是不同的。gets()以换行符作为字符串结束符，同时将换行符从输入缓冲区读走，但不作为字符串的一部分。而scanf()不读走换行符，换行符仍留在输入缓冲区中。

函数puts()从实参给出的地址开始依次输出内存单元中的字符，当遇到第一个'\0'时输出结束，并且自动输出一个换行符。函数puts()输出字符串简洁方便，唯一的不足是不能像函数printf()那样在输出行中增加一些其他输出信息并控制输出的格式。

使用函数gets()和puts()时，需要在程序开始位置将头文件stdio.h包含到源文件中。

【例10.1】下面的程序用于演示函数gets()与scanf()的不同。

```
1     #include <stdio.h>
2     #define N 20
3     int main(void)
4     {
5        char c[N+1] = "";
6        printf("Input a string:\n");
7        scanf("%s", c);
8        printf("Output a string:\n");
9        printf("%s\n", c);
10       printf("Input a string:\n");
11       gets(c);
12       printf("Output a string:\n");
13       puts(c);
14       return 0;
15    }
```

第一次测试程序的结果如下：

```
Input a string:
hello world↙
Output a string:
hello
Input a string:
Output a string:
 world
```

第二次测试程序的结果如下：

```
Input a string:
hello↙
Output a string:
hello
Input a string:
Output a string:
```

第一次测试时，用户从键盘输入的字符串是一个带空格的字符串"hello world"，它被送到输入缓冲区中，scanf()从输入缓冲区中读取字符串，在遇到空白字符（这里是空格符）时读取结束，所以scanf()实际读取的字符串是"hello"，因此程序输出的字符串是"hello"，而剩余的字符串"world"被留在了输入缓冲区中。接下来，gets()读取的字符串是留在输入缓冲区中的字符串"world"，因此未让用户从键盘输入就输出了字符串"world"。

第二次测试时，用户从键盘输入的字符串是一个不带空格的字符串"hello"，它被送到输入缓冲区中，scanf()从输入缓冲区中读取字符串，在遇到空白字符（这里是换行符）时读取结束，所以scanf()读取的字符串是"hello"，程序输出的字符串也是"hello"。由于scanf()并不读走换行符，所以用户从键盘输入结束时输入的换行符'\n'仍然留在输入缓冲区中。于是后面gets()读取的字符串实际上是留在输入缓冲区中的换行符'\n'，因此未让用户从键盘输入就输出了一个换行符，即输出了一个空行。

注意，函数gets()和scanf()对输入字符串中的换行符的处理是不同的，用函数gets()读取输入字符串时，空格符和制表符都是字符串的一部分，同时函数将换行符从输入缓冲区读走，但换行符不作为字符串的一部分，而作为字符串结束符。scanf()在读取一个字符串时不读走换行符，换行符仍留在输入缓冲区中，所以在其后再输入字符型数据时，须先使用getchar()或scanf(" ")将留在输入缓冲区中的换行符读走。

因此，为了读走留在输入缓冲区中的换行符，避免其被后面的gets()作为有效字符读取，在程序第9行后面增加一条getchar()函数调用语句，程序就可以正常运行了，即程序修改为

```
1     #include <stdio.h>
2     #define N 20
3     int main(void)
4     {
5        char c[N+1] = "";
6        printf("Input a string:\n");
7        scanf("%s", c);
8        printf("Output a string:\n");
```

```
9       printf("%s\n", c);
10      getchar();    //读走前面的换行符，避免其被后面的gets()作为有效字符读取
11      printf("Input a string:\n");
12      gets(c);
13      printf("Output a string:\n");
14      puts(c);
15      return 0;
16   }
```

第一次测试程序的结果如下：

```
Input a string:
hello world↙
Output a string:
hello
Input a string:
Output a string:
world
```

第二次测试程序的结果如下：

```
Input a string:
hello↙
Output a string:
hello
Input a string:
world↙
Output a string:
world
```

4. 使用字符串处理函数 fgets() 和 fputs() 整体输入输出字符串

函数gets()不能限制用户输入的字符数，当用户输入的字符数超过数组所能容纳的字符串长度时，将出现缓冲区溢出。而函数fgets()可以限制用户输入的字符数，因此fgets()是更为安全的字符串输入函数。fgets()的函数原型如下：

```
char *fgets(char *buf, int n, FILE *fp);
```

它的功能是从fp所指的文件中读取字符串并在字符串末尾添加'\0'，然后存入buf，最多读n-1个字符。当读到回车/换行符、读到文件尾或读满n-1个字符时，函数返回该字符串的首地址，即指针buf的值。若读取失败，则返回NULL。当fp为标准输入流stdin时，可以实现从标准输入设备即键盘输入指定长度的字符串。

除了能否限定输入字符串的长度，fgets()与gets()对回车/换行符的处理也是不同的。fgets()从指定的流读字符串，读到回车/换行符时将回车/换行符也作为字符串的一部分读到字符串中。

fputs()的函数原型如下：

```
int fputs(char *buf, FILE *fp);
```

它的功能是将buf指向的字符串输出到fp所指的文件中。当fp为标准输出流stdout时，该函数可以实现向标准输出设备即屏幕输出字符串。与puts()不同的是，fputs()将字符串输出到指定的文件或流时不会在写入文件或流的字符串末尾加上回车/换行符。

【**例10.2**】最“牛”的一条微信。如果26个英文字母A～Z（不区分大小写）分别等于1～26，那么可以得到下面的计算结果。

Knowledge（知识）：K+n+o+w+l+e+d+g+e=11+14+15+23+12+5+4+7+5=96。

Workhard（努力工作）：W+o+r+k+h+a+r+d=23+15+18+11+8+1+18+4=98。

可以这样解读：知识和努力工作对我们人生的影响可以达到96%和98%。

Luck（好运）：L+u+c+k=12+21+3+11=47。

Love（爱情）：L+o+v+e=12+15+22+5=54。

看来，这些我们通常认为重要的东西却并没起到最重要的作用。那么，什么可以决定我们100%的人生呢?

是Money（金钱）吗？M+o+n+e+y=13+15+14+5+25=72，看来也不是。

是Leadership（领导能力）吗？L+e+a+d+e+r+s+h+i+p=12+5+1+4+5+18+19+9+16=89，还不是。

金钱、领导能力也不能完全决定我们的人生。那是什么呢？其实，真正能使我们人生圆满

的东西就在我们自己身上！

ATTITUDE（态度）A + T + T + I + T + U + D + E = 1 + 20 + 20 + 9 + 20 + 21 + 4 + 5 = 100。

我们对待人生的态度才能够100%地影响我们的生活！

这是2015年最“牛”的一条微信，现在请你编写程序测试上述计算结果的正确性。

问题分析：只要依次遍历字符串中的每个字符，将其中的大写或者小写字符分别转换为相应的数字并累加起来即可。

方法1：用字符数组作函数参数编写的程序代码如下。

```
1    #include <stdio.h>
2    #include <string.h>
3    int LetterSum(char str[]);
4    #define N 80
5    int main(void)
6    {
7        char a[N+1];
8        printf("Input a word:");
9        gets(a);
10       int sum = LetterSum(a);
11       if (sum != -1)
12       {
13           printf("%s=%d%%\n", a, sum);
14       }
15       else
16       {
17           printf("Input error!\n");
18       }
19       return 0;
20   }
21   //函数功能：将字符数组str中的字符串转换为英文字母对应的数字，然后累加求和并返回
22   int LetterSum(char str[])
23   {
24       int i, sum = 0;
25       for (i = 0; str[i]!='\0'; i++)
26       {
27           if (str[i] >= 'a' && str[i] <= 'z') //判断str[i]是否为小写英文字母
28           {
29               sum += str[i] - 'a' + 1;
30           }
31           else if (str[i] >= 'A' && str[i] <= 'Z') //判断str[i]是否为大写英文字母
32           {
33               sum += str[i] - 'A' + 1;
34           }
35           else
36           {
37               return -1;
38           }
39       }
40       return sum;
41   }
```

方法2：用字符指针作函数参数编写的程序代码如下。

```
1    #include <stdio.h>
2    #include <string.h>
3    #define N 80
4    int LetterSum(char *str);
5    int main(void)
```

```
6    {
7        char a[N+1];
8        printf("Input a word:");
9        gets(a);
10       int sum = LetterSum(a);
11       if (sum != -1)
12       {
13           printf("%s=%d%%\n", a, sum);
14       }
15       else
16       {
17           printf("Input error!\n");
18       }
19       return 0;
20   }
21   //函数功能：将str指向的字符串转换为英文字母对应的数字，然后累加求和并返回
22   int LetterSum(char *str)
23   {
24       int sum = 0;
25       for (; *str!='\0'; str++)
26       {
27           if (*str >= 'a' && *str <= 'z') //判断*str是否为小写英文字母
28           {
29               sum += *str - 'a' + 1;
30           }
31           else if (*str >= 'A' && *str <= 'Z') //判断*str是否为大写英文字母
32           {
33               sum += *str - 'A' + 1;
34           }
35           else
36           {
37               return -1;
38           }
39       }
40       return sum;
41   }
```

程序的运行结果示例1：

```
Input a word:money↙
money=72%
```

程序的运行结果示例2：

```
Input a word:attitude↙
attitude=100%
```

方法1和方法2程序中第27行判断小写英文字母的语句

```
if (str[i] >= 'a' && str[i] <= 'z')
if (*str >= 'a' && *str <= 'z')
```

还可以分别修改为

```
if (islower(str[i]))
if (islower(*str))
```

同理，方法1和方法2程序中第31行判断大写英文字母的语句

```
else if (str[i] >= 'A' && str[i] <= 'Z')
else if (*str >= 'A' && *str <= 'Z')
```

还可以分别修改为

```
else if (isupper(str[i]))
else if (isupper(*str))
```

这里，islower()和isupper()均为C语言提供的字符处理函数，其他常用的字符处理函数还有判断字符是否为数字字符的函数isdigit()、判断字符是否为英文字母的函数isalpha()、判断字符是否为空白字符的函数isspace()、将大写英文字母转换为小写英文字母的函数tolower()、将小写英文字母转换为大写英文字母的函数toupper()等，详见附录G。使用这些函数时，必须在程序开头包含头文件ctype.h。

例如，判断字符是否为英文字母，既可以用语句

```
if (str[i]>='a' && str[i]<='z' || str[i]>='A' && str[i]<='Z')
```

也可以用语句

```
if (isalpha(str[i]))
```

而判断字符是否为数字字符，既可以用语句

```
if (str[i] >= '0' && str[i] <= '9')
```

也可以用语句

```
if (isdigit(str[i]))
```

C语言标准库还提供了将数字字符串转换为整型或浮点型数据的函数。例如：

```
intNum = atoi(str);
```

是将数字字符串str转换为整型数据intNum。再如：

```
longNum = atol(str);
```

是将数字字符串str转换为长整型数据longNum。又如：

```
doubleNum = atof(str);
```

是将数字字符串str转换为双精度浮点型数据doubleNum。

使用这些函数时，必须在程序的开始包含头文件stdlib.h。字符串转换函数将数字字符串转换为特定的数值类型时，将忽略字符串前的空格符。函数在转换时，依次读取数字字符串中的字符并进行判断，当认为某个字符可能是转换后的数值的组成部分时，函数开始执行转换，当读到某个字符，并认为它不可能为数值的组成部分时，转换结束。

10.1.3 字符串处理函数

字符串处理函数

在C语言中，不能直接使用赋值运算符进行字符串的复制操作，也不能直接使用关系运算符进行字符串的比较操作。对字符串进行复制、连接、比较和计算长度等操作时，均应使用C语言提供的字符串处理函数。在使用这些函数时，必须在程序的开头加上文件包含编译预处理命令：

```
#include  <string.h>
```

下面对常用的字符串处理函数进行简单说明。假设已经定义了如下字符数组：

```
char str1[20] = "Hello";
char str2[10] = "China";
```

（1）计算字符串长度的函数strlen()。

计算字符串长度的函数strlen()返回的是字符串的实际长度，即不包含'\0'在内的实际字符的长度。例如，下面的语句输出的结果不是6，也不是10，而是5：

```
printf("%d", strlen(str1));  //输出不包含'\0'在内的实际字符数
```

（2）字符串复制函数strcpy()。

赋值运算符只能用于单个字符的赋值操作，不能用于字符串的复制操作。给字符串赋值只能使用函数strcpy()。例如：

```
printf("%s", str1);          //输出结果为Hello
strcpy(str1, str2);          //执行字符串复制，将字符数组str2复制给字符数组str1
printf("%s", str1);          //输出结果为China
```

执行语句strcpy(str1, str2);前的输出结果为Hello，而执行该语句后的输出结果为China。需要特别注意的是，为了避免发生缓冲区溢出问题，将字符数组str2复制给字符数组str1时，应确保

字符数组str1的大小足以容纳字符数组str2中的字符串。

由于数组名str1和str2都表示字符数组的首地址，因此不能使用下面的语句实现字符串的复制：

```
str1 = str2;                    //错误，不能执行字符串复制
```

（3）字符串连接函数strcat()。

函数strcat()用于实现字符串的连接操作。例如：

```
printf("%s", strcat(str1, str2));  //输出结果为HelloChina
printf("%s", str1);                //输出结果仍为HelloChina
```

在实现字符串的连接操作时，即将字符数组str2中的字符串添加到字符数组str1中的字符串末尾时，是从字符数组str1中的字符串结束标志'\0'的位置开始复制字符数组str2中的字符串的，即字符数组str1中的字符串结束标志'\0'将被字符数组str2的第一个字符覆盖，函数strcat()调用后返回连接后的字符串即字符数组str1的首地址。为了避免发生缓冲区溢出问题，字符数组str1应定义得足够大，以便容纳连接后的字符串。

（4）字符串比较函数strcmp()。

关系运算符（>、<、>=、<=、= =、!=）只能用于字符大小的比较，不能用于字符串大小的比较。字符串大小的比较只能使用函数strcmp()。例如，若要判断字符串str1是否大于字符串str2，不能使用语句

```
if (str1 > str2)                    //错误，不能比较字符串str1和str2的大小
```

而应使用语句

```
if (strcmp(str1, str2) > 0)      //正确，判断字符串str1是否大于str2
```

函数strcmp()进行字符串比较的方法：对两个字符串从左至右按字符的ASCII码值大小逐个比较，直到出现不同的字符或遇到'\0'。当出现第一对ASCII码值不相等的字符时，就由这两个字符决定所在字符串的大小，并返回其ASCII码值比较的结果（如差值）。因此，对字符串str1和字符串str2进行大小比较的结果分为如下3种情况。

① 当str1大于str2时，函数返回值大于0。

② 当str1等于str2时，函数返回值等于0。

③ 当str1小于str2时，函数返回值小于0。

函数strcmp()返回的正数或负数具体表示什么，与编译器有关。对于有些编译器（如Visual C++和GCC），返回值是1或-1；对于有些编译器（如Xcode的LLVM），返回值是两个字符串中首个相异字符对应的ASCII码值的差值。

如图10-5所示，字符串"computer"与"compare"进行比较时，第一对不相等的字符是'u'和'a'，'u'的ASCII码值大于'a'的ASCII码值，所以"computer"大于"compare"，因此strcmp("computer","compare")的函数返回值大于0，即if (strcmp ("computer","compare") > 0)为真。

s[i]=='\0'

c	o	m	p	a	r	e	\0				
i=0	i=1	i=2	i=3	i=4							
c	o	m	p	u	t	e	r	\0			

图10-5　字符串比较的原理示意

因为'\0'的ASCII码值为0，它是ASCII码表中ASCII码值最小的，所以若一个字符串是另一个字符串的子串，即字符串中前面的字符都相同，那么短的字符串一定小于长的字符串。例如，strcmp("Hello","Hello China") 的函数返回值小于0，表示"Hello"小于"Hello China"。

【例10.3】请编写一个字符串比较函数MyStrcmp()，要求实现输入一个密码，调用函数MyStrcmp()判断用户输入的密码是否正确，如果正确，则输出“Welcome!”，如果不正确，则输出“Sorry!”，并等待再次输入，直到用户输入正确密码。

方法1：根据图10-5所示的字符串比较原理，用字符数组作函数参数实现字符串比较函数MyStrcmp()。程序的完整实现代码如下：

```
1    #include <stdio.h>
2    int MyStrcmp(const char s[], const char t[]);
3    int main(void)
4    {
5        char password[8] = "secret", input[8];
6        while (1)
7        {
8            printf("Enter your password:");
9            gets(input);
10           if (MyStrcmp(input, password) == 0)
11           {
12               printf("Welcome!\n");
13               break;
14           }
15           else
16           {
17               printf("Sorry!\n");
18           }
19       }
20       return 0;
21   }
22   //函数功能：采用字符数组作函数参数实现字符串比较
23   int MyStrcmp(const char s[], const char t[])
24   {
25       for (int i=0; s[i] == t[i]; i++)
26       {
27          if (s[i] == '\0')  return 0; //一直比较到'\0'，所有字符都相等，则返回0
28       }
29       return  s[i] - t[i]; //返回第一对不相等的字符的ASCII码值的差值
30   }
```

方法2：用字符指针作函数参数实现字符串比较函数MyStrcmp()的代码如下：

```
23   //函数功能：采用字符指针作函数参数实现字符串比较
24   int MyStrcmp(const char *p1, const char *p2)
25   {
26       for (; *p1 == *p2; p1++, p2++)
27       {
28           if (*p1 == '\0')  return 0; //一直比较到'\0'，所有字符都相等，则返回0
29       }
30       return *p1 - *p2; //返回第一对不相等的字符的ASCII码值的差值
31   }
```

程序的运行结果如下：

```
Enter your password: Secret↙
Sorry!
Enter your password: secret↙
Welcome!
```

本例程序中，函数MyStrcmp()的数组或指针形参类型前加上了const限定符，即用const将形参声明为常量，其目的是防止形参值在函数内被修改。

由于数组或指针作函数参数属于按地址调用，因此被调函数有权限修改实参数组元素的值。假如你并不希望在被调函数中修改实参数组元素的值，那么为了防止实参数组在被调函数中被意外修改，就需要在相应的形参类型前加上限定符const。在形参类型前加上限定符const后，就可以保护相应的形参在被调函数内不被修改。此时，如果在被调函数内试图修改形参的值，那么将会产生编译错误。例如，在Code:Blocks下编译时可能提示如下编译错误信息，即对只读的内存空间进行赋值操作。

```
error:assignment of read-only location 'xx'
```

10.2 字符串的应用——编程带你去看“诗和远方”

本节主要讨论如下问题。

（1）如何向函数传递字符串？

（2）如何从函数返回字符串？

10.2.1 向函数传递字符串——从微情书到回文诗和回文对联

在介绍本节内容之前，让我们来欣赏一首微情书作品《你还在我身旁》。

瀑布的水逆流而上，
蒲公英种子从远处飘回，聚成伞的模样，
太阳从西边升起，落向东方。
子弹退回枪膛，
运动员回到起跑线上，
我交回录取通知书，忘了十年寒窗。
厨房里飘来饭菜的香，
你把我的卷子签好名字，
关掉电视，帮我把书包背上。
你还在我身旁。

向函数传递字符串

这是香港中文大学《独立时代》杂志微情书征文大赛一等奖作品。2015年中央电视台将其改编成公益广告《时光倒流》。父母陪伴我们慢慢长大，我们陪父母慢慢变老，树欲静而风不止，子欲养而亲不待，别爱得太迟！别努力太晚！我们无法穿越时空回到过去，但是我们可以把握现在。

【例10.4】假设你进入了一个科幻世界，在那里科学家们发明了一种时光穿梭机，只要能将字符串逆序，你就可以穿越到过去，让昨日重现，一如往昔。现在，请你编写这样一个字符串逆序程序。

问题分析：假如允许使用两个字符数组，那么将一个字符数组中的字符串从后往前遍历，依次取出字符串结束标志'\0'前面的每个字符放入另一个字符数组，就可以实现字符串逆序了。基于此思路实现的字符串逆序程序如下：

```
1    #include <stdio.h>
2    #include <string.h>
3    #define N 20
4    void Reverse(const char str[], char reverse[]);
5    int main(void)
6    {
7        char input[N+1], reverse[N+1];
8        gets(input);
9        Reverse(input, reverse);
10       puts(reverse);
11       return 0;
12   }
13   //函数功能：采用字符数组作函数参数实现字符串逆序
14   void Reverse(const char str[], char reverse[])
15   {
16       int i;
17       int len = strlen(str);         //计算字符数组str中的字符串的实际长度
18       for (i=0; str[i]!='\0'; i++)  //或者for (i=0; i<len; i++)
```

```
19          {
20              reverse[i] = str[len-i-1];
21          }
22          reverse[i] = '\0';    //在逆序字符串的末尾添加一个字符串结束标志
23      }
```

当从下标0开始遍历到最后一个字符的下标len-1时，str[len-i-1]表示逆序取出字符数组str中的字符，reverse[i] = str[len-i-1]表示将逆序取出的字符依次赋值给reverse数组。若当前取出的字符str[i]不是'\0'（或者i小于字符串的实际长度len），则继续执行循环体中的赋值操作，否则结束循环。在结束循环后，还需要在字符数组reverse的末尾添加'\0'以标志字符串的结束，否则程序将会在逆序的字符串后输出乱码。

假如只允许使用一个字符数组，那么可以采取另一种思路，即依次交换字符串首尾对称位置的字符，如图10-6所示。

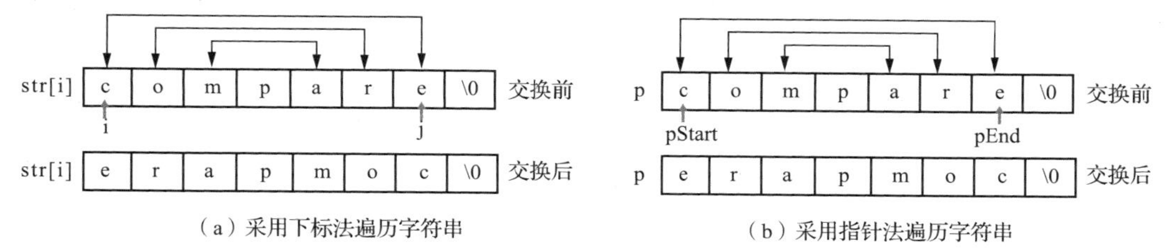

图10-6　通过交换字符串首尾对称位置的字符实现字符串逆序

基于图10-6（a）的思路，实现的字符串逆序程序如下：

```
1    #include <stdio.h>
2    #include <string.h>
3    #define N 20
4    void Reverse(char str[]);
5    int main(void)
6    {
7        char input[N+1];
8        gets(input);
9        Reverse(input);
10       puts(input);
11       return 0;
12   }
13   //函数功能：采用字符数组作函数参数实现字符串逆序
14   void Reverse(char str[])
15   {
16       int  len, i, j;
17       char temp;
18       len = strlen(str);
19       for (i=0, j=len-1; i<j; i++, j--)
20       {
21           temp = str[i];
22           str[i] = str[j];
23           str[j] = temp;
24       }
25   }
```

基于图10-6（b）的思路，实现的字符串逆序程序如下：

```
1    #include <stdio.h>
2    #include <string.h>
3    #define N 20
4    void Reverse(char *p);
5    int main(void)
```

```
6    {
7        char input[N+1];
8        gets(input);
9        Reverse(input);
10       puts(input);
11       return 0;
12   }
13   //函数功能：采用字符指针作函数参数实现字符串逆序
14   void Reverse(char *p)
15   {
16       int  len;
17       char temp, *pStart, *pEnd;
18       len = strlen(p);
19       for(pStart=p, pEnd=p+len-1; pStart<pEnd; pStart++, pEnd--)
20        {
21           temp = *pStart;
22           *pStart = *pEnd;
23           *pEnd = temp;
24       }
25   }
```

程序的运行结果如下：

```
compare↙
erapmoc
```

【例10.5】所谓回文诗就是正读和倒读皆成章句的诗。北宋大文豪苏轼就曾写过一首令人拍案叫绝的回文诗。顺读这首诗，读者仿佛看到了从月夜景色到江天破晓的画面；而反过来读，仿佛是一幅从黎明晓日到渔舟唱晚的画卷。

潮随暗浪雪山倾，远浦渔舟钓月明。
桥对寺门松径小，槛当泉眼石波清。
迢迢绿树江天晓，霭霭红霞晚日晴。
遥望四边云接水，碧峰千点数鸥轻。

轻鸥数点千峰碧，水接云边四望遥。
晴日晚霞红霭霭，晓天江树绿迢迢。
清波石眼泉当槛，小径松门寺对桥。
明月钓舟渔浦远，倾山雪浪暗随潮。

除了回文诗外，回文对联也是中华传统诗歌“百花园”中的一朵“奇葩”。例如，楼望海海望楼，水连天天连水；响水池中池水响，黄金谷里谷金黄；洞帘水挂水帘洞，山果花开花果山；等等。此外，还有数学中的回文数字（如123321、12321），英语中的回文词（如dad、mum、noon、eye）。回文的一个共同特点就是，无论是从前往后读，还是从后往前读，语义都成立。

现在，请你编程从键盘任意输入一个字符串，判断这个字符串是否为回文字符串。如果是，则输出“Yes”，否则输出“No”。

问题分析：根据题意，回文字符串是正读和倒读语义保持不变的字符串，因此我们可以借鉴字符串逆序的原理，只不过不是依次交换字符串首尾对称位置的字符，而是依次检查字符串首尾对称位置的字符是否相等，如果都相等，则该字符串是回文字符串，只要有一对对称位置的字符不相等，它就不是回文字符串。

基于这一思路编写的程序如下：

```
1    #include <stdio.h>
2    #include <string.h>
3    #include <stdbool.h>
4    #define N 80
5    bool IsPalindrome(const char str[]);
6    int main(void)
7    {
8        char a[N];
9        printf("Input a string:");
```

```
10        gets(a);
11        if (IsPalindrome(a))
12        {
13            printf("Yes\n");
14        }
15        else
16        {
17            printf("No\n");
18        }
19        return 0;
20    }
21    //函数功能：判断是否为回文字符串
22    bool IsPalindrome(const char str[])
23    {
24        int i, j;
25        for (i=0, j=strlen(str)-1; i<j; i++, j--)
26        {
27            if (str[i] != str[j])
28            {
29                return false;
30            }
31        }
32        return true;
33    }
```

另一种思路是，先将字符串逆序，然后将逆序后的字符串与逆序前的字符串比较大小，如果二者相等，则表示它是回文字符串。基于这种思路实现的代码如下（由于主函数不变，所以这里省略了主函数，字符串逆序函数复用例10.4中的函数Reverse()）：

```
1     void Reverse(const char str[], char reverse[]);
2     //函数功能：判断是否为回文字符串
3     bool IsPalindrome(const char str[])
4     {
5         char rev[N];
6         Reverse(str, rev);
7         return strcmp(str, rev)==0 ? true : false;
8     }
9     //函数功能：采用字符数组作函数参数实现字符串逆序
10    void Reverse(const char str[], char reverse[])
11    {
12        int i;
13        int len = strlen(str);          //计算字符数组str中的字符串的实际长度
14        for (i=0; str[i]!='\0'; i++)
15        {
16            reverse[i] = str[len-i-1];
17        }
18        reverse[i] = '\0';    //在逆序字符串的末尾添加一个字符串结束标志
19    }
```

该程序代码还可以写为

```
1     void Reverse(char str[]);
2     //函数功能：判断是否为回文字符串
3     bool IsPalindrome(const char str[])
4     {
5         char rev[N];
6         strcpy(rev, str);
7         Reverse(rev);
8         return strcmp(str, rev)==0 ? true : false;
```

```
9     }
10    //函数功能：采用字符数组作函数参数实现字符串逆序
11    void Reverse(char str[])
12    {
13        int   len, i, j;
14        char  temp;
15        len = strlen(str);
16        for (i=0, j=len-1; i<j; i++, j--)
17        {
18            temp = str[i];
19            str[i] = str[j];
20            str[j] = temp;
21        }
22    }
```

第一次测试程序的结果如下：

```
Input a string:noon↙
Yes
```

第二次测试程序的结果如下：

```
Input a string:noun↙
No
```


10.2.2 从函数返回字符串——破解藏头诗

从函数返回字符串

函数之间的信息交换是通过函数参数和返回值来实现的。字符数组或字符指针作函数参数通过模拟按引用传参，即让形参和实参共享内存，实现了既可以向函数传递一个字符串，也可以从函数返回一个被修改了的字符串。如何通过函数返回值返回一个字符串呢？在C语言中，字符数组不能作为函数的返回值，但是字符指针可以作为函数的返回值。

定义返回值为指针类型的函数与定义返回值为其他类型的函数的方式基本相同，唯一不同的是函数名前多了一个*。以字符串处理函数strcat()为例，它的函数原型如下：

```
char *strcat(char *dstStr, const char *srcStr);
```

因为( )具有最高的优先级，所以函数名strcat首先与( )结合，表示strcat()是一个有两个形参的函数，其返回值类型是char*，表示该函数将返回一个字符指针。

试想一下，假设将*strcat用圆括号标识，即

```
char (*strcat)(char *dstStr, const char *srcStr);
```

那么它表示什么呢？如9.3节所述，由于*strcat两侧的圆括号将*和strcat先结合，因此它表示strcat是一个指针变量，该指针变量可以指向一个返回值为char型的函数。

【例10.6】藏头诗是一种非常特殊的诗歌。藏头诗有3种形式，最常见的一种形式是，将每一句的第一个字连起来读，可读出作者的某种特有的思想。例如，柳宗元的《江雪》就是一首藏头诗，“千山鸟飞绝，万径人踪灭。孤舟蓑笠翁，独钓寒江雪”，描绘的是在一个大雪纷飞的日子里，一位穿戴蓑笠的老翁独钓于寒江的场景。藏头诗也很受老百姓的青睐，有很多名不见经传但朗朗上口的藏头诗。例如：

一叶轻舟向东流
帆梢轻握杨柳手
风纤碧波微起舞
顺水任从雅客悠

现在，请你编程来破解用户从键盘输入的一首4句藏头诗。

问题分析：首先解决如何保存这4句藏头诗的问题，因为每一句诗都可以看成一个字符串，

4句诗就相当于4个字符串，所以需要定义一个二维字符数组来保存这4句藏头诗；其次，解决如何从每一句诗中取出第一个字的问题。如图10-7所示，由于汉字通常占2字节，所以针对每一个字符串需要从头开始连续取出两个相邻的字节，依次保存到一个一维字符数组中，最后输出的这个字符数组中的字符串就是藏头诗的破解结果。

	s[0][0] s[0][1]	s[0][2] s[0][3]	s[0][4] s[0][5]	s[0][6] s[0][7]	s[0][8] s[0][9]	s[0][10] s[0][11]	s[0][12] s[0][13]
t[0] t[1]	一	叶	轻	舟	向	东	流
	s[1][0] s[1][1]	s[1][2] s[1][3]	s[1][4] s[1][5]	s[1][6] s[1][7]	s[1][8] s[1][9]	s[1][10] s[1][11]	s[1][12] s[1][13]
t[2] t[3]	帆	梢	轻	握	杨	柳	手
	s[2][0] s[2][1]	s[2][2] s[2][3]	s[2][4] s[2][5]	s[2][6] s[2][7]	s[2][8] s[2][9]	s[2][10] s[2][11]	s[2][12] s[2][13]
t[4] t[5]	风	纤	碧	波	微	起	舞
	s[3][0] s[3][1]	s[3][2] s[3][3]	s[3][4] s[3][5]	s[3][6] s[3][7]	s[3][8] s[3][9]	s[3][10] s[3][11]	s[3][12] s[3][13]
t[6] t[7]	顺	水	任	从	雅	客	悠

图10-7　破解藏头诗的原理

方法1：编写用数组作函数参数且返回值为void类型的函数GetFirst()。程序如下：

```
1    #include <stdio.h>
2    #define N 20
3    void GetFirst(char s[][N], char t[]);
4    int main(void)
5    {
6        int i;
7        char s[4][N], t[N];
8        printf("请输入藏头诗：\n");
9        for (i=0; i<4; i++)
10       {
11           scanf("%s", s[i]);
12       }
13       GetFirst(s, t);
14       puts(t);
15       return 0;
16   }
17   //函数功能：破解二维字符数组中的藏头诗，将结果保存于字符数组t中
18   void GetFirst(char s[][N], char t[])
19   {
20       int i;
21       for (i=0; i<4; i++)
22       {
23           t[2*i] = s[i][0];
24           t[2*i+1] = s[i][1];
25       }
26       t[2*i] = '\0';
27   }
```

方法2：编写用数组作函数参数且返回值为char *类型的函数GetFirst()。程序如下：

```
1    #include <stdio.h>
2    #define N 20
3    char *GetFirst(char s[][N], char t[]);
4    int main(void)
5    {
6       int i;
7       char s[4][N], t[N];
8       printf("请输入藏头诗：\n");
9       for (i=0; i<4; i++)
10      {
11         scanf("%s", s[i]);
12      }
13      GetFirst(s, t);
14      puts(t);
15      return 0;
```

```
16   }
17   //函数功能：破解二维字符数组中的藏头诗，将结果保存于字符数组t中，并返回指向数组t的字符指针
18   char *GetFirst(char s[][N], char t[])
19   {
20       int i;
21       for (i=0; i<4; i++)
22       {
23           t[2*i] = s[i][0];
24           t[2*i+1] = s[i][1];
25       }
26       t[2*i] = '\0';
27       return t;
28   }
```

程序的运行结果如下：

```
请输入藏头诗：
一叶轻舟向东流↙
帆梢轻握杨柳手↙
风纤碧波微起舞↙
顺水任从雅客悠↙
一帆风顺
```

C语言中的许多字符串处理函数都是有返回值的。以字符串连接函数strcat()为例，这个函数返回的是一个字符指针，指向连接后的字符串的首地址。为什么要这样设计字符串处理函数呢？这样设计的主要目的是提高使用时的灵活性，如支持表达式的链式表达、方便级联操作等。例如，我们可以将语句

```
strcat(str1, str2);
len = strlen(str1);
```

直接写成

```
len = strlen(strcat(str1, str2));
```

再如，我们可将语句

```
strcat(str2, str3);
strcat(str1, str2);
```

直接写成

```
strcat(str1, strcat(str2, str3));
```

10.2.3 错误实例分析

错误实例分析
——字符串连接

【例10.7】下面的字符串连接程序存在错误，请分析错误的原因。

```
1    #include <stdio.h>
2    #include <string.h>
3    char *MyStrcat(char *dest, char *source);
4    int main(void)
5    {
6        char *first = "Hello";
7        char *second = "xWorld";
8        char *result;
9        result = MyStrcat(first, second);
10       printf("The result is:%s\n", result);
11       return 0;
12   }
13   //函数功能：将源字符串source连接到目标字符串dest的后面
14   char *MyStrcat(char *dest, char *source)
```

```
15   {
16       for (int i=0; i<strlen(source)+1; i++)
17       {
18           *(dest + strlen(dest) + i) = *(source + i);
19       }
20       return dest;
21   }
```

【错误分析】在Code::Blocks下运行程序，程序会异常终止，出现图10-8所示的提示。出现该对话框，往往是非法内存访问导致的。

图10-8　程序异常终止时弹出的对话框

所谓非法内存访问就是程序访问了不该访问的内存，例如，对只读存储区不能进行写操作。如果操作系统支持只读存储区，那么字符串常量（如本例中的"Hello"）通常存储在只读存储区。本例程序异常终止的原因就是程序第6行声明了一个指向只读存储区的指针变量first，即指针变量first指向了只读存储区中的字符串"Hello"，而函数调用时将实参传给函数MyStrcat()的形参dest后，函数MyStrcat()对形参指针dest指向的内存进行了写操作，而这块内存是只读的，是不允许进行写操作的。因此，在函数MyStrcat()中，对其进行写操作被视为非法。

如果将第6行的语句修改为

```
    char first[12] = "Hello";      //字符串"Hello"后面的7字节被初始化为'\0'
```

那么非法内存访问的错误提示信息就会消失，但是程序的运行结果仍然是错误的，只输出了"Hellox"，并未实现字符串连接。这个错误的原因在于函数MyStrcat()。

在第18行语句：

```
    *(dest + strlen(dest) + i) = *(source+i);
```

中，如果strlen(dest)的值始终是定值，那么它是可以实现字符串的连接的。然而，在字符串连接的过程中目标字符串的长度发生了变化。如图10-9所示，第1次循环时，源字符串的第1个字符'x'被复制到目标字符串末尾以后，目标字符串的长度由原来的5变成了6；在第2次循环时，由于strlen(dest)和i的值均增加了1，因此执行第18行的赋值语句，相当于将目标地址连续后移2字节，再向其复制字符'W'，被跳过的字节所在的内存单元存储的又恰恰是数组初始化时的值'\0'，尽管后续循环在'\0'后也复制了字符串"World"，但是这个被跳过的字符'\0'将目标字符串提前结束，按%s格式输出该字符串时，遇到字符串结束标志，输出就终止了，从而导致后面添加的字符均未被读出，即实际输出的字符串是"Hellox"，而不是"HelloxWorld"。

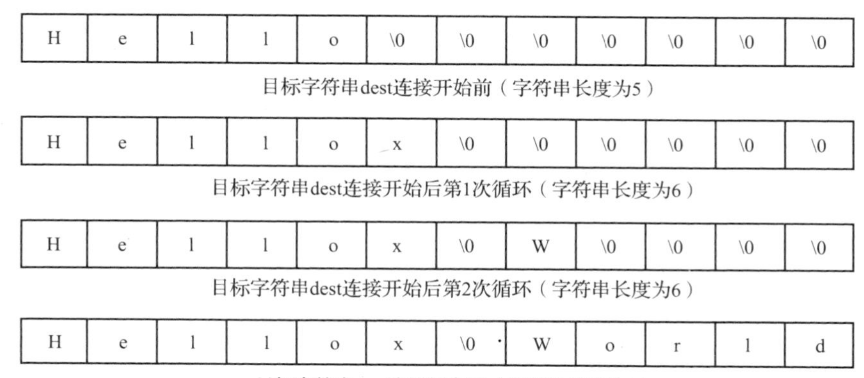

图10-9　例10.7程序中字符串连接过程示意

为了验证上述分析结果，可在主函数中增加以%c格式输出字符的语句，程序如下：

```
1    #include <stdio.h>
2    #include <string.h>
3    char *MyStrcat(char *dest, char *source);
4    int main(void)
5    {
6        char        first[12] = "Hello";
7        char        *second = "xWorld";
8        char        *result;
9        result = MyStrcat(first, second);
10       for (int i=0; i<12; i++)
11       {
12           printf("%c", *(result + i));
13       }
14       printf("\n");
15       printf("The result is:%s\n", result);
16       return 0;
17   }
18   //函数功能：将源字符串source连接到目标字符串dest的后面
19   char *MyStrcat(char *dest, char *source)
20   {
21       for (int i=0; i<strlen(source)+1; i++)
22       {
23           *(dest + strlen(dest) + i) = *(source + i);
24       }
25       return dest;
26   }
```

要得到正确的运行结果，只要将strlen(dest)的计算移到for循环的前面并存于变量destLen中，这样，在for循环中使用的字符串长度就是定值了。程序如下：

```
1    #include <stdio.h>
2    #include <string.h>
3    char *MyStrcat(char *dest, char *source);
4    int main(void)
5    {
6        char  first[12] = "Hello";
7        char  *second = "xWorld";
8        char  *result;
9        result = MyStrcat(first, second);
10       printf("The result is:%s\n", result);
11       return 0;
12   }
13   //函数功能：将源字符串source连接到目标字符串dest的后面
14   char *MyStrcat(char *dest, char *source)
15   {
16       int destLen = strlen(dest);
17       for (int i=0; i<strlen(source)+1; i++)
18       {
19           *(dest + destLen + i) = *(source + i);
20       }
21       return dest;
22   }
```

程序的运行结果如下：

```
The result is:HelloxWorld
```

函数MyStrcat()还可以写为下面的完全用指针实现的形式：

```
1   //函数功能：将源字符串source连接到目标字符串dest的后面
2   char *MyStrcat(char *dest, char *source)
3   {
4       char *pStr = dest;    //保存目标字符串dest的首地址
5       //将指针移到目标字符串dest的末尾
6       while (*dest != '\0')
7       {
8           dest++;
9       }
10      //将源字符串srcStr复制到目标字符串dest的后面
11      for(; *source!='\0'; dest++, source++)
12      {
13          *dest = *source;
14      }
15      *dest = '\0';        //在连接后的字符串的末尾添加字符串结束标志
16      return pStr;         //返回连接后的目标字符串dest的首地址
17  }
```

程序第6～9行利用一个while循环将字符指针dest移到目标字符串的末尾（找到'\0'为止）。这个操作如图10-10（a）和图10-10（b）所示。程序第11～14行用一个for循环依次将字符指针source指向的字符复制到字符指针dest指向的内存单元，因字符指针dest开始指向的内存单元是目标字符串的末尾，如图10-10（c）所示，所以源字符串被添加到目标字符串的末尾。当dest移动到指向源字符串的末尾（相应内存单元中的字符为'\0'）时，表示源字符串已经结束，循环终止。因字符串连接过程中并未复制字符串结束标志'\0'，所以要在循环结束后的第15行执行在目标字符串末尾添加'\0'的操作，如图10-10（d）所示。

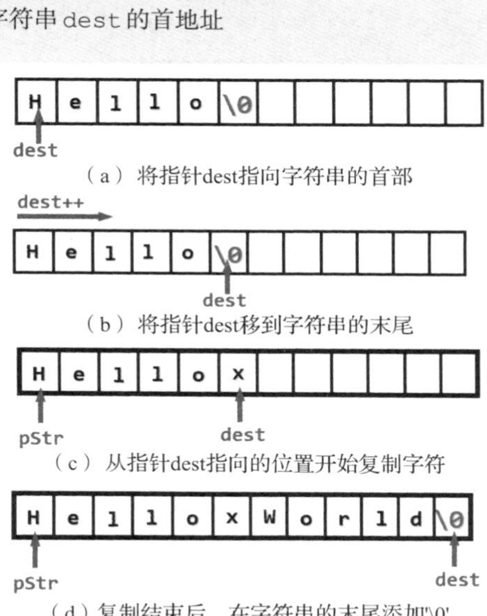

图10-10　字符串连接过程示意

10.3　指针数组及其应用

本节主要讨论如下问题。

（1）如何理解指针和二维数组之间的关系？

（2）何为指针数组？指针数组和指向数组的指针有什么不同？

（3）字符指针数组在字符串处理中有什么用途？

10.3.1　指针和二维数组间的关系——以扑克牌为例

指针和二维数组间的关系

1. 二维数组的行地址和列地址的概念

不同于一维数组，由于C语言中的二维数组逻辑存储结构的特殊性，即它在内存中是按行存储的，因此对于二维数组，有两个地址的概念，一个是行地址，另一个是列地址。

例如，假如有下面的定义：

```
char  a[2][3];
```

这个二维的字符数组有两行，表示它可以用于保存两个字符串，每一行有3列，表示每一行的字符串可以保存两个字符（因为字符串结束标志'\0'也占1字节的内存）。其逻辑存储结构如图10-11所示。

	第0列	第1列	第2列
第0行	a[0][0]	a[0][1]	a[0][2]
第1行	a[1][0]	a[1][1]	a[1][2]

图 10-11　二维数组 a 的逻辑存储结构

我们可以用如下两种方式来理解二维数组。

（1）把二维数组当作“数组的数组”来理解。

为了便于理解，我们不妨把这个二维数组看成一栋有两层的宿舍楼，宿舍楼的每一层有3个寝室，假设楼层和寝室的编号都是从0开始的，于是楼层的编号可看成“行地址”，寝室的编号可看成“列地址”。具体可按图10-12（a）来理解二维数组的行地址和列地址的概念。

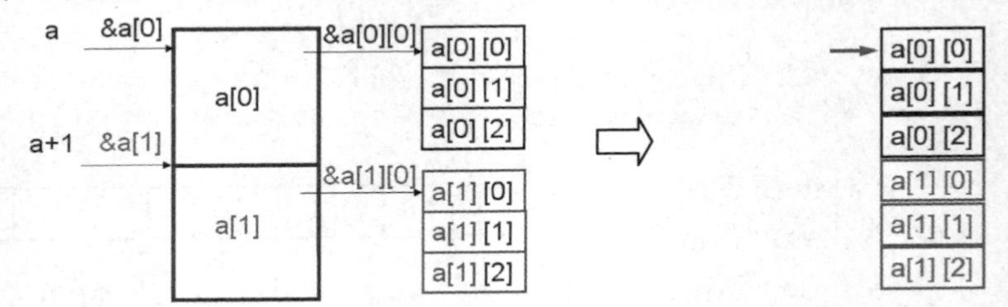

（a）把二维数组当作“数组的数组”来理解　　（b）把二维数组当作“一维数组”来理解

图 10-12　二维数组的两种理解方式

一方面，可将二维数组a看成“由a[0]、a[1]这2个元素构成的一维数组”，相当于把a看成一栋有两层的宿舍楼。为了理解方便，这里不妨把a[0]和a[1]看成数组a的两个“char [3]”型的数组元素。

根据一维数组与指针的关系（&a[i]等价于a+i，a[i]等价于*(a+i)），不难推出，数组名a等价于&a[0]，表示a是这个“一维数组”的首地址，即“char [3]”型元素a[0]的地址&a[0]，它也是二维数组第0行的地址。

同理，a+1等价于&a[1]，即二维数组第1行的地址。而*(a+0)即*a表示取出地址为&a[0]的内存单元中的内容即a[0]，*(a+1)则表示取出地址为&a[1]的内存单元中的内容即a[1]。

另一方面，a[0]和a[1]也可分别看成一个一维数组，即一个“由3个char型元素构成的一维数组”，相当于宿舍楼的每一层都有3个寝室。

例如，a[0]可看成“由a[0][0]、a[0][1]和a[0][2]这3个char型元素构成的一维数组”。从行的角度来看，a[0]是一个“char [3]”型的数组元素，从列的角度来看，a[0]则是一个char型一维数组的数组名。数组名a[0]代表a[0][0] 的地址，即二维数组第0行第0列的地址，也就是说a[0]等价于&a[0][0]。a[0]+1代表a[0][1]的地址（&a[0][1]），a[0]+2代表a[0][2]的地址（&a[0][2]），对其进行解引用的结果就是取出相应内存单元中的内容。例如，*(a[0]+0)就是a[0][0]，*(a[0]+1)就是a[0][1]，*(a[0]+2)就是a[0][2]。

同理，a[1]可看成“由a[1][0]、a[1][1]和a[1][2]这3个元素构成的一维数组”，数组名a[1]代表a[1][0]的地址，即二维数组第1行第0列的地址，也就是说a[1]等价于&a[1][0]，a[1]+1代表a[1][1]的地址（&a[1][1]），依此类推。

需要注意的是，a+1和a[0]+1中的数字1并不都代表1字节。a+1中的1代表“有3个char型元素的一维数组a[0]”所占内存的字节数，即二维数组的一行所占的内存字节数：3*sizeof(char)。从a到a+1就好比是从宿舍楼的第0层上到第1层，要越过第0层的3个寝室才能到达第1层。

而a[0]+1中的1则代表一个char型元素所占的内存字节数，即二维数组的一列所占内存的字节数：1*sizeof(char)。从a[0]到a[0]+1好比是从宿舍楼第0层的“寝室0”走到“寝室1”。

根据上述分析可得出以下结论。

① a可看成“由a[0]、a[1]构成的一维数组”的数组名，a[i]即*(a+i)可看成这个“一维数

组”的下标为i的元素。

② a[i]即*(a+i)又可看成“由a[i][0]、a[i][1] 和a[i][2]构成的一维数组”的数组名，代表这个“一维数组”中下标为0的元素a[i][0]的地址，即&a[i][0]。

③ a[i]+j即*(a+i)+j代表这个“一维数组”中下标为j的元素a[i][j]的地址，即&a[i][j]；

④ 对a[i]+j即*(a+i)+j进行解引用的结果*(a[i]+j)即*(*(a+i)+j)，代表这个地址所在内存中的内容，即a[i][j]。

综上，可得到如下4种表示a[i][j]的等价形式：

```
a[i][j]  ⟷  *(*(a+i)+j)  ⟷  *(a[i]+j)  ⟷  (*(a+i))[j]
```

如果将二维数组的数组名a看成一个行地址（第0行的地址），则a+i代表二维数组a的第i行的地址，*(a+i)即a[i]可看成一个列地址，即第i行第0列的地址。行地址a每次加1，表示指向下一行，而列地址a[i]每次加1，表示指向下一列。

((a+i)+j)其实就是用移动指针的方法来访问a[i][j]。这就好比是，要想进入第i层的第j个寝室，必须先从第0层上到第i层，然后在第i层中从“寝室0”开始找，直到找到“寝室j”。

（2）把二维数组当作“一维数组”来理解。

如图10-12（b）所示，我们还可以把2行3列的二维数组看成一个有2×3个元素的一维数组，即按二维数组在内存中的实际存储方式来理解这个数组。

为了便于对比上面两种二维数组的理解方式，不妨以扑克牌来进行类比。

众所周知，一副扑克牌有4种花色（Suit），每种花色有13个牌面（Face），总计有13×4=52张。现在，我们以两种方法将其摆放在桌面上，一种是将扑克牌按花色分成4摞摆放在桌面上，每一摞有13张，按牌面顺序排列，如图10-13（a）所示；另一种是将4摞扑克牌按顺序排成1摞摆放在桌面上，如图10-13（b）所示。前者相当于把扑克牌看成有4行、13列的二维数组，花色和牌面分别对应二维数组的行和列，后者相当于把它看成有52个元素的一维数组。如何在其中寻找一张特定花色和牌面的扑克牌呢?

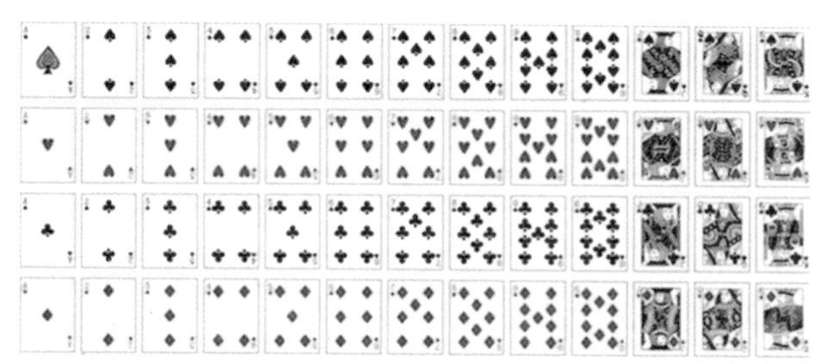

（a）把扑克牌看成二维数组

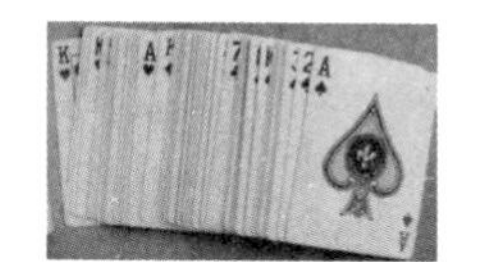

（b）把扑克牌看成一维数组

图 10-13　用扑克牌来对比二维数组的理解方式

对于第一种摆放方法，可以先根据花色找到这张牌在哪一摞（相当于使用二维数组的行地址先找到数组元素所在的行），然后在这一摞中一张一张地查找牌面（相当于将二维数组的行地址转换为列地址查找数组元素所在的列）。

对于第二种摆放方法，相当于将这个二维数组看成一个一维数组，不区分花色和牌面，就按它们实际摆放的顺序一张一张地查找，直到找到具有某个花色和牌面的扑克牌。

正因为二维数组有行地址和列地址之分，所以指向二维数组的指针也有行指针和列指针之分。

2. 二维数组的列指针的定义和初始化

对于图10-12所示的二维数组a，由于可将其看成一个“有2×3个char型元素的一维数组”，而这个“一维数组”的基类型是char型，所以可定义一个基类型同样为char型的指针变量来指向它，即

```
char  *p;    //列指针，基类型是char型
```

这个变量定义语句只是定义了一个可以指向二维字符数组的**列指针**，在未对其进行初始化时，并不知道其指向哪里。

如何对指向二维数组的列指针进行初始化使其指向二维字符数组呢?

由于必须用“与指针基类型同类型”的变量的地址对指针变量进行初始化，而二维数组第0行第0列的元素a[0][0]的类型是char，因此可用&a[0][0]即a[0]或*a对指针变量p进行初始化，即可用以下3种等价的方式对其进行初始化。

```
p = a[0];  ⟷  p = *a;   ⟷   p = &a[0][0];
```

假设数组有m行n列，如图10-14所示，由于p代表数组的第0行第0列的地址，而从数组的第0行第0列寻址到数组的第i行第j列，中间需跳过i*n+j个元素（i*n+j为第i行第j列的元素相对于数组首地址的偏移量），因此，p+i*n+j代表数组的第i行第j列的地址，即&a[i][j]，而对p+i*n+j进行解引用的结果*(p+i*n+j)（等价于p[i*n+j]）就是取出地址p+i*n+j中的内容，即a[i][j]。

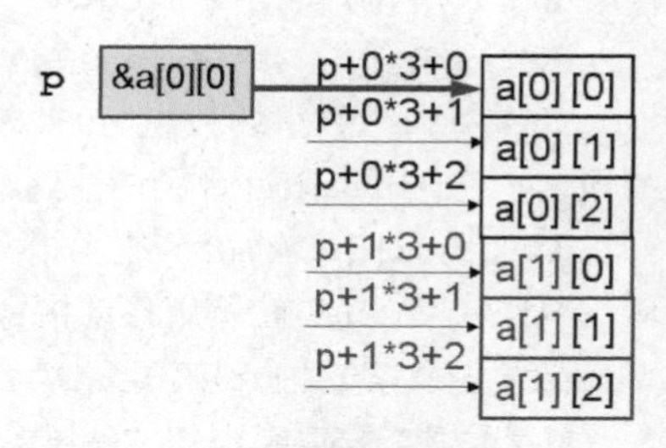

图 10-14　二维数组的列指针以及数组元素的寻址

此时对列指针执行增1操作，指针是沿着二维数组逻辑列的方向移动的，每次操作移动的字节数为二维数组的基类型所占的字节数。由于该字节数和二维数组的列数无关，因此在定义二维数组的列指针时，即使不指定列数，也能计算指针移动的字节数。

注意，不能用p[i][j]来表示数组元素，这是因为此时并未将这个数组看成二维数组，而是将其等同于一维数组看待的，也就是将其看成一个具有$m \times n$个元素的一维数组。正因如此，在定义二维数组的列指针时，无须指定它所指向的二维数组的列数。

3．二维数组的行指针的定义和初始化

对于图10-12所示的二维数组a，可定义如下**行指针**：

```
char (*p)[3];  //行指针，基类型可看成“char [3]”型
```

在解释变量定义语句中变量的类型时，虽然说明符[]的优先级高于*，但由于圆括号的优先级更高，所以先解释*，再解释[]。所以，p的类型被表示为

```
p ——→  *  ——→  [3]  ——→ char
```

表示定义了一个指向含有3个元素的一维char型数组的指针变量。

这里，关键字char代表指针变量p所指向的一维数组的基类型，指针变量p的基类型是有3个元素的一维字符数组，为便于理解，不妨把它表示为“char [3]”型。[]中的3表示指针变量p所指向的一维数组的长度（对应于二维数组的列数），它是不可以省略的，就像定义二维数组时不能省略二维数组的列数。因此，这里定义的指针变量p实际上就是一个指向二维数组的行指针，它所指向的二维数组的每一行有3个元素。

如何对指向二维数组的行指针进行初始化使其指向二维字符数组呢?

对指针进行初始化的一个基本原则就是“一个*x*型的指针应该指向*x*型的数据”，也就是说必须用“与指针基类型同类型”的变量的地址对指针进行初始化。

例如，对于前面定义的指向二维数组的行指针p，既然指针p的基类型是“char [3]”型，那么应该使用指向“char [3]”型数据的地址对p进行初始化。如前所述，可将二维数组a看成有2个“char [3]”型元素的一维数组，数组名a可看成“char [3]”型元素a[0]的地址即&a[0]，既然a 指向的“一维数组”的基类型与p的基类型都是“char [3]”型，那么可用a（即&a[0]）对p进行初始化，即可以采用如下两种等价的方式对指向二维数组的行指针p进行初始化：

```
p = a;       //使p指向二维数组的第0行
p = &a[0];  //使p指向二维数组的第0行
```

如图10-15所示，因p被初始化为指向第0行的“char [3]”型元素a[0]，所以p+i指向第i行的“char [3]”型元素a[i]，对p+i进行解引用的结果*(p+i)就是取出p+i指向的第i行的“char [3]”型元素a[i]。

因为a[i]即*(p+i)又可看成一个“由3个char型元素构成的一维数组”，即第i行的数组名，所以*(p+i)表示第i行第0列的char型元素a[i][0]的地址，*(p+i)+j表示第i行第j列的char型元素a[i][j]的地址。因此，对*(p+i)+j进行解引用的结果*(*(p+i)+j)就是取出第i行第j列的char型元素a[i][j]。

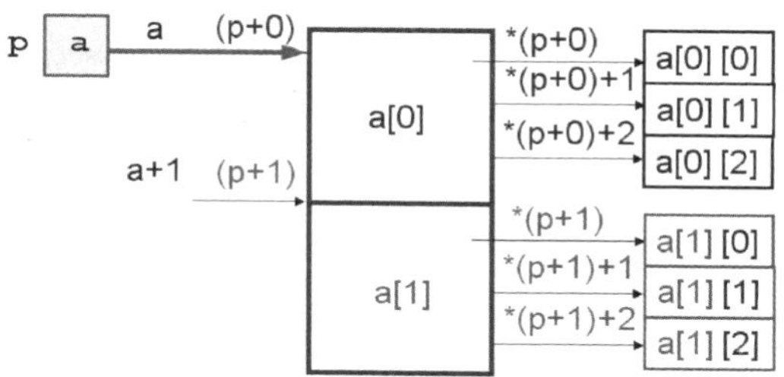

图10-15　二维数组的行指针以及数组元素的寻址

由一维数组与指针的关系可知，p[i]等价于*(p+i)，所以*(*(p+i)+j)等价于*(p[i]+j)。同理*(p[i]+j)等价于p[i][j]，而p[i][j]又等价于(*(p+i))[j]，即利用二维数组的行指针p访问二维数组元素有以下4种等价的形式：

```
*(*(p+i)+j) ⟷  *(p[i]+j)   ⟷   p[i][j]   ⟷     (*(p+i))[j]
```

如图10-15所示，对行指针p执行增1操作时，是将指针指向下一行，每次增1操作指针移动的字节数=二维数组的列数 × 数组的基类型所占的字节数。显然，若不指定列数，将无法计算指针移动的字节数。

可见，理解二维数组在内存中的存储方式以及二维数组的行地址和列地址的概念，是理解指针与二维数组间关系的关键，而正确使用二维数组的行指针和列指针的关键是牢记“一个*x*型的指针应该指向*x*型的数据”。

10.3.2　字符指针数组和二维字符数组

指针数组及其在字符串处理中的应用

现在来看一个在使用字符串时经常遇到的问题：存储字符串数组的最佳方式是什么？如前所述，我们采取的解决方案就是创建一个二维字符数组，然后按照每行一个字符串的方式把字符串存储到数组中。

例如，下面的语句定义了二维字符数组weekday：

```
char weekday[][10] = {"Sunday", "Monday", "Tuesday", "Wednesday",
                      "Thursday", "Friday", "Saturday"};
```

其在内存中的存储方式如10.1.1小节的图10-4所示。可以看到，由于大部分字符串集合是长字符串和短字符串的混合集，即每个字符串的长度是参差不齐的，并非所有的字符串都能填满定长数组的一整行，所以每一行的剩余字节用空字符'\0'来自动填补。按最长的字符串所占的内存字节数来给数组分配内存，是不是有一点浪费呢？

我们需要的是参差不齐的数组，即每一行长度不同的二维数组。虽然C 语言本身不提供这种“参差不齐的数组类型”，但它提供模拟这种数组类型的工具，即建立一个特殊的数组，这个数组的元素都是指向字符串的指针。这样的数组就是本小节要介绍的**指针数组（Array of Pointers）**。

指针数组通常用来构造一个**字符串的数组（Array of Strings）**，或简称**字符串数组（Strings Array）**。例如，我们可以定义如下字符指针数组：

```
char *weekDays[7] = {"Sunday", "Monday", "Tuesday", "Wednesday",
                     "Thursday", "Friday", "Saturday"};
```

其中，weekDays[7]表示weekDays是一个拥有7个元素的数组，char*则表示数组weekDays的基类型为char *，数组weekDays每个元素都是“指向字符的指针”即字符指针。

数组的初始化列表中提供了7个初值，分别为"Sunday"、"Monday"、"Tuesday"、"Wednesday"、"Thursday"、"Friday"、"Saturday"。由于它们都是以空字符'\0'为结束标志的字符串，因此这些字符串的长度要比双引号内字符的个数多1，即它们的长度分别为7、7、8、10、

9、7、9。从表面上看，这些字符串存放在数组weekDays中，但实际上，数组中只存放了指向这些字符串的指针，如图10-16所示。由于在C语言中，一个字符串实质上就是指向其第一个字符的一个指针，所以字符指针数组的初始化列表中的每个元素实际上就是指向某个字符串第一个字符的指针，分别用7个字符串常量来对每个字符指针类型的数组元素进行初始化，就相当于让数组元素中的每个字符指针指向相应字符串的第一个字符。

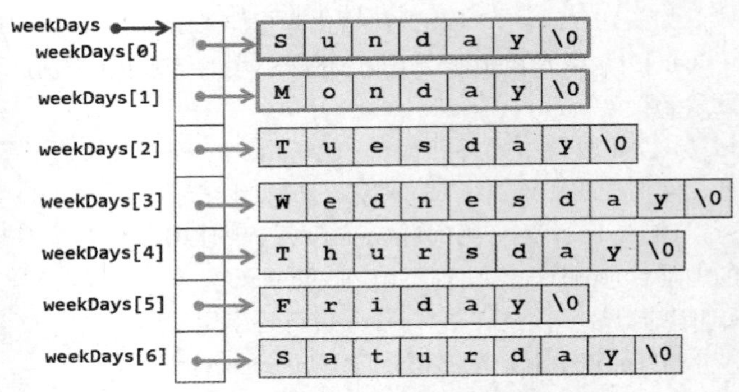

图10-16　指针数组及其元素的初始化

由于二维数组在内存中是连续存放的，存完第一行后，再存第二行，依此类推，因此，无论每个字符串的实际长度是否一样，都要按最长的字符串长度来分配内存，每个字符串在内存中都占相同大小的存储空间。当采用二维字符数组来存储字符串时，由于数组每一行的列数都是相同的、固定的，因此这个列数必须定义得足够大，才能容纳下最长的那个字符串。这样一来，当需要存放大量字符串而其中多数字符串的长度又小于最长字符串的长度时，就会有相当多的存储空间被浪费。而采用字符指针数组来存储，虽然字符指针数组的长度是固定的，但是能用它访问任意长度的字符串，这种灵活性是C语言强有力的数据结构构建功能的具体体现。

注意，指向数组的指针与指针数组是两个很容易混淆的概念。如图10-17所示，指向数组的指针是一个指针变量，指针变量中保存的是一个数组的首地址，而指针数组是一个数组，只不过是指针作为数组的元素，形成了指针数组，即指针数组是指针作为数组的基类型，而指向数组的指针是数组作为指针的基类型。

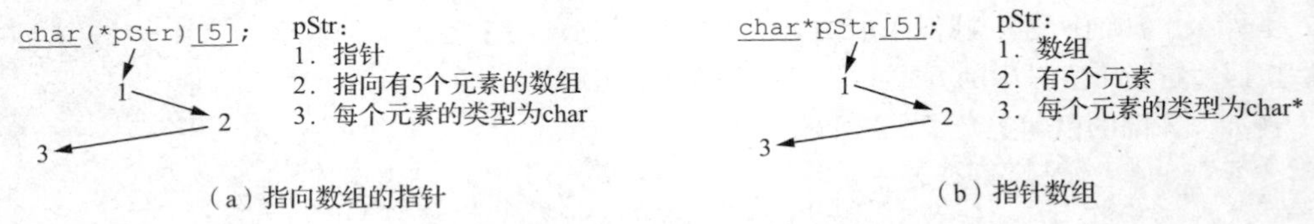

图10-17　指向数组的指针与指针数组的区别

指针数组的最主要的用途之一就是对多个字符串进行处理。来看下面的例子。

【例10.8】2021年5月22日10时40分，“祝融号”火星车成功驶离着陆平台，到达火星表面，开始巡视探测。从后避障相机拍摄到的两道车痕，是人类为迈向宇宙而努力的蹒跚足迹，是稚嫩、跌跌撞撞却又生机勃勃、无比坚定的启程之路。1970年4月24日我国第一颗人造地球卫星“东方红一号”的成功发射是我国航天器发展史上的第一个里程碑，“神舟五号”载人航天飞船的成功发射则是第二个里程碑。近年来，我国航天事业一直备受关注，除了独立自主的尖端技术，航天器的名字也很吸引眼球。2004年，探月工程被命名为“嫦娥工程”；2011年，我国第一个目标飞行器被命名为“天宫一号”；2020年，“北斗三号”全球卫星导航系统正式开通，我国首次火星探测任务正式启动，探测器被命名为“天问一号”。从神舟到鹊桥，从墨子到祝融，我国航天器的名字不仅充满诗意，相互之间更有着紧密联系，这些被写入我国航天人奋斗史的大国重器，被一个个源自我国传统神话的名字刻下了浪漫的符号，不仅体现着中华民族连绵不断的文化底蕴，更见证着中国人一步步实现飞天梦想的光荣历程。

假设现在有n(1<=n<=10)个航天器，它们的名字均为长度小于或等于20的字符串，请按字典序输出它们的名字。

问题分析：按字典序排列，实际上就是将字符串从小到大进行排列，字符串排序算法中的关键步骤就是字符串的比较操作，字符串不能直接使用关系运算符比较大小，而应使用字符串比较函数strcmp()来比较大小。我们可以用如下两种方法实现字符串的排序。

方法1：用二维字符数组作函数参数实现字符串排序函数。程序如下：

```
1   #include  <stdio.h>
2   #include  <string.h>
3   #define   MAX_LEN  20                                //字符串最大长度
4   #define   N        150                               //字符串个数
5   void Input(char str[][MAX_LEN], int n);
6   void StrSort(char str[][MAX_LEN], int n);
7   void Output(char str[][MAX_LEN], int n);
8   int main(void)
9   {
10      int  n;
11      char name[N][MAX_LEN];                        //定义二维字符数组
12      printf("How many strings?");
13      scanf("%d", &n);
14      getchar();                                  //读走输入缓冲区中的回车符
15      printf("Input their names:\n");
16      Input(name, n);
17      StrSort(name, n);                               //字符串按字典序排列
18      printf("Sorted results:\n");
19      Output(name, n);
20      return 0;
21  }
22  //函数功能：输入n个字符串
23  void Input(char str[][MAX_LEN], int n)
24  {
25      for (int i=0; i<n; i++)
26      {
27          gets(str[i]);                        //输入的第i个字符串存放到str[i]指向的内存
28      }
29  }
30  //函数功能：输出n个字符串
31  void Output(char str[][MAX_LEN], int n)
32  {
33      for (int i=0; i<n; i++)
34      {
35          puts(str[i]); //输出二维字符数组中的字符串
36      }
37  }
38  //函数功能：用二维字符数组作函数参数，通过交换排序算法实现字符串按字典序排列
39  void StrSort(char str[][MAX_LEN], int n)
40  {
41      char temp[MAX_LEN];
42      for (int i=0; i<n-1; i++)
43      {
44          for (int j=i+1; j<n; j++)
45          {
46              if (strcmp(str[j], str[i]) < 0)  //字符串比较
47              {
48                  strcpy(temp, str[i]);
49                  strcpy(str[i], str[j]);
50                  strcpy(str[j], temp);
```

```
51              }
52          }
53      }
54  }
```

方法2：用字符指针数组作函数参数实现字符串排序函数。程序如下：

```
1   #include  <stdio.h>
2   #include  <string.h>
3   #define   MAX_LEN  20                          //字符串最大长度
4   #define   N        150                         //字符串个数
5   void Input(char *pStr[], int n);
6   void StrSort(char *pStr[], int n);
7   void Output(char *pStr[], int n);
8   int main(void)
9   {
10      int  n;
11      char name[N][MAX_LEN];                  //定义二维字符数组
12      char *pStr[N];                          //定义字符指针数组
13      printf("How many strings?");
14      scanf("%d", &n);
15      getchar();                              //读走输入缓冲区中的回车符
16      printf("Input their names:\n");
17      for (int i=0; i<n; i++)
18      {
19          pStr[i] = name[i];                  //让pStr[i]指向二维字符数组name的第i行
20      }
21      Input(pStr, n);
22      StrSort(pStr, n);                       //字符串按字典序排列
23      printf("Sorted results:\n");
24      Output(pStr, n);
25      return 0;
26  }
27  //函数功能：输入n个字符串
28  void Input(char *pStr[], int n)
29  {
30      for (int i=0; i<n; i++)
31      {
32          gets(pStr[i]);                      //输入的第i个字符串存放到pStr[i]指向的内存
33      }
34  }
35  //函数功能：输出n个字符串
36  void Output(char *pStr[], int n)
37  {
38      for (int i=0; i<n; i++)
39      {
40          puts(pStr[i]); //输出指针数组元素指向的字符串，而非二维字符数组中的字符串
41      }
42  }
43  //函数功能：用字符指针数组作函数参数，按交换排序算法实现字符串按字典序排列
44  void StrSort(char *pStr[], int n)
45  {
46      char *temp = NULL;  //因交换的是字符串的地址值，故temp定义为指针变量
47      for (int i=0; i<n-1; i++)
48      {
49          for (int j=i+1; j<n; j++)
50          {
51              if (strcmp(pStr[j], pStr[i]) < 0)  //交换指向字符串的指针
52              {
```

```
53                  temp = pStr[i];
54                  pStr[i] = pStr[j];
55                  pStr[j] = temp;
56              }
57          }
58      }
59  }
```

程序的测试结果如下：

```
How many strings? 10↙
Input their names:                      Sorted results:
东方红1号↙                               东方红1号
东方红2号↙                               东方红2号
祝融号↙                                  风云1号
神舟1号↙                                 风云2号
风云1号↙                                 神舟1号
风云2号↙                                 神舟5号
神舟5号↙                                 神舟6号
神舟6号↙                                 实践1号
实践1号↙                                 实践4号
实践4号↙                                 祝融号
```

使用方法1实现的字符串排序函数StrSort()中，第48～50行使用函数strcpy()完成了字符串的互换操作。由于对保存在数组中的字符串不能使用赋值运算符进行赋值，所以不能使用下面的语句实现字符串的互换：

```
temp = str[i];
str[i] = str[j];
str[j] = temp;
```

同样地，第46行应使用函数strcmp()来比较字符串的大小，而不能直接使用关系运算符进行字符串比较，即不能使用下面的语句：

```
if (str[j] < str[i])
```

使用二维数组进行字符串排序的效率很低，因为为了调整字符串的排列顺序，经常需要移动整个字符串的存储位置，实际上这种排序是一种物理排序。

以字符串的排序为例，其排序前后的结果如图10-18所示。

A	m	e	r	i	c	a	\0	\0	\0
E	n	g	l	a	n	d	\0	\0	\0
A	u	s	t	r	a	l	i	a	\0
C	h	i	n	a	\0	\0	\0	\0	\0
F	i	n	l	a	n	d	\0	\0	\0

（a）字符串排序前

A	m	e	r	i	c	a	\0	\0	\0
A	u	s	t	r	a	l	i	a	\0
C	h	i	n	a	\0	\0	\0	\0	\0
E	n	g	l	a	n	d	\0	\0	\0
F	i	n	l	a	n	d	\0	\0	\0

（b）字符串排序后

图10-18　用二维数组对字符串排序前后的对比

方法2采用字符指针数组解决字符串物理排序效率低的问题。虽然利用字符指针数组和二维字符数组都可以实现字符串的处理，但涉及多个字符串排序等操作时，使用字符指针数组比二维字符数组更有效。

在方法2的程序中，第17～20行的for循环对字符指针数组pStr的元素进行了初始化，用二维字符数组name的第i行的首地址name[i]初始化pStr[i]，表示让指针pStr[i]指向二维字符数组name中的第i个字符串。然后，调用形参为字符指针数组的函数Input()输入n个字符串，其中第i个字符串保存到pStr[i]指向的内存单元（即二维字符数组name的第i行）中。

注意，第17～20行的指针数组初始化语句非常重要，因指针数组的元素是指针，所以在使用指针数组之前必须对数组元素进行初始化。如果指针变量未初始化，即其值是不确定的，它指向的内存单元也是不确定的，那么此时对该内存单元进行写操作将导致非法内存访问错误，使得程序异常终止。

与方法1程序不同的是，方法2程序中函数StrSort()的第1个形参pStr被声明为了字符指针数组，因此在第22行调用该函数时应该用指针数组名pStr作为函数实参，否则将出现类型不匹配的问题。由于指针数组作函数形参也是按地址调用，因此在被调函数中修改形参指针数组pStr的元素值，就相当于修改实参指针数组pStr的元素值。

函数StrSort()中第53～55行的3条赋值语句用于交换字符指针数组的元素值，即交换指向字符串的指针值。例如，如图10-19所示，pStr[1]排序前指向"England"，排序后指向了"Australia"；pStr[2]排序前指向"Australia"，排序后指向了"China"；pStr[3]排序前指向"China"，排序后指向了"England"。但内存中的字符串的排列顺序并未发生变化。这说明，排序结果只是改变了原来指针数组中各元素的指向，并未改变字符串在其实际物理存储空间中的存放位置。用方法1程序中的Output()函数来输出二维字符数组中的字符串，即可验证这一点。因此，这种排序也称为索引排序，相对于使用二维字符数组实现物理排序的方法而言，使用字符指针数组实现字符串索引排序的程序执行效率更高一些，因为它省去了移动整个字符串的时间开销。

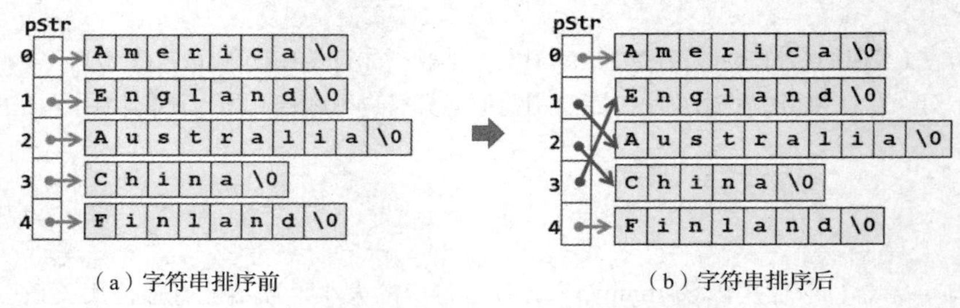

图10-19　用字符指针数对字符串排序前后的对比

10.3.3　错误实例分析

【例10.9】编程从键盘任意输入m个学生n门课程的成绩，然后计算并输出每个学生各门课程的总分sum和平均分aver。下面的程序有错误，请排查出错的原因。

```
1    #include  <stdio.h>
2    #define STUD   30                 //最多可能的学生人数
3    #define COURSE 5                  //最多可能的考试科目数
4    void Total(int *score, int sum[], float aver[], int m, int n);
5    void Print(int *score, int sum[], float aver[], int m, int n);
6    int main(void)
7    {
8        int  m, n, score[STUD][COURSE], sum[STUD];
9        float aver[STUD];
10       printf("Enter the total number of students and courses:");
11       scanf("%d%d",&m,&n);
12       printf("Enter score\n");
13       for (int i=0; i<m; i++)
14       {
15           for (int j=0; j<n; j++)
16           {
17               scanf("%d", &score[i][j]);
18           }
19       }
20       Total(*score, sum, aver, m, n);
21       Print(*score, sum, aver, m, n);
```

```
22        return 0;
23    }
24    void  Total(int *score, int sum[], float aver[], int m, int n)
25    {
26        for (int i=0; i<m; i++)
27        {
28            sum[i] = 0;
29            for (int j=0; j<n; j++)
30            {
31                sum[i] = sum[i] + *(score + i * n + j);
32            }
33            aver[i] = (float) sum[i] / n;
34        }
35    }
36    void  Print(int *score, int sum[], float aver[], int m, int n)
37    {
38        printf("Result:\n");
39        for (int i=0; i<m; i++)
40        {
41            for (int j=0; j<n; j++)
42            {
43                printf("%4d\t", *(score + i * n + j));
44            }
45            printf("%5d\t%6.1f\n", sum[i], aver[i]);
46        }
47    }
```

在Code::Blocks环境下，程序的运行结果如下：

```
Enter the total number of students and courses:4 3↙
Enter score
60 60 60↙
80 80 80↙
90 90 90↙
70 70 70↙
Result:
60      60       60      180       60.0
880    -461      80      499      166.3
80    80    12059828    12059988  4019996.0
1998803002    90    90     1998803182    666267712.0
```

从运行结果可知，只有第1个学生的统计结果是正确的，其余各行的统计结果中均有一些乱码（注意，在不同的机器上运行程序输出的乱码可能是不一样的）。总分和平均分都是按照这些乱码值计算的。这说明总分和平均分的计算是没有错误的，错误很可能出在从主函数传给函数Total()的成绩值。

经分析发现，主函数中用户从键盘输入的成绩值是存放在有STUD行、COURSE列的二维数组score中的，该数组的元素按行连续存放在内存中。而函数Total()，是利用实参传过来的第0行第0列的首地址*score即score[0]，通过间接寻址*(score + i * n + j)来访问数组中的成绩值的，这种寻址方式的前提是成绩是按每行n列在内存中存放的，如果我们从键盘输入的n值等于COURSE的值，那么错误不会发生，但是恰恰它们的值是不相等的（这里n<COURSE）。也就是说，数据原本是按照每行COURSE列分配内存的，从每一行的行首开始，每行存入了n个数据，而读取数据时却是按照每行n列从首地址开始读的，导致读出的数据发生了错位。

为了检验这个猜想，我们在函数Total()的入口处插入printf语句，分别按照每行COURSE列和n列，从首地址 score开始输出内存中的数组元素，对比其结果。

```
24    void  Total(int *score, int sum[], float aver[], int m, int n)
25    {
26    printf("COURSE column results:\n");           //按每行COURSE列输出数组元素
27        for (int i=0; i<m; i++)
28        {
29            for (int j=0; j<COURSE; j++)
30            {
31                printf("%4d\t", *(score + i * COURSE + j));
32            }
33            printf("\n");
34        }
35        printf("n column results:\n");            //按每行n列输出数组元素
36        for (int i=0; i<m; i++)
37        {
38            for (int j=0; j<n; j++)
39            {
40                printf("%4d\t", *(score + i * n + j));
41            }
42            printf("\n");
43        }
44        for (int i=0; i<m; i++)
45        {
46            sum[i] = 0;
47            for (int j=0; j<n; j++)
48            {
49                sum[i] = sum[i] + *(score + i * n + j);
50            }
51            aver[i] = (float) sum[i] / n;
52        }
53    }
```

此时，程序的运行结果如下：

```
Enter the total number of students and courses:4 3↙
Enter score
60 60 60↙
80 80 80↙
90 90 90↙
70 70 70↙
COURSE column results:
  60    60  60    880      -461
  80    80  80   11666612       1998803002
  90    90  90      0           11673904
  70    70  70  -872414771      4199040
n column results:
  60    60    60
  880    -461  80
  80    80   11666612
1998803002     90     90
Result:
  60    60      60      180      60.0
  880    -461      80      499      166.3
  80    80    12059828          12059988      4019996.0
  1998803002    90   90     1998803182   666267712.0
```

上述结果验证了我们对出错原因的分析，修正错误的方法是将函数Total()和函数Print()中的*(score + i * n + j)改成*(score + i * COURSE + j)。

修改后的程序运行结果如下：

```
Enter the total number of students and courses:4 3↙
Enter score
60 60 60↙
80 80 80↙
90 90 90↙
70 70 70↙
COURSE column results:
  60    60    60      880        -461
  80    80    80   11666612    1998803002
  90    90    90        0       11673904
  70    70    70  -872414771     4199040
n column results:
  60      60    60
  880    -46  180
  80      80  11666612
1998803002     90     90
Result:
  60    60     60     180    60.0
  80    80     80     240    80.0
  90    90     90     270    90.0
  70    70     70     210    70.0
```

从这个结果可以看出，主函数是按每行COURSE（这里COURSE的值为5）列来输入数据的，因此数组中只有每一行的前3个数据是正确的，后两个数据是乱码，如图10-20（a）所示。函数Total()是按每行COURSE列来对数据进行寻址的，但仅使用了前n（这里n的值为3）个数据来计算，即实际用于计算的数据刚好是数组中每行的前3个正确的数据，如图10-20（b）所示。函数Print()也是按每行COURSE列来对数据进行寻址的，但只输出了数组中每行的前3个正确的数据，因此数组中的乱码对计算结果和输出结果没有影响。

60	60	60	乱码	乱码
80	80	80	乱码	乱码
90	90	90	乱码	乱码
70	70	70	乱码	乱码

（a）按每行COURSE列输入和寻址的二维数组元素的逻辑存储结构

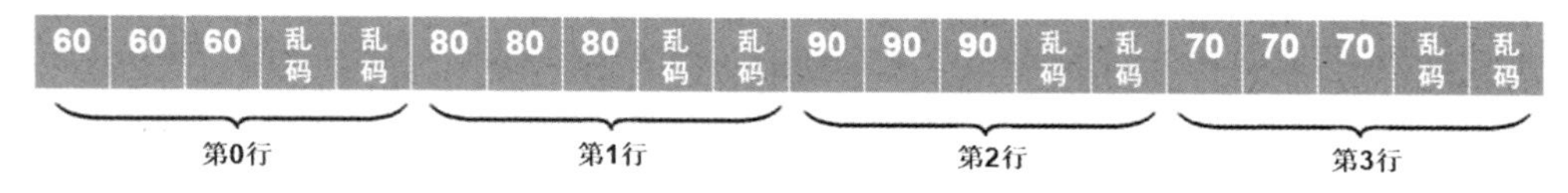

（b）按每行COURSE列输入和寻址的二维数组元素的存储结构

图10-20 按每行COURSE列输入和寻址的二维数组元素

另一种修正错误的方法是单独编写一个Input()函数，利用这个函数输入数据，如图10-21（a）所示。函数Total()是按每行n列来对数据进行寻址的，实际用于计算的数据刚好是数组中的前12个正确的数据，函数Print()也是按每行n列来对数据进行寻址的，实际输出的数据刚好是数组中的前12个正确的数据，如图10-21（b）所示。因此数组中的乱码对计算结果和输出结果没有影响。

60	60	60	80	80
80	90	90	90	70
70	70	乱码	乱码	乱码
乱码	乱码	乱码	乱码	乱码

（a）按每行n列输入和寻址的二维数组元素的逻辑存储结构

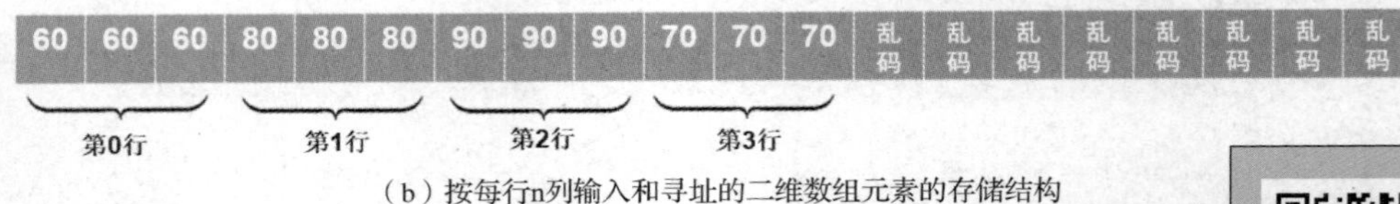

（b）按每行n列输入和寻址的二维数组元素的存储结构

图 10-21　按每行 n 列输入和寻址的二维数组元素

进阶：命令行参数

请读者根据以上思路自己编写这个程序。

10.4　文本文件的读写及应用

本节主要讨论如下问题。

（1）如何读写文件中的字符和字符串？

（2）如何检查是否到达文件末尾？

（3）gets()与fgets()有何不同？

按字符读写文件——fgetc与fputc

10.4.1　读写文件中的字符

第9章介绍了如何利用C语言标准库提供的函数fscanf()和fprintf()来实现数据的格式化文件读写，本小节介绍如何利用函数fgetc()和fputc()实现字符的文件读写。

函数fgetc()用于从一个打开的文件中读一个字符。fgetc()的函数原型如下：

```
int fgetc(FILE *fp);
```

其中，fp是由函数fopen()返回的文件指针。该函数的功能是从fp所指的文件中读取一个字符，并将位置指针指向下一个字符。若读取成功，则返回该字符，若读到文件末尾，则返回**EOF**（EOF是一个符号常量，在stdio.h中定义为-1）。

因为C语言标准只是将EOF定义成一个负数（并不一定是-1），在不同的系统中，EOF可能会取不同的值，所以，采用符号常量EOF而不是-1来测试文件输入数据是否结束，可以增强程序的可移植性。

函数fgetc()与getchar()类似，不同的是，函数fgetc()需要接收一个指向目标文件的FILE指针作为实参。当这个FILE指针指向标准输入流stdin时，调用fgetc(stdin)将从标准输入流stdin中读一个字符并由函数返回，此时该函数与函数getchar()等价。

同样地，函数fputc()可以向文件中写入一个字符。fputc()的函数原型如下：

```
int fputc(int c, FILE *fp);
```

其中，fp是由函数fopen()返回的文件指针，c是要输出的字符（尽管c定义为int型，但只写入其低位字节）。该函数的功能是将字符c写到文件指针fp所指的文件中。若写入错误，则返回EOF，否则返回字符c。

函数fputc()与putchar()也很相似，不同的是，函数fputc()多了一个指向目标文件的FILE指针作为实参。当这个FILE指针指向标准输出流stdout时，调用fputc(c, stdout)会将变量c中的字符写入标准输出流stdout，此时该函数与函数putchar(c)等价。

文件随机读写与文件缓冲

【例10.10】假设文本文件file.txt的内容（注意，后面没有换行符）如下：

```
yesterday once more
```

现在，请编程从该文件中逐个读取字符并依次显示到屏幕上。然后，将文件内部的位置指针重新指向文件开头，再将文件中的字符读取一遍并依次显示到屏幕上。

程序如下：

```
1   #include<stdlib.h>
2   #include<stdio.h>
3   int main(void)
4   {
5       FILE *fp;
6       if ((fp = fopen("file.txt", "r")) == NULL)
7       {
8           printf("Failure to open file!\n");
9           exit(0);
10      }
11
12      printf("Round1:\n");
13      char c = fgetc(fp);
14      while (!feof(fp))                //第一种判断读到文件末尾的方法
15      {
16          fputc(c, stdout);
17          c = fgetc(fp);
18      }
19      fputc('\n', stdout);             //输出一个换行符
20
21      printf("文件当前位置:%ld\n", ftell(fp));   //显示文件内部的当前位置指针
22      rewind(fp);                      //将文件位置指针重新指向文件开头
23      printf("回到文件起始位置:%ld\n", ftell(fp));
24      printf("Round2:\n");
25      while ((c = fgetc(fp)) != EOF) //第二种判断读到文件末尾的方法
26      {
27              putchar(c);
28      }
29      putchar('\n');                   //输出一个换行符
30
31      fclose(fp);
32      return 0;
33  }
```

程序的运行结果如下：

```
Round1:
yesterday once more
文件当前位置:18
回到文件起始位置:0
Round2:
yesterday once more
```

注意，在最后一行输出后还会输出一个空行。

本例使用了如下两种方法来检查是否读到文件末尾。

（1）使用函数feof()来检查是否读到文件末尾。

程序的第14行调用函数feof()来检查是否读到了文件末尾。该函数原型如下：

```
int feof(FILE *fp);
```

当文件位置指针指向文件末尾即指向EOF时，返回非0值（真），否则返回0值（假）。当用户按代表文件结束

按字符读写文件——fgetc、fputc与feof的实例

按字符读写文件——feof问题的原因分析

的组合键时，EOF将被写入文件。检测到EOF，就说明已经到达了文件末尾，并且仅当读到EOF时，才能判断出到达文件末尾，文件末尾的EOF是一个ASCII码值为-1的不可打印的控制字符。

在本例中，在文件结束符未被检测到之前，包含函数feof()调用的while语句（第14～18行）将一直循环执行下去。

如果在第17行语句后增加一条语句，即将第14～18行的while语句修改为

```
while (!feof(fp))            //第一种判断到达文件末尾的方法
{
    fputc(c, stdout);
    c = fgetc(fp);
    if (!isprint(c)) printf("%d\t", c);
}
```

由于代码中使用了函数isprint()，因此还需在文件开头加上下面的编译预处理命令

```
#include <ctype.h>
```

那么，程序的运行结果将变为

```
Round1:
yesterday once more-1
文件当前位置：18
回到文件起始位置：0
Round2:
yesterday once more
```

注意，在最后一行输出后还会输出一个空行。

为什么会在第一次输出的“yesterday once more”后面多出一个“-1”呢？

这是因为，函数feof()总是在读完文件所有内容后再执行一次读文件操作（将文件结束符读走，但不显示）才能返回非0值。C语言的feof()函数和数据库中eof()函数的操作原理是完全不同的。数据库中的函数eof()读取当前指针的位置，C语言的函数feof()返回的是最后一次“读操作的内容”。位置和内容到底有何不同呢？打个比方，有人说“请你走到火车的最后一节车厢”，“最后一节”就是位置，而如果说“请你一直向后走，摸到铁轨停下”，这就是内容，用内容来判断会“多走过一节车厢”。这就是完全依赖while(!feof(fp)){…}读取文件时，总会比源文件“多读出一些内容”的原因。也就是说，在读完最后一个字符时，feof()仍然没有探测到文件末尾，直到再次调用fgetc()执行读操作，feof()才能探测到文件末尾。这样，就会多输出一个字符。由于它是不可打印字符，因此需要在输出其ASCII码值前加上if (!isprint(c))，使程序仅输出文件末尾的这个文件结束符，而不输出其他可打印字符。

（2）通过检查fgetc()的返回值是否为EOF来检查是否读到文件末尾。

程序的第25行通过检查fgetc()的返回值是否为EOF来判断是否读到了文件末尾，若读到文件末尾，则返回EOF（即-1）。

虽然EOF是文本文件结束的标志，但函数fgetc()返回-1时，通常有两种情况：读到文件末尾和读取错误。也就是说，当函数fgetc()返回-1时，我们无法确认是已经读到文件末尾，还是读取错误。因此，不能用EOF完全代替feof()。相比之下，第一种用函数feof()检查是否到达文件末尾的方法更好。

10.4.2　读写文件中的字符串

函数fgets()和fputs()分别用来从文件中读取和向文件中写入一行字符（即字符串）。

从文件中读取字符串可使用函数fgets()，其函数原型如下：

```
char *fgets(char *s, int n, FILE *fp);
```

该函数从fp所指的文件中读取字符串并在字符串末尾添加'\0'，然后存入指针变量s指向的

存储区，第2个参数限制该函数最多读取n-1个字符（需要留出1字节给'\0'）。当读到回车/换行符、到达文件末尾或读满n-1个字符时，函数返回该字符串的首地址，即指针变量s的值。当读取失败时，函数返回NULL。因为出错和到达文件末尾时都返回NULL，所以程序中应使用feof()或ferror()来确定函数fgets()返回NULL的实际原因是什么。

函数feof()已在上一小节介绍，函数ferror( )用于检测文件操作是否出现错误，如果出现错误，则返回一个非0值，否则返回0值。例如：

```
if (ferror(fp))                      //检查文件操作是否存在错误
{
   printf("Error on file\n");  //向屏幕输出文件错误提示信息
}
```

将字符串写入文件可使用函数fputs()，其函数原型如下：

```
int fputs(const char *s, FILE *fp);
```

若出现写入错误，则返回EOF，否则返回一个非负数。

【例10.11】利用函数fgets()和fputs()重新编写例10.10的程序，要求程序运行结果相同。

利用函数fgets()和fputs()可以直接输出字符串，因此不需要使用while循环，但需要定义一个字符数组来保存读出的字符串。重新编写的程序如下：

```
1   #include <stdlib.h>
2   #include <stdio.h>
3   #define N 80
4   int main(void)
5   {
6       char str[N];
7       FILE *fp;
8       if ((fp = fopen("file.txt", "r")) == NULL)
9       {
10          printf("Failure to open file!\n");
11          exit(0);
12      }
13
14      printf("Round1:\n");
15      fgets(str, N-1, fp);    //从fp所指向的文件中读出字符串,最多读N-1个字符
16      fputs(str, stdout);    //将字符串输出到屏幕但不在字符串末尾添加换行符
17      fputs("\n", stdout);   //单独输出一个换行符
18
19      printf("文件当前位置:%ld\n", ftell(fp));   //显示文件内部的当前位置指针
20      rewind(fp);                          //将文件位置指针重新指向文件开头
21      printf("回到文件起始位置:%ld\n", ftell(fp));
22      printf("Round2:\n");
23      fgets(str, N-1, fp);   //从fp所指的文件中读出字符串,最多读N-1个字符
24      puts(str);           //将字符串输出到屏幕,并在字符串末尾添加一个换行符
25
26      fclose(fp);
27      return 0;
28  }
```

这里需要注意的是，fputs()不会在写入文件的字符串末尾自动添加换行符，而puts()会在字符串末尾自动添加一个换行符。

函数fgets()与gets()对换行符的处理也是不同的，函数fgets()从指定的流读取字符串，读到换行符时，会保留这个换行符，将换行符也作为字符串的一部分，在其后添加'\0'。而函数gets()虽然可以读取换行符，但不会将换行符作为字符串的一部分放到字符串中，而是直接把它替换为'\0'。

在本例中，因为文本文件file.txt中的字符串末尾没有换行符，所以函数fgets()读入的字符串末尾也没有换行符，而fputs()不会在字符串末尾自动添加换行符，因此需要在第16行语句之后调

用fputs("\n", stdout)单独输出一个换行符。可见，gets()并不是fgets()的简单翻版。

如果修改文本文件file.txt，在字符串的末尾添加一个换行符，那么重新运行程序后，你会发现输出的“yesterday once more”后面均会比原来多输出一个换行符，这是因为函数fgets()将读到的换行符也作为字符串的一部分了。

10.5 安全编码规范

在使用字符指针时，需要注意以下安全编码规范。

（1）禁止通过对数组类型的函数参数或指针变量进行sizeof运算来获取数组大小。

函数参数表中声明为数组的参数会被调整为相应类型的指针，即数组作函数形参会退化为指针。当将sizeof应用于声明为数组类型的形参时，sizeof运算符将得出调整后的类型（即指针类型）的字节数。

例如，在如下代码示例中，在函数内使用sizeof(inArray)计算的结果并不等于MAX_LEN * sizeof(int)，其计算的是指针所占内存的字节数，而不是数组所占内存的字节数，因此实际的计算结果将与预期结果不符。

```
#define MAX_LEN 256
void ArrayInit(int inArray[MAX_LEN])
{
      //下面的语句不能计算数组的长度
      int arrayLen = sizeof(inArray) / sizeof(inArray[0]);
      ...
}
```

应该使用入口参数len指定数组的长度，即

```
void ArrayInit(int inArray[], int len)
{
    ...
}
```

再如，假设有下面的变量定义：

```
char array[LEN];
char *p = array;
```

那么表达式sizeof(p)计算的结果与sizeof(char *)相同，而并非数组array的长度，即将指针当作数组进行sizeof操作时，实际的计算结果与预期不符。

（2）不要试图通过指向字符串常量的指针修改其指向的字符串，以免引发非法内存访问错误。

例如，假设有下面的变量定义：

```
char  *pStr = "Hello"; //将保存在常量存储区中的"Hello"的首地址赋值给pStr
```

那么不能使用下面的语句对pStr指向的字符串内容进行写操作。

```
*pStr = 'W';              //不能修改pStr指向的常量存储区中的字符串，因为它是只读的
```

（3）确保有足够的空间来存储字符串的字符型数据和字符串结束标志'\0'，避免发生缓冲区溢出。

（4）确保你操作的字符串和传递给字符串处理库函数的字符串都有字符串结束标志'\0'。

（5）尽量不使用不安全的函数调用，以避免产生缓冲区溢出漏洞。

前面介绍的函数gets()不能限制输入字符串的长度，很容易引起缓冲区溢出，从而给“黑客”以可乘之机。不仅仅是gets()，strcpy()、scanf()、sprintf()、fprintf()等函数都是“天生”有安全隐患的函数，因它们未对数组越界加以监视和限制，可能导致有用的堆栈数据被覆盖而产生缓冲区溢出漏洞，所以这些函数常成为“黑客”攻击的对象。网络“黑客”常常针对系统和程序自身存在的漏洞，编写相应的攻击程序，其中较常见的就是对缓冲区溢出漏洞的攻击。Internet蠕虫曾造成全球多台网络服务器瘫痪。近年来，缓冲区溢出漏洞并没有呈现下降的趋势。

缓冲区溢出（Buffer Overflow）是指当向缓冲区写入数据时超过了缓冲区本身的容量，超出缓冲区容量的数据会被写入其他缓冲区，其他缓冲区存放的可能是数据、下一条指令的指针，或者其他程序的输出内容，这些合法有用的数据将被溢出的数据覆盖或破坏。**缓冲区溢出攻击**（Buffer Overflow Attack）是利用缓冲区溢出漏洞进行的攻击行动，例如，恶意攻击者利用程序中存在的不安全函数调用漏洞，故意将大量数据塞入一个较小的缓冲区，以引发缓冲区溢出，重写内存中的数据，把可执行代码加入程序堆栈，使得程序转而执行其他指令或攻击者的代码等，其产生的后果包括程序运行失败、系统崩溃、执行非授权指令，甚至取得系统特权，进而进行各种非法操作等。缓冲区溢出攻击是一种很常见的“黑客”攻击方式。

缓冲区溢出

缓冲区溢出攻击

例如，下面的代码段就有可能产生缓冲区溢出漏洞。

```
void Trouble(void)
{
    int a = 32;
    char buf[128];
    gets(buf);
    return;
}
```

初始的栈内存分配和使用情况如图10-22（a）所示，正常执行时的栈内存情况如图10-22（b）所示，发生缓冲区溢出攻击时的栈内存情况如图10-22（c）所示。

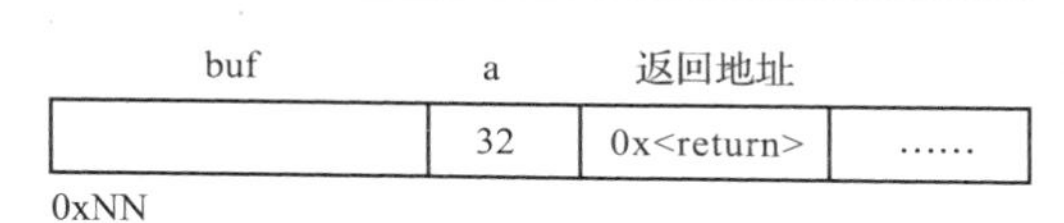

（a）初始的栈内存分配和使用情况

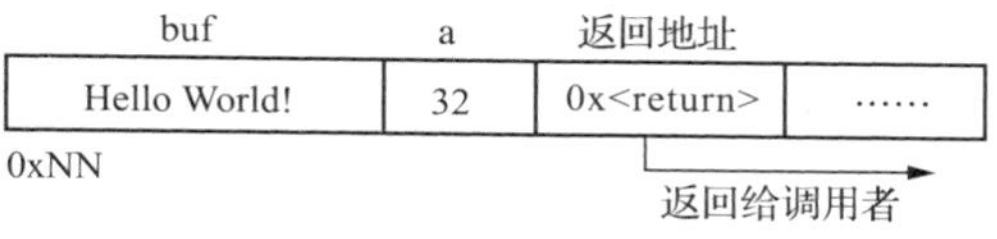

（b）正常执行时的栈内存情况

（c）发生缓冲区溢出攻击时的栈内存情况

图10-22　缓冲区溢出攻击示例

攻击者一方面利用了操作系统中函数调用和局部变量存储的基本原理，另一方面利用了应用程序中的内存操作漏洞，使用特定的参数造成应用程序内存异常，并改变操作系统的指令执行序列，让系统执行攻击者预先设定的代码，进而完成权限获取、非法入侵等攻击。函数调用时，操作系统一般要完成如下几项工作。

① 将函数参数压入栈。

② 在栈中，保存函数调用的返回地址（即函数调用结束后要执行的语句地址）。

③ 在栈中，保存一些其他内容（如系统寄存器等）。

④ 在栈中，为函数的局部变量分配存储空间（如本例中，要为变量a分配4字节，为数组buf分配128字节）。在栈上都是从高地址端（栈底）向低地址端（栈顶）依次对声明的变量分配内存的。

⑤ 执行函数代码。

假设攻击者调用这段程序时输入的字符串的长度大于128字节，由于赋值操作与参数压入堆栈的方向相反，因此执行“gets(buf);”后，程序就会将多于128字节的内容复制到堆栈从栈顶向栈底延伸的地方，超出128字节的内容依次覆盖堆栈中保存的局部变量、系统寄存器、函数调用的返回地址等。如果攻击者精心设计传入的参数，在128字节以内写上一段攻击代码，然后在恰好能覆盖堆栈中函数调用的返回地址的位置写上一个经过周密计算得到的地址，该地址精确地指向前面的攻击代码，那么当函数执行完毕时，系统会返回攻击代码，攻击代码夺取系统的控制权，完成攻击任务。

函数gets()不限制复制字符的长度，因而给“黑客”以可乘之机。函数fgets()通过增加一个参数来限制字符串处理的最大长度，可防止产生缓冲区溢出漏洞。来看下面的例子。

【例10.12】例10.3的程序因为使用了不限制字符串长度的gets()函数而存在缓冲区溢出漏洞。将例10.3程序中的MyStrcmp()函数改为标准库函数strcmp()后的程序如下：

```
1     #include <stdio.h>
2     #include <string.h>
3     int main(void)
4     {
5         char password[8] = "secret", input[8];
6          while (1)
7         {
8             printf("Enter your password:");
9             gets(input);
10            if (strcmp(input, password) == 0)
11            {
12                printf("Welcome!\n");
13                break;
14            }
15            else
16            {
17                printf("Sorry!\n");
18            }
19        }
20        return 0;
21    }
```

程序的第一次测试结果如下：

```
Enter your password:secret↙
Welcome!
```

程序的第二次测试结果如下：

```
Enter your password:12345678me↙
Sorry!
Enter your password:me↙
Welcome!
```

程序的第二次测试就模拟了利用缓冲区溢出漏洞的攻击过程。初始的栈内存分配和使用情况如图10-23（a）所示。第一次测试使用函数gets()正常输入和执行程序时的栈内存情况如图10-23（b）所示。第二次测试时，用户输入超出input数组长度的字符串"12345678me"，栈内存情况如图10-23（c）所示，此时超出input数组长度的部分"me" 溢出到了给数组password分配的内存，从而将数组password中保存的密码"secret"修改为"me"。因此，如图10-23（d）所示，下一次用户输入"me"时就成功匹配上了数组password中的密码。

（a）初始的栈内存分配和使用情况

（b）使用gets()正常输入和执行程序时的栈内存情况

（c）使用gets()发生缓冲区溢出时的栈内存情况

（d）利用gets()引发的缓冲区溢出成功匹配密码

图10-23　gets()引发的缓冲区溢出攻击示例

使用函数scanf()同样也存在这个问题，用scanf()和gets()输入字符串时，都需要确保输入字符串的长度不超过用于保存字符串的字符数组的长度。尽管使用格式控制字符串即使用scanf("%7s", input) 通过从输入的字符串中截取7个字符（还需要给'\0'留1字节）放到给input数组分配的内存中，也可以限制输入字符串的长度，从而避免缓冲区溢出，但这种方式需要预先知道并固定截取的字符串长度，不够灵活方便。

因此，为防止发生缓冲区溢出，建议使用函数gets()的文件操作版，即能限制输入字符串长度的、更为安全的函数fgets()，将第9行语句修改为

```
fgets(input, sizeof(input), stdin);//限制输入字符串的长度，超出部分不存入缓冲区
```

则程序的运行结果如下：

```
Enter your password:12345678me↙
Sorry!
Enter your password:Sorry!
Enter your password:secret↙
Sorry!
Enter your password:
```

初始的栈内存分配和使用情况仍如图10-23（a）所示。当用户输入超出input数组长度的字符串"12345678me"时，如图10-24（a）所示，由于使用fgets()可以限制输入字符串的长度，所以数组input最多只能读入sizeof(input)-1（本例为7）个字符即"1234567"，多余的部分"8me"并不会存入input数组后面的缓冲区，而是留在输入缓冲区中，因此下一次读入的字符串就是留在输入缓冲区中的"8me"，如图10-24（b）所示。程序未等待用户输入就输出了“Sorry!”。再一次执行第9行的fgets()函数调用时，用户输入了正确的字符串"secret"，但是并未与系统初始设置的密码"secret"匹配成功。这是为什么呢?

这是因为fgets()未读满sizeof(input)-1（本例为7）个字符时，会将用户输入的换行符也作为字符串的一部分读到字符串中，从而导致数组input中的字符串比数组password中的字符串多一个换行符'\n'，如图10-24（c）所示。当fgets()读满sizeof(input)-1个字符时，fgets()不会多读入一个换行符。

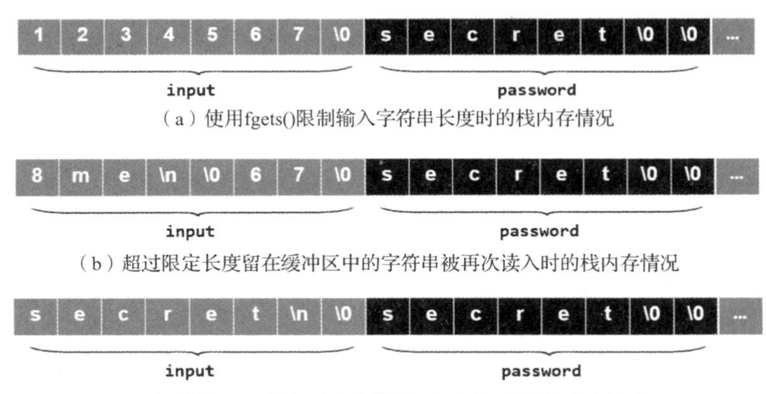

图10-24 使用fgets()输入示例

为了解决fgets()多读入一个'\n'的问题，可以在读取字符串后将字符串中的'\n'替换为'\0'，如图10-25所示。

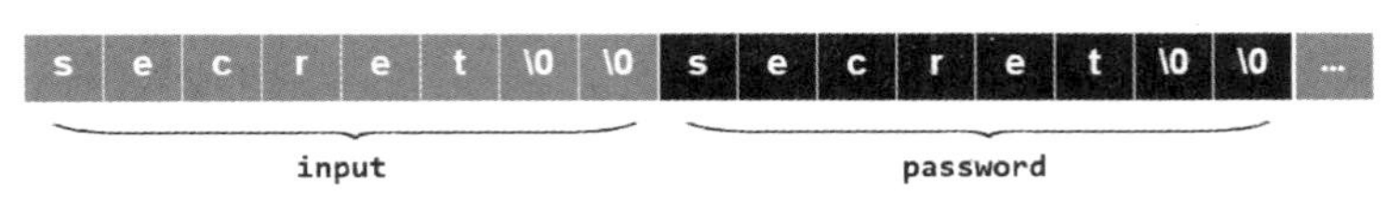

图10-25 输入正确密码且正确匹配

于是，程序修改如下：

```
1   #include <stdio.h>
2   #include <string.h>
3   int main(void)
4   {
5       char password[8] = "secret", input[8];
6       int i;
7       while (1)
8       {
9           printf("Enter your password:");
10          fgets(input, sizeof(input), stdin);
11          for (i=0; input[i]!='\n'; i++)    //读到换行符'\n'时结束循环
12          {
13              if (input[i] == '\0') break; //为避免字符串中无'\n'造成死循环
14          }
15          input[i] = '\0';      //将原来'\n'的内存单元替换为'\0'
16          if (strcmp(input, password) == 0)
17          {
18              printf("Welcome!\n");
19              break;
20          }
21          else
22          {
23              printf("Sorry!\n");
24          }
25      }
26      return 0;
27  }
```

程序的运行结果如下：

```
Enter your password:12345678me↙
Sorry!
Enter your password:Sorry!
Enter your password:me↙
Sorry!
Enter your password:secret↙
Welcome!
```

其中的第15行将'\n'替换为'\0'的语句还可以修改为下面的语句：

```
input[strlen(input) - 1] = '\0';
```

或者使用更“酷”的函数调用：

```
*(strchr(input, '\n')) = '\0';
```

其中，函数strchr()用来查找某字符在字符串中首次出现的位置，其函数原型如下：

```
char *strchr(const char *str, int c);
```

第一个字符指针参数str指向要查找的字符串，第二个整型参数c为要查找的字符。函数strchr()将会找出待查找的字符串中第一次出现字符c的地址，如果找到指定的字符，则返回该字符所在地址，否则返回NULL。注意，函数strchr()返回的地址是字符串在内存中的首地址加上搜索到的指定字符在字符串中的偏移量。设字符在字符串中首次出现的位置为 i，那么返回的地址就是str+i。如果希望查找某字符在字符串中最后一次出现的位置，可以使用函数strrchr()。在本例中，由于查找的字符'\n'在字符串中仅出现一次，因此使用函数strchr()和函数strrchr()均可。

缓冲区溢出通常是不正确地使用固定大小的数据结构造成的。如果程序没有检查待写入的内容是否超过缓冲区大小之前就将其写入缓冲区，那么写入的内容难免会引发缓冲区溢出。

例如：

```
char buf[10], cpBuf[10];
fgets(buf, 10, stdin);
strcpy(cpBuf, buf);
```

以上代码段中的fgets()不会给buf中的字符串添加字符串结束标志'\0'，buf中的字符串缺少'\0'可能导致后续的strcpy()调用引发缓冲区溢出错误。

把strcpy()更换为有大小限制的字符串复制函数strncpy()，会让上面的代码段更安全。例如：

```
strncpy(cpBuf, buf, n);  //指定将buf中字符串的前n个字符复制到cpBuf中
```

函数strncpy()与函数strcpy()的功能是相似的，只不过strncpy()用其第3个参数n指定了字符串中将要被复制到目标数组中的字符个数。其函数原型如下：

```
char *strncpy(char *dest, const char *src, int n);
```

注意，对于函数strncpy()，第2个实参中的字符串结束标志'\0'不一定会被复制过去。仅当要复制的字符个数n大于src指向的待复制字符串的长度时，程序才会将字符串结束标志'\0'复制到dest指向的内存中。如果n小于src指向的字符串长度，则只是将src指向的字符串的前n个字符复制到dest指向的内存，并不会自动添加'\0'，也就是说如果src指向的字符串中的前n个字符不含'\0'，则复制的字符串不会以'\0'结束，需要再手动添加一个'\0'。如果src指向的字符串的长度小于n，则程序在复制完src指向的字符串后，会用'\0'填充dest后面的内存单元，直到复制完n字节。

与函数fgets()一样，C89提供的“n族”字符串处理函数（如strncpy()、strncat()等），防止发生缓冲区溢出的主要手段就是增加一个参数来限制字符串处理的最大长度。

在已知要复制的字符串的长度时，使用函数memcpy()比使用strcpy()效率更高。将一个数组的元素全部初始化为0时，使用函数memset()比使用循环语句逐个对数组元素赋值效率更高。memcpy()、memset()等字符串处理函数的使用方法见附录G。但无论使用哪个函数进行内存复制等操作，都要保证目标数组有足够的空间来容纳复制后的字符串以及字符串结束标志'\0'，以免发生缓冲区溢出。

此外，C89提供的sprintf()函数也是不安全的。sprintf()的函数原型如下：

```
int sprintf(char *buffer, const char *format [, argument,...] );
```

该函数不进行缓冲区的边界检查，对写入缓冲区buffer的数据字节数不做限制，因此有可能导致紧随buffer的内存数据被破坏。

C99新增的函数snprintf()有助于避免发生缓冲区溢出，一些不支持C99的编译器也支持这个函数。snprintf()的函数原型如下：

```
int snprintf(char *str, size_t size, const char *format, ...);
```

使用snprintf()函数时，缓冲区的大小将作为函数的第2个实参与其他实参一同传递给snprintf()函数，从而保证写入缓冲区的字节数不会超出缓冲区的大小限制。这里，size_t是C语言标准库中定义的，在64位系统中为long long unsigned int，在非64位系统中为unsigned long int，该类型位于头文件stddef.h中。

（6）不希望指针指向的内存或数组元素被修改时，应使用const限定符对其进行限定。

const限定符的作用是告诉编译器被其限定的变量的值是不可修改的，这样可以减少程序排错所需的时间，使程序易于修改和维护。

按值传参是将函数调用中的实参复制一个副本传递给被调函数，即使被调函数修改了这个副本，主调函数中原来的数据也不会发生改变。在多数情况下，被调函数需要修改主调函数传递过来的数据才能完成目标任务。如果被调函数只是为了从主调函数那里获得批量数据或者一个大数据对象而选择了以数组或指针作函数形参，在完成具体任务的过程中并不需要在被调函数中改变它们的数值，那么为安全起见，应该将这个形参声明为const，以确保其不会被意外修改。当形参被声明为const后，若有语句试图去改写它的数值，则编译器要么会给出警告信息，要么会给出错误提示信息，具体取决于所使用的编译系统。

对函数形参使用或不使用const的情况有6种，其中2种是按值调用的参数传递，4种是（模拟）按引用调用的参数传递。如何选择呢？一个基本的原则就是**“最小权限原则”**，即给函数足够的权限，使其可以访问形参中的数据，以完成特定的功能，但绝不给它过多的权限。

（模拟）按引用调用的参数传递方式有如下4种不同的组合，它们分别提供不同的访问权限。

① 指向可变数据的可变指针。

“指向可变数据的可变指针”具有最高的数据访问权限。在这种情况下，可通过对指针进行解引用来改写该指针所指向的内存单元中的数据。当然，也可以改写指针使其指向其他的数据。在这种声明中，无须包含const限定符。

② 指向可变数据的常量指针。

对于这种类型的指针，const限定符要放在类型关键字和指针说明符*的后面、变量名的前面。例如：

```
int* const p = &a;
```

按照从右到左的顺序，可将这条变量声明语句读作：“p是一个常量指针，可指向一个int型数据”。即指针p的值是不能被修改的，不能修改指针p使其指向其他变量，但是它指向的数据是可以修改的，也就是说执行对*p的赋值操作是合法的，而执行对p的赋值操作是非法的。

声明为const的指针必须在定义的同时进行初始化，若指针是函数的形参，则由传递给函数的实参来对其进行初始化。

“指向可变数据的常量指针”所指向的内存单元是不能改变的，而存储在这个内存单元中的数据可以通过指针来改写。数组名就默认为这种指针。一个数组名就是一个指向数组起始元素的常量指针。数组中的所有元素都可以使用数组名和数组下标来访问和改写。“指向可变数据的常量指针”可以用来接收传递给函数的数组实参，然后该函数就可以使用数组下标来访问数组中的元素。

③ 指向常量数据的可变指针。

对于这种类型的指针，const限定符要放在类型关键字的前面。例如：

```
const int *p  = &a;
```

按照从右到左的顺序，可将这条变量声明语句读作：“p是一个指针变量，可指向一个int型常量”。

也可以将const限定符放在类型关键字的后面、指针说明符*的前面。例如：

```
int const *p  = &a;
```

按照从右到左的顺序，可将这条变量声明语句读作：“p是一个指针变量，可指向一个int型常量”。

这两种声明方式是等价的，它们都表明*p是一个常量，而p不是。因此，可以修改指针p的指向，但是不能修改p指向的内容，即对*p进行赋值是非法的，而对p执行赋值操作则是合法的。

使用“指向常量数据的可变指针”来传递数组、结构体这样的大的数据对象，能同时获得模拟按引用传参的高效性和按值传参的安全性。

④ 指向常量数据的常量指针。

对于这种类型的指针，既要在类型关键字的前面放置一个const限定符，又要在变量名的前面放置一个const限定符。例如：

```
const int* const p;
```

按照从右到左的顺序，可将这条变量声明语句读作：“p是一个常量指针，可指向一个int型常量”。它表明p和*p都是常量，无论是对*p还是对p执行赋值操作都将被视为非法操作。

“指向常量数据的常量指针”只有最小的访问权限。这样的指针总是指向一个固定的内存单元，而该内存单元中的数据是不可修改的。当传递给一个函数的数组元素只能通过数组下标来读取而不能被改写时，就必须使用这样的指针来将数组传递给函数。

10.6 本章知识树

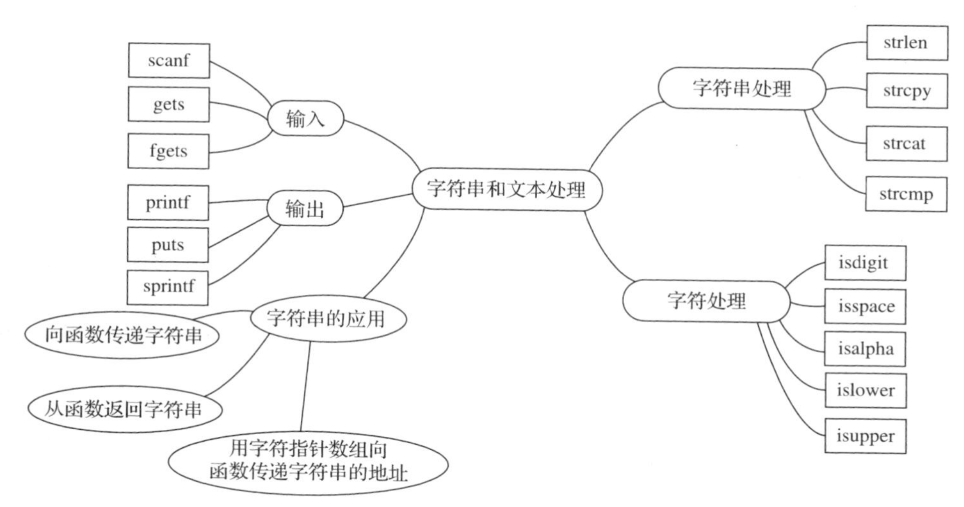

学习指南：向函数传递字符串主要有两种方式，一种是字符数组作函数形参，另一种是字符指针作函数形参。虽然利用数组或字符指针形参也能从函数返回字符串，但是将函数的返回值类型定义为字符指针类型（即利用返回值返回字符串的首地址）的优势在于它支持函数调用的级联。正确使用字符指针须牢记以下基本原则：（1）永远清楚字符串被保存在了哪里；（2）永远清楚字符指针指向了哪里。

习题10

1. **文件追加。**从键盘输入一行字符串，然后把它们添加到文本文件demo.txt的末尾。假设文本文件demo.txt中已有内容为“yesterday once more”。

2. **文件内容拆分。***yesterday once more*是美国歌手卡伦·卡彭特（Karen Carpenter）的代表作，曾入围奥斯卡百年金曲，这首歌的歌名可译为“昨日重现”或者“昔日重来”。这首歌好像娓娓道来自己的故事，虽不十分伤感，但透露着淡淡忧伤，让人陷入歌中所营造的昔日美好气氛里，沉醉不已。从1973年到今天，这首歌逐渐成为全世界最经典的英文金曲之一。这首歌的部分歌词和中文大意如下：

When I was young
当我年轻时
I'd listen to the radio
我喜欢听收音机
Waiting for my favorite songs
等待着我最喜欢的歌曲
When they played I'd sing along
当歌曲播放时我和着它轻轻吟唱
It made me smile
我脸上洋溢着幸福的微笑
Those were such happy times
那时的时光多么幸福
and not so long ago
且它并不遥远
How I wondered
我记不清
Where they'd gone
它们何时消逝
But they're back again
但是它们再次回访
just like a long lost friend
像一个久无音讯的老朋友
All the songs I love so well
所有我喜爱万分的歌曲

Every sha-la-la-la every wo-o-wo-o
每一声sha-la-la-la 每一声wo-o-wo-o
still shines
仍然光芒四射
Every shing-a-ling-a-ling
每一声 shing-a-ling-a-ling
that they're starting to sing
当他们开始唱时
so fine
都如此悦耳

When they get to the part
当他们唱到
where he's breaking her heart
他让她伤心那段时
It can really make me cry
真的令我哭了
just like before
像从前那样
It's yesterday once more
这是昨日的重现

请编写一个程序，将上面的歌词复制到一个文本文件中，然后从文本文件中读出这首歌的英文歌词和中文大意，将英文歌词和中文大意分别保存到另外两个文本文件中。

3. **单词数统计**。在第2题的基础上，从文本文件中读取这首歌的英文歌词（假设每行歌词的字符数不超过80），然后统计并输出其中的单词数。注意，they'd和shing-a-ling-a-ling这样的词当作一个单词来统计。

4. **单词替换**。在第3题的基础上，从文本文件中读取这首歌的英文歌词（假设每行歌词的字符数不超过800），将其中出现的I'd替换为I would，将they'd替换为they would，将they're替换为they are，将It's替换为It is，将he's替换为he is，然后保存到一个新的文件中，再从该文件中读出这些英文歌词，重新统计并输出其中的单词数。

5. **词频统计**。在第4题的基础上，从文本文件中读取这首歌的英文歌词（假设每行歌词的字符数不超过800），然后输入一个指定的英文单词，统计并输出该单词在英文歌词中出现的频次。

6. **数字字符提取**。请编程从键盘输入一个字符串，将其中的数字字符存储到一个数组中，并将其转换为整数输出。例如，用户输入字符串1243abc3，则将12433取出以整数形式输出。

7. **首字符查询**。请编程从键盘输入一个字符串，查找字符串中首个重复出现的小写字母，输出该字母及其在字符串中第一次出现的位置。

8. **行程长度编码**。请编写一个程序，依次记录字符串中每个字符及其重复出现的次数，然后输出压缩后的结果。先输入一串字符，以Enter键表示输入结束，然后将其全部转换为大写后输出，最后依次输出字符串中每个字符及其重复的次数。例如，如果待压缩字符串为“AAABBBBCBB”，则压缩结果为3A4B1C2B。要求字符的大小写不影响压缩结果。假设输入的字符串中的实际字符数小于80个，且全部由大小写字母组成。

9. **单词接龙**。阿刚和女友小莉用英语短信玩单词接龙游戏。其中一人先写一个英文单词，然后另一个人回复一个英文单词，要求回复单词的开头有若干个字母和上一个人所写单词的末尾若干个字母相同，重合部分的长度不限（例如，阿刚输入happy，小莉可以回复python，重合部分为py）。现在，小莉回复了阿刚一个单词，阿刚想知道这个单词与自己发过去的单词的重合部分是什么，但是阿刚觉得用肉眼找重合部分实在是太难了，所以请你编写程序来帮他找出重合部分。

10. **垃圾邮件过滤**。请考察研究一些常见的垃圾邮件中的单词，并检查你的垃圾邮箱，从中抽出若干个（用宏常量来定义）最常见的单词，形成一个疑似垃圾邮件的单词列表。编写一个程序请用户读入一封电子邮件的内容，将邮件中以空格为分隔符的字符串读入一个很大的字符数组，并将每个字符串转换为全小写字符串，去除其中的非英文字符（如句点、问号、圆括号等），然后扫描这些单词，每当出现疑似垃圾邮件的单词列表中的单词时，就给邮件的“垃圾分数”加1。请编程输出该邮件的垃圾分数，以辅助用户评价这封邮件是垃圾邮件的可能性。

11. **关键字统计V1**。请编写一个程序，完成对输入的以回车符分隔的多个标识符中C语言关键字的统计。要求先输入多个标识符，每个标识符以回车符结束，所有标识符输入完毕后以end和回车符结束，然后输出其中出现的C语言关键字的统计结果，即每个关键字出现的次数。

12. **关键字统计V2**。请编写一个程序，完成对输入的以空格符分隔的多个标识符中C语言关键字的统计。要求先输入多个标识符，以空格符为分隔符，所有标识符输入完毕后以回车符结束，然后输出其中出现的C语言关键字的统计结果，即每个关键字出现的次数。

13. **计算数字根**。把一个正整数的各位数字相加，若和为一位数，则此和即其数字根，否则把和的各位数字继续相加，直到和为一位数。例如，对于39，3+9=12，12不是一位数，但1+2=3是一位数，其数字根是3。请编写一个程序，从键盘任意输入一个数字，然后输出其数字根。

14. **字符串模式匹配V1**。请编写一个程序，判断一个字符串是不是另一个字符串的子串。要求先输入两个长度小于80的字符串A和B，且A的长度大于B的长度，如果B是A的子串，则输出"Yes"，否则输出"No"。

15. **字符串模式匹配V2**。请编写一个程序，统计一个字符串在另一个字符串中出现的次数。先输入两个长度小于80的字符串A和B，且A的长度大于B的长度，然后输出B在A中出现的次数。

16. **字符串模式匹配V3**。请编写一个程序，统计一个字符串在另一个字符串中首次出现的位置。先输入两个长度小于80的字符串A和B，且A的长度大于B的长度，然后输出B在A中首次出现的位置。

17. **数字到中文字符的转换V1**。请用字符指针数组编程，将输入的数字年份转化为中文书写的年份输出。例如，输入2017后，程序输出"二〇一七"。

18. **数字到中文字符的转换V2**。请用字符指针数组编程，进行一位数字的加法和中文汉数的加法运算。例如，输入1+2，则输出"1 + 2 = 3"和"一 + 二 = 三"。

19. **汉字乘法表**。请用字符指针数组编程，输出如下汉字乘法表。

```
一一得一
一二得二    二二得四
一三得三    二三得六    三三得九
一四得四    二四得八    三四一十二  四四一十六
一五得五    二五一十    三五一十五  四五二十    五五二十五
一六得六    二六一十二  三六一十八  四六二十四  五六三十    六六三十六
一七得七    二七一十四  三七二十一  四七二十八  五七三十五  六七四十二  七七四十九
一八得八    二八一十六  三八二十四  四八三十二  五八四十    六八四十八  七八五十六  八八六十四
一九得九    二九一十八  三九二十七  四九三十六  五九四十五  六九五十四  七九六十三  八九七十二  九九八十一
```

20. **矩阵转置**。利用例9.2中的交换函数，按如下函数原型编程计算并输出$n \times n$矩阵的转置矩阵。其中，n由用户从键盘输入。已知n值不超过10。

```
void Transpose(int (*a)[N], int n);
```

第11章

算法和数据结构基础——用结构封装数据

内容导读

必学内容：结构体类型的声明，结构体变量和结构体数组的定义和初始化，结构体所占内存的字节数，对结构体的操作，结构体指针，向函数传递结构体，从函数返回结构体，共用体类型。

选学内容：枚举类型。

如果说前面都是清一色的“陆战队”的话，那么从本章开始则是“海陆空”齐上阵。本章，我们将介绍几种新的数据类型，即结构体类型、共用体类型和枚举类型，它们是结构设计的基础。结构体的应用主要是封装多种类型的数据以实现更为复杂的数据结构。前者在本章介绍，后者将在第12章介绍。与结构体长得很像的是共用体，它是结构体的亲密伙伴，那么共用体有什么用呢？或许你只知其一，不知其二。还有枚举类型，它是一个经常被人遗忘的数据类型，它有什么特殊用途吗？ C语言的核心知识到本章就结束了，第12章属于它的外延，这是为什么呢？迷雾重重，火速来一探究竟吧！

11.1 结构体类型及其应用——变形金刚之组合金刚

本节主要讨论如下问题。

（1）如何声明一个结构体类型？如何为数据类型定义一个别名？

（2）如何定义一个结构体变量、数组或指针？如何通过它们访问结构体的成员？

（3）可以对结构体执行哪些操作？不能执行哪些操作？

（4）如何计算结构体在内存中占用的字节数？

C语言中的每种基本数据类型，就像变形金刚中的每个机器人，它们都可以独当一面，各有所长，也能在不同场景下发挥恰到好处的作用。殊不知，这个“金刚”系列中还有个组合金刚。组合金刚基本都是“一大带四小”的模式，即5个成员的合体。通常一个大的为主体，其余4个小的为四肢，而其能力也比原来的小金刚厉害得多。C语言中的组合金刚就是结构体。通过不同数据类型的组合，它可以让计算世界中的数据类型更加贴合物理世界中的本体。

如果说int、char、float等基本数据类型使得我们画地为牢、束手束脚，那么结构体将为我们插上想象的翅膀，使我们领略不一样的风景。

11.1.1 结构体类型的声明和结构体变量的定义

结构体类型的声明

任何高级语言提供的基本数据类型都是有限的，因此仅使用基本数据类型显然无法表示链表、树、堆栈等复杂的数据对象。C语言允许用户根据具体问题利用已有的基本数据类型来构造自己所需的数据类型，这些数据类型称为**构造数据类型**（也称为**复合数据类型**）。构造数据类型是由基本数据类型派生而来的，是由用户根据需要自己定义的，因此也称**用户自定义数据类型**（**User-Defined Data Type**）。

前面第7章介绍的数组有两个重要特性。首先，数组的所有元素具有相同的类型；其次，为了选择数组元素需要指明元素的索引（即下标）。与数组将相同类型的数据组织在一起不同的是，本章将要介绍的结构体可以将不同类型的数据组织在一起，并用一个统一的名字来命名这种特殊的数据类型，它适合表示一组关系紧密、逻辑相关、具有相同或者不同属性的数据的集合。**结构体**（**Structure**），也称为结构。结构体的“元素”（在C语言中称为结构体成员）可能具有不同的类型，而且每个结构体成员都有自己的名字，因此选择特定的结构体成员需要指明结构体成员的名字，而不是它的下标。在其他某些语言中，结构常被称为记录（Record），结构体成员常被称为字段（Field）。

当需要存储相关数据项的集合时，结构体是一种合乎逻辑的选择。例如，假设记录学生的档案信息需要存储每个学生的如下信息：学号（long型）、姓名（字符串）、性别（char型，用'F'表示女性，用'M'表示男性，F是Female的缩写，M是Male的缩写）、出生年（int型）以及各门课程的成绩（int型），如表11-1所示。由于表格中每一列的数据具有相同的类型，而数组是具有相同类型数据的集合，所以我们可以用多个不同类型的数组来表示表格中每一列的数据。假设表格中有30个学生的信息，则可以定义如下几个数组：

```
long  ID[30];                // 学号
char  name[30][10];          // 姓名
char  gender[30];            // 性别
int   birthyear[30];         // 出生年
int   score[30][4];          // 4门课程的成绩
```

然后，可以根据表11-1中的数据对数组进行如下初始化：

```
long  ID[30] = {100310121, 100310122, 100310123, 100310124};
char  name[30][10] = {"王刚", "李小明", "王丽红", "陈莉莉"};
char  gender[30] = {'M', 'M', 'F', 'F'};
int   birthyear[30] = {1991, 1992, 1991, 1992};
int   score[30][4] = {{72,83,90,82},{88,92,78,78},{98,72,89,66},
                      {87,95,78,90}};
```

其中，ID[0]代表第1个学生的学号，name[0]代表其姓名，依此类推。

表 11-1　学生的档案信息

学号	姓名	性别	出生年	数学	英语	计算机原理	程序设计
100310121	王刚	男	1991	72	83	90	82
100310122	李小明	男	1992	88	92	78	78
100310123	王丽红	女	1991	98	72	89	66
100310124	陈莉莉	女	1992	87	95	78	90
……	……	……	……	……	……	……	……

用数组管理的学生档案信息的内存分配如图11-1所示。这种表示方法的主要问题如下。

（1）分配内存不集中，查询同一个人的档案信息的寻址效率不高。

（2）对数组赋初值时易发生错位。

（3）存储结构不够紧凑，不易管理。

若要像图11-2所示那样将每个学生的档案信息集中存储在某一段内存中，即将不同数据类型的数据集中在一起统一分配内存，就需要利用本节将要介绍的一种新的数据类型，即**结构体类型**（**Structure Type**）。

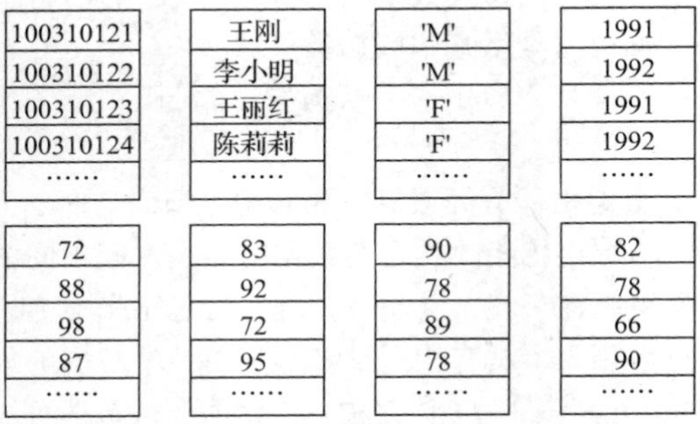

100310121	王刚	'M'	1991
100310122	李小明	'M'	1992
100310123	王丽红	'F'	1991
100310124	陈莉莉	'F'	1992
……	……	……	……

72	83	90	82
88	92	78	78
98	72	89	66
87	95	78	90
……	……	……	……

图11-1　用数组管理的学生档案信息的内存分配

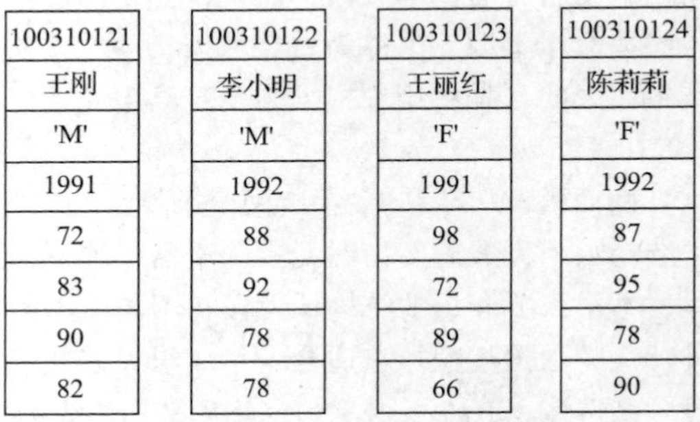

100310121	100310122	100310123	100310124
王刚	李小明	王丽红	陈莉莉
'M'	'M'	'F'	'F'
1991	1992	1991	1992
72	88	98	87
83	92	72	95
90	78	89	78
82	78	66	90

图11-2　希望的内存分配

结构体类型属于**派生数据类型**（**Derived Data Type**），即它们是用其他数据类型来构建的。例如，对于上面的例子，我们可以先定义下面的结构体类型：

```
struct  student
{
    long  ID;                  // 学号
    char  name[10];            // 姓名
    char  gender;              // 性别
    int   birthyear;           // 出生年
    int   score[4];            // 4门课程的成绩
};
```

关键字struct用来引出一个结构体定义。标识符student作为用户自定义的结构体类型的标志，用于与其他结构体类型相区别，因此称为**结构体标记**（**Structure Tag**）。关键字struct加上结构体标记之后，就可以用于声明具有这个结构体类型的变量了。在上面的例子中，结构体类型是struct student。在结构体定义的花括号内声明的变量，称为**结构体成员**（**Structure Member**）。每个结构体成员都有一个名字和相应的数据类型。同一个结构体类型中的成员必须具有不同的名字，但是两个不同的结构体类型中的成员可以拥有相同的名字而不会引发冲突。结构体成员的命名方法和变量的命名方法是一样的。每个结构体的定义都必须用一个分号来结束，它是结构体声明的结束标志，不能省略。

声明结构体类型就相当于声明了一个**结构体模板**（**Structure Template**）。结构体模板只是声明了一种新的可用于定义变量的数据类型，定义了该类型的数据组织形式，编译器并不为其分配内存，正如编译器不为int型分配内存。用户自定义一个结构体类型后，就可以像定义其他类型的变量一样，来定义结构体类型的变量。例如，语句

```
struct student stu1, stu[30], *stuPtr;
```

将stu1声明为一个类型为struct student的变量，将stu声明为一个包含30个具有struct student类型的元素的数组，将stuPtr声明为一个指向struct student类型的指针。

定义struct student类型的结构体变量，相当于对struct student类型的实例化。在类型实例化之后，系统才为类型为struct student的变量stu1、数组stu中的30个struct student类型的元素以及未初始化的指向struct student类型的指针p分配内存。

上面的变量定义语句也可以与结构体类型的定义融合在一起，即通过在结构体类型定义的右花括号与表示定义结束的分号之间加上用逗号分隔的变量名列表的方式，来同时完成结构体类型定义和结构体变量定义。当结构体类型和结构体变量放在一起定义时，结构体标记是可选

的，即可以省略结构体标记。例如：

```
struct
{
    long  ID;                       // 学号
    char  name[10];                 // 姓名
    char  gender;                   // 性别
    int   birthyear;                // 出生年
    int   score[4];                 // 4门课程的成绩
} stu1, stu[30], *stuPtr;
```

由于这种定义方法未指定结构体标记，使得不能在程序的其他处使用结构体标记来定义具有相同类型的其他结构体变量，因而这种定义方法并不常用。

结构体类型的声明既可放在所有函数体的外部，也可放在函数体内部。在函数体外声明的结构体类型可为所有函数使用，称为**全局声明**；在函数体内声明的结构体类型只能在本函数体内使用，离开该函数，声明失效，称为**局部声明**。

每个结构体都代表一种新的作用域，任何声明在此作用域内的名字都不会和程序中的其他名字冲突，即每个结构体都为它的成员设置了独立的**名字空间（Namespace）**。例如，两个不同类型的结构体声明中出现了同名的结构体成员，它们不会相互影响。

C语言中的关键字**typedef**提供了一种为系统内置的数据类型或者用户自定义数据类型创建同义词（或别名）的机制。例如，为struct student结构体类型定义一个别名STUDENT，可用语句

```
typedef struct student STUDENT;
```

或者

```
typedef struct student
{
    long  ID;                       // 学号
    char  name[10];                 // 姓名
    char  gender;                   // 性别
    int   birthyear;                // 出生年
    int   score[4];                 // 4门课程的成绩
} STUDENT;
```

为struct student结构体类型定义一个别名STUDENT，意味着STUDENT与struct student是同义词，用STUDENT和用struct student定义结构体变量是一样的。因此，下面两条变量声明语句是等价的：

```
struct student stu1, stu[30], *pt;
STUDENT stu1, stu[30], *pt;         //更简洁的形式
```

typedef还常被用来为基本数据类型创建一个别名。例如，一个处理4字节整数的程序运行于某个系统时，用类型int定义变量；而运行于另一个系统时，用类型long定义变量。为了提高程序的可移植性，可以用typedef为4字节的整数创建一个别名，例如：

```
typedef int Integer;
```

这样，当需要将程序移植到另一个系统上时，只需对别名Integer的定义做一次修改，即修改为

```
typedef long Integer;
```

使用typedef有助于提高程序的可读性和可维护性。但需要注意的是，typedef只是为一种已存在的数据类型定义一个新的名字，并未定义一种新的数据类型。

如果表11-1中的学生档案信息记录的出生信息包含年、月、日信息，如图11-3所示，那么应该如何修改STUDENT结构体类型呢？

学号	姓名	性别	出生日期			数学	英语	计算机原理	程序设计
			年	月	日				

图11-3　学生档案信息表的表头

一种方法是将结构体类型STUDENT修改为

```
typedef  struct  student
{
   long ID;
   char name[10];
   char gender;
   int  year;     // 出生年
   int month;     // 出生月
   int  day;      // 出生日
   int  score[4];
}STUDENT;
```

但是更好的方法是使用一个嵌套的结构体。首先，定义一个具有年、月、日成员的结构体类型，即先声明一个日期结构体模板：

```
typedef struct date
{
   int   year;   //年
   int   month;  //月
   int   day;    //日
}DATE;
```

然后，根据这个DATE结构体模板来重新构造结构体类型STUDENT：

```
typedef struct student
{
    long  ID;                          // 学号
    char  name[10];                    // 姓名
    char  gender;                      // 性别
    DATE  birthday;                    // 出生日期
    int   score[4];                    // 4门课程的成绩
} STUDENT;
```

在上面这个结构体的定义中出现了“嵌套”，STUDENT内有另一个DATE类型的结构体变量birthday作为其成员。像这种包含另一个结构体类型的成员的结构体，称为**嵌套的结构体**（**Nested Structure**）。使用嵌套的结构体的好处就是可以很容易地把一组逻辑紧密相关的信息作为一个整体来处理。例如，如果要向函数传递birthday的信息，那么将其定义为结构体后只需传1个实参即可，而无须传3个实参。

11.1.2　结构体成员的初始化和访问

和数组一样，结构体变量可以在声明的同时进行初始化，也可以通过将结构体成员的初值列表置于一对花括号内（也称为初始化器）来对其进行初始化。例如，定义一个STUDENT类型的结构体变量stu1并对其进行初始化的语句为

```
STUDENT stu1 = {100310121, "王刚", 'M', 1991, {72,83,90,82}};
```

结构体初始化器遵循的原则与数组初始化器遵循的原则相同，即初始化器中的值必须按照结构体成员的顺序来显示。例如，这里结构体变量stu1的第1个结构体成员ID被初始化为100310121，第2个结构体成员name是一个字符数组，被初始化为字符串"王刚"，第3个结构体成员gender被初始化为字符'M'，第4个结构体成员birthyear被初始化为1991，最后1个结构体成

员score是整型数组，其数组元素依次被初始化为花括号内的数值72、83、90、82。此外，初始化值必须是常量，不能是变量，而且初始化器中的初值个数可以少于它所初始化的结构体成员数，与数组类似，剩余的成员用 0 作为它的初值。特别指出，剩余的字符数组中的字节数为0，表示空字符串。

如果定义的STUDENT类型的出生信息包含年、月、日信息，则定义STUDENT类型的结构体变量stu1并对其进行初始化的语句为

```
STUDENT stu1 = {100310121, "王刚", 'M', {1991,5,19}, {72, 83, 90, 82}};
```

如果将日期结构体模板设计成

```
typedef struct date
{
    int   year;
    char  month[10];
    int   day;
}DATE;
```

则定义STUDENT类型的结构体变量stu1并对其进行初始化的语句应修改为

```
STUDENT stu1 = {100310121, "王刚", 'M', {1991,"May",19}, {72, 83, 90, 82}};
```

指派初始化允许直接使用下标或成员名字来初始化数组元素、结构体变量的成员。例如，C89中的语句

```
int a[4] = {1,0,0,3};
```

在C99中可以写成

```
int a[4] = {[0]=1, [3]=3};
```

在C99中，对结构体成员进行初始化时，可以按成员的名字来指定初值，初始化器中没有涉及的成员都自动初始化为 0。用圆点和成员名的组合构成指示器。例如，可以用如下指派初始化来对STUDENT类型的结构体变量stu1的成员进行初始化：

```
STUDENT stu1 = {.ID=100310121, .name="王刚", .gender='M',
                .birthday={.year=1991,.month=5,.day=19},.score={[0]=91}};
```

指派初始化的优点为容易阅读且容易验证，因为可以清楚地看出结构体中的成员和初始化器中的值的对应关系。其次，初始化器中的值的顺序不需要与结构体成员的顺序一致。以上这个例子可以写为

```
STUDENT stu1 = {.name="王刚",.gender='M',.ID=100310121,
                .birthday={.year=1991,.month=5,.day=19},.score={[0]=91}};
```

因为不必考虑顺序的问题，所以程序员不必记住原始类型声明时成员的顺序，而且成员的顺序改变也不会对指示器产生影响。

与其他类型的指针变量一样，结构体指针也需要在使用前进行初始化。例如，定义一个指向STUDENT结构体类型的指针变量，可用下面的语句：

```
STUDENT  *pt= &stu1; // 定义指向STUDENT结构体的指针变量并对其进行初始化
```

这里定义了一个指向STUDENT类型的结构体指针变量pt，并且使pt指向了结构体变量stu1。如果pt未被初始化，那么pt的值是一个随机不确定的值，在不知道pt具体指向哪里的情况下，对pt进行解引用将会引起非法内存访问错误。

如何访问结构体的成员呢？

如图11-4（a）所示，数组的元素具有相同的类型，占有相同大小的存储空间，因此可以通过下标（即数组元素在数组中的位置）来访问数组元素。与数组不同的是，结构体的成员可能具有不同的类型，每个成员所占的存储空间大小是不同的，如图11-4（b）所示。但是由于每个成员都有一个不同于其他成员的名字，所以可以通过结构体成员的名字（而不是位置）来指定要访问的结构体成员。

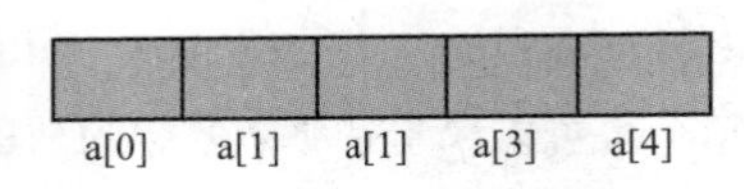

（a）数组的逻辑存储结构

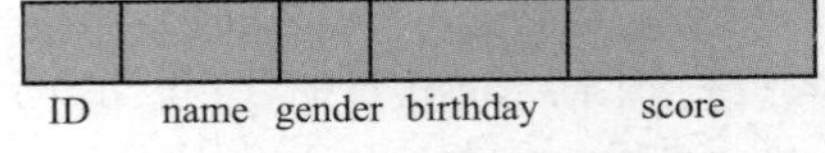

（b）结构体的逻辑存储结构

图 11-4　数组与结构体的逻辑存储结构示意

有两个运算符可用来访问结构体成员：一个是结构体**成员选择运算符**（.），也称为**圆点运算符**（**Dot Operator**）；另一个是结构体**指向运算符**（->），也称为**箭头运算符**（**Arrow Operator**）。注意，结构体指向运算符由一个减号（-）和一个大于号（>）组成，中间没有空格。

结构体指针

结构体成员选择运算符通过结构体变量名来访问结构体成员，在成员选择运算符的前面，应指出访问的是哪个结构体变量，在成员选择运算符的后面，应指出访问的是这个结构体变量的哪个成员。例如，若要给STUDENT类型的结构体变量stu1的成员ID重新赋值，则可以采用下面的语句：

```
stu.ID = 100310121;
```

需要注意的是，字符数组类型的成员name的赋值有点特殊，不能直接使用赋值运算符，而应使用字符串复制函数strcpy()，即不可以使用

```
stu.name = "张伟";  //错误
```

而应使用

```
strcpy(stu.name, "张伟");
```

这是因为结构体成员name是一个字符数组，name是该数组的名字，代表字符数组的首地址，它是一个常量，不能作为赋值运算中的左值。

当出现结构体嵌套时，必须以级联方式访问结构体成员，即通过成员选择运算符逐级找到最底层的成员。例如，访问结构体变量stu1的birthday成员，需使用stu1.birthday.year、stu1.birthday. month、stu1.birthday.day。再如，访问STUDENT类型的结构体数组stu的第1个元素的ID成员用stu[0].ID，访问该数组第4个元素的birthday成员用stu[3].birthday.year、stu[3].birthday.month、stu[3].birthday.day。

若要通过指向结构体的指针pt来访问其指向的结构体的变量stu1的ID成员，则可以用如下两种方式：

```
pt->ID = 100310121;    //访问pt指向的ID成员
 (*pt).ID = 100310121; //这种方式不常用
```

其中，表达式pt->ID等价于(*pt).ID。注意，(*pt).ID中的圆括号是不能缺少的，因为结构体成员选择运算符的优先级高于间接寻址运算符。结构体指向运算符和结构体成员选择运算符，以及调用函数用的圆括号和标识数组下标的方括号，都具有最高的优先级，且都是自左向右结合的。所以，这里是先将(*pt)作为一个整体，通过对pt进行解引用取出pt指向的结构体的内容，将其看成一个结构体变量，然后利用成员选择运算符访问它的成员。因此，上面这两条语句是等价的。

若要访问结构体指针变量pt指向的结构体的birthday成员，则需使用下面的语句：

```
pt->birthday.year = 1991;
pt->birthday.month = 5;
pt->birthday.day = 19;
```

11.1.3　结构体与数组的嵌套

结构体与数组的嵌套

结构体和数组可以任意组合，数组可以将结构体作为其元素，结构体也可以将数组和其他结构体作为其成员，在11.1.1小节我们定义的结构体类型

STUDENT就是将数组成员name和score嵌套在了结构体的内部，同时还把一种结构体嵌套在了另一种结构体中，例如，DATE类型的结构体嵌套在了STUDENT类型的结构体中。数组和结构体另一种常见的组合是元素为结构体的数组，即结构体数组。结构体数组就是用结构体类型作为其元素基类型的数组，它通常可以用于保存简单的数据库信息。

初始化结构体数组与初始化多维数组的方法非常相似。例如，定义一个有30个元素的STUDENT结构体类型的数组，可用下面的语句：

```
STUDENT stu[30];
```

当然，也可以在定义结构体数组的同时对其进行初始化。例如，下面的语句在定义结构体数组stu的同时对数组的前4个元素进行了初始化，而其他数组元素被系统自动赋值为0。

```
STUDENT stu[30] = {{100310121, "王刚",  'M',{1991,5,19},{72,83,90,82}},
                   {100310122, "李小明", 'M',{1992,8,20},{88,92,78,78}},
                   {100310123, "王丽红", 'F',{1991,9,19},{98,72,89,66}},
                   {100310124, "陈莉莉", 'F',{1992,3,22},{87,95,78,90}}
                  };
```

每个结构体数组元素的初值分别用花括号标识，独立成行的目的是增强其可读性，使阅读者更容易将初值与相应元素的各个结构体成员关联在一起。初始化后的结构体数组stu保存的信息如表11-2所示。如果数据库信息在程序执行期间不会改变，那么可以采用初始化结构体数组的方式为其赋值。

表 11-2　学生的档案信息

学号	姓名	性别	出生日期			数学	英语	计算机原理	程序设计
			年	月	日				
100310121	王刚	男	1991	5	19	72	83	90	82
100310122	李小明	男	1992	8	20	88	92	78	78
100310123	王丽红	女	1991	9	19	98	72	89	66
100310124	陈莉莉	女	1992	3	22	87	95	78	90
……	……	……	……	……	……	……	……	……	……
……	……	……	……	……	……	……	……	……	……

假设已经定义了一个有30个元素的STUDENT类型的结构体数组stu，则定义一个STUDENT类型的结构体指针变量pt，并将其指向结构体数组stu的方法为

```
STUDENT  *pt = stu;
```

它与下面的语句是等价的：

```
STUDENT  *pt = &stu[0];
```

如图11-5所示，pt指向了STUDENT类型的结构体数组stu的第1个元素stu[0]的首地址，此时若要引用pt指向的结构体的score[0]成员，则可以用指向运算符即pt->score[0]，相当于引用stu[0].score[0]的值。由于pt指向的是stu[0]，所以pt+1指向的是下一个元素stu[1]，pt+2指向的是stu[2]，依此类推。

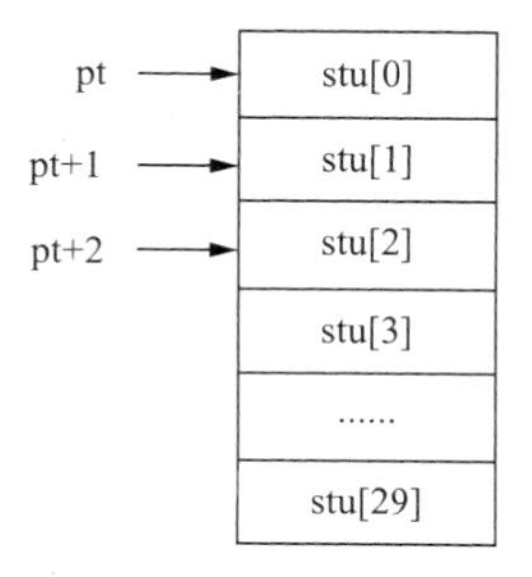

图 11-5　指向结构体的指针

11.1.4 结构体占内存的字节数

结构体占内存的字节数

数组类型所占内存的字节数是其所有元素所占内存字节数的和，那么结构体类型所占内存的字节数是否为结构体所有成员所占内存字节数的和呢？来看下面的例子。

【例11.1】下面的程序用于演示结构体所占内存字节数的计算方法。

```
1   #include  <stdio.h>
2   typedef struct sample
3   {
4         char  m1;
5         int   m2;
6         char  m3;
7   }SAMPLE;                                      //定义结构体类型SAMPLE
8   int main(void)
9   {
10        SAMPLE s = {'a', 2, 'b'};               //定义结构体变量s并对其进行初始化
11        printf("bytes = %d\n", sizeof(s));      // 输出结构体变量s所占内存字节数
12        return 0;
13  }
```

此程序在Code:Blocks下的运行结果为

```
bytes = 12
```

将第11行语句修改为

```
printf("bytes = %d\n", sizeof(SAMPLE)); //输出结构体类型SAMPLE所占内存字节数
```

或者修改为

```
printf("bytes = %d\n", sizeof(struct sample));
```

其运行结果是一样的。

为什么结构体类型SAMPLE所占内存的字节数是12，而不是其每个成员所占内存字节数的和（即1+4+1=6）呢？大多数计算机系统会要求特定类型的对象在存储器里的存储位置只能开始于某些特定的字节地址，而这些字节地址都是某个数值*N*的特定倍数，这就是所谓的**内存对齐**（**Memory Alignment**）。你一定会觉得奇怪吧，为什么要内存对齐呢？内存对齐的主要目的是提高内存寻址的效率。在32位计算机体系结构中，如果int型数据被对齐在4字节地址边界，那么可以保证访问一个4字节的int型数据只需一次内存访问操作，每次内存访问都是在4字节对齐的地址读取或存入4字节数据。而若在没有对齐的地址处读取一个4字节的int型数据，则需要两次读取操作，从两次读取到的8字节数据中再提取出这个4字节int型数据还需要额外的操作，这样就会导致内存寻址效率降低。

为了满足内存对齐的要求，计算机可能会在较小的成员后添加一些补位或“空洞”（即无用的字节）。例如，假设数据项的存储位置必须从4字节的倍数开始，那么结构体成员m1、m3的后面将会添加3字节的补位，如图11-6（a）所示，以达到与成员m2内存对齐的目的，这样就会导致结构体实际所占内存的字节数比我们想象的多。因此，结构体变量s将占12字节，而非顺序排列的6字节。计算机自动处理内存对齐，无须编程者了解计算机内部的存放形式。

若将结构体变量s的第2个成员m2的数据类型改成短整型，则程序的输出结果将变为

```
bytes = 6
```

这是因为，如图11-6（b）所示，为了达到与成员m2内存地址对齐的目的，结构体变量s的成员m1和m3的后面只要增加1字节的补位，因此结构体变量s占6字节，而非12字节。

而如果将结构体类型SAMPLE的成员声明顺序修改为

```
typedef struct sample
{
    char  m1;
    char  m3;
    int   m2;                    //m2和m3的声明顺序互换
}SAMPLE;
```

则内存对齐方式如图11-6（c）所示。程序的输出结果将变为

```
bytes = 8
```

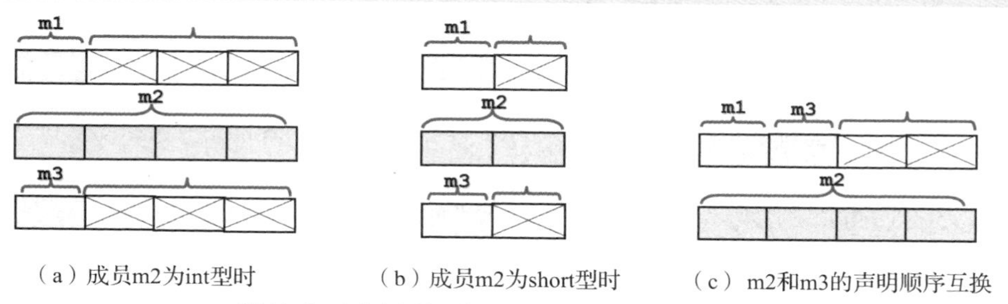

（a）成员m2为int型时　　（b）成员m2为short型时　　（c） m2和m3的声明顺序互换

图11-6　未定义存储区的结构体变量可能的内存对齐示意

由于特定数据类型的数据项的大小是与机器相关的，同时内存对齐规则也是与机器相关的，所以一个结构体在内存中的存储结果也是与机器相关的。计算结构体所占内存的字节数时，一定要使用sizeof运算符，千万不要想当然地直接用对各成员所占内存字节数简单求和的方式来计算，否则会降低程序的可移植性。

再来看最后一个问题：是否有可能在结构体的开始处出现补位呢？答案是否定的。C语言标准只允许在成员之间或者最后一个成员的后面有补位。这样做的好处是可以保证结构体第一个成员的地址值与整个结构体的地址值是一样的。

由于对补位上的值并没有专门定义，因此，即使两个结构体变量中成员的值完全相同，也不能保证这两个结构体变量是相等的。在它们的内存空间中，未定义的补位字节几乎不可能存储相同的值。因此，不能使用关系运算符==来判定两个结构体是否相等。

C99允许将结构体的最后一个成员声明为一个未指定长度的数组（即具有一对空的方括号的数组），称其为**弹性数组成员（Flexible Array Member）**。例如：

```
struct sample
{
    int otherMembers;
    int array[];         //弹性数组成员
};
```

注意：只能将一个弹性数组声明为该结构体的最后一个成员，每个结构体最多只能有一个弹性数组成员；一个弹性数组不能作为一个结构体的唯一成员，即结构体必须有一个以上的固定成员；所有拥有弹性数组成员的结构体均不能作为其他结构体的成员，且不能被静态初始化。

为一个具有弹性数组成员的结构体分配内存空间时，可使用如下语句：

```
int size = 10;
struct sample *ptr;
ptr = malloc(sizeof(struct sample) + sizeof(int)*size);
```

表达式sizeof(struct sample)得到的是除弹性数组以外的该结构体其他所有成员所占内存空间之和。用表达式sizeof(int)*size额外分配的内存空间就是分配给弹性数组的内存空间。使用弹性数组的好处是有利于减少内存的碎片化。

11.1.5　结构体的相关计算和操作

能够用于整个结构体的操作仅限于以下几种。

（1）将结构体变量赋值给其他具有相同类型的结构体变量，对于指针成员，仅复制存储在指针成员中的地址值。

（2）用运算符&得到结构体变量的地址。

（3）访问一个结构体变量中的成员。

（4）用运算符sizeof确定结构体变量的大小。

注意，结构体变量不能进行比较操作，不能使用==和!=来判定两个结构体是否相等。为什么C语言不支持使用==来判定两个结构体是否相等呢？这是因为相对于逐个比较结构体成员而言，比较结构体中的全部字节是效率较高的方法，许多计算机有特殊的指令可以用来快速执行此类比较。如果结构体含有补位，那么依次比较字节就会产生错误的结果，即使两个结构体变量对应的成员有相同的值，也会因为补位中的随机值不同而导致两个结构体变量不相等。

由于访问结构体成员的操作和计算字节数的操作已经分别在11.1.2小节和11.1.4小节中介绍，所以本小节仅介绍结构体变量的赋值和取地址操作。

1. 结构体变量的赋值操作

将一种类型的结构体赋值给另外一种不同类型的结构体，将产生编译错误。因此，结构体变量的赋值操作只能在相同类型的结构体变量之间进行。例如，假设有

```
STUDENT stu1, stu2;
```

则执行赋值语句

```
stu2 = stu1;
```

相当于执行下面的一组赋值语句：

```
stu2.ID = stu1.ID;
strcpy(stu2.name, stu1.name);
stu2.gender = stu1.gender;
stu2.birthday.year = stu1.birthday.year;
stu2.birthday.month = stu1.birthday.month;
stu2.birthday.day = stu1.birthday.day;
for (i=0; i<4; i++)
{
    stu2.score[i] = stu1.score[i];
}
```

可见，对结构体变量进行整体赋值的内部实现过程其实就是按结构体成员的顺序依次对相应的成员进行赋值的过程。

由于不能对数组进行整体赋值，所以下面的程序也是错误的：

```
#include <stdio.h>
int main(void)
{
    char name1[10], name2[10]= {"王刚"};
    name1 = name2; //数组之间进行整体赋值，是非法的
    printf("%s\n", name1);
    return 0;
}
```

但是利用结构体的整体赋值的特性，可以把一个需要整体赋值的数组放到一个“空”的结构体内封装起来，这样就可以直接复制数组了。例如，可以将字符数组name封装到结构体ARRAY中，然后用ARRAY定义两个结构体变量a和b，这样就可以直接将其中的一个变量直接赋值给另一个变量了。因此，可以修改上面的程序为

```
#include <stdio.h>
typedef  struct
{
    char  name[10];
}ARRAY;
int main(void)
{
    ARRAY a, b = {"王刚"};
    a = b;  //在相同类型的结构体之间进行整体赋值是合法的
    printf("%s\n", b.name);
    return 0;
}
```


2. 结构体变量的取地址操作

取地址操作的运算对象既可以是结构体变量，也可以是结构体成员。如图11-7所示，结构体变量的地址&stu1是结构体变量所占存储空间的首地址，每个结构体成员也都有自己的地址，一个成员的地址值是该结构体变量所占存储空间的首地址加上该结构体成员在结构体中的相对地址偏移量，这个偏移量的大小取决于该成员前面有几个成员以及这些成员所占内存的字节数（也包括补位）。

图11-7 结构体变量的地址与结构体成员的地址示意

例如，&stu1.ID是结构体变量stu1的ID成员即stu1.ID的地址。在计算表达式&stu1.ID时，由于其包含两个运算符（即&和.），而结构体成员选择运算符和圆括号、方括号一样具有最高的优先级，其优先级高于取地址运算符&，所以&stu1.ID相当于&(stu1.ID)，计算的是stu1.ID的地址，而不是stu1的地址。虽然&stu1.ID与&stu1具有相同的地址值，但二者的实际内涵是不同的，前者是结构体成员的地址，后者是结构体变量的地址，这两个地址的基类型是不同的。需要注意的是，因为数组名代表数组的首地址，所以结构体变量stu1的name成员的地址是stu1.name，而不是&stu1.name，即stu1.name相当于&stu1.name[0]。同理，stu1. score 相当于&stu1.score[0]。

11.2 用结构体封装函数参数

本节主要讨论如下问题。

（1）如何向函数传递结构体数据？如何从函数返回结构体数据？

（2）用结构体封装函数参数有什么好处？

11.2.1 在函数之间传递结构体数据

向函数传递结构体

同其他普通的数据类型一样，结构体类型也可以作为函数参数的类型和函数返回值的类型。由于向函数传递或返回结构体的个别成员的方法并不常用，所以本小节主要介绍如下两种常用的在函数之间传递结构体数据的方式。

（1）用结构体变量作函数参数，向函数传递结构体的完整结构；或者用结构体类型作为函数返回值的类型，从函数返回结构体的完整结构。

用结构体变量作函数参数，向函数传递的是结构体的完整结构，即将结构体所有成员的值都复制给被调函数。由于只能在相同类型的结构体变量之间进行赋值操作，所以要求实参与形参必须是同一种结构体类型。显然，这种传递方式属于按值调用，形参和实参分别占用不同的内存单元，在函数内对形参结构体成员值的修改（假设结构体成员中没有指针成员），不会影响到相应的实参结构体成员值。因此，当结构体变量作函数参数时，不能从被调函数获得被修改的结构体成员值，即主调函数中的结构体成员不会被被调函数所修改。

同理，若将函数的返回值类型定义为结构体类型，那么也可以从被调函数返回相应类型的结构体变量的值，它相当于从函数返回结构体所有成员的值。我们知道，数组是不能作为函数的返回值类型的，如果希望从函数返回数组，那么可以创建一个以该数组为成员的结构体并从函数返回这个结构体，这样数组就可以从函数返回了。

这种按值调用的传递方式虽然很直观，容易理解，数据的安全性较高，但因其时空开销较大，所以效率较低。

（2）用指向结构体的指针或结构体数组作函数参数，向函数传递结构体的地址。

用指向结构体的指针或结构体数组作函数参数的实质是向函数传递结构体的首地址。与其他类型的指针和数组一样，结构体指针和结构体数组作函数参数时，将自动地以（模拟）按引用调用方式来传递。因此，在函数内对形参结构体成员值的修改，相当于对实参结构体的成员值的修改。

由于仅复制保存在结构体首地址中的一个值给被调函数，并不是复制结构体的所有成员的值，因此这种传地址的方式比传值的方式效率更高。传地址就意味着保存在该地址中的结构体变量的值可能会在被调函数中被修改，如果希望被调函数修改结构体变量，向被调函数传递结构体变量的地址显然是最佳方式。

【例11.2】下面的程序用于演示结构体变量作函数参数实现按值调用。

```
1    #include  <stdio.h>
2    typedef struct point
3    {
4        int x;
5        int y;
6        int z;
7    }POINT;
8    void Func(POINT p);
9    int main(void)
10   {
11       POINT position = {0, 0, 0};
12       printf("Before:%d,%d,%d\n", position.x, position.y, position.z);
13       Func(position);              //结构体变量作函数实参,按值调用
14       printf("After:%d,%d,%d\n", position.x, position.y, position.z);
15       return 0;
16   }
17   void Func(POINT p)  //结构体变量作函数形参
18   {
19       p.x = 1;
20       p.y = 1;
21       p.z = 1;
22   }
```

程序的运行结果如下：

```
Before:0,0,0
After:0,0,0
```

程序的第13行语句调用函数Func()时用POINT类型的结构体变量position作函数的实参，向函数Func()传递结构体变量position的所有成员的值。由于是按值调用，并且形参p和实参position

分别占用不同的内存单元，因此在函数Func()内对形参p的成员值所做的修改不会影响实参position的成员值。程序的运行结果也验证了这一点。

C语言允许对具有相同结构体类型的变量进行整体赋值，因此向函数传递结构体变量实际上传递的是该结构体变量的副本，相当于将实参结构体变量的所有成员的值赋值给了形参结构体变量的所有成员。

例如，程序第13行语句调用函数Func()的参数传递过程相当于执行下面的语句：

```
p = position;        //同类型的结构体变量之间进行赋值操作
```

由于在对两个同类型的结构体变量赋值时，实际上是按结构体的成员顺序逐一对相应的成员进行赋值的，因此上面这条结构体赋值语句与下面的几条赋值语句的作用是等价的。

```
p.x = position.x;
p.y = position.y;
p.z = position.z;
```

如果不希望结构体变量的值在被调函数中被修改，那么可以使用前面介绍的const限定符，将const加到结构体形参的类型声明前面，即可起到保护结构体数据不被意外修改的作用。例如，在本例中，可以将函数原型声明为

```
void Func(const POINT p);  //结构体形参被声明为const，意味着该结构体变量不能被修改
```

此时，一旦发现结构体变量p在被调函数中被修改（如程序第19～21行语句），编译器就会给出如下错误提示信息：

```
error: assignment of member 'x' in read-only object
error: assignment of member 'y' in read-only object
error: assignment of member 'z' in read-only object
```

和其他类型的变量一样，若希望结构体变量的成员值在被调函数中被修改，并且需要将这个修改后的值返回给主调函数，除了可以将其作为函数返回值返回，还可以使用指针变量作函数参数的方式即通过将结构体变量的地址值传递给被调函数，来返回修改后的值。来看下面的例子。

【例11.3】修改例11.2的程序，改用结构体指针变量作函数参数，观察和分析程序的运行结果有何变化。

```
1    #include  <stdio.h>
2    typedef struct point
3    {
4        int x;
5        int y;
6        int z;
7    }POINT;
8    void Func(POINT *pt);
9    int main(void)
10   {
11       POINT position = {0, 0, 0};
12       printf("Before:%d,%d,%d\n", position.x, position.y, position.z);
13       Func(&position);         //结构体变量的地址作函数实参，按地址调用
14       printf("After:%d,%d,%d\n", position.x, position.y, position.z);
15       return 0;
16   }
17   void Func(POINT *pt)  //结构体指针变量作函数形参
18   {
19       pt->x = 1;
20       pt->y = 1;
21       pt->z = 1;
22   }
```

程序的运行结果如下：

```
Before:0,0,0
After:1,1,1
```

程序第13行语句改用结构体变量position的地址即&position作为调用函数Func()时的实参。相应地，被调函数Func()需要使用结构体指针变量作为函数的形参（如程序第17行）来接收主调函数传过来的结构体地址值。与此同时，在函数Func()内部应该改用指向运算符来引用结构体指针pt指向的结构体成员（如程序第19～21行）。将&position传给pt就相当于让pt指向了position，因此在函数Func()内部修改pt指向的结构体成员值，就相当于修改position的成员值。

如果不希望被调函数修改结构体变量的值，但又希望采用传地址的方式提高数据传递的效率，那么同样可以使用const限定符来保护结构体指针形参指向的数据。

结构体类型除了可作为函数形参的类型，还可作为函数返回值的类型。来看下面的例子。

【例11.4】下面的程序用于演示从函数返回结构体变量的值。

```
1    #include  <stdio.h>
2    typedef struct point
3    {
4        int x;
5        int y;
6        int z;
7    }POINT;
8    POINT Func(POINT p);
9    int main(void)
10   {
11       POINT position = {0, 0, 0};
12       printf("Before:%d,%d,%d\n", position.x, position.y, position.z);
13       position = Func(position); //函数返回值为结构体变量的值
14       printf("After:%d,%d,%d\n", position.x, position.y, position.z);
15       return 0;
16   }
17   POINT Func(POINT p)  //函数的返回值类型为结构体
18   {
19       p.x = 1;
20       p.y = 1;
21       p.z = 1;
22       return p;          //从函数返回结构体变量的值
23   }
```

程序的运行结果如下：

```
Before:0,0,0
After:1,1,1
```

需要特别注意的是，用结构体指针类型作为函数返回值的类型时，可以从函数返回形参指针的值，但是不能返回函数内的局部变量（包括形参）的地址。这是因为，形参指针的值实际上是实参的地址，实参占用的内存不会在函数调用结束后被释放，而对于函数内的局部变量而言，函数调用结束后就释放了为其分配的内存，内存中的数据也将变为“随机值”。

【例11.5】下面的程序用于演示从函数返回结构体变量的指针。

```
1    #include  <stdio.h>
2    typedef struct point
3    {
4        int x;
5        int y;
6        int z;
7    }POINT;
8    POINT* Func(POINT *pt);
```

```
9    int main(void)
10   {
11       POINT position = {0, 0, 0};
12       POINT newPosition;
13       printf("Before:%d,%d,%d\n", position.x, position.y, position.z);
14       newPosition = *Func(&position); //按地址调用，同时返回结构体变量的指针
15       printf("After:%d,%d,%d\n", position.x, position.y, position.z);
16       printf("After:%d,%d,%d\n", newPosition.x, newPosition.y, newPosition.z);
17       return 0;
18   }
19   POINT* Func(POINT *pt)  //结构体指针变量作函数形参，同时函数返回类型也为结构体指针
20   {
21       pt->x = 1;
22       pt->y = 1;
23       pt->z = 1;
24       return pt;             //从函数返回形参结构体指针的值
25   }
```

程序的运行结果如下：

```
Before:0,0,0
After:1,1,1
After:1,1,1
```

这说明，既可以通过指针参数pt修改其指向的实参结构体position的成员值，也可以通过指针类型的函数返回值得到修改了的结构体变量的值。但是，如果将函数Func()改成使用结构体变量而非结构体指针作函数参数：

```
POINT* Func(POINT p)  //函数的返回值类型为结构体
{
    p.x = 1;
    p.y = 1;
    p.z = 1;
    return &p;            //错误，因为返回的是局部作用域的结构体变量的地址
}
```

那么程序编译时会给出如下警告信息：

```
warning: function returns address of local variable
```

这个警告信息的含义是，函数返回了局部变量的地址。因为局部变量的内存在函数调用结束后就被释放了，所以不能从函数返回局部变量的地址。

从以上实例不难发现，用结构体封装函数参数的好处是使函数接口更简洁，代码更稳定，程序的可读性和可扩展性更好。由于频繁的函数调用需要进行频繁的参数入栈和出栈处理，参数多和函数调用次数多都会增加额外的时间开销，使得函数调用的开销随着函数调用次数和参数的增加而增加，因此函数参数作为函数与外界的接口，越精简越好。用结构体将多个参数封装为一个参数，不仅有利于数据的封装和程序的简化，而且方便了函数调用者。一方面，函数调用者不必关心参数的顺序，不会因为函数参数多而弄错参数的顺序和个数；另一方面，增加函数参数时，无须更改函数的接口，只需更改结构体和函数内部的处理。但是建议不要为了精简函数参数而使用全局变量，这样做通常会得不偿失。

11.2.2　结构体应用实例 1：奥运奖牌排行榜

【例11.6】继2008年夏季奥运会（简称夏奥会）之后，2022年冬季奥运会（简称冬奥会）花落北京，北京成为世界上首座“双奥之城”。在2022年冬奥会上，我国冰雪健儿勇夺9金、4银、2铜，取得了我国参加冬奥会的历史最好成绩，为祖国和人民赢得了荣誉，实现了运动成绩和精神文明双丰收。现在请编程，输入n个国家的国名及获得的奖牌数，然后输出奥运奖牌排行榜。

问题分析：首先，需要定义如下struct country结构体类型。

```
struct country
{
    char name[N];
    int medals;
};
```

然后，使用交换排序法按奖牌数由高到低进行排列。

参考程序1：

```
1   #include  <stdio.h>
2   #include  <string.h>
3   #define   M  250 //字符串个数最大值
4   #define   N  20  //每个字符串的最大长度
5   struct country
6   {
7       char name[N];
8       int  medals;
9   };
10  void SortString(struct country c[], int n);
11  int main(void)
12  {
13      int   n;
14      struct country countries[M];
15      printf("How many countries?");
16      scanf("%d",&n);
17      printf("Input names and medals:\n");
18      for (int i=0; i<n; i++)
19      {
20          scanf("%s%d", countries[i].name, &countries[i].medals);
21      }
22      SortString(countries, n);
23      printf("Sorted results:\n");
24      for (int i=0; i<n; i++)
25      {
26          printf("%s:%d\n",countries[i].name, countries[i].medals);
27      }
28      return 0;
29  }
30  //按奖牌数降序排列
31  void SortString(struct country c[], int n)
32  {
33      int   t;
34      char  temp[N];
35      for (int i=0; i<n-1; i++)
36      {
37          for (int j=i+1; j<n; j++)
38          {
39              if (c[j].medals > c[i].medals)
40              {
41                  strcpy(temp, c[i].name);
42                  strcpy(c[i].name, c[j].name);
43                  strcpy(c[j].name, temp);
44                  t = c[i].medals;
45                  c[i].medals = c[j].medals;
46                  c[j].medals = t;
47              }
```

```
48          }
49      }
50  }
```

程序的运行结果如下：

```
How many countries?6↙
Input names and medals:
Norway 37↙
America 25↙
China 15↙
German 27↙
Holland 17↙
Sweden 18↙
```

```
Sorted results:
Norway:37
German:27
America:25
Sweden:18
Holland:17
China:15
```

上面这个程序不够简洁，更简洁的实现方法如下。

参考程序2：

```
1   #include  <stdio.h>
2   #include  <string.h>
3   #define   M  250 //字符串个数最大值
4   #define   N  20  //每个字符串的最大长度
5   struct country
6   {
7       char name[N];
8       int  medals;
9   };
10  void SortString(struct country c[], int n);
11  void SwapInt(int *x, int *y);
12  void SwapChar(char *x, char *y);
13  int main(void)
14  {
15      int   n;
16      struct country countries[M];
17      printf("How many countries?");
18      scanf("%d",&n);
19      printf("Input names and medals:\n");
20      for (int i=0; i<n; i++)
21      {
22          scanf("%s%d", countries[i].name, &countries[i].medals);
23      }
24      SortString(countries, n);
25      printf("Sorted results:\n");
26      for (int i=0; i<n; i++)
27      {
28          printf("%s:%d\n",countries[i].name, countries[i].medals);
29      }
30      return 0;
31  }
32  //按奖牌数降序排列
33  void SortString(struct country c[], int n)
34  {
35      for (int i=0; i<n-1; i++)
36      {
37          for (int j=i+1; j<n; j++)
38          {
39              if (c[j].medals > c[i].medals)
40              {
41                  SwapChar(c[i].name, c[j].name);
```

```
42                  SwapInt(&c[i].medals, &c[j].medals);
43              }
44          }
45      }
46  }
47  void SwapInt(int *x, int *y)
48  {
49      int t;
50      t = *x;
51      *x = *y;
52      *y = t;
53  }
54  void SwapChar(char *x, char *y)
55  {
56      char t[N];
57      strcpy(t, x);
58      strcpy(x, y);
59      strcpy(y, t);
60  }
```

参考程序3：

```
1   #include  <stdio.h>
2   #include  <string.h>
3   #define   M  250 //字符串个数最大值
4   #define   N  20  //每个字符串的最大长度
5   struct country
6   {
7       char name[N];
8       int  medals;
9   };
10  void SortString(struct country c[], int n);
11  int main(void)
12  {
13      int   n;
14      struct country countries[M];
15      printf("How many countries?");
16      scanf("%d",&n);
17      printf("Input names and medals:\n");
18      for (int i=0; i<n; i++)
19      {
20          scanf("%s%d", countries[i].name, &countries[i].medals);
21      }
22      SortString(countries, n);
23      printf("Sorted results:\n");
24      for (int i=0; i<n; i++)
25      {
26          printf("%s:%d\n",countries[i].name, countries[i].medals);
27      }
28      return 0;
29  }
30  //按奖牌数降序排列
31  void SortString(struct country c[], int n)
32  {
33      struct country temp;
34      for (int i=0; i<n-1; i++)
35      {
```

```
36          for (int j=i+1; j<n; j++)
37          {
38              if (c[j].medals > c[i].medals)
39              {
40                  temp = c[i];
41                  c[i] = c[j];
42                  c[j] = temp;
43              }
44          }
45      }
46  }
```

参考程序4:

```
1   #include  <stdio.h>
2   #include  <string.h>
3   #define   M  250 //字符串个数最大值
4   #define   N  20  //每个字符串的最大长度
5   struct country
6   {
7       char name[N];
8       int  medals;
9   };
10  void SortString(struct country c[], int n);
11  void SwapStruct(struct country *x, struct country *y);
12  int main(void)
13  {
14      int   n;
15      struct country countries[M];
16      printf("How many countries?");
17      scanf("%d",&n);
18      printf("Input names and medals:\n");
19      for (int i=0; i<n; i++)
20      {
21          scanf("%s%d", countries[i].name, &countries[i].medals);
22      }
23      SortString(countries, n);
24      printf("Sorted results:\n");
25      for (int i=0; i<n; i++)
26      {
27          printf("%s:%d\n",countries[i].name, countries[i].medals);
28      }
29      return 0;
30  }
31  //按奖牌数降序排列
32  void SortString(struct country c[], int n)
33  {
34      for (int i=0; i<n-1; i++)
35      {
36          for (int j=i+1; j<n; j++)
37          {
38              if (c[j].medals > c[i].medals)
39              {
40                  SwapStruct(&c[i], &c[j]);
41              }
42          }
43      }
```

```
44  }
45  void SwapStruct(struct country *x, struct country *y)
46  {
47      struct country t;
48      t = *x;
49      *x = *y;
50      *y = t;
51  }
```

参考程序5：

```
1   #include  <stdio.h>
2   #include  <string.h>
3   #define   M  250 //字符串个数最大值
4   #define   N  20  //每个字符串的最大长度
5   struct country
6   {
7       char name[N];
8       int  medals;
9   };
10  void SortString(struct country *p, int n);
11  void SwapStruct(struct country *x, struct country *y);
12  int main(void)
13  {
14      int   n;
15      struct country countries[M];
16      printf("How many countries?");
17      scanf("%d",&n);
18      printf("Input names and medals:\n");
19      for (int i=0; i<n; i++)
20      {
21      scanf("%s%d", countries[i].name, &countries[i].medals);
22      }
23      SortString(countries, n);
24      printf("Sorted results:\n");
25      for (int i=0; i<n; i++)
26      {
27          printf("%s:%d\n",countries[i].name, countries[i].medals);
28      }
29      return 0;
30  }
31  //按奖牌数降序排列
32  void SortString(struct country *p, int n)
33  {
34      for (int i=0; i<n-1; i++)
35      {
36          for (int j=i+1; j<n; j++)
37          {
38              if ((p+j)->medals > (p+i)->medals)
39              {
40                  SwapStruct(p+i, p+j);
41              }
42          }
43      }
44  }
45  void SwapStruct(struct country *x, struct country *y)
46  {
```

```
47      struct country t;
48      t = *x;
49      *x = *y;
50      *y = t;
51  }
```

【思考题】

请读者在分析上面几个参考程序的优缺点的基础上，将程序修改为按国名的字典序进行排列。

【例11.7】请编程，输入n个国家的国名及获得的奖牌数，然后输入一个国名，查找其获得的奖牌数。

问题分析：仍采用例11.6定义的结构体类型，由于并未限制输入的顺序，因此使用顺序查找算法查找指定国家的奖牌数。

参考程序1：

```
1   #include  <stdio.h>
2   #include  <string.h>
3   #define   M  250 //字符串个数最大值
4   #define   N  20  //每个字符串的最大长度
5   struct country
6   {
7       char name[N];
8       int  medals;
9   };
10  int SearchString(struct country countries[], int n, char name[]);
11  int main(void)
12  {
13      int   n;
14      struct country countries[M];
15      char s[N];
16      printf("How many countries?");
17      scanf("%d", &n);
18      printf("Input names and medals:\n");
19      for (int i=0; i<n; i++)
20      {
21          scanf("%s%d", countries[i].name, &countries[i].medals);
22      }
23      printf("Input the searching country:");
24      scanf("%s", s);
25      int pos = SearchString(countries, n, s);
26      if (pos != -1)
27      {
28          printf("%s:%d\n", s, countries[pos].medals);
29      }
30      else
31      {
32          printf("Not found!\n");
33      }
34      return 0;
35  }
36  int SearchString(struct country countries[], int n, char name[])
37  {
38      for (int i=0; i<n; i++)
```

```
39      {
40          if (strcmp(name, countries[i].name) == 0)
41          {
42              return i;
43          }
44      }
45      return -1;
46  }
```

参考程序2：

```
1   #include  <stdio.h>
2   #include  <string.h>
3   #define   M  250 //字符串个数最大值
4   #define   N  20  //每个字符串的最大长度
5   struct country
6   {
7       char name[N];
8       int  medals;
9   };
10  int SearchString(struct country *pCountries, int n, char name[]);
11  int main(void)
12  {
13      int   n;
14      struct country countries[M];
15      char s[N];
16      printf("How many countries?");
17      scanf("%d", &n);
18      printf("Input names and medals:\n");
19      for (int i=0; i<n; i++)
20      {
21          scanf("%s%d", countries[i].name, &countries[i].medals);
22      }
23      printf("Input the searching country:");
24      scanf("%s", s);
25      int pos = SearchString(countries, n, s);
26      if (pos != -1)
27      {
28          printf("%s:%d\n", s, countries[pos].medals);
29      }
30      else
31      {
32          printf("Not found!\n");
33      }
34      return 0;
35  }
36  int SearchString(struct country *pCountries, int n, char name[])
37  {
38      struct country *p = pCountries;
39      for (; p < pCountries + n; p++)
40      {
41          if (strcmp(name, p->name) == 0)
42          {
43              return p - pCountries;
44          }
45      }
46      return -1;
47  }
```

程序的第一次测试结果如下：

```
How many countries?6↙
Input names and medals:
Norway 37↙
America 25↙
China 15↙
German 27↙
Sweden 18↙
Holland 17↙
Input the searching country:Chian

Not found!
```

程序的第二次测试结果如下：

```
How many countries?6↙
Input names and medals:
Norway 37↙
America 25↙
China 15↙
German 27↙
Sweden 18↙
Holland 17↙
Input the searching
country:China↙
China:15
```

11.2.3 结构体应用实例 2：一万小时定律

【例11.8】“一万小时定律”是作家格拉德韦尔（Gladwell）在《异类》一书中指出的定律，“人们眼中的天才之所以卓越非凡，并非是因为天资超人一等，而是因为持续不断地在努力。一万小时的锤炼是任何人从平凡者变成世界级大师的必要条件”。他将此称为“一万小时定律”。简而言之，要成为某个领域的专家，需要练习10000小时，按比例计算就是，如果每天工作8小时，一周工作5天，那么成为一个领域的专家至少需要5年。假设某人从1990年1月1日起开始每周工作5天，然后休息2天。请编写一个程序，计算这个人在其后的某一天是在工作还是在休息。

问题分析：以7天为一个周期，每个周期中都是前5天工作后2天休息，所以只要计算出从1990年1月1日开始到输入的某年某月某日之间的总天数，将这个总天数对7求余，余数为1、2、3、4、5就说明是在工作，余数为6或0就说明是在休息。由于闰年和平年的2月天数是不同的，因此在计算天数时需要判断某年是否为闰年，同时还要判断用户输入的年月日信息是否合法，所以可以将任务划分为如下3个子模块。

```
//函数功能：某人工作5天休息2天，判断year年month月day日是在工作还是在休息
//函数参数：结构体d的3个成员year、month、day分别代表年、月、日
//函数返回值：返回1，表示工作，返回-1，表示休息
int WorkORrest(DATE d);
//函数功能：判断y是否为闰年，若是，则返回1，否则返回0
int IsLeapYear(int y);
//函数功能：判断日期d是否合法，若合法，则返回1，否则返回0
int IsLegalDate(DATE d);
```

主函数先调用IsLegalDate()判断用户输入的日期是否合法，如果不合法，则重新输入，如果合法，则调用WorkORrest()判断某人是在工作还是在休息。在调用WorkORrest()的过程中，还需要调用IsLeapYear()判断某年是否为闰年。参考程序如下：

```
1  #include <stdio.h>
2  #include <stdlib.h>
3  typedef struct date
4  {
5      int year;
6      int month;
7      int day;
8  }DATE;
9  int WorkORrest(DATE d);
10 int IsLeapYear(int y);
11 int IsLegalDate(DATE d);
12 int main(void)
13 {
14     DATE today;
```

```
15      int n;
16      do{
17          printf("Input year,month,day:");
18          n = scanf("%d,%d,%d", &today.year, &today.month, &today.day);
19          if (n != 3)
20          {
21              while (getchar() != '\n');
22          }
23      }while (n!=3 || !IsLegalDate(today));
24      if (WorkORrest(today) == 1)
25      {
26          printf("He is working\n");
27      }
28      else
29      {
30          printf("He is having a rest\n");
31      }
32      return 0;
33  }
34  //函数功能：某人工作5天休息2天，判断year年month月day日是在工作还是在休息
35  //函数参数：结构体d的3个成员year、month、day分别代表年、月、日
36  //函数返回值：返回1，表示工作，返回-1，表示休息
37  int WorkORrest(DATE d)
38  {
39      int dayofmonth[2][12]= {{31,28,31,30,31,30,31,31,30,31,30,31},
40                              {31,29,31,30,31,30,31,31,30,31,30,31}
41                              };
42      int sum = 0;
43      for (int i=1990; i<d.year; ++i)
44      {
45          sum = sum + (IsLeapYear(i) ? 366 : 365);
46      }
47      int leap = IsLeapYear(d.year) ? 1 : 0;
48      for (int i=1; i<d.month; ++i)
49      {
50  
51          sum = sum + dayofmonth[leap][i-1];
52      }
53      sum = sum + d.day;
54      sum = sum % 7;       //以7天为一个周期，看余数是几，从而得知是在工作还是在休息
55      return sum == 0 || sum == 6 ? -1 : 1;
56  }
57  //函数功能：判断y是否为闰年，若是，则返回1，否则返回0
58  int IsLeapYear(int y)
59  {
60      return ((y%4==0&&y%100!=0) || (y%400==0)) ? 1 : 0;
61  }
62  //函数功能：判断日期d是否合法，若合法，则返回1，否则返回0
63  int IsLegalDate(DATE d)
64  {
65      int dayofmonth[2][12]= {{31,28,31,30,31,30,31,31,30,31,30,31},
66                              {31,29,31,30,31,30,31,31,30,31,30,31}
67                              };
68      if (d.year<1 || d.month<1 || d.month>12 || d.day<1)
69      {
```

```
70          return 0;
71      }
72      int leap = IsLeapYear(d.year) ? 1 : 0;
73      return d.day > dayofmonth[leap][d.month-1] ? 0 : 1;
74  }
```

程序的第一次测试结果如下：

```
Input year,month,day:2022,3,9↙
He is working
```

程序的第二次测试结果如下：

```
Input year,month,day:2022,3,12↙
He is having a rest
```

【思考题】

请读者思考第45行语句，为什么要将条件表达式IsLeapYear(i) ? 366 : 365用圆括号标识？

11.2.4 结构体应用实例3：洗发牌模拟

【例11.9】一副扑克牌除去大小王有52张牌，分为4种花色（Suit）：红桃（Hearts）、方块（Diamonds）、草花（Clubs）、黑桃（Spades）。每种花色有13张牌面（Face）：A、2、3、4、5、6、7、8、9、10、Jack、Queen、King。如何用一种较为直观和自然的方式来表示52张扑克牌呢？如何模拟洗发牌呢？请编写一个程序，模拟洗牌和发牌过程。

问题分析：根据题意，为了表示不同花色和牌面的52张扑克牌，既可以用4行13列的二维数组（或13行4列的二维数组），也可以用结构体数组。用4行13列的二维数组deck表示52张扑克牌如图11-8所示，每一行代表一种花色，每一列代表一种牌面，例如，deck[2][12]表示草花King。显然这种表示方法很不直观。

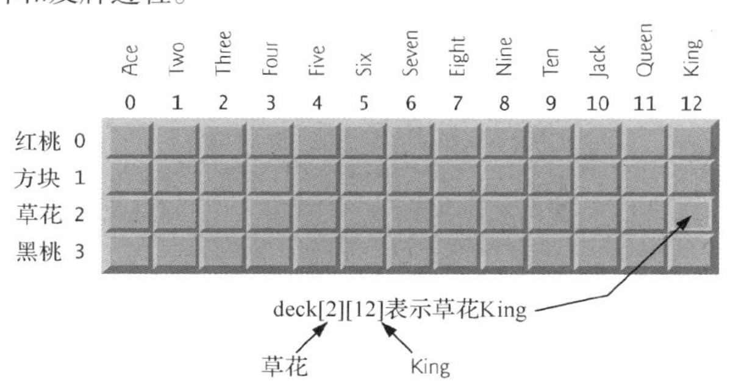

图11-8 52张扑克牌的二维数组示意

更自然的表示方法是用结构体定义扑克牌类型，用结构体数组card表示52张牌，每个数组元素代表一张牌，每张牌包括花色和牌面两个字符数组类型的数据成员，即定义结构体类型如下：

```
typedef struct card
{
    char  suit[10];  //花色
    char  face[10];  //牌面
}CARD;
```

然后，根据题意划分如下3个子模块。

```
//函数功能：花色按红桃、方块、草花、黑桃的顺序，牌面按A～King的顺序，排列52张牌
void FillCard(CARD wCard[], char *wFace[], char *wSuit[]);
//函数功能：将52张牌的顺序打乱以模拟洗牌过程
void Shuffle(CARD *wCard);
//函数功能：输出每张牌的花色和牌面以模拟发牌过程
void Deal(CARD *wCard);
```

参考程序如下：

```
1   #include <stdio.h>
2   #include <string.h>
3   #include <time.h>
4   #include <stdlib.h>
5   typedef struct card
```

```
6   {
7       char  suit[10];
8       char  face[10];
9   } CARD;
10  void Deal(CARD *wCard);
11  void Shuffle(CARD *wCard);
12  void FillCard(CARD wCard[], char *wFace[], char *wSuit[]);
13  int main(void)
14  {
15      char *suit[] = {"Hearts","Diamonds","Clubs","Spades"};
16      char *face[] = {"A","2","3","4","5","6","7","8","9","10",
17                      "Jack","Queen","King"
18                     };
19      CARD card[52];
20      srand (time(NULL));
21      FillCard(card, face, suit);
22      Shuffle(card);
23      Deal(card);
24      return 0;
25  }
26  //函数功能：花色按红桃、方块、草花、黑桃的顺序，牌面按A～King的顺序，排列52张牌
27  void  FillCard(CARD wCard[], char *wFace[], char *wSuit[])
28  {
29      for (int i=0; i<52; ++i)
30      {
31          strcpy(wCard[i].suit, wSuit[i/13]);
32          strcpy(wCard[i].face, wFace[i%13]);
33      }
34  }
35  //函数功能：将52张牌的顺序打乱以模拟洗牌过程
36  void Shuffle(CARD *wCard)
37  {
38      CARD temp;
39      int  j;
40      for (int i=0; i<52; ++i) //每次循环产生一个随机数，交换当前牌与随机数指示位置的牌
41      {
42          j = rand() % 52;      //每次循环产生一个0～51的随机数
43          temp = wCard[i];
44          wCard[i] = wCard[j];
45          wCard[j] = temp;
46      }
47  }
48  //函数功能：输出每张牌的花色和牌面以模拟发牌过程
49  void Deal(CARD *wCard)
50  {
51      for (int i=0; i<52; ++i)
52      {
53          printf("%9s%9s%c",wCard[i].suit,wCard[i].face,i%2==0?'\t':'\n');
54      }
55  }
```

程序的运行结果如下：

```
 Diamonds       10       Diamonds        8
   Hearts        3         Hearts        2
   Hearts        A       Diamonds        3
   Spades    Queen         Hearts     King
 Diamonds    Queen       Diamonds     King
   Spades     King         Spades        7
    Clubs        6          Clubs        9
   Hearts        6          Clubs        3
```

```
    Clubs         4        Diamonds      Jack
   Hearts         4          Spades        8
   Hearts         9        Diamonds        A
   Spades         A        Diamonds        7
    Clubs        10          Hearts       10
    Clubs         8           Clubs        5
   Spades         4        Diamonds        2
    Clubs      King          Spades        5
 Diamonds         4          Hearts        7
   Spades      Jack          Spades        2
   Hearts         5          Spades        9
 Diamonds         9          Spades        6
   Spades         3          Hearts        8
   Spades        10           Clubs    Queen
    Clubs         A          Hearts     Jack
 Diamonds         6           Clubs        2
   Hearts     Queen        Diamonds        5
    Clubs      Jack           Clubs        7
```

注意，由于本程序使用了随机函数，所以每次程序的输出结果都是不一样的。

11.3 共用体类型和枚举类型

本节主要讨论如下问题。

（1）共用体与结构体有什么不同？

（2）共用体有哪些特殊应用？

共用体

11.3.1 共用体类型及其应用

与结构体类似的另一种构造数据类型是**共用体**（**Union**，也称为**联合**）。共用体与结构体一样，都是将逻辑相关的不同类型的数据组织在一起，由一个或多个成员构成的，这些成员可能具有不同的类型。与结构体不同的是，共用体中的数据成员共同占用一段存储空间，这些数据成员在这个存储空间内彼此覆盖，这意味着这些数据成员是互斥的。例如，在图11-9所示的职工个人信息数据表的表头中，个人的婚姻状况只有未婚、已婚和离婚3种可能的情形，因任何人在某一时间只能处于其中的一种状态，所以这3种情形是互斥的。这种类型的数据信息就适合用共用体类型来表示。共用体与结构体的类型声明方法类似，只是将关键字由struct变为union而已。

姓名	性别	年龄	婚姻状况						婚姻状况标记
			未婚	已婚			离婚		
				结婚日期	配偶姓名	子女数量	离婚日期	子女数量	

图11-9 职工个人信息数据表的表头

根据图11-9所示的信息，我们可以定义职工个人信息结构体类型如下：

```
1   struct date                    // 定义日期结构体类型
2   {
3       int   year;                // 年
4       int   month;               // 月
5       int   day;                 // 日
6   };
7   struct marriedState            // 定义已婚结构体类型
8   {
9       struct date marryDay;             // 结婚日期
10      char spouseName[20];              // 配偶姓名
11      int  child;                       // 子女数量
```

```
12  };
13  struct divorceState                   // 定义离婚结构体类型
14  {
15      struct date divorceDay;           // 离婚日期
16      int  child;                       // 子女数量
17  };
18  union maritalState                    // 定义婚姻状况共用体类型
19  {
20       int single;                      // 未婚
21       struct marriedState married;     // 已婚
22       struct divorceState divorce;     // 离婚
23  };
24  struct person                         // 定义职工个人信息结构体类型
25  {
26      char name[20];                    // 姓名
27      char gender;                             // 性别
28      int  age;                         // 年龄
29      union maritalState marital;       // 婚姻状况
30      int marryFlag;                    // 婚姻状况标记
31  };
```

第24～31行定义了一个代表职工个人信息的结构体类型struct person，其第4个成员是表示婚姻状况的共用体类型union maritalState。第18～23行定义了这个共用体类型，它的3个成员分别表示未婚、已婚和离婚 3 种婚姻状况。第 1 个成员single代表未婚的信息。第2个成员married表示已婚的信息，是一个struct marriedState结构体类型，该结构体类型在第7～12行定义。第3个成员divorce表示离婚的信息，是一个struct divorceState结构体类型，该结构体类型在第13～17行定义。

共用体采用共享内存的方式存储一组逻辑相关但情形互斥的数据，共用体的所有成员共享一块内存，共用体也因此而得名。共用存储空间除了可以节省存储空间，还可以避免操作失误引起逻辑上的冲突，例如，永远不会出现某人既是已婚又是未婚的情形。成员共用内存意味着在每一瞬时只有一个成员起作用。例如，表示婚姻状况的共用体变量marital有3个成员，在每一瞬时只有其中的一个成员起作用。那么，如何知道共用体中当前起作用的是哪一个成员呢？

为了解决这一问题，通常将共用体数据成员嵌入结构体，同时增加一个“标记字段”即标志变量成员。在本例中，结构体类型struct person中增加了一个标志变量成员marryFlag，用于标记当前的婚姻状况是未婚、已婚还是离婚。例如，当marryFlag值为1时，标记当前婚姻状态是未婚，即共用体的single成员起作用；当marryFlag值为2时，标记当前婚姻状态是已婚，即共用体的married成员起作用；当marryFlag值为3时，标记当前婚姻状态是离婚，即共用体的divorce成员起作用。其伪代码应用如下：

```
struct person p1;
if (p1.marryFlag == 1)
{
      //未婚
}
else if (p1.marryFlag == 2)
{
      //已婚
}
else
{
      //离婚
}
```

每次对共用体的成员进行赋值，都由程序负责改变标记字段的内容。例如，每次给p1的共用体成员marital赋值时，都需要同时改变 marryFlag的值，以提示修改的是marital的哪个成员。若要对p1的共用体成员marital的married成员的child成员进行赋值操作，则需要同时执行如下两条赋值语句：

```
p1.marryFlag = 2;
p1.marital.married.child = 1;
```

注意，对child赋值要首先选择p1的marital成员，然后是marital的married成员，最后才是married的child成员。与访问结构体成员的方法相同，访问共用体成员也要使用成员选择运算符或指向运算符。

由于共用体采用了共享内存机制，编译器只为共用体中最大的成员分配足够的存储空间，因此共用体类型所占内存的字节数取决于其成员中占存储空间最多的那个成员。来看下面的例子。

【例11.10】下面的程序用于演示共用体所占内存字节数的计算方法。

```
1    #include  <stdio.h>
2    typedef union sample
3    {
4         short  i;
5         char   ch;
6         float  f;
7    } SAMPLE;
8    int main(void)
9    {
10      printf("bytes = %d\n", sizeof(SAMPLE));//输出共用体类型所占内存字节数
11      return 0;
12   }
```

程序第2～7行语句定义了一个union sample的模板，同时为union sample定义了一个别名SAMPLE。第10行语句输出SAMPLE共用体类型所占内存的字节数。本例程序的运行结果为

```
bytes = 4
```

如果将程序第2行中的union改成struct，那么程序的运行结果将变成

```
bytes = 8
```

为什么共用体类型与结构体类型占用的内存字节数不同呢？这是因为，虽然共用体与结构体都是将不同类型的数据组织在一起，但与结构体不同的是，共用体是从同一起始地址开始存放成员的值，即共用体中不同类型的成员共用一段内存单元，因此必须有足够大的存储空间来存储占存储空间最大的那个成员，所以共用体类型所占存储空间的大小取决于其成员中占存储空间最大的那个成员。

本例程序中定义的SAMPLE共用体类型有3个成员，如图11-10（a）所示，其中float型的成员占用的内存字节数最多（4字节），因此SAMPLE共用体类型占用的内存是4字节。如果将第2行的union改成struct，那么按照11.1.4小节介绍的原理，可知该结构体类型所占的内存字节数为8，如图11-10（b）所示。

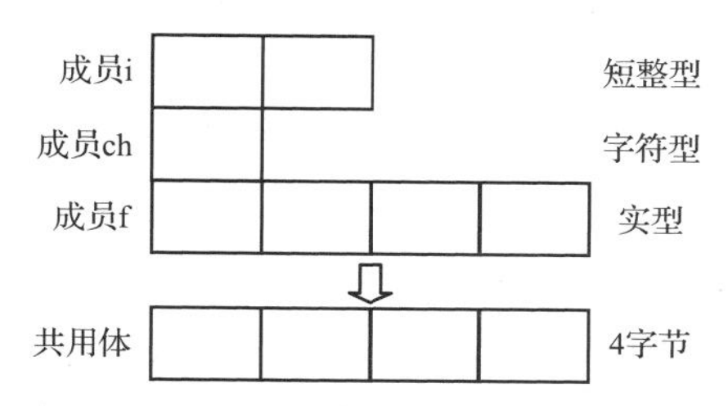

（a）共用体类型的内存分配及占用的字节数

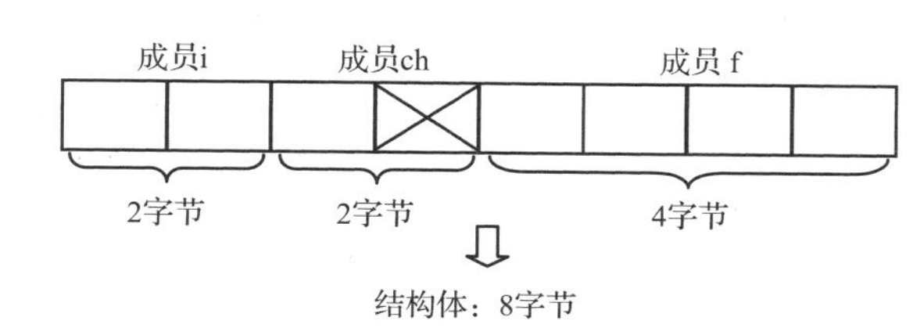

（b）结构体类型的内存分配及占用的字节数

图11-10　共用体类型与结构体类型的内存分配及其占用字节数的比较

C89规定只能对共用体的第一个成员进行初始化，例如：

```
SAMPLE u = {1};
```

在C99中，也可以使用指派初始化来对共用体变量的成员进行初始化，即按名设置成员的初值，这样就不一定限制为只能对第一个成员进行初始化了。例如，在上面的例子中，可以按如下方法对共用体变量u进行初始化：

```
SAMPLE u = {.ch='a'};
```

如果连续对共用体的多个成员进行了赋值，那么起作用的是最后一次赋值的那个成员。例如：

```
u.i = 1;
u.ch = 'A';
u.f = 3.14;
```

此时，起作用的是共用体变量u的f成员。因为共用体中的成员是共用内存的。

共用体成员是如何实现内存共用的呢？C语言规定，共用体采用与开始地址对齐的方式分配存储空间。如本例中的共用体成员i占2字节，ch占1字节，f占4字节，于是f的前1字节就是为ch分配的存储空间，而前2字节就是为i分配的存储空间。共用体使用覆盖技术来实现内存的共用，即对成员f进行赋值以后，成员i和ch的值都会被改变，于是i和ch的值就都失去了意义。同理，对ch进行赋值以后，f和i的值都会被改变，于是f和i的值也就失去意义了。因此，在每一瞬时起作用的成员就是最后一次被赋值的成员。正因如此，不能对共用体的所有成员同时进行初始化，只能对第一个成员进行初始化。此外，共用体不能进行比较操作，因为我们无法保证两个共用体变量是同一个成员在起作用。当然，共用体也不能作为函数参数，因为我们不知道哪一个成员起作用，也就不知道传递给函数的是哪个成员的值。

共用体除了可以用于节省存储空间外，还可以用于构造不同数据类型混合的数据结构。我们知道，数组元素必须是相同的数据类型，假设需要的数组元素是int型和float型数据的混合，能否实现这样的混合类型的数组呢？方法就是利用共用体来实现。首先要定义这样的一种共用体类型，它所包含的成员分别是要存储在数组中的不同数据类型，然后定义一个数组，使数组的每个元素都是具有这种类型的共用体。例如：

```
typedef union
{
   int i;
   float f;
} NUMBER;
NUMBER array[100];
```

因为共用体NUMBER既可以存储int型数据，也可以存储float型数据，所以定义每个元素都是NUMBER共用体类型的数组array后，数组array的元素就可以是int型和float型数据的混合。例如，用数组array的0号元素存储10，用1号元素存储3.14：

```
array[0].i = 10;
array[1].f = 3.14;
```

共用体还有一个非常有趣的应用，就是测试你的机器采用的是大端次序还是小端次序。一种方法是强制让指针p指向a的低地址，这样就可以知道通过对p进行解引用得到的是a的低位还是高位，进而判断采用的是大端次序还是小端次序：

```
int a = 1;
char *p = (char*)&a; //强转为只占1字节的char型
if (*p == 1) //若char型变量的内容为1,表示低位字节先存入
   printf("小端次序\n");
else
   printf("大端次序\n");
```

更容易理解的一种测试方法是使用共用体，借助共用体成员内存共用的特点来测试存储在低位字节的数据是什么，进而判断采用的是大端次序还是小端次序：

```
typedef union A
{
    char c;  //低位字节
```

```
    int  a;
}SAMPLE;
SAMPLE sample;
sample.a = 1;
if (sample.c == 1)  //若低位字节为1
    printf("小端次序\n");
else
    printf("大端次序\n");
```

11.3.2 枚举类型及其应用

枚举类型

在许多程序中，我们需要变量只有有限的几种有意义的取值。例如，布尔变量只有2种可能的值："真"和"假"。用来存储婚姻状况标记的变量marryFlag只有3种可能的取值：1、2、3。用数字分别表示未婚、已婚和离婚，程序的可读性较差。为了提高程序的可读性，可以使用宏定义来表示婚姻状态：

```
#define SINGLE  1
#define MARRIED 2
#define DIVORCE 3
```

但是这种方法也不是最好的方法，因为这样并未显式指出这些宏是具有相同"类型"的值。如果可能的值的数量较多，那么为每个值定义一个宏也是一件很麻烦的事情。

C 语言提供了一种称为**枚举（Enumeration）类型**的专用数据类型来解决上面的问题，枚举即"一一列举"之意，当某些量仅由有限个整型值组成时，通常用枚举类型来表示。枚举类型描述的是一组整型值的集合，它是一种由程序员以枚举的方式列出其值的类型，程序员必须为每个值进行命名，称为**枚举常量**。枚举数据类型需用关键字enum来定义。例如：

```
struct person
{
   char name[20];
   char gender;
   int  age;
   union maritalState marital;
   enum {SINGLE, MARRIED, DIVORCE} marryFlag;
};
struct person p1;
```

其中的语句

```
enum {SINGLE, MARRIED, DIVORCE} marryFlag;
```

等价于如下两条语句：

```
enum state {SINGLE, MARRIED, DIVORCE};
enum state marryFlag;
```

上面的第一条语句声明了名为state的枚举类型，花括号内的标识符都是整型常量，称为枚举常量。在一个枚举类型中出现的标识符必须是互不相同的。除非特别指定，一般情况下第1个枚举常量的值默认为0，第2个枚举常量的值为1，第3个枚举常量的值为2，以后依次递增1。第2条语句定义了state枚举类型的一个变量marryFlag。

state称为**枚举标签（Enumeration Tag）**，当枚举类型和枚举类型变量放在一起定义时，枚举标签可省略不写。例如，变量marryFlag可被定义为

```
enum {SINGLE, MARRIED, DIVORCE} marryFlag;
```

使用枚举类型可以提高程序的可读性。例如，使用SINGLE、MARRIED、DIVORCE比使用0、1、2的程序可读性更好。

可以用SINGLE、MARRIED、DIVORCE中的任意一个给变量marryFlag赋值。例如：

```
marryFlag = SINGLE;
```

注意，枚举标签后花括号内的标识符代表枚举类型变量的可能取值，这些可能的取值必须是整型常数，而不能是字符串，因此枚举常量只能作为整型值而不能作为字符串来使用。

可以在定义枚举类型时，通过给标识符赋值来显式地给枚举常量赋值，即允许为枚举常量选择不同的值，例如：

```
enum {SINGLE=1, MARRIED=2, DIVORCE=3} marryFlag;
```

枚举常量的值可以是任意整数，一个枚举类型中的多个成员甚至可以拥有相同的常量值。枚举常量的值不用按照特定的顺序列出。例如：

```
enum {MARRIED=2, SINGLE=1, DIVORCE=3} marryFlag;
```

若第一个枚举常量的值被明确地设置为1，而后面的枚举常量未被指定值，则其后的枚举常量的值依次递增1。例如：

```
enum {SINGLE=1, MARRIED, DIVORCE} marryFlag;
```

虽然枚举类型和结构体、共用体的声明方法类似，但其实它们没有什么共同的地方。结构体和共用体属于构造数据类型，而枚举类型和整型、浮点型、字符型一样都是基本数据类型。与结构体和共用体成员不同的是，枚举常量的名字不能与作用域范围内声明的其他标识符相同。

枚举常量类似于用#define 编译预处理命令创建的常量，但是两者又不完全一样。特别指出，枚举常量遵循C语言的作用域规则：如果枚举声明在函数体内，那么它的枚举常量对外部函数来说是不可见的。

在C89中，可以利用 typedef 命名枚举常量的方式来创建布尔型，例如：

```
typedef enum {FALSE, TRUE} Bool;
```

当然，从C99开始有了内置的布尔型，就不再需要通过上述方式来定义布尔型了。

11.4 安全编码规范

1. 在执行效率和数据的安全性之间进行折中

当将数组作为实参来调用函数时，系统自动以（模拟）按引用调用方式将数组传递给函数。但是结构体总是以按值调用方式传递给函数，即传递的是整个结构体的一个副本。为结构体中的每一个成员复制一个副本，并将其保存在计算机的函数调用栈中，这就需要额外的时间开销。如果相对于内存开销而言，我们更关注程序的执行效率，那么必须以模拟按引用方式向函数传递结构体数据，即用结构体指针或结构体数组代替结构体变量作为函数参数，由于只需要复制结构体所在的存储空间的首地址，因此这种方式可以提高程序的执行效率。如果我们更想节约内存和关注数据的安全性，而不太在意程序的执行效率，那么必须以按值调用方式向函数传递结构体数据，这样就可以避免数据对象在函数中被改写。

如果想要兼备模拟按引用调用的高效性和按值调用的安全性，在时间、空间和数据安全性之间进行折中，那么需要使用指向常量数据的非常量指针（表示它所指向的数据不能被改写，而该指针可以被修改为指向其他数据）来传递结构体数据。

2. 不同类型的对象指针之间不应进行强制转换

不同的对象类型可能有不同的对齐要求，如果在不同类型的对象指针之间做强制转换，或将其转化为void指针后再转换为不同类型的对象指针，对象的对齐方式就可能被改变，从而导致程序产生未定义行为。

虽然C语言标准允许void指针转换为特定类型的指针，但需要满足如下要求。

（1）确保转换后的指针正确对齐。

（2）void指针指向的数据长度必须满足目标类型的大小要求。

11.5 本章知识树

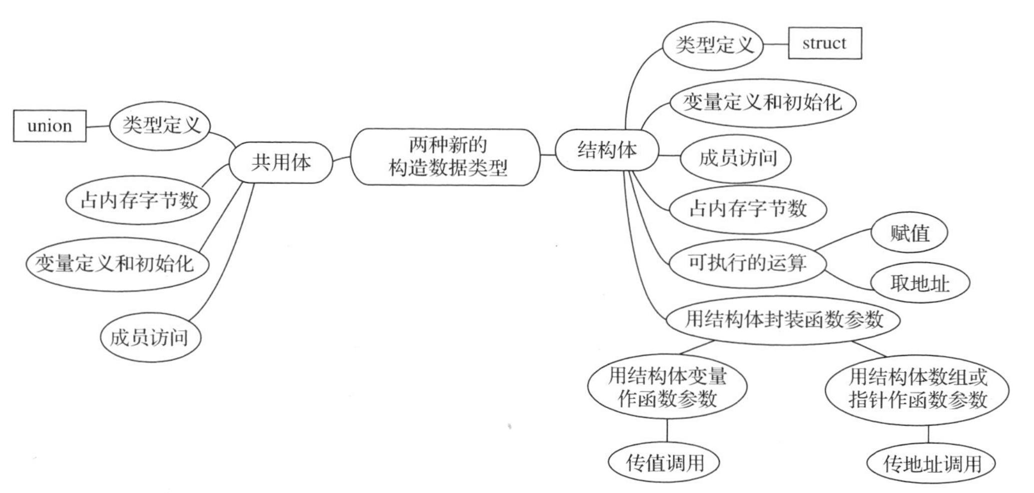

学习指南：结构体是一种非常有用的数据类型，它为程序员封装不同类型的数据提供了灵活性，用结构体封装不同类型的数据后，你会发现程序不是变得复杂了，而是变得更为简单了，尤其是函数的接口变得更为简洁，可读性和可扩展性更好。建议读者把前面章节的部分例题和习题用结构体重新编程实现一下，通过对比体会结构体编程的好处。

习题11

1. **日期转换V1**。输入某年某月某日，请用结构体编程计算并输出它是这一年的第几天。

2. **日期转换V2**。输入某一年的第几天，请用结构体编程计算并输出它是这一年的第几月第几日。

3. **洗发牌模拟**。一副扑克牌除去大小王有52张牌，分为4种花色（Suit）：黑桃（Spades）、红桃（Hearts）、草花（Clubs）、方块（Diamonds）。每种花色有13张牌面（Face）：A、2、3、4、5、6、7、8、9、10、Jack、Queen、King。要求用结构体数组card表示52张牌，每张牌包括花色和牌面两个字符数组类型的数据成员。请采用如下结构体类型和字符指针数组编程实现模拟洗牌和发牌的过程。

```
typedef struct card
{
    char  suit[10];
    char  face[10];
}CARD;
char *suit[] = {"Spades","Hearts","Clubs","Diamonds"};
char *face[] = {"A","2","3","4","5","6","7","8","9","10",
                "Jack","Queen","King"};
```

4. **数字时钟模拟**。请按如下结构体类型定义编程模拟显示一个数字时钟。

```
typedef struct clock
{
    int hour;
    int minute;
    int second;
}CLOCK;
```

5. **复数乘法**。请用结构体编程，从键盘输入两个复数，然后计算并输出其相乘后的结果。

6. **有理数加法。**请用结构体编程，从键盘输入两个分数形式的有理数，然后计算并输出其相加后的结果。

7. **冬奥会金牌排行榜。**参考例11.6，用如下结构体类型编程，输入n以及n个国家的国名及其获得的金牌数，然后按国名进行排序。

```
typedef struct country
{
    char name[N];
    int goldMedal;
}COUNTRY;
```

8. **冬奥会运动员信息统计。**2022年北京冬奥会的后勤组需要了解各国参赛选手的基本情况，为各国选手定制个性化服务。现某国有$n(1\leq n\leq 10)$个运动员，对每个运动员记录了其姓名（拼音表示，且无空格）、性别和年龄，要求从键盘输入n以及n个运动员的数据，然后输出该国家年龄不大于n个运动员的平均年龄的运动员数量m。请按照以下结构体类型编写该程序。

```
struct athlete
{
    char name[N]; //姓名
    int gender;   //性别标记，0表示男性，1表示女性
    int age;      //年龄
};
```

9. **时间都去哪了。**某学生为了证明时间“缩水”，做了一道数学题，气坏了数学老师！

```
求证：1h=1min
解：因为1h=60min
=6min*10min
=360s*600s
=1/10h*1/6h
=1/60h
=1min
证明完毕。
```

如果不珍惜时光，那么你的时间很可能就这样稀里糊涂地没了。现在，请你定义一个struct time类型，编写程序，实现如下两个任务。

（1）输入小时、分、秒，然后将其转化为以秒为单位的时间。例如，输入2,20,30（表示2小时20分30秒），转换为秒数应为8430。

（2）输入以秒为单位的时间，然后将其转化为小时、分、秒。例如，输入8430，转换为2小时20分30秒。

10. **卫星载重量。**“天问一号”于2021年2月到达火星附近，实施火星捕获。于2021年5月择机实施降轨，着陆巡视器与环绕器分离，软着陆火星表面，火星车驶离着陆平台，开展巡视探测等工作。在此之前，我国已向太空发射多颗人造卫星，现有$n(1\leq n\leq 5)$颗人造卫星，其中每颗卫星具有3个属性，分别为卫星制造年份、卫星编号、卫星载重量（属性均为int型数据），现要求从键盘输入n以及n颗卫星的数据，然后输出载重量低于n颗卫星的平均载重量的卫星数量（平均载重量采用整型除法求解即可，无须使用浮点数除法）。请按以下结构体类型编写该程序。

```
struct sate
{
    int year; //卫星制造年份
    int id;   //卫星编号
    int load; //卫星载重量
};
```

第12章

算法和数据结构基础——结构设计之美

内容导读

必学内容：动态内存分配，单向链表、单向循环链表，栈和队列。
进阶内容：树和图的基本概念。

本章是编程语言中的《奔跑吧兄弟》。前面的章节陆续揭开了C语言神秘的面纱。C语言的成员们各怀绝技、各有千秋，有如"宝蓝兄弟"般个头小但能量大的基础数据类型；有如"大黑牛"般庞大而能力无限的数组；还有如"队长"般灵活多变、无限欢乐的指针。它们已经整装待发，将以兄弟般的团结和默契，各司其职，各展所长，构建"神秘事件"拼图中的各个碎片。这是一场由C语言兄弟团带来的饕餮盛宴：链表、栈、队列、树、图。本章我们将对C程序与内存进行一次透视。

我们如此努力，只为曾经寄予厚望的自己。

12.1 从定长数组到动态数组

本节主要讨论如下问题。

（1）什么是动态内存分配？

（2）如何进行动态内存分配？

动态数组1

动态数组2

动态数组3

12.1.1 动态内存分配

我们已经知道，全局变量是编译时分配内存的，函数形参和函数内定义的非静态的局部变量是在函数调用时分配内存的，因此两者在程序运行时既不能添加，也不能减少。而在实际应用中，有时需要在程序运行时根据使用的需要来分配存储空间。如何在程序运行时为变量分配内存呢？这就要用到本小节将要介绍的**动态内存分配**（**Dynamic Memory Allocation**）函数。

本小节要介绍的动态内存分配函数是使用**堆**来分配内存的。

C程序中变量的内存分配方式有以下3种。

（1）从静态存储区分配。编译器为程序的全局变量和静态变量在静态存储区上分配内存，且在程序编译时就分配好了，在程序运行期间它们始终占据这些内存，这部分内存仅在程序运行结束时才会被操作系统回收。

（2）**从栈上分配**。栈是从内存高地址端向低地址端扩展的。在执行函数调用时，系统自动为函数内的局部变量和形参从栈上分配内存，函数调用结束后，自动释放这些内存，栈上的内存分配和释放无须程序员来“操心”。

由于函数调用结束后必须将控制流程返回给调用它的函数，所以必须保存每个函数的返回地址，而函数调用栈就是处理此类信息的最佳数据结构。每当一个函数调用另外一个函数时，就会把一个被称为**栈帧（Stack Frame）**的信息压入栈。若被调函数返回，则针对这次调用的栈帧将被弹出，控制流程转移到被弹出栈帧中保存的函数返回地址处。每个被调函数都能在函数调用栈的顶部找到它所需的返回到主调函数的信息。如果一个函数调用了另外一个函数，则针对新的函数调用的栈帧将被压入函数调用栈。这样新的被调函数为返回到主调函数所需的返回地址就位于函数调用栈的顶部。栈帧的生存期就是被调函数的生存期。当函数返回，不再需要函数内定义的局部变量时，它的栈帧就会被从栈中弹出，程序就再也找不到那些局部变量了。

（3）**从堆上分配**。在程序运行期间，用动态内存分配函数来申请的内存都是从堆上分配的。与在栈上分配和释放内存不同的是，在堆上分配和释放内存，都需要程序员自己“操心”。堆是从低地址端向高地址端扩展的，其分配的内存位置是随意的。但是如果频繁申请和释放堆上的内存，不仅会降低程序的执行速度，还极易造成**内存碎片**。

下面，介绍几种常见的C语言动态内存分配函数。动态内存分配函数是从堆上分配内存的，使用这些函数时需要在程序开头将头文件stdlib.h包含到源程序中。

1. 函数 malloc()

函数malloc()的函数原型如下：

```
void  *malloc(unsigned int size);
```

其中，size表示向系统申请的堆存储空间的字节数，若内存分配成功，则函数返回一个指向该内存地址的void类型的指针。若系统不能提供相应字节数的内存，则函数将返回空指针，即NULL。

void类型的指针表示指针的基类型是未知的，即声明了一个指针变量，但未指定它可以指向哪一种类型的数据，这种类型的指针通常称为**无类型的指针（Typeless Pointer）**，也称为**通用指针（Generic Pointer）**。若要将函数的返回地址赋值给某个指针变量，则应先根据该指针的基类型，将其强转为与该指针基类型相同的数据类型，然后进行赋值操作。例如：

```
int  *pi = NULL;
pi = (int *)malloc(sizeof(int));
```

是将malloc()返回值的指针基类型强转为int*后，再赋值给int型指针变量pi，即用int型指针变量pi指向这段存储空间的首地址。在这里，我们再次体会到了强制类型转换运算符的强大。

2. 函数 calloc()

函数calloc()的函数原型如下：

```
void  *calloc(unsigned int num, unsigned int size);
```

它相当于声明了一个一维动态数组，第1个参数num表示向系统申请的堆存储空间的总个数，确定了一维动态数组的元素个数，第2个参数size表示申请的每个空间的字节数，确定了每个数组元素的类型。若函数调用成功，则返回一个void类型的连续存储空间的首地址，函数的返回值就相当于该动态数组的首地址。若函数调用失败，则返回空指针，即NULL。

与malloc()不同的是，calloc()能自动将分配的内存初始化为0。例如：

```
pf = (float *)calloc(10, sizeof(float));
```

表示向系统申请10个连续的float型内存单元，并将其初始化为0，然后用指针pf指向该连续存储空间的首地址，向系统申请的总的字节数为10 × sizeof(float)，相当于使用下面的语句：

```
pf = (float *)malloc(10*sizeof(float));
```

3. 函数 free()

函数free()的函数原型如下：

```
void  free(void *p);
```

该函数的功能是释放由指针p指向的存储空间，即将用malloc()和calloc()向系统动态申请的由指针p指向的内存返还给系统，以便由系统重新分配，该函数无返回值。形参p保存的地址只能是用malloc()和calloc()申请的内存地址。

4. 函数 realloc()

函数realloc()的函数原型为：

```
void  *realloc(void *p, unsigned int size);
```

该函数的功能是将指针p所指向的存储空间的大小修改为size字节，函数返回值是重新分配的存储空间的首地址，与原来分配的首地址不一定相同。

12.1.2 动态数组实例——随机点名

在前面的章节中，我们都是用常量来定义固定长度的数组（即定长数组），由于事先无法确定数组的大小，所以通常是按一个预计的最大值来指定数组的长度。显然，将数组定义得足够大，势必会造成存储空间的浪费。能否在程序运行时由用户来指定数组的大小呢？这种可变长度的数组就是动态数组。

下面，我们就通过一个好玩的程序——点名“神器”，来看一下如何利用动态内存分配函数帮助我们实现动态数组。

【例12.1】点名“神器”。请编程从文件中读取学生名单，每按一次Enter键，就从学生名单中随机抽取1名学生，直到按Esc键或者学生名单中的学生全部抽完为止。要求每名学生最多只能被抽中一次，即不能被重复点到名字。

参考程序1，使用定长的结构体数组来实现点名“神器”：

```
1   #include <stdio.h>
2   #include <conio.h>
3   #include <stdlib.h>
4   #include <time.h>
5   #define NO 120                     //设定数组的最大长度
6   #define SIZE 30
7   typedef struct
8   {
9       char name[SIZE]; //被点名学生的信息(如学号和姓名)
10      short flag;                    //标记是否被点过名
11  }ROLL;
12  int ReadFromFile(char fileName[], ROLL msg[]);
13  void MakeRollCall(ROLL msg[], int total);
14  int main(void)
15  {
16      ROLL msg[NO];        //定长数组
17      char *fileName = "student.txt";
18      int total = ReadFromFile(fileName, msg);
19      printf("总计%d名学生\n现在开始随机点名\n", total);
20      MakeRollCall(msg, total);      //随机点名
```

```
21      return 0;
22  }
23  //函数功能：从文件filename中读取名单存入数组msg
24  int ReadFromFile(char fileName[], ROLL msg[])
25  {
26      FILE *fp = fopen(fileName, "r");
27      if (fp == NULL)
28      {
29          printf("can not open file %s\n", fileName);
30          return 1;
31      }
32      int i = 0;
33      while(fgets(msg[i].name, sizeof(msg[i].name), fp))
34      {
35          i++;
36      }
37      fclose(fp);
38      return i;
39  }
40  //函数功能：随机点名，名单中有total名学生
41  void MakeRollCall(ROLL msg[], int total)
42  {
43      srand(time(NULL));
44      for (int i=0; i<total; i++)
45      {
46          msg[i].flag = 0;//标记都没有被点过名
47      }
48      char ch = ' ';
49      int i = 0;
50      do{
51          int k = rand() % total;          //随机确定被点名学生的数组下标
52          if (kbhit() && msg[k].flag == 0)//当有按键，并且第k个人也没有被点过名
53          {
54              ch = getch();//等待用户按任意键，以回车符结束输入
55              if (ch != 27)//若用户按Esc键
56              {
57                  i++;
58                  printf("请第%d名学生回答问题：%s\n", i, msg[k].name);
59                  msg[k].flag = 1;//标记其已经被点过名
60              }
61          }
62      }while (ch != 27 && i < total);
63      if(ch == 27)
64      {
65          printf("点名结束\n");
66      }
67      else
68      {
69          printf("所有学生均已点名完毕\n");
70      }
71  }
```

参考程序2，使用一维动态数组来实现点名“神器”：

```
1   #include <stdio.h>
2   #include <conio.h>
3   #include <stdlib.h>
4   #include <time.h>
5   #define SIZE 30
```

```
6   typedef struct
7   {
8       char name[SIZE]; //被点名学生的信息(如学号和姓名)
9       short flag;      //标记是否被点过名
10  }ROLL;
11  int ReadFromFile(char fileName[], ROLL *msg, int n);
12  void MakeRollCall(ROLL *msg, int total);
13  int main(void)
14  {
15      int n;
16      printf("How many students?");
17      scanf("%d", &n);                              //输入学生人数
18      ROLL *msg = (ROLL *)malloc(n * sizeof(ROLL)); // 向系统申请内存
19       if (msg == NULL)  //确保指针使用前是非空指针,为空指针时结束程序运行
20       {
21              printf("No enough memory!\n");
22              exit(1);
23       }
24      char *fileName = "student.txt";
25      int total = ReadFromFile(fileName, msg, n);
26      printf("总计%d名学生\n现在开始随机点名\n", total);
27      MakeRollCall(msg, total);  //随机点名
28      free(msg);                 // 释放向系统申请的内存
29      return 0;
30  }
31  //函数功能:从文件filename中读取名单存入数组msg,返回名单中的实际人数
32  int ReadFromFile(char fileName[], ROLL *msg, int n)
33  {
34      FILE *fp = fopen(fileName, "r");
35      if (fp == NULL)
36      {
37          printf("can not open file %s\n", fileName);
38          return 1;
39      }
40      int i;
41      for(i=0; i<n; i++) //读取n条记录,若已经读到文件末尾,则结束循环
42      {
43          if (!fgets(msg[i].name, sizeof(msg[i].name), fp)) break;
44      }
45      fclose(fp);
46      return i; //返回名单中的实际人数
47  }
48  //函数功能:随机点名,名单中有total名学生
49  void MakeRollCall(ROLL *msg, int total)
50  {
51     srand(time(NULL));
52     for (int i=0; i<total; i++)
53     {
54       msg[i].flag = 0;//标记都没有被点过名
55     }
56     char ch = ' ';
57     int i = 0;
58     do{
59        int k = rand() % total;        //随机确定被点名学生的一维动态数组下标
60        if (kbhit() && msg[k].flag == 0)//当有按键,并且第k个人也没有被点过名
61        {
62           ch = getch();//等待用户按任意键,以回车符结束输入
63           if (ch != 27)
```

```
64              {
65                  i++;
66                  printf("请第%d名学生回答问题：%s\n", i, msg[k].name);
67                  msg[k].flag = 1;//标记其已经被点过名
68              }
69          }
70      }while (ch != 27 && i < total);
71      if(ch == 27)//若用户按Esc键
72      {
73          printf("点名结束\n");
74      }
75      else
76      {
77          printf("所有学生均已点名完毕\n");
78      }
79  }
```

参考程序1由于使用的是定长数组，因此需要在程序的第5行用宏定义设定数组的最大长度。

参考程序2由于使用了动态数组，因此可以在程序运行时由用户来确定数组的长度，程序根据用户的需要来定义一个动态数组，这样就可以避免存储空间浪费的问题。具体地，在程序第18行，利用动态内存分配函数向系统申请n个ROLL结构体类型的内存单元，用ROLL结构体类型指针变量msg指向这段连续存储空间的首地址，相当于创建了一个一维动态数组，因此可通过首地址msg来访问数组中的元素，既可以使用*(msg+i)，也可以使用msg[i]来表示数组中下标为i的元素。换言之，可以把msg当作数组名，像使用普通一维数组一样来使用一维动态数组。第19～23行用于判断函数malloc()调用是否成功。如果函数返回的指针为NULL，则说明内存分配不成功，为了避免使用空指针，需要调用exit(1)终止程序的执行。第28行调用函数free()来释放不再使用的内存，以免发生**内存泄漏（Memory Leak）**。

第18行的语句也可以修改为

```
ROLL *msg = (ROLL *)calloc(n, sizeof(ROLL));
```

如果要定义一个m行n列的二维动态数组，那么可以使用下面的语句：

```
ROLL *msg = (ROLL *)malloc(m * n * sizeof(ROLL));
```

或者

```
ROLL *msg = (ROLL *)calloc(m * n, sizeof(ROLL));
```

可以看到，定义二维动态数组和定义一维动态数组的方法是相同的，即二维动态数组也是当作一维动态数组来处理的。例如，上面定义二维动态数组的语句向系统申请m*n个ROLL结构体类型的内存单元，并用ROLL结构体类型指针变量msg指向这段内存的首地址，相当于将m行n列的二维数组当作长度为m*n的一维数组来使用，如图12-1所示。指针变量msg既可以看成指向m行n列的二维动态数组的列指针，也可以看成指向大小为m*n的一维动态数组的指针。因此，通过指针msg来访问二维数组的第i行第j列元素，相当于访问一维数组的第i*n+j个元素，即使用*(p+i*n+j)或p[i*n+j]来表示该数组元素的值。

图12-1　二维动态数组当作一维动态数组来使用的示意

12.2 从静态数据结构到动态数据结构

本节主要讨论如下问题。

（1）何为单向链表？如何使用单向循环链表？

（2）如何对链表进行遍历以及增、删节点的操作？

链表 1

链表 2

链表 3

链表 4

链表 5

链表 6

在C语言中，指针之所以重要，原因主要有以下几点。

（1）指针作函数参数，提供了一种从函数返回修改的变量值的手段。

（2）利用指针的增1和减1运算来访问数组元素，可以提高程序的执行效率。

（3）指针为动态内存分配系统提供了支持。

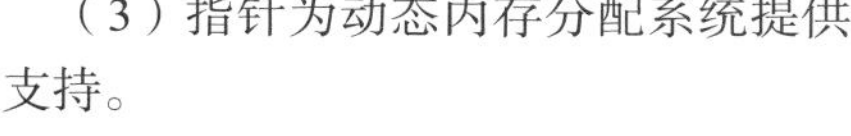

（4）利用指针和动态内存分配可以实现动态数据结构（如链表、队列、二叉树等）。

其中，前3点已在前面章节中介绍，本节主要介绍如何利用指针实现链表等动态数据结构。

12.2.1 线性表的链式存储

在存储大量数据的时候，我们的第一反应可能是使用数组，但在某些场景下，数组显得不够灵活。例如，假设有一个已从小到大排好序的数列：1, 2, 3, 4, 6, 7, 8, 9, 10。现在需要向这个数列中插入5，使得到的新数列列仍升序排列。若使用数组来实现这一操作，则需要将6和6后面的数都依次往后移动一位，假设数组名为a，如图12-2所示。

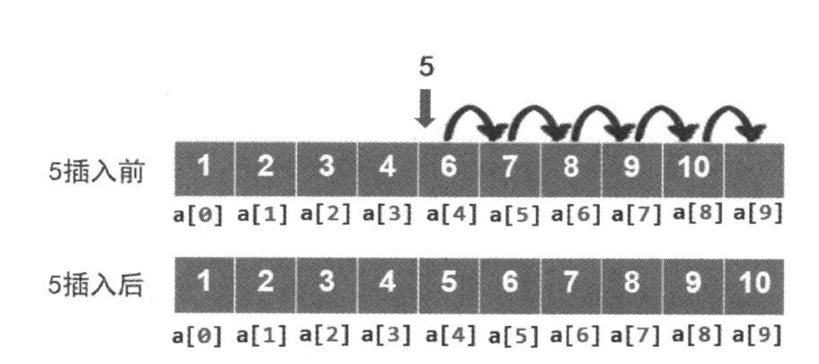

图 12-2　在已排序的数组中插入 5

数组（包括结构体数组）实际上是一种线性表的顺序存储结构。像这种用一组地址连续的内存单元存放的线性表，称为**顺序表**。它的优点是表中的数据元素在逻辑上和物理上都是相邻的，使用直观，便于实现线性表中任一元素的快速随机存取。缺点是执行插入和删除操作时需要移动大量的数组元素，同时由于数组属于静态数据结构，数组的长度不能在程序运行时改变，实际使用的数组元素个数不能超过定义数组时指定的数组长度限制，否则就会发生下标越界错误，而数组元素个数小于所设定的最大长度时，又会造成系统资源的浪费。

虽然数组支持数据的随机访问，且数据的访问效率很高，但执行插入和删除操作的效率很低，因为在数组中插入或删除数据需要移动大量的数据。而如果使用本节将要介绍的链表，那么插入和删除数据的效率则会高很多。如图12-3所示，此时在6前面插入5，只需改变数据之间的“链接关系”，而无须将6及其后面的数都依次往后移动一位。

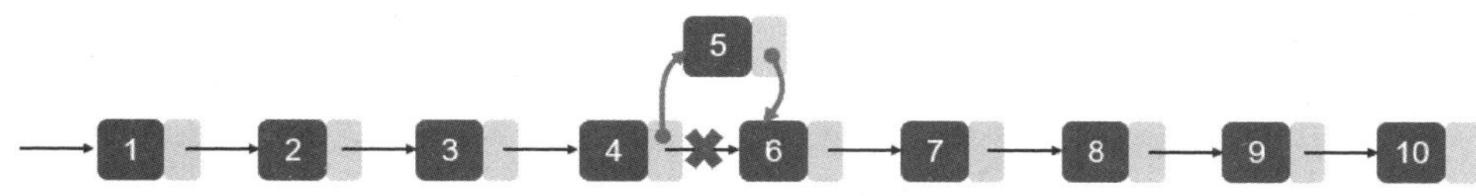

图 12-3　在已排序的单向链表中插入数据

那么什么是链表呢？在介绍链表前，先来看下面的结构体是什么意思。

```
struct link
{
    int data;
    struct link next;
};
```

将含有上述类型定义的程序在Code:Blocks下编译，将出现如下错误提示信息：

```
error: field 'next' has incomplete type
```

这说明，结构体不能包含它自身结构体类型的非指针成员。这是因为自身结构体类型尚未定义结束，它所占用的内存字节数尚未确定，系统无法为这样的结构体类型分配内存。但是，指向同一个结构体的指针却可以出现在结构体的定义中，这是为什么呢？因为无论指针变量的基类型是什么，它存放的数据都是一个地址值，系统为指针变量分配的内存字节数（即存放地址所需的内存字节数）是固定的，不依赖于它的基类型，即其所指向的数据类型。因此，在声明结构体类型时可以包含指向它自身结构体类型的指针成员。其声明方式如下：

```
struct link
{
    int data;
    struct link *next;
};
```

这种在结构体定义中出现指向自身结构体类型的指针成员的结构体，称为**自引用结构体**（**Self-referential Structure**）。自引用结构体可以用来创建链式存储的数据结构。

12.2.2　单向链表的基本操作

结构体、指针和动态内存分配函数配合使用可表示许多复杂的动态数据结构。其中的一个典型代表就是**链表**（**Linked List**）。链表包括单向链表、双向链表和环形链表等。本小节仅介绍单向链表。

链表实际上是线性表的链式存储结构，与数组不同的是，它用一组任意的内存单元来存储线性表中的数据，内存单元不一定是连续的，链表的长度也不是固定的，可以非常方便地实现数据的插入和删除操作。链表中每一个分散存储的内存块，称为**节点**。由于每个节点的内存是不连续的，因此需要用指针建立元素之间的线性关系，记录元素的后继即链表的下一个节点在内存中的地址的指针称为**后继指针**。通常，链表中的每个节点都是由数据域和指针域两类成员构成的。只包含一个指针域、由n个节点链接形成的链表，就称为**线性链表**或者**单向链表**。

为了表示图12-4所示的单向链表，我们需要定义一个包含一个int型数据成员和一个指向自身结构体的指针成员的节点结构体类型：

```
struct  link
{
    int data;                 // 数据域：存储数据元素信息
    struct link *next;        // 指针域：存储后继节点(后一个节点)的信息
};
```

如图12-4所示，指向链表的起始节点的指针变量，称为链表的**头指针**。由于链表只能顺序访问，不能随机访问，因此在访问单向链表时，首先要找到链表的头指针，即指向第1个节点的指针，只有找到第1个节点才能通过它的指针域找到第2个节点，然后由第2个节点的指针域找到第3个节点，依此类推，就像传递接力棒一样。当节点的指针域为NULL时，表示已经遍历到了链表的尾节点（在图12-4中尾节点的指针域用∧表示）。可见，对单向链表而言，头指针是访问链表的关键，头指针一旦丢失，链表中的数据也将全部丢失。

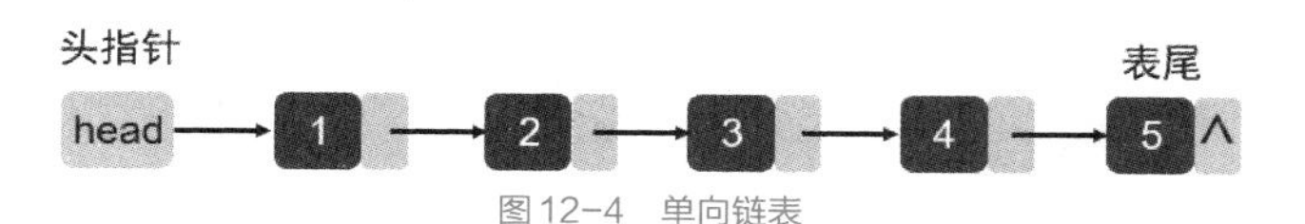

图12-4　单向链表

相对于顺序存储方式而言，链式存储方式的优点是插入和删除数据效率较高，但缺点是不支持随机访问，需要从链头到链尾进行遍历，并且由于每个存储数据的节点都需要额外的空间存储后继指针，因此会比顺序存储方式占用更多的存储空间。

下面重点介绍单向链表节点的添加、删除、插入、排序等操作。

1. 节点的添加

通过向链表中添加节点，可以创建一个单向链表。为了向链表中添加一个节点，首先要通过动态内存分配的方式新建一个节点，将指针newP指向这个新建节点：

```
newP = (struct link *)malloc(sizeof(struct link));
```

然后，执行下面的语句为节点的数据域和指针域赋初值：

```
newP ->data = nodeData;
newP ->next = NULL;
```

将该新建节点添加到链表中时，需要考虑以下两种情况。

（1）若原链表为空表，则将新建节点设置为头节点，如图12-5所示，即执行如下语句：

```
head = newP; //头指针指向新建节点
```

图12-5　原链表为空表时新建节点的添加示意

（2）若原链表非空，需要先遍历到表尾，将指针p指向表尾节点，然后将新建节点添加到表尾，如图12-6所示，即执行如下语句：

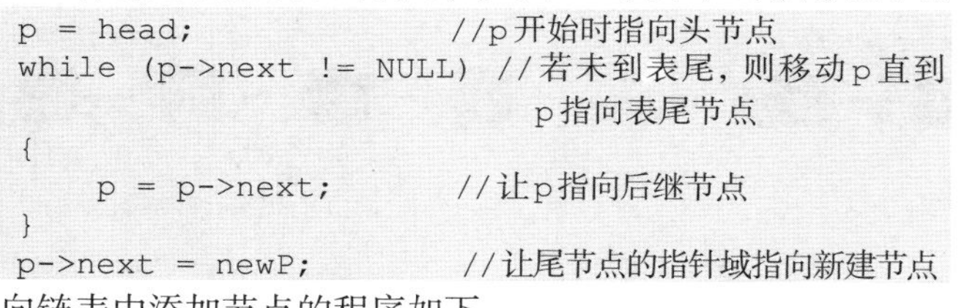

```
p = head;                //p开始时指向头节点
while (p->next != NULL)  //若未到表尾，则移动p直到
                           p指向表尾节点
{
    p = p->next;         //让p指向后继节点
}
p->next = newP;          //让尾节点的指针域指向新建节点
```

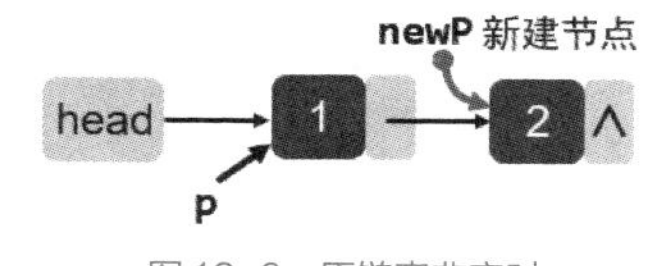

图12-6　原链表非空时新建节点的添加示意

向链表中添加节点的程序如下：

```
1   //函数功能：新建一个数据域的值为nodeData的节点并添加到链表末尾，返回链表的头指针
2   struct link *AppendNode(struct link *head, int nodeData)
3   {
4       struct link *newP = NULL, *p = NULL;
5       newP = (struct link *)malloc(sizeof(struct link)); //为新建节点申请内存
6       if (newP == NULL)     //若为新建节点申请内存失败，则退出程序
7       {
8           printf("No enough memory to allocate!\n");
9           exit(0);
10      }
11      newP->data = nodeData;              //给新建节点的数据域赋值
12      newP->next = NULL;                  //标记新建节点为表尾
13      if (head == NULL)                   //若原链表为空表
14      {
15          head = newP;                    //将新建节点设置为头节点
16      }
17      else                                //若原链表非空，则将新建节点添加到表尾
18      {
19          p = head;                       //p开始时指向头节点
20          while (p->next != NULL)         //若未到表尾，则移动p直到p指向表尾节点
21          {
22              p = p->next;                //让p指向后继节点
```

```
23            }
24            p->next = newP;                //让尾节点的指针域指向新建节点
25        }
26        return head;                       //返回添加节点后的链表的头指针
27    }
```

2. 节点的删除

节点的删除操作就是将一个待删除节点从链表中摘除，不再与其前驱节点（前一个节点）和后继节点（后一个节点）有任何联系。在已有的链表中删除一个节点，需要考虑如下情况。

（1）若原链表为空表，则无须删除节点，直接退出程序。

（2）若原链表不是空表，则需要按照图12-7所示的操作顺序先通过执行如下语句来找到待删除的节点：

```
//查找待删除节点
p = head;                  //让p指向头节点
while (p->data != nodeData && p->next != NULL)
{
    pr = p;                //在pr中保存当前节点的指针
    p = p->next;           //p指向当前节点的后继节点
}
```

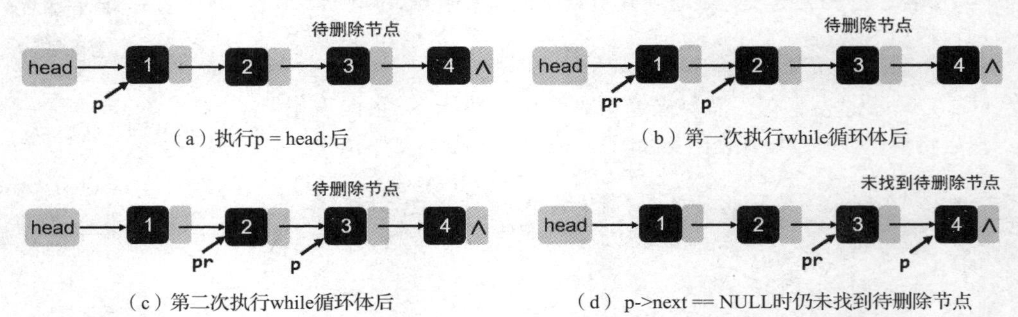

图12-7 查找待删除节点

如图12-8所示，若找到的待删除节点是头节点，则通过执行如下语句将head指向当前节点的后继节点即可删除当前节点：

```
head = p->next;
```

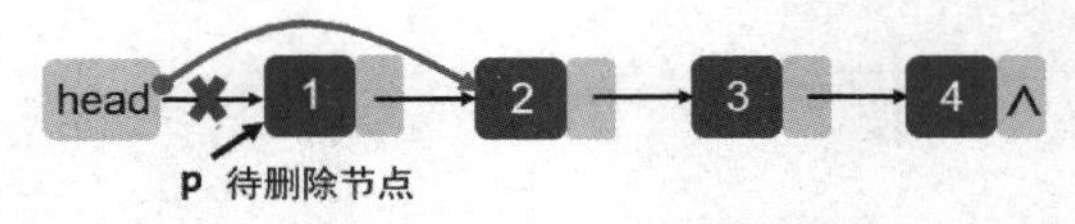

图12-8 待删除节点是头节点时的节点删除示意

如图12-9所示，若找到的待删除节点不是头节点，则通过执行如下语句将前驱节点的指针域指向当前节点的后继节点即可删除当前节点：

```
pr->next = p->next;
```

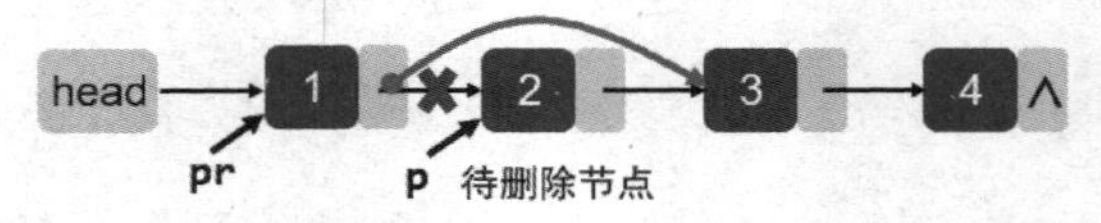

图12-9 待删除节点不是头节点时的节点删除示意

当待删除节点是尾节点时，由于p->next的值为NULL，因此执行pr->next = p->next后，pr->next值也变为了NULL，使pr所指向的节点变成新的尾节点，这样就可以删除尾节点了。

若已搜索到表尾（p->next == NULL）仍未找到待删除节点，则表示未找到待删除节点。

注意：节点被删除只表示将它从链表中断开，如果不释放其所占的内存，那么将导致内存泄漏，因此在删除节点后必须由程序员来释放其所占的内存。

从链表中删除一个节点的程序代码如下：

```
1   //函数功能：从head指向的链表中删除一个节点，返回删除节点后的链表的头指针
2   struct link *DeleteNode(struct link *head, int nodeData)
3   {
4       struct link *p = head, *pr = NULL; //p开始时指向头节点
5       if (head == NULL)              //若链表为空表，则退出程序
6       {
7           printf("Linked List is empty!\n");
8           return(head);
9       }
10      while (p->data != nodeData && p->next != NULL)//未找到且未到表尾
11      {
12          pr = p;                    //在pr中保存当前节点的指针
13          p = p->next;               //p指向当前节点的后继节点
14      }
15      if (p->data == nodeData) //若当前节点的数据域的值为nodeData，则表示找到待删除节点
16      {
17          if (p == head)             //若待删除节点为头节点
18          {
19              head = p->next;     //让头指针指向待删除节点p的后继节点
20          }
21          else                       //若待删除节点不是头节点
22          {
23              pr->next = p->next;//让前驱节点的指针域指向待删除节点的后继节点
24          }
25          free(p);                   //释放为已删除节点分配的内存
26      }
27      else                           //找到表尾仍未发现数据域的值为nodeData的节点
28      {
29          printf("This Node has not been found!\n");
30      }
31      return head;                   //返回删除节点后的链表头指针head
32  }
```

3. 节点的插入

向链表中插入一个节点时，首先要新建一个节点newP：

```
newP = (struct link *)malloc(sizeof(struct link));
```

然后，执行下面的语句为新建节点的数据域和指针域赋初值：

```
newP->data = nodeData;
newP->next = NULL;
```

最后，在链表中寻找适当的位置插入该节点。这里，执行节点的插入时，需要考虑如下情况。

（1）若原链表为空表，则将新建节点作为头节点，通过执行如下语句让head指向新建节点，如图12-10所示。

```
head = newP; //头节点指向新建节点
```

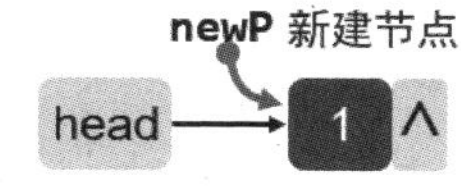

图12-10 原链表为空表时新建节点的插入示意

（2）若原链表非空，则需要通过执行下面的语句按节点数据域的值的大小（假设节点数据域的值已按升序排列）确定新建节点的待插入位置，如图12-11所示。

```
//查找节点的待插入位置
p = head;          //让p指向头节点
while (nodeData >= p->data && p->next != NULL)
{
```

```
        pr = p;         //在pr中保存当前节点的指针
        p = p->next;  //p指向当前节点的后继节点
    }
```

若在头节点前插入新建节点，则需要通过执行如下语句将新建节点的指针域指向原链表的头节点且让原链表的头指针head指向新建节点，如图12-12所示。

```
    newP->next = head;  //将待插入的新建节点的指针域指向原链表的头节点
    head = newP;          //让原链表的头指针head指向新建节点
```

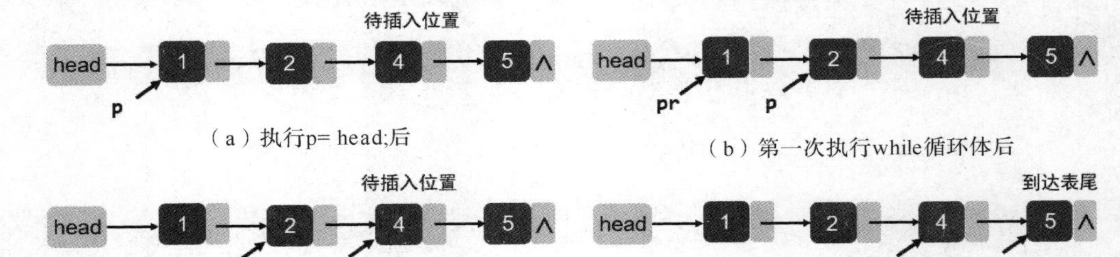

（a）执行p= head;后　（b）第一次执行while循环体后

（c）第二次执行while循环体后　（d） p->next == NULL即搜索到了表尾

图12-11　找到待插入位置

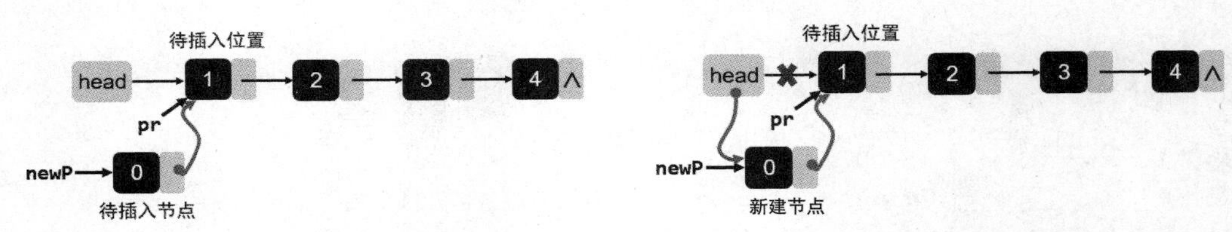

（a）将待插入节点的指针域指向原链表的头节点　（b）将头指针指向新建节点

图12-12　在头节点前插入新建节点的示意

若在链表中间插入新建节点，则需要通过执行如下语句将待插入的新建节点的指针域指向后继节点且让前驱节点的指针域指向新建节点，如图12-13所示。

```
    newP->next = p;  //将待插入的新建节点的指针域指向待插入位置处的节点
    pr->next = newP;//让前驱节点的指针域指向新建节点
```

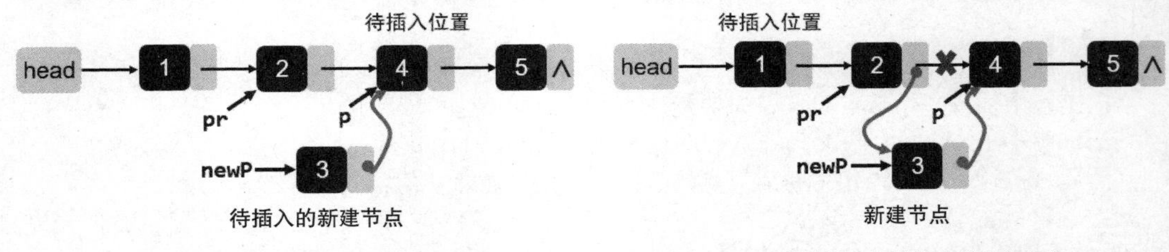

（a）将待插入的新建节点的指针域指向待插入位置处的节点　（b）将待插入位置处的前驱节点的指针域指向新建节点

图12-13　在链表中间插入新建节点的示意

若在表尾插入新建节点，则需要通过执行下面的语句将尾节点的指针域指向新建节点，如图12-14所示。

```
    p->next = newP;  //让尾节点的指针域指向新建节点
```

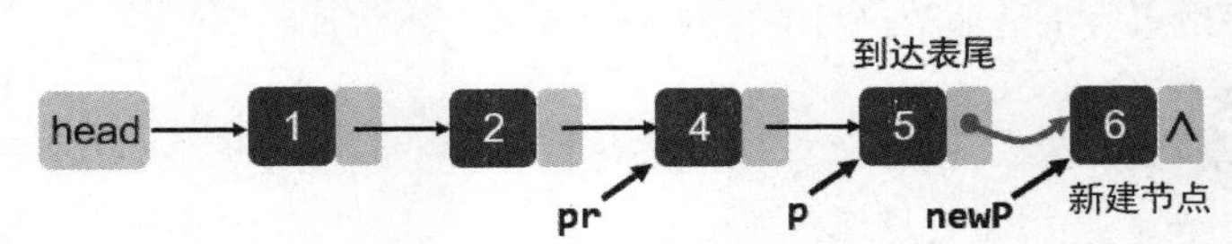

图12-14　在表尾插入新建节点的示意

向节点数据域的值已按升序排列的链表中插入一个新建节点的程序代码如下：

```
1   //函数功能：在已按升序排列的链表中插入一个节点，返回插入节点后的链表头指针
2   struct link *InsertNode(struct link *head, int nodeData)
3   {
4       struct link *p = NULL, *newP = NULL, *pr = NULL;
5       newP = (struct link *)malloc(sizeof(struct link));// 为待插入的新建节点申请内存
6       if (newP == NULL)        //若为待插入的新建节点申请内存失败，则退出程序
7       {
8           printf("No enough memory!\n");
9           exit(0);
10      }
11      newP->next = NULL;              //将新建节点的指针域赋值为NULL
12      newP->data = nodeData;   //将新建节点数据域赋值为nodeData
13      if (head == NULL)              //若原链表为空表
14      {
15          head = newP;           //新建节点作为头节点
16      }
17      else                         //若原链表非空，则先查找新建节点的位置
18      {
19          p = head;            //p开始时指向头节点
20          while (nodeData > p->data && p->next != NULL)
21          {
22              pr = p;           //在pr中保存当前节点的指针
23              p = p->next;       //p指向当前节点的后继节点
24          }
25          if (nodeData <= p->data)
26          {
27              if (p == head)       //若在头节点前插入新建节点
28              {
29                  newP->next = head; //将待插入的新建节点的指针域指向原链表的头节点
30                  head = newP;         //让原链表的头指针head指向新建节点
31              }
32              else                     //若在链表中间插入新建节点
33              {
34                  newP->next = p;       //将新建节点的指针域指向待插入位置处的节点
35                  pr->next = newP;     //让待插入位置处的前驱节点的指针域指向新建节点
36              }
37          }
38          else                       //若在表尾插入新建节点
39          {
40              p->next = newP;          //让尾节点的指针域指向新建节点
41          }
42      }
43      return head;                    //返回插入新建节点后的链表头指针head
44  }
```

【思考题】

为什么函数AppendNode()、DeleteNode()和InsertNode()都要返回链表头指针head呢？函数的指针形参head能否返回head本身的值？

4. 节点的排序

对链表中的节点进行排序主要有以下两种策略。

（1）不改变链表中节点的链接顺序，通过交换节点中的数据域来实现链表排序。

（2）通过修改节点的后继节点即改变链接顺序来实现链表排序。

下面给出基于第一种策略的冒泡排序算法升序排列的代码实现，请读者根据代码中的注释分析排序的实现过程。

第一种策略的冒泡排序算法升序排列的程序代码如下：

```
1    //函数功能：链表节点按节点数据域的值升序排列
2    struct link *BubbleSortNode(struct link *head)
3    {
4        int i, j, k, n, temp;
5        struct link *p = NULL, *pr = NULL;
6        //统计链表中的节点数
7        for (p=head, i=1; p->next!=NULL; i++)
8        {
9            p = p->next;
10       }
11       n = i;
12       //冒泡排序算法升序排列
13       for (j=1; j<n; j++)
14       {
15           pr = head;
16           p = pr->next;
17           for (k=0; k<n-j; k++)
18           {
19               if (pr->data > p->data)  //按节点的data成员的值升序排列
20               {
21                   temp = pr->data;
22                   pr->data = p->data;
23                   p->data = temp;
24               }
25               p = p->next;
26               pr = pr->next;
27           }
28       }
29       return head;
30   }
```

【思考题】

如果链表中的节点的数据域不止一个成员，那么通常采用的方法是将所有数据成员封装到一个结构体类型中。若将struct link结构体类型的int型数据成员data封装到一个结构体类型（如struct nodeData）中，那么程序应如何修改呢？

12.2.3 单向循环链表应用实例——循环报数问题

所谓单向循环链表，是指单向链表尾节点的指针域为头节点的地址，而不再是空指针NULL的链表。这样从表中任一节点出发，均可访问到链表中的所有节点。单向循环链表除尾节点的后继指针指向头节点外，其他均与单向链表一样。下面以循环报数问题为例解释其基本操作。

【例12.2】据说，鲁智深一天中午匆匆来到开封府大相国寺，想蹭顿饭吃，当时大相国寺有99个和尚，只做了99个馒头，智清长老不愿得罪鲁智深，便把他安排在一个特定位置，之后对所有人说：从我开始报数（围成一圈），第5个人可以吃到馒头（并退下）。按此方法，所有和尚都吃到了馒头，唯独鲁智深没有吃上，请问他在哪个位置?

问题分析：这个问题其实就是经典的循环报数问题。有n个人围成一圈，顺序编号。从第一个人开始循环报数（从1报到m），凡报到m的人退出圈子，问最后留下的那个人的初始编号是什么？对于这个问题，可以借鉴快速求素数的筛法求出剩下的最后一个人的位置。对参与报数的n个人用1～n进行编号，编号存放到大小为n的一维数组中，为了标记报到m的倍数的人需要退出圈子，将其编号标记为0，标记为0的好处是不用移动数组中的元素，并且可以保留尚未退出圈子的人的初始编号。在每次报数时，除了要设置一个报数计数器，还要设置另外一个计数器来记录已退出圈子的人数。报数计数器的作用是在每次报数时进行计数，仅当报数计数器的值为m的倍数时，即有一个人需要退出圈子时，才使记录退出圈子的人数的计数器计数一次。当退出圈子的人数累计达到n-1时，报数结束，此时数组中编号不为0的那个数组元素就是最后留下的那个人的初始编号。假设有10个人，当报到3的倍数时退出，则用筛法实现循环报数的原理如图12-15所示。

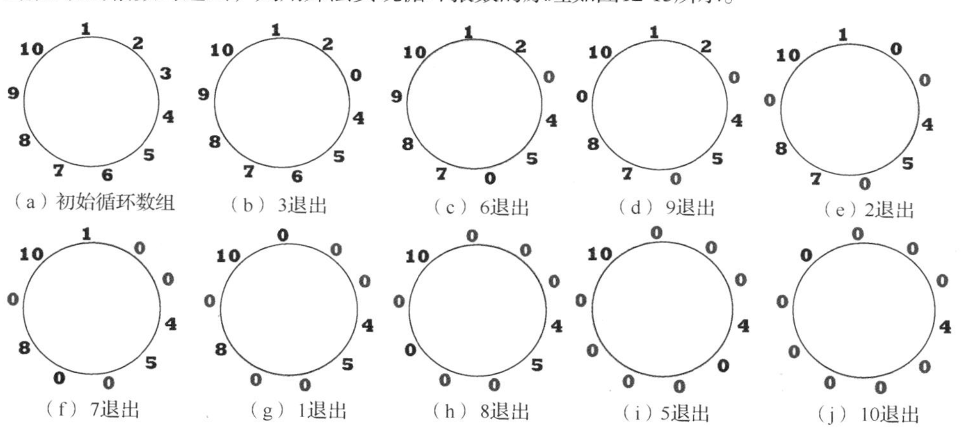

图12-15　用筛法实现循环报数的原理（10个人报到3的倍数时退出）

我们可以采用如下几种数据结构来实现循环报数的程序。

方法1：用一维数组实现的参考程序如下。

```
1   #include <stdio.h>
2   #define N 101
3   int NumberOff(int n, int m);
4   int main(void)
5   {
6       int n, m, ret;
7       do{
8           printf("Input n,m(n>m):");
9           ret = scanf("%d,%d", &n, &m);
10          if (ret != 2) //2表示期望正确读入的数据项数
11          {
12              while (getchar()!='\n');
13          }
14      }while (n<=m || n<=0 || m<=0 || ret!=2);
15      printf("%d is left\n", NumberOff(n, m));
16      return 0;
17  }
18  //函数功能：用整型数组解决循环报数问题
19  //函数参数：n为参与报数的总人数，每m人有一人退出圈子
20  //函数返回值：返回剩下的最后一个人的编号
21  int NumberOff(int n, int m)
22  {
23      int i, c = 0, counter = 0, a[N];
24      for (i=1; i<=n; ++i)            //按从1到n的顺序给每个人编号
25      {
```

```
26          a[i] = i;
27      }
28      do{
29          for (i=1; i<=n; ++i)
30          {
31              if (a[i] != 0)
32              {
33                  c++;                //元素不为0，则c加1，记录报数的人数
34                  if (c % m == 0)  //c除以m的余数为0，说明此位置为第m个报数的人
35                  {
36                      a[i] = 0;      //将退出圈子的人的编号标记为0
37                      counter++;      //记录退出的人数
38                  }
39              }
40          }
41      }while (counter != n-1);//当退出圈子的人数达到n-1时结束循环，否则继续循环
42      for (i=1; i<=n; ++i)
43      {
44          if (a[i] != 0) return i;
45      }
46      return 0;
47  }
```

方法2：用结构体数组实现静态循环链表，需要首先定义如下结构体类型。

```
typedef struct person
{
    int number; //自己的编号
    int nextp;  //下一个人的编号
}LINK;
```

然后，定义如下结构体数组：

```
LINK link[N+1];
```

结构体数组的第一个成员保存自己的编号，第二个成员保存下一个人的编号，最后一个人的下一个成员保存第一个人的编号，这样就形成了一个用结构体数组实现的静态循环链表。当n=10时，其如图12-16所示。

图12-16　结构体数组实现的静态循环链表

参考程序如下：

```
1   #include <stdio.h>
2   #define N 101
3   typedef struct person
4   {
5       int number; //自己的编号
6       int nextp;  //下一个人的编号
7   }LINK; //用数组实现的静态循环链表
8   void CreatQueue(LINK link[], int n);
9   int NumberOff(LINK link[], int n, int m);
10  int main(void)
11  {
12      int n, m, last, ret;
13      LINK link[N+1];
14      do{
15          printf("Input n,m(n>m):");
16          ret = scanf("%d,%d", &n, &m);
```

```
17          if (ret != 2)
18          {
19              while (getchar()!='\n');
20          }
21      }while (n<=m || n<=0 || m<=0 || ret!=2);
22      CreatQueue(link, n);
23      last = NumberOff(link, n, m);
24      printf("%d is left\n", last);
25      return 0;
26  }
27  //函数功能：用结构体数组解决循环报数问题
28  //函数参数：结构体数组link保存剩余的报数人的编号，n为参与报数的总人数
29  //          每m人有一人退出圈子
30  //函数返回值：最后剩下的人的编号
31  int NumberOff(LINK link[], int n, int m)
32  {
33      int h = n, i, j, last;
34      for (j=1; j<n; ++j)
35      {
36          i = 0;
37          while (i != m)
38          {
39              h = link[h].nextp;
40              if (link[h].number != 0)
41              {
42                  ++i;
43              }
44          }
45          link[h].number = 0;
46      }
47      for (i=1; i<=n; ++i)
48      {
49          if (link[i].number != 0)
50          {
51              last = link[i].number;
52          }
53      }
54      return last;
55  }
56  //函数功能：创建循环报数的队列
57  void CreatQueue(LINK link[], int n)
58  {
59      for (int i=1; i<=n; ++i)
60      {
61          if (i == n)
62          {
63              link[i].nextp = 1;
64          }
65          else
66          {
67              link[i].nextp = i + 1;
68          }
69          link[i].number = i;
70      }
71  }
```

方法3：用单向链表实现动态循环链表时，首先需要定义如下结构体类型。

```
typedef struct person
{
    int num;                //自己的编号
    struct person *next;    //后继节点的指针
} LINK;
```

然后，定义如下结构体指针：

```
LINK *head;
```

该结构体指针作为链表的头节点的指针，链表中每个节点的第一个成员保存自己的编号，第二个成员保存指向下一个节点的指针，最后一个节点的指针指向链表中的第一个节点即头节点，这样就形成了一个动态循环链表。当n=10时，其如图12-17所示。

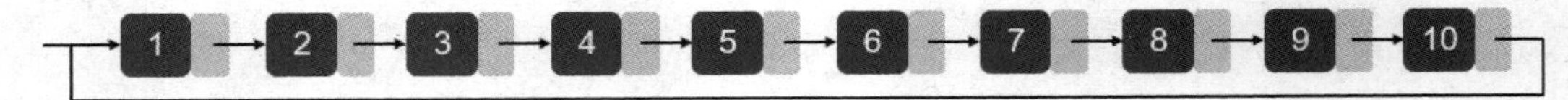

图12-17　单向链表实现的动态循环链表

参考程序如下：

```
1   #include <stdio.h>
2   #include <stdlib.h>
3   typedef struct person
4   {
5       int num;                //自己的编号
6       struct person *next;    //后继节点的指针
7   } LINK;
8   LINK *Create(int n);
9   int NumberOff(LINK *head, int n, int m);
10  void DeleteMemory(LINK *head);
11  int main(void)
12  {
13      LINK *head;
14      int m, n, last, ret;
15      do{
16          printf("Input n,m(n>m):");
17          ret = scanf("%d,%d", &n, &m);
18          if (ret != 2)
19          {
20              while (getchar()!='\n');
21          }
22      }while (n<=m || n<=0 || m<=0 || ret!=2);
23      head = Create(n);
24      last = NumberOff(head, n, m);
25      printf("%d is left\n", last);
26      DeleteMemory(head);
27      return 0;
28  }
29  //函数功能：用单向循环链表解决循环报数问题
30  //函数参数：指针head指向的链表保存剩余的报数人的编号，n为参与报数的总人数
31  //          每m人有一人退出圈子
32  //函数返回值：最后剩下的人的编号
33  int NumberOff(LINK *head, int n, int m)
34  {
35      LINK *p1 = head, *p2 = p1;
36      if (n == 1 || m == 1)
37      {
38          return n;
```

```
39      }
40      for (int i=1; i<n; ++i)    //将n-1个节点删掉
41      {
42          for (int j=1; j<m-1; ++j)
43          {
44              p1 = p1->next;
45          }
46          p2 = p1;        //p2指向第m个节点的前驱节点
47          p1 = p1->next; //p1指向待删除的节点
48          p1 = p1->next; //p1指向待删除节点的后继节点
49          p2->next = p1;//让p1成为p2的后继节点,即循环删掉第m个节点
50      }
51      return p1->num;
52  }
53  //函数功能:创建报数的单向循环链表
54  LINK *Create(int n)
55  {
56      LINK *p1, *p2, *head = NULL;
57      p2 = p1 = (LINK*)malloc(sizeof(LINK)); //新建一个节点
58      if (p1 == NULL)
59      {
60          printf("No enough memory to allocate!\n");
61          exit(0);
62      }
63      for (int i=1; i<=n; ++i)
64      {
65          if (i == 1)   //若只有一个节点,则将head指向新建节点
66          {
67              head = p1;
68          }
69          else          //若链表中多于一个节点,则将新建节点链接到表尾
70          {
71              p2->next = p1;
72          }
73          p1->num = i;
74          p2 = p1;      //更新表尾的指针
75          p1 = (LINK*)malloc(sizeof(LINK)); //新建一个节点
76          if (p1 == NULL)
77          {
78              printf("No enough memory to allocate!\n");
79              DeleteMemory(head);
80              exit(0);
81          }
82      }
83      p2->next = head; //将表尾指针指向头节点,使其成为循环链表
84      return head;
85  }
86  //函数功能:释放head指向的链表中所有节点占用的内存
87  void DeleteMemory(LINK *head)
88  {
89      LINK *p = head, *pr = NULL;
90      while (p != NULL)
91      {
92          pr = p;
93          p = p->next;
94          free(pr);
95      }
96  }
```

程序的第一次运行结果如下：

```
Input n,m(n>m):100,5↙
47 is left
```

程序的第二次运行结果如下：

```
Input n,m(n>m):41,3↙
31 is left
```

【思考题】

请读者思考：如果要顺序输出每个退圈成员的编号，那么程序应该如何修改呢？

12.3 限定性线性表之栈和队列

本节主要讨论如下问题。

（1）栈和队列这两种数据结构各有什么特点？

（2）如何实现栈和队列的顺序存储和链式存储？

假如你正在食堂里排队打饭，或者从超市的购物车存放处取一辆购物车，你能说出这两者有什么差别吗？差别在于它们代表了两种不同的数据操作方式，一个是先进先出，一个是后进先出，这就是本节将要介绍的分别具有这两种不同特点的数据结构，即**栈（Stack）和队列（Queue）**。

数组是一种“连续存储、随机访问”的线性表，链表则属于“分散存储、连续访问”的线性表。它们的每个数据都有其相对位置，有至多一个直接前驱和至多一个直接后继。栈和队列也属于线性表，但它们都是运算受限的线性表，也称**限定性线性表**。栈限定数据只能在栈顶执行插入操作（入栈）和删除操作（出栈）。队列限定只能在队头执行删除操作（出队），在队尾执行插入操作（入队）。

12.3.1 栈的应用实例——再谈回文诗

函数调用栈（Function Call Stack），有时也称为**程序执行栈（Program Execution Stack）**，这个工作在“幕后”的机制支持着函数调用/返回的实现。同时，它还支持每个被调函数的局部变量（也称为自动变量）的创建、维护和撤销。不妨将栈想象成一摞盘子。当我们想放一只盘子时，通常是将这只盘子放在这一摞盘子的顶部，相当于将盘子压入栈。同样，当想取出一只盘子时，总是从一摞盘子的顶部取出盘子，相当于将盘子弹出栈。可见，栈是一种**后进先出（Last In First Out，LIFO）**的数据结构——最后被压入栈的数据总是最先被取走。

可见，栈是一种特殊的线性表，只允许在线性表的顶端执行数据的增、删操作。对栈进行运算的一端称为**栈顶（Stack Top）**，栈顶的第一个元素称为**栈顶元素**。常用的栈运算如下。

（1）**压栈（Push）**，即向一个栈中插入新元素，也就是把该元素放到栈顶元素的上面，使其成为新的栈顶元素。

（2）**弹栈（Pop）**，即从一个栈中删除元素，使原栈顶元素下方的相邻元素成为新的栈顶元素。

栈既可以使用顺序存储结构的数组实现，也可以使用链式存储结构的链表实现。下面以第10章的回文诗（回文字符串）为例来说明如何采用栈这种数据结构来解决这个问题，以及栈的两种不同的实现方式。

【例12.3】采用栈这种数据结构，重新编写例10.5的判断回文字符串的程序。

问题分析：利用栈的后进先出特性，可以将输入的字符串中的字符依次压入栈，然后依次弹出栈，弹出的字符串就是逆序字符串，如果原字符串和逆序字符串相等，则可以判定它是回文字符串。可见，采用栈这种数据结构来解决字符串逆序和回文问题，其求解思路是非常简单和自然的。

采用顺序存储的数组实现栈数据结构时，需要定义如下结构体类型：

```
typedef struct stack
{
    char data[N];//每个元素保存一个字符
    int  top;     //指示栈顶
}STACK;
```

此时，栈的顺序存储结构如图12-18所示。其中，图12-18（a）所示为栈的初始状态，图12-18（b）和图12-18（c）展示了压栈过程，图12-18（d）和图12-18（e）展示了弹栈过程。

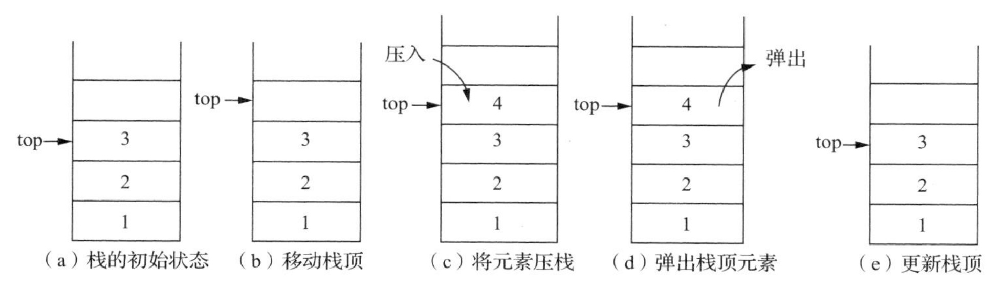

图12-18　栈的顺序存储结构

采用顺序存储的数组实现的参考程序如下：

```
1     #include <stdio.h>
2     #include <string.h>
3     #define N 80
4     typedef struct stack
5     {
6        char data[N]; //每个元素保存一个字符
7        int  top;     //指示栈顶
8     } STACK;
9     int IsPalindrome(const char str[]);
10    void Reverse(const char str[], char rev[]);
11    int Push(STACK *s, char data);
12    int Pop(STACK *s, char *data);
13    int EmptyStack(STACK *s);
14    int FullStack(STACK *s);
15    void InitStack(STACK *s);
16    int main(void)
17    {
18       char a[N];
19       printf("Input a string:");
20       gets(a);
21       if (IsPalindrome(a)) //判断是否为回文字符串
22       {
23          printf("Yes\n");
24       }
25       else
26       {
27          printf("No\n");
28       }
29       return 0;
30    }
31    //函数功能：判断是否为回文字符串
32    int IsPalindrome(const char str[])
33    {
34       char rev[N];
35       Reverse(str, rev); //计算字符数组str中的字符串的逆序字符串，并将其保存在字符数组rev中
```

```
36          return strcmp(str, rev)==0 ? 1 : 0;
37      }
38      //函数功能：采用字符数组作函数参数实现字符串逆序
39      void Reverse(const char str[], char rev[])
40      {
41          int i;
42          int len = strlen(str);
43          STACK s;
44          InitStack(&s);          //初始化栈
45          for (i=0; i<len; i++)
46          {
47              Push(&s, str[i]); //字符依次压栈
48          }
49          for (i=0; i<len; i++)
50          {
51              Pop(&s, &rev[i]); //字符依次弹栈
52          }
53          rev[i] = '\0'; //弹栈后的字符串末尾加上字符串结束标志
54      }
55      //函数功能：将data压入栈
56      int Push(STACK *s, char data)
57      {
58          if (FullStack(s))  //判断栈是否已满
59          {
60              printf("stack is full!\n");
61              return 0;
62          }
63          s->top = s->top + 1;    //更新栈顶，对应图12-18(b)
64          s->data[s->top] = data; //给新栈顶元素赋值，对应图12-18(c)
65          return 1;
66      }
67      //函数功能：从栈中弹出栈顶数据
68      int Pop(STACK *s, char *data)
69      {
70          if (EmptyStack(s))  //判断栈是否为空
71          {
72              printf("stack is empty!\n");
73              return 0;
74          }
75          *data = s->data[s->top]; //弹出栈顶元素，对应图12-18(d)
76          s->top = s->top - 1;     //更新栈顶，对应图12-18(e)
77          return 1;
78      }
79      //函数功能：判断栈是否为空
80      int EmptyStack(STACK *s)
81      {
82          return s->top == -1 ? 1 : 0;
83      }
84      //函数功能：判断栈是否已满
85      int FullStack(STACK *s)
86      {
87          return s->top == N-1 ? 1 : 0;
88      }
89      //函数功能：初始化栈
90      void InitStack(STACK *s)
91      {
92          s->top = -1; //初始化栈顶为-1
93      }
```

采用链式存储的链表实现栈数据结构时，需要定义如下结构体类型：

```
typedef struct stackNode
{
    char data;                //每个节点保存一个字符
    struct stackNode *next; //指向后继节点
}STACK;
```

此时，栈的链式存储结构如图12-19所示。其中，图12-19（a）～图12-19（c）展示了压栈过程，图12-19（d）～图12-19（f）展示了弹栈过程。

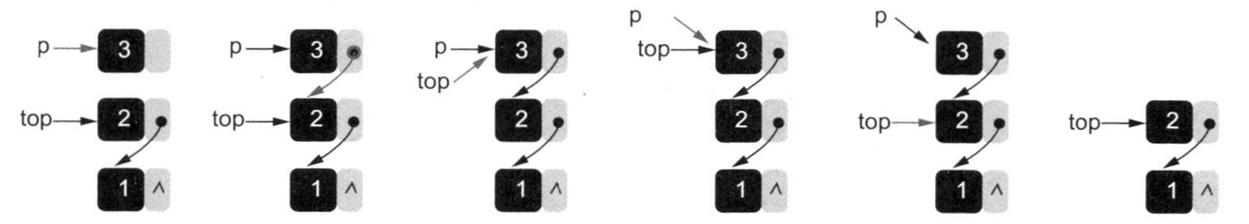

图 12-19　栈的链式存储结构

采用链式存储的单向链表实现的参考程序如下：

```
1    #include <stdio.h>
2    #include <string.h>
3    #include <stdlib.h>
4    #define N 80
5    typedef struct stackNode
6    {
7        char data;                //每个节点保存一个字符
8        struct stackNode *next; //指向后继节点
9    }STACK;
10   int IsPalindrome(const char str[]);
11   void Reverse(const char str[], char rev[]);
12   STACK *Push(STACK *top, char data);
13   STACK *Pop(STACK *top, char *data);
14   int EmptyStack(STACK *top);
15   int FullStack(STACK *top);
16   STACK *InitStack(STACK *top);
17   int main(void)
18   {
19       char a[N];
20       printf("Input a string:");
21       gets(a);
22       if (IsPalindrome(a))  //判断是否为回文字符串
23       {
24           printf("Yes\n");
25       }
26       else
27       {
28           printf("No\n");
29       }
30       return 0;
31   }
32   //函数功能：判断是否为回文字符串
33   int IsPalindrome(const char str[])
34   {
35       char rev[N];
36       Reverse(str, rev); //计算字符数组str中的字符串的逆序字符串并将其保存在字符数组rev中
37       return strcmp(str, rev)==0 ? 1 : 0;
38   }
```

```
39  //函数功能：采用字符数组作函数参数实现字符串逆序
40  void Reverse(const char str[], char rev[])
41  {
42      int i;
43      int len = strlen(str);
44      STACK *top = InitStack(top);  //初始化栈
45      for (i=0; i<len; i++)
46      {
47          top = Push(top, str[i]);//字符依次压栈
48      }
49      for (i=0; i<len; i++)
50      {
51          top = Pop(top, &rev[i]);//字符依次弹栈
52      }
53      rev[i] = '\0';//弹栈后的字符串末尾加上字符串结束标志
54  }
55  //函数功能：将data压入栈
56  STACK *Push(STACK *top, char data)
57  {
58      STACK *p = (STACK*)malloc(sizeof(STACK));//新建节点
59      p->data = data;//给新建节点赋值
60      p->next = top; //新建节点链接到原栈顶指针，对应图12-19(b)
61      top = p;       //更新栈顶指针使其指向新建节点，对应图12-19(c)
62      return top;    //返回新的栈顶指针
63  }
64  //函数功能：从栈中弹出栈顶数据
65  STACK *Pop(STACK *top, char *data)
66  {
67      if (EmptyStack(top))//判断栈是否为空
68      {
69          printf("stack is empty!\n");
70          return NULL;
71      }
72      STACK *p = top;  //让p指向栈顶，对应图12-19(d)
73      *data = p->data; //弹出栈顶数据
74      top = top->next; //更新栈顶指针，对应图12-19(e)
75      free(p);   //释放删除的节点，对应图12-19(f)
76      return top;//返回新的栈顶指针
77  }
78  //函数功能：判断栈是否为空
79  int EmptyStack(STACK *top)
80  {
81      return (top == NULL) ? 1 : 0;
82  }
83  //函数功能：初始化栈
84  STACK *InitStack(STACK *top)
85  {
86      top = NULL;//初始化为空指针
87      return top;//返回栈顶指针
88  }
```

【思考题】

请分析栈的顺序存储和链式存储两种实现方式各自的优缺点。

12.3.2 队列的应用实例——再谈循环报数问题

队列也是一种特殊的线性表，其工作方式与栈刚好相反，其主要特点是先进先出（**First In First Out，FIFO**），即最先放入队列的数据最先被取走。常用的队列运算如下。

（1）入队（**Enqueue**），即将新的元素插入队尾，新元素进队后将成为新的队尾元素。

（2）出队（**Dequeue**），即从队头删除元素，其后继元素将成为新的队头元素。

因此，为了便于管理队列中的元素，通常设置两个指针head和tail，分别指向队头和队尾。

如图12-20所示，假设队列的最大容量QMAX为10，在队列为空时，head与tail相等，均为0。如图12-21所示，不断执行入队操作，tail指针移到队尾后，若有新数据入队，由于此时队列是未满的状态，所以需将head和tail之间的数据整体移到队列中0到tail-head的位置，才能将新数据插入队尾。也就是说，对于普通队列而言，当tail==QMAX-1时会有数据移动操作，影响入队操作性能。

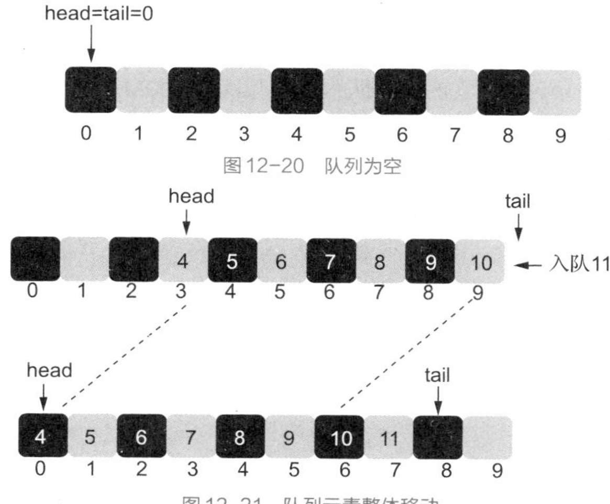

图 12-20 队列为空

图 12-21 队列元素整体移动

普通队列的另一个问题是会出现“假满”的极端情形。例如，队列满（见图12-22）以后，不断执行出队操作，而没有入队操作，直到head和tail都指向队尾，此时既不能插入，也不能删除，因为若要插入，会被告知队列已满，若要删除，会被告知队列为空。这就是所谓的队列“假满”问题，如图12-23所示。

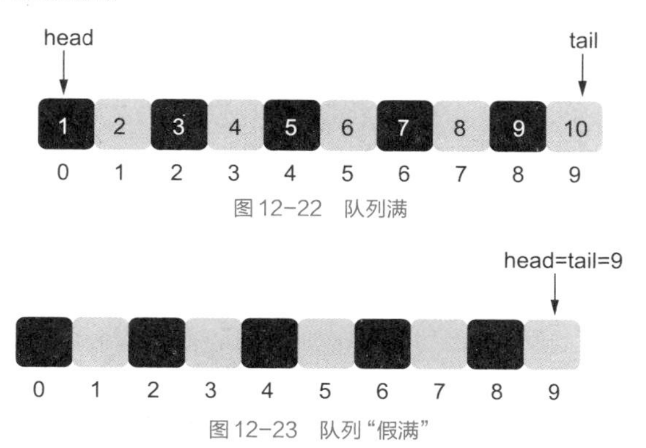

图 12-22 队列满

图 12-23 队列“假满”

解决队列“假满”问题的方法就是采用**循环队列**。因为循环队列的插入和删除操作是在一个模拟成环形的存储空间中“兜圈子”（见图12-24），所以不会产生“假满”问题。注意，在循环队列中，tail并非指向队尾元素，而是指向队尾元素的后一个位置。这样做的目的是区分空队列和只有一个元素的队列，当且仅当head与tail相等时列为空。假设head指向0，那么当队列达到最大容量即tail等于QMAX-1时，表示队列已满，如图12-25所示。

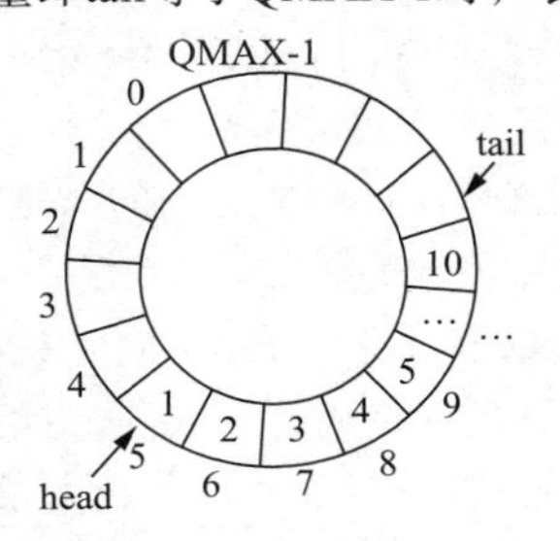

图12-24　循环队列未满的情况

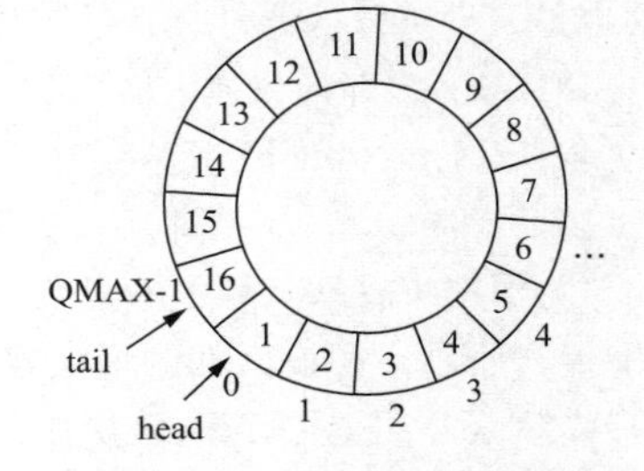

图12-25　循环队列已满的情况

如何在模拟成环形的存储空间中“兜圈子”呢？方法就是在移动指针head或tail（即对其值加1）后再将其对QMAX取余。例如，当有数据入队时，队尾指针tail变为(tail+ 1) % QMAX，当有数据出队时，队头指针head变为(head+ 1) % QMAX。head == tail仍是队列为空的标志，队列已满的标志是(tail+ 1) % QMAX == head，队列中之所以保留一个空的单元，主要目的是避免与队空标志冲突，因此具有QMAX个元素的循环队列最多只能存放QMAX-1个元素。

与栈一样，队列既可以使用顺序存储的数组来实现，也可以使用链式存储的链表来实现。下面仍以循环报数问题为例介绍队列的应用。

【例12.4】用循环队列来编程实现循环报数。

问题分析：如图12-26所示，采用循环队列实现循环报数的主要思路是，凡报到*m*的人退出圈子，用队列来实现就是出队后不再继续入队，而报其他数的人出队后还要再入队。可见，采用循环队列实现循环报数是一种非常简单而自然的选择。

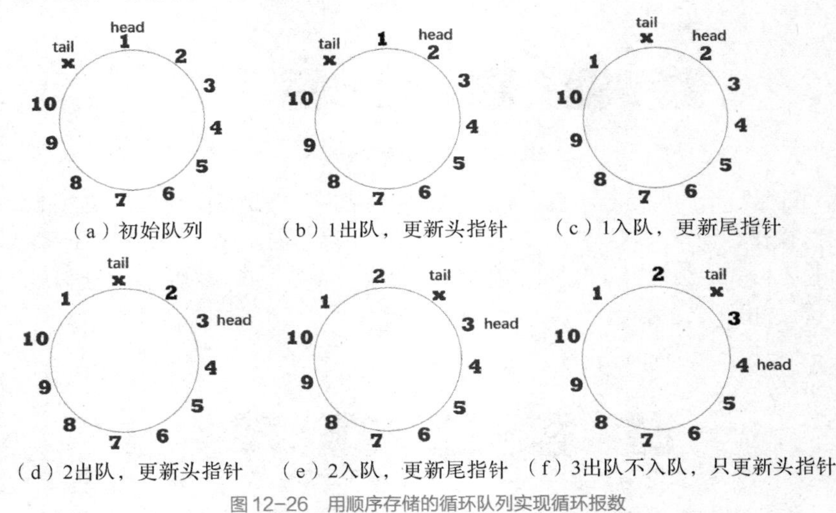

图12-26　用顺序存储的循环队列实现循环报数

为了用顺序存储的循环队列实现循环报数，需要定义如下结构体类型：

```
//队列的顺序存储
typedef struct queue
{
    int num[N+1];     //编号数组
    int size;         //队列长度
    int head;         //队头
    int tail;         //队尾
} QUEUE;
```

用顺序存储的循环队列实现的参考程序如下：

```
1   #include <stdio.h>
2   #define  N  150
3   typedef struct queue
4   {
5        int num[N+1];      //编号数组
6        int size;          //队列长度
7        int head;          //队头
8        int tail;          //队尾
9   }QUEUE;
10  void InitQueue(QUEUE *q, int n);
11  int EmptyQueue(const QUEUE *q);
12  int FullQueue(const QUEUE *q);
13  int DeQueue(QUEUE *q, int *e);
14  int EnQueue(QUEUE *q, int e);
15  int NumberOff(QUEUE *q, int n, int m);
16  int main(void)
17  {
18       int m, n;
19       QUEUE q;
20       printf("Input n,m(n>m):");
21       scanf("%d,%d", &n, &m);
22       InitQueue(&q, n);  //初始化循环队列
23       int last = NumberOff(&q, n, m); //循环报数
24       printf("%d is left\n", last);
25       return 0;
26  }
27  //函数功能：初始化循环队列
28  void InitQueue(QUEUE *q, int n)
29  {
30       q->size = n + 1;          //初始化队列的长度为n+1，空出一个单元
31       q->head = q->tail = 0; //初始化队头和队尾
32  }
33  //函数功能：判断循环队列是否为空
34  int EmptyQueue(const QUEUE *q)
35  {
36       return q->head == q->tail ? 1 : 0;//队列为空，则返回1，否则返回0
37  }
38  //函数功能：判断循环队列是否已满
39  int FullQueue(const QUEUE *q)
40  {
41       return (q->tail + 1) % q->size == q->head ? 1 : 0; //队满则返回1，否则返回0
42  }
43  //函数功能：实验循环队列的进队操作
44  int EnQueue(QUEUE *q, int e)
45  {
46       if (FullQueue(q)) //队满，则返回0，否则入队并返回1
47       {
48           return 0;
49       }
50       q->num[q->tail] = e;                  //在队尾插入新数据
51       q->tail = (q->tail + 1) % q->size; //更新队尾的标记
52       return 1;
53  }
54  //函数功能：实现循环队列的出队操作，即删除队头元素
```

```
55  int DeQueue(QUEUE *q, int *e)
56  {
57      if (EmptyQueue(q)) //队列为空，则返回0，否则出队并返回1
58      {
59      return 0;
60      }
61      *e = q->num[q->head];                  //队头数据出队
62      q->head = (q->head + 1) % q->size;  //更新队头
63      return 1;
64  }
65  //函数功能：循环报数
66  int NumberOff(QUEUE *q, int n, int m)
67  {
68      int i, j, e, num[N];
69      for (i=0; i<n; i++)       //将所有人编号并且入队
70      {
71          num[i] = i + 1;        //将所有人编号
72          EnQueue(q, num[i]);    //将每个人依次入队
73      }
74      //排查报数为m的人
75      i = j = 0;
76      while (!EmptyQueue(q))  //若循环队列非空，则排查报数为m的人
77      {
78          i++;                  //报数计数器
79          DeQueue(q, &e);     //队头元素e出队不再入队
80          if (i == m)
81          {
82              num[j] = e;  //报到m的人出队后保存到出队数组，不再入队
83              i = 0;          //报数计数器重新开始计数
84              j++;            //出队数组下标计数
85          }
86          else
87          {
88              EnQueue(q, e); //未报到m的人，还要再入队，并插入队尾
89          }
90      }
91      return num[n-1];      //返回最后一个人的编号
92  }
```

为了用链式存储的循环队列实现循环报数，需要定义如下结构体类型：

```
//队列的链式存储
typedef struct QueueNode
{
    int num;                     //每个节点保存一个人的编号
    struct QueueNode *next;    //指向后继节点的指针
}QueueNode;
typedef struct Queue
{
    QueueNode *head;          //队头指针
    QueueNode *tail;          //队尾指针
}QUEUE;
```

图12-27展示了用链式存储实现的循环队列所涉及的一些基本操作。其中，图12-27（a）所示为新建一个只有一个节点的单向循环链表，图12-27（b）～（e）展示了将一个新建节点入队，即将其添加到一个含有9个节点的单向循环链表尾部的处理步骤，图12-27（f）～（i）展示了将队头元素出队的处理步骤，图12-27（j）～（l）展示了在实现循环报数时队头元素出队再入队到队尾的处理步骤。

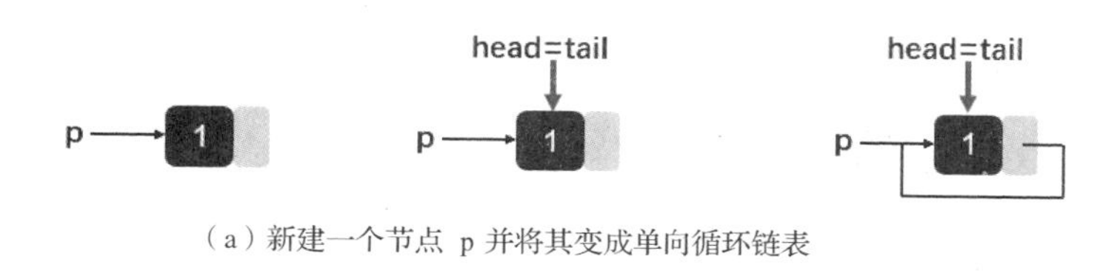

（a）新建一个节点 p 并将其变成单向循环链表

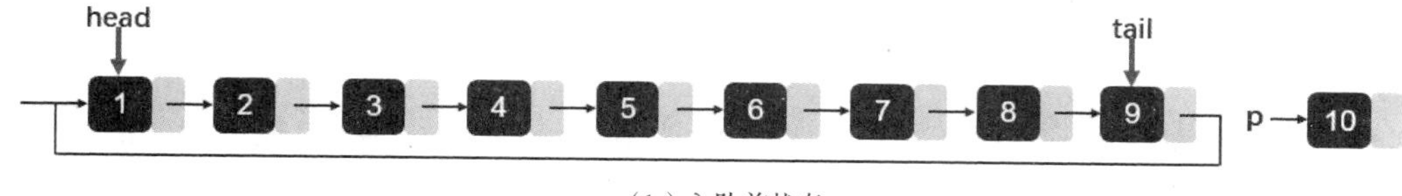

（b）入队前状态

（c）入队步骤1：将队尾指针的后继指针指向待入队节点p（将待入队节点p链接到队尾）

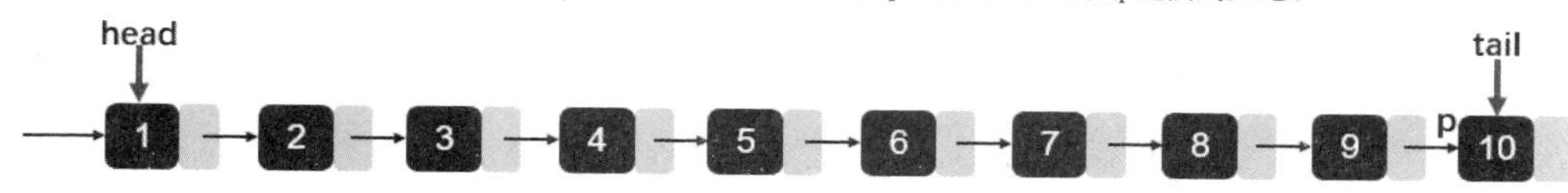

（d）入队步骤2：将队尾指针指向待入队节点p

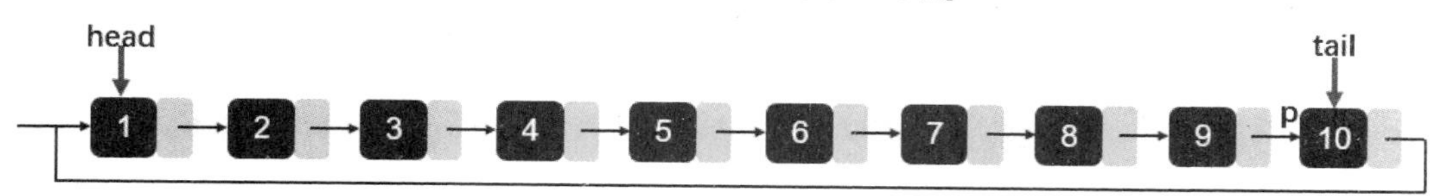

（e）入队步骤3：将待入队节点p的后继指针域指向队头节点，使队列成为含有10个节点的单向循环链表

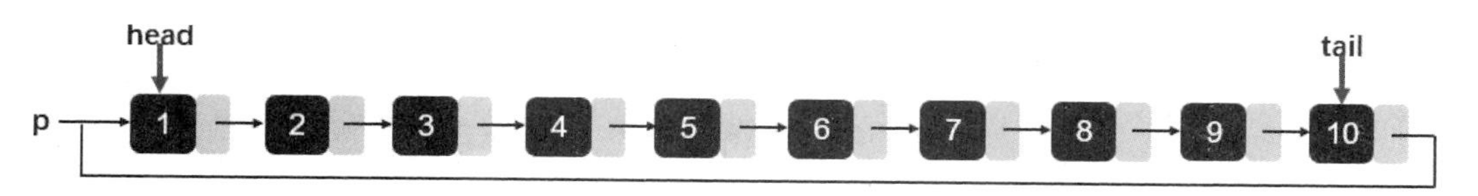

（f）出队步骤1：将待出队节点指针p指向队头节点（从队头出队）

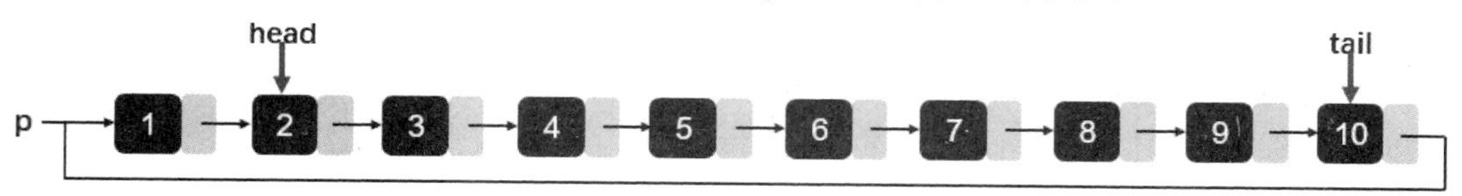

（g）出队步骤2：将队头指针指向待出队节点的后继节点

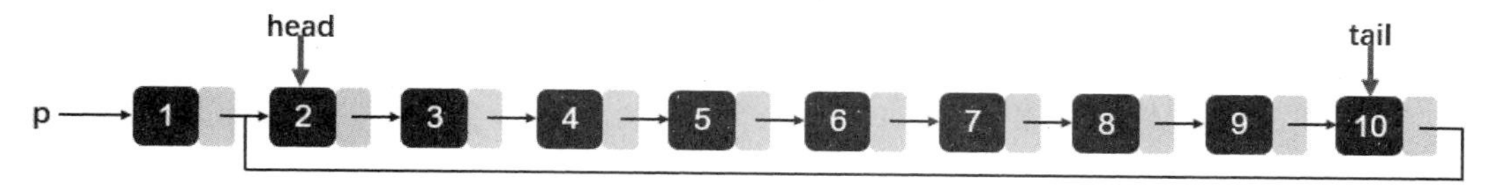

（h）出队步骤3：将队尾指针指向待出队节点的后继节点

图 12-27　用链式存储的循环队列实现循环报数

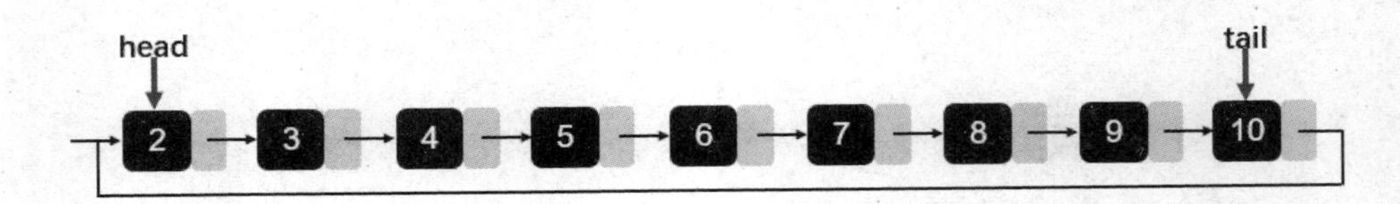

（i）出队步骤4：释放待出队节点

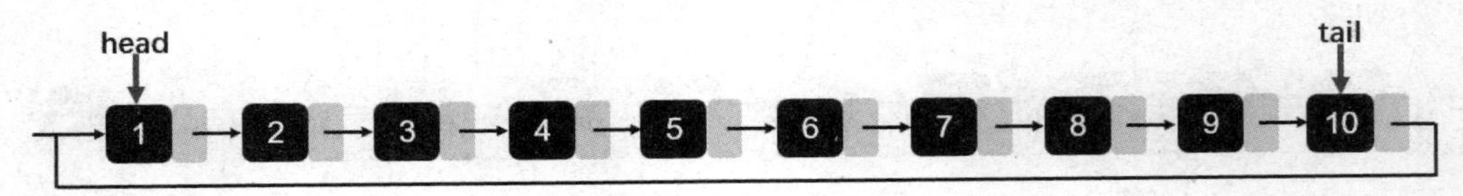

（j）队列的初始状态

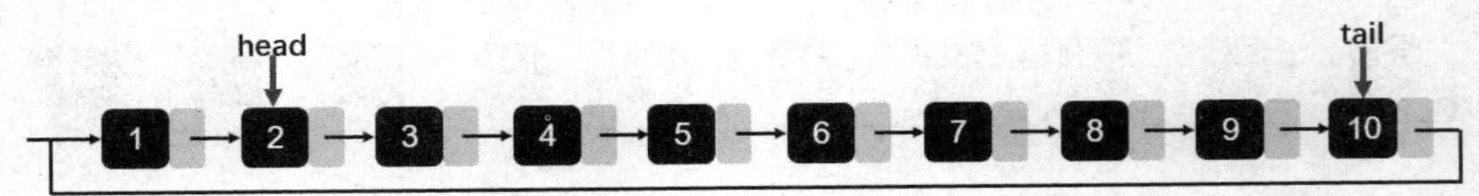

（k）出队再入队步骤1：修改队头指针使其指向原队头节点的后继节点

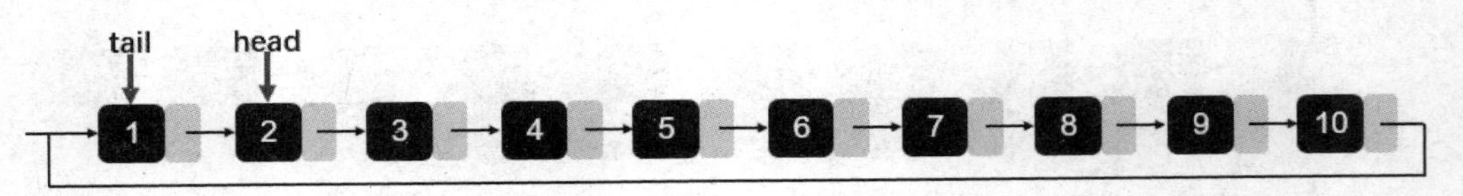

（l）出队再入队步骤2：修改队尾指针使其指向原队尾节点的后继节点

图12-27　用链式存储的循环队列实现循环报数（续）

用链式存储的循环队列实现的参考程序如下：

```
1   #include<stdio.h>
2   #include<stdlib.h>
3   #define N 200
4   typedef struct QueueNode
5   {
6       int num;                        //每个节点保存一个人的编号
7       struct QueueNode *next;     //指向后继节点的指针
8   } QueueNode;
9   typedef struct Queue
10  {
11      QueueNode *head;            //队头指针
12      QueueNode *tail;            //队尾指针
13  } QUEUE;
14  QUEUE *InitQueue(void);
15  void DeleteMemory(QUEUE *q);
16  void EnQueue(QUEUE *q, int e);
17  void DeQueue(QUEUE *q, int *e);
18  int NumberOff(QUEUE *q, int n, int m);
19  int main(void)
20  {
21      int m, n, last;
22      printf("Input n,m(n>m):");
23      scanf("%d,%d", &n, &m);
24      QUEUE *q = InitQueue();      //初始化循环队列
25      last = NumberOff(q, n, m);    //循环报数
26      printf("%d is left\n", last);
27  }
```

```
28 QUEUE *InitQueue(void)
29 {
30     QUEUE *q = (QUEUE *)malloc(sizeof(QUEUE));//新建一个节点q
31     if (q == NULL)    //若内存分配失败，则结束程序
32     {
33         printf("No enough memory to allocate!\n");
34         exit(0);
35     }
36     q->head = q->tail = NULL;  //初始化队列为空
37     return q;
38 }
39 //函数功能：释放所有节点的内存
40 void DeleteMemory(QUEUE *q)
41 {
42     QueueNode *p;
43     while (q->head != q->tail)
44     {
45         p = q->head;
46         q->head = q->head->next;
47         free(p);
48     }
49     free(q->head);
50 }
51 //函数功能：实现循环队列的入队操作
52 void EnQueue(QUEUE *q, int e)
53 {
54     QueueNode *p = (QueueNode *)malloc(sizeof(QueueNode)); //新建一个节点
55     if (p == NULL)                //若内存分配失败，则结束程序
56     {
57         printf("No enough memory to allocate!\n");
58         DeleteMemory(q);
59         exit(0);
60     }
61     p->num = e;                   //新数据存入新建节点
62     if (q->head == NULL)          //若为空队列，则新建节点作为唯一节点入队
63     {
64         q->head = p;              //设置队头指针指向新建节点，对应图12-27(a)
65         q->tail = p;              //设置队尾指针指向新建节点，对应图12-27(a)
66     }
67     else                          //若队列非空，则新建节点入队到已有队列的队尾
68     {
69         q->tail->next = p;        //将新建节点链接到队尾，对应图12-27(c)
70         q->tail = p;              //将队尾指针指向新建节点，对应图12-27(d)
71     }
72     p->next = q->head;//新建节点指向队头节点，使其成为循环链表，对应图12-27(e)
73 }
74 //函数功能：实现循环队列的出队操作，即删除队头元素
75 void DeQueue(QUEUE *q, int *e)
76 {
77     QueueNode *p = q->head;       //将p指向队头节点，对应图12-27(f)
78     if (q->head == NULL)          //若为空队列，则返回
79     {
80         return;
81     }
82     *e = q->head->num;            //取出队头元素
83     if (q->head != q->tail)       //若队列中剩余的节点不止一个
84     {
```

```
85          q->head = q->head->next; //更新队头指针，对应图12-27(g)
86          q->tail->next = q->head; //更新队尾指针，对应图12-27(h)
87      }
88      free(p);                       //释放待出队节点p，对应图12-27(i)
89  }
90  //函数功能：循环报数
91  int NumberOff(QUEUE *q, int n, int m)
92  {
93      int i, j, e;
94      for (i=0; i<n; i++)
95      {
96          EnQueue(q, i+1);           //将所有人编号入队
97      }
98      i = j = 0;
99      while (q->head != q->tail)    //排查报数为m的人
100     {
101         i++;                       //报数计数器
102         if (i == m)
103         {
104             DeQueue(q, &e);        //队头元素e出队不再入队
105             i = 0;                 //报数计数器重新开始计数
106             j++;                   //出队数组下标计数
107         }
108         else                       //未报到m的人，出队后还要再入队
109         {
110             q->head = q->head->next; //更新队头指针，对应图12-27(k)
111             q->tail = q->tail->next; //更新队尾指针，对应图12-27(l)
112         }
113     }
114     return q->head->num;      //返回最后队列中剩下的那个人的编号
115 }
```

【思考题】

请分析循环队列的顺序存储和链式存储两种实现方式各自的优缺点。

12.4 树和图等非线性数据结构

树

本节主要讨论如下问题。

（1）什么是二叉树？二叉树节点的遍历方式有哪些？

（2）什么是图？图的存储方式有哪几种？

算法是程序设计的“灵魂”，数据结构是程序的“躯体”，好的结构会让算法更高效。数据结构分线性结构和非线性结构。**线性数据结构**是指结构的数据元素之间仅有线性关系，每个数据元素只有一个直接前驱和一个直接后继。**非线性数据结构**是指结构中的数据元素之间存在一对多或多对多的关系。本节要介绍的树（Tree）和图（Graph）都是典型的非线性数据结构。

12.4.1 树的概念和应用

树是一种具有一对多关系的数据结构，结构中数据元素之间存在一对多的层次关系。如图12-28所示，每一层的数据元素可能和下一层的多个数据元素相关，但只能和上一层的一个数据

元素相关。

树中的每个数据元素称为**节点**（**Node**）。不含任何节点的树称为**空树**。在一棵非空树中，没有父节点的节点称为**根节点**，没有子节点的节点称为**叶节点**或**终端节点**，其余节点称为**分支节点**或**非终端节点**，同一层的节点之间互为**兄弟节点**。一棵树有且仅有一个根节点，除根节点外的其余节点可分为互不相交的**子树**（**Sub tree**），每棵子树同样又是一棵树。显然，树是一种递归的数据结构。节点的深度是指从根节点自顶向下至该节点时经过的层数。**树的深度**是树中深度最大的节点的深度。以图12-28所示的深度为4的树为例，节点3为根节点，节点4、5、6、7为叶节点，节点2为非终端节点，它既是上一层的子节点，又是下一层的父节点，节点1、6、7互为兄弟节点，节点4和5也互为兄弟节点。

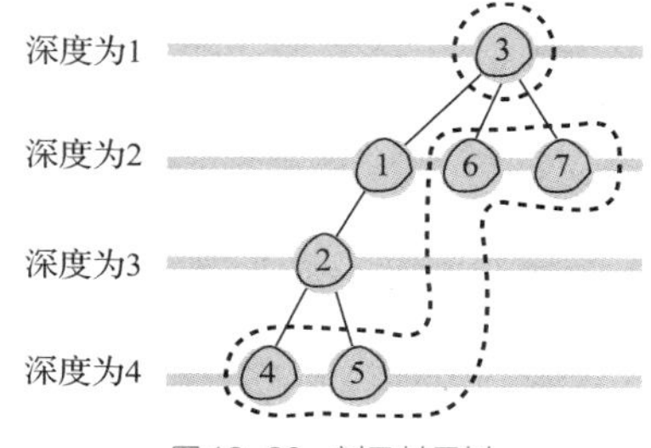

图 12-28　树及其子树

二叉树（Binary Tree）是一种非常重要的树形结构。二叉树的递归定义：二叉树是$n(n\geqslant 0)$个节点的有限集合。该集合或者为空集（空二叉树），或者由一个根节点和两棵互不相交的、分别称为根节点的**左子树**和**右子树**的二叉树组成。

若用链表结构来实现二叉树，则可以定义如下结构体类型：

```
typedef struct BiTNode
{
    int          data;
    struct BiTNode *lchild;//左子树
    struct BiTNode *rchild;//右子树
}BI_TREE;
```

除了数据成员data外，每个节点还包括两个指针域lchild 和rchild，分别指向该节点的左子树和右子树。

如果一棵二叉树中的所有分支节点都存在左子树和右子树，且所有叶节点都在同一层上，则称之为**满二叉树**。图12-29所示的二叉树就是一棵满二叉树。

对一棵具有n个节点的二叉树按层序编号，如果编号为i $(1\leqslant i\leqslant n)$的节点与同样深度的满二叉树中编号为$i$的节点在二叉树中位置完全相同，则称其为**完全二叉树**，即除最后一层外，其他的每一层的节点都是满的，如果最后一层不满，缺少的节点也全部集中在右边，这样的二叉树就是完全二叉树，如图12-30所示。满二叉树一定是完全二叉树，但完全二叉树不一定是满二叉树。如果每棵子树的头节点的值都比各自左子树上的所有节点值要大，比各自右子树上的所有节点值要小，则称之为**搜索二叉树**。图12-31所示的二叉树就是一棵搜索二叉树。

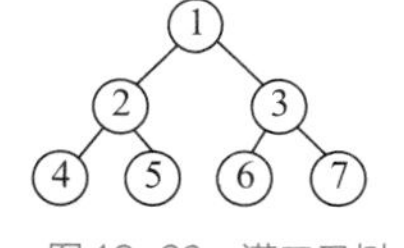

图 12-29　满二叉树

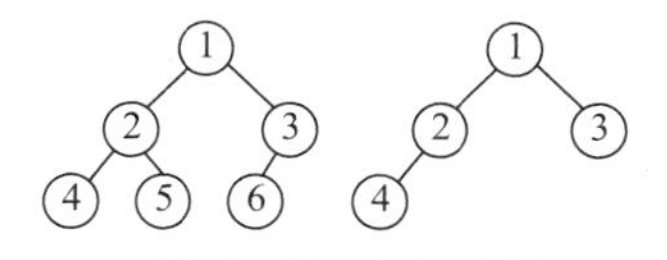

图 12-30　完全二叉树

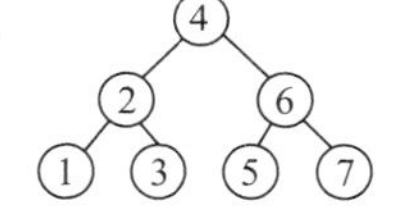

图 12-31　搜索二叉树

如图12-32所示，我国四大名著之一的《红楼梦》中林黛玉和贾宝玉的家谱就可以看作二叉树。

对树的一个基本操作就是**遍历**，其是把节点按照一定的规则排成线性序列，形成一个访问节点的顺序，主要包含**先序遍历**、**中序遍历**、**后序遍历**以及**层序遍历**4种。先序遍历、中序遍历和后序遍历这3种深度优先的遍历方式如图12-33所示。这里的“先”“中”“后”是指根节点在节点访问中的次序位置。层序遍历是指从根节点s出发，依照层次结构，逐层访问其他节点，仅在访问完与根节点s距离为k的所有节点后，才会继续访问与根节点s距离为k+1的其他节点。

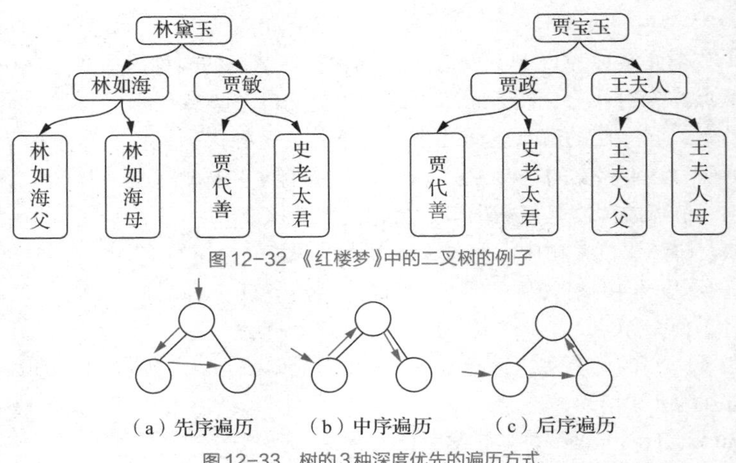

图 12-32 《红楼梦》中的二叉树的例子

（a）先序遍历 （b）中序遍历 （c）后序遍历

图 12-33 树的 3 种深度优先的遍历方式

以图12-29所示的满二叉树为例，采用先序遍历的结果为1245367（假定左子树和右子树中优先选择左子树），采用中序遍历的结果为4251637，采用后序遍历的结果为4526731，采用层序遍历的结果为1234567，如图12-34所示。其中，节点圆圈上方的数字代表该节点的遍历序号。

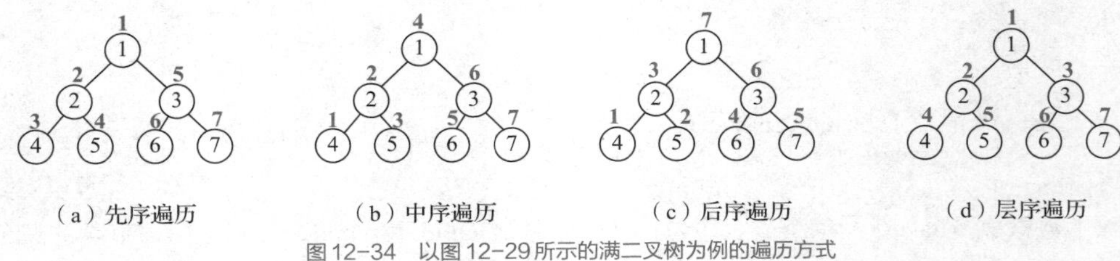

（a）先序遍历 （b）中序遍历 （c）后序遍历 （d）层序遍历

图 12-34 以图 12-29 所示的满二叉树为例的遍历方式

树这种数据结构在哪些问题的求解中有用武之地呢？我们遇到某一类问题时，如果这个问题可以被分解，但是又不能得出明确的动态规划或者递归解法，此时可以考虑用**回溯法**来求解。骑士游历、八皇后、八数码（九宫）问题等都是这类问题的经典实例。

回溯法是所有搜索算法中最为基本的一种算法，其采用了一种“走不通就掉头”的思想。通俗地讲，回溯法的基本思想就是，沿一条路一直往前走，能进则进，不能进就退回去，即回溯，换一条路再试，“不撞南墙不回头”，如此反复，直到找到符合条件的问题的解。对于可用回溯法求解的问题，首先要对问题进行适当的转化，即建立“状态树”，这棵树的每条完整路径都代表一种可能的解。然后，从起始状态开始，以深度优先的遍历方式搜索这棵树，枚举每种可能的解的情况，直到找到符合目标状态的解。因此回溯法可看成一种基于深度优先搜索的穷举式搜索算法。对于这样一类问题，一般采用搜索的方法来解决，回溯法就是搜索算法中的一种控制策略，它能够解决许多搜索中的问题。

常用的搜索策略有两种，一种是**深度优先搜索（Depth First Search，DFS）**，一种是**广度优先搜索（Breadth First Search，BFS）**。深度优先搜索优先扩展本次扩展的节点中的一个，而广度优先搜索则优先扩展本次扩展的节点的兄弟节点。树的先序遍历基于深度优先搜索的思想，而层序遍历则基于广度优先搜索的思想。这两种搜索策略需要使用不同的数据结构来实现，深度优先搜索可以采用栈来实现，广度优先搜索可以采用队列来实现。

以八数码问题为例，在3 × 3的棋盘上放置8个棋子，每个棋子上标有1～8中的某个数字，不同棋子上标的数字不同。棋盘上剩一个空格，与空格相邻的棋子能够移到空格中。要求解决的问题是，给出一个初始状态和一个目标状态，找出从初始状态转变成目标状态的移动棋子步数最少的移动方案。所谓某个状态就是棋子在棋盘上的一种摆法。棋子移动后，状态就会发生改变。八数码问题求解实际上就是找出从初始状态到目标状态所经过的一系列中间状态。采用广度优先搜索算法解决八数码问题如图12-35所示，采用深度优先搜索算法解决八数码问题如图12-36所示。为了加快深度优先搜索算法搜索的速度，可以设置一个深度界限，例如，将深度界限设置为4表示扩展到深度为4的节点时，若还未找到符合目标状态的解，则开始回溯。这种方法的缺点是当深度界限设置不合理时有可能找不到解。

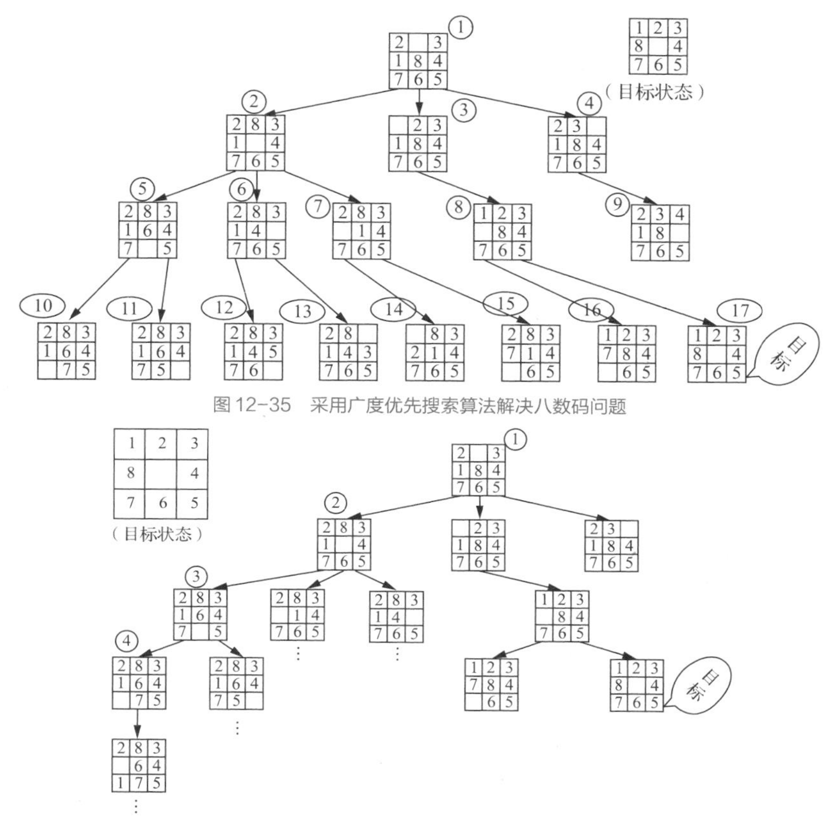

图12-35 采用广度优先搜索算法解决八数码问题

图12-36 采用深度优先搜索算法解决八数码问题

12.4.2 图的概念和应用

一个图*G*可以表示为一个由**顶点**（**Vertex**）集合*V*和**边**（**Edge**）集合*E*组成的二元组：$G = (V, E)$。若图*G*中的每条边都是有方向的，则称*G*为**有向图**（**Directed Graph**），如图12-37（a）所示。在一个有向图中，由一个顶点出发的边的总数称为**出度**，指向一个顶点的边的总数称为**入度**。若图*G*中的每条边都是没有方向的，则称*G*为**无向图**（**Undirected Graph**），如图12-37（b）所示。边上带有权值的图叫作**带权图**，如图12-37（c）所示。在不同的实际问题中，权值可以代表距离、时间、价格等不同的属性。如果两个顶点之间有边连接，则称两个顶点相邻。相邻顶点的序列称为**路径**。起点和终点重合的路径称为圈。没有圈的有向图，称为**有向无环图**（**Directed Acyclic Graph，DAG**），如图12-37（d）所示。

图的存储主要有两种方式：**邻接矩阵**和**邻接表**。

邻接矩阵存储方式是使用二维数组来存储图中顶点之间的关系。例如，用数组元素A[i][j]表示顶点i和顶点j之间的关系。在无向图中，若顶点i和j之间有边相连，则A[i][j]和A[j][i]都设为1，否则设为0。对于图12-37（b）所示的无向图，其邻接矩阵存储方式如图12-38（a）所示。在有向图中，若顶点i有一条指向j的边，则A[i][j]设为1（注意，A[j][i]并不设为1），否则设为0。在带权图中，A[i][j]表示顶点i到顶点j的边的权值。由于在边不存在的情况下，若将A[i][j]设为0，则无法与权值为0的情况进行区分，因此选取适当的、较大的常数inf，令A[i][j]=inf。使用邻接矩阵的好处是可以在常数时间内判断两点之间是否有边，但是当顶点数较大时空间复杂度较高。

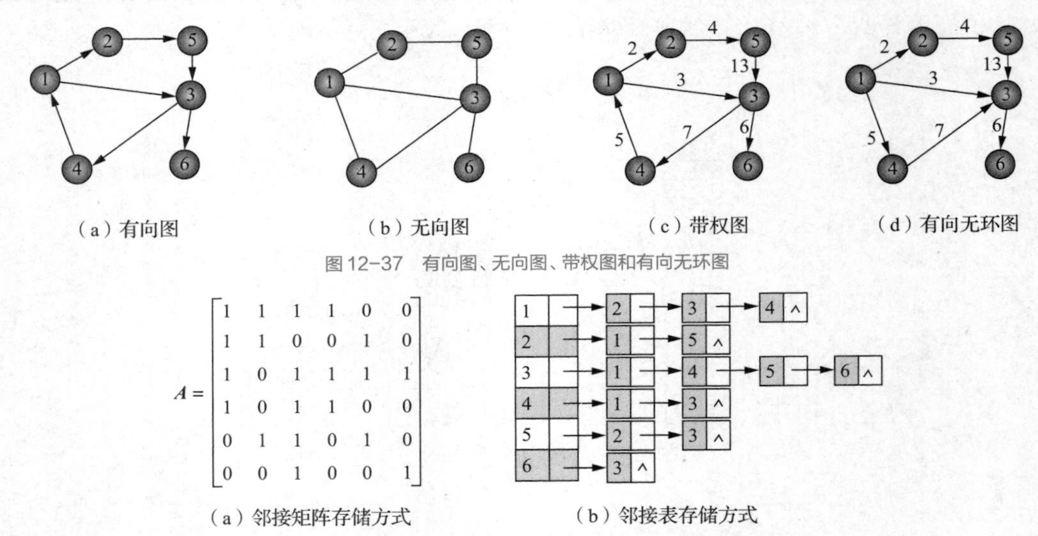

图12-37　有向图、无向图、带权图和有向无环图

图12-38　图12-37（b）中无向图的邻接矩阵和邻接表存储方式

邻接表存储方式是对每个顶点建立一个边表（单向链表），在这个单向链表中存储与其相邻的各个顶点的信息。例如，对于图12-37（b）所示的无向图，其邻接表存储方式如图12-38（b）所示。相对于邻接矩阵存储方式而言，邻接表存储方式的空间复杂度较低。

从图的某个顶点出发，按照某种方式访问图中的所有顶点，且每个顶点仅被访问一次，这个过程称为**图的遍历**。为了保证图中的顶点在遍历过程中仅访问一次，要为每一个顶点设置一个访问标志。图的搜索策略主要有深度优先搜索和广度优先搜索两种。交通地图、社交网络、知识图谱等都需要用图这种数据结构来表示，其在路径规划等实际问题中有着非常重要的应用。

12.5　安全编码规范

指针是C语言最强的特性之一，同时也是最危险的特性之一。指针虽然为实现动态内存分配带来了便利，但是一旦使用不当也会给程序引入内存异常等难以排查和定位的严重错误。常见的误用指针导致的内存异常错误有两类：一是因持续的内存泄漏导致系统内存不足，通常这类错误在程序运行时才能捕捉到，而且会时隐时现；二是非法内存访问错误，其共同特征就是代码访问了不该访问的内存地址，例如，使用未分配成功的内存、引用未初始化的内存、越界访问内存，以及释放了内存却继续使用它，等等。在现代操作系统严格的进程空间管理体系下，发生非法内存访问大多不会导致死机等极端严重的后果，要么是运行结果莫名其妙，要么是被友好地通知你的程序得了“不治之症”。

良好的编码风格建议如下。

1. 在动态申请内存后，一定要检查内存分配是否成功

内存分配未成功就使用是编程新手常犯的错误，造成这类错误的原因是他们没有意识到内存分配会不成功。避免这类错误的方法是在使用内存之前检查一下指向它的指针是否为NULL。

2. 在使用指针变量前，一定要检查指针和指针指向的内存是否已经被初始化

首先，指针初始化后才能使用；其次，内存的默认初值并不一定是0，只有全局数组和静态数组的内存默认初值才是0。避免此类错误的方法就是，无论数组以何种方式创建，都要对它进行初始化。对用函数malloc()或calloc()动态分配的内存，可以使用函数memset()进行初始化。对于指针变量，即使后面有对其赋初值的语句，也最好是在定义时就将其初始化为NULL。

例如，在如下代码中，buffer和path分别是指针和数组，程序员的意图是对这两个内存进行清零操作，但由于疏忽，将内存大小误写成了sizeof(buffer)，导致被初始化的内存大小为指针本身所占用的内存大小，而不是指针指向的动态内存的大小，与预期不符。

```
char path[MAX_PATH];
char *buffer = (char *)malloc(SIZE);
...
memset(path, 0, sizeof(path));
memset(buffer, 0, sizeof(buffer)); //sizeof的结果与预期不符
```

按照程序员的意图应该将sizeof(buffer)修改为申请的动态内存的大小：

```
char path[MAX_PATH];
char *buffer = (char *)malloc(SIZE);
...
memset(path, 0, sizeof(path));
memset(buffer, 0, SIZE);            //使用申请的动态内存的大小
```

3. 在使用一段连续内存时，要注意避免发生缓冲区溢出

即使内存分配成功了，也初始化了，在遍历和使用的过程中，仍然可能发生越界访问的问题。例如，在使用循环语句遍历数组中的元素时，通常会发生下标"多1"的错误，这就会导致数组下标越界访问。

值得注意的是，**整数溢出（Integer Overflow）**常常会导致**缓冲区溢出（Buffer Overflow）**。例如，下面的代码段之所以出现缓冲区溢出问题就是因为整数溢出。

```
int f()
{
   unsigned short x = 65535;
   x++;                       //数值溢出导致x变为0
   printf("%d\n", x);    //此时的内存访问是安全的
   char *p = malloc(x); //申请的动态内存大小为0
   p[1] = 'a';              //发生非法内存访问
}
```

4. 在申请的动态内存不再需要时，一定不要忘记释放这段内存，以免发生内存泄漏

通过调用函数malloc()或calloc()动态分配的内存不再使用时，是不会被系统自动释放的，需要程序员通过调用函数free()来手动释放。如果只分配内存而从来不释放内存，就会出现内存泄漏的问题。

如果内存已不再继续使用，但却不释放，那么它们将仍处于被占用的状态，随着未释放的内存（或者说丢失的内存）数量的增多，最后系统将没有内存可以分配。每次调用含有内存泄漏错误的函数都会丢失一块内存，刚开始时，系统内存充足，看不到任何错误，系统运行一段时间后，就会因发生内存耗尽而突然"死掉"。其严重程度取决于每次函数调用遗留内存垃圾的多少，以及函数被调用的次数。因为在程序运行之初往往没有任何征兆，所以这类错误非常隐蔽。千万不要以为程序结束前所有的内存都会被系统回收，那么少量的内存丢失就无关紧要，一旦将这段代码复制到需长期稳定运行的服务程序中，将会严重影响系统的稳定性。

显然，需要长期稳定运行的服务程序对内存泄漏是最敏感的。Java语言增加了垃圾内存回收机制，不存在这个问题，C语言则不然。

为防止内存泄漏，程序员必须及时调用free()释放已不再使用的内存。注意，只需要程序员手动释放用动态内存分配函数申请的内存。

降低内存泄漏发生概率的一般性原则如下。

（1）仅在需要时才使用malloc()，并尽量减少malloc()调用的次数。

（2）配套使用malloc()和free()，并尽量让malloc()和与之配套的free()集中在一个函数内，把malloc()放在函数的入口处，把free()放在函数的出口处。

（3）如果malloc()和free()无法集中在一个函数中，那么要分别编写申请内存和释放内存的函数，然后使其配对使用。

（4）重复利用通过malloc()申请到的内存，有助于降低内存泄漏发生的概率。

（5）如果在单个函数体中存在多个出口（如存在多个return语句），并且存在异常处理代码，那么需要格外关注是否存在内存泄漏问题，此时一定要在每个出口处对动态申请的内存进行释放。

切记：以上原则只能降低内存泄漏发生的概率，不能杜绝内存泄漏的发生。

5. 不要轻易调用 realloc() 来改变内存的大小

由于函数realloc()重新分配的内存的首地址与原来分配的首地址不一定相同，并且动态内存分配的内存单元是无名的，只能通过指针变量来指向它，一旦改变了指针的指向，原来分配的内存和内存中的数据也就随之丢失了，因此不要轻易改变该指针变量的值。

6. 不要继续使用已经被释放的内存

如果已经释放指针指向的内存，但程序还在继续使用该指针，那么指针将指向非法的内存地址。为什么是非法的呢？这是因为，指针指向的内存被释放以后，指向它的指针其实并未消亡，指针也不会自动变成NULL。内存被释放后，指针中保存的内存首地址并未改变，它仍然指向这块内存，只不过这块内存中存储的数据变成了随机值（即乱码）。这就意味着，释放内存的结果只是改变内存中存储的数据，使该内存的内容变成了“垃圾”。指向垃圾内存的指针，通常称为**悬挂指针**（**Dangling Pointer**），也称为**野指针**。

野指针很危险，因为野指针并不一定是空指针。检查一个指针是否为空指针很容易，但是检查一个指针是否为野指针就没那么容易了，因为我们无法预知野指针的值究竟是多少，所以用if语句判断指针是否为NULL对防止使用野指针并不奏效。建议在释放指针所指向的内存后，立即人为地在程序中将该指针置为NULL。

除了指针变量指向已被释放的堆内存会形成野指针，指针操作超出变量的作用域或者使用未初始化的指针也会形成野指针。例如，不能用return语句返回动态局部变量即栈内存的地址，这是因为局部变量的作用域为函数内部，在函数调用结束时，为局部变量分配的内存将被自动释放，导致内存的内容变为“垃圾”。

使用二级指针形参或利用return语句返回动态分配的内存首地址给主调函数，不会造成使用野指针的问题，这是因为动态分配的内存不会在函数调用结束后被自动释放，必须使用free()来释放。

为了防止产生野指针，可以采用以下几种对策。

（1）不要把局部变量的地址（即指向栈内存的指针）作为函数的返回值返回，因为该内存在函数体结束时会被自动释放。

（2）在定义指针变量的同时，要么将其初始化为NULL，要么使其指向合法的内存。

（3）尽量把malloc()集中在函数的入口处，free()集中在函数的出口处。如果free()不能放在函数出口处，则指针被释放后，应立即将其设置为NULL，这样在使用指针之前检查其是否为NULL才有效。

【写在最后的话】

26个英文字母以及围绕它们的构词法、语法等构成了英语的核心，关键字（常用32个）和围绕它们的语法、符号等则构成了C语言的核心。仅掌握语言的核心就能熟练运用语言吗？当然不能，正如背下英语的所有单词和语法也不一定能写出莎士比亚的诗句，想写出优美的文章，除了要掌握语言的核心，还要多读、多写、多练，正所谓“熟读唐诗三百首，不会作诗也会吟”。编程莫不如此，编写出优雅、漂亮的代码，并不是听课就能听会的，也不是看书就能看会的，而是读优秀的范例代码读会的，更是自己动手练会的。学习编程最有效的方法就是编程，编程，再编程！

晚清国学大师王国维在其不朽之作《人间词话》中曾用形象的比喻提出治学的3种境界。“古今之成大事业、大学问者，必经过三种之境界：‘昨夜西风凋碧树，独上高楼，望尽天涯路’此第一境也。‘衣带渐宽终不悔，为伊消得人憔悴’此第二境也。‘众里寻他千百度，蓦然回首，那人正在灯火阑珊处。’此第三境也。”学习程序设计莫不如此。

12.6 本章知识树

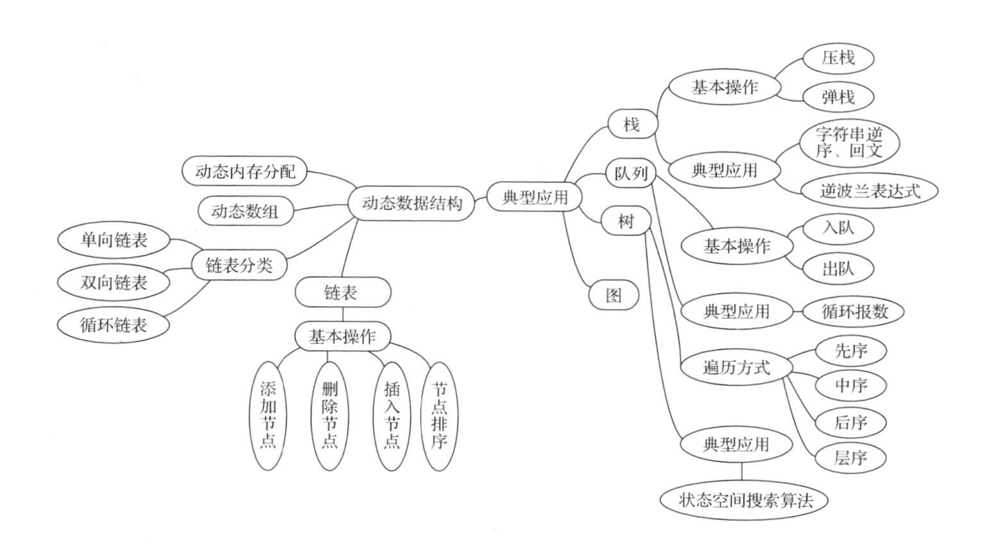

习题12

1. **链表逆序**。请编程将一个链表的节点逆序排列，即把链头变成链尾，把链尾变成链头。先输入原始链表的节点编号顺序，按组合键Ctrl + Z或输入非数字表示输入结束，然后输出链表逆序后的节点顺序。

2. **竞赛评分**。假设某比赛有n个学生作为选手参赛（参赛信息包含学号、姓名和最终得分），有5名评委给选手打分，请采用如下结构体类型定义创建单向链表保存选手的参赛信息。

```
struct student
{
    int ID;             //学生学号
    char name[20];      //学生姓名
```

```
    float score;        //最终得分
    struct student *next;
} STUD;
```

然后，采用单向链表编程完成以下功能。

（1）创建单向链表存储*n*个选手的信息，选手的最终得分为5名评委打分的平均分。

（2）对比赛的最终得分进行降序排列。

（3）输出排序后的参赛选手信息。

（4）释放单向链表所占的内存。

3. **模拟手机通信录**。请编程实现手机通信录管理系统，采用如下结构体类型定义创建单向链表来保存联系人的姓名和电话号码等信息。

```
struct friends
{
    char name[20];
    char phone[12];
    struct friends *next;
};
```

然后，采用单向链表编程完成以下功能（在主函数中依次调用这些函数即可）。

（1）建立单向链表来存放联系人的信息，如果输入大写字母Y，则继续创建节点存储联系人信息，否则按任意键结束输入。

（2）输出单向链表中联系人的信息。

（3）查询联系人的信息。

（4）释放单向链表所占的内存。

4. **图书信息管理**。请编程实现图书信息管理系统，采用如下结构体类型定义创建单向链表保存图书编号和书名等信息。

```
struct book
{
    char ID[10];    //图书编号
    char name[20]; //书名
    struct book *next;
};
```

然后，采用单向链表编程完成以下功能。

（1）创建单向链表并存储图书信息，以空格为分隔符输入ID和name，当ID为0时表示单向链表创建结束，并输出创建后的单向链表信息。

（2）删除某一编号的图书，并输出删除节点后的单向链表信息。

（3）释放单向链表所占的内存。

5. **逆波兰表达式求值**。在常见的表达式中，二元运算符总是置于与之相关的两个运算对象之间（如a + b），这种表示法称为中缀表示。波兰逻辑学家卢卡西维茨（J. Lukasiewicz）于1929年提出了另一种表示表达式的方法，按此方法，每一个运算符都置于其运算对象之后（如a b +），故这种表示法称为后缀表示。后缀表达式也称为逆波兰表达式。例如，逆波兰表达式a b c + d * +对应的中缀表达式为a+(b+c)*d。请编写一个程序，计算逆波兰表达式的值，要求以空格为分隔符输入逆波兰表达式，按Enter键后再按组合键Ctrl+Z表示输入结束。假设表达式中的所有操作数均为整型。

6. **舞伴配对**。假设在大学生的周末舞会上，男、女学生各自排成一队。舞会开始时，依次从男队和女队的队头各出一人配对。如果两队初始人数不等，则较长的那一队中未配对者等待下一轮舞曲。请使用循环队列编程解决这一问题，要求男、女学生人数、姓名以及舞会的轮数由用户从键盘输入，屏幕输出每一轮的配对名单，如果在该轮有未配对的，刚在屏幕上显示下一轮第一个出场的未配对者的姓名。

附录A C语言中的关键字

auto	break	case	char	const
continue	default	do	double	else
enum	extern	float	for	goto
if	int	long	register	return
short	signed	sizeof	static	struct
switch	typedef	union	unsigned	void
volatile	while			

ANSI C89仅定义了32个关键字。1999年ISO推出的C99标准新增了inline、restrict、_Bool、_Complex、_Imaginary 等5个关键字。2011年ISO发布的新标准C11新增了1个关键字_Generic。ISO发布的新标准C17新增了_Alignas、_Alignof、_Atomic、_Noreturn、_Static_assert、_Thread_local 等6个关键字。

附录B

GCC中数据类型占内存的字节数和表数范围

数据类型	所占字节（Byte）数	表数范围
char signed char	1	−128～127
unsigned char	1	0～255
short int signed short int	2	−32768～32767
unsigned short int	2	0～65535
unsigned int	4	0～4294967295
int signed int	4	−2147483648～2147483647
unsigned long int	4	0～4294967295
long int signed long int	4	−2147483648～2147483647
long long	8	−9223372036854775808 ～ 9223372036854775807，即 -2^{63} ～ $2^{63}-1$
unsigned long long	8	0～1844674407370955161，即0～$2^{64}-1$
float	4	-3.4×10^{38}～3.4×10^{38}
double	8	-1.7×10^{308}～1.7×10^{308}
long double	8	-1.7×10^{308}～1.7×10^{308}

注：每种数据类型的表数范围都是与编译器相关的。例如，很多编译器未按IEEE规定的标准中的10字节（80位）支持long double，而将其视为double。在Visual C++ 6.0中，double型和long double型变量都占8字节。而在Code::Blocks的GCC编译器下，double型变量占8字节，long double型变量则占12字节。

C语言提供了3种浮点型变量：单精度型（float）、双精度型（double）和长双精度型（long double）。由于ANSI C对每种浮点型的长度、精度和表数范围未明确定义，因此在不同环境下，其表数范围有所不同。有的系统使用更多的位来存储小数部分，以达到增加数值有效数字位数、提高数值精度的目的，但相应的表数范围会缩小。有的系统使用更多的位存储指数部分，以达到扩大变量值域（即表数范围）的目的，但精度会降低。

C89对int型数据所占内存的字节数未明确定义，只规定其所占内存的字节数大于short型但不大于long型，通常与程序执行环境的字长相同。在当今大多数平台上，int型和long int型的表数范围相同。

注意，C99标准新增了long long、unsigned long long和long double，某些早期的编译器（如Visual C++ 6.0等）不支持这些类型，虽然现有的大多数编译器支持C99和C11，但很多编译器默认支持C89，因此需在IDE下设置编译器使其支持C99或C11。

附录C

运算符的优先级与结合性

优先级	运算符	含义	运算类型	结合方向
1	() [ ] -> . ++、--	圆括号、函数参数表 数组元素下标 指向结构体成员 引用结构体成员 后缀增1、后缀减1		自左向右
2	! ~ ++、-- - * & (类型标识符) sizeof	逻辑非 按位取反 前缀增1、前缀减1 求负 间接寻址 取地址 强制类型转换 计算占用内存字节数	单目运算	自右向左
3	*、/、%	乘、除、整数求余	双目算术运算	自左向右
4	+、-	加、减	双目算术运算	自左向右
5	<<、>>	左移、右移	位运算	自左向右
6	<、<= >、>=	小于、小于或等于 大于、大于或等于	关系运算	自左向右
7	==、!=	等于、不等于	关系运算	自左向右
8	&	按位与	位运算	自左向右
9	^	按位异或	位运算	自左向右
10	|	按位或	位运算	自左向右
11	&&	逻辑与	逻辑运算	自左向右
12	||	逻辑或	逻辑运算	自左向右
13	? :	如果……则/否则……	三目运算	自右向左
14	= +=、-=、*=、/=、%= &=、^= |=、<<=、>>=	赋值及复合的赋值	双目运算	自右向左
15	,	逗号	顺序求值运算	自左向右

附录D

常用字符的ASCII码对照表

十进制ASCII码	字符	十进制ASCII码	字符	十进制ASCII码	字符
0	NUL	43	+	86	V
1	SOH(^A)	44	,	87	W
2	STX(^B)	45	-	88	X
3	ETX(^C)	46	.	89	Y
4	EOT(^D)	47	/	90	Z
5	ENQ(^E)	48	0	91	[
6	ACK(^F)	49	1	92	\
7	BEL(bell)	50	2	93	]
8	BS(^H)	51	3	94	^
9	HT(^I)	52	4	95	_
10	LF(^J)	53	5	96	`
11	VT(^K)	54	6	97	a
12	FF(^L)	55	7	98	b
13	CR(^M)	56	8	99	c
14	SO(^N)	57	9	100	d
15	SI(^O)	58	:	101	e
16	DLE(^P)	59	;	102	f
17	DC1(^Q)	60	<	103	g
18	DC2(^R)	61	=	104	h
19	DC3(^S)	62	>	105	i
20	DC4(^T)	63	?	106	j
21	NAK(^U)	64	@	107	k
22	SYN(^V)	65	A	108	l
23	ETB(^W)	66	B	109	m
24	CAN(^X)	67	C	110	n
25	EM(^Y)	68	D	111	o
26	SUB(^Z)	69	E	112	p
27	ESC	70	F	113	q
28	FS	71	G	114	r
29	GS	72	H	115	s
30	RS	73	I	116	t
31	US	74	J	117	u
32	Space(空格)	75	K	118	v
33	!	76	L	119	w
34	"	77	M	120	x
35	#	78	N	121	y
36	$	79	O	122	z
37	%	80	P	123	{
38	&	81	Q	124	|
39	'	82	R	125	}
40	(	83	S	126	~
41	)	84	T	127	DEL
42	*	85	U		

附录E

二进制补码的计算方法

负数在计算机中都是以二进制补码（Complement）形式存储的。**负数补码的计算方法为：**先计算负数的反码，然后将其加1。与负数不同的是，正数的反码、补码与原码是相同的。

以-1的补码为例，其补码的计算方法如下。

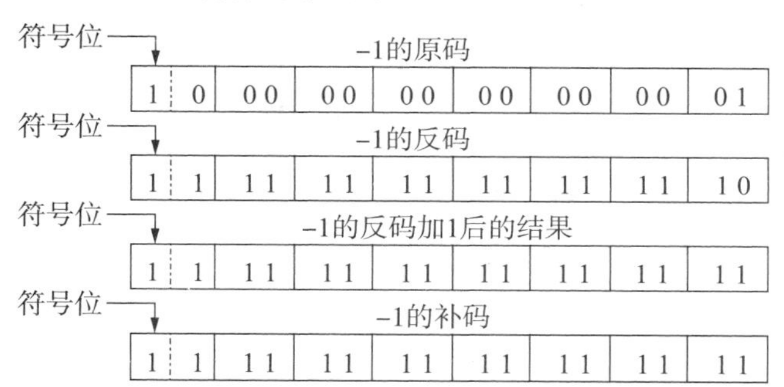

由于-1的补码为全1，因此若将最高位解释为符号位（有符号数），则该数就是-1；若将最高位解释为数值位（无符号数），则该数就是$1\times2^0+1\times2^1+1\times2^2+1\times2^3+1\times2^4+1\times2^5+1\times2^6+1\times2^7+1\times2^8+1\times2^9+1\times2^{10}+1\times2^{11}+1\times2^{12}+1\times2^{13}+1\times2^{14}+1\times2^{15}=65535$。

由于双字节有符号整型的最高位为符号位，所以它所能表示的最小值为$(1000000000000000)_2$，即-32768（-2^{15}），最大值为$(0111111111111111)_2$，即32767（$2^{15}-1$）。而双字节无符号整型的最高位被当作了数值位，所以它所能表示的最小值为$(0000000000000000)_2$，即0，最大值为$(1111111111111111)_2$，即65535（$2^{16}-1$）。

为什么在计算机内存中负数都用补码来表示呢？主要原因如下。

（1）采用补码表示便于将减法运算转化为加法运算来处理。

以计算7-6为例，7的补码就是其原码0000000000000111，-6的补码是1111111111111010，对0000000000000111和1111111111111010执行加法运算的结果为0000000000000001（舍掉了最高位的进位的结果），这个值就是1。于是7-6这个减法运算就转化为了(+7) + (-6)的加法运算，此时符号位可当作数值位一起参与运算。

（2）采用补码表示便于用统一的形式来表示0，而不会出现+0和-0。

以双字节整数0为例，由于其原码有+0和-0两种形式，即0000000000000000和1000000000000000，存在0的表示不具备唯一性的问题。如果根据原码计算设计相应的门电路，因计算机在计算过程中需要根据符号位判断其为+0还是-0，故设计的复杂度会大大增加，这显然是不合适的。

为了解决原码不适合直接运算的问题，人们提出了反码的概念，但是0的反码还是有+0和-0两种形式，即0000000000000000和1111111111111111，这样也是不行的。而补码可以解决0的表示不具备唯一性的问题，即不会存在+0和-0两种形式，因为+0是0000000000000000，它的补码是0000000000000000，-0是1000000000000000，它的反码是1111111111111111，再加1就得到其补码1000000000000000，舍去溢出的最高位就是0000000000000000，这样+0和-0的补码表示就是相同的了。-0的补码计算过程如下所示。

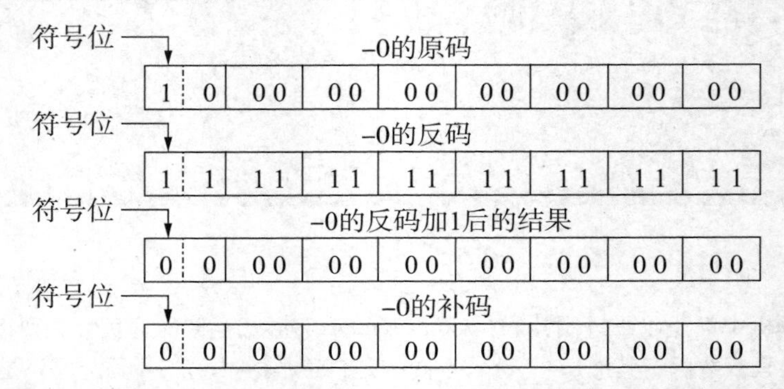

知道了计算机中用补码表示的0具有唯一性之后，就可以确定数据类型的表数范围了。以单字节有符号整型为例，1字节有8位，可以表示00000000～11111111共256个数，由于最高位表示符号位，其余7位为数值位，因此正数的补码表数范围是00000000～011111111，即0～127，而负数的补码表数范围为10000000～11111111，其中的11111111为-1的补码，10000001为-127的补码。那么10000000表示什么呢？在8位二进制数中，最小数的补码形式为10000000，它的数值绝对值应该是各位取反再加1，即01111111+1=10000000=128，又因为是负数，所以它表示的是-128，即单字节有符号整型的表数范围是-128～127。

附录F

输入输出格式转换说明

1. 函数 printf() 的一般格式

```
printf(格式控制字符串, 输出值参数表);
```

格式控制字符串（Format Control String）是用双引号标识的字符串，一般包括两部分：格式转换说明和需原样输出的普通字符。格式转换说明以%开始并以一个格式符结束，用于指定各输出值参数的输出格式，具体如表1所示。输出值参数表是需要输出的数据项的列表，输出值参数之间用逗号分隔。输出值的数据类型应与格式转换说明相匹配。每个格式转换说明和输出值参数表中的输出值参数一一对应，相当于每个输出值参数在输出格式中的占位符。如果没有输出值参数，那么格式控制字符串中就不需要格式转换说明。

表 1　函数 printf() 的格式转换说明

格式转换说明	用　法
%d或%i	输出带符号的十进制整数，正数的符号省略
%u	以无符号的十进制整数形式输出
%o	以无符号的八进制整数形式输出，不输出前导符0
%x	以无符号十六进制整数形式（小写）输出，不输出前导符0x
%X	以无符号十六进制整数形式（大写）输出，不输出前导符0X
%c	输出一个字符
%s	输出字符串
%f	以十进制小数形式输出实数（包括单、双精度），整数部分全部输出，输出的数字并非全部是有效数字，单精度实数的有效位数一般为7位，双精度实数的有效位数一般为16位。默认输出精度为6位，即小数点后的小数位数。输出时，会对输出数据进行舍入处理
%e	以指数形式（小写e表示指数部分）输出实数，要求小数点前必须有且仅有1位非0数字。默认输出精度为6位，即小数点后的小数位数。不会对输出数据进行舍入处理
%E	以指数形式（大写E表示指数部分）输出实数。默认输出精度为6位，即小数点后的小数位数。不会对输出数据进行舍入处理
%g	根据数据的绝对值大小，自动选取f或e格式中输出宽度较小的一种，且不输出无意义的0，输出精度是指包含小数点左边数字在内的有效数字的最大数目。不会对输出数据进行舍入处理
%G	根据数据的绝对值大小，自动选取f或E格式中输出宽度较小的一种，且不输出无意义的0，输出精度是指包含小数点左边数字在内的有效数字的最大数目
%p	以主机的位数显示变量的地址

续表

格式转换说明	用　　法
%n	令printf()把到%n位置已经输出的字符总数放到后面相应的输出项所指向的整型变量中，printf()函数返回后，%n对应的输出项指向的整型变量中存放的整型值为出现%n时已经由printf()函数输出的字符总数，%n对应的输出项是记录该字符总数的整型变量的地址
%%	显示百分号%

注：采用某些编译器时，浮点数输出结果的指数部分的+后边只显示两位数字。

在printf()的格式转换说明中，%和格式符之间可插入表2所示的格式修饰符，用于指定输出数据的最小域宽、精度、对齐方式等。

表 2　函数 printf() 的格式修饰符

格式修饰符	用　　法
英文字母 l	加在格式符d、i、o、x、u之前用于输出long型数据
英文字母ll或I64	加在格式符d、i、o、x、u之前用于输出long long型数据。 在gcc(MinGw32)和g++(MinGw32)编译器下需使用%I64d输出long long型数据。 在gcc(linux i386)和g++(linux i386)编译器下需使用%lld输出long long型数据
英文字母 L	加在格式符f、e、g之前用于输出long double型数据
英文字母 h	加在格式符d、i、o、x之前用于输出short型数据
最小域宽*m* （整数）	指定输出项输出时所占的列数。 当m为正整数时，若输出数据宽度小于m，则在域内向右对齐，左边多余位补空格；当输出数据宽度大于m时，按实际宽度全部输出；若m有前导符0，则左边多余位补0。 若m为负整数，则输出数据在域内向左对齐
显示精度.*n* （大于或等于0的整数）	位于最小域宽*m*之后，由一个下角圆点及其后的整数构成。 对于浮点数，用于指定输出的浮点数的小数位数。 对于字符串，用于指定从字符串左侧开始截取的子字符串数目
*	当最小域宽*m*和显示精度.*n*用*代替时，表示它们的值不是常数，而是由printf()函数的输出项按顺序依次指定的
空格	在没有输出加号的正数前面输出一个空格
+（加号）	在正数前面输出一个加号，在负数前面输出一个减号。这样可以对齐输出具有相同数字位数的正数和负数
0（零）	在输出的数据前面加上前导符0，以填满域宽
#	当使用八进制格式符o时，在输出数据前面加上前导符0。 当使用十六进制格式符x或X时，在输出数据前面加上前导符0x或0X。 当以格式符e、E、f、g或G输出的浮点数没有小数部分时，强制输出一个小数点（通常，只有小数点后有数字时才会输出小数点）。 对于格式符g或G，末尾的0不会被删除

注：用Visual C++进行汇编级跟踪可知，调用函数printf()时，float型的参数都是先转化为double型再传递的，所以%f可以输出double和float两种类型的数据，或者说，输出double型数据可以使用%lf或%f。

2. 函数 scanf() 的一般格式

```
scanf(格式控制字符串，输入参数地址表)；
```

格式控制字符串包括两部分：格式转换说明、分隔符。格式转换说明以%开始并以一个格式符结束，用于指定各参数的输入格式，具体如表3所示。

表 3 函数 scanf() 的格式转换说明

格式转换说明	用　法
%d或%i	输入十进制整数
%o	输入八进制整数
%x	输入十六进制整数
%c	输入一个字符，空白字符（包括空格符、回车符、制表符）也作为有效字符输入
%s	输入字符串，遇到第一个空白字符（包括空格符、回车符、制表符）时结束输入
%f或%e	输入实数，以小数或指数形式输入均可
%%	输入百分号%

用scanf()输入数据时，除格式转换说明外，其他普通字符都必须原样输入。用函数scanf()输入非字符型数据时，输入空格符、回车符、制表符，或者达到指定域宽，或者输入非数字字符，都被认为表示结束数据的输入。

输入参数地址表是由若干变量的地址组成的列表，参数之间用逗号分隔。函数scanf()要求必须指定用来接收数据的变量的地址，每个格式转换说明都对应一个存储数据的目标地址。如果没有指定存储数据的目标地址，则数据无法正确地读入指定的内存单元。

在函数scanf()的%与格式符之间也可插入表4所示的格式修饰符。

表 4 函数 scanf() 的格式修饰符

格式修饰符	用　法
英文字母 l	加在格式符d、i、o之前用于输入long型数据。 加在格式符f、e之前用于输入double型数据
英文字母ll或I64	加在格式符d、i、o、x之前用于输入long long型数据。 在gcc(MinGw32)和g++(MinGw32)编译器下需使用%I64d输入long long型数据。 在gcc(linux i386)和g++(linux i386)编译器下需使用%lld输入long long型数据
英文字母 L	加在格式符f、e之前用于输入long double型数据
英文字母 h	加在格式符d、i、o、x之前用于输入short型数据
域宽*m*（正整数）	指定输入数据的宽度（列数），系统自动按此宽度截取所需数据
忽略输入修饰符*	表示对应的输入项在读入后不赋给相应的变量，即让scanf()函数从输入流中读取任意类型的数据并将其丢弃，而不是将其赋值给一个变量，因此也称为赋值抑制字符

注：函数scanf()没有显示精度.*n*格式修饰符，即用函数scanf()输入浮点型数据时不能指定显示精度。此外，scanf没有u和g格式符。

通常非数字字符的输入会导致输入数值型数据时不能成功读入，例如，要求输入的数据是数值型数据，而用户输入的是字符，字符相对于数值型数据而言就是非数字字符，但是反之，数值型数据可被当作有效字符读入。

当函数scanf()调用成功时，返回值为成功读入的数据项数；出错时，则返回EOF，EOF是“End Of File”的缩写词，表示文件结尾，它是一个在头文件stdio.h中定义的整型符号常量。C标准仅将EOF定义为一个负整数，通常是-1，但并不一定是-1。因此在不同的系统中，EOF可能取不同的值。0和-1是C语言中最常用到的函数调用失败后的返回值。注意，函数scanf()的返回值是在遇到非数字字符之前已成功读入的数据项数，不一定为-1，也不一定为0。因此，不能依靠检查函数scanf()的返回值是否为-1或0来判断是否所有数据都已正确读入，应该检查函数scanf()的返回值是否为应该读入的数据项数。

附录G
常用的ANSI C标准库函数

1. 数学函数

使用数学函数时，应在源文件中包含头文件math.h。数学函数如表1所示。

表 1　数学函数

函数名	函数原型	功能
acos	double acos(double x);	计算$\sin^{-1}(x)$的值，返回计算结果。注意，x的取值范围为-1～1
asin	double asin(double x);	计算$\cos^{-1}(x)$的值，返回计算结果。注意，x的取值范围为-1～1
atan	double atan(double x);	计算$\tan^{-1}(x)$的值，返回计算结果
atan2	double atan2(double x, double y);	计算$\tan^{-1}(x/y)$的值，返回计算结果
cos	double cos(double x);	计算$\cos(x)$的值，返回计算结果。 注意，x为弧度
cosh	double cosh(double x);	计算$\cosh(x)$的值，返回计算结果
exp	double exp(double x);	计算e^x的值，返回计算结果
fabs	double fabs(double x);	计算x的绝对值，返回计算结果
floor	double floor(double x);	计算不大于x的最大整数，返回计算结果
fmod	double fmod(double x, double y);	计算x除以y的浮点余数，返回计算结果。$x=i \times y+f$，其中i为整数，f与x有相同的符号，且f的绝对值小于y的绝对值，当$y=0$时，返回NaN
frexp	double frexp(double val, int *eptr);	把双精度数val分解为小数部分（尾数）x和以2为底的指数n（阶码），即$val=x \times 2^n$，n存放在eptr指向的内存中，函数返回小数部分x，$0.5 \leqslant x < 1$
log	double log(double x);	计算$\log_e x$，即$\ln x$，返回计算结果。注意，$x > 0$
log10	double log10(double x);	计算$\lg x$，返回计算结果。注意，$x > 0$
modf	double modf(double val, double *iptr);	把双精度数val分解为整数部分和小数部分，把整数部分存到iptr指向的内存中。返回val的小数部分

续表

函数名	函数原型	功能
pow	double pow(double base, double exp);	计算base为底的exp次幂，即$base^{exp}$，返回计算结果。当base等于0而exp小于0时或者base小于0而exp不为整数时，结果错误。该函数要求参数base和exp以及函数的返回值为double型，否则有可能出现数值溢出问题
sin	double sin(double x);	计算sin$x$的值，返回计算结果。注意，x为弧度
sinh	double sinh(double x);	计算sinh(x)的值，返回计算结果
sqrt	double sqrt(double x);	计算$\sqrt{x}$的值，返回计算结果。注意，$x \geqslant 0$
tanh	double tanh(double x);	计算tanh(x)的值，返回计算结果

2. 字符处理函数

使用字符处理函数时，应在源文件中包含头文件ctype.h。字符处理函数如表2所示。

表 2 字符处理函数

函数名	函数原型	功能
isalnum	int isalnum(int ch);	检查ch是否为字母（Alphabet）或数字（Numeric）。是，则返回1；不是，则返回0
isalpha	int isalpha(int ch);	检查ch是否为字母。是，则返回1；不是，则返回0
iscntrl	int iscntrl(int ch);	检查ch是否为控制字符（ASCII码取值范围为0～31）。是，则返回1；不是，则返回0
isdigit	int isdigit(int ch);	检查ch是否为数字（0～9）。是，则返回1；不是，则返回0
isgraph	int isgraph(int ch);	检查ch是否为可打印字符（ASCII码取值范围为33～126，不包括空格符）。是，则返回1；不是，则返回0
islower	int islower(int ch);	检查ch是否为小写字母（a～z）。是，则返回1；不是，则返回0
isprint	int isprint(int ch);	检查ch是否为可打印字符（ASCII码取值范围为32～126，包括空格符）。是，则返回1；不是，则返回0
ispunct	int ispunct(int ch);	检查ch是否为标点字符（不包括空格符），即除字母、数字和空格符以外的所有可打印字符。是，则返回1；不是，则返回0
isspace	int isspace(int ch);	检查ch是否为空格符、跳格符（制表符）或换行符。是，则返回1；不是，则返回0
isupper	int isupper(int ch);	检查ch是否为大写字母（A～Z）。是，则返回1；不是，则返回0
isxdigit	int isxdigit(int ch);	检查ch是否为一个十六进制数字字符（即0～9、A～F，或a～f）。是，则返回1；不是，则返回0
tolower	int tolower(int ch);	将ch字符转换为小写字母。返回ch对应的小写字母
toupper	int toupper(int ch);	将ch字符转换为大写字母。返回ch对应的大写字母

3. 字符串处理函数

使用字符串处理函数时，应在源文件中包含头文件string.h。字符串处理函数如表3所示。

表 3　字符串处理函数

函数名	函数原型	功能
memcmp	int memcmp(const void *buf1, const void *buf2, unsigned int count);	比较buf1和buf2指向的数组的前count个字符。若buf1<buf2，则返回负数。若buf1=buf2，则返回0。若buf1>buf2，则返回正数
memcpy	void *memcpy(void *to, const void *from, unsigned int count);	从from指向的数组向to指向的数组复制count个字符，如果两数组重叠，不定义该数组的行为。函数返回指向to的指针
memmove	void *memmove(void *to, const void *from, unsigned int count);	从from指向的数组向to指向的数组复制count个字符；如果两数组重叠，则复制仍进行，但把内容放入to后修改from的指向。函数返回指向to的指针
memset	void *memset(void *buf, int ch, unsigned int count);	把ch的低字节复制到buf指向的数组的前count个字节处，常用于把某个内存区域初始化为已知值。函数返回指向buf的指针
strcat	char *strcat(char *str1, const char *str2);	把str2指向的字符串连接到str1指向的字符串后面，在新形成的str1指向的字符串后面添加一个'\0'，原str1指向的字符串后面的'\0'被覆盖。因无边界检查，调用时应保证str1指向的字符串的空间足够大，能存放原始str1和str2指向的两个字符串的内容。函数返回指向str1的指针
strcmp	int strcmp(const char *str1, const char *str2);	按字典序比较str1和str2指向的字符串。若str1<str2，则返回负数。若str1=str2，则返回0。若str1>str2，则返回正数
strcpy	char *strcpy(char *str1, const char *str2);	把str2指向的字符串复制到str1中去，str2必须是结束标志为'\0'的字符串的指针。函数返回指向str1的指针
strlen	unsigned int strlen(const char *str);	统计str指向的字符串中实际字符的个数（不包括字符串结束标志'\0'）。函数返回str指向的字符串中实际字符的个数
strncat	char *strncat(char *str1, const char *str2, unsigned int count);	把str2指向的字符串中不多于count个字符连接到str1指向的字符串后面，并以'\0'终止该字符串，原str1指向的字符串后面的'\0'被str2指向的字符串的第一个字符覆盖。函数返回指向str1的指针
strncmp	int strcnmp(const char *str1, const char *str2, unsigned int count);	按字典序比较str1和str2指向的字符串的不多于count个字符。若str1<str2，则返回负数。若str1=str2，则返回0。若str1>str2，则返回正数
strstr	char *strstr(char *str1, char *str2);	找出str2指向的字符串在str1指向的字符串中第一次出现的位置（不包括str2指向的字符串的字符串结束标志）。函数返回该位置的指针。若找不到，则返回空指针
strncpy	char *strncpy(char *str1, const char *str2, unsigned int count);	把str2指向的字符串中的count个字符复制到str1中，str2必须是结束标志为'\0'的字符串的指针。如果str2指向的字符串少于count个字符，则将'\0'加到str1指向的字符串的尾部，直到满足count个字符为止。如果str2指向的字符串长度大于count个字符，则str1指向的字符串不用'\0'结尾。函数返回指向str1的指针

注：根据C语言标准，size_t代表无符号整数类型。在某些编译器中，size_t代表unsigned int；而在另一些编译器中，size_t代表unsigned long。该类型被推荐用于定义表示数组长度或下标的变量。size_t类型的定义包含在头文件stddef.h中，而该头文件又常常包含在其他头文件中（如stdio.h）。

4. 缓冲文件系统的输入输出函数

使用缓冲文件系统的输入输出函数时，应在源文件中包含头文件stdio.h。缓冲文件系统的输入输出函数如表4所示。

表 4 缓冲文件系统的输入输出函数

函数名	函数原型	功能
clearerr	void clearerr(FILE *fp);	清除文件指针错误指示。函数无返回值
fclose	int fclose(FILE *fp);	关闭fp指向的文件，释放文件缓冲存储区。成功返回0，否则返回非0值
feof	int feof(FILE *fp);	检查文件是否结束。若遇文件结束符，则返回非0值，否则返回0。注意，在读完最后一个字符后，feof()并不能探测到文件尾，直到再次调用fgetc()执行读操作，feof()才能探测到文件尾
ferror	int ferror(FILE *fp);	检查fp指向的文件中的错误。若无错，则返回0。若有错，则返回非0值
fflush	int fflush(FILE *fp);	如果fp指向输出流，即fp所指向的文件是“写打开”的，则将输出缓冲区中的内容实际写入文件。若函数调用成功，则返回0；若出现写错误，则返回EOF。若fp指向输入流，即fp所指向的文件是“读打开”的，则fflush()函数的行为是不确定的。某些编译器（如Visual C++ 6.0）支持用fflush(stdin)来清空输入缓冲区中的内容，fflush()操作输入流是对C语言标准的扩充。但是并非所有编译器都支持这个功能（Linux下的GCC就不支持），因此使用fflush(stdin) 来清空输入缓冲区会影响程序的可移植性
fgetc	int fgetc(FILE *fp);	从fp指向的文件中获取下一个字符。函数返回所得到的字符；若读入出错，则返回FOF
fgets	char *fgets(char *buf, int n, FILE *fp);	从fp指向的文件读取一个长度为n-1的字符串，存入起始地址为buf的存储空间。函数返回地址buf；若遇文件结束符或出错，返回NULL。注意，与gets()不同的是，fgets()从指定的流读字符串，读到换行符时将换行符也作为字符串的一部分读到字符串中
fopen	FILE *fopen(const char *filename, const char *mode);	以mode指定的方式打开名为filename的文件。若成功，则返回一个文件指针。若失败，则返回NULL，错误代码在全局变量errno中
freopen	FILE *freopen(const char *filename, const char *mode, FILE *stream);	用于重定向输入输出流，以指定模式将输入或输出重定向到另一个文件。该函数可在不改变代码原貌的情况下改变输入输出环境。filename指定需重定向到的文件名或文件路径。mode指定文件的访问方式。stream指定需被重定向的文件流。如果函数调用成功，则返回指向该输出流的文件指针；否则返回NULL

续表

函数名	函数原型	功能
fprintf	int fprintf(FILE *fp, const char *format, …);	把输出列表中的数据值以format指向的格式输出到fp所指向的文件中。函数返回实际输出的字符数
fputc	int fputc(int ch, FILE *fp);	将字符ch输出到fp指向的文件中（尽管ch为int型，但只写入低字节）。若成功，则返回该字符；否则返回EOF
fputs	int fputs(const char *str, FILE *fp);	将str指向的字符串输出到fp所指向的文件中。若成功，则返回0；若出错则返回非0值。注意，与puts()不同的是，fputs()不会在写入文件的字符串末尾加上换行符
fread	int fread(char *pt, unsigned int size, unsigned int n, FILE *fp);	从fp指向的文件中读取长度为size的*n*个数据项，存到pt所指向的内存单元。函数返回所读的数据项个数，若遇文件结束符或出错，则返回0
fscanf	int fscanf(FILE *fp, char format, …);	从fp指向的文件中按format指定的格式将输入数据送到地址列表中的指针所指向的内存单元。函数返回已输入的数据个数
fseek	int fseek(FILE *fp, long offset, int base);	将fp指向的文件的位置指针移到以base所指的位置为基准、以offset为偏移量的位置。若成功，函数返回当前位置；否则，返回-1
ftell	long ftell(FILE *fp);	返回fp指向的文件中的读写位置
fwrite	unsigned int fwrite(const char *ptr, unsigned int size, unsigned int n, FILE *fp);	把ptr指向的n*size字节输出到fp指向的文件中。函数返回写到fp文件中的数据项的个数
getc	int getc(FILE *fp);	从fp指向的文件中读入一个字符。函数返回所读的字符；若遇文件结束符或出错，返回EOF
getchar	int getchar();	从标准输入设备读取并返回下一个字符。函数返回所读字符；若遇文件结束符或出错，返回-1
gets	char *gets(char *str);	从标准输入设备读入字符串，放到str指向的字符数组中，一直读到换行符或EOF，换行符不作为读入字符串的内容，而是变成'\0'后作为该字符串的结束标志。若成功，则返回str指针；否则返回NULL
perror	void perror(const char *str);	向标准错误流输出str指向的字符串，并随后附上冒号以及全局变量errno代表的错误消息的文字说明。函数无返回值
printf	int printf(const char *format, …);	将输出列表中的数据值输出到标准输出设备。函数返回输出字符的个数；若出错，则返回负数

续表

函数名	函数原型	功能
putc	int putc(int ch, FILE *fp);	把一个字符ch输出到fp所指向的文件中。函数返回输出的字符ch；若出错，则返回EOF
putchar	int putchar(char ch);	把字符ch输出到标准输出设备。函数返回输出的字符ch；若出错，则返回EOF
puts	int puts(const char *str);	把str指向的字符串输出到标准输出设备，将'\0'转换为回车符。若成功，则返回非负数；若失败，则返回EOF
rename	int rename(const char *oldname, const char *newname);	把oldname指向的文件名改为newname指向的文件名。若成功，则返回0；若出错，则返回1
rewind	void rewind(FILE *fp);	将fp指向的文件中的位置指针置于文件开头，并清除文件结束符。函数无返回值
scanf	int scanf(const char *format, …);	从标准输入设备按format指向的字符串规定的格式，输入数据给地址列表中的指针所指向的单元。以“%s”输入字符串，遇到空白字符（包括空格符、回车符、制表符）时，系统认为读入结束（但在开始读之前遇到的空白字符会被系统自动跳过）。 函数返回读入并赋给参数的数据个数。若遇文件结束符，则返回EOF；若出错，则返回0

5. 动态内存分配函数

使用与动态内存分配相关的函数时，应在源文件中包含头文件stdlib.h（有的编译系统要求包含malloc.h）。动态内存分配函数如表5所示。

表 5　动态内存分配函数

函数名	函数原型	功能
calloc	void *calloc(unsigned int n, unsigned int size);	分配n个数据项的连续存储空间，每个数据项的大小为size字节，与malloc()不同的是，calloc()能自动将分配的内存初始化为0。如果分配成功，则返回所分配的内存的起始地址；如果内存不够导致分配不成功，则返回NULL
free	void free(void *p);	释放p所指向的存储空间。函数无返回值
malloc	void *malloc(unsigned int size);	分配size字节的存储空间。如果分配成功，则返回所分配的内存的起始地址；如果内存不够导致分配不成功，则返回NULL
realloc	void *realloc(void *p, unsigned int size);	将p所指向的已分配内存区域的大小改为size字节。size字节可比原来分配的空间大或小。函数返回指向该内存区域的指针

6. 其他常用函数

其他常用函数如表6所示。

表 6　其他常用函数

函数名	函数原型及其所在的头文件	功能
atof	#include <stdlib.h> double atof(const char *str);	把str指向的字符串转换成双精度浮点值，字符串中必须含合法的浮点数。函数返回转换后的双精度浮点值
atoi	#include <stdlib.h> int atoi(const char *str);	把str指向的字符串转换成整型值，字符串中必须含合法的整型数。函数返回转换后的整型值
atol	#include <stdlib.h> long int atol(const char *str);	把str指向的字符串转换成长整型值，字符串中必须含合法的整型数。函数返回转换后的长整型值
exit	#include <stdlib.h> void exit(int code);	该函数使程序立即终止，并清空和关闭任何打开的文件。程序正常退出状态由code等于0或EXIT_SUCCESS表示，非0值或EXIT_FAILURE表示定义实现错误。函数无返回值
rand	#include <stdlib.h> int rand(void);	产生伪随机数序列。函数返回0～RAND_MAX的随机整数，RAND_MAX至少是32767
srand	#include <stdlib.h> void srand(unsigned int seed);	为函数rand()生成的伪随机数序列设置起点种子。函数无返回值
time	#include <time.h> time_t time(time_t *time);	调用时可使用空指针，也可使用指向time_t类型变量的指针，若使用后者，则该变量可被赋予日历时间。函数返回系统的当前日历时间；如果系统丢失时间设置，则函数返回-1
ctime	#include <time.h> char *ctime(const time_t *time);	把日期和时间转换为由年、月、日、时、分、秒等时间分量构成的用"YYYY-MM-DD hh:mm:ss"格式表示的字符串
clock	#include <time.h> clock_t clock(void);	clock_t其实就是long型。该函数的返回值是硬件滴答数，要换算成秒或者毫秒，需要除以CLK_TCK或者CLOCKS_PER_SEC。例如，在Visual C++ 6.0下，这两个量的值都是1000，表示硬件滴答1000次是1s，因此一个进程的时间是用clock()除以1000来计算的。 注意：本函数仅能返回毫秒级的计时精度

Sleep	#include <stdlib.h>
	Sleep(unsigned long second);
		在C语言标准中和Linux下，函数的首字母不大写，但在Visual C++和Code::Blocks环境下函数首字母要大写。Sleep()函数的功能是将进程挂起一段时间，起延时作用。参数的单位是毫秒

system	#include <stdlib.h> int system(char *command);	发出一个DOS命令。例如，system("CLS")可以实现清屏操作
kbhit	#include <conio.h> int kbhit(void);	检查当前是否有键盘输入，若有，则返回一个非0值，否则返回0
getch	#include <conio.h> int getch(void);	无须用户按Enter键即可得到用户的输入，只要用户按一个键，就立刻返回用户输入字符对应的ASCII码值，但输入的字符不会回显在屏幕上，出错时返回-1。该函数在游戏中比较常用，玩家输入字符后无须按Enter键，字符也不会在屏幕上回显

7. 非缓冲文件系统的输入输出函数

使用非缓冲文件系统的输入输出函数时，应在源文件中包含头文件io.h和fcntl.h，这些函数是UNIX系统的成员，不是由ANSI C定义的。非缓冲文件系统的输入输出函数如表7所示。

表7 非缓冲文件系统的输入输出函数

函数名	函数原型	功能
close	int close(int handle);	关闭handle指定的文件。若关闭失败，返回-1，errno说明错误类型；否则返回0
creat	int creat(const char *pathname, unsigned int mode);	专门用来建立并打开新文件，相当于访问权限为O_CREAT|O_WRONLY|O_TRUNC的open()函数。若成功，则返回一个文件句柄；否则返回-1，全局变量errno说明错误类型
open	int open(const char *pathname, int access, unsigned int mode);	以access指定的存取方式打开名为pathname的文件，mode为文件类型及权限标志，仅在access包含O_CREAT时有效，一般使用常数0666。若成功，则返回一个文件句柄；否则返回-1，全局变量errno说明错误类型
read	int read(int handle, void *buf, unsigned int len);	从handle指定的文件中读取len字节的数据存放到buf指针指向的内存。返回实际读入的字节数。0表示读到文件末尾；-1表示出错，errno说明错误类型
lseek	long lseek(int handle, long offset, int fromwhere);	从handle指定的文件中的fromwhere开始，移动位置指针offset字节。offset为正，表示向文件末尾移动；为负，表示向文件头部移动。移动的字节数是offset的绝对值。返回移动后的指针位置。-1L表示出错，errno说明错误类型
write	int write(int handle, void *buf, unsigned int len);	把从buf指向的字符串开始的len字节写入handle指向的文件。返回实际写入的字节数。-1表示出错，errno说明错误类型

参考文献

[1] DEITEL P，DEITEL H．C语言大学教程[M]．8版．苏小红，王甜甜，李佩琦，等译．北京：电子工业出版社，2017.

[2] 尹宝林．C程序设计思想与方法[M]．北京：机械工业出版社，2009.

[3] 尹宝林．C程序设计导引[M]．北京：机械工业出版社，2013.

[4] 裘宗燕．从问题到程序——程序设计与C语言引论[M]．北京：机械工业出版社，2011.

[5] 唐培和，徐奕奕．数据结构与算法——理论与实践[M]．北京：电子工业出版社，2015.

[6] 左飞．代码揭秘：从C/C++的角度探秘计算机系统[M]．北京：电子工业出版社，2009.

[7] 苏小红，赵玲玲，孙志岗，等．C语言程序设计[M]．4版．北京：高等教育出版社，2019.

[8] 苏小红，孙志岗，陈惠鹏，等．C语言大学实用教程[M]．4版．北京：电子工业出版社，2020.

[9] 苏小红，邱景，郑贵滨，等．程序设计实践教程：C语言版[M]．北京：机械工业出版社，2020.